轻松玩转系列丛书

轻松玩转 51 单片机 C 语言
——魔法入门·实例解析·开发揭秘全攻略

刘建清　编著

北京航空航天大学出版社

内 容 简 介

这是一本专门为单片机"玩家"和爱好者"量身定做"的"傻瓜式"教材(基于C语言),在写作上,主要突出"玩",在"玩"中学,在学中"玩",不知不觉,轻松玩转了单片机!

本书采用新颖的讲解形式,深入浅出地介绍了51单片机的组成、开发环境及单片机C语言基础知识。结合大量实例,本书详细演练了中断、定时器、串行通信、键盘接口、LED数码管、LCD显示器、DS1302时钟芯片、EEPROM存储器、单片机看门狗、温度传感器DS18B20、红外和无线遥控电路、A/D和D/A转换器、电机、语音电路、LED点阵屏、IC卡、电子密码锁、电话远程控制器/报警器,基于VB的PC机与单片机通信和基于nRF905无线通信温度监控系统及DD-51编程器设计等内容。本书中的所有实例均具有较强的实用性和针对性,且全部通过了实验板验证。尤其方便的是,所有源程序均具有较强的移植性,读者只需将其简单修改甚至不用修改,即可应用到自己开发的产品中。

全书语言通俗,实例丰富,图文结合,简洁明了,适合单片机爱好者和使用C语言从事51单片机开发的技术人员,也可作为高等院校本科、专科学生单片机课程的教学用书。

图书在版编目(CIP)数据

轻松玩转51单片机C语言:魔法入门、实例解析、开发揭秘全攻略 / 刘建清编著. — 北京:北京航空航天大学出版社,2011.3
ISBN 978-7-5124-0247-8

Ⅰ. ①轻… Ⅱ. ①刘… Ⅲ. ①单片微型计算机—C语言—程序设计 Ⅳ. ①TP368.1②TP312

中国版本图书馆CIP数据核字(2010)第209235号

版权所有,侵权必究。

轻松玩转51单片机C语言
——魔法入门・实例解析・开发揭秘全攻略
刘建清　编著
责任编辑　董云凤　张金伟　张　淳　李美娟

*

北京航空航天大学出版社出版发行
北京市海淀区学院路37号(邮编100191)　http://www.buaapress.com.cn
发行部电话:(010)82317024　传真:(010)82328026
读者信箱:bhpress@263.net　邮购电话:(010)82316936
北京宏伟双华印刷有限公司印装　各地书店经销

*

开本:787 mm×1 092 mm　1/16　印张:37.5　字数:960千字
2011年3月第1版　2011年3月第1次印刷　印数:5 000册
ISBN 978-7-5124-0247-8　定价:69.00元(含光盘1张)

前 言
——单片机开发就像垒积木

  单片机开发就像垒积木,真的就这么简单?或许,这会招致很多单片机"大虾"的耻笑:"晕"、"吹牛"、"开玩笑"……但不管"大虾"怎么说,笔者都会为自己说的话负责到底。

  本书第一篇,取名为"魔法入门篇",这样一个带"魔法"的名字,听起来的确有些雷人。实际上,里面介绍的内容与篇名并不十分相符。例如第 3 章,介绍的全是顶顶电子科技公司(以下简称顶顶电子)开发的一些单片机实验器材,字里行间流露出"推销产品"的言辞,大有"王婆卖瓜"之嫌,哪有什么"魔法"可言?不过,如果您睁大眼睛,还是可以看到一点"魔法"的影子的。就拿其中的 DD-51 编程器来说,如果单从功能上考虑,和其他同类编程器 PK 起来一点都不占优势,但不同的是,该编程器会随机提供下位机 C 语言源程序、上位机 VB 源程序,以及详细的制作原理与制作说明。这对于喜欢编程器设计与 DIY 的朋友来说绝对会"着迷入魔",甚至会发出"踏破铁鞋无觅处,得来全不费功夫"的感叹!再比如,第一篇第 4 章,以一个 LED 流水灯为例,演示了如何设计与制作硬件电路,如何利用 Keil C51 软件编写源程序,编译成 Hex 文件,如何利用仿真器进行硬件仿真调试,以及如何利用编程器进行程序的编程与下载等内容。这对于从未接触过单片机的初学者来说,只要按照书中所述内容进行学习和操作,即可很快地熟悉单片机实验开发的全过程。总之,第一篇冠之"魔法"二字,虽说有些牵强附会、言过其辞,但的确可以让初学者快速入门,相信读完本篇的您会有一个全面的认识。

  本书第二篇为"实例解析篇",这才是真正的"积木篇"。如果说第一篇全是"费话",那么这第二篇您可要看仔细了,这其中的"费话"较少,其中大部分都是一些实用"小实例",这些实例涉及中断、定时器、串行通信、键盘接口、LED 数码管、LCD 显示器、DS1302 时钟芯片、EEPROM 存储器、单片机看门狗、温度传感器 DS18B20、红外和无线遥控电路、A/D 和 D/A 转换器、电机、语音电路、LED 点阵屏及 IC 卡等多个方面。在该篇中,笔者根据多年的开发经验,通过归纳整理,总结了很多通用子程序(函数)。这些子程序(函数)具有极高的通用性,稍作修改甚至不用修改,即可移植到其他程序中,因此,把这些通用子程序(函数)比喻成一块块"积木"一点都不为过。

  本书第三篇为"开发揭秘篇",实际上也可称为"积木组合篇"。在本篇中,通过几个综合实例,详细介绍了如何将一块块"积木"组合成所要的"飞机大炮"、"高楼大厦"……这就是我们向往已久的终极目标。要知道,本篇中的硬件电路和源程序是笔者多年来积累的珍贵资料,将其全部奉献出来,是经过激烈思想斗争的!另外,本篇还揭示了"积木"组合过程中的一些小技巧、小经验、小秘密,虽然这些知识称不上"至关重要",但绝对称得上"十分重要",希望读者不要错过。

  为方便读者学习,本书配备了一张多媒体光盘,光盘中收集了书中所有源程序、工具软件和实例演示视频等内容,建议读者在进行实验时,先看一遍视频演示,再动手实验,这样学习起来会十分顺手。

在编写本书过程中,参阅了《无线电》、《单片机与嵌入式系统应用》等杂志,并从互联网上搜索了一些有价值的资料,由于其中的很多资料经过多次转载,已经很难查到原始出处,仅在此向资料提供者表示感谢。

参与本书编写的人员有刘建清、王春生、李凤伟、陈素侠、孙保书、刘为国、陈培军等,最后由中国电子学会高级会员刘建清先生组织定稿。在编写本书工作中,北京航空航天大学出版社的嵌入式系统事业部主任胡晓柏也做了大量耐心细致的工作,使得本书得以顺利完成,在此表示衷心感谢! 由于编著者水平有限,加之时间仓促,书中难免会有疏漏和不足之处,恳请专家和读者不吝赐教。

如果您在使用本书的过程中有任何问题、意见或建议,请登录顶顶电子网站(www.ddmcu.taobao.com),也可通过 E-mail(ddmcu@163.com)提出,我们将为您提供超值延伸服务。

最后,请记住我们的诺言:顶顶电子携助你,轻松玩转单片机!

刘建清
2010 年 8 月

| 8.1 | 串行通信基本知识 | 136 |
| 8.2 | RS232 和 RS485 串行通信实例解析 | 145 |

第 9 章　键盘接口实例解析　157
9.1	键盘接口电路基本知识	157
9.2	键盘接口电路实例解析	159
9.3	PS/2 键盘接口介绍及实例解析	184

第 10 章　LED 数码管实例解析　191
| 10.1 | LED 数码管基本知识 | 191 |
| 10.2 | LED 数码管实例解析 | 195 |

第 11 章　LCD 显示实例解析　217
11.1	字符型 LCD 基本知识	217
11.2	字符型 LCD 实例解析	227
11.3	12864 点阵型 LCD 介绍与实例解析	242

第 12 章　时钟芯片 DS1302 实例解析　255
| 12.1 | 时钟芯片 DS1302 基本知识 | 255 |
| 12.2 | DS1302 读/写实例解析 | 261 |

第 13 章　EEPROM 存储器实例解析　269
13.1	24CXX 实例解析	269
13.2	93CXX 介绍及实例解析	282
13.3	STC89C 系列单片机内部 EEPROM 的使用	285

第 14 章　单片机看门狗实例解析　290
| 14.1 | 单片机看门狗基本知识 | 290 |
| 14.2 | 单片机看门狗实例解析与演练 | 292 |

第 15 章　温度传感器 DS18B20 实例解析　296
| 15.1 | 温度传感器 DS18B20 基本知识 | 296 |
| 15.2 | DS18B20 数字温度计实例解析 | 301 |

第 16 章　红外遥控和无线遥控实例解析　319
16.1	红外遥控基本知识	319
16.2	红外遥控实例解析	321
16.3	无线遥控电路介绍与演练	331

第 17 章　A/D 和 D/A 转换电路实例解析　337
| 17.1 | A/D 转换电路介绍及实例解析 | 337 |
| 17.2 | D/A 转换电路介绍及实例解析 | 344 |

第 18 章　步进电机、直流电机和舵机实例解析　348
18.1	步进电机实例解析	348
18.2	直流电机介绍及实例解析	363
18.3	舵机介绍及实例解析	368

第 19 章　单片机低功耗模式实例解析　373
| 19.1 | 单片机低功耗模式基本知识 | 373 |

目 录

第一篇　魔法入门篇

第1章　51单片机基本组成 ... 3
1.1　单片机的内部结构和外部引脚 ... 3
1.2　单片机的存储器 ... 7
1.3　单片机的最小系统电路 ... 8

第2章　单片机C语言入门 ... 10
2.1　认识C语言 ... 10
2.2　简单的C语言程序 ... 12

第3章　单片机低成本实验设备的制作与使用 ... 18
3.1　DD-900实验开发板介绍 ... 18
3.2　编程器的制作与使用 ... 35
3.3　仿真器的制作与使用 ... 41

第4章　30 min熟悉单片机C语言开发全过程 ... 45
4.1　单片机实验开发软件"吐血推荐" ... 45
4.2　单片机C语言开发过程"走马观花" ... 46

第5章　单片机C语言重点难点剖析 ... 61
5.1　C51基本知识 ... 61
5.2　C51基本语句 ... 73
5.3　C51函数 ... 82
5.4　C51数组 ... 89
5.5　C51指针 ... 93
5.6　C51结构、共同体与枚举 ... 99

第二篇　实例解析篇

第6章　中断系统实例解析 ... 107
6.1　中断系统基本知识 ... 107
6.2　中断系统实例解析 ... 112

第7章　定时/计数器实例解析 ... 117
7.1　定时/计数器基本知识 ... 117
7.2　定时/计数器实例解析 ... 123

第8章　RS232和RS485串行通信实例解析 ... 136

19.2 单片机低功耗模式实例解析 ………………………………………………………… 374
第 20 章 语音电路实例解析 ………………………………………………………… 378
20.1 语音电路基本知识 …………………………………………………………………… 378
20.2 ISD4000 语音开发板与驱动程序的制作 …………………………………………… 383
20.3 语音电路实例解析 …………………………………………………………………… 390
第 21 章 LED 点阵屏实例解析 ………………………………………………………… 404
21.1 LED 点阵屏基本知识 ……………………………………………………………… 404
21.2 LED 点阵屏开发板的制作 ………………………………………………………… 405
21.3 汉字显示原理及扫描码的制作 ……………………………………………………… 411
21.4 LED 点阵屏实例解析 ……………………………………………………………… 412
第 22 章 IC 卡实例解析 ………………………………………………………………… 435
22.1 IC 卡基本知识 ……………………………………………………………………… 435
22.2 SLE4442 逻辑加密卡实例解析 …………………………………………………… 438

第三篇 开发揭秘篇

第 23 章 基于 DTMF 远程控制器/报警器的设计与制作 ……………………………… 453
23.1 DTMF 基础知识 …………………………………………………………………… 453
23.2 基于 DTMF 的远程控制器/报警器 ………………………………………………… 458
第 24 章 智能电子密码锁的设计与制作 ……………………………………………… 465
24.1 智能电子密码锁功能介绍及组成 …………………………………………………… 465
24.2 智能电子密码锁的设计 ……………………………………………………………… 466
第 25 章 在 VB 下实现 PC 机与单片机的通信 ……………………………………… 471
25.1 PC 机与单片机串行通信介绍 ……………………………………………………… 471
25.2 PC 机与一个单片机温度监控系统通信 …………………………………………… 479
25.3 PC 机与多个单片机温度监控系统通信 …………………………………………… 485
第 26 章 基于 nRF905 无线通信温度监控系统的设计与制作 ……………………… 503
26.1 基于 nRF905 无线通信温度监控系统的组成及功能 ……………………………… 503
26.2 nRF905 芯片基本知识 ……………………………………………………………… 504
26.3 基于 nRF905 无线通信温度监控系统的设计 ……………………………………… 508
第 27 章 简单实用 51 编程器的设计、制作与使用 …………………………………… 514
27.1 51 编程器硬件电路的设计 ………………………………………………………… 514
27.2 DD-51 编程器下位机监控程序的设计 …………………………………………… 522
27.3 DD-51 编程器上位机程序的设计 ………………………………………………… 535
27.4 DD-51 编程器的制作与使用 ……………………………………………………… 541
第 28 章 单片机高级开发技术指南 …………………………………………………… 542
28.1 USB 接口设备的开发 ……………………………………………………………… 542
28.2 FM 数字调谐收音机的开发 ………………………………………………………… 550
28.3 SD 卡的开发 ………………………………………………………………………… 552
28.4 CAN 总线的开发 …………………………………………………………………… 554

28.5	GSM 模块的开发	557
28.6	GPS 模块的开发	563
28.7	微型打印机的开发	565

第29章 单片机开发深入揭秘与研究 567
29.1	程序错误剖析	567
29.2	程序错误的常用排错方法	571
29.3	热启动与冷启动探讨	578
29.4	外部存储器的扩展	579
29.5	RTX-51 操作系统的应用	586
29.6	单片机 C 语言与汇编语言混合编程	589

附录 配套实验开发板说明 590

参考文献 592

第一篇　魔法入门篇

本篇知识要点：
➢ 51 单片机基本组成；
➢ 单片机 C 语言入门；
➢ 单片机低成本实验设备的制作与使用；
➢ 30 min 熟悉单片机 C 语言开发全过程；
➢ 单片机 C 语言重点难点剖析。

第1章

51 单片机基本组成

随着单片机技术的不断发展,已有越来越多的人从汇编语言逐渐过渡到高级语言进行开发,其中以 C 语言为主。目前,市场上常用的单片机均有 C 语言开发环境,这为单片机"玩家"学习 C 语言开发技术提供了非常大的方便。采用 C 语言编程时,不必对单片机的硬件结构有深入的理解,而只需了解单片机的基本组成、结构和常用寄存器用法,这便大大降低了单片机入门门槛并缩短了开发周期。如果读者想在单片机行业有所建树,采用 C 语言编程是最好的选择。

1.1 单片机的内部结构和外部引脚

1.1.1 单片机的内部结构

虽然单片机型号众多,但它们的结构却基本相同,主要包括中央处理器(CPU)、存储器(程序存储器和数据存储器)、定时/计数器、并行接口、串行接口和中断系统等几大单元。图 1-1 所示是 51 单片机内部结构框图。

可以看出,51 单片机虽然只是一个芯片,但"麻雀虽小,五脏俱全",作为计算机应该具有的基本部件在单片机内部几乎都包括,因此,51 单片机实际上已经是一个简单的微型计算机系统。

1. 中央处理器(CPU)

中央处理器(CPU)是整个单片机的核心部件,是 8 位数据宽度的处理器,能处理 8 位二进制数据或代码。CPU 负责控制、指挥和调度整个单元系统协调工作,完成运算和控制输入/输出功能等操作。

2. 存储器

存储器分为程序存储器(ROM)和数据存储器(RAM)两种,前者存放调试好的固定程序和常数,后者存放一些随时有可能变动的数据。

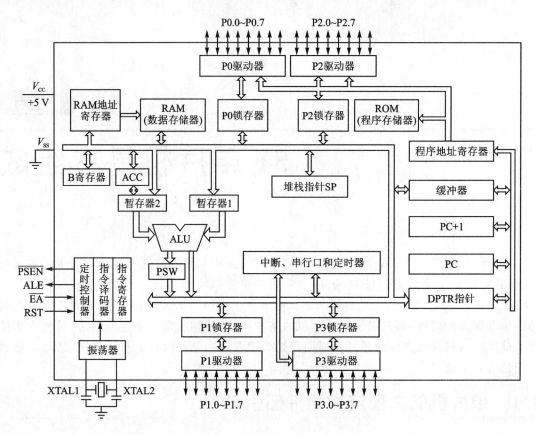

图 1-1 51 单片机内部结构框图

3. 定时/计数器

单片机除了进行运算外,还要完成控制功能,所以离不开计数和定时。因此,在单片机中就设置有定时/计数器。

4. 并行输入/输出(I/O)口

51 单片机共有 4 组 8 位 I/O 口(P0、P2、P1 和 P3),用于与外部数据进行并行传输。

5. 全双工串行口

51 单片机内置一个全双工串行通信口,用于与其他设备间进行串行数据传输。

6. 中断系统

51 单片机具备较完善的中断功能,一般包括外中断、定时/计数器中断和串行中断,以满足不同的控制要求。

现在,我们已经知道了单片机的组成。实际上,单片机内部有一条将它们连接起来的"纽带",即所谓的"内部总线"。而 CPU、ROM、RAM、I/O 口、中断系统等就分布在此总线的两旁,并和它连通。因此,一切指令、数据都可经内部总线传送。

以上介绍的是基本 51 单片机基本组成,其他各种型号的 51 单片机,如 STC89C5X、AT89S5X 等,都是在基本 51 单片机内核的基础上进行功能上的增强和改装而成的。

1.1.2 单片机的外部引脚

虽然 51 单片机型号众多,但同一封装的 51 单片机及其引脚配置基本一致,图 1-2 所示是采用 PDIP40(40 引脚双列直插式)封装的 51 单片机引脚配置图。

40 个引脚中,正电源和地线 2 个,外置石英振荡器的时钟线 2 个,复位引脚 1 个,控制引脚 3 个,4 组 8 位 I/O 口线 32 个。

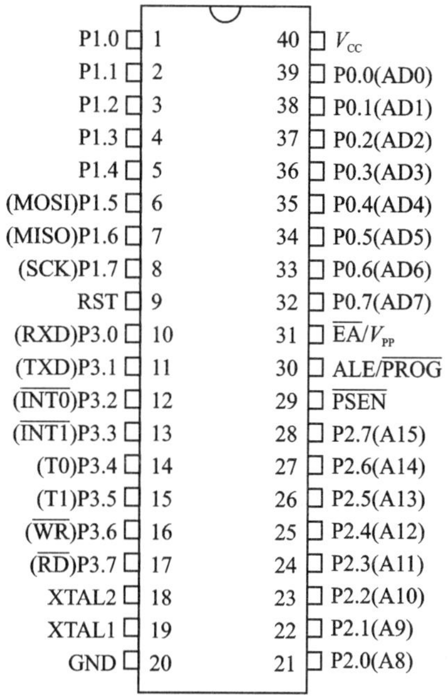

1. 电源和接地引脚(2个)

V_{SS}(第 20 引脚):接地引脚。

V_{CC}(第 40 引脚):正电源引脚,接+5 V 电源。

2. 外接晶体引脚(2个)

XTAL1(第 19 引脚):时钟 XTAL1 引脚,片内振荡电路的输入端。

XTAL2(第 18 引脚):时钟 XTAL2 引脚,片内振荡电路的输出端。

时钟电路为单片机产生时序脉冲,单片机所有运算与控制过程都是在统一的时序脉冲驱动下进行的,时钟电路就好比人的心脏,如果人的心跳停止了,人就……同样,如果单片机的时钟电路停止工作,那么单片机也就停止运行了。

图 1-2 51 单片机引脚配置图

51 单片机的时钟有两种方式。一种是片内时钟振荡方式,但需在第 18 和第 19 引脚外接石英晶体和振荡电容。另外一种是外部时钟方式,即将外引脉冲信号从 XTAL1 引脚注入,而 XTAL2 引脚悬空。

3. 复位电路

RST(第 9 引脚):复位信号引脚。

当振荡器运行时,在此引脚上出现 2 个机器周期以上的高电平将使单片机复位。一般在此引脚与 V_{SS} 之间连接一个下拉电阻,与 V_{CC} 引脚之间连接一个电容。单片机复位后,从程序存储器的 0000H 单元开始执行程序,并初始化一些专用寄存器为复位状态值。

4. 控制引脚(3个)

$\overline{PSEN}$(第 29 引脚):外部程序存储器的读选通信号。在读外部程序存储器时,$\overline{PSEN}$ 产生负脉冲,以实现对外部程序存储器的读操作。

ALE/$\overline{PROG}$(第 30 引脚):地址锁存允许信号。当访问外部存储器时,ALE 用来锁存 P0 扩展地址低 8 位的地址信号;在不访问外部存储器时,ALE 端以固定频率(时钟振荡频率的 1/6)输出,可用于外部定时或其他需要。另外,该引脚还是一个复用引脚,在编程其间,将用于输入编程脉冲。

$\overline{EA}/V_{PP}$(第 31 引脚):内外程序存储器选择控制引脚。当 $\overline{EA}$ 接高电平时,单片机先从内部程序存储器取指令,当程序长度超过内部 Flash ROM 的容量时,自动转向外部程序存储器;当$\overline{EA}$为低电平时,单片机则直接从外部程序存储器取指令。例如,AT89S51/52 单片机内部有 4 KB/8 KB 的程序存储器,因此,一般将$\overline{EA}$接到+5 V 高电平,让单片机运行内部的程序。而对于内部无程序存储器的 8031(现在已很难见到了!),$\overline{EA}$端必须接地。另外,$\overline{EA}/V_{PP}$还是一个复用引脚,在用通用编程器编程时,V_{PP}引脚需加上 12 V 的编程电压。

5. 输入/输出引脚(32 个)

(1) P0 口 P0.0~P0.7(第 39~32 引脚)

P0 口是一个 8 位漏极开路的双向 I/O 口,需外接上拉电阻,每根口线可以独立定义为输入或输出,输入时须先将口置 1。P0 口还具有第二功能,即作为地址/数据总线。当作为数据总线用时,输入 8 位数据;而当作为地址总线用时,则输出 8 位地址。

(2) P1 口 P1.0~P1.7(第 1~8 引脚)

P1 口是一个带有内部上拉电阻的 8 位准双向 I/O 口,每根口线可以独立定义为输入或输出,输入时须先将口置 1。由于它的内部有一个上拉电阻,所以连接外围负载时不需要外接上拉电阻,这一点与下面将要介绍的 P2、P3 口都一样,与上面介绍的 P0 口不同,请读者特别注意!

对于 AT89S51/52 单片机,P1 口的部分引脚还具有第二功能,如表 1-1 所列。

表 1-1　AT89S51/52 单片机 P1 口部分引脚的第二功能

引脚	第二功能	适用单片机	备注
P1.0	定时/计数器 2 外部输入(T2)	AT89S52	AT89S51 只有 T0、T1 两个定时/计数器; AT89S52 有 T0、T1、T2 三个定时/计数器
P1.1	定时/计数器 2 捕获/重载触发信号和方向控制(T2EX)	AT89S52	
P1.5	主机输出/从机输入数据信号(MOSI)	AT89S51/52	这是 SPI 串行总线接口的三个信号,用来对 AT89S51/52 单片机进行 ISP 下载编程
P1.6	主机输入/从机输出数据信号(MISO)	AT89S51/52	
P1.7	串行时钟信号(SCK)	AT89S51/52	

顺便说一下,STC89C51/C52 与 AT89S51/52 有所不同,其 P1.5、P1.6、P1.7 引脚没有第二功能,STC89C51/C52 的 ISP 下载编程是通过串口进行的。

(3) P2 口 P2.0~P2.7(第 21~28 引脚)

P2 口是一个带有内部上拉电阻的 8 位准双向 I/O 口,每根口线可以独立定义为输入或输出,输入时须先将口置 1。由于它的内部有一个上拉电阻,所以连接外围负载时不需要外接上拉电阻。同时,P2 口还具有第二功能,在访问外部存储器时,它送出地址的高 8 位,并与 P0 口输出的低地址一起构成 16 位的地址线,从而可以寻址 64 KB 的存储器(程序存储器或数据存储器),P2 口的第二功能很少使用,请读者不必深究。

(4) P3 口 P3.0~P3.7(第 10~17 引脚)

P3 口是一个带有内部上拉电阻的 8 位准双向 I/O 口,每根口线可以独立定义为输入或输出,输入时须先将口置 1。由于它的内部有一个上拉电阻,所以连接外围负载时不需要外接上拉电阻。同时,P3 口还具有第二功能,第二功能如表 1-2 所列。这里要说明的是,当 P3 口的某些口线作为第二功能使用时,不能再把它当作通用 I/O 使用,但其他未使用的口线可作为通用 I/O 口线。

P3 口的第二功能应用十分广泛,会在后续章节中进行详细说明。

表 1-2 P3 口的第二功能

引脚	第二功能	引脚	第二功能
P3.0	串行数据接收(RXD)	P3.4	定时/计数器 0 外部输入(T0)
P3.1	串行数据发送(TXD)	P3.5	定时/计数器 1 外部输入(T1)
P3.2	外部中断 0 输入($\overline{INT0}$)	P3.6	外部 RAM 写选通信号($\overline{WR}$)
P3.3	外部中断 1 输入($\overline{INT1}$)	P3.7	外部 RAM 读选通信号($\overline{RD}$)

1.2　单片机的存储器

众所周知,存储器分为程序存储器和数据存储器两部分,顾名思义,程序存储器用来存放程序,数据存储器用来存放数据。那么,什么是程序?什么是数据呢?它们又是怎样存放的呢?

程序就是我们"费九牛二虎之力"编写的代码,需要用通用编程器、下载线等写到单片机的程序存储器中,写好后,单片机就可以按照要求进行工作了。由于断电后要求程序不能丢失,因此,程序存储器必须采用 ROM、EPROM、Flash ROM 等类型。

程序写到单片机后,需要通电运行,程序运行过程中,需要产生大量中间数据和运行结果,这些数据放在什么地方呢?就放在数据存储器中,由于这些数据一般不要求进行断电保存,因此,数据存储器大都采用 RAM 类型。

专家点拨:一些新型单片机如 STC89C51/52 等,内部还有 EEPROM 数据存储器。这类存储器主要用来存储一些表格、常数、密码等,存储后,即使掉电,数据也不会丢失。但是,由于 EEPROM 的写入速度相对较慢,须用几个 ms 才能完成 1 字节数据的写操作,如果使用 EEPROM 存储器替代 RAM 来存储变量,就会大幅度降低处理器的速度。同时,EEPROM 只能经受有限次数(一般在 10 万次左右)的写操作,所以,EEPROM 通常只是为那些在掉电的情况下需要保存的数据预留的,不能用 EEPROM 代替 RAM。另外,我们平时一提到数据存储器,一般指的也是 RAM,而不是 EEPROM。

不同的单片机,其存储器的类型及大小有所不同。例如,AT89S51 的程序存储器采用的是 4 KB 的 Flash ROM,数据存储器采用的是 128 字节的 RAM;AT89S52 的程序存储器采用的是 8 KB 的 Flash ROM,数据存储器采用的是 256 字节的 RAM。STC89C51/52 内部 Flash ROM 分别为 4 KB 和 8 KB,RAM 要大一些,均为 512 字节。一般情况下,单片机内部的存储器足够使用,如果内部存储器不够,则可进行扩展。扩展后的单片机系统就具有内部程序存储器、内部数据存储器、外部程序存储器和外部数据存储器 4 个存储空间。图 1-3 给出了 AT89S51/52 存储器的配置图。

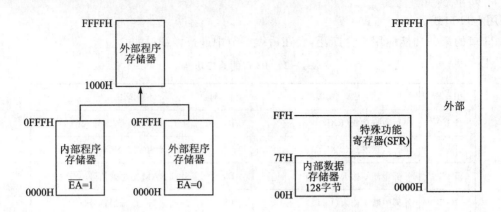

(a) AT89S51单片机存储器配置图

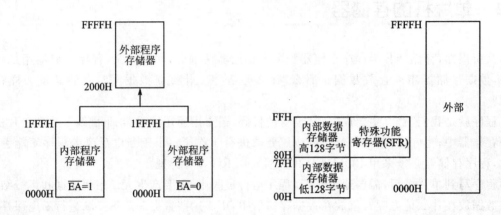

(b) AT89S52单片机存储器配置图

图 1-3　AT89S51/52 存储器配置图

1.3　单片机的最小系统电路

能让单片机运行起来的最小硬件连接就是单片机的最小系统电路。51 单片机的最小系统电路一般包括工作电源、振荡电路和复位电路等几部分，如图 1-4 所示。

1.3.1　单片机的工作电源

51 单片机的第 40 引脚接 5 V 电源，第 20 引脚接地，为单片机提供工作电源。由于目前的单片机均内含程序存储器，因此，在使用时，一般需要将第 31 引脚接电源（高电平）。

1.3.2　单片机的复位电路

复位是单片机的初始化操作，其主要功能是把 PC 初始化为 0000H，使单片机从 0000H

单元开始执行程序。除了进入系统的正常初始化之外,当由于程序运行出错或操作错误使系统处于死锁状态时,也需按复位键以重新启动。

51单片机的RST引脚是复位信号的输入端,复位信号是高电平有效,其有效时间应持续24个振荡脉冲周期(即2个机器周期)以上。通常为了保证应用系统可靠地复位,复位电路应使引脚RST保持10 ms以上的高电平。只要引脚RST保持高电平,单片机就循环复位。当引脚RST从高电平变为低电平时,单片机退出复位状态,从程序存储器的0000H地址开始执行用户程序。

复位操作有上电自动复位和按键手动复位两种方式。

上电复位的过程是在加电时,复位电路通过电容加给RST端一个短暂的高电平信号,此高电平信号随着V_{CC}对电容的充电过程而逐渐

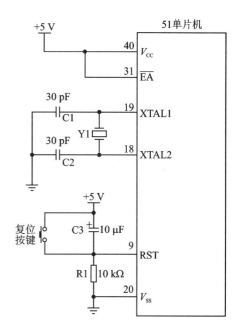

图1-4 单片机最小系统电路

回落,即RST端的高电平持续时间取决于电容的充电时间。

手动复位需要人为在复位输入端RST上加入高电平。一般采用的办法是在RST端和正电源V_{CC}之间接一个按钮,当按下按钮时,V_{CC}的+5 V电平就会直接加到RST端。即使按下按钮的动作较快,也会使按钮保持接通达数十毫秒,所以,保证能满足复位的时间要求。

1.3.3 单片机的时钟电路

时钟电路用于产生时钟信号,单片机本身是一个复杂的同步时序电路,为了保证同步工作方式的实现,单片机应设有时钟电路。

在单片机芯片内部有一个高增益反相放大器,其输入端为芯片引脚XTAL1,输出端为引脚XTAL2,在芯片的外部通过这两个引脚跨接晶体振荡器和微调电容,形成反馈电路,就构成了一个稳定的自激振荡器,如图1-5所示。

电路中对电容C1和C2的要求不是很严格,如使用高质的晶振,则不管频率多少,C1、C2一般都选择30 pF。对于AT89S51/52单片机,晶体的振荡频率范围是0~33 MHz。晶体振荡频率高,则系统的时钟频率也高,单片机运行速度也就快。

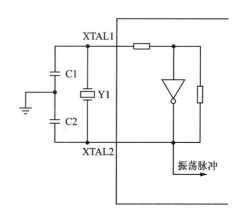

图1-5 单片机的振荡电路

第 2 章
单片机 C 语言入门

51单片机的编程语言主要有两种:汇编语言和C语言。汇编语言的机器代码生成效率很高,但可读性却并不强,复杂一点的程序就更是难读懂;而C语言虽然在机器代码生成效率方面不如汇编语言,但可读性和可移植性却远远超过汇编语言,而且C语言还可以嵌入汇编来解决高时效性的代码编写问题。因此,在掌握一定汇编语言的基础上,就需要进一步学习C语言编程了。

2.1 认识C语言

2.1.1 C语言的特点

C语言是一种结构化语言。它层次清晰,便于按模块化方式组织程序,易于调试和维护。C语言的表现能力和处理能力极强,它不仅具有丰富的运算符和数据类型,便于实现各类复杂的数据结构,它还可以直接访问内存的物理地址,进行位(bit)一级的操作。由于C语言实现了对硬件的编程操作,因此,C语言集高级语言和低级语言的功能于一体,效率高,可移植性强,特别适合单片机系统的编程与开发。

2.1.2 单片机采用C语言编程的好处

与汇编语言相比,C语言在功能性、结构性、可读性、可维护性上有明显的优势,因而易学易用。用过汇编语言后再使用C语言来开发,体会更加深刻。下面简要说明单片机采用C语言编程的几点好处。

1. 语言简洁,使用方便、灵活

C语言是现有程序设计语言中规模最小的语言之一,其关键字很少,ANSI C标准一共只有32个关键字,9种控制语句,压缩了一切不必要的成分。C语言的书写形式比较自由,表达方法简洁,使用一些简单的方法就可以构造出相当复杂的数据类型和程序结构。同时,当前几乎所有单片机都有相应的 C 语言级别的仿真调试系统,调试十分方便。

2. 代码编译效率较高

当前,较好的 C 语言编译系统编译出来的代码效率只比直接使用汇编语言低 20% 左右,如果使用优化编译选项甚至可以更低。况且,随着单片机技术的发展,ROM 空间不断提高,51 系列单片机中,片上 ROM 空间做到 32 KB、64 KB 的比比皆是,代码效率所差的 20% 已经不是一个重要问题。

3. 无须深入理解单片机的内部结构

采用汇编语言进行编程时,编程者必须对单片机的内部结构及寄存器的使用方法十分清楚。在编程时,一般还要进行 RAM 分配,稍不小心,就会发生变量地址重复或冲突。

采用 C 语言进行设计,则不必对单片机硬件结构有很深入的了解,编译器可以自动完成变量存储单元的分配,编程者可以专注于应用软件部分的设计,大大加快了软件的开发速度。

4. 可进行模块化开发

C 语言以函数作为程序设计的基本单位,其程序中的函数相当于汇编语言中的子程序。各种 C 语言编译器都会提供一个函数库,此外,C 语言还具有自定义函数的功能。用户可以根据自己的需要编制满足某种特殊需要的自定义函数(程序模块),这些程序模块可不经修改,直接被其他项目所用。因此,采用 C 语言编程,可以最大程度地实现资源共享。

5. 可移植性好

用过汇编语言的读者都知道,即使是功能完全相同的一种程序,对于不同的单片机,必须采用不同的汇编语言来编写。这是因为汇编语言完全依赖于单片机硬件。C 语言是通过编译来得到可执行代码的,本身不依赖机器硬件系统,用 C 语言编写的程序基本上不用修改或者进行简单的修改,即可方便地移植到另一种结构类型的单片机上。

6. 可以直接操作硬件

C 语言具有直接访问单片机物理地址的能力,可以直接访问片内或片外存储器,还可以进行各种位操作。

介绍到这里,笔者想说一下自己学习单片机编程的一个小插曲。在 20 世纪 90 年代中期,笔者最初接触单片机时,觉得 51 就是单片机,单片机就是 51,根本不知道还有其他单片机的存在。那时,学习的是汇编语言,根本不知道用 C 语言也可以进行单片机开发。幸运的是,笔者有一个同事,比较精通 C 语言,在一起开发一个项目时,才真正发现 C 语言的威力。于是,在同事的影响下,便开始使用 C 语言进行单片机编程,并且一发而不可收!其实笔者也很庆幸学习和使用了两年多的汇编语言,由于有这些锻炼,对单片机底层结构和接口时序就很清楚。在使用 C 语言开发时,优化代码和处理中断也就不会太费劲。笔者认为,虽然现在绝大部分单片机开发都使用 C 语言,这样对于项目的开展从时间上快了很多,在管理上也规范了不少,但是从学习和想深入掌握单片机精髓的角度来说,还是需要掌握汇编语言的使用,等掌握到一定程度后,再学习单片机 C 语言编程,就会十分方便和容易。

总之,用 C 语言进行单片机程序设计是单片机开发与应用的必然趋势,我们一旦学会使用 C 语言之后,就会对它爱不释手,尤其是进行大型单片机应用程序开发,C 语言几乎是唯一的选择。

2.1.3 如何学习单片机 C 语言

C 语言常用语法不多,尤其是单片机的 C 语言常用语法更少,初学者没有必要将 C 语言的所有内容都学习一遍,只要跟着本书学下去,当遇到难点时,停下来适当地查阅 C 语言基础教材里的相关部分,便会很容易掌握。有关 C 语言的基础教材较多,在这里,笔者向大家推荐谭浩强的《C 程序设计》一书,该书语言通俗,实例丰富,十分适合初学者学习和查阅。

C 语言仅仅是一个编程语言,其本身并不难,难的是如何灵活运用 C 语言编写出结构完善的单片机程序。要达到这一点,就必须花费大量的时间进行实践、实验,光看书不动手,等于纸上谈兵,很难成功!因此,本书主要是通过不断地实践、实战,使读者在玩中学,在学中玩,步步为营,步步深入,使自己在不知不觉中,成为单片机的编程高手。

2.2 简单的 C 语言程序

2.2.1 一个简单的流水灯程序

下面先来看一个实例。该例的功能十分简单,就是让单片机 P0 口的 LED 灯按流水灯的形式进行闪烁,每个 LED 灯的闪烁时间为 0.5 s,其硬件电路如图 2-1 所示。

图中采用 STC89C51 单片机,这种单片机属于 80C51 系列,其内部有 4 KB 的 FLASH ROM 和 512 字节的 RAM,并且可以通过串口进行 ISP 程序下载,不需要反复插拔芯片,非常适于做实验。STC89C51 的 P0 引脚上接 8 个发光二极管,R00~R07 为限流电阻,以免 LED 被烧坏。由于 P0 口是漏极开路的双向 I/O 口,需外接上拉电阻,图中的 RN01 就是 P0 口的外接上拉电阻排。

根据要求,用 C 语言编写的程序如下:

```c
#include<reg51.h>
#define uint unsigned int
sbit    P00 = P0^0;             //定义位变量
sbit    P01 = P0^1;
sbit    P02 = P0^2;
sbit    P03 = P0^3;
sbit    P04 = P0^4;
sbit    P05 = P0^5;
sbit    P06 = P0^6;
sbit    P07 = P0^7;
void Delay_ms(uint xms)         //延时程序,xms 是形式参数
{
    uint i, j;
    for(i = xms;i>0;i--)        // i = xms,即延时 xms,xms 由实际参数传入一个值
    {
```

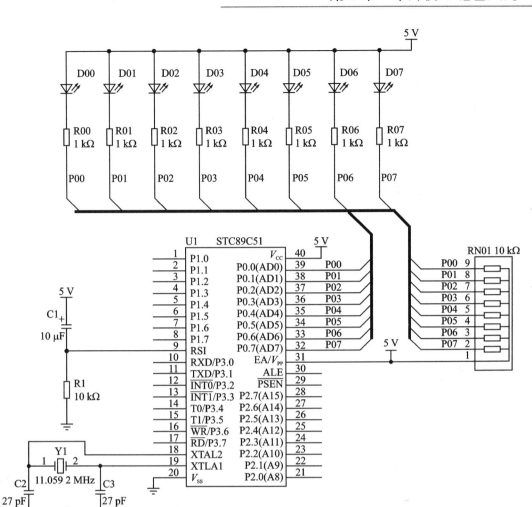

图 2-1 点亮 P0 口 LED 灯电路

```
        for(j = 115;j>0;j--)
        {;}                    //此处分号不可少,表示是一个空语句
    }
}
void main()
{
    while(1)                   //循环显示
    {
        P00 = 0;               //P00 引脚灯亮
        Delay_ms (500);        //将实际参数 500 传递给形式参数 xms,延时 0.5 s
        P00 = 1;               //P00 引脚灯灭
        P01 = 0;               //P01 引脚灯亮
        Delay_ms (500);
        P01 = 1;               //P01 引脚灯灭
        P02 = 0;               //P02 引脚灯亮
```

```
            Delay_ms (500);
            P02 = 1;              //P02 引脚灯灭
            P03 = 0;              //P03 引脚灯亮
            Delay_ms (500);
            P03 = 1;              //P03 引脚灯灭
            P04 = 0;              //P04 引脚灯亮
            Delay_ms (500);
            P04 = 1;              //P04 引脚灯灭
            P05 = 0;              //P05 引脚灯亮
            Delay_ms (500);
            P05 = 1;              //P05 引脚灯灭
            P06 = 0;              //P06 引脚灯亮
            Delay_ms (500);
            P06 = 1;              //P06 引脚灯灭
            P07 = 0;              //P07 引脚灯亮
            Delay_ms (500);
            P07 = 1;              //P07 引脚灯灭
        }
    }
```

该源程序在 ch2/ch2_1 文件夹中。

这里，采用单片机 C 语言编译器 Keil C51 软件作为开发环境，关于 Keil C51 软件的详细内容，将在本书第 4 章进行介绍。

下面对这个程序进行简要的分析。

程序的第 1 行是"文件包含"。所谓"文件包含"，是指一个文件将另外一个文件的内容全部包含进来。因此，这里的程序虽然只有几行，但 C 编译器（Keil C51 软件）在处理时却要处理几十行或几百行。为加深理解，可以用任何一个文本编辑器打开 Keil\C51\inc 文件夹下面的 reg51.h 来看一看里面有什么内容。在 C 编译器处理这个程序时，这些内容也会被处理。这个程序包含 reg.h 的目的就是为了使用 P0 这个符号，即通知 C 编译器程序中所写的 P0 是指 80C51 单片机的 P0 端口，而不是其他变量，这是如何做到的呢？用写字板程序打开 reg.h 显示如下：

```
#ifndef __REG51_H__
#define __REG51_H__
/*   BYTE Register   */
sfr P0 = 0x80;
sfr P1 = 0x90;
sfr P2 = 0xA0;
sfr P3 = 0xB0;
    ⋮
#endif
```

可以看到"sfr P0 = 0x80;"，即定义符号 P0 与地址 0x80 对应，熟悉 80C51 内部结构的读者不难看出，P0 口的地址就是 0x80。

程序的第 2 行是一个宏定义语句，注意后面没有分号，#define 命令用它后面的第一个字母组合代替该字母组合后面的所有内容,也就是相当于给"原内容"重新命名一个比较简单的"新名称",方便以后在程序中写简短的新名称,而不必每次都写烦琐的原内容。该例中,使用宏定义的目的就是将 unsigned int 用 uint 代替,在上面的程序中可以看到,在需要定义 unsigned int 类型变量时,并没有写 unsigned int,取而代之的是 uint。

程序的第 3~10 行用符号 P00~P07 来表示 P0 口的 P0.0~P0.7 八个引脚。在 C 语言里,如果直接写 P0.0、P0.1…P0.7,C 编泽器并不能识别,而且它们不是一个合法的 C 语言变量名,因此得给它另命一个名字。这里命名为 P00~P07,可是 P00~P07 是否就是 P0.0~P0.7 呢?C 编译器可不这么认为,所以必须给它们建立联系,这里使用了 Keil C51 的保留字 sbit 来定义。

main 称为"主函数",每一个 C 语言程序有且只有一个主函数,函数后面一定有一对大括号"{}",在大括号里面书写其他程序。

Delay_ms(500)的用途是延时,由于单片机执行指令的速度很快,如果不进行延时,灯亮之后马上就灭,灭了之后马上就亮,速度太快,人眼根本无法分辨,所以需要进行适当的延时。这里采用自定义函数 Delay_ms(500),以延时 0.5 s 的时间,函数前面的 void 表示该延时函数没有返回值。

Delay_ms(500)函数是一个自定义函数,它不是由 Keil C51 编译器提供的,即不能在任何情况下写这样一行程序以实现延时,如果在编写其他程序时写上这么一行,会发现编译通不过。注意观察本程序会发现,在使用 Delay_ms(500)之前,第 11~16 行已对 Delay_ms(uint xms)函数进行了事先定义,因此,在主程序中才能采用 Delay_ms(500)进行使用。

注意,在延时函数 Delay_ms(uint xms)定义中,参数 xms 被称作"形式参数"(简称形参);而在调用延时函数 Delay_ms(500)中,小括号里的数据"500"被称作"实际参数"(简称实参)。参数的传递是单向的,即只能把实参的值传给形参,而不能把形参的值传给实参。另外,实参可以在一定范围内调整,这里用 500 来要求延时时间为 0.5 s,如果是 1 000,则延时时间是 1 000 ms,即 1 s。

在延时函数 Delay_ms(uint xms)内部,采用了两层嵌套 for 语句,如下所示:

```
void Delay_ms(uint xms)              //延时程序,xms 是形式参数
{
    uint i,j;
    for(i=xms;i>0;i--)               // i=xms,即延时 xms,xms 由实际参数传入一个值
    {
        for(j=115;j>0;j--)
        {;}                          //此处分号不可少,表示是一个空语句
    }
}
```

在这个延时函数中,采用的是一种比较正规的形式。C 语言规定,当循环语句后面的大括号只有一条语句或为空时,可省略大括号。因此,上面两个 for 循环语句中的大括号都可以省略,也就是说,可以采用以下简化的形式:

```
void Delay_ms(uint xms)              //延时程序,xms 是形式参数
{
```

```c
    uint i, j;
    for(i = xms;i>0;i--)
        for(j = 115;j>0;j--);        //此处分号不可少
}
```

第一个 for 后面没有分号,那么编译器就会认为第二个 for 语句就是第一个 for 语句的内部语句,而第二个 for 语句后面有分号,编译器就会认为第二个 for 语句内部语句为空。程序在执行时,第一个 for 语句中的 i 每减一次,第二个 for 语句便执行 115 次,因此上面这个例子便相当于共执行了 xms×115 次 for 语句。通过改变 xms 变量的值,可以改变延时时间。

2.2.2 利用 C51 库函数实现流水灯

上面介绍的程序虽然可以实现流水灯的功能,但程序比较烦琐。下面采用 C51 自带的库函数_crol()_()来实现,具体源程序如下:

```c
#include<reg51.h>
#include<intrins.h>
#define uint unsigned int
#define uchar unsigned char
void Delay_ms(uint xms)             //延时程序,xms 是形式参数
{
    uint i, j;
    for(i = xms;i>0;i--)            // i = xms,即延时 xms,xms 由实际参数传入一个值
        for(j = 115;j>0;j--);       //此处分号不可少
}
void main()
{
    uchar led_data = 0xfe;          //给 led_data 赋初值 0xfe,点亮第一个 LED 灯
    while(1)                        //大循环
    {
        P0 = led_data;
        Delay_ms(500);
        led_data = _crol_( led_data,1);  //将 led_data 循环左移 1 位再赋值给 led_data
    }
}
```

该源程序在 ch2/ch2_2 文件夹中。

显然,这个流水灯程序比上面的流水灯程序要简洁得多,下面简要进行说明。

程序中,_crol_是一个库函数,其函数原型为:

   unsigned char   _crol_(unsigned char c, unsigned char   b);

这个函数是 C51 自带的库函数,包含在 intrins.h 头文件中,也就是说,如果在程序中要用到这个函数,那么必须在程序的开头处包含 intrins.h 这个头文件。函数实现的功能是,将字符 c 循环左移 b 位。

函数中,_crol_是函数名,函数前面没有 void,取而代之的是 unsigned char,表示这个函数

返回值是一个无符号字符型数据。有返回值的意思是,程序执行完该函数后,通过函数内部的某些运算而得出一个新值,该函数最终将这个新值返回给调用它的语句。小括号里有两个形参,"unsigned char c,unsigned char b",它们都是无符号字符型数据。

现在应该清楚"led_data=_crol_(led_data,1);"这条语句的含义了,其作用就是,将led_data 中的数据向左循环移 1 位,再赋给变量 led_data。

有左移位库函数,当然也有右移库函数,其函数原型为：

unsigned char _crol_(unsigned char c, unsigned char b);

右移位函数与左移位函数使用方法相同,这里不再重复。

2.2.3 小　结

通过以上一个简单的 C 语言程序,可以总结出以下几点：

① C 程序是由函数构成的,一个 C 源程序至少包括一个函数,有且只有一个名为 main()的函数,也可能包含其他函数,因此,函数是 C 程序的基本单位。主程序通过直接书写语句和调用其他函数来实现有关功能,这些其他函数可以由 C 语言本身提供,这样的函数称之为库函数(流水灯程序中的_crol_(led_data,1)函数就是一个库函数);也可以由用户自己编写,这样的函数称之为用户自定义函数(流水灯程序中的 Delay_ms(uint xms)函数就是一个自定义函数)。那么,库函数和用户自定义函数有什么区别呢？简单地说,任何使用 C 语言的人,都可以直接调用 C 的库函数而不需要为这个函数写任何代码,只需要包含具有该函数说明的相应的头文件即可;而自定义函数则是完全个性化的,是用户根据自己需要编写的。

② 一个函数由两部分组成：

首先,函数的首部,即函数的第一行。包括函数名、函数参数(形式参数)等,函数名后面必须跟一对圆括号,即便没有任何参数也如此。

其次,函数体,即函数首部下面的大括号"{}"内的部分。如果一个函数内有多个大括号,则最外层的一对"{}"为函数体的范围。

③ 一个 C 语言程序,总是从 main 函数开始执行的,而不管物理位置上这个 main()放在何处。

④ 主程序中的 Delay_ms(uint xms)如果写成 delay_ms(uint xms)就会编译出错,即 C 语言区分大小写,这是很多初学者在编写程序时常犯的错误,书写时一定要注意。

⑤ C 语言书写的格式自由,可在一行写多个语句,也可把一个语句写在多行,没有行号(但可以有标号),书写的缩进没有要求。但是建议读者自己按一定的规范来写,可以给自己带来方便。

⑥ 每个语句定义的最后必须有一个分号,分号是 C 语句的必要组成部分。

⑦ 可以用/ * … */的形式为 C 程序的任何一部分作注释,在"/*"开始后,一直到"*/"为止中间的任何内容都被认为是注释。如果使用的是 Keil C51 开发软件,那么,该软件也支持 C++风格的注释,就是用"//"引导的后面的语句是注释。这种风格的注释,书写比较方便,只对本行有效,在只需一行注释时,往往采用这种格式。但要注意,只有 Keil C51 支持这种格式,其他的编译器不一定支持这种格式的注释。

第3章
单片机低成本实验设备的制作与使用

　　学习单片机离不开实验,边学边练,这样才能尽快掌握。单片机实验需要准备实验板、仿真器、编程器等硬件设备。目前,市场上这类产品种类很多,价格也相差很大,这对初学者来说是一个"痛苦"的选择。笔者是一名单片机开发工作者,也是一名单片机制作"发烧友",特为单片机"玩家"定制了一套电路简单,实用性强,制作容易的"傻瓜型"实验开发系统。这套系统主要由DD-900实验开发板、下载线、DD-51编程器及DD-F51仿真器组成。DD-900实验开发板功能强大,几乎可以完成单片机所有的实验任务,下载线、DD-51编程器和DD-F51仿真器可以自己动手制作,不但成本较低,而且制作方便,效果很好。

3.1　DD-900实验开发板介绍

　　DD-900实验开发板由笔者与顶顶电子共同开发,具有实验、仿真、ISP下载等多种功能,支持51系列和部分AVR单片机;只需一套DD-900实验开发板和一台电脑而不需要购买仿真器、编程器等其他任何设备,即可轻松进行学习和开发。图3-1所示是DD-900实验开发板外形图。

　　下面对DD-900实验开发板简要进行说明,详细情况请登录顶顶电子网站。

3.1.1　DD-900实验开发板硬件资源和接口

　　① DD-900实验开发板硬件资源十分丰富,可以完成单片机应用中几乎所有的实验,其主要硬件资源和接口如下:

- 8路LED灯;
- 8位共阳LED数码管;
- 1602字符液晶接口;
- 12864图形液晶接口;
- 4个独立按键;
- 4×4矩阵键盘;
- RS232串行接口;

第 3 章 单片机低成本实验设备的制作与使用

图 3-1 DD-900 实验开发板外形图

- RS485 串行接口；
- PS/2 键盘接口；
- I²C 总线接口 EEPROM 存储器 24C04；
- Microwire 总线接口 EEPROM 存储器 93C46；
- 8 位串行 A/D 转换器 ADC0832；
- 10 位串行 D/A 转换器 TLC5615；
- 实时时钟 DS1302；
- NE555 多谐振荡器；
- 步进电机驱动电路 ULN2003；
- 单总线温度传感器 DS18B20；
- 红外遥控接收头；
- 1 个蜂鸣器；
- 1 个继电器；
- AT89S 系列单片机 ISP 下载接口；
- 3 V 输出接口；
- 单片机引脚外扩接口。

DD-900 实验开发板主要硬件资源在板上的位置如图 3-2 所示。

② DD-900 实验开发板的外扩接口 J1、J2(参见图 3-2)可以将单片机的所有引脚引出，方便地与外围设备(如无线遥控、nRF905 无线收发等)进行连接。

③ 将仿真芯片(如 SST89E516RD)插入到 DD-900 的锁紧插座上，配合 Keil C51 软件，

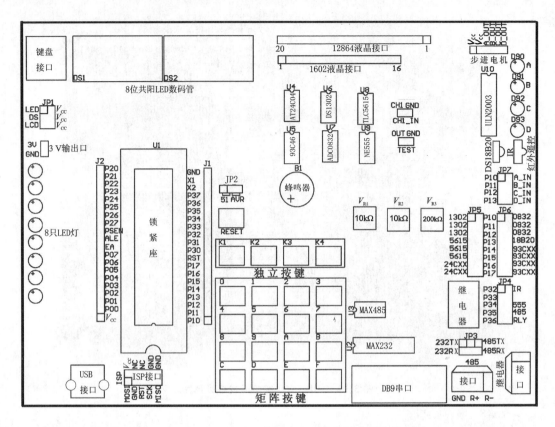

图 3-2　DD-900 实验开发板主要硬件资源在板上的位置

可按单步、断点、连续等方式,对源程序进行仿真调试,也就是说,DD-900 实验开发板可作为一台独立的 51 单片机仿真器使用。

④ 通过串口,DD-900 实验开发板可完成对 STC89C 系列单片机的程序下载。同时,实验开发板还设有 ISP 下载接口,借助下载线(下面将要介绍)可方便地对 AT89S 系列单片机进行程序下载。因此,DD-900 实验开发板可作为一台独立的 51 单片机下载编程器使用。

⑤ DD-900 实验开发板不但支持 51 单片机的实验、仿真、下载,也支持 AVR 系列单片机的实验、下载(代表型号有 AT90S8515 和 ATmega8515L)。

⑥ DD-900 实验开发板可完成很多实验,不同的实验可能会占用单片机相同的端口。为了使各种实验不相互干扰,需要对电路信号和端口进行切换,DD-900 采用了"跳线"的形式来完成切换(共设置了 7 组,如图 3-2 所示的 JP1～JP7)。这种切换方式的特点是:可靠性高,编程方便。

有经验的读者可能会问,现在很多单片机实验开发板,并没有采用跳线这种"老土"的方式,而是采用了"先进"的"自动"方式,为什么 DD-900 实验开发板不"与时俱进"呢?采用"自动"方式是否真的先进呢?让我们揭秘一下吧!图 3-3 所示是取自某单片机实验板的部分电路图。

图中,采用了两片 74HC573 来完成 P1 口的自动切换,74HC573 是具有 8 个输入/输出端的 8D 锁存器,第 1 引脚 $\overline{OE}$ 为输出使能端,低电平有效;第 11 引脚 LE 为锁存允许;D0～D7 为信号输入端;Q0～Q7 为信号输出端。表 3-1 所列是 74HC573 的真值表。

第3章　单片机低成本实验设备的制作与使用

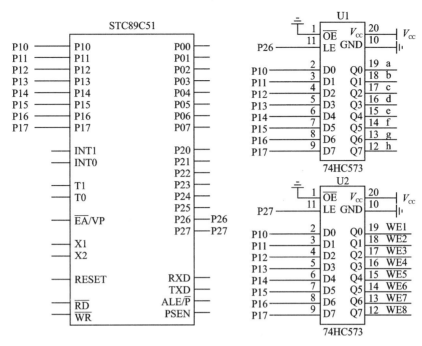

图 3-3　端口自动切换方式

当 74HC573 的 $\overline{OE}$ 端为高电平时，无论 LE 和 D0～D7 为何种电平状态，其输出 Q0～Q7 都为高阻态，此时，芯片处于不可控状态，因此，使用时一般将 $\overline{OE}$ 接地，使输出状态有效。

当 74HC573 的 $\overline{OE}$ 端为低电平时，再看 LE，当 LE 为高电平时，D0～D7 与 Q0～Q7 同时为高电平或者低电平；而当 LE 为低电平时，无论 D0～D7 为何种电平状态，Q0～Q7 都保持上一次的电平状态，也就是说，当 LE 为高电平时，Q0～Q7 的状态紧随 D0～D7 的状态变化；当 LE 为低电平时，Q0～Q7 端数据将保持在 LE 端为低电平之前的数据。

表 3-1　74HC573 真值表

输　入			输　出
$\overline{OE}$	LE	D0～D7	Q0～Q7
L	H	H	H
L	H	L	L
L	L	X	保持
H	X	X	Z

注：表中 H 表示高电平，L 表示低电平，X 表示任意，Z 表示高阻。

电路中，两片 74HC573 的 LE 端分别由单片机的 P26、P27 进行控制。当 P26 为高电平，P27 为低电平时，U1 锁存器将打开，U2 锁存器将关闭；当 P26 为低电平，P27 为高电平时，U2 锁存器将打开，U1 锁存器将关闭。

由上可知，采用两片 74HC573 后，可使单片机的 P1 口当作两个 P1 口来使用，从而可以省去 8 根跳线，如果再增加几片 74HC573，还可以省去更多的跳线。可见，这种自动方式的确有其优点。

采用自动方式真的就那么好吗？笔者不敢苟同，主要原因是：采用 74HC573 后，进行不同的实验时，都要在程序中加入"P26=1，P27=0"或"P26=0，P27=1"等切换语句，不但降低了程序的可读性，而且还会大大降低程序的通用性和移植性，这也是笔者在设计 DD-900 实验开发板时没有采用这种"先进"方式的原因。

当然，智者见智，仁者见仁，笔者只是不想也不敢把自己的观点强加于任何人身上。

3.1.2 硬件电路介绍

1. 发光二极管和数码管电路

DD-900 实验开发板的发光二极管和数码管电路如图 3-4 所示。

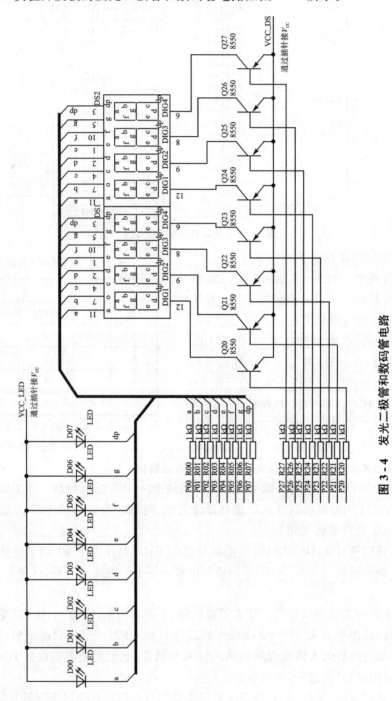

图 3-4 发光二极管和数码管电路

第3章 单片机低成本实验设备的制作与使用

(1) 发光二极管电路

单片机的P0端口接了8个发光二极管,这些发光二极管的负极通过8个电阻接到P0端口各引脚,而正极则接到电源端VCC_LED。发光二极管亮的条件是P0口相应的引脚为低电平。也就是说,如果P0口某引脚输出为0,则相应的灯亮;如果输出为1,则相应的灯灭。

(2) 数码管电路

单片机的P0口和P2口的部分引脚构成了8位LED数码管驱动电路。这里LED数码管采用了共阳型,使用8只PNP型三极管作为片选端的驱动。基极通过限流电阻分别接单片机的P2.0～P2.7,VCC_DS电源电压经8只三极管控制后,由集电极分别向8只数码管供电。

JP1为发光二极管、数码管和LCD供电选择插针。当短接JP1的LED、V_{CC}引脚时,可进行发光二极管实验;当短接JP1的DS、V_{CC}引脚时,可进数码管实验;当短接JP1的LCD、V_{CC}引脚时,可进行LCD实验。

2. 1602和12864液晶接口电路

1602和12864液晶接口电路如图3-5所示。

液晶显示器由于体积小,质量轻,功耗低等优点,日渐成为各种便携式电子产品的理想显示器。DD-900实验开发板设有1602字符型和12864点阵图形两个液晶接口。

液晶接口电路由VCC_LCD供电,当进行LCD实验时,需要短接插针JP1的LCD、V_{CC}端。

3. 红外遥控接收电路

红外遥控接收电路如图3-6所示。

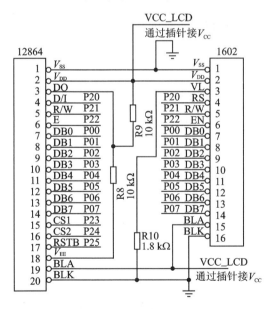

图3-5 1602和12864液晶接口电路

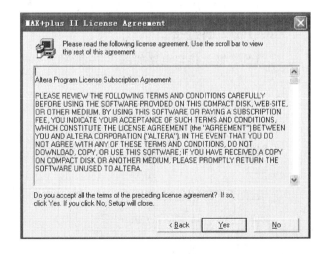

图3-6 红外遥控接收电路

红外遥控接收头输出的遥控接收信号送到插针JP4的IR端,再通过插针JP4送到单片机的P32引脚,由单片机进行解码处理。

进行红外遥控实验时,请将JP4的IR端与P32端短接。

4. 继电器电路

继电器电路如图 3-7 所示。

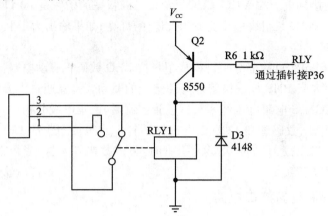

图 3-7　继电器电路

单片机 P36 引脚输出的控制信号经插针 JP4 的 P36、RLY 端加到继电器控制电路,当 P36 引脚为高电平时,三极管 Q2 截止,继电器 RLY1 不动作(常闭触点闭合,常开触点断开);当 P36 引脚为低电平时,三极管 Q2 导通,继电器 RLY1 动作(常闭触点断开,常开触点闭合)。

进行继电器控制实验时,请将 JP4 的 RLY 端与 P36 端短接。

5. 555 多谐振荡器

555 多谐振荡器电路如图 3-8 所示。

555 多谐振荡器产生的方波振荡信号由 NE555 的第 3 引脚输出,经插针 JP4 送到单片机的 P34 引脚,可进行计数器实验。

进行 555 实验时,请将 JP4 的 555 端与 P34 端短接。

6. PS/2 键盘接口

PS/2 键盘接口电路如图 3-9 所示。

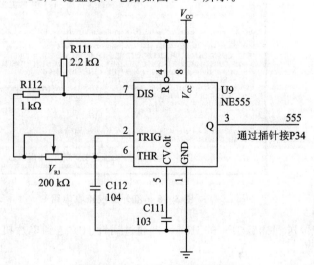

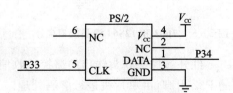

图 3-8　555 多谐振荡器电路　　　　图 3-9　PS/2 键盘接口电路

PC 机的键盘通过 PS/2 接口接入单片机的 P33、P34 引脚,可实现对单片机的控制。进行 PS/2 实验时,请断开 JP4 的 P33、P34 和外围器件的连接。

7. EEPROM 存储器 24C04 和 93C46

EEPROM 存储器 24C04 存储器电路原理图如图 3-10 所示。24C04 的第 6 引脚(SCL)、第 5 引脚(SDA)通过 JP6 插针,连接到单片机的 P16、P17 引脚。进行 24C04 实验时,须将 JP5 的 24CXX(SCL)、24CXX(SDA)插针分别与 P16、P17 插针短接。

8. EEPROM 存储器 93C46

93C46 存储器电路原理图如图 3-11 所示。93C46 的第 1 引脚(CS)、第 2 引脚(CLK)、第 3 引脚(DI)、第 4 引脚(DO)通过 JP6 插针,连接到单片机的 P14、P15、P16、P17。进行 93C46 实验时,须将 JP6 插针的 93CXX(CS)、93CXX(CLK)、93CXX(DI)、93CXX(DO)端分别与 P14、P15、P16、P17 四个插针短接。

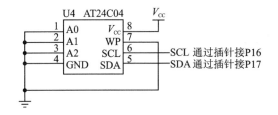

图 3-10 24C04 存储器电路

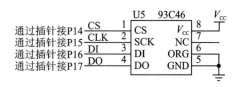

图 3-11 93C46 存储器电路

9. A/D 转换电路 ADC0832

DD-900 实验开发板设有 8 位串行 A/D 转换器 ADC0832,有关电路图如图 3-12 所示。

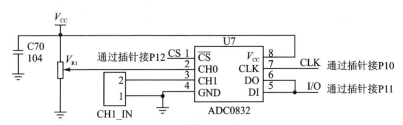

图 3-12 A/D 转换电路 ADC0832

电路中,ADC0832 的第 7 引脚(CLK)、第 5、6 引脚(I/O)、第 1 引脚(CS)通过 JP6 插针,接到单片机的 P10、P11、P12 引脚。图中,CH1_IN 为 ADC0832 通道 1(CH1)输入端;通道 0 (CH0)输入端由 5 V 电压(V_{CC})经 V_{R1} 分压后得到。

进行 A/D 转换器 ADC0832 实验时,须将 JP6 的 0832(CLK)、0832(I/O)、0832(CS)插针与 P10、P11、P13 插针短接。

10. D/A 转换电路 TLC5615

DD-900 实验开发板设有 10 位数/模转换器 TLC5615,有关电路如图 3-13 所示。

电路中,TLC5615 的 CLK、I/O、CS 通过 JP5 插针,连接到单片机的 P13、P14、P15;TLC5615 的 OUT 为输出端,加到测试插针 TEST,以方便测试。

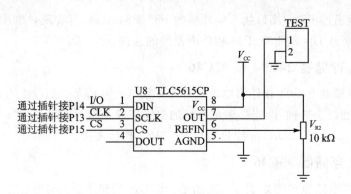

图 3-13　D/A 转换电路 TLC5615

进行 D/A 转换器 TLC5615 实验时,须将 JP5 的 5615(CLK)、5615(I/O)、5615(CS)插针与 P13、P14、P15 插针短接。

11. 实时时钟电路 DS1302

DD-900 实验开发板上设有实时时钟芯片 DS1302,有关电路图如图 3-14 所示。

电路中,时钟芯片 DS1302 的第 7 引脚(SCLK)、第 6 引脚(I/O)、第 5 引脚(RST)通过插针 JP5,连接到单片机的 P10、P11、P12 引脚;C61 为备用电源,用来在断电时维持 DS1302 继续工作。

进行 DS1302 时钟实验时,须将 JP5 的 1302(SCLK)、1302(I/O)、1302(RST)插针与 P10、P11、P12 插针短接。

12. DS18B20 接口电路

DS18B20 为单总线温度传感器,其接口电路如图 3-15 所示。温度传感器 DS18B20 产生的信号由第 2 引脚输出,通过插针 JP6 的 DS18B20 端,连接到单片机的 P13 引脚。进行温度检测实验时,须将 JP6 的 DS18B20 插针与 P13 插针短接。

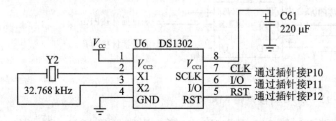
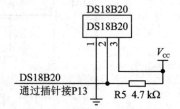

图 3-14　实时时钟电路 DS1302　　　　图 3-15　DS18B20 接口电路

13. 步进电机驱动电路

步进电机驱动电路以 ULN2003 为核心构成,有关电路如图 3-16 所示。电路中,A_IN、B_IN、C_IN、D_IN 为步进电机驱动信号输入端,通过 JP7 插针的 A_IN、B_IN、C_IN、D_IN 端与单片机的 P10、P11、P12、P13 相连,D90、D91、D92、D93 为四只发光二极管,用来指示步进电机的工作状态。

进行步进电机实验时,首先将步进电机插接在 MOUT 接口上,然后将 JP7 的 A_IN、B_IN、C_IN、D_IN 插针分别与 P10、P11、P12、P13 四个插针短接即可。

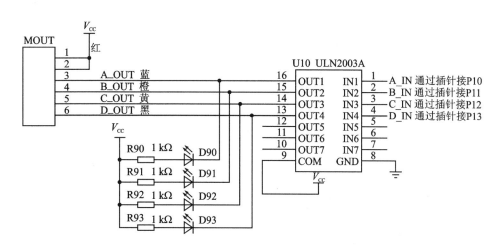

图 3-16 步进电机电路

14. 按键输入电路

DD-900 实验开发板设有 4 个独立按键和 16 个矩阵按键电路,如图 3-17 所示。

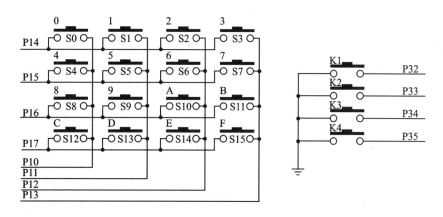

图 3-17 独立按键和矩阵按键电路

独立按键 K1~K4 接单片机的 P3.2~P3.5 引脚,矩阵按键(S0~S15)接单片机的 P1.0~P1.7 引脚。

单片机 P3.2~P3.4 和 P1.0~P1.7 引脚还通过插针 JP4、JP4、JP6、JP7 接有其他电路,为避免其他电路对键盘的干扰,在进行独立按键实验时,请将 JP4 所有插针座拔下;在进行矩阵按键实验时,请将 JP5、JP6、JP7 所有插针座拔下。

15. RS232 串行接口电路

串行通信是目前单片机应用中经常要用到的功能,DD-900 实验开发板具有 RS232 和 RS485 两个串口。其中,RS232 可进行常规的串口通信实验。另外,对 STC89C 等单片机进行程序下载,以及用 SST89E516RD 等进行仿真调试时,也要用到这个串口,RS232 串行接口电路如图 3-18 所示。

电路中,MAX232 的第 12 引脚(RXD_232)、第 11 引脚(TXD_232)通过 JP3 插针,与单片

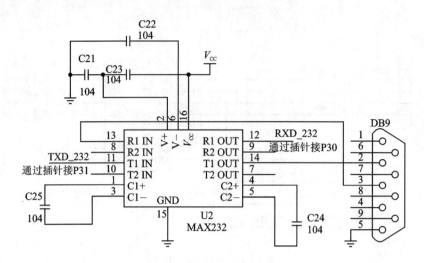

图 3-18 RS232 串行接口电路

机的 P30、P31 引脚相连,使用 RS232 进行串口通信时,应将 JP3 插针的 232RX(RXD_232)、232TX(TXD_232)与中间的两插针短接。

16. RS485 串行接口电路

485 串口具有传输速率高和传输距离长等优点,是工业多机通信中应用最为广泛的接口。DD-900 实验开发板设有 RS485 接口电路,配合 RS232/RS485 转换器,可以远距离地与 PC 机进行通信。图 3-19 所示是 RS485 接口电路图。

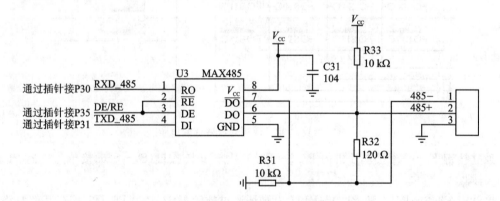

图 3-19 RS485 接口电路

电路中,MAX485 的第 1 引脚(RXD_485)、第 4 引脚(TXD_485)通过 JP3 插针,与单片机的 P30、P31 引脚相连;MAX485 的第 2 引脚和第 3 引脚(DE/RE)通过 JP4 插针,与单片机的 P35 引脚相连。使用 RS485 进行串口通信时,应将 JP3 插针的 485RX(RXD_485)、485TX(TXD_485)与中间的两插针短接;同时,将 JP4 插针的 485(DE/RE)与 P35 插针短接。

17. 蜂鸣器电路

蜂鸣器电路如图 3-20 所示。

单片机 P37 为蜂鸣器信号输出端,经三极管 Q1 放大后,可驱动蜂鸣器 B1 发出声音。

第3章 单片机低成本实验设备的制作与使用

18. ISP下载接口电路

对于STC89C系列单片机,PC机可直接通过DD-900实验开发板的RS232串口进行下载编程;对于AT89S51/52等单片机,一般通过ISP接口下载。DD-900实验开发板设有ISP下载接口,借助下载线,可方便地对AT89S51/52等单片机进行程序下载,有关电路如图3-21所示。

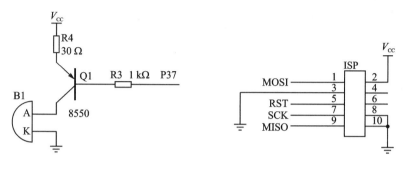

图3-20 蜂鸣器电路　　　　图3-21 ISP下载接口

电路中,ISP接口为双排10引脚插针,接口排列及定义符合ATMEL公司标准,接口的MOSI、RST、SCK、MISO引脚分别与单片机的P15、RST、P17、P16引脚相连。

3.1.3 插针跳线设置

DD-900实验开发板采用插针跳线的方式与单片机的I/O口进行连接,由于部分资源共用相同的单片机I/O口,实验时,需要将当前实验模块的短接帽插上;同时,要将其他占用相同I/O口的实验模块插针跳线断开;否则,可能无法实验或不能看到正确的实验结果。

DD-900实验开发板共设有7组插针JP1～JP7,各插针示意图、作用及使用说明如表3-2所列。

表3-2 DD-900实验开发板7组插针使用说明

插针名称及示意图	作　用	使用说明
JP1 LED ○○ V_{CC} DS ○○ V_{CC} LCD ○○ V_{CC}	发光二极管、数码管和LCD供电切换	进行LED发光二极管实验时,将LED插针与V_{CC}插针短接; 进行数管码实验时,将DS插针与V_{CC}插针短接; 进行LCD液晶显示实验时,将LCD插针与V_{CC}插针短接
JP2 ○○○ 51 AVR	51单片机和AVR单片机复位切换	进行51单片机实验时,将左边插针与中间插针短接; 进行AVR单片机实验时,将右边插针与中间插针短接
JP3 232TX ○○○ 485TX 232RX ○○○ 485RX	RS232/RS485串口切换	进行RS232串口实验时,将左边的232RX、232TX两插针与中间两插针短接; 进行RS485串口实验时,将右边的485RX、485TX两插针与中间两插针短接(同时短接JP4的P35和485插针)

续表 3-2

插针名称及示意图	作 用	使用说明
JP4 P32 ○○ IR P33 ○○ P34 ○○ 555 P35 ○○ 485 P36 ○○ RLY	P32~P36 资源切换	进行红外遥控实验时，将 P32 插针与 IR 插针短接； 进行 555 实验时，将 P34 插针与 555 插针短接； 进行 RS485 实验时，将 P35 插针与 485 插针短接； 进行继电器实验时，将 P36 插针与 RLY 插针短接
JP5 1302 ○○ P10 1302 ○○ P11 1302 ○○ P12 5615 ○○ P13 5615 ○○ P14 5615 ○○ P15 24cxx ○○ P16 24cxx ○○ P17	P1 口资源切换	进行 DS1302 实验时，将 3 个 1302 插针(CLK、IO、RST)分别与 P10、P11、P12 插针短接； 进行 TLC5615 实验时，将 3 个 5615 插针(CLK、IO、CS)与 P13、P14、P15 插针短接； 进行 24C04 实验时，将两个 24Cxx 插针(SCL、SDA)与 P16、P17 插针短接
JP6 P10 ○○ 0832 P11 ○○ 0832 P12 ○○ 0832 P13 ○○ 18B20 P14 ○○ 93Cxx P15 ○○ 93Cxx P16 ○○ 93Cxx P17 ○○ 93Cxx	P1 口资源切换	进行 ADC0832 实验时，将 3 个 0832 插针(CLK、IO、CS)分别与 P10、P11、P12 插针短接； 进行温度测量实验时，将 18B20 插针与 P13 插针短接； 进行 93C46 实验时，将 4 个 93Cxx 插针(CS、CLK、DI、DO)与 P14、P15、P16、P17 插针短接
JP7 P10 ○○ A_IN P11 ○○ B_IN P12 ○○ C_IN P13 ○○ D_IN	P1 口资源切换	进行步进电机实验时，将 A_IN、B_IN、C_IN、D_IN 插针分别与 P10、P11、P12、P13 插针短接

3.1.4 仿真功能的使用

单片机仿真器是在产品开发阶段，用来替代单片机进行软硬件调试的非常有效的开发工具。使用仿真器，可以对单片机程序进行单步、断点、全速等手段的调试，在集成开发环境 Keil C51 中，检查程序运行中单片机 RAM、寄存器内容的变化，观察程序的运行情况。使用仿真器可迅速地发现和排除程序中的错误，从而大大缩短单片机开发的周期。

使用时，首先将仿真芯片(如 SST89E516RD)放在 DD-900 实验开发板的锁紧插座中锁紧，注意仿真芯片缺口向下。然后，与 Keil C51 调试软件配合，即可按单步、断点、连续等方式调试实际应用程序(程序调试方法将在本书第 4 章进行介绍)。

3.1.5 ISP 下载功能的使用

在 DD-900 实验开发板中，既安装有 RS232 串口，又安装有 ISP 下载接口，因此，可对 STC89C 系列、AT89S51/52 等单片机进行下载编程。

1. 对 STC89C 系列单片机进行下载编程

STC89C 系列单片机是通过检测单片机的 P3.0 有无合法的下载命令流来实现 ISP 下载的,因此,对于 STC89C 单片机 ISP 编程时,需要串口接口电路(MAX232),DD-900 实验开发板上集成有此部分电路。

对 STC89C 系列单片机 ISP 下载编程时,还需要 STC89C 单片机 ISP 专用软件 STC-ISP,可从宏晶公司网站(http://www.mcu-memory.com)进行下载。STC-ISP 软件有多个版本,下面,以 STC-ISP V3.94 版本为例,介绍 STC89C 系列单片机 ISP 下载编程的方法。编程步骤如下:

① 将串口线一端接 PC 机串口,另一端接 DD-900 实验开发板串口,同时,将实验开发板的 JP3 上 232RX、232TX 插针和中间的两个插针用短接帽短接,并将一片 STC89C51 插到锁紧插座上。

② 运行 PC 机上的 STC-ISP V3.94 编程软件,并进行简单的设置,如图 3-22 所示。

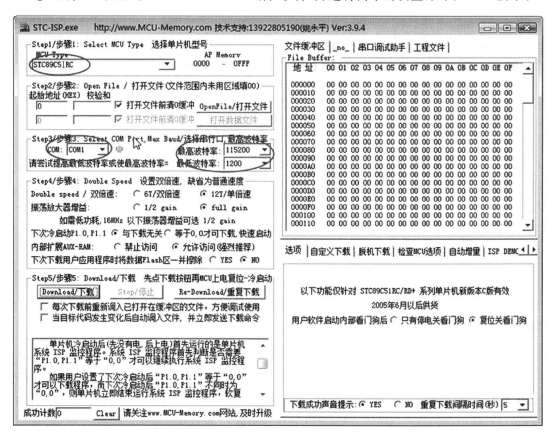

图 3-22 STC-ISP V3.94 编程软件设置窗口

③ 单击窗口中的"OpenFile/打开文件"按钮,打开需要写入的十六进制文件,这里选择 8 路流水灯文件 my_8LED.hex。

④ 单击窗口中的"Download/下载"按钮,在窗口的下部文本框中,提示"给 MCU 加电"的信息,如图 3-23 所示。

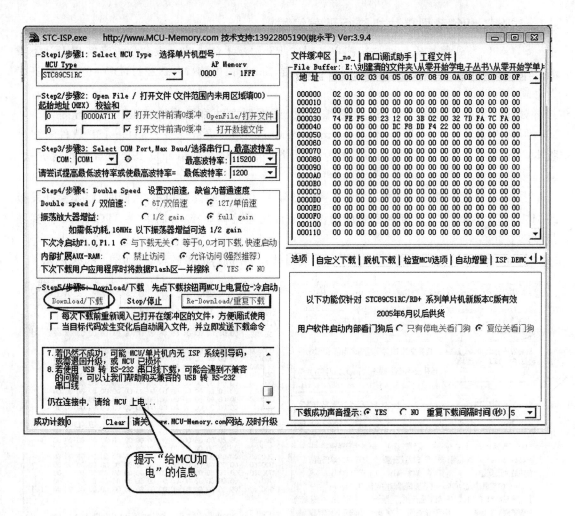

图 3-23 提示给 MCU 加电信息

⑤ 按照提示要求，给实验开发板通电，开始下载程序。下载完成后，出现"下载 OK、校验 OK、已加密"等信息，如图 3-24 所示。此时，会发现 DD-900 实验开发板上的 8 个 LED 发光管循环点亮。

2. 对 AT89S51/52 等单片机进行下载编程

对 AT89S51/52 单片机下载编程时，需要自己制作或购买一根下载线（制作方法后面还要介绍）。另外，还需要 ISP 专用软件，目前，此类软件较多。其中，比较常见的有"绿叶 ISP 编程软件"、ISPlay v1.5、DownloadMcu 等，这几款软件可从网上下载。这里，以绿叶 ISP 编程软件为例，介绍 AT89S51 单片机 ISP 下载编程的方法。步骤如下：

① 将下载线一端接 PC 机并口，另一端接 DD-900 实验开发板 ISP 接口，并将一片 AT89S51 插到锁紧插座上。

② 运行 PC 机上的绿叶 ISP 编程软件，如图 3-25 所示。

③ 给 DD-900 实验开发板供电，并打开电源开关。

④ 单击绿叶 ISP 编程软件"器件检测"按钮，此时，在窗口的顶端出现检测到的器件信息，

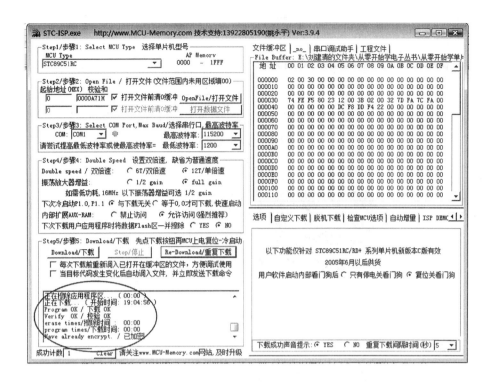

图 3-24　下载完成

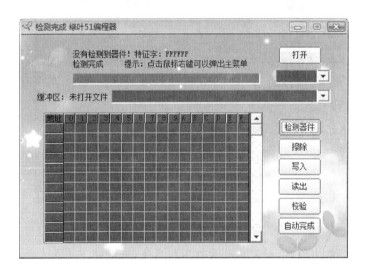

图 3-25　ISP 编程软件运行界面

如图 3-26 所示。

⑤ 单击窗口"打开按钮",打开需要写入的十六进制文件,这里选择 8 路流水灯文件 my_8LED.hex,如图 3-27 所示。

⑥ 回到绿叶 ISP 编程软件窗口界面,单击"自动完成",即可将 my_8LED.hex 文件写入到单片机。此时,会发现 DD-900 实验开发板上的 8 个 LED 发光管循环点亮。

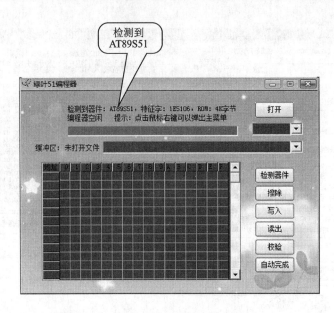

图 3-26　检测到的器件信息

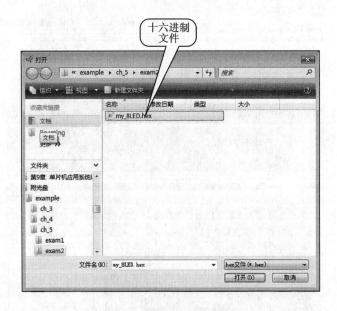

图 3-27　打开十六进制文件

提示：在进行下载实验时，如果出现检测不到器件，应对以下几点进行检查。

① 检查实验开发板锁紧插座放置的是否为 AT89S 系列芯片。

② 检查 ISP 编程软件设置是否正确。正确的设置如下：在 ISP 编程软件窗口单击右键，在出现的快捷菜单中选择"操作"→"设置引脚"，出现如图 3-28 所示的设置窗口。

单击窗口中的"探测下载线"，出现如图 3-29 所示的"探测成功"的对话框；单击"确定"按钮，返回到设置窗口；单击设置窗口中的"保存设置"按钮，返回到主窗口；单击主窗口中的"器件检测"按钮，此时，应能检测到器件。

③ 如果在设置窗口中，单击"探测下载线"按钮，不能出现"探测成功"的对话框，则需要对

ISP 下载线进行检查。重点检查 MISO、MOSI、SCK 等引脚是否存在断路、短路等故障。另外,若下载线较长,也会引起检测不到器件或编程错误的故障。

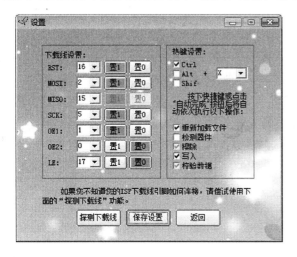

图 3-28　设置引脚窗口

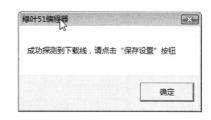

图 3-29　探测成功对话框

3.2　编程器的制作与使用

单片机爱好者在进行电子制作或实验时,需要经常将设计的程序代码写入到单片机上。写入的方法主要有以下两种:

第一,采用下载编程器写入。下载型编程器也称下载线或 ISP 线,写入程序代码时,不需要将单片机从电路板上取下,只需用下载线将 PC 机与单片机实验板连接后,运行 PC 机上的 ISP 下载软件,即可对实验板上的单片机写入程序。这种方法的优点是,下载线电路简单,价格低廉,易于操作,比较适合单片机爱好者制作;缺点是,下载线适用范围较窄,一种下载线只能对某一系列单片机(如 AT89S51/52 等)进行编程。

第二,采用通用编程器写入。写入时,需要将单片机从实验板上取下,放到通用编程器上,写好后将单片机取下,再插到实验板上。这种方法的优点是,编程器可对很多种单片机进行编程,适用范围广;缺点是,通用编程器价格偏高,操作稍复杂。

下面对这两种编程器的制作与使用方法分别进行介绍。

3.2.1　并口下载线的制作与使用

目前,下载线主要是针对 AT89S 系列单片机进行下载编程,STC89C 系列单片机可直接通过串口进行下载程序,因此,不需要下载线。

AT89S 系列单片机下载线电路形式较多,既有并口形式(通过 PC 机并口下载),又有串口形式(通过 PC 机串口下载)。其中,并口形式电路简单,适宜业余电子爱好者制作。图 3-30 所示是并口 ISP 下载线电路原理图。

图中,MOSI 为主出从入编程信号,下载编程时,应接到目标板单片机的 P1.5 引脚;MISO

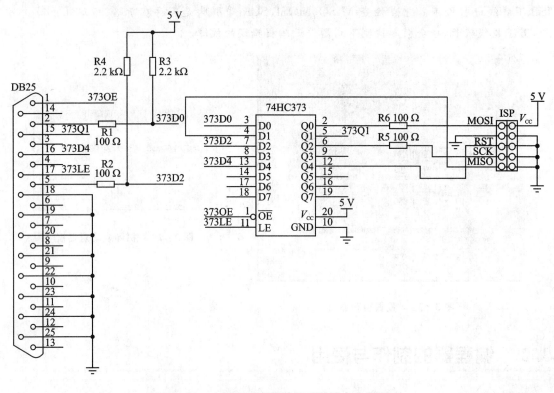

图 3-30　AT89S 系列单片机下载线电路原理图

为主入从出编程信号,下载编程时,应接到目标板单片机的 P1.6 引脚;SCK 为编程串行时钟信号,下载编程时,应接到目标板单片机的 P1.7 引脚;RST 为复位信号,下载编程时,应接到目标板单片机的复位引脚。

电路的制作比较简单,首先从电子市场上购买 1 个 PC 机 DB25 并口,1 片 74HC373,2 只 2.2 kΩ 电阻,4 只 100 Ω 电阻,1 个双排插针,1 块万用板;然后,按照图 3-30 进行连线和焊接,即可制作完成。图 3-31 所示是制作完成的下载线实物图。注意 ISP 接口的连线不易过长,一般应小于 20 cm,目的在于提高抗干扰能力。

将制作好的下载线通过并口连接到 PC 机,通过 ISP 接口连线接到 DD-900 实验开发板上,在 PC 机上运行 ISP 下载软件(如绿叶 ISP 编程软件等),即可对 AT89S51 等单片机进行程序下载,详细使用方法在前面已进行了介绍。

提示:在制作和接线过程中,要注意以下两点。

① 注意 DB25 并口的引脚顺序不能接反,我们制作的下载线一般采用 DB25 公插头,其引脚排列如图 3-32 所示。如果采用 DB25 母插头,则引脚排列正好相反(即母插头的第 1 引脚对应公插头的第 13 引脚,母插头的第 13 引脚对应公插头的第 1 引脚,母插头的第 14 引脚对应公插头的第 25 引脚,母插头的第 25 引脚对应公插头的第 14 引脚)。

② 74HC373 不能用 74LS373 替换,因为 74LS373 输出电平只有 3 V 多,无法连通单片机的 ISP。

以上介绍了采用 74HC373 制作并口下载线。此外,还可采用 74HC244 来进行制作,其电路原理图及制作方法在网上均可方便地搜索到,这里不再介绍。

第3章 单片机低成本实验设备的制作与使用

图3-31　AT89S系列单片机下载线实物图　　图3-32　DB25公插头引脚排列

3.2.2　DD-51通用编程器的制作与使用

通用编程器适用面较广,可对多种种类和型号的单片机、存储器进行编程。编程时,需要拆下单片机,将单片机放在编程器上写入正常的数据后,再装到原位置,即可运行程序。虽然这类编程器操作麻烦一些,但毕竟支持较多的芯片,因此,如果读者兴趣爱好比较广泛,建议购买或制作一台通用编程器。

根据功能的强弱,通用编程器价格相差较大,从几十元到上千元不等。这里主要介绍笔者开发的DD-51编程器,该编程器性能稳定,经济实用,其实物外形如图3-33所示。

图3-33　DD-51编程器实物外形

1. DD-51 编程器主要特点

DD-51 编程器的主要特点如下：

① 所有元件采用直插式元器件，十分方便制作。就连 USB 转串口贴片芯片 PL2303，笔者也充分考虑到"玩家"焊接时的难处，已事先将 PL2303 焊接在了一块 DIP28 转换板上，因此，在制作时不必担心贴片集成电路的焊接问题，只需轻轻一插，即可大功告成。

② 支持串口和 USB 接口，既可学习串口编程，又可学习 USB 接口编程，可谓一举两得。

③ 支持 AT89C51、AT89C52、AT89C2051、AT89S51、AT89S52 芯片的编程，这几种芯片和 STC89C 系列芯片（注：该芯片采用串口直接编程，不用编程器编程）是使用最为广泛的几种，因此，支持这几种足矣！有的编程器号称支持几百种甚至上千种，实际上意义并不大。另外，通过修改或增加源程序，DD-51 编程器还可以进行升级，支持更多的芯片。

④ 编程器的所有硬件和软件资源全部开放，编程器下位机监控程序采用 C 语言编写，上位机程序采用 VB 语言编写，易学易用。在本书第 27 章，会对该编程器的硬件电路和软件设计进行详细的介绍。另外，读者也可登录顶顶电子网站了解该编程器更详细的信息。

2. DD-51 编程器的制作

图 3-34 所示是 DD-51 编程器的电路原理图。

电路中，U1(STC89C51) 为主控芯片，其内部写有监控程序，在上位机的控制下，用于控制程序的读取、写入、校验、加密、擦除等操作；ZIP1 为锁紧插座，用来放置被编程的芯片；U2 (HCF4053) 为 51/2051 切换电路，用来对 51 系列和 2051 系列单片机进行切换；U3 (MC34063) 与外围电路组成 12 V 电源电路，主要用于产生编程时所需的 V_{PP} 电压；U4 (MAX232) 为 RS232 接口芯片，是主控芯片 U1 与 PC 机进行串行通信的接口电路；U5 (PL2303) 为 USB 转换串口芯片，使编程器可通过 PC 机的 USB 接口进行通信；Q1、Q2、Q3 三个三极管组成开关电路，用来对 0 V、5 V、12 V 电压进行切换和控制。

该编程器需要的元器件十分常见，很容易在电子市场或淘宝网上买到。如果用万用板进行组装，那么，还需要购置一块万用板、若干导线等辅助元件。由于这个电路相对复杂一些，笔者采用了 PCB 板进行组装。

制作 PCB 板对于初学者而言是一件困难的事情，不过，如果想致力于单片机这一行并有所作为，设计制作 PCB 板是必须掌握的技能，这里推荐使用 Protel99SE 软件。该软件功能强大，使用方便，更为重要的是，用 Protel99SE 设计的 PCB 图，可以很方便地找到 PCB 生产厂家进行生产，使用其他 PCB 软件制作的 PCB 图就不一定方便了。

制作好 PCB 板后，将全部元件装上，再用下载线或其他编程器把监控程序文件写到 STC89C51 中，硬件和软件就完全做好了。

装好后，插上 USB 电缆，打开电源开关，此时电源指示灯会亮，表示电源正常；否则，请检查发光管是否装反了，USB 接口焊接是否正常。

电源指示灯正常发光后，还要测量 D31 的负端电压是否为 12 V，如果不是，则需要检查 MC34063 及其外围元件是否有问题。

若以上检查均正常，就可以进行使用了。

DD-51 编程器是一种基于串口和 USB 接口的多功能编程器，使用方法非常简单，下面简要进行说明。

第3章 单片机低成本实验设备的制作与使用

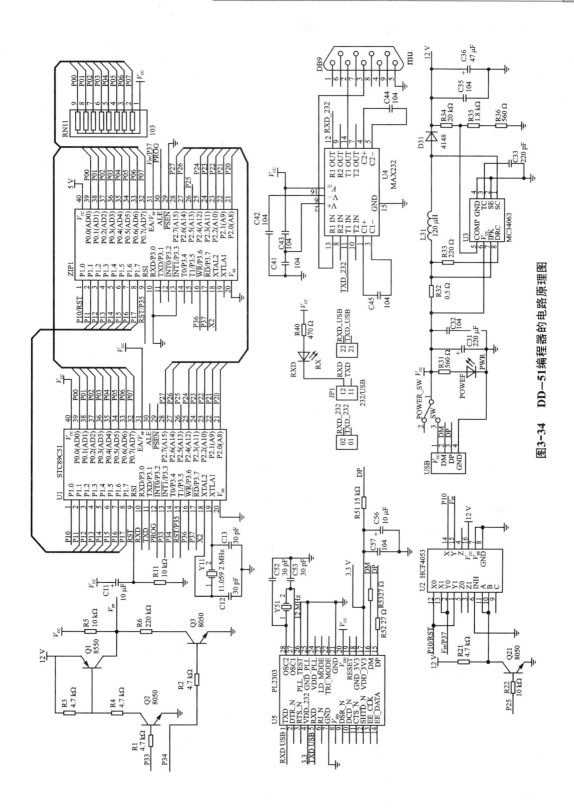

图3-34 DD-51编程器的电路原理图

3. 使用 DD-51 编程器的串口进行编程

使用串口进行编程时,先用短接帽将 DD-51 编程器 JP1 的 232TX、232RX 与中间两个插针短接,再将编程器串口与 PC 机连接好即可。

DD-51 编程软件安装完成后,运行程序,会出现如图 3-35 所示的主界面。

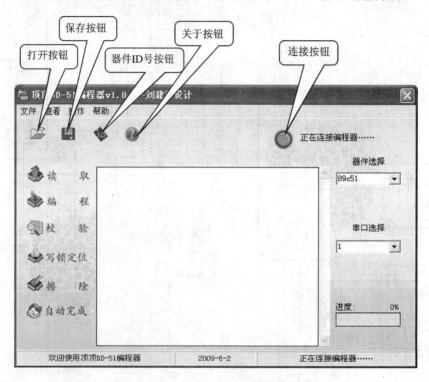

图 3-35　DD-51 编程软件主界面

用 DD-51 进行编程时,方法如下:

① 单击"连接"按钮,会在连接按钮的右侧显示"正在连接编程器……"提示信息。若连接正常,则显示"编程器已连接";若连接不正常,请检查编程器电源是否打开,与 PC 机的连接是否正常,串口选择是否正常(如果将编程器连接在 PC 机的串口 1 上,就需要选择串口 1)。

② 将需要编程的芯片放置到锁紧插座上(注意放置时,要与编程器上标注方向的一致),单击"器件 ID 号"按钮,在文本框中会显示放置的芯片型号。若显示"未知芯片或 ID 号错误",说明放置的芯片不是 AT89C51/C52/C2051/S51/S52,或者芯片已经损坏。

③ 根据检测到的芯片型号,在"器件选择"一栏中选择相应的芯片型号。

④ 单击"擦除"按钮,将芯片原内容擦除。

⑤ 单击"打开"按钮,打开一个要写入的 hex 格式文件。

⑥ 单击"写入"按钮,将打开的文件写入。

⑦ 单击"校验"按钮,校验写入的文件是否正确。

⑧ 如果需要加密,单击"写锁定位"按钮,将芯片加密。

另外,在主界面中还设置了"自动完成"按钮,编程时,先打开一个 hex 格式的文件,然后,再按"自动完成"按钮,即可自动完成程序的"擦除"、"写入"、"校验"、"写锁定位"等操作。

第3章 单片机低成本实验设备的制作与使用

用 DD-51 读取芯片内容时,方法如下:
① 单击"连接"按钮,使编程器与 PC 机进行连接。
② 将需要读取的芯片放置到锁紧插座上,单击"器件 ID 号"按钮,在文本框中会显示放置的芯片型号。
③ 根据检测到的芯片型号,在"器件选择"一栏中选择相应的芯片型号。
④ 单击"读取"按钮,将芯片的内容读出来。
⑤ 单击"保存"按钮,弹出保存对话框,输入文件名(注意,要加上文件名后缀.hex),即可将读出的内容保存为 hex 格式的文件。

4. 使用 USB 接口进行编程

当使用 USB 接口编程时,先用短接帽将编程器 JP1 的 USBTX、USBRX 与中间两个插针短接,再将编程器 USB 接口与 PC 机 USB 接口连接好即可。

使用 USB 接口进行编程和读取文件的方法与串口方式基本相同。不同的是,使用 USB 接口时,需要安装随机附送的 USB 转串口芯片(PL2303)驱动程序。安装完驱动程序后,PC 机会为编程器建立一个虚拟的串口号。该串口号可按以下方式进行查看,以 Windows XP 为例,右击"我的电脑",选择"属性"→"硬件"→"设备管理器"→"端口 COM 和 LPT"选项,这时,会看到"Prolific USB-to-Serial Comm Port(COM3)"一栏,这就是编程器的虚拟串口(COM3),如图 3-36 所示。注意,对于不同的电脑,这个虚拟的串口号可能有所不同。了解到这个串口号后,在编程软件"串口选择"一栏中,选择相应的串口号即可(这里选择串口3)。

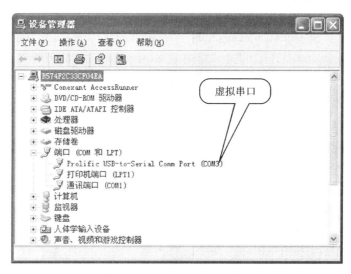

图 3-36 设备管理器中的虚拟串口

3.3 仿真器的制作与使用

单片机实验和开发中最重要的一个环节就是程序的调试,以验证自己设计程序的正确性。在业余条件下,大部分人采用编程器直接烧写芯片,然后,在实验板或开发板上观察程序运行的结果。若程序运行不正常,修改程序后再烧写、再运行……对于一些小程序,这种方法可以很快找到程序上的错误。但是程序大了,变量也会变得很多,而直接烧片就很难看到这些变量的值了,在修改程序时还要不断地进行烧片实验,十分麻烦。当然,也可采用 Keil C51 中提供的软件仿真的方法调试程序。但软件仿真有其局限性,而且也不能代替实际的使用环境,因此,单片机仿真器成了单片机程序调试中一个十分重要的设备。但一台好的仿真器价格不菲,业余条件下很少有人用得起这种昂贵的仿真器。为了解决这一问题,在此特向大家介绍一种由笔者自制的 DD-F51 简易仿真器,其外形如图 3-37 所示。它支持 51 系列芯片的仿真,且成本较低,非常适合业余爱好者制作与使用。

下面对 DD-F51 仿真器的原理、制作与使用进行简要说明,有关该仿真器的详细情况请登录顶顶电子网站(www.ddmcu.taobao.com)。

图 3-37　DD-F51 仿真器的外形

3.3.1　DD-F51 仿真器的原理与制作

1. DD-F51 仿真器的原理

DD-F51 仿真器的仿真 CPU 使用 SST 公司的 SST89E516RD(也可采用 SST89E564RD 或其他兼容芯片)芯片。SST89E516RD 芯片和 51 单片机的软件兼容,开发工具兼容,引脚也兼容。更为重要的是,SST89E516RD 芯片只需占用单片机的串口,即可实现 SoftICE(Software In Circuit Emulator)在线仿真功能。之所以具有仿真功能,主要是基于以下原因:

SST89E516RD 芯片内部的 Flash 存储器分为 Block0、Block1 两个独立的 Flash 存储块。Block0(用户程序区)为 64 KB;Block1(Boot ROM,即引导区)为 8 KB。另外,SST89E516RD 芯片的 Flash 存储块(Block1)内部烧写有仿真监控程序。单片机工作时,Block1 块中的仿真监控程序可以更改 Block0 块中的用户程序。正是基于 SST89E516RD 芯片的这些特点,可以用 SST89E516RD 做成仿真器。

实际操作时,需要事先把仿真监控程序烧入 SST89E516RD 芯片的 Block1 块中,监控程序通过 SST89E516RD 的串口与 PC 机通信,当使用 Keil C51 环境仿真时,用户程序通过串口被 Block1 块中的监控程序写入 Block0 块中。在仿真调试过程中,监控程序可以随时改写被调试的程序来设置单步运行、跨步运行或断点运行。程序暂停执行后,在 Keil C51 集成开发环境中可以观察单片机 RAM、寄存器和单片机内容的各种状态,从而实现了仿真功能。

图 3-38 所示是 DD-F51 仿真器的电路原理图。

可以看出,DD-F51 仿真器实际上是由仿真芯片 SST89E516RD 最小系统和 RS232 接口电路组成。JP1 为 2 引脚插针,用于设置是选用仿真器上的复位电路还是采用用户目标板上的复位电路。当 JP1 插针短接时,选用仿真器上的复位电路;当 JP1 的插针断开时,则选用用户目标板上的复位电路。JP2 为 6 针跳线,用于设置是选用仿真器上的晶振还是用户目标板上的晶振。当 JP1 插针 1-3、2-4 短接时,选用仿真器上的晶振;当 JP1 的 3-5、4-6 短接时,

第3章 单片机低成本实验设备的制作与使用

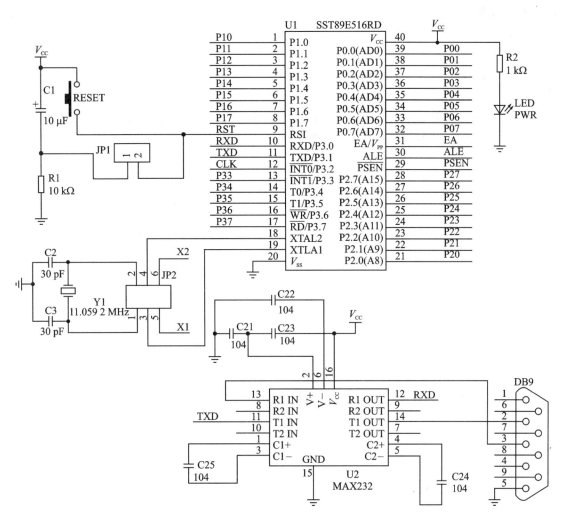

图 3-38　DD-F51 仿真器的电路原理图

则选用用户目标板上的晶振。

2. DD-F51 仿真器的制作

绘制好原理图后,就可根据原理图中的要求购买元器件和组装了 SST89E516RD。组装时,需要设计 PCB 板。制作好 PCB 板后,将全部元件装上,再用编程器把 SST89E516RD 仿真监控程序(可到 SST 公司网站进行下载)写到 SST89E516RD 中,拿回来插到组装的仿真器上,硬件和软件就完全做好了。

烧写芯片时,一定要采用能够烧写 SST89E516RD 芯片的编程器。不同的编程器,烧写 SST89E516RD 芯片的方法不尽相同。但有两点要注意:一是加载监控程序文件时,要将缓冲区开始地址改为 010000(默认状态下一般为 0);二是烧写时,要将编程范围设定为 Block1,即 SST89E516RD 程序存储器的引导区。

如果自己没有可用的编程器,则可在仿真芯片时请商家代写。另外,市场上也有已烧写好监控程序的 SST89E516RD 芯片出售。

顺便说明一下，仿真芯片SST89E516RD与SST89E564RD完全兼容，二者的监控程序可相互代换。

3.3.2　DD-F51仿真器的使用

DD-F51仿真器是完全依托Keil C51软件强大的功能来实现仿真的，因此必须配合Keil C51软件才能工作。学习使用DD-F51在线仿真器的过程也就是对Keil C51软件的学习过程，关于Keil C51软件以及硬件仿真的使用方法将在本书的第4章进行详细介绍。

第 4 章

30 min 熟悉单片机 C 语言开发全过程

本章以一个 LED 流水灯为例,教您一步一步地学习如何设计与制作硬件电路;如何利用 Keil C51 软件编写源程序及编译成 hex 文件;如何利用仿真器进行硬件仿真调试;以及如何利用编程器进行程序的编程与下载等内容。对于从未接触过单片机的初学者,只要按照本章所述内容进行学习和操作,即可很快地编写出自己的第一个单片机程序,并通过自制的实验板或 DD-900 实验开发板看到程序的实际运行结果,从而熟悉单片机实验开发的全过程。通过本章的学习将会发现,单片机并不神秘,也不高深,它好玩、有趣,老少皆宜。

4.1 单片机实验开发软件"吐血推荐"

单片机实验和开发必须依赖软件的强大功能才能得以实现。在这里,向单片机玩家"吐血推荐"两种必备软件——Keil C51 和 Protel。其中,Keil C51 可完成程序的编译链接与仿真调试,并能生成 hex 文件,由编程器烧写到单片机中。Protel 是一款 EDA 工具软件,它集原理图绘制、PCB 设计等多种功能于一体,是单片机硬件设计与制作中最为重要的软件。

4.1.1 Keil C51 软件介绍

Keil C51 是 51 单片机实验、开发中应用最为广泛的软件,界面友好,易学易用,在调试程序、软件仿真方面也有很强大的功能。因此,很多开发 51 单片机应用的工程师或普通的单片机爱好者,都对它十分喜欢。

Keil C51 软件提供了文本编辑处理、编译链接、项目管理、窗口、工具引用和软件仿真调试等多种功能,通过一个集成开发环境(μVsion IDE)将这些部分组合在一起。使用 Keil C51 软件,可以对汇编语言程序进行汇编,对 C 语言程序进行编译,对目标模块和库模块进行链接,以产生一个目标文件并生成 hex 文件,对程序进行调试等。另外,Keil C51 还具有强大的仿真功能。在仿真功能中,有两种仿真模式:软件模拟方式和硬件仿真。在软件模拟方式下,不需要任何 51 单片机硬件即可完成用户程序仿真调试,极大地提高了用户程序开发效率;在硬件仿真方式下,借助仿真器(仿真芯片和 PC 机串口),可以实现用户程序的实时在线仿真。

总之,Keil C51 软件功能强大,应用广泛,无论是单片机初学者,还是单片机开发工程师,都必须掌握好、使用好。

　　Keil C51 软件可从 Keil 公司的网站下载 Eval 版本，也可在相关网站上进行下载。Eval 版本具有 2 KB 代码的限制，对于学习和开发小型产品已经足够，如果设计的程序较大（大于 2 KB），那么，需要使用 Keil C51 正式版。

　　下载 Keil C51 软件后，双击其中的安装文件即可进行安装。安装方法十分简单，先一直单击 next 按钮，最后单击 finish 按钮即可。安装完成后，在桌面上生成 Keil μVision2 图标。双击 Keil μVision2 图标，可启动 Keil C51 软件，启动后，就可以让它为我们服务了。有关 Keil C51 软件的使用方法，将在下面借助一个具体的实例进行详细介绍。

4.1.2　Protel 软件介绍

　　Protel 是电子爱好者设计原理图和制作 PCB 图的首选软件，在国内的普及率很高，几乎所有的电子公司都要用到它。许多大公司在招聘电子设计人才时，在其条件栏上常会写着要求会使用 Protel，可见其地位的重要性。

　　Protel 软件发展很快，主要版本有 Protel98、Protel99、Protel99SE、Protel DXP、Protel DXP 2004。从 Protel DXP 2004 以后，Protel 改名为 Altium Designer，主要版本有 Altium Designer6.0、Altium Designer6.6、Altium Designer6.8、Altium Designer 6.9、Altium Designer8.3 等，截止到笔者编写本书时，最新版本为 Altium Designer8.3。

　　Protel 的众多版本中，Protel99SE、Protel DXP 2004 及 Altium Designer 新版本都有一定的用户群，它们都包含了电路原理图绘制、电路仿真与 PCB 板设计等内容。Proel99SE 是 Proel 公司 1999 年推出的，无论在操作界面上还是在设计能力方面都十分出色；Protel DXP 2004 及 Altium Designer 是 Altium 公司（Protel 的前身）推出的，它集所有设计工具于一体，具备了当今所有先进辅助设计软件的优点。虽然 Protel DXP 2004 和 Altium Designer 比 Protel99SE 功能强大，但其界面复杂，对计算机配置要求较高。更为重要的是，国内很多 PCB 生产厂家水平还比较落后，即使用 Protel DXP 2004 或 Altium Designer 设计出了 PCB 图，这些厂家可能也无法处理，必须转换为 Protel99SE 的 PCB 图后才能进行制作。因此，无论从易用性方面，还是从易于制作方面，笔者都强烈建议从 Protel99SE 开始学起，特别是对于初学者而言，更应该如此，没有必要跟风追潮。况且，学好 Protel99SE，再学 Altium Designer 就会很快入门与上手。

　　有关 Protel 操作知识已超出了本书的范围，请读者自行购书学习。

4.2　单片机 C 语言开发过程"走马观花"

　　下面以制作一个流水灯为例，介绍单片机实验开发的整个过程。尽管这个流水灯看起来还比较单调，也不够实用，但其开发过程与开发复杂的产品却是一致的，下面让我们一起开始吧！

4.2.1　硬件电路设计与制作

　　硬件电路设计是一门大学问，若设计不周，轻则完不成任务，达不到要求，重则可能发生短

第4章 30 min 熟悉单片机 C 语言开发全过程

路、烧毁元件等事故。要想设计一个功能完善、电路简洁的硬件电路,不但要熟悉掌握模拟电路、数字电路等基本知识,还要学会常见元器件、集成电路的识别、检测与应用。不过,这里设计的只是一个8位流水灯,电路比较简单,对读者的"基本功"要求不高。图4-1所示是用 Protel99SE 绘制的电路原理图。

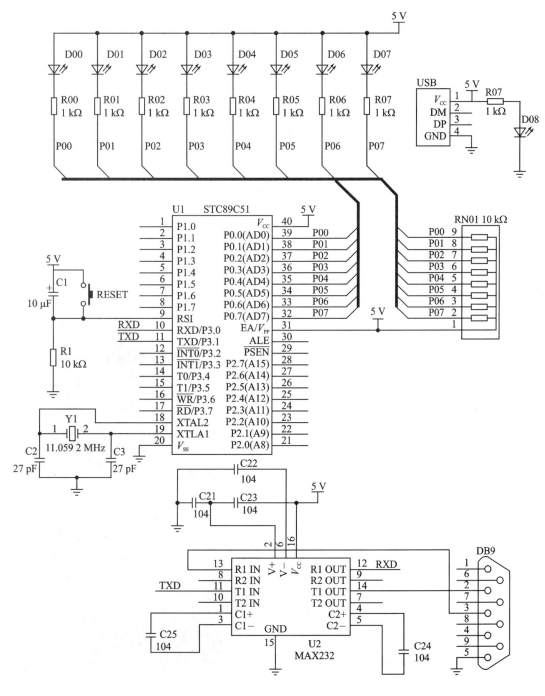

图 4-1 8 位流水灯电路

可以看出，8位流水灯电路由单片机最小系统（STC89C51、5 V 电源、复位电路、晶振电路）、8只LED发光二极管D00~D07、8只限流电阻R00~R07、上拉电阻排RN01、RS232接口电路等组成。另外，如果不打算从PC机的USB接口取电，则还要设计一个5V稳压供电电路。

图中，将8位发光二极管D00~D07接在STC89C51的P0口，由于P0口内部没有上拉电阻，因此，图中的电阻排RN01是必需的；若D00~D07接在STC89C51的P1、P2或P3口，则RN01可不接。

绘制好原理图后，就可以根据原理图中的要求购买元器件了。这些元器件都十分常用，在普通的电子市场或在淘宝网上都可以方便地购到。元件购齐后，下一步就是组装。组装的方法有两种：一种是采用万用板进行组装；另一种是采用PCB板进行组装。

如果用万用板进行组装，那么，还需要购置一块万用板、若干导线等辅助元件。这种方法的特点是：方法简单，用料便宜，但组装时对焊接和连线有较高的要求。

如果采用PCB进行组装，则需要打开Protel99SE软件，根据前面绘制的原理图，制作出PCB图，然后交由厂家进行制板。制作出PCB板后，将元件装在PCB板上焊接好即可。这种方法的特点是：不用连线，元件焊接也十分方便，更令人兴奋的是，可以在PCB板上写上自己的大名，以显示自己可以开发产品了。不过，制作PCB板费用可能要高一些。正因为如此，一般只有制作比较复杂的电路板或批量生产时才采用这种方法。

由于这里设计的这个流水灯实用价值不高，只是"玩玩而已"，且电路简单，建议读者别再破费制板了，还是花上几元钱买一块万用板自己焊接吧！这里要提醒的是，如果是初次焊接万用板，建议多买几块备用。

再下一步的工作就是焊接和走线。在电路板的走线方面，笔者是用锡接走线，这样可以保证电路既稳固又美观。在锡接走线之前，可以先考虑好整个电路的布局，USB供电接口和DB9串口尽量放到万用板的一边，单片机最小系统放在万用板的中间，这样使用起来会方便一些。先用水笔画出走线图，当确定无误再用锡过线。焊接时，先焊好IC座，但单片机不要插在IC座上，当电路全部完成后再插上芯片。如果想用飞线的方法也可以，不过如此简单的电路用飞线好像没有必要。

焊接好后，先不要急于通电，还要检查一下电路有否有短路、断路、接错的现象。记得笔者第一次制作时，将单片机安装在IC座时装反了，一通电，单片机便发热并瞬间烧坏，当时后悔得把旁边的一个小凳子都快踢坏了。

烧坏元件器是小事，还有一些元器件装反后会爆炸，如电解电容，因此，焊接后进行例行检查这一步绝不能少，希望大家吸取笔者的教训，少走一些弯路。

图4-2所示是制作好的8位流水灯实验板正面图。

图4-2 制作好的8位流水灯实验板正面图

现在一切完成可以通电了,从 PC 机 USB 口为实验板供电,电源指示灯 D08 亮了,看看接到 P0 口的 8 个 LED 是什么状态呢?是否按流水灯循环闪亮呢?不是!不是就对了,因为还没有给单片机写程序,它现在还不知道要让它干什么呢,只能呆呆地等在那里。

为了将程序代码写到单片机上,需要购买或制作编程器。在前面制作流水灯电路时,已设计了串行接口,因此,只要将 DB9 串口线把实验板连接到 PC 机的串口上,就可以对实验板上的 STC89C51 进行下载编程了。有关 STC89C51 单片机的编程方法,请参照本书第 3 章有关内容。

另外,为了验证程序的正确性,需要对程序进行仿真调试。由于实验板上已设计了串口,因此,只需一片仿真芯片(如 SST89E516RD)就可以进行硬件仿真了。

至此,一个 8 位流水灯实验板制作完成了。接下来,就可以编写程序进行实验了。

需要说明的是,由顶顶电子设计的 DD-900 实验开发板,不但集成有以上 8 位流水灯和串行接口,而且还集成有其他多种实验电路,可以解除读者元件购买、焊接、检查之苦,尽情享受单片机实验、仿真、下载的乐趣。

4.2.2 编写程序

想让单片机按自己的意思(想法)完成一项任务,必须先编写供其使用的程序。编写单片机的程序应使用该单片机可识别的"语言",否则将是对"机"弹琴。通过前面的学习可知,单片机编程语言主要有汇编语言和 C 语言,这里,当然选用 C 语言进行编程。

编写程序时需要软件开发平台,这里选用 Keil C51,它是一个集编辑、编译、仿真等多种功能于一体的工具软件。值得一提的是,当编写的程序出现语法错误,在编译时它还可以提示,以方便程序的修改和维护。

下面,就开始启动 Keil C51,用 C 语言编写 8 位流水灯程序。

1. 建立一个新工程

① 先在 E:\ch4 目录下(其他位置也可以)新建一个文件夹,命名为 my_8LED,用来保存 8 位流水灯程序。

② 选择 Project 菜单项,选择下拉式菜单中的 New Project,弹出文件对话窗口,选择要保存的路径,在"文件名"中输入第一个 C 程序项目名称,这里用"my_8LED",如图 4-3 所示。

图 4-3　保存文件对话框

保存后的文件扩展名为μv2,这是 Keil C51 项目文件扩展名,以后可以直接选择此文件以打开先前做的项目。

③ 单击"保存"按钮后,这时会弹出一个选择器件对话框,要求选择单片机的型号,可根据使用的单片机来选择。Keil C51 几乎支持所有 51 核的单片机,这里选择 AT89S51,如图 4-4 所示,然后单击"确定"按钮。

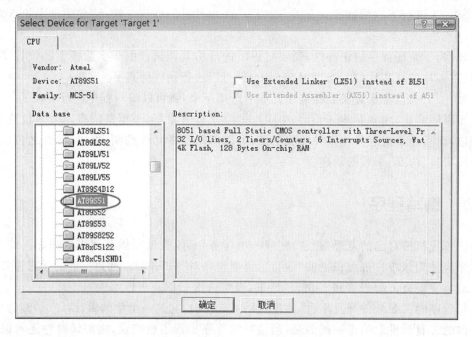

图 4-4　选择单片机型号对话框

专家点拨:Keil C51 中没有 STC89C 系列单片机型号,如果制作的实验开发板采用 STC89C51 等单片机,仍然可选用 AT89S51。由于 STC89C51 单片机中的个别寄存器和 AT89S51 有所不同,因此,在使用这些不同的寄存器时,需要在程序中用 sfr 关键字进行声明。有关 STC89C51 单片机一些特殊寄存器的使用情况,会在后续章节中进行介绍。

④ 随后弹出如图 4-5 所示的对话框,询问是否添加标准的启动代码到项目,一般情况下选"否"即可。

⑤ 回到主窗口界面,选择 File 菜单项,再在下拉菜单中选中 New 选项,出现文件编辑窗口,如图 4-6 所示。

图 4-5　询问添加启动代码对话框

⑥ 此时光标在编辑窗口里闪烁,这时可键入用户的应用程序了。但笔者建议首先保存该空白的文件,选择菜单上的 File,在下拉菜单中选中 Save As,出现文件"另存为"对话框,在"文件名"栏右侧的编辑框中,键入文件名,同时,必须键入正确的扩展名。注意,采用 C 语言编写程序,扩展名为.c;用汇编语言编写程序,扩展名必须为.asm。这里选用文件名和扩展名为 my_8LED.c,如图 4-7 所示,然后,单击"保存"按钮。

⑦ 回到主窗口界面后,单击 Target 1 前面的"+"号,然后在 Source Group 1 上右击,弹出

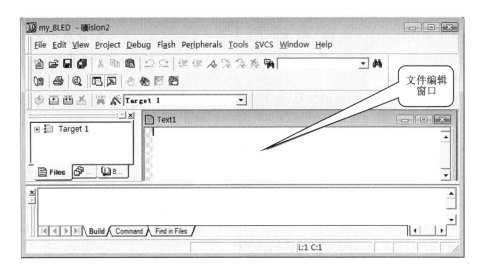

图 4-6　文件编辑窗口

图 4-7　保存文件对话框

如图 4-8 所示的快捷菜单。

⑧ 选择 Add File to Group 'Source Group 1' 出现增加源文件对话框。选中 my_8LED.c，如图 4-9 所示，然后单击 Add 按钮。

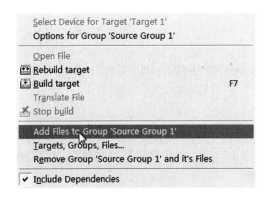

图 4-8　快捷菜单

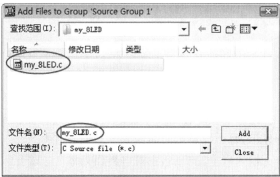

图 4-9　增加源文件对话框

提示：单击 Add 按钮后，增加源文件对话框并不消失，等待继续加入其他文件，但不少人误认为操作没有成功而再次单击 Add 按钮，这时会出现如图 4-10 所示的警告提示窗口，提示所选文件已在列表中，此时应单击"确定"按钮，返回前一对话框，然后单击 Close 按钮即可返回主界面。

⑨ 单击 Source Group 1 前的加号，此时会发现 my_8LED.c 文件已加入到其中，如图 4-11 所示。

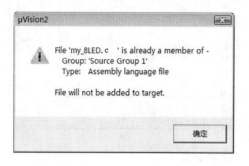

图 4-10　警告提示窗口　　　　图 4-11　加入源文件后的窗口

现在，在编辑窗口中输入如下的 C 语言源程序：

```c
#include<reg51.h>
#include<intrins.h>
#define uint unsigned int
#define uchar unsigned char
void Delay_ms(uint xms)              //延时程序，xms 是形式参数
{
    uint i, j;
    for(i=xms;i>0;i--)               //i=xms，即延时 xms，xms 由实际参数传入一个值
        for(j=115;j>0;j--);          //此处分号不可少
}
void main()
{
    uchar led_data = 0xfe;           //给 led_data 赋初值 0xfe，点亮第一个 LED 灯
    while(1)                         //大循环
    {
        P0 = led_data;
        Delay_ms(500);
        led_data = _crol_( led_data,1);  //将 led_data 循环左移 1 位再赋值给 led_data
    }
}
```

这个源程序在第 2 章已进行介绍，其功能就是让 P0 口的 8 个 LED 灯按流水灯的形式进行显示，每个灯显示时间约 0.5 s，循环往复。

输入以上完毕后，主窗口界面如图 4-12 所示。

2. 工程的设置

工程建立好以后，还要对工程进行进一步的设置，以满足要求。

第4章　30 min 熟悉单片机 C 语言开发全过程

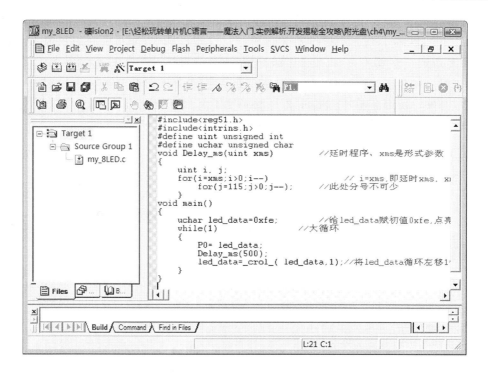

图 4-12　输入程序后的主窗口

① 右击主窗口 Target1，在出现的快捷菜单中选择 Option for target 'target1'，如图 4-13 所示。

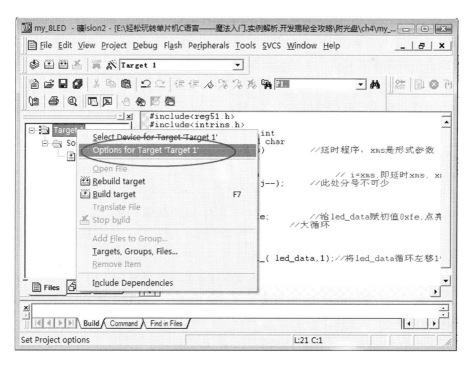

图 4-13　选择 Option for target 'target1'

② 选择 Option for target 'target1'后，即出现工程设置对话框。这个对话框共有 10 个页面，选中 Target，可对 Target 页中的有关选项进行设置。其中，Xtal 后面的数值是晶振频率值，默认值是所选目标 CPU 的最高可用频率值，该值与最终产生的目标代码无关，仅用于软件模拟调试时显示程序执行时间。正确设置该数值，可使显示时间与实际所用时间一致，一般将其设置成与硬件所用晶振频率相同，如果没必要了解程序执行的时间，也可以不设。这里，将 Xtal 设置为 11.059 2 MHz，其他保持默认设置，如图 4-14 所示。

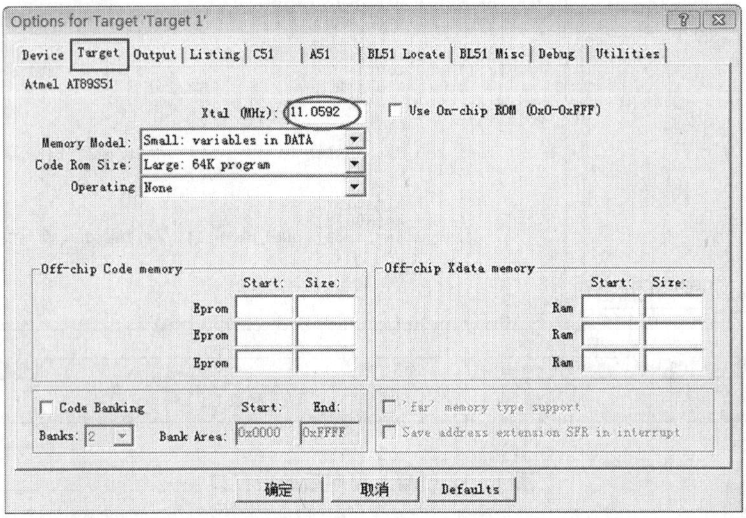

图 4-14 Target 页的设置

专家点拨：在 Target 页中，还有几项设置，简要说明如下：
Memory Model 用于设置 RAM 使用情况，有 3 个选择项：
Small   所有变量都在单片机的内部 RAM 中；
Compact 可以使用一页（256 字节）外部扩展 RAM；
Larget   可以使用全部外部的扩展 RAM。
Code Model 用于设置 ROM 空间的使用，同样也有 3 个选择项：
Small   只用低于 2 KB 的程序空间；
Compact 单个函数的代码量不能超过 2 KB，整个程序可以使用 64 KB 程序空间；
Larget   可用全部 64 KB 空间。
这些选择项必须根据所用硬件来决定，对于本例，按默认值设置。
Operating 项是操作系统选择，Keil 提供了两种操作系统：Rtx tiny 和 Rtx full。通常不使用任何操作系统，即使用该项的默认值 None。
Off Chip Code memory 用以确定系统扩展 ROM 的地址范围，off Chip Xdata memory 用于确定系统扩展 RAM 的地址范围，这些选择项必须根据所用硬件来决定，一般均不需要重新选择，按默认值设置。

③ 选择 OutPut 页，里面也有多个选择项。其中 Creat Hex File 用于生成可执行代码文件，其格式为 Intel hex 格式，文件的扩展名为.hex，默认情况下该项未被选中，如果要烧写芯片做硬件实验，就必须选中该项，这里选择该项。选中该项后，在编译和链接时将产生 *.hex

代码文件,该文件可用编程器去读取并烧到单片机中,再用硬件实验板看到实验结果。最后设置的情况如图 4-15 所示。

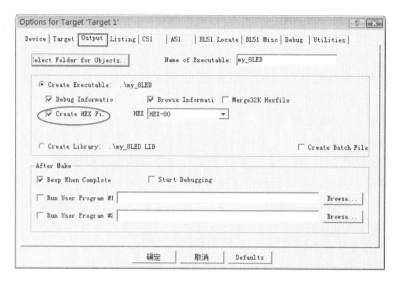

图 4-15 OutPut 页的设置

④ 选择 Debug 页,如图 4-16 所示。

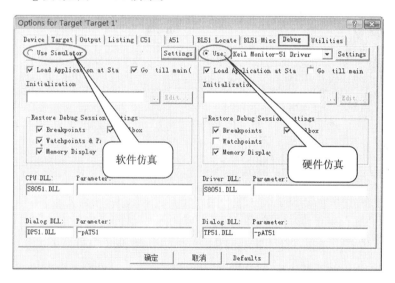

图 4-16 Debug 页

该页用于设置调试器。Keil C51 提供了两种工作模式,即 Use Simulator(软件模拟仿真)和 Use(硬件仿真)。Use Simulator 是将 Keil C51 设置成软件模拟仿真模式,在此模式下,不需要实际的目标硬件就可以模拟 51 单片机的很多功能,这是一个非常实用的功能;Use 是硬件仿真选项,当进行硬件仿真时,应选中此项。另外,还须从右侧的下拉框中选择 Keil Monitor-51 Driver。

这里,暂时选择 Use 项,并从其后面的下拉框中选择 Keil Monitor-51 Driver,即将 Keil C51 配置为硬件仿真。

⑤ 工程设置对话框中的其他选项页与 C51 编译器、A51 汇编器、BL51 连接器等用法有关，这里均取默认值，不作任何修改。设置完成后，单击"确定"按钮进行确认。

4.2.3 编译程序

以上编写的 8 位流水灯程序是供我们看的，在学完 C 语言后就完全可以看懂，但是，单片机可看不懂，它只认识由 0 和 1 组成的机器码。因此，这个程序还必须进行编译，将程序"翻译"成单片机可以"看懂"的机器码。

要将编写的源程序转变成单片机可以执行的机器码，可采用手工汇编和机器汇编的方法。目前手工汇编的方法已被淘汰；机器汇编是指通过编译软件将源程序变为机器码。用于 51 单片机的编译软件较多，如 Keil C51、MedWin 等，这里采用 Keil C51。通过 Keil C51 对源程序进行汇编，可以产生目标代码，生成单片机可以"看懂"的 .hex（十六进制）或 .bin（二进制）目标文件，用编程器烧写到单片机中，单片机就可以按照我们的意愿工作了。

用 Keil C51 对 8 位流水灯程序编译的方法如下：

在 Keil C51 主窗口左上方，有 3 个与编译有关的按钮，如图 4-17 所示。

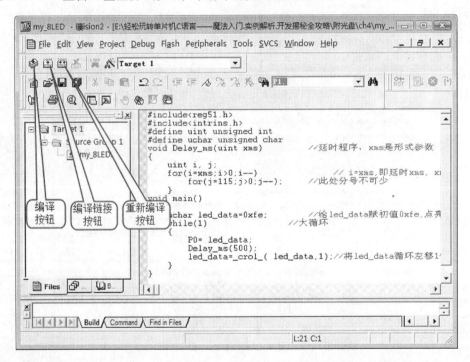

图 4-17 主窗口左上方 3 个与编译有关的按钮

图中 3 个按钮的作用有所不同，左边的是编译按钮，不对文件进行链接；中间的是编译链接按钮，用于对当前工程进行链接，如果当前文件已修改，软件会对该文件进行编译，然后再链接以产生目标代码；右边的是重新编译按钮，每单击一次均会再次编译链接一次，不管程序是否有改动，确保最终产生的目标代码是最新的。这 3 个按钮也可在 Project 菜单中找到。

这个项目只有一个文件，单击这 3 个按钮中的任何一个都可以编译。这里，为了产生目标代码,选择按中间的编译链接按钮或右边的重新编译按钮。在下面的 Build 窗口中可以看到编译后的有关信息,如图 4-18 所示,提示获得了名为 my_8LED.hex 的目标代码文件。编译完成后,打开 my_8LED 文件夹会发现,文件夹里多出了一个 my_8LED.hex 文件。

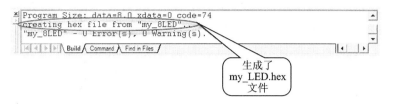

图 4-18 编译后的有关信息

如果源程序有语法错误,会有错误报告出现,用户应根据提示信息,更正程序中出现的错误,重新编译,直至正确为止。

4.2.4 仿真调试

程序编译通过后,只是说明源程序没有语法错误,至于源程序中存在的其他错误,往往还需要通过反复的仿真调试才能发现。所谓仿真,即是对目标样机进行排错、调试和检查。一般分为硬件仿真和软件仿真两种,下面分别进行说明。

1. 硬件仿真

硬件仿真是通过仿真器(仿真机)与用户目标板进行实时在线仿真。一块用户目标板包括单片机部分及外围接口电路部分,例如,前面设计的 8 位流水灯电路,单片机部分由 STC89C51 最小系统组成,外围接口电路则由 8 位发光二极管及限流电阻组成。硬件仿真就是利用仿真器来代替用户目标板的单片机部分,由仿真器向用户目标板的接口电路部分提供各种信号及数据进行测试和调试。这种仿真可以通过单步执行、连续执行等多种方式来运行程序,并能观察到单片机内部的变化,便于修改程序中的错误。

该硬件电路中,由于设置了串行接口,因此,硬件仿真十分方便。仿真时,首先将一片仿真芯片(如 SST89E516RD)放到单片机所在的位置,然后,再将实验板串口和 PC 机的串口连接起来,最后,运行 PC 机上的 Keil C51 软件,即可进行硬件仿真。

下面简要说明仿真调试的方法和技巧。

① 选择菜单 Project→Option for target 'target1',出现工程设置对话框。在 Debug 页中,选择 Use,并从右侧的下拉框中选择 Keil Monitor-51 Driver(硬件仿真)。然后,再单击右侧的 Settings 按钮,出现串口设置对话框,选择正在使用的串口。注意要与实际相符,这里选择默认值 COM1。另外,再将波特率设置为 38 400,其他选项采用默认值,如图 4-19 所示。

② 对工程成功地进行编译、链接以后,选择菜单 Debug→Start/Slop Debug Session(或按 Ctrl+F5 键)即可进入调试状态。进入调试状态后,界面与编辑状态相比有明显的变化,Debug 菜单项中原来不能用的命令现在已经可以使用了,工具栏会多出一个用于调试的工具条,如图 4-20 所示。

Debug 菜单中的大部分命令可在此找到对应的快捷按钮,从左到右依次是复位、全速运行、暂停、单步、过程单步、执行完当前子程序、运行到当前行等命令。

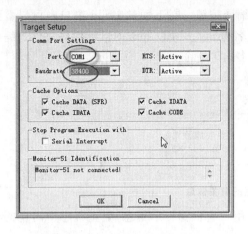

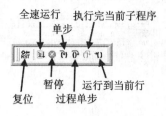

图 4-19 串口设置对话框

图 4-20 调试工具栏

全速执行是指一行程序执行完以后紧接着执行下一行程序,中间不停止,这样程序执行的速度很快,并可以看到该段程序执行的总体效果,即最终结果正确还是错误。但如果程序有错,则难以确认错误出现在哪些程序行。选择菜单 Debug→Go 或单击 按钮或使用快捷键 F5,可以全速执行程序。

单步执行是每次执行一行程序,执行完该行程序以后即停止,等待命令执行下一行程序。此时可以观察该行程序执行完以后得到的结果,是否与我们写该行程序所想要得到的结果相同,借此可以找到程序中问题所在。选择菜单 Debug→Step 或单击 按钮或使用快捷键 F11,可以单步执行程序。按下 F11 键,可以看到源程序窗口的左边出现了一个黄色调试箭头,指向源程序的第一行,每按一次 F11,即执行该箭头所指程序行,然后箭头指向下一行。

过程单步是指将汇编语言中的子程序或 C 语言中的函数作为一个语句来全速执行。选择菜单 Debug→step over 或单击 按钮或使用功能键 F10,可以用过程单步形式执行命令。

运行到当前行是运行到鼠标所在位置的行。选择菜单 Debug→run to cursor line 或单击 按钮或使用快捷键 Ctrl+F10,可以执行该操作。

提示:通过单步执行程序,一般可以找出一些问题,但是仅依靠单步执行来查错有时是困难的,或虽能查出错误,但效率很低。为此必须辅之以其他的方法,如在本例中的延时函数是通过执行 $500 \times 115 = 57\ 500$ 次语句来达到延时的目的。如果用按 F11 键 50 000 多次的方法来执行完该程序行,显然不合适。为此,单步执行一般需要和过程单步、运行到当前行、全速运行等命令结合在一起进行调试。

另外,仿真器监控芯片的 Flash ROM 是有一定擦写寿命的,而每一个单步执行都将擦写一次存储单元。因此,应尽量少使用单步执行,多使用过程单步、运行到当前行等节省擦写次数的功能,以延长仿真器的使用寿命。

③ 程序调试时,一些程序行必须满足一定的条件才能被执行到(如程序中某变量达到一定的值、按键被按下、串口接收到数据、有中断产生等),这些条件往往难以预先设定。此类问题使用单步执行的方法是很难调试的,这时就要使用到程序调试中的另一种非常重要的方法——断点设置。

断点设置的方法有多种,常用的是在某一程序行设置断点。设置好断点后,可以全速运行程序,一旦执行到该程序行即停下,可在此时观察有关变量值,以确定问题所在。

在程序行设置/移除断点的方法是将光标定位于需要设置断点的程序行,选择菜单 Debug→Insert/Remove Breakpoint,可以设置或移除断点(也可在该行双击实现同样的功能);选择菜单 Debug→Enable/Disable Breakpoint,可开启或暂停光标所在行的断点功能;选择菜单 Debug→Disable All Breakpoint,可暂停所有断点;选择菜单 Debug→Kill All Breakpoint,可清除所有的断点,如图 4-21 所示。

提示:在仿真器运行过程中,若要退出仿真状态,则要先按实验板的复位按钮,再按键盘 Ctrl+F5 键。若还要继续进行仿真,则只需再次按下 Ctrl+F5 即可。

④ 当仿真时若出现如图 4-22 所示的窗口,则说明 Keil C51 软件和实验板仿真芯片之间通信失败,请先退出仿真状态,重新编译和链接程序(按 F7 键),再按 Ctrl+F5 键进入仿真状态即可。如果仍然出现通信失败窗口,请检查实验板的连接是否正确,电缆线有无断线,串口是否被其他串口软件占用,仿真芯片是否损坏等。

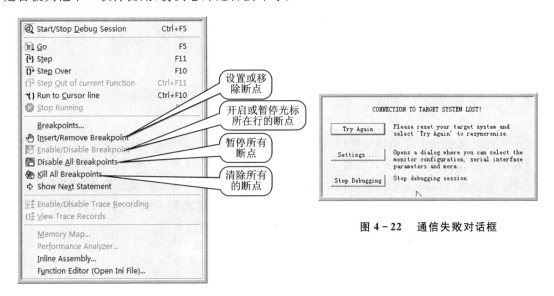

图 4-21　设置断点菜单选项

图 4-22　通信失败对话框

2. 软件仿真

在 Keil C51 软件中,内建了一个仿真 CPU,可用来模拟执行程序。该仿真 CPU 功能强大,可以在没有用户目标板和硬件仿真器的情况下进行程序的模拟调试,这就是软件仿真。

软件仿真不需要硬件,简单易行。不过,软件仿真毕竟只是模拟,与真实的硬件执行程序还是有区别的;其中最明显的就是时序。软件仿真不可能和真实的硬件具有相同的时序,具体的表现就是程序执行的速度与所使用的计算机有关,计算机性能越好,运行速度越快。

如果读者没有制作实验板,也没有仿真芯片或仿真器,则可采用软件仿真的方法进行模拟。具体方法如下:

① 选择菜单 Project→Option for target 'target1',出现工程设置对话框,在 Debug 页中,选择 Use Simulator,即设置 Keil C51 为软件仿真状态。

② 按 Ctrl+F5 键进入仿真状态,再选择菜单 Peripherals→I/O Ports→Port0,打开 Port1

I/O 观察窗口(即 P0 口窗口),如图 4-23 所示。

图中,凡框内打√者为高电平,未打√者为低电平。按 F5 键全速运行,会发现窗口中的√在 Port0 调试窗口中不停地闪动,不能看到具体的效果。这时可以采用过程单步执行的方法进行调试,不停地按动 F10 键,可以看到 Port0 调试窗口中未打√的小框(表示低电平)不停地右移。也就是说,Port0 调试窗口模拟了 P0 口的电平状态。

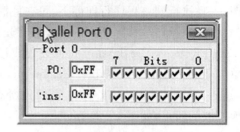

图 4-23　Port0 调试窗口

4.2.5　烧写程序

仿真调试通过后,用 STC89C 系列单片机下载软件将 my_8LED.hex 代码文件下载到实验板 STC89C51 中,就可以欣赏到自己的第一个"产品"了。详细烧写方法可参考本书第 3 章有关内容。

4.2.6　脱机运行检查

不可能一次就完美正确地将源程序写好,这就需要反复修改源程序、反复编译、仿真、烧写到单片机中,反复将单片机装到电路中去实验,针对硬件或软件出现的问题,进行修改,逐步进行完善。确认硬件电路没有问题,确认程序没有"臭虫"后,整个实验开发过程也就结束了。

以上以制作一个 8 位流水灯为例,详细介绍了单片机实验开发的全过程,其中的编写程序、编译程序、仿真、烧写程序等方法同样适用于 DD-900 实验开发板。

第 5 章
单片机 C 语言重点难点剖析

C语言是一种使用非常方便的高级语言,将C语言应用到51单片机上,称为单片机C语言,简称C51。单片机C语言除了遵循一般C语言的规则外,还有其自身的特点。例如,增加了适应51单片机的数据类型(如bit、sbit)、中断服务函数(如interrupt n),对51单片机特殊功能寄存器的定义也是C51所特有的。可以说,单片机C语言是对标准C语言的扩展。单片机C语言知识点较多,本书不是一本介绍C语言基础知识的教材,不可能面面俱到,一网打尽,在本章中,仅就C51中的一些要点、重点、难点进行剖析。

5.1 C51 基本知识

5.1.1 标识符和关键字

1. 标识符

标识符是用来标识源程序中某个对象的名字的,这些对象可以是语句、数据类型、函数、变量、数组等。

标识符的命名应符合以下规则:

① 有效字符 只能由字母、数字和下划线组成,且以字母或下划线开头。

② 有效长度 在C51编译器中,支持32个字符,如果超长,则超长部分被舍弃。

③ C51的关键字不能用作变量名。

标识符在命名时,应当简单,含义清晰,尽量为每个标识符取一个有意义的名字,这样有助于阅读理解程序。

C51区分大小写,例如 Delay 与 DELAY 是两个不同的标识符。

2. 关键字

关键字则是C51编译器已定义保留的特殊标识符,它们具有固定名称和含义,在程序编写中不允许标识符与关键字相同。C51采用了ANSI C标准规定了32个关键字,如表5-1所列。

表 5-1　ANSI C 标准的关键字

关键字	用途	说明
auto	存储种类说明	用以说明局部变量，该关键字为缺省值
break	程序语句	退出最内层循环
case	程序语句	switch 语句中的选择项
char	数据类型说明	单字节整型数或字符型数据
const	存储类型说明	在程序执行过程中不可更改的常量值
continue	程序语句	转向下一次循环
default	程序语句	switch 语句中的失败选择项
do	程序语句	构成 do…while 循环结构
double	数据类型说明	双精度浮点数
else	程序语句	构成 if…else 选择结构
enum	数据类型说明	枚举
extern	存储种类说明	在其他程序模块中说明了的全局变量
flost	数据类型说明	单精度浮点数
for	程序语句	构成 for 循环结构
goto	程序语句	构成 goto 转移结构
if	程序语句	构成 if…else 选择结构
int	数据类型说明	基本整型数
long	数据类型说明	长整型数
register	存储种类说明	使用 CPU 内部寄存器的变量
return	程序语句	函数返回
short	数据类型说明	短整型数
signed	数据类型说明	有符号数，二进制数据的最高位为符号位
sizeof	运算符	计算表达式或数据类型的字节数
static	存储种类说明	静态变量
struct	数据类型说明	结构类型数据
swicth	程序语句	构成 switch 选择结构
typedef	数据类型说明	重新进行数据类型定义
union	数据类型说明	联合类型数据
unsigned	数据类型说明	无符号数数据
void	数据类型说明	无类型数据
volatile	数据类型说明	该变量在程序执行中可被隐含地改变
while	程序语句	构成 while 和 do…while 循环结构

第5章 单片机C语言重点难点剖析

另外,C51还根据51单片机的特点扩展了相关的关键字,如表5-2所列。

表5-2　C51编译器扩展的关键字

关键字	用　途	说　明
bit	位变量声明	声明一个位变量或位类型的函数
sbit	位变量声明	声明一个可位寻址变量
sfr	特殊功能寄存器声明	声明一个特殊功能寄存器
sfr16	特殊功能寄存器声明	声明一个16位的特殊功能寄存器
data	存储器类型说明	直接寻址的内部数据存储器
bdata	存储器类型说明	可位寻址的内部数据存储器
idata	存储器类型说明	间接寻址的内部数据存储器
pdata	存储器类型说明	分页寻址的外部数据存储器
xdata	存储器类型说明	外部数据存储器
code	存储器类型说明	程序存储器
interrupt	中断函数说明	定义一个中断函数
reentrant	再入函数说明	定义一个再入函数
using	寄存器组定义	定义芯片的工作寄存器

5.1.2　数据类型

C51数据类型可分为基本类型、构造类型、指针类型和空类型4类,具体分类情况如图5-1所示。

C51编译器所支持的数据类型如表5-3所列。

表5-3　C51编译器所支持的数据类型

数据类型	名　称	长　度	值　域
unsigned char	无符号字符型	单字节	0～255
signed char	有符号字符型	单字节	−128～+127
unsigned int	无符号整型	双字节	0～65 535
signed int	有符号整型	双字节	−32 768～+32 767
unsigned long	无符号长整型	4字节	0～4 294 967 295
signed long	有符号长整型	4字节	−2 147 483 648～+2 147 483 647
float	浮点型	4字节	±1.175 494E−38～±3.402 823E+38
*	指针型	1～3字节	对象的地址
bit	位类型	位	0或1
sfr	特殊功能寄存器	单字节	0～255
sfr16	16位特殊功能寄存器	双字节	0～65 535
sbit	可寻址位	位	0或1

1. char 字符类型

char 类型的长度是 1 字节,通常用于定义处理字符数据的变量或常量。分为无符号字符类型 unsigned char 和有符号字符类型 signed char,默认值为 signed char 类型。unsigned char 类型用字节中所有的位来表示数值,可以表达的数值范围是 0~255。signed char 类型用字节中最高位表示数据的符号,0 表示正数,1 表示负数,负数用补码表示。所能表示的数值范围是 －128 ~ ＋127。unsigned char 常用于处理 ASCII 字符或用于处理小于或等于 255 的整型数。

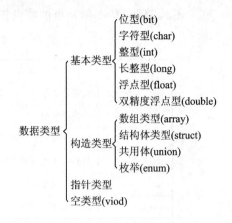

图 5－1　数据类型分类

2. int 整型

int 整型长度为 2 字节,用于存放一个双字节数据。分为有符号整型数 signed int 和无符号整型数 unsigned int,默认值为 signed int 类型。signed int 表示的数值范围是－32 768～＋32 767,字节中最高位表示数据的符号,0 表示正数,1 表示负数。unsigned int 表示的数值范围是 0~65 535。

3. long 长整型

long 长整型长度为 4 字节,用于存放一个 4 字节数据。分有符号长整型 signed long 和无符号长整型 unsigned long,默认值为 signed long 类型。

4. float 浮点型

float 浮点型用于表示包含小数点的数据类型,占用 4 字节。51 单片机是 8 位机,编程时,尽量不要用浮点型数据,这样会降低程序的运行速度和增加程序的长度。

5. * 指针型

指针型本身就是一个变量,在这个变量中存放的是指向另一个数据的地址。这个指针变量要占据一定的内存单元,在 C51 中,它的长度一般为 1~3 字节。

6. bit 位类型

bit 位类型是 C51 编译器的一种扩充数据类型,利用它可定义一个位变量,但不能定义位指针,也不能定义位数组。它的值是一个二进制位,不是 0 就是 1。例如:

　　bit　flag　　　　　//定义位变量 flag

7. sfr 特殊功能寄存器

sfr 也是 C51 扩充的数据类型,占用一个内存单元,取值范围为 0~255。利用它可以访问 51 单片机内部的所有特殊功能寄存器。

定义方法如下:

　　sfr 特殊功能寄存器名＝地址常数

例如:"sfr P1＝0x90;"这一句定义 P1 为 P1 端口在片内的寄存器,在后面的语句中用

P1＝0xff(对 P1 端口的所有引脚置高电平)之类的语句来操作特殊功能寄存器。

8. sfr16 16 位特殊功能寄存器

在新一代的 51 单片机中,特殊功能寄存器经常组合成 16 位来使用。采用关键字 sfr16 可以定义这种 16 位的特殊功能寄存器。sfr16 也是 C51 扩充的数据类型,占用两个内存单元,取值范围为 0～65 535。

例如对于 89S52 单片机的定时器 T2,可采用如下的方法来定义:

```
sfr16 T2 = 0xCC;        //定义 TIMER2,其地址为 T2L = 0xCC,T2H = 0xCD
```

这里 T2 为特殊功能寄存器名,等号后面是它的低字节地址,其高字节地址必须在物理上直接位于低字节之后。

9. sbit 可寻址位

在 51 单片机应用系统中,经常需要访问特殊功能寄存器中的某些位,C51 编译器为此提供了一个扩充关键字 sbit,利用它定义可位寻址的对象。定义方法有如下 3 种。

(1) sbit 位变量名＝位地址

这种方法将位的绝对地址赋给位变量,位地址必须位于 0x80～0xff 之间。例如:

```
sbit OV = 0xD2;
sbit CY = 0xD7;
```

(2) sbit 位变量名＝特殊功能寄存器名^位置

当可寻址位位于特殊功能寄存器中时可采用这种方法,"位位置"是一个 0～7 之间的常数。例如:

```
sfr PSW = 0xD0;
sbit OV = PSW^2;
sbit CY = PSW^7;
```

(3) sbit 位变量名＝字节地址^位位置

这种方法以一个常数(字节地址)作为基地址,该常数必须在 0x80～0xff 之间。"位位置"是一个 0～7 之间的常数。例如:

```
sbit OV = 0xD0^2;
sbit CY = 0xD0^7;
```

sbit 是一个独立的关键字,不要将它与关键字 bit 相混淆。关键字 bit 用来定义一个普通位变量,其值是二进制数的 0 或 1。

专家点拨:C51 中,用户可以根据需要对数据类型重新进行定义。定义方法如下:

typedef 已有的数据类型　新的数据类型名;

例如:

```
typedef int integer;
integer a,b;
```

这两句在编译时,先把 integer 定义为 int,在以后的语句中遇到 integer 就用 int 置换,integer 就等于 int,因此 a、b 也就被定义为 int。typedef 只是对已有的数据类型作一个名字上的置换,并不是产生一个新的数据类型。

5.1.3 常量

1. 常量的数据类型

常量是在程序运行过程中不能改变值的量,常量的数据类型主要有整型、浮点型、字符型、字符串型。

(1) 整型常量

整型常量可以用十进制、八进制和十六进制表示。至于二进制形式,虽然它是计算机中最终的表示方法,但它太长,所以 C 语言不提供用二进制表达常数的方法。

用十进制表示,是最常用也是最直观的,如 7、356、−90 等。

八进制用数字 0 开头(注意不是字母 o),如 010、016 等。

十六进制以数字 0 加小写字母 x 或大写字母 X 开头,如 0x10、0Xf 等。注意,十六进制数只能用合法的十六进制数字表示,字母 a、b、c、d、e、f 既可以大写,也可以小写。

(2) 浮点型常量

浮点型常量可分为十进制和指数表示形式。十进制由数字和小数点组成,如 0.888、3345.345、0.0 等。指数表示形式为:[±]数字[.数字]e[±]数字,[ ]中的内容为可选项,其中内容根据具体情况可有可无,但其余部分必须有,如 125e3、7e9、−3.0e−3 等。

(3) 字符型常量

字符型常量是单引号内的字符,如 'a'、'd' 等。不可以显示的控制字符,可以在该字符前面加一个反斜杠(\)组成专用转义字符。常用转义字符如表 5−4 所列。

表 5−4 常用转义字符表

转义字符	含义	ASCII 码(十六/十进制)	转义字符	含义	ASCII 码(十六/十进制)
\0	空字符(NULL)	00H/0	\f	换页符	0CH/12
\n	换行符	0AH/10	\'	单引号	27H/39
\r	回车符(CR)	0DH/13	\"	双引号	22H/34
\t	水平制表符	09H/9	\\	反斜杠	5CH/92
\b	退格符	08H/8			

(4) 字符串型常量

字符串型常量由双引号内的字符组成,如"test"、"OK"等。当引号内没有字符时,为空字符串。在 C 语言中,系统在每个字符串的最后自动加入一个字符 '/0' 作为字符串的结束标志。请注意字符常量和字符串常量的区别,例如 'Z' 是字符常量,在内存中占 1 字节,而"Z"是字符串常量,占 2 字节的存储空间,其中 1 字节用来存放 '\0'。

2. 用宏表示常数

假如要写一个有关圆的计算程序,那么 π(3.141 59)值会被频繁用到。显然没有理由去改 π 的值,因此应该将它当成一个常量对待,那么,是否就不得不一遍一遍地写 3.141 59 这一长串数字呢?

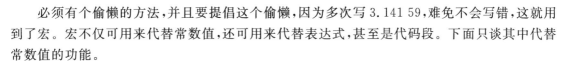

必须有个偷懒的方法,并且要提倡这个偷懒,因为多次写3.141 59,难免不会写错,这就用到了宏。宏不仅可用来代替常数值,还可用来代替表达式,甚至是代码段。下面只谈其中代替常数值的功能。

宏的语法为:

♯define 宏名称 宏值

例如要代替前面说到的π值,应为:

♯define PAI 3.14159

注意,宏定义不是C51严格意义上的语句,因此其行末不用加分号结束。

有了上面的语句,在程序中凡是要用到3.141 59的地方都可以使用PAI这个宏来取代。作为一种建议和一种广大程序员共同的习惯,宏名称经常使用全部大写的字母。

3. 用const定义常量

常量还可以用const来进行定义,格式为:

const 数据类型 常量名 = 常量值;

例如:

const float PAI = 3.14159;

const的作用就是指明这个量(PAI)是常量,而非变量。

常量必须一开始就指定一个值,然后,在以后的代码中,不允许改变PAI的值。

专家点拨:用宏定义♯define表示的常量和用const定义的常量有没有区别呢?有的,用♯define进行宏定义时,只是单纯的替换,不会进行任何检查,如类型、语句结构等,即宏定义常量只是纯粹的替换关系。例如"♯define null 0"编译器在遇到null时总是用0代替null。而const定义的常量具有数据类型,定义数据类型的常量便于编译器进行数据检查,使程序对可能出现错误进行排查,因此,用const定义的常量比较安全。另外,用♯define定义的常量,不会分配内存空间,每用到一次,都要替换一次,如果这个常量比较大,而且又多次使用,就会占用很大的程序空间。而const定义的常量是放在一个固定地址上的,每次使用时只调用其地址即可。

5.1.4 变 量

在程序运行过程中,其值可以被改变的量称为变量。变量有两个要素:一是变量名,变量命名遵循标识符命名规则;二是变量值,在程序运行过程中,变量值存储在内存中。

在C51中,要求对所有用到的变量,必须先定义后使用,定义一个变量的格式如下:

[存储种类] 数据类型 [存储器类型] 变量名表

在定义格式中,除了数据类型和变量名表是必选项,其他都是可选项。

1. 变量的初始化

语句"unsigned int a;"声明了一个整型变量a。但这变量的值的大小是随机的,无法确定。无法确定一个变量值是常有的事。但有时,出于某种需要,需要事先给一个变量赋初值。为变量赋初值一般用"="进行赋值,如下所示:

```
unsigned int a = 0;
```

其作用是将 0 赋予 a,让 a 的值初始化为 0。
定义多个变量时也一样,例如:

```
unsigned int a = 0,b = 1;
```

需要说明,定义一个变量时,如果一个变量的值小于 255,一般将其定义为 unsigned char 类型,最好不要定义为 unsigned int 类型。因为 unsigned char 类型只占 1 字节,而 unsigned int 类型则占用 2 字节。当然,如果这个变量的值大于 255,则不能将其定义为 unsigned char 类型,只能将其定义为 unsigned int 类型或其他合适的类型。

2. 变量的存储器类型

51 单片机的存储器类型较多,有片内程序存储器、片外程序存储器、片内数据存储器和片外数据存储器。其中,片内数据存储器又分为低 128 字节和高 128 字节。为充分支持 51 单片机的这些特性,C51 引入了一些关键字,用来说明存储器类型。表 5-5 是 C51 支持的存储器类型。

表 5-5 C51 存储器类型

存储器类型	说　　明
data	直接访问内部数据存储器(128 字节),访问速度最快
bdata	可位寻址内部数据存储器(16 字节),允许位与字节混合访问
idata	间接访问内部数据存储器(256 字节),允许访问全部片内地址
pdata	分页访问外部数据存储器(256 字节)
xdata	外部数据存储器(64 KB)
code	程序存储器(64 KB)

例如:

```
unsigned char code a = 10;         //变量 a 的值 10 被存储在程序存储器中,这个值不能被改变
```

需要注意,当变量被定义成 code 存储器类型时,其值不能被改变,即变量在程序中不能再重新赋值;否则,编译器会报错。
再如:

```
unsigned char data a ;             //在内部 RAM 的 128 字节内定义变量 a
unsigned char bdata b ;            //在内部 RAM 的位寻址区定义变量 b
unsigned char idata c ;            //在内部 RAM 的 256 字节内定义变量 c
```

如果省略存储器类型,则系统会按编译模式 SMALL、COMPACT 或 LARGE 所规定的默认存储器类型(默认为 SMALL)去指定变量的存储区域。

SMALL 存储模式把所有函数变量和局部数据段放在 data 数据存储区,对这种变量的访问速度最快;COMPACT 存储模式中,变量被定位在外部 pdata 数据存储器中;LARGE 存储模式中,变量被定位在外部 xdata 数据数据区。

3. 变量的存储种类

此部分内容将在后面介绍函数时进行说明。

第5章　单片机C语言重点难点剖析

5.1.5　运算符和表达式

运算符就是完成某种特定运算的符号,分为单目运算符、双目运算符和3目运算符。单目就是指需要有一个运算对象,双目就要求有两个运算对象,3目则要有3个运算对象。表达式则是由运算及运算对象所组成的具有特定含义的式子,后面加上分号便构成了表达式语句。

1. 赋值运算符及其表达式

赋值运算符是"＝",其功能是给变量赋值,例如:语句"a＝0xff;"是一个赋值表达式语句,其功能是将十六进制数0xff赋于变量a。

2. 算术运算符及其表达式

C51有以下几种算术运算符,如表5-6所列。

表5-6　算术运算术的功能

算术运算符号	功　能	算术运算符号	功　能
＋	加法	＋＋	自增1
－	减法	－－	自减1
*	乘法	%	求余
/	除法		

除法运算符和一般的算术运算规则有所不同,若是两浮点数相除,则其结果为浮点数,如10.0/20.0所得值为0.5;而两个整数相除时,所得值就是整数,如7/3,值为2。

求余运算符的对象只能是整型,在%运算符左侧的运算数为被除数,右侧的运算数为除数,运算结果是两数相除后所得的余数。

提示:自增和自减运算符的作用是使变量自动加1或减1,自增和自减符号放在变量之前和之后是不同的。

＋＋i,－－i:在使用i之前,先使i值加(减)1。

i＋＋,i－－:在使用i之后,再使i值加(减)1。

例如:若i＝5,则执行j＝＋＋i时,先使i加1,即i＝i＋1＝6,再引用结果,即j＝6。运算结果为i＝6,j＝6。再如:若i＝5,则执行j＝i＋＋时,先引用i值,即j＝5,再使i加1,即i＝i＋1＝6。运算结果为i＝6,j＝5。

3. 关系运算符及其表达式

关系运算符用来比较变量的值或常数的值,并将结果返回给变量。C语言有6种关系运算符,如表5-7所列。当两个表达式用关系运算符连接起来时,这时就是关系表达式。

表5-7　关系运算符

关系运算符	功　能	关系运算符	功　能
＞	大于	＜＝	小于或等于
＞＝	大于或等于	＝＝	等于
＜	小于	!＝	不等于

4. 逻辑运算符及其表达式

逻辑运算符用于求条件式的逻辑值，C51 有 3 种逻辑运算符，如表 5-8 所列。用逻辑运算符将关系表达式或逻辑量连接起来就是逻辑表达式。

5. 位运算符及其表达式

C51 中共有 6 种位运算符，如表 5-9 所列。

表 5-8 逻辑运算符

逻辑运算符	功能
&&	逻辑"与"
||	逻辑"或"
!	逻辑"非"

表 5-9 位运算符

位运算符	功能	位运算符	功能
&	按位"与"	~	按位取反
|	按位"或"	>>	右移位
^	按位"异或"	<<	左移位

位运算一般的表达形式如下：

变量1 位运算符 变量2

在以上几种位运算符中，左移位和右移位操作稍复杂。

左移位（<<）运算符是用来将变量1的二进制位值向左移动由变量2所指定的位数。例如，a=0x8f（即二进制数 10001111），进行左移运算 a<<2，就是将 a 的全部二进制位值一起向左移动 2 位，其左端移出的位值被丢弃，并在其右端补以相应位数的 0。因此，移位的结果是 a=0x3c（即二进制数 00111100）。

右移位（>>）运算符是用来将变量1的二进制位值向右移动由变量2指定的位数。进行右移运算时，如果变量1属于无符号类型数据，则总是在其左端补 0；如果变量1属于有符号类型数据，则在其左端补入原来数据的符号位（即保持原来的符号不变），其右端的移出位被丢弃。例如，对于 a=0x8f，如果 a 是无符号数，则执行 a>>2 之后结果为 a=0x23（即二进制数 00100011）；如果 a 是有符号数，则执行 a>>2 之后结果为 a=0xe3（即二进制数 11100011）。

【例 5-1】 用移位运算符实现流水灯。

在本书第 2 章中，曾介绍过两个流水灯的例子，当时采用的是给 P0 口逐位赋值和使用库函数 _crol_ 来实现的，实际上，流水灯还可以通过移位运算符实现。实现的源程序如下：

```
#include<reg51.h>
#define uchar unsigned char
#define uint unsigned int
void Delay_ms(uint xms)              //延时程序，xms是形式参数
{
    uint i, j;
    for(i = xms;i>0;i--)             //i = xms，即延时 xms，xms 由实际参数传入一个值
        for(j = 115;j>0;j--);
}
void main()
{
    while(1)
    {
```

```
    uchar led_data = 0xfe;          //给 led_data 赋初值 0xfe,点亮第一只 LED 灯
    uchar i;
    for(i = 0;i<8;i++)
    {
        P0 = led_data;               //将 led_data 赋值给 P0
        Delay_ms(500);
        led_data = (led_data<<1)|0x01;  //左移 1 位后,再与 0x01 进行"或"运算,以保证
                                        //只有一只 LED 灯被点亮
    }
}
```

该程序在 ch5/ch5_1 文件夹中。

6. 复合赋值运算符及其表达式

复合赋值运算符就是在赋值运算符"＝"的前面加上其他运算符。表 5-10 所列是 C51 中的复合赋值运算符。

表 5-10　复合赋值运算符

复合赋值运算符	功　能	复合赋值运算符	功　能
＋＝	加法赋值	＞＞＝	右移赋位值
－＝	减法赋值	&＝	逻辑"与"赋值
*＝	乘法赋值	|＝	逻辑"或"赋值
/＝	除法赋值	^＝	逻辑"异或"赋值
%＝	取模赋值	~＝	逻辑"非"赋值
<<＝	左移位赋值		

复合赋值运算其实是 C51 中一种简化程序的方法,凡是二目运算都可以用复合赋值运算符去简化表达。例如:a＋＝1 等价于 a＝a＋1;b/＝a＋2 等价于 b＝b/(a＋2)。

7. 其他运算符及其表达式

(1) 条件运算符

C 语言中有一个三目运算符,它就是"?"条件运算符,它要求有 3 个运算对象。它可以把 3 个表达式连接构成一个条件表达式。条件表达式的一般形式如下:

逻辑表达式？ 表达式 1；表达式 2

其功能是:当逻辑表达式的值为真(非 0)时,整个表达式的值为表达式 1 的值;当逻辑表达式的值为假(0)时,整个表达式的值为表达式 2 的值。

例如,a＝1,b＝2,要求是取 a、b 两数中较小的值放入 min 变量中。可以这样写程序:

```
if (a<b)
min = a;
else
min = b;
```

用条件运算符去构成条件表达式就变得十分简单明了。

```
min = (a<b)? a:b
```

很明显,它的结果和含义与上面的一段程序都相同,但是代码却比上一段程序少很多,编译的效率也相对要高;存在的问题是可读性较差,在实际应用时可以根据自己的习惯使用。

(2) sizeof 运算符

sizeof 是用来求数据类型、变量或表达式字节数的一个运算符,但它并不像"="之类的运算符那样在程序执行后才能计算出结果,而是直接在编译时产生结果。格式如下:

sizeof(数据类型);

(3) 强制类型转换运算符

C51 有两种数据类型转换方式,即隐式转换和显式转换。隐式转换是在对程序进行编译时由编译器自动处理的。隐式转换遵循以下规则:

① 所有 char 型的操作数转换成 int 型。

② 用运算符连接的两个操作数如果具有不同的数据类型,则应按以下次序进行转换:若一个操作数是 float 类型,则另一个操作数也转换成 float 类型;若一个操作数是 long 类型,则另一个操作数也转换成 long 类型;若一个操作数是 unsigned 类型,则另一个操作数也转换成 unsigned 类型。

③ 在对变量赋值时发生的隐式转换,将赋值号(=)右边的表达式类型转换成赋值号左边变量的类型。例如,把整型数赋值给字符型变量,则整型数的高 8 位将丧失;把浮点数赋值给整型变量,则小数部分将丧失。

在 C51 中,只有基本数据类型(即 char、int、long 和 float)可以进行隐式转换,其余的数据类型不能进行隐式转换。例如,不能把一个整型数利用隐式转换赋值给一个指针变量,在这种情况下就必须利用强制类型转换运算符来进行显式转换。强制类型转换格式如下:

(数据类型)表达式;

其中,(数据类型)中的类型必须是 C51 中的一个数据类型。例如:

```
int a = 7,b = 2;
float y;
y = (float)a/b;         //先将 a 转换成 float 型,再进行运算;注意与 y = (float)(a/b)不同
```

C51 规定了算术运算符的优先级和结合性。优先级是指当运算对象两侧都有运算符时,执行运算的先后次序,按运算符优先级别高低顺序执行运算。结合性是指当一个运算对象两侧的运算符优先级别相同时的运算顺序。各种运算符的优先级和结合性见表 5-11。

表 5-11 运算符的优先级和结合性

优先级	操作符	功 能	结合性
1 (最高)	( )	改变优先级	从左至右
	[ ]	数组下标	
	->	指向结构体成员	
	.	结构体成员	

续表 5-11

优先级	操作符	功 能	结合性
2	++、--	增1减1运算符	从右至左
	&	取地址	
	*	取内容	
	!	逻辑求反	
	~	按位求反	
	+、-	取正数、负数	
	( )	强制类型转换	
	sizeof	取所占内存字节数	
3	*、/、%	乘法、除法、取余	从左至右
4	+、-	加法、减法	
5	<<、>>	左移位、右移位	
6	<、<=、>、>=	小于、小于或等于、大于、大于或等于	
7	==、!=	相等、不等	
8	&	按位"与"	
9	^	按位"异或"	
10	|	按位"或"	
11	&&	逻辑"与"	
12	||	逻辑"或"	
13	?:	条件运算符	从右至左
14	=、+=、-=、*=、/=、%=、&=、^=、|=、<<=、>>=	赋值运算符	从右至左
15(最低)	,	逗号运算符,顺序求值	从左至右

说明:同一优先级的运算符由结合方向确定,例如,*和/具有相同的优先级,因此,3*5/4 的运算次序是先乘后除。取负数运算符-和自加1运算符++具有同一优先级,结合方向为自右向左,因此,表达式-i++相当于-(i++)。

5.2 C51 基本语句

C51是一种结构化的程序设计语言,提供了相当丰富的程序控制语句。这些语句主要包括表达式语句、复合语句、选择语句和循环语句等。

5.2.1 表达式语句和复合语句

1. 表达式语句

表达式语句是最基本的一种语句。不同的程序设计语言都会有不一样的表达式语句,如

VB 语言，就是在表达式后面加入回车构成 VB 的表达式语句，而在 51 单片机的 C51 中则是加入分号（;）构成表达式语句。例如：

```
a = b * 10;
i++;
```

都是合法的表达式语句。一些初学者往往在编写调试程序时忽略了分号（;），造成程序不能被正常地编译。另外，在程序中加入了全角符号、运算符输错、漏掉也会造成程序不能被正常编译。

在 C51 中有一个特殊的表达式语句，称为空语句，它仅仅是由一个分号（;）组成的。

2．复合语句

在 C51 中，一对花括号（{}）不仅可用作函数体的开头和结尾标志，也可作为复合语句的开头和结尾的标志。复合语句也称为"语句块"，其形式如下：

```
{
    语句 1;
    语句 2;
      ⋮
    语句 n;
}
```

复合语句之间用"{}"分隔，而它内部的各条语句还是需要以分号（;）结束。复合语句是允许嵌套的，也就是在"{}"中的"{}"也是复合语句。复合语句在程序运行时，"{}"中的各行单语句是依次顺序执行的。在 C51 中，可以将复合语句视为一条单语句，也就是说，在语法上等同于一条单语句。

对于一个函数而言，函数体就是一个复合语句。要注意的是，在复合语句中所定义的变量是局部变量，局部变量就是指它的有效范围只在复合语句内部，即函数体内部。

5.2.2 条件选择语句

1．if 语句

if 条件语句又被称为分支语句，其关键字由 if 构成。C51 提供了 3 种形式的 if 条件语句。

（1）if…else 语句

if…else 语法格式如下：

```
if（条件表达式）
{
  语句 1
}
else
{
  语句 2
}
```

该语句的执行过程是：如果条件为真，执行语句1；否则（条件为假），执行语句2。

(2) if…语句

if…语句格式如下：

if（条件表达式）

{

  语句

}

该语句的执行过程是：如果条件为真，执行其后的 if 语句，然后执行 if 语句的下一条语句；如果条件不成立（条件为假），则跳过 if 语句，直接执行 if 语句的下一条语句。例如：

  if (a==b){a++;}

  a--;

当 a 等于 b 时，a 就加 1；否则，a 就减 1。

(3) 嵌套的 if…else 语句

嵌套的 if…else 语法格式如下：

if(条件表达式 1)

{

  语句 1

}

else if(条件表达式 2)

{

  语句 2

}

else if(条件表达式 3)

{

  语句 3

}

  ⋮

else

{

  语句 n

}

以上形式的嵌套 if 语句执行过程可以这样理解：从上向下逐一对 if 后的条件表达式进行检测，当检测某一表达式的值为真时，就执行与此有关的语句。如果所有表达式的值均为假，则执行最后的 else 语句。例如：

  if(a>=0) {c=0;}

  else if(a>=1) {c=1;}

  else if(a>=2) {c=2;}

  else if(a>=3) {c=3;}

  else {c=4;}

2. switch 语句

虽然用多个 if 语句可以实现多方向条件分支，但是，使用过多的 if 语句实现多方向分支会使条件语句嵌套过多，程序冗长，这样读起来也很困难。这时如果使用开关语句，不但可以达到处理多分支选择的目的，而且又可以使程序结构清晰。开关语句的语法格式如下：

```
switch(表达式)
{
    case  常量表达式1：语句1；break；
    case  常量表达式2：语句2；break；
    case  常量表达式3：语句3；break；
    case  常量表达式n：语句n；break；
    default：语句
}
```

运行时，switch 后面表达式的值将会作为条件，与 case 后面各个常量表达式的值相对比。如果相等，则执行后面的语句，再执行 break 语句，跳出 switch 语句；如果 case 没有与条件相等的值，就执行 default 后的语句；当要求没有符合的条件时不做任何处理，则可以不写 default 语句。

专家点拨：如果在 case 语句中遗忘了 break，则程序在执行了本行 case 选择之后，不会按规定退出 switch 语句，而是将执行后续的 case 语句；有经验的程序员可以在 switch 语句中预设一系列不含 break 的 case 语句，这样程序会把这些 case 语句加在一起执行。这对某些应用可能是很有效的，但对另一些情况将引起麻烦，因此使用时必须非常谨慎。

5.2.3 循环语句

C51 中用来实现循环的语句有以下 3 种：while、do while 和 for 循环语句。

1. while 循环语句

while 语句一般形式为：

```
while(条件表达式)
{
    循环体语句；
}
```

while 语句中，while 是 C51 的关键字，其后一对圆括号中的表达式用来控制循环体是否执行。while 循环体可以是一条语句，也可以是多条语句。若是一条语句，则可以不加大括号；若是多条语句，则应该用大括号括起来组成复合语句。

while 语句的执行过程如下：

① 计算 while 后一对圆括号中条件表达式的值。当值为非 0 时，执行步骤②；当值为 0 时，执行步骤④。

② 执行循环体中语句。

③ 转去执行步骤①。

④ 退出 while 循环。

由以上叙述可知,while 后一对圆括号中表达式的值决定了循环体是否执行,因此,进入 while 循环后,一定要有能使此表达式的值变为 0 的操作,否则,循环将会无限制地进行下去。

在一些特殊情况下,while 循环中的循环体可能是一个空语句,如下所示:

while(条件表达式){ ;}

其中大括号可以省略,但分号不能省略,如下所示:

while(条件表达式);

这种循环语句的作用是,如果条件表达式为非 0,则反复进行判断(即处于等待状态);若条件表达式的值为 0,则退出循环。例如,下面这段程序是读取 51 单片机串行口数据的函数,其中就用了一个空语句"while(！RI);"来等待单片机串行口接收数据。

```
read_com()              //函数定义
{
    char a;             //变量定义
    while(!RI);         //若 RI＝0,即!RI 为 1,说明没有接收中断,则继续等待串口接收数据
    a = SUBF;           //读串行口内容
    RI = 0;             //清除串行口接收标志
    return(a);          //返回
}
```

2. do while 循环语句

do while 语句一般形式为:

do
{
    循环体语句;
}
while(条件表达式);

do while 循环语句中,do 是 C51 的关键字,必须和 while 联合使用。do while 循环由 do 开始,用 while 结束。必须注意的是:在 while(表达式)后的";"不可丢,它表示 do while 语句的结束。while 后一对圆括号中的表达式用来控制循环是否执行。在 do 和 while 之间的循环体内可以是一条语句,也可以是多条语句。若是一条语句,则可以不加大括号;若是多条语句,则应该用大括号括起来组成复合语句。

do while 语句的执行过程如下:

① 执行 do 后面循环体中的语句。

② 计算 while 后一对圆括号中表达式的值。当值为非 0 时,转去执行步骤①;当值为 0 时,执行步骤③。

③ 退出 do while 循环。

由 do while 构成的循环与 while 循环十分相似,它们之间的重要区别是:while 循环的控制,出现在循环体之前,只有当 while 后面表达式的值为非 0 时,才可能执行循环体;而在 do while 构成的循环中,总是先执行一次循环体,然后再求表达式的值,因此,无论表达式的值是 0 还是非 0,循环体至少要被执行一次。

和 while 循环一样,在 do while 循环体中,要有能使 while 后表达式的值变为 0 的操作,否则,循环将会无限制地进行下去。

以笔者的经验,do while 循环用得并不多,大多数的循环用 while 来实现会更直观。

请比较以下两段程序,前者使用 while 循环,后者使用 do while 循环。

程序 1:

```
int a = 0;
while(a>0) {a--;}
```

变量 a 初始值为 0,条件 a>0 显然不成立。所以循环体内的"a--;"语句未被执行。本段代码执行后,变量 a 值仍为 0。

程序 2:

```
int a = 0;
do{ a--;}
while(a>0);
```

尽管循环执行前,条件 a>0 一样不成立,但由于程序在运行到 do 时,并不先判断条件,而是直接先运行一遍循环体内的语句"a--;"。于是 a 的值成为 -1,然后,程序才判断 a>0,发现条件不成立,循环结束。

3. for 循环语句

for 循环语句比较常用,其一般形式为:

for(表达式 1;表达式 2;表达式 3)
{
　　循环体语句;
}

for 是 C51 的关键字,其后的一对圆括号中通常含有 3 个表达式,各表达式之间用";"隔开;紧跟在 for(…)之后的循环体,可以是一条语句,也可以是多条语句。若是一条语句,则可以不加大括号;若是多条语句,则应该用大括号括起来组成复合语句。

for 循环的执行过程如下:

① 计算"表达式 1"("表达式 1"通常称为"初值设定表达式")。

② 计算"表达式 2"("表达式 2"通常称为"终值条件表达式")。若其值为非 0,则转步骤③;若其值为 0,则转步骤⑤。

③ 执行一次 for 循环体。

④ 计算"表达式 3"("表达式 3"通常称为"更新表达式"),转向步骤②。

⑤ 结束循环,执行 for 循环之后的语句。

下面对 for 循环语句的几种特例进行简要说明。

第 1 种特例:for 语句中小括号内的 3 个表达式全部为空,形成 for(;;)形式,这意味着没有设初值,无判断条件,循环变量为增值,其作用相当于 while(1),即构成一个无限循环过程。

第 2 种特例:for 语句 3 个表达式中,表达式 1 缺省。例如:

Delay_ms(unsigned int xms)

```
{
    unsigned int j;
    for(;xms>0;xms--)
        for(j=0;j<115;j++);
}
```

这是一个延时程序,在第一个 for 循环中,没有对变量 xms 赋初值,因为这里的变量 xms 是 Delay_ms 函数的形参,程序运行时,xms 由实参传入一个数值。

第 3 种特例:for 语句 3 个表达式中,表达式 2 缺省。例如:

```
for(i=1;;i++)
sum = sum + i;
```

即不判断循环条件,认为表达式始终为真。循环将无休止地进行下去。它相当于:

```
i = 1;
while(1)
{
    sum = sum + i;
    i++;
}
```

第 4 种特例:没有循环体的 for 语句。例如:

```
int sum = 2000;
for(t=0;t<sum;t++){;}
```

此例在程序中起延时作用。

下面举例说明 for 循环语句的具体应用。

【例 5-2】 由单片机的 P3.7 引脚(外接蜂鸣器)输出救护车的声音。

通过软件延时,使 P3.7 引脚输出 1 kHz 和 2 kHz 的变频信号,每隔 1 s 交替变化 1 次,即可模拟救护车的声音。详细源程序如下:

```
#include <reg51.h>
sbit P37 = P3^7;
/*******以下是 250us×x 延时函数*******/
void delay250(unsigned int x)
{
unsigned int j,i;
for(i=0;i<x;i++)
    for(j=0;j<25;j++);
}
/*******以下是主函数*******/
void main()
{
unsigned int i,j;
{
for(;;)                          //大循环
```

```
        {
            for(i = 0;i<2000;i++)        //循环 2 000 次
            {
                P37 = ~P37;              //输出声音
                delay250(2);             //延时 500 μs
            }
            for(j = 0;j<4000;j++)        //延时 4 000 次
            {
                P37 = ~P37;              //输出声音
                delay250(1);             //延时 250 μs
            }
        }
    }
}
```

该源程序在 ch5/ch5_2 文件夹中。

4. break 和 continue 语句在循环体中的作用

(1) break 语句

前面已经介绍过,用 break 语句可以跳出 switch 语句体。在循环结构中,也可应用 break 语句跳出本层循环体,从而提前结束本层循环。例如:

```
#include<reg51.h>
void main(void)
{
    int i,sum;
    sum = 0;
    for(i = 1;i<=10;i++)
    {
        sum = sum + i;
        if(sum>5)break;
    }
    while(1);
}
```

该例中,当 i＝3 时,sum 的值为 6,if(sum>5)语句的值为 1,于是执行 break 语句,跳出 for 循环,执行"while(1);"语句,程序处于等待状态。若没有 break 语句,则程序需要等到 i≤10 时才能退出循环。

(2) continue 语句

continue 意为继续,其作用及用法与 break 类似。重要区别在于:若循环遇到 break,则直接结束循环,而若遇上 continue,则停步当前这一遍循环,然后直接尝试下一遍循环。可见,continue 并不结束整个循环,而仅仅是中断的这一遍循环,然后跳到循环条件处,继续下一遍的循环。当然,如果跳到循环条件处,发现条件已不成立,那么循环也将结束,所以称为"尝试下一遍循环"。

在 while 和 do while 循环中,continue 语句使得流程直接跳到循环控制条件的测试部分,然后决定循环是否继续进行。在 for 循环中,遇到 continue 后,跳过循环体中余下的语句,而去对 for 语句中的"表达式 3"求值,然后进行"表达式 2"的条件测试,最后根据"表达式 2"的值来决定 for 循环是否执行。下面举例说明。

【例 5-3】 输出整数 1~100 的累加值,但要求跳过所有个位为 3 的数。

```
#include<reg51.h>
void main(void)
{
    int i,sum = 0;
    for(i = 1; i<= 10;i++)
    {
        if( i % 10 == 3) continue;
        sum = sum + i;
    }
    P0 = sum;
    while(1);
}
```

该程序在 ch5/ch5_3 文件夹中。

为了判断一个 1~100 的数中哪些数的个位是 3,程序中用了求余运算符"%",即将一个 2 位以内的正整数,除以 10 以后,余数为 3,就说明这个数的个位为 3。比如 23,除以 10,商为 2,余数为 3。

程序执行的最终结果为:sum=0x34(十进制为 52),并将结果送 P0 口,然后,程序处于等待状态。

程序的执行结果可通过 Keil C51 软件进行观察。方法是:启动 Keil C51 软件,输入上面源程序,进入软件仿真界面。选择菜单 view→Watch&call stack windows,打开观察窗口,在观察窗口中单击 Watch #1 标签,可以看到观察窗口中显示出 type F2 edit,按 F2 键进行编辑,输入 sum,这样就可以观察 sum 变量的变化情况了。按 F10 键进行调试,sum 不断变化,循环结束后,sum 的最终结果为 0x0034(即 0x34),如图 5-2 所示。

图 5-2 在观察窗口查看变量 sum 的值

5. goto 语句

goto 语句是一种无条件转移语句,使用格式为:

goto 标号;

其中,标号是 C51 中一个有效的标识符,这个标识符加上一个":"一起出现在函数内某处。执行 goto 语句后,程序将跳转到该标号处并执行其后的语句。另外,标号必须与 goto 语句同处于一个函数中,但可以不在一个循环层中。通常,goto 语句与 if 条件语句连用,当满足某一条件时,程序跳到标号处运行。

goto 语句通常不用,主要因为它将使程序层次不清,且不易读,但在多层嵌套退出时,用 goto 语句则比较合理。

5.3 C51 函数

5.3.1 函数概述

从 C51 程序的结构上划分，C51 函数分为主函数 main() 和普通函数两种。而普通函数又分为两种：一种是标准库函数；一种是用户自定义函数。

1. 标准库函数

标准库函数是由 C51 编译器提供的，供使用者在设计应用程序时使用。C51 具有功能强大且资源丰富的标准函数库。在进行程序设计时，应该善于充分利用这些功能强大且内容丰富的标准库函数资源，以提高效率，节省时间。

在调用库函数时，用户在源程序 include 命令中应该包含头文件名。例如，调用左移位函数_crol_时，要求程序在调用输出库函数前包含以下的 include 命令：

```
#include<intrins.h>
```

include 命令必须以#号开头，系统提供的头文件以".h"作为文件的后缀，文件名用一对尖括号括起来。注意：include 命令不是 C51 语句，因此不能在最后加分号。

2. 用户自定义函数

用户自定义函数，顾名思义，是用户根据自己的需要编写的函数。
从函数定义的形式上划分可以有 3 种形式：无参函数、有参函数和空函数。

(1) 无参函数
此种函数在被调用时，无参数输入，一般用来执行指定的一组操作。无参函数的定义形式为：

类型标识符 函数名()
{
　　类型说明
　　函数体语句
}

类型标识符是指函数值的类型，若不写类型说明符，则默认为 int 类型。若函数类型标识符为 void，则表示不需要带回函数值。{}中的内容称为函数体，在函数体中也有类型说明，这是对函数体内部所用到的变量的类型说明。例如：

```
void Delay_1ms()            //延时 1 s 程序
{
    uint i,j;
    for(i=1000;i>0;i--)
        for(j=115;j>0;j--);   //此处分号不可少
}
```

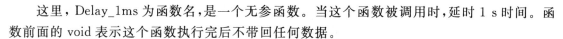

这里,Delay_1ms 为函数名,是一个无参函数。当这个函数被调用时,延时 1 s 时间。函数前面的 void 表示这个函数执行完后不带回任何数据。

(2) 有参函数

在调用此种函数时,必须输入实际参数,以传递给函数内部的形式参数,在函数结束时返回结果,供调用它的函数使用。有参函数的定义方式为:

类型标识符 函数名(形式参数表)
形式参数类型说明
{
类型说明
函数体语句
}

有参函数比无参函数多了形式参数表,各参数之间用逗号间隔。在进行函数调用时,主调函数将赋予这些形式参数实际的值。

【例 5-4】 单片机控制 P0 口 8 只 LED 灯以间隔 1 s 亮灭闪烁。

源程序如下:

```
#include<reg51.h>
void Delay_ms(unsigned int xms)        //被调函数定义,xms 是形式参数
{
    unsigned int i, j;
    for(i=xms;i>0;i--)                 // i=xms,即延时 xms, xms 由实际参数传入一个值
        for(j=115;j>0;j--);            //此处分号不可少
}
void main()
{
    while(1)
    {
        P0 = 0xff;
        Delay_ms(1000);                //主调函数
        P0 = 0;
        Delay_ms(1000);                //主调函数
    }
}
```

该程序在 ch5/ch5_4 文件夹中。

Delay_ms(unsigned int xms)函数括号中的变量 xms 是这个函数的形式参数,其类型为 unsigned int。当这个函数被调用时,主调函数 Delay_ms(1000)将实际参数 1 000 传递给形式参数 xms 从而达到延时 1 s 的效果。Delay_ms 函数前面的 void 表示这个函数执行完后不带回任何数据。

专家点拨:如何能知道 Delay_ms(1000)就是延时 1 s 呢?下面通过 Keil C51 进行模拟调试,具体方法是:

① 在 Keil C51 的工程设置对话框中，将晶振频率设置为 11.059 2 MHz，将仿真功能设置为软件仿真(Use Simulator)，有关设置方法请参看本书第 4 章有关内容。

② 对源程序进行编译、链接，按 Ctrl+F5 键，进入模拟仿真状态。

③ 将光标移到 P0=0xff 行，单击 {} 按钮或使用快捷键 Ctrl+F10，使程序运行光标所在处，此时，观察左侧的寄存器窗口，可看到 sec 显示的时间为 2.025 215 93（单位为 s），此为定时程序的起始时间，如图 5-3 所示。

④ 再将光标移到 P0=0 行，按 Ctrl+F10 键，使程序运行到该行，此时，观察左侧的寄存器窗口，可看到 sec 显示的时间为 3.037 611 76（单位为 s），此为定时程序的结束时间，如图 5-4 所示。

⑤ 将结束时间减去起始时间，即为定时程序的延时时间。定时时间为：

$$3.037\ 611\ 76\ s - 2.025\ 215\ 93\ s \approx 1\ s = 1\ 000\ ms$$

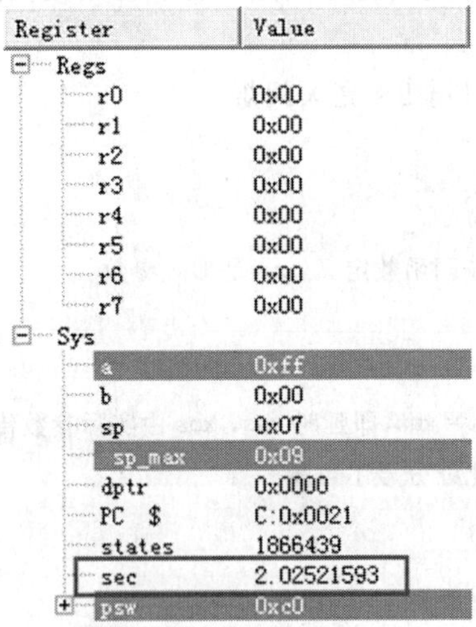

图 5-3　延时程序起始时间 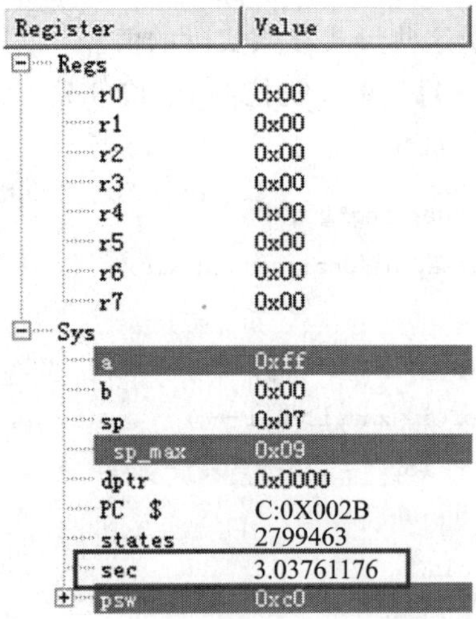　　　图 5-4　延时程序结束时间

上例中，Delay_ms 函数是一个 void 函数，没有返回值。下面再举一个带返回值的例子，该例的功能是求两个数中的大数，函数定义可写为：

```
int max(int a,int b)
{
    if(a>b) return a;
    else return b;
}
```

该例中，max 函数是一个整型函数，其返回的函数值是一个整数，形参 a、b 均为整型量，a、b 的具体值是由主调函数在调用时传送过来的。在 max 函数体中 return 语句是把 a(或 b)的值作为函数的值返回给主调函数。

(3) 空函数

此种函数体内无语句，是空白的。调用此种空函数时，什么工作也不做，不起任何作用。而定义这种函数的目的并不是为了执行某种操作，而是为了以后程序功能的扩充。空函数的定义形式为：

　　返回值类型说明符 函数名()

　　{ }

　　例如：

　　　int add()

　　　{ }

应该指出的是，在 C51 中，程序总是从 main 函数开始，完成对其他函数的调用后再返回到 main 函数，最后由 main 函数结束整个程序。

5.3.2　函数的参数和返回值

在上面的几个例子中，对函数的参数已有所了解，下面再简要进行归纳总结。

1. 函数的参数

定义一个函数时，位于函数名后面圆括号中的变量名为形式参数（简称形参），而在调用函数时，函数名后面括号中的表达式为实际参数（简称实参）。形式参数在未发生函数调用之前，不占用内存单元，因而也是没有值的。只有在发生函数调用时它才被分配内存单元，同时获得从主调用函数中实际参数传递过来的值。函数调用结束后，它所占用的内存单元也被释放。

进行函数调用时，主调用函数将实际参数的值传递给被调用函数中的形式参数。为了完成正确的参数传递，实际参数的类型必须与形式参数的类型一致，如果两者不一致，则会发生"类型不匹配"错误。

函数调用中发生的数据传送是单向的。即只能把实参的值传送给形参，而不能把形参的值反向地传送给实参。

2. 函数的返回值

函数的返回值是指函数被调用之后，执行函数体中的程序段所取得的并返回给主调函数的值。对函数返回值说明如下：

① 函数的返回值只能通过 return 语句返回主调函数。

return 语句的一般形式为：

　　return 表达式；

或者为：

　　return（表达式）；

该语句的功能是计算表达式的值，并返回给主调函数。在函数中允许有多个 return 语句，但每次调用只能有一个 return 语句被执行，因此只能返回一个函数值。

② 函数体内可以没有 return 语句，程序的流程就一直执行到函数末尾的"}"，然后返回到函数，这时也没有确定的函数值带回。在定义此类函数时，可以明确定义为"空类型"（void）。一旦函数被定义为空类型后，就不能在主调函数中使用被调函数的函数值了。为了使程序有良好的可读性并减少出错，凡不要求返回值的函数都应定义为空类型。

5.3.3 函数的调用

函数调用的一般形式为：

函数名(实际参数表);

对于有参函数,若包含多个实际参数,则应将各参数之间用逗号分隔开。主调用函数的数目与被调用函数的形式参数的数目应该相等。实际参数与形式参数按实际顺序一一对应传递数据。

如果调用的是无参函数,则实际参数表可以省略,但函数名后面必须有一对空括号。

1. 函数调用的方式

主调用函数对被调用函数的调用主要有以下两种方式。

① 函数调用语句。即把被调用函数名作为主调用函数中的一个语句。例如：

```
Delay_1ms();
Delay_ms(1000);
```

此时并不要求被调用函数返回结果数值,只要求函数完成某种操作。

② 函数结果作为表达式的一个运算对象。例如：

```
result = 2 * max(a,b);
```

被调用函数 max 为表达式的一部分,其返回值乘 2 再赋给变量 result。

2. 对被调用函数的说明

在一个函数中调用另一个函数必须具有以下条件：

① 被调用函数必须是已经存在的函数(库函数或用户自定义函数)。

② 如果程序中使用了库函数,或使用了不在同一文件中另外的自定义函数,则应该在程序的开头处使用#include 包含语句,将所用的函数信息包括到程序中来。例如：

```
#include <stdio.h>       //将标准输入、输出头文件(在函数库中)包含到程序中来
#include <math.h>        //将函数库中专用数学库的函数包含到程序中来
```

这样,程序编译时,系统就会自动将函数库中的有关函数调入到程序中去,编译出完整的程序代码。

③ 如果被调函数出现在主调函数之后,对被调函数在调用之前,应对被调函数进行声明。例如：

```
#include<reg51.h>
void main()
{
    void Delay_ms(unsigned int xms);    //被调函数声明,xms 是形式参数
    while(1)
    {
        P0 = 0xff;
        Delay_ms(1000);                 //主调函数
```

```
            P0 = 0;
            Delay_ms(1000);                    //主调函数
        }
    }
    void Delay_ms(unsigned int xms)            //函数定义,xms 是形式参数
    {
        unsigned int i, j;
        for(i = xms;i>0;i--)                   //i = xms,即延时 xms,xms 由实际参数传入一个值
            for(j = 115;j>0;j--);              //此处分号不可少
    }
```

④ 如果被调函数出现在主调函数之前,不用对被调函数加以说明。因为 C51 编译器在编译主调函数之前,已经预先知道已定义了被调用函数的类型,并自动加以处理。例如,ch5/ch5_4 实例中采用的就是这种方式。这种函数调用方式存在的问题的是,当程序中编写的函数较多时,若被调函数位置放置不正确,则容易引起编译错误。

5.3.4 局部变量和全局变量

1. 局部变量

局部变量被声明在一个函数之中,局部变量的有效范围只有在它所声明的函数内部有效。另外,在主函数定义的变量,也只在主函数中有效,并不因为在主函数中定义而在整个文件中有效,并且主函数也不能使用其他函数中定义的变量。例如:

```
    float f1(int a)                /* 函数 f1 */
    {int b, c;
     ⋮                             a、b、c 有效
    }

    char f2(int x, int y)          /* 函数 f2 */
    {int i,j;                      x、y、i、j 有效
    }

    void main()                    /* 主函数 */
    {int m, n;
     ⋮                             m、n 有效
    }
```

2. 全局变量

一个源文件可能包含多个函数,在函数内定义的变量是局部变量,而在函数外定义的变量是外部变量,也称全局变量。全局变量可以为本文件中其他函数所共有,它的有效范围为从定义变量的位置开始到本源文件结束。例如:

```
        int p = 1,q = 5;              /*外部变量*/
        float f1 (int a)              /*定义函数f1*/
            {
                int b,c;
                ⋮
            }
        char c1,c2;                   /*外部变量*/
        char f2 (int x, int y)        /*定义函数f2*/
            {
                int i,j;
                ⋮
            }
        void main () /*主函数*/
            {
                int m,n;
                ⋮
            }
```

全局变量p、q的作用范围

全局变量c1、c2的作用范围

需要说明的是,若全局变量与局部变量同名,则在局部变量的作用范围内,全局变量将被屏蔽,即它不起作用。另外,全局变量在程序的全部执行过程中都占用存储单元,而局部变量则是在需要时才开辟单元。

5.3.5 变量的存储种类

变量的存储种类有4种:自动变量(auto)、外部变量(extern)、静态变量(static)和寄存器变量(register)。

1. 自动变量

在定义变量时,如果未写变量的存储种类,则缺省状态下为auto变量,自动变量由系统为其自动分配存储空间。例如:

```
unsigned char  a;      //a是一个无符号字符型自动变量
unsigned int   b;      //b是一个无符号整型自动变量
```

为了书写方便,经常使用简化形式来定义变量的数据类型,其方法是在源程序的开头使用#difine语句。例如:

```
#define uchar unsigned char
#define uint unsigned int
```

经以上宏定义后,在后面就可以用uchar、uint定义变量了。例如:

```
uchar  a;              //a是一个无符号字符型自动变量
uint   b;              //b是一个无符号整型自动变量
```

2. 静态变量

若变量前加有static,则该变量为静态变量。例如:

```
static  unsigned char a;        //a 是一个无符号字符型静态变量
```

静态变量既可在函数外定义,也可在函数内定义,一般情况下,应在函数内部进行定义,这种静态变量称为静态局部变量。

静态局部变量的值在函数调用结束后不消失而保留原值,即占用的存储单元不释放,在下一次调用函数时,该变量的值是上次已有的值。这一点与自动变量不同,自动变量在调用结束后其值消失,即占用的存储单元将被释放。

专家点拨:在定义变量时,如果不赋初值,则对于静态局部变量来说,编译时自动赋初值 0(对数值型变量)或空字符(对字符变量);而对于自动变量来说,如果不赋初值,它的值是一个不确定的值。这是由于每次函数调用结束后自动变量的存储单元已释放,下次调用时又重新分配新的存储单元,而分配的单元中的值是不确定的。

3. 外部变量

如果一个程序包括两个文件,两个文件都要用到同一个变量(例如 a),不能分别在两个文件中各自定义一个变量 a,否则,在进行程序编译连接时会出现"重复定义"的错误。正确的做法是:在第一个文件中定义全局变量 a,在第二个文件中用 extern 对全局变量 a 进行"外部声明"。这样,在编译连接时,系统会由此知道 a 是一个已在别处定义的外部全局变量,在本文件中就可以合法地引用变量 a 了。具体定义如下:

第一个文件对变量 a 的定义:

```
unsigned char  a;       //a 是一个无符号字符型变量,注意,要在函数外部定义,即定义成全局变量
```

第二个文件对变量 a 的定义:

```
extern  a;              //a 在另一个文件中已进行定义
```

另外需要说明的是,在 C51 中,除了外部变量外,还有外部函数。如果有一个函数前面有关键字 extern,表示此函数是在其他文件中定义过的外部函数。

4. 寄存器变量

如果有一些变量使用频繁,为了提高执行效率,可以将变量放在 CPU 的寄存器中,需要时从寄存器取出,不必再从内存中去存取。由于对寄存器的存取速度远高于对内存的存取速度,因此,这样做可提高执行效率。这种变量叫做寄存器变量,用关键字 register 进行声明。

5.4 C51 数组

数组是一组有序数据的集合,数组中的每个元素都属于同一种数据类型,不允许在同一数组中出现不同类型的变量。数组的种类较多,下面重点介绍常用的一维、二维和字符数组。

5.4.1 一维数组

1. 一维数组的一般形式

一维数组的一般形式如下:

类型说明符　数组名[常量表达式];

例如：

```
char   a[10];
```

该例定义了一个一维字符型数组,有10个元素,每个元素由不同的下标表示,分别为 a[0]、a[1]、a[2]、…、a[9]。注意,数组的第一个元素的下标为0,而不是1,即数组的第一个元素是 a[0]而不是 a[1],而数组的第十个元素为 a[9]。

2. 一维数组的初始化

所谓数组初始化,就是在定义说明数组的同时赋新值。对一维数组的初始化可用以下方法实现。

① 在定义数组时对数组的全部元素赋予初值。例如：

```
int a[6] = {0,1,2,3,4,5};
```

在上面进行的定义和初始化中,将数组的全部元素的初值依次放在花括号内。这样,在初始化后,a[0]=0,a[1]=1,a[2]=2,…,a[5]=5。

② 只对数组的部分元素初始化。例如：

```
int a[10] = {0,1,2,3,4,5};
```

上面定义的 a 数组共有10个元素,但花括号内只有6个初值,则数组的前6个元素被赋予初值,而后4个元素的值为0。

③ 在定义数组时,若不对数组的全部元素赋初值,则其全部元素被赋值为0。例如：

```
int a[10];
```

则 a[0]～a[9]全部被赋初值0。

另外,C51 规定:通过赋初值可用来定义数组的大小,这时数组说明符的一对方括号可以不指定数组的大小。例如：

```
int a[] = {1,1,1,1};
```

以上语句一对花括号中出现了4个1,它隐含地定义了 a 数组含有4个元素。

专家点拨：数组元素类似于单个变量,与单个变量相比具有以下特殊之处。

① 数组元素是通过数组名加上该元素在数组中的位置(下标)来访问的。

② 数组元素的赋值是逐个进行的。

③ 数组名 a 代表的是数组 a 在内存中的首地址,因此,可以用数组名 a 来代表数组元素 a[0]的地址。

3. 一维数组的查表功能

数组的一个非常有用的功能之一就是查表。在许多单片机控制系统应用中,使用查表法不但比采用复杂的数学方法有效,而且执行起来速度更快,所用代码较少。表可以事先计算好后装入程序存储器中。

例如,以下程序可以将摄氏温度转换成华氏温度：

```
unsigned char code temperature[] = {32,34,36,37,39,41};       //数组
```

```
unsigned char chang(unsigned char val)
{
    return temperature [val]                    //返回华氏温度值
main()
{
    x = chang(5);                               //得到与5℃相应的华氏温度值
}
```

在程序的开始处,定义了一个无符号字符型数组 temperature[],并对其进行初始化,将摄氏温度 0、1、2、3、4、5 对应的华氏温度 32、34、36、37、39、41 赋于数组 temperature[],类型代码 code 指定编译器将此表定位在程序存储器中。

在主程序 main()中调用函数 chang(unsigned char val),从 temperature[]数组中查表获取相应的温度转换值。"x=chang(5);"执行后,x 的结果为与 5℃相对应的华氏温度 41°F。

4. 数组作为函数的参数

前面已经介绍了可以用变量作函数的参数,数组元件也可以作为函数的实参,其用法与变量相同。此外,数组名也可以作为实参(此时,函数的形参可以是数组名,也可以是指针变量)。不过,用数组名作为实参时,不是把数组元素的值传递给形参,而是把实参数组的首地址传递给形参。这样,形参和实参共用同一段内存单元,形参各元素的值若发生变化,会使实参各元件的值也发生变化,这一点与变量作函数参数完全不同(变量作函数参数时,形参变化时,不影响实参)。

5.4.2 二维数组

1. 二维数组的一般形式

二维数组的一般形式是:

类型说明符 数组名[常量表达式 1][常量表达式 2];

其中,常量表达式 1 表示第一维下标的长度,常量表达式 2 表示第二维下标的长度。例如:

```
int a[3][4];
```

说明了一个 3 行 4 列的数组,数组名为 a,其下标变量的类型为整型。该数组的下标变量共有 3×4 个,即:

a[0][0],a[0][1],a[0][2],a[0][3]
a[1][0],a[1][1],a[1][2],a[1][3]
a[2][0],a[2][1],a[2][2],a[2][3]

2. 二维数组的初始化

① 所赋初值个数与数组元素的个数相同。可以在定义二维数组的同时给二维数组的各元素赋初值。例如:

```
int a[3][4] = {{1,2,3,4},{5,6,7,8},{9,10,11,12}};
```

全部初值括在一对花括号中,每一行的初值又分别括在一对花括号中,之间用逗号隔开。

② 每行所赋初值个数与数组元素的个数不同。当某行一对花括号内的初值个数少于该行中元素的个数时,系统将自动给该行后面的元素补初值0。例如:

　　int a[3][4] = {{1,2,3},{4,5,6},{9,10,11}};

a[0][3]、a[1][3]、a[2][3]的初值为0。也就是说,不能跳过每行前面的元素而给后面的元素赋初值。

③ 所赋初值行数少于数组行数。当代表着给每行赋初值的行花括号对少于数组的行数时,系统将自动给后面各行的元素补初值0。例如:

　　int　a[3][4] = {{1,2},{4,5}};

④ 赋初值时省略行花括号对。在给二维数组赋初值时可以不用行花括号对。例如:

　　int　a[3][4] = {1,2,3,4};

在编译时,系统将按a数组元素在内存中排列的顺序,将花括号内的数据一一对应地赋给各个元素,若数据不足,系统将给后面的元素自动补初值0。以上将给a数组第一行中的元素依次赋予1、2、3、4,其他元素中的初值都为0。

专家点拨:对于一维数组,可以在数组定义语句中省略方括号中的常量表达式,通过所赋初值的个数来确定数组的大小;对于二维数组,只可以省略第一个方括号中的常量表达式,而不能省略第二个括号中的常量表达式。例如:

　　int,a[][4] = {{1,2,3},{4,5},{8}};

以上语句中,a数组第一维的方括号中常量表达式省略,在所赋初值中,含有3个行花括号对,则第一维的大小由所赋初值的行数来决定。因此,它等同于:

　　int　a[3][4] = {{1,2,3},{4,5},{8}};

5.4.3　字符数组

1. 字符数组的一般形式

用来存放字符量的数组称为字符数组。字符数组类型的一般形式与前面介绍的数值数组相同,例如,"char c[10];"。字符型数组也可以定义为整型,例如,"int c[10];",但这时每个数组元素占2字节的内存单元。另外,字符数组也可以是二维或多维数组,例如 char c[5][10]。

2. 字符数组的初始化

字符数组置初值最直接的方法是将各字符逐个赋给数组中的各个元素。例如:

　　char a[10] = {'W','E','I','-','J','I','A','N','G','\0'};

C51还允许用字符串直接给字符数组置初值。其方法有以下两种形式:

　　char a[10] = {"DING-DING"};
　　char a[10] = "DING-DING";

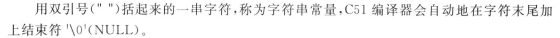

用双引号(" ")括起来的一串字符,称为字符串常量,C51编译器会自动地在字符末尾加上结束符 '\0'(NULL)。

用单引号(' ')括起来的字符为字符的 ASCII 码值,而不是字符串。例如,'a' 表示 a 的 ASCII 码值 97;而"a"表示一个字符串,由两个字符 a 和\0 组成。

一个字符串可以用一维数组来装入,但数组的元素数目一定要比字符多一个,以便 C51 编译器自动在其后面加入结束符 '\0'。

若干个字符串也可以装入一个二维字符数组中,数组的第一个下标是字符串的个数,第二个下标定义每个字符串的长度。该长度应当比这批字符串中最长的串多一个字符,用于装入字符串的结束符 '\0'。例如 char a[20][31],定义了一个二维字符数组 a,可容纳 20 个字符串,每串最长可达 30 个字符。

提示:当程序中设定了一个数组时,C51编译器就会在系统的存储空间中开辟一个区域,用于存放该数组的内容,数组就包含在这个由连续存储单元组成的模块的存储体内。例如:

  int data a[65];

定义了有 65 个元素的 int 类型数组,每个数组元素占 2 字节,这 65 个数组元素需要占用 2×65=130 字节。由于 51 单片机的 data 区最多只有 128 字节的存储空间,因此,定义一个这么大的数组在编译时会出错。当然,为了避免出错,可以将 data 改为 idata,即按以下方式进行定义:

  int i data a[65];

根据以上可知,51 单片机存储器资源有限,在进行 C51 编程开发时,要仔细根据需要来选择数组的大小,不可随意将数组定义得过大。

5.5 C51 指针

指针是 C51 中广泛使用的一种数据类型。运用指针编程是 C51 最主要的风格之一。利用指针变量可以表示各种数据结构;能很方便地使用数组和字符串;并能像汇编语言一样处理内存地址,从而编出精练而高效的程序。指针极大地丰富了 C51 的功能。学习指针是学习 C51 中最重要的一环,能否正确理解和使用指针是我们是否掌握C51 的一个标志。同时,指针也是 C51 中最为困难的一部分。

5.5.1 指针概述

1. 指针基本概念

我们知道,计算机的内存是以字节为单位的一片连续的存储空间,每一字节都有一个编号,这个编号就称为内存地址。就像旅馆的每个房间都有一个房间号一样,如果没有房间号,旅馆的工作人员就无法进行管理;同理,没有内存地址的编号,系统就无法对内存进行管理。因为内存的存储空间是连续的,内存中的地址号也是连续的,并且用二进制数来表示,但为了直观起见,在这里将用十进制数进行描述。

若在程序中定义了一个变量,C51编译器就会根据定义中变量的类型,为其分配一定字节数的内存空间(如:字符型占1字节,整型占2字节,实型占4字节),此后,这个变量的内存地址也就确定了。例如,若有定义:

```
char m;
int n;
float x;
```

这时,内存分配将如图5-5所示。

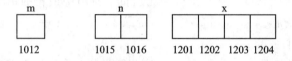

图5-5 内存单元的分配

系统为m分配了1字节的存储单元,为n分配了2字节的存储单元,为x分配了4字节的存储单元。图中的数字只是示意的字节地址。每个变量的地址是指该变量所占存储单元的第一个字节的地址。在这里,称m的地址为1012,n的地址为1015,x的地址为1201。

一般情况下,我们在程序中只需指出变量名,无须知道每个变量在内存中的具体地址,每个变量与具体地址的联系由C51编译器来完成。程序中对变量进行存取操作,实际上也就是对某个地址的存储单元进行操作。这种直接按变量的地址存取变量值的方式称为"直接存取"方式。

在C51中,还可以定义一种特殊的变量,这种变量是用来存放内存地址的。假设程序中定义了一个整型变量a,其值为6,C51编译器将地址为1000和1001的2字节内存单元分配给了变量a。现在,再定义一个这样的变量ap,它也有自己的地址(2010)。若将变量a的内存地址(1000)存放到变量ap中,这时要访问变量a所代表的存储单元,可以先找到变量ap的地址(2010),从中取出a的地址(1000),然后再去访问以1000为首地址的存储单元。这种通过变量ap间接得到变量a的地址,然后再存取变量a值的方式称为"间接存取"方式,ap称为指向变量a的指针变量,如图5-6所示。

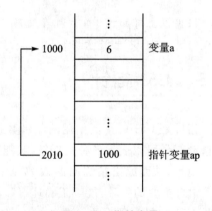

图5-6 指针变量

专家点拨:为了使用指针进行间接访问,必须弄清变量的指针和指针变量这两个概念。

变量的指针:变量的指针就是变量的地址,对于上面提到的变量a而言,其指针就是1000。

指针变量:若有一个变量存放的是另一个变量的地址,则该变量为一个指针变量,上面提到的ap就是一个指针变量,因为ap中(即2010址址单元)存放着变量a的地址1000。

2. 指针变量的定义

C51规定,所有的变量在使用之前必须先定义,以确定其类型。指针变量也不例外,由于它是用来专门存放地址的,因此必须将它定义为"指针类型"。

指针定义的一般形式为:

数据类型 ＊指针变量名;

例如:"int ＊ap;",注意这个定义中,指针变量是 ap 而不是＊ap(＊ap 是一个变量),也就是说,指针变量 ap 存放的是地址,变量＊ap 存放的是数值。

3. 指针变量初始化

一个指向不明的指针,非常危险。很多软件有 BUG,其最后的原因,就是存在指向不明的指针。设有如下语句:

```
int a = 10,b = 20,c = 30;
int ＊ap,＊bp,＊cp;
ap = &a,bp = &b,cp = &c;
```

第 1 行定义 3 个整型变量 a、b、c。

第 2 行定义了 3 个整型指针变量 ap、bp、cp。

而第 3 行,指针变量 ap 存储了变量 a 的地址,指针变量 bp 存储了变量 b 的地址,指针变量 cp 存储了变量 c 的地址。即 ap 指向了 a,bp 指向了 b,cp 指向了 c。语句中的 & 为取地址运算符。

执行了上面 3 行代码后,结果是:ap 指向 a,bp 指向 b,cp 指向 c。

当变量、指针变量定义之后,如果对这些语句进行编译,那么 C51 编译器就会给每一个变量和指针变量在内存中安排相应的内存单元。然而,这些单元的地址除非使用特殊的调试程序,否则是看不到的。为了能清楚地说明问题,假设 C51 编译器将地址为 1000 和 1001 的 2 字节内存单元指定给变量 a 使用,将地址为 1002 和 1003 的 2 字节内存单元指定给变量 b 使用,将地址为 1004 和 1005 的 2 字节内存单元指定给变量 c 使用。同理,指针变量 ap 的地址为 2010,指针变量 bp 的地址为 2012,指针变量 cp 的地址为 2014。

通过取地址运算操作后,指针 ap 就指向了变量 a,即指针变量 ap 地址单元中装入了变量 a 的地址 1000;指针变量 bp 指向了变量 b,即指针变量 bp 的地址单元中装入了变量 b 的地址 1002;而指针变量 cp 指向了变量 c,即指针变量 cp 的地址单元中装入了变量 c 的地址 1004。具体情形如图 5 - 7 所示。

4. 指针变量的赋值

指针变量的赋值有以下几种形式:

① 把一个变量的地址赋予指向相同数据类型的指针变量。例如:

```
int a,＊ap;
ap = &a;
```

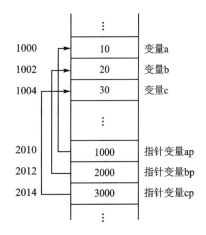

图 5 - 7 指针示意图

把整型变量 a 的地址赋予整型指针变量 ap。

② 把一个指针变量的值赋予指向相同类型变量的另一个指针变量。例如:

```
int a, * ap, * bp;
ap = &a;
bp = ap;
```

把 a 的地址赋予指针变量 bp。由于 ap 和 bp 均为指向整型变量的指针变量,因此可以相互赋值。

③ 把数组的首地址赋予指向数组的指针变量。例如:

```
int a[5], * ap;
ap = a;                    //数组名表示数组的首地址,也可写为"ap = &a[0];"
```

④ 把字符串的首地址赋予指向字符类型的指针变量。例如:

```
char * cp;
cp = "c language";
```

这里应说明的是,并不是把整个字符串装入指针变量,而是把存放该字符串的字符数组的首地址装入指针变量。

5. 指针变量的加减算术运算

对于指向数组的指针变量,可以加上或减去一个整数 n。指针变量加或减一个整数 n 的意义是,把指针指向的当前位置(指向某数组元素)向前或向后移动 n 个位置。应该注意,数组指针变量向前或向后移动一个位置和地址加 1 或减 1 在概念上是不同的。因为数组可以有不同的类型,各种类型的数组元素所占的字节长度是不同的。如指针变量加 1,即向后移动 1 个位置,表示指针变量指向下一个数据元素的地址,而不是在原地址基础上加 1。例如:

```
int a[5], * ap;
ap = a;                    //ap 指向数组 a,也是指向 a[0]
ap = ap + 1;               //ap 指向 a[1],即 ap 的值为 &a[1]
```

指针变量的加减运算只能对数组指针变量进行,对指向其他类型变量的指针变量作加减运算是毫无意义的。

提示:若先使指针变量 ap 指向数组 a[ ]的首地址,即 ap=a 或 ap=&a[0],则(* ap)++ 与 * ap++ 含义是不同的。

(* ap)++ 作用是,取指针变量 ap 所指的存储单元中的值加 1 后再放入 ap 所指向的存储单元中,即使得 a[0]中的值增 1(若 a[0]中原来为 100,则增 1 后变为 101)。

对于 * ap++,由于++与 * 运算符优先级相同,而结合方向为自右向左,故 * ap++ 等价于 *(ap++)。其作用是,先得到 ap 指向的变量的值(即 * ap),然后再执行 ap 自加运算,使 ap 指向下一元素(并不使 ap 所指的存储单元中的值增 1)。应该注意的是, *(ap++)中, ap 与++先结合,这个"先"的含义是运算符谁跟谁结合在一起的意思,而不是时间上的先后,因为++在 ap 之后,在时间上来说,仍然是 * ap 完成之后才进行的自加运算。

6. 指针变量作为函数参数

函数的参数可以是整型、实型、字符型等一般变量。函数采用一般变量进行数据传递时,称为"传值方式",也就是说,将实参数据传递给形参。采用传值方式时,形参数据发生变化,不会影响实参。

除此之外,函数的参数可以是指针变量。函数采用指针变量进行数据传递时,将实参数据的地址传送到函数形参中去,这种参数传递方式称为"传址方式"。另外,用数组名(数组名就是数组元素的首地址)作为函数参数时,也是"传址方式"。函数采用"传址方式"时,形参和实参共用同一段内存单元,若形参的值发生变化,会使实参的值也发生变化。表 5-12 列出了以变量名、数组名和指针变量作为函数参数时的比较情况。

表 5-12 以变量名、数组名和指针变量作为函数参数时的比较情况

实参的类型	变量名作为实参	数组名作为实参	指针变量作为实参
要求形参的类型	变量名	数组名或指针变量	指针变量
传递的信息	变量的值	实参数组元素的首地址	
通过函数调用能否改变函数的值	不 能	能	能

5.5.2 一般指针和基于存储器的指针

C51 编译器支持两种类型的指针:一般指针和基于存储器的指针。

1. 一般指针

一般指针就是前面介绍的一些内容。例如:

```
char *p;              //字符型一般指针
int *ap;              //整型一般指针
```

一般指针在内存中占用 3 字节,其中 2 字节偏移和 1 字节存储器类型,即:

地 址	+0	+1	+2
内 容	存储器类型	偏移量高位	偏移量低位

其中,第一个字节代表了指针的存储器类型,存储器类型编码如下:

存储器类型	idata/data/bdata	xdata	pdata	code
值	0x00	0x01	0xfe	0xff

例如,以 xdata 类型的 0x1234 地址作为指针可以表示如下:

地 址	+0	+1	+2
内 容	0x01	0x12	0x34

一般指针可用于存取任何变量而不必考虑变量在 51 单片机存储空间中的位置。因此,很多 C51 库的程序都使用一般指针。函数可通过使用一般指针存取位于任何存储空间的数据。

重点提示:由于一般指针所指对象的存储空间位置只有在运行期间才能确定,编译器在编译期间无法优化存储器的访问方式,必须生成通用代码以保证能对任意空间的对象进行存取,因此,一般指针产生的代码的执行速度较慢。如果系统优先考虑运行速度,那么设计中就要尽可能地用基于存储器的指针代替一般指针。

另外，也可以使用存储类型说明符为这些一般指针指定具体的存放位置。例如：

```
char * xdata p;            //一般指针存在 xdata
int * data ap;             //一般指针存在 data
```

上面例子中的变量可以存放在 51 的任何一个存储区内，而指针分别存储在 xdata、data 空间内。

2. 基于存储器的指针

基于存储器的指针在声明中包括存储类型说明，表示指针指向特定的存储区。例如：

```
char data * p;             //指针指向 data 中的字符串
int xdata * ap;            //指针指向 xdata 中的整型数
int code * bp;             //指针指向 code 中整型数
```

由于基于存储器的指针在编译期间即可确定存储类型，因此不必像一般指针那样需要一个存储类型字节。基于存储器的指针在存储时占用 1 字节（idata、data、bdata 和 pdata 指针）或 2 字节（xdata 和 code 指针）。

重点提示：由于基于存储器的指针所指对象的存储空间位置在编译期间即可确定存储类型，因此基于存储器的指针所产生的代码执行速度快。编译器可以用此信息优化存储器访问。如果系统优先考虑运行速度，那么设计中就要尽可能地用基于存储器的指针代替一般指针。

像一般指针一样，也可为基于存储器的指针指定存放的位置。其做法是在指针声明前面加上存储类型说明符。例如：

```
char data * xdata p;       //声明指针存放在 xdata 空间内并指向 data char 变量
int xdata * data ap;       //声明指针存放在 data 空间内并指向 xdata int 变量
int code * idata bp;       //声明指针存放在 idata 空间内并指向 code int 变量
```

5.5.3 绝对地址的访问

可以采用以下两种方法访问存储器的绝对地址。

1. 绝对宏

在程序中，用"#include absacc.h"即可使用其中定义的宏来访问绝对地址，包括 CBYTE（code 区）、XBYTE（xdata 区）、DBYTE（data 区）、PBYTE（分页寻址 xdata 区），具体使用参考头文件 absacc.h 中的内容。例如：

```
#define XBYTE ((char *)0x10000L)
    XBYTE[0x8000] = 0x41;    //将常数值 0x41 写入地址为 0x8000 的外部数据存储器
```

这里，XBYTE 被定义为（char *）0x10000L。其中，0x10000L 是一个一般指针，将其分成 3 字节：0x01、0x00、0x00。可以看到，第 1 字节 0x01 表示存储器类型为 xdata 型，而地址则是 0x0000。这样，XBYTE 成为指向 xdata 零地址的指针，而 XBYTE[0x8000]则是外部数据存储器 0x8000 绝对地址。

2. _at_关键字

在 C51 程序中,使用关键字_at_就可以将变量存放到指定的绝对存储器位置,一般形式如下:

变量类型 [存储类型] 变量名 _at_ 常量

其中,存储类型表示变量的存储空间,若声明中省略该项,则使用默认的存储空间。_at_后的常量用于定位变量的绝对地址,绝对地址必须是位于物理空间范围内,C51 编译器会检查非法的地址指定。例如:

unsigned char xdata dis_buff[16] _at_ 0x6020 ;   //定位外部 RAM,将 dis_buff[16]定位在 0x6020
                                                                                                                  //开始的 16 字节

5.6 C51 结构、共同体与枚举

5.6.1 结 构

1. 结构的定义

定义一个结构的一般形式为:

struct 结构名
{
    结构成员说明
};

结构成员由若干个成员组成,每个成员都是该结构的一个组成部分,对每个成员也必须作类型说明。结构成员说明的格式为:

类型说明符 成员名;

成员名的命名应符合标识符的书写规定。例如:

struct stu
{
    int num;
    char name[20];
    char sex;
    float score;
};

在这个结构定义中,结构名为 stu,该结构由 4 个成员组成。第 1 个成员为 num,整型变量;第 2 个成员为 name,字符数组;第 3 个成员为 sex,字符变量;第 4 个成员为 score,实型变量。应注意在括号后的分号是不可少的。

结构定义之后,即可进行变量说明。凡说明为结构 stu 的变量都由上述 4 个成员组成。由此可见,结构是一种复杂的数据类型,是数目固定、类型不同的若干有序变量的集合。

2. 结构类型变量的说明

说明结构变量有以下 3 种方法。以上面定义的 stu 为例来加以说明。

① 先定义结构,再说明结构变量。例如:

```
struct stu
{
    int num;
    char name[20];
    char sex;
    float score;
};
struct stu boy1,boy2;
```

说明了两个变量 boy1 和 boy2 为 stu 结构类型。

② 在定义结构类型的同时说明结构变量。例如:

```
struct stu
{
    int num;
    char name[20];
    char sex;
    float score;
}boy1,boy2;
```

③ 直接说明结构变量。例如:

```
struct
{
    int num;
    char name[20];
    char sex;
    float score;
}boy1,boy2;
```

在上述 stu 结构定义中,所有的成员都是基本数据类型或数组类型。成员也可以又是一个结构,即构成了嵌套的结构。例如:

```
struct date{
    int month;
    int day;
    int year;
}
struct{
    int num;
    char name[20];
    char sex;
    struct date birthday;
```

```
     float score;
}boy1,boy2;
```

首先定义一个结构 date,由 month(月)、day(日)、year(年)3 个成员组成。在定义并说明变量 boy1 和 boy2 时,其中的成员 birthday 被说明为 data 结构类型。

3. 结构变量的引用

在 C51 中,除了允许具有相同类型的结构变量相互赋值以外,一般对结构变量的使用,都是通过结构变量的成员来实现的。

表示结构变量成员的一般形式是:

结构变量名.成员名

例如:boy1.num,即第一个人的学号;boy2.sex,即第二个人的性别。

如果成员本身又是一个结构,则必须逐级找到最低级的成员才能使用。

例如:boy1.birthday.month,即第一个人出生的月份,成员可以在程序中单独使用,与普通变量完全相同。

4. 结构数组

结构数组的每一个元素都是具有相同结构类型的下标结构变量。结构数组的定义方法和结构变量相似,只需说明它为数组类型即可。例如:

```
struct stu
{
    int num;
    char * name;
    char sex;
    float score;
}boy[5];
```

定义了一个结构数组 boy,共有 5 个元素,boy[0]~boy[4]。每个数组元素都具有 struct stu 的结构形式。对外部结构数组或静态结构数组可以作初始化赋值。例如:

```
struct stu
{
    int num;
    char * name;
    char sex;
    float score;
}boy[5] = {
            {101,"Li ping","M",45},
            {102,"Zhang ping","M",62.5},
            {103,"He fang","F",92.5},
            {104,"Cheng ling","F",87},
            {105,"Wang ming","M",58};
        }
```

当对全部元素作初始化赋值时,也可不给出数组长度。

5. 结构指针变量

当一个指针变量用来指向一个结构变量时，称之为结构指针变量。结构指针变量中的值是所指向的结构变量的首地址，通过结构指针即可访问该结构变量。结构指针变量说明的一般形式为：

struct 结构名 *结构指针变量名

例如，在前面定义了 stu 这个结构，如要说明一个指向 stu 的指针变量 pstu，可写为：

struct stu *pstu;

有了结构指针变量，就能更方便地访问结构变量的各个成员。其访问的一般形式为：

(*结构指针变量).成员名或结构指针变量→成员名

例如：(*pstu).num 或 pstu→num，应该注意(*pstu)两侧的括号不可少，因为成员符"."的优先级高于"*"。如去掉括号写作 *pstu.num，则等效于 *(pstu.num)，这样，意义就完全不对了。

5.6.2 共同体

无论任何数据，在使用前必须定义其数据类型，只有这样，在编译时，C51编译器才会根据其数据类型，在内存中指定相应长度的内存单元，供其使用。不同类型的数据占据各自拥有的内存空间，彼此互不"侵犯"。那么是否存在某种数据类型，使C51编译器在编译时为其指定一块内存空间，并允许各种类型的数据共同使用呢？回答是肯定的。这种数据类型就是共同体或称联合(union)。

共同体是C51的构造类型数据结构之一，它与数组、结构等一样，也是一种比较复杂的的构造数据类型。

共同体与结构类似，也可以包含多个不同数据类型的元素。但其变量所占有的内存空间不是各成员所需存储空间的总和，而是在任何时候，其变量至多只能存放该类型所包含的一个成员，即它所包含的各个成员只能分时共享同一存储空间。这是共同体与结构的区别所在。

1. 共同体的定义

定义一个共同体类型的一般形式为：

union 共同体名
{
    类型说明符 变量名
};

例如：

union perdata
{
    int class;
    char office[10];
};

定义了一个名为 perdata 的共同体,它含有两个成员:一个为整型,成员名为 class;另一个为字符数组,数组名为 office。

2. 共同体变量的说明

共同体变量的说明与结构变量的说明方式相同,也有 3 种形式:先定义,再说明;定义同时说明;直接说明。这里不再介绍。

5.6.3 枚 举

生活中很多信息,在计算机中都适于用数值来表示。例如,从星期一到星期天,都可以用数字来表示。在西方,人们认为星期天是一周的开始,按照这种说法,我们定星期天为 0,而星期一~六分别用 1~6 表示。

现在,有一行代码,它表达今天是周 3:"int today = 3;"。很多时候,可以认为这已经是比较直观的代码了。不过可能在 6 个月以后,我们初看到这行代码,会在心里想:是说今天是周 3 呢,还是说今天是 3 号? 其实可以做到更直观,并且方法很多。

第 1 种是使用宏定义:

```
#define SUNDAY 0
#define MONDAY 1
#define TUESDAY 2
#define WEDNESDAY 3
#define THURSDAY 4
#define FRIDAY 5
#define SATURDAY 6
int today = WEDNESDAY;
```

第 2 种是使用常量定义:

```
const int SUNDAY = 0;
const int MONDAY = 1;
const int TUESDAY = 2;
const int WEDNESDAY = 3;
const int THURSDAY = 4;
const int FRIDAY = 5;
const int SATURDAY = 6;
int today = WEDNESDAY;
```

第 3 种方法就是使用枚举。

1. 枚举类型的定义

枚举类型的定义一般格式为:
enum 枚举类型名{枚举值1,枚举值2,…};
其中,enum 为定义枚举类型的关键字;枚举类型名为要自定义的新的数据类型的名称;枚举值为可能的个值。

例如:"enum Week{SUNDAY,MONDAY,TUESDAY,WEDNESDAY,THURSDAY,

FRIDAY,SATURDAY}；"。

这就定义了一个新的数据类型 Week,其数据类型来源于 int 类型(默认)。

Week 类型的数据只能有 7 种取值,它们是 SUNDAY、MONDAY、TUESDAY、…、SATURDAY。

其中 SUNDAY＝0,MONDAY＝1…SATURDAY＝6。也就是说,第 1 个枚举值代表 0,第 2 个枚举值代表 1,这样依次递增 1。

不过,也可在定义时直接指定某个或某些枚举值的数值。例如,对于中国人,可能对于用 0 表示星期日不是很好接受,不如用 7 来表示星期天。这样需要的个值就是 1、2、3、4、5、6、7,因此,可以这样定义:"enum Week {MONDAY＝1,TUESDAY,WEDNESDAY,THURSDAY,FRIDAY,SATURDAY,SUNDAY}；"。

我们希望星期一仍然从 1 开始,枚举类型默认枚举值从 0 开始,因此,直接指定 MONDAY 等于 1,这样,TUESDAY 就将等于 2,直接到 SUNDAY 等于 7。

2. 枚举变量的说明

枚举变量的说明与结构一样,这里不再介绍。

第二篇 实例解析篇

本篇知识要点：
- 中断系统实例解析；
- 定时/计数器实例解析；
- RS232 和 RS485 串行通信实例解析；
- 键盘接口实例解析；
- LED 数码管实例解析；
- LCD 显示实例解析；
- 时钟芯片 DS1302 实例解析；
- EEPROM 存储器实例解析；
- 单片机看门狗实例解析；
- 温度传感器 DS18B20 实例解析；
- 红外遥控和无线遥控实例解析；
- A/D 和 D/A 转换电路实例解析；
- 步进电机、直流电机和舵机实例解析；
- 单片机低功耗模式实例解析；
- 语音电路实例解析；
- LED 点阵屏实例解析；
- IC 卡实例解析。

第 6 章

中断系统实例解析

中断就是打断正在执行的工作,转去做另外一件事。单片机利用中断功能,不但可提高 CPU 的效率,实现实时控制,而且还可对一些难以预料的情况进行及时处理。那么中断是怎么回事? 它是如何工作的? 如何编写单片机 C 语言中断程序呢? 本章就来解决这些问题。

6.1 中断系统基本知识

6.1.1 51 单片机的中断源

什么可引起中断? 生活中很多事件都可以引起中断。例如:有人按了门铃,电话铃响了,闹钟响了,烧的水开了等诸如此类的事件。我们把可以引起中断的事件称之为中断源。单片机中也有一些可以引起中断的事件(如掉电、运算溢出、报警等)。89S51 单片机中有 3 类共 5 个中断源,即 2 个外中断 INT0 和 INT1(由 P3.2 和 P3.2 引入)、2 个定时中断(定时器 T0 和 T1)及 1 个串行中断,其中,定时中断和串行中断属于内中断。

1. 外中断

外中断是由外部信号引起的,共有 2 个中断源,即外部中断 0 和外部中断 1。它们的中断请求信号分别由引脚 INT0(P3.2)和 INT1(P3.3)引入。

外部中断请求有两种信号方式,即电平方式和脉冲方式,可通过设置有关控制位进行定义。

电平方式的中断请求是低电平有效。只要单片机在中断请求引入端(1NT0 或 INT1)上采样到有效的低电平,就激活外部中断。

而脉冲方式的中断请求则是脉冲的后沿负跳有效。这种方式下,CPU 在两个相邻机器周期对中断请求引入端进行的采样中,如前一次为高电平,后一次为低电平,即为有效中断请求。

2. 内中断

内中断包括定时中断和串行中断两种。

(1) 定时中断

定时中断是为满足定时或计数的需要而设置的。在单片机内部,有两个定时/计数器,通过对其中的计数结构进行计数来实现定时或计数功能。当计数结构发生计数溢出时,即表明定时时间到或计数值已满,这时就以计数溢出信号作为中断请求,去置位一个溢出标志位,作为单片机接受中断请求的标志。由于这种中断请求是在单片机芯片内部发生的,因此无须在芯片上设置引入端。

(2) 串行中断

串行中断是为串行数据传输的需要而设置的。每当接收或发送完一组串行数据时,就产生一个中断请求。因为串行中断请求也是在单片机芯片内部自动发生的,所以同样不需在芯片上设置引入端。

6.1.2 中断的控制

51 单片机中,有 4 个寄存器是供用户对中断进行控制的。这 4 个寄存器分别是定时器控制寄存器 TCON、串行口控制寄存器 SCON、中断允许控制寄存器 IE 以及中断优先控制寄存器 IP。这 4 个控制寄存器可完成中断请求标志寄存、中断允许管理和中断优先级的设定。由它们所构成的中断系统如图 6-1 所示。

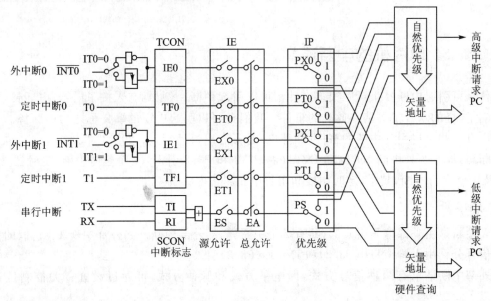

图 6-1 中断系统的结构

1. 定时器控制寄存器 TCON

定时器控制寄存器 TCON 用于保存外部中断请求以及定时器的计数溢出。寄存器地址为 88H,位地址为 8FH~88H。寄存器的内容及位地址表示如下:

位地址	8FH	8EH	8DH	8CH	8BH	8AH	89H	88H
位名	TF1	TR1	TF0	TR0	IE1	IT1	IE0	IT0

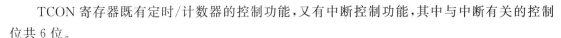

TCON 寄存器既有定时/计数器的控制功能,又有中断控制功能,其中与中断有关的控制位共 6 位。

① IE0(IE1)——外中断 0(外中断 1)请求标志位。当 CPU 采样到 $\overline{INT0}$(或 $\overline{INT1}$)端出现有效中断请求信号时,此位由硬件置 1,在中断响应完成后转向中断服务子程序时,再由硬件自动清零。

② IT0(IT1)——外中断 0(外中断 1)触发方式控制位。

IT0(IT1)=1,脉冲触发方式,下降沿触发有效;

IT0(IT1)=0,电平触发方式,低电平有效。

此位由软件置位或清除。

③ TF0(TF1)——定时/计数器 0(定时/计数器 1)溢出标志位。当定时/计数器 0(定时/计数器 1)产生计数溢出时,TF0(TF1)由硬件置 1。当转向中断服务时,再由硬件自动清零。

TCON 中还有 2 位 TR0 和 TR1,在介绍定时/计数器时再作介绍。

2. 串行口控制寄存器 SCON

串行口控制寄存器 SCON 地址 98H,位地址 9FH~98H,具体格式如下:

位地址	9FH	9EH	9DH	9CH	9BH	9AH	99H	98H
位名称	SM0	SM1	SM2	REN	TB8	RB8	TI	RI

与中断有关的控制位共两位,即 TI 和 RI。

TI 是串行口发送中断请求标志位。当发送完一帧串行数据后,由硬件置 1,表示串行口发送器正在向 CPU 申请中断。CPU 响应发送器中断请求,转向执行中断服务程序时,不会自动清零 TI,必须由用户在中断服务程序中用 CLR TI 等指令清零。

RI 是串行口接收中断请求标志位。当接收完一帧串行数据后,由硬件置 1,在转向中断服务程序后,用软件清零。

TI 和 RI 由逻辑"或"得到,也就是说,无论是发送标志还是接收标志,都产生串行中断请求。

3. 中断允许控制寄存器 IE

计算机中断系统中有两种不同类型的中断:非屏蔽中断和可屏蔽中断。所谓非屏蔽中断,是指用户不能用软件方法加以禁止,一旦有中断申请,CPU 必须予以响应。对于可屏蔽中断,用户则可以通过软件方法来控制是否允许某中断源的中断。

从前面的图 6-1 中可以看出,51 单片机的 5 个中断源都是可屏蔽中断,CPU 对中断源的中断开放(允许)或中断屏蔽(禁止)是通过中断允许寄存器 IE 设置的。IE 既可按字节地址寻址,其字节地址为 A8H,又可按位寻址,位地址 AFH~A8H,具体格式如下:

位地址	0AFH	0AEH	0ADH	0ACH	0ABH	0AAH	0A9H	0A8H
位名称	EA	—	—	ES	ET1	EX1	ET0	EX0

① EA——中断允许总控制位。

EA=0,中断总禁止,关闭所有中断,由软件设置。

EA=1,中断总允许,总允许后,各中断的禁止或允许由各中断源的中断允许控制位进行设置。

② EX0(EX1)——外部中断允许控制位。

EX0(EX1)=0,禁止外中断0(外中断1);

EX0(EX1)=1,允许外中断0(外中断1)。

③ ET0(ET1)——定时中断允许控制位。

ET0(ET1)=0,禁止定时中断0(定时中断1);

ET0(ET1)=1,允许定时中断0(定时中断1)。

④ ES——串行中断允许控制位。

ES=0,禁止串行中断;

ES=1,允许串行中断。

可见,51单片机通过中断允许控制寄存器对中断的允许实行两级控制。以EA位作为总控制位,以各中断源的中断允许位作为分控制位。当总控制位为禁止时,不管分控制位状态如何,整个中断系统为禁止状态;当总控制位为允许时,才能由各中断源的分控制位设置各自的中断允许与禁止。单片机复位后,(IE)=00H,因此,整个系统处于禁止状态。

需要说明的是,单片机在中断响应后不会自动关闭中断。因此,在转向中断服务程序后,应使用有关指令禁止中断,即用软件方式关闭中断。

4. 中断优先级控制寄存器 IP

51的中断优先级控制比较简单,只有高低两个优先级。当多个中断源同时申请中断时,CPU首先响应优先级最高的中断请求,在优先级最高的中断处理完了之后,再响应级别较低的中断。51单片机各中断源的优先级由优先级控制寄存器IP进行设定(软件设置)。

IP寄存器地址为B8H,位地址为BFH~B8H,具体格式如下:

位地址	0BFH	0BEH	0BDH	0BCH	0BBH	0BAH	0B9H	0B8H
位名称	—	—	—	PS	PT1	PX1	PT0	PX0

PX0(PX1)——外中断0(外中断1)优先级设定位;

PT0(PT1)——定时中断0(定时中断1)优先级设定位;

PS——串行中断优先级设定位。

各位为0时,为低优先级;各位为1时,为高优先级。

51中断优先级的控制原则是:

① 低优先级中断请求不能打断高优先级的中断服务;反之,则可以,从而实现中断嵌套。

② 如果一个中断请求已被响应,则同级的其他中断响应被禁止。

③ 如果同级的多个中断请求同时出现,则按CPU查询次序确定哪个中断请求被响应。从高到低依次为:外部中断0→定时中断0→外部中断1→定时中断1→串行中断。如果查询到有标志位为1,则表明有中断请求发生,开始进行中断响应。由于中断请求是随机发生的,CPU无法预先得知,因此在程序执行过程中,中断查询要不停地重复进行。如果换成人来说,就相当于你在看书的时候,每一秒钟都会抬起头来听一听,看一看,是不是有人按门铃,是否有电话,烧的水是否开了等,看来,单片机比人蠢多了!

专家点拨：上面所讲的 4 个寄存器都是为用户需要而设置的，因此在采用中断方式时，要在程序初始化时进行设置，外中断初始化主要有中断总允许、外中断允许、中断方式和中断优先级设定等。

例如，假定要开放外中断 1，采用脉冲触发方式，则需要做如下工作：

设置中断允许位：　　　　　EA＝1;　　　　　　//中断总允许
　　　　　　　　　　　　　EX1＝1;　　　　　　//外中断 1 允许
设置中断请求信号方式：　　IT1＝1;　　　　　　//脉冲触发方式
设置优先级：　　　　　　　PX1＝1;　　　　　　//外中断 1 优先级最高

6.1.3　中断的响应

中断响应就是对中断源提出的中断请求的接受，是在中断查询之后进行的，当查询到有效的中断请求时，紧接着就进行中断响应。中断响应时，根据寄存器 TCON、SCON 中的中断标记，转到程序存储器的中断入口地址。51 单片机的 5 个独立中断源所对应的入口地址如下：

外中断 0——0003H；定时器中断 0——000BH；外中断 1——0013H；定时器中断 1——001BH；串口中断——0023H。

从中断源所对应的入口地址中可以看出，一个中断向量入口地址到下一个中断向量入口地址之间（如 0003H～000BH）只有 8 个单元。也就是说，中断服务程序的长度如果超过了 8 字节，就会占用下一个中断的入口地址，导致出错。但一般情况下，很少有一段中断服务程序只占用少于 8 字节的情况，为此，在采用汇编语言进行编程时，可以在中断入口处写一条"LJMP XXXX"或"AJMP XXXX"指令，这样可以把实际处理中断的程序放到程序存储器的任何一个位置。而使用 C51 编程时，则不需要考虑这个问题，C51 编译器会自行处理，看来，采用 C51 编程的确方便不少。

6.1.4　中断的撤除

中断响应后，TCON 或 SCON 中的中断请求标志应及时清除，否则就意味着中断请求仍然存在，还可能会造成中断的重复查询和响应，因此就存在一个中断请求的撤除问题。

① 外中断的撤除。外部中断标志位 IE0（或 IE1）的清零是在中断响应后由硬件电路自动完成的。

② 定时中断的撤除。定时中断响应后，硬件自动把标志位 TF0（或 TF1）清零，因此定时中断的中断请求是自动撤除的，不需要用户干预。

③ 串行中断撤除。对于串行中断，CPU 响应中断后，没有用硬件清除它们的中断标志 RI、TI，必须在中断服务程序中用软件清除，以撤除其中断请求。

6.1.5　C51 中断函数的写法

使用 C51 编写中断服务程序，实际上就是编写中断函数。中断函数定义语法如下：

　　void　　函数名()［interrupt n］［using n］

中断函数不能返回任何值,因此最前面用 void,后面紧跟函数名。名称没有限制,但不要与 C51 的关键字相同,中断函数不带任何参数,因此函数名后面的小括号内为空。

关键字 interrupt 后面的 n 对应中断源的编号,其值为 0～4,分别对应 51 单片机的外中断 0、定时器中断 0、外中断 1、定时器中断 1 和串口中断。

51 系列单片机可以在片内 RAM 中使用 4 个不同的工作寄存器组,每个寄存器组中包含 8 个工作寄存器(R0～R7)。C51 编译器扩展了一个关键字 using,专门用来选择 51 单片机中不同的工作寄存器组。using 后面的 n 是一个 0～3 的常整数,分别选中 4 个不同的工作寄存器组。在定义中断函数时,using 是一个选项,如果不用该选项,则由编译器自动选择一个寄存器组作绝对寄存器组访问。

6.2 中断系统实例解析

中断的应用十分广泛,下面仅就外中断进行演练,有关定时器中断、串行中断将在学习定时/计数器、串行通信时进行介绍。

6.2.1 实例解析 1——外中断练习 1

1. 实现功能

在 DD-900 实验开发板上进行外部中断 0 和外部中断 1 实验:通电后,P0 口的 8 只 LED 灯全亮,按下 P3.2 引脚上的按键 K1(模拟外部中断 0)时,P0 口外接的 LED 灯循环左移 8 位后恢复为全亮;按下 P3.3 引脚上的按键 K2(模拟外部中断 1)时,P0 口外接的 LED 灯循环右移 8 位后恢复为全亮。有关电路参见第 3 章图 3-4、图 3-17。

2. 源程序

据上述要求,设计的源程序如下:

```
#include<reg51.h>
#include<intrins.h>
#define uint unsigned int
#define uchar unsigned char
/********以下是延时函数********/
void Delay_ms(uint xms)              //延时程序,xms 是形式参数
{
    uint i,j;
    for(i=xms;i>0;i--)                //i=xms,即延时 xms,xms 由实际参数传入一个值
        for(j=115;j>0;j--);           //此处分号不可少
}
/********以下是主函数********/
void main()
{
    P0=0;
    EA=1;                             //开总中断
```

```c
        EX0 = 1;                            //开外中断 0
        EX1 = 1;                            //开外中断 1
        IT0 = 0;                            //外中断 0 低电平触发方式
        IT1 = 0;                            //外中断 1 低电平触发方式
        while(1);                           //等待
}
/********以下是外中断 0 函数********/
void int0() interrupt 0
    {
        uchar led_data = 0xfe;              //给 led_data 赋初值 0xfe,点亮最右侧第一个 LED 灯
        uchar i;
        for(i = 0;i<8;i++)
        {
            P0 = led_data;
            Delay_ms(500);
            led_data = _crol_( led_data,1); //将 led_data 循环左移 1 位再赋值给 led_data
        }
        P0 = 0;
    }
/********以下是外中断 1 函数********/
void int1() interrupt 2
    {
        uchar led_data = 0x7f;              //给 led_data 赋初值 0x7f,点亮最左侧第一个 LED 灯
        uchar i;
        for(i = 0;i<8;i++)
        {
            P0 = led_data;
            Delay_ms(500);
            led_data = _cror_( led_data,1); //将 led_data 循环左移 1 位再赋值给 led_data
        }
        P0 = 0;
    }
```

3. 源程序解析

为实现中断而设计的有关程序称为中断程序。中断程序由中断初始化程序和中断函数两部分组成。

(1) 中断初始化程序

中断初始化程序也称中断控制程序。设置中断初始化程序的目的是,让 CPU 在执行主程序的过程中能够响应中断。主函数中的以下语句:

```c
EA = 1;                 //开总中断
EX0 = 1;                //开外中断 0
EX1 = 1;                //开外中断 1
IT0 = 0;                //外中断 0 低电平触发方式
IT1 = 0;                //外中断 1 低电平触发方式
```

即为中断初始化程序。中断初始化程序主要包括开总中断、开外中断、选择外中断的触发方式,另外,还可以对中断优先级进行设置等。

(2) 中断函数

源程序中的 int0()、int1()为外中断 0 和外中断 1 的中断函数。

当按下 K1 键后,可进入外中断函数 0,在外中断函数 0 中,可实现流水灯的左移位;当按下 K2 键后,可进入外中断函数 1,在外中断函数 1 中,可实现流水灯的右移位。

4. 实现方法

① 打开 Keil C51 软件,建立工程项目,再建立一个名为 ch6_1.c 的源程序文件,输入上面源程序。对源程序进行编译、链接,产生 ch6_1.hex 目标文件。

② 将 DD-900 实验开发板 JP1 的 LED、V_{CC}两插针短接,为 LED 灯供电。

③ 将 STC89C51 单片机插到锁紧插座,把 ch6_1.hex 文件下载到 STC89C51 中,按压按键,观察显示结果是否正常。

该实验程序在附光盘的 ch6\ch6_1 文件夹中。

6.2.2 实例解析 2——外中断练习 2

1. 实现功能

在 DD-900 实验开发板上进行外中断 0 实验;通电后,第 6、7、8 只数码管显示循环 000~999,按下 P3.2 引脚的 K1 键(模拟外中断 0),循环暂停,再按下 K1 键,继续循环。有关电路参见第 3 章图 3-4、图 3-17。

2. 源程序

```c
#include <reg51.h>
#define uchar unsigned char
#define uint unsigned int
uchar code seg_data[] = {0xC0,0xF9,0xA4,0xB0,0x99,0x92,0x82,0xF8,0x80,0x90}; //0~9 的段码表
uint    count = 0;
bit     flag = 1;
sbit    P25 = P2^5;                    //第 6 只数码管位选端
sbit    P26 = P2^6;                    //第 7 只数码管位选端
sbit    P27 = P2^7;                    //第 8 只数码管位选端
/********以下是延时函数********/
void Delay_ms(uint xms)                //延时程序,xms 是形式参数
{
    uint i,j;
    for(i=xms;i>0;i--)                 //i=xms,即延时 xms,xms 由实际参数传入一个值
        for(j=115;j>0;j--);            //此处分号不可少
}
/********以下是主函数********/
void main()
```

```c
{
    EA = 1;                              //开总中断
    EX0 = 1;                             //开外中断 0
    IT0 = 0;                             //外中断 0 低电平触发方式
    do
    {
        uchar i;
        if(flag == 1)  count ++;         //如果标志位 flag 为 1,则 count 加 1
        if(count>999)  count = 0;        //如果计数值达到 999,则 count 清零
        for(i = 0;i<50;i ++)             //每个数码管显示时间为 50×3 = 150 ms
        {
            P0 = seg_data[count/100];    //取出/数码管百位数
            P25 = 0;                     //打开第 6 只数码管(用来显示百位数)
            Delay_ms(1);                 //延时 1 ms
            P25 = 1;                     //关闭第 6 只数码管
            P0 = seg_data[(count%100)/10]; //取出数码管十位数
            P26 = 0;                     //打开第 7 只数码管(用来显示十位数)
            Delay_ms(1);
            P26 = 1;
            P0 = seg_data[count%10];     //取出数码管个位数
            P27 = 0;                     //打开第 8 只数码管(用来显示个位数)
            Delay_ms(1);
            P27 = 1;
        }
    }while(1);
}
/*********以下是外中断 0 函数********/
void int0() interrupt 0
{
    flag = ~flag;                        //标志位取位
}
```

3. 源程序释疑

在源程序中,建立了一个标志位 flag 和一个计数器 count。若标志位 flag 为 1,则使计数器 count 送到第 6、7、8 三只数码管进行显示;若标志位 flag 为 0,则计数器 count 的内容不变。每当按下 P3.2 引脚的 K1 键时(相当于外中断 0 发生时),将标志位 flag 取反,经主程序检测后,可使数码管的计数值暂停或继续。

下面再介绍一下程序中段位显示的方法:假设显示的计数值 count 为 456,当执行 P0 = seg_data[count/100]语句后,P0 = seg_data[4],通过查表,可知此时的段位值为 0x99,因此,在数码管的百位数(第 6 只数码管)上可显示出 4;当执行 P0 = seg_data[(count%100)/10]语句后,P0 = seg_data[5],通过查表,可知此时的段位值为 0x92,因此,在数码管的十位数(第 7 只数码管)上可显示出 5;当执行 P0 = seg_data[(count%10)语句后,P0 = seg_data[6],通过查表,可知此时的段位值为 0x82,因此,在数码管的个位数(第 8 只数码管)上可显示出 6。

4. 实现方法

① 打开 Keil C51 软件,建立工程项目,再建立一个名为 ch6_2.c 的源程序文件,输入上面源程序。对源程序进行编译、链接,产生 ch6_2.hex 目标文件。

② 将 DD-900 实验开发板 JP1 的 DS、V_{CC} 两插针短接,接通数码管的供电。

③ 将仿真芯片插到 DD-900 实验开发板的锁紧插座上,进行硬件仿真调试,并观察数码管的显示情况。仿真调试通过后,取下仿真芯片,再将 STC89C51 或 AT89S51 单片机插到锁紧插座,把 .hex 文件下载到单片机中。

该实验程序在附光盘的 ch6\ch6_2 文件夹中。

第 7 章 定时/计数器实例解析

51 单片机有两个 16 位可编程定时/计数器,分别是定时/计数器 0 和定时/计数器 1。它们都具有定时和计数的功能,既可以工作于定时方式,实现对控制系统的定时或延时控制;又可以工作于计数方式,用于对外部事件的计数。在本章中,通过几个典型实例,详细介绍 51 单片机定时/计数器的编程方法和技巧。

7.1 定时/计数器基本知识

7.1.1 什么是计数和定时

1. 计 数

所谓计数,是指对外部事件进行计数。外部事件的发生以输入脉冲表示,因此计数功能的实质就是对外来脉冲进行计数。51 单片机有 T0(P3.4) 和 T1(P3.5) 两个信号引脚,分别是这两个计数器的计数输入端。外部输入的脉冲在负跳变时有效,进行计数器加 1(加法计数)。

2. 定 时

定时是通过计数器的计数来实现的,不过此时的计数脉冲来自单片机的内部,即每个机器周期产生一个计数脉冲,也就是每个机器周期计数器加 1。定时和计数的脉冲来源如图 7-1 所示。

由于一个机器周期等于 12 个振荡脉冲周期,因此计数频率为振荡频率的 1/12。如果单片机采用 12 MHz 晶体,则计数频率为 1 MHz,即每微

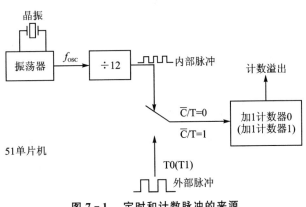

图 7-1 定时和计数脉冲的来源

秒计数器加1。这样不但可以根据计数值计算出定时时间,也可以反过来按定时时间的要求计算出计数器的预置值。

7.1.2 定时/计数器的组成

图7-2是51单片机内部定时/计数器结构图。

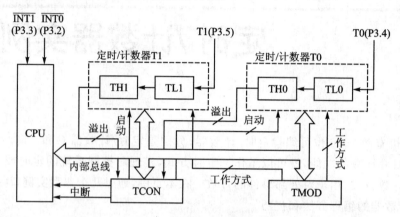

图7-2 定时/计数器的结构

从图中可以看出,定时/计数器主要由几个特殊功能寄存器 TH0、TL0、TH1、TL1 以及 TMOD、TCON 组成。TH0(高8位)、TL0(低8位)构成16位定时/计数器 T0;TH1(高8位)、TL1(低8位)构成16位定时/计数器 T1;TMOD 用来控制两个定时/计数器的工作方式;TCON 用作中断溢出标志并控制定时/计数器的启停。

两个定时/计数器都可由软件设置为定时或计数的工作方式,其中 T1 还可作为串行口的波特率发生器。不论 T0 或 T1 是工作于定时方式还是计数方式,它们在对内部时钟或外部事件进行计数时,都不占用 CPU 时间,直到定时/计数器产生溢出。如果满足条件,CPU 才会停下当前的操作,去处理"时间到"或者"计数溢出"这样的事件。因此,定时/计数器是与 CPU 并行工作的,不会影响 CPU 的其他工作。

7.1.3 定时/计数器的寄存器

与两个定时/计数器 T0 和 T1 有关的控制寄存器有 TMOD 和 TCON。它们主要用来设置各个定时/计数器的工作方式,选择定时或计数功能,控制启动运行以及作为运行状态的标志等。

1. 工作方式控制寄存器 TMOD

TMOD 寄存器是一个特殊功能寄存器,字节地址为 89H,不能位寻址。各位定义如下:

位号	D7	D6	D5	D4	D3	D2	D1	D0
符号	GATE	C/$\overline{T}$	M1	M0	GATE	C/$\overline{T}$	M1	M0

TMOD 的低半字节用来定义定时/计数器0,高半字节定义定时/计数器1。复位时

TMOD 为 00H。

(1) M1、M0——工作方式选择位

M1、M0 用来选择工作方式,对应关系如表 7-1 所列。

(2) C/$\overline{\text{T}}$——定时/计数功能选择位

C/$\overline{\text{T}}$=0 为定时方式,在定时方式中,以振荡输出时钟脉冲的 12 分频信号作为计数信号。如果单片机采用 12 MHz 晶体,则计数频率为 1 MHz,则计数脉冲周期为 1 μs,即每微秒计数器加 1。

C/$\overline{\text{T}}$=1 为计数方式,在计数方式中,单片机在每个机器周期对外部计数脉冲进行采样。如果前一个机器周期采样为高电平,后一个机器周期采样为低电平,即为一个有效的计数脉冲。

表 7-1 定时/计数器的方式选择

M1 M0	工作方式	功　　能
00	工作方式 0	13 位计数器
01	工作方式 1	16 位计数器
10	工作方式 2	自动再装入 8 位计数器
11	工作方式 3	定时器 0:分成两个 8 位计数器 定时器 1:停止计数

(3) GATE——门控位

GATE=1,定时/计数器的运行受外部引脚输入电平的控制,即 $\overline{\text{INT0}}$ 控制 T0 运行,$\overline{\text{INT1}}$ 控制 T1 运行。

GATE=0,定时/计数器的运行不受外部输入引脚的控制。

2. 定时器控制寄存器 TCON

TCON 寄存器既参与中断控制,又参与定时控制,寄存器地址为 88H,位地址为 8FH~88H。寄存器的内容及位地址表示如下:

位地址	8FH	8EH	8DH	8CH	8BH	8AH	89H	88H
位名称	TF1	TR1	TF0	TR0	IE1	IT1	IE0	IT0

在第 6 章介绍中断时,已对 TCON 寄存器进行了简要介绍,下面再对与定时控制有关的功能加以说明。

(1) TF0 和 TF1——计数溢出标志位

当计数器计数溢出(计满)时,该位置 1。使用查询方式时,此位作状态位供查询,但应注意查询有效后应用软件方法及时将该位清零;使用中断方式时,此位作中断标志位,在转向中断服务程序时由硬件自动清零。

(2) TR0 和 TR1——定时器运行控制位

TR0(TR1)=0,停止定时/计数器工作。

TR0(TR1)=1,启动定时/计数器工作。

该位根据需要靠软件来置 1 或清零,以控制定时器的启动或停止。

7.1.4　定时/计数器的工作方式

51 单片机的定时/计数器共有 4 种工作方式,由寄存器 TMOD 的 M1M0 位进行控制,现以定时/计数器 0 为例进行介绍,定时/计数器 1 与定时/计数器 0 完全相同。

1. 工作方式0

(1) 逻辑电路结构

工作方式0是13位计数结构的工作方式,其计数器由TH0全部8位和TL0的低5位构成,TL0的高3位未用。图7-3为工作方式0的逻辑电路结构图。

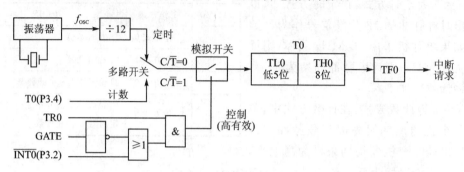

图7-3 工作方式0逻辑电路结构图

当$C/\overline{T}=0$时,多路开关接通振荡脉冲的12分频输出,13位计数器以此进行计数,这就是定时方式。

当$C/\overline{T}=1$时,多路开关接通计数引脚P3.4(T0),外部计数脉冲由引脚P3.4输入。当计数脉冲发生负跳变时,计数器加1,这就是计数方式。

不管是定时方式还是计数方式,当TL0的低5位计数溢出时,向TH0进位,而全部13位计数溢出时,则向计数溢出标志位TF0进位。在满足中断条件时,向CPU申请中断,若需继续进行定时或计数,则应用指令对TL0、TH0重新置数,否则,下一次计数将会从0开始,造成计数或定时时间不准确。

这里要特别说明的是,T0能否启动,取决于TR0、GATE和引脚$\overline{INT0}$的状态。

当GATE=0时,GATE信号封锁了"或"门,使引脚$\overline{INT0}$信号无效,而"或"门输出端的高电平状态却打开了"与"门。这时如果TR0=1,则"与"门输出为1,模拟开关接通,定时/计数器0工作;如果TR0=0,则断开模拟开关,定时/计数器0不能工作。

当GATE=1,同时TR0=1时,模拟开关是否接通由$\overline{INT0}$控制。当$\overline{INT0}=1$时,"与"门输出高电平,模拟开关接通,定时/计数器0工作;当$\overline{INT0}=0$时,"与"门输出低电平,模拟开关断开,定时/计数器0停止工作。这种情况可用于测量外信号的脉冲宽度。

(2) 计数初值的计算

工作方式0是13位计数结构,其最大计数为$2^{13}=8\,192$,也就是说,每次计数到8 192都会产生溢出,去置位TF0。但在实际应用中,经常会有少于8 192个计数值的要求。例如,要求计数到1 000就产生溢出,那怎么办呢?其实,仔细想一想,这个问题很好解决,在计数时,不从0开始,而是从一个固定值开始,这个固定值的大小,取决于被计数的大小。如要计数1 000,预先在计数器里放进7 192,再来1 000个脉冲,就到了8 192,这个7 192计数初值,也称为预置值。

定时也有同样的问题,并且也可采用同样的方法来解决。假设单片机的晶振是12 MHz,那么每个计时脉冲是1 μs,计满8 192个脉冲需要8.192 ms。如果只需定时1 ms,可以作这样的处理:1 ms即1 000 μs,也就是计数1 000时满。因此,计数之前预先在计数器里面放进

8 192−1 000＝7 192,开始计数后,计满 1 000 个脉冲到 8 192 即产生溢出。如果计数初值为 X,则可按以下公式进行计算定时时间:

$$定时时间=(2^{13}-X)\times 机器周期$$

因为
$$机器周期=12\times 晶振周期,而晶振周期=\frac{1}{晶振频率}$$

所以
$$定时时间=(2^{13}-X)\times\frac{12}{晶振频率}$$

例如,如果需要定时 3 ms(3 000 μs),晶振为 12 MHz,设计数初值为 X,则根据上述公式可得:

$$3\,000=(2^{13}-X)\times\frac{12}{12}$$

由此得 $X=5\,192$。

需要说明的是,单片机中的定时器通常要求不断重复定时,一次定时时间到之后,紧接着进行第二次的定时操作。一旦产生溢出,计数器中的值就回到 0,下一次计数从 0 开始,定时时间将不正确。为使下一次的定时时间不变,需要在定时溢出后马上把计数初值送到计数器。

2. 工作方式 1

(1) 逻辑电路结构

工作方式 1 是 16 位计数结构,计数器由 TH0 全部 8 位和 TL0 全部 8 位构成。其逻辑电路和工作情况与方式 0 基本相同,如图 7-4 所示(以定时/计数器 0 为例)。不同的只是组成计数器的位数,它比工作方式 0 有更宽的计数范围,因此,在实际应用中,工作方式 1 可以代替工作方式 0。

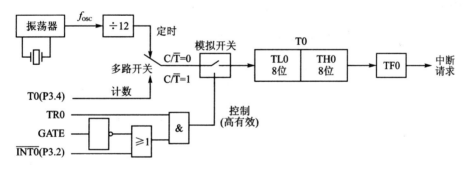

图 7-4 工作方式 1 逻辑电路结构图

(2) 计数初值的计算

由于工作方式 1 是 16 位计数结构,因此,其最大计数为 $2^{16}=65\,536$,也就是说,每次计数到 65 536 都会产生溢出,去置位 TF0。如果计数初值为 X,则可按以下公式进行计算定时时间:

$$定时时间=(2^{16}-X)\times 机器周期=(2^{16}-X)\times\frac{12}{晶振频率}$$

3. 工作方式 2

(1) 逻辑电路结构

若工作方式 0 和工作方式 1 用于循环重复定时或计数,则每次计满溢出后,计数器回到

0,要进行新一轮的计数,就须重新装入计数初值。因此,循环定时或循环计数应用时就存在反复设置计数初值的问题。这项工作是由软件来完成的,需要花费一定时间,这样就会造成每次计数或定时产生误差。如果用于一般的定时,则是无关紧要的。但是有些工作,对时间的要求非常严格,不允许定时时间不断变化,用工作方式 0 和工作方式 1 就不行了,因此就引入了工作方式 2。图 7-5 是定时/计数器 0 在工作方式 2 的逻辑结构。

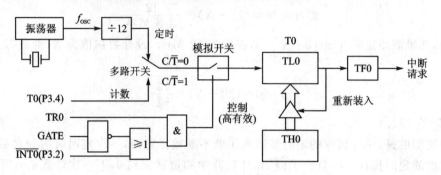

图 7-5 工作方式 2 逻辑电路结构图

在工作方式 2 下,把 16 位计数器分为两部分,即以 TL0 作为计数器,以 TH0 作为预置寄存器,初始化时把计数初值分别装入 TL0 和 TH0 中。当计数溢出后,不是像前两种工作方式那样通过软件方法,而是由预置寄存器 TH0 以硬件方法自动给计数器 TL0 重新加载。由软件加载变为硬件加载,这不但省去了用户程序中的重装指令,而且也有利于提高定时精度。

(2) 计数初值的计算

由于工作方式 2 是 8 位计数结构,因此,其最大计数值为 $2^8=256$,计数值十分有限。如果计数初值为 X,则可按以下公式进行计算定时时间:

$$定时时间=(2^8-X)\times 机器周期=(2^8-X)\times \frac{12}{晶振频率}$$

4. 工作方式 3

(1) 逻辑电路结构

工作方式 3 的作用比较特殊,只适用于定时器 T0。如果企图将定时器 T1 置为方式 3,则它将停止计数,其效果与置 TR1=0 相同,即关闭定时器 T1。

当 T0 工作在方式 3 时,它被拆成两个独立的 8 位计数器 TL0 和 TH0,其逻辑结构如图 7-6 所示。

图中,上方的 8 位计数器 TL0 使用原定时器 T0 的控制位 $C/\overline{T}$、GATE、TR0 和 $\overline{INT0}$。TL0 既可用于计数,又可用于定时,其功能和操作与前面介绍的工作方式 0 或方式 1 完全相同。

下方的 TH0 只能作为简单的定时器使用。而且由于定时/计数器 0 的控制位已被 TL0 独占,因此只好借用定时/计数器 1 的控制位 TR1 和 TF1,即以计数溢出去置位 TF1,而定时的启动和停止则受 TR1 的状态控制。

由于 TL0 既能作为定时器使用,也能作为计数器使用,而 TH0 只能作为定时器使用,不能作为计数器使用,因此在工作方式 3 下,定时/计数器 0 可以构成两个定时器,或一个定时器及一个计数器。

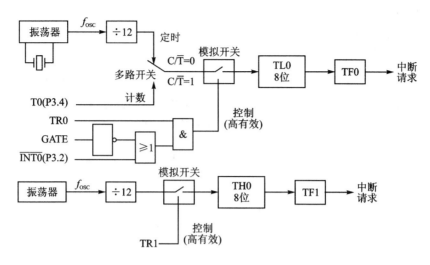

图 7-6　工作方式 3 逻辑电路结构

需要说明的是,如果定时/计数器 0 已工作在方式 3,则定时/计数器 1 只能工作在方式 0、方式 1 或方式 2 下,因为它的运行控制位 TR1 及计数溢出标志位 TF1 已被定时/计数器 0 借用。

通常情况下,定时/计数器 1 一般作为串行口的波特率发生器使用,以确定串行通信的速率,因为已没有计数溢出标志位 TF1 可供使用,因此只能把计数溢出直接送给串行口。当作为波特率发生器使用时,只需设置好工作方式,便可自动运行。若要停止工作,只需送入一个把它设置为方式 3 的方式控制字就可以了。因为定时/计数器 1 不能在方式 3 下使用,如果硬把它设置为方式 3,就停止工作。

(2) 计数初值的计算

由于工作方式 3 是 8 位计数结构,因此,其最大计数值为 $2^8=256$。如果计数初值为 X,则可按以下公式进行计算定时/计数器 0 的定时时间:

$$定时时间=(2^8-X)\times 机器周期=(2^8-X)\times \frac{12}{晶振频率}$$

7.2　定时/计数器实例解析

7.2.1　实例解析 1——定时器中断方式实验

1. 实现功能

在 DD-900 实验开发板上进行实验:使用定时器 0 的工作方式 1,以中断方式进行编程,由 P0 口输出周期为 2 s 的等宽方波(频率为 0.5 Hz),驱动 P0 口的 LED 灯闪亮(亮 1 s,灭 1 s)。LED 灯电路部分可参考第 3 章图 3-4。

2. 源程序

根据以上要求,采用中断方式设计的源程序如下:

```c
#include<reg51.h>
#define uchar unsigned char
/*********以下是主函数*********/
void main()
{
    TMOD = 0x01;                    //设定时器 0 为工作方式 1
    TH0 = 0x4c;TL0 = 0x00;          //定时时间为 50 ms 的计数初值
    TR0 = 1;                        //启动定时器 0
    EA = 1;ET0 = 1;                 //开总中断和定时器 T0 中断
    while(1);                       //等待
}
/*********以下是定时器 T0 中断函数*********/
void timer0() interrupt 1 using 0
{
    static uchar count = 0;         //定义静态变量 count
    count++;                        //计数值加 1
    if(count == 20)                 //若 count 为 20,则说明 1 s 到(20×50 ms = 1 000 ms)
    {
        count = 0;                  //count 清零
        P0 = ~P0;                   //P0 口取反
    }
    TH0 = 0x4c;TL0 = 0x00;          //重装 50 ms 定时初值
}
```

3. 源程序释疑

要使 P0 输出 2 s 的等宽方波,只需使 P0 每隔 1 s 取反一次即可,为此,定时时间应为 1 s。在时钟为 11.059 2 MHz 的情况下,即使采用定时器 0 工作方式 1(16 位计数器),这个值也超过了方式 1 可能提供的最大定时值(约 71 ms)。此时可采取以下方法:让定时器 T0 工作在方式 1,定时时间为 50 ms。另设一个静态变量 count,初始值为 0,每隔 50 ms 定时时间到,产生溢出中断,在中断函数中使 count 计数器加 1,这样,当计数器 count 加到 20 时,就获得 1 s 定时。

应该注意的是,在中断函数中,count 一定要设置成静态变量。这样,反复进入和退出中断过程中,count 的值不会被重新分配存储单元,而一直使用目前单元,以便起到连续计数的作用。

编写定时/计数器程序时,要通过软件对有关寄存器进行初始化。初始化主要包括以下几个方面。

① 对工作方式寄存器 TMOD 赋值,确定工作方式。本程序要求使用定时器 0 的方式 1,应使 M1M0＝01;为实现定时功能,应使 $C/\overline{T}=0$;为实现定时/计数器 0 的运行控制,则 GATE＝0。定时/计数器 1 不用,有关位设定为 0。因此 TMOD 寄存器初始化为 0x01。

② 计算计数初值。定时器 T0 定时时间为 50 ms,设计数初值为 X,由于 DD - 900 实验开发板使用 11.059 2 MHz 晶振和工作方式 1,根据:

$$定时时间 = (2^{16} - X) \times \frac{12}{晶振频率}$$

可得：
$$50\,000 = (65\,536 - X) \times \frac{12}{11.059\,2}$$

因此，$X = 19\,456$（十进制）

将 19 456 转换为十六进制后为 0x4c00。其中，高 8 位为 0x4c，放入 TH0，低 8 位为 0x00，放入 TL0。

上面的计数初值在计算时比较麻烦，如果读者手头上有"51初值设定软件"（可从相关网站下载），计算计数初值则十分方便，该软件运行界面如图 7-7 所示。只要选择好定时器方式、晶振频率和定时时间后，单击"确定"按钮，即可计算出计数初值。

③ 对 IE 赋初值。根据需要，对中断允许控制寄存器 IE 赋初值。对于本例，由于不需要定

图 7-7 51 初值设定软件运行界面

时器 0 中断，因此，此项可不设置，因为默认状态下定时器中断是关闭的。

④ 启动定时器。对于本例，需要使定时器 0 工作，因此，设置 TR0 为 1。

4. 实现方法

① 打开 Keil C51 软件，建立工程项目，再建立一个名为 ch7_1.c 的源程序文件，输入上面源程序。对源程序进行编译、链接，产生 ch7_1.hex 目标文件。

② 将 DD-900 实验开发板 JP1 的 LED、V_{CC} 两插针短接，为 LED 灯供电。

③ 将 STC89C51 单片机插到锁紧插座，把 ch7_1.hex 文件下载到 STC89C51 中，观察 P0 口 LED 灯的闪烁效果。

该实验程序在附光盘的 ch7\ch7_1 文件夹中。

7.2.2 实例解析 2——定时器查询方式实验

1. 实现功能

在 DD-900 实验开发板上进行实验：使用定时器 0 的工作方式 1，以查询方式进行编程，由 P0 口输出周期为 2 s 的等宽方波（频率为 0.5 Hz），驱动 P0 口的 LED 灯闪亮。LED 灯电路部分可参考第 3 章图 3-4。

2. 源程序

根据以上要求，采用查询方式设计的源程序如下：

```
#include<reg51.h>
#define uint unsigned int
/********以下是延时函数********/
void delay_ms(uint xms)                //延时程序，xms 是形式参数
{
    while(xms!=0)                      //执行 xms 次循环
```

```c
        {
            TMOD = 0x01;                    //设置定时器 0 为工作方式 1
            TR0 = 1;                        //启动定时器 0
            TH0 = 0xfc; TL0 = 0x66;         //定时时间为 1 ms 的计数初值
            while(TF0! = 1) ;               //计时时间不到,等待;计时时间到,TF0 = 1
            TF0 = 0;                        //计时时间到,将 TF0 清零
            xms -- ;                        //循环次数减 1
        }
    TR0 = 0;                                //关闭定时器 0
}
/********以下是主程序********/
void main()
{
    for(;;)
    {
        P0 = 0x00;                          //P0 口 LED 点亮
        delay_ms(1000);                     //延时 1 s
        P0 = 0xff;                          //P0 口 LED 熄灭
        delay_ms(1000);                     //延时 1s
    }
}
```

3. 源程序释疑

该程序中,设置了一定时延时函数。在延时函数中,延时时间为形参 xms 的值与定时时间(1 ms)的乘积。通过传递不同的参数,可获得不同的延时时间,因此,该延时函数具有一定的通用性。

另外,在程序中,TF0 是定时/计数器 0 的溢出标记位,当产生溢出后,该 TF0 由 0 变 1,所以查询该位就可以知道定时时间是否已到。该位为 1 后,不会自动清零,必须用软件将标记位清零;否则,在下一次查询时,即便时间未到,该位仍是 1,会出现错误的执行结果。

4. 实现方法

调试方法与实例演练 1 相同。

该程序在附光盘的 ch7\ch7_2 文件夹中。

7.2.3 实例解析 3——实时显示计数值

1. 实现功能

在 DD-900 实验开发板上进行实验:用定时/计数器 T0 方式 2 计数,外部计数信号由实验开发板上的 NE555 产生,由单片机的 T0(P3.4)引脚输入,每出现一次负跳变,计数器加 1,并将计数值实时显示在第 7、8 两只数码管上,计满 100 次后,再从头开始计数。有关电路参见第 3 章图 3-4、图 3-8。

2. 源程序

根据以上要求,设计的源程序如下:

```c
#include <reg51.h>
#define uchar unsigned char
#define uint unsigned int
uint num;
uchar code seg_data[] = {0xc0,0xf9,0xa4,0xb0,0x99,0x92,0x82,0xf8, 0x80,0x90,0xff};
                                        //0~9 的段码表,0xff 为熄灭符
uchar data disp_buf[2] = {0x00,0x00};   //显示缓冲区
/********以下是延时函数********/
void Delay_ms(uint xms)                 //延时程序,xms 是形式参数
{
    uint i, j;
    for(i = xms;i>0;i--)                //i = xms,即延时 xms, xms 由实际参数传入一个值
        for(j = 115;j>0;j--);           //此处分号不可少
}
/********以下是显示函数********/
display()
{
    disp_buf[0] = num/10;               //取出计数值的十位
    disp_buf[1] = num%10;               //取出计数值的个位
    P0 = seg_data[disp_buf[1]];         //显示个位
    P2 = 0x7f;                          //开个位显示(开第 8 只数码管)
    Delay_ms(5);                        //延时 5 ms
    P0 = seg_data[disp_buf[0]];         //显示十位
    P2 = 0xbf;                          //开十位显示(开第 7 只数码管)
    Delay_ms(5);                        //延时 5 ms
    P2 = 0xff;                          //关闭显示
}
/********以下是计数值读取函数********/
uint read()
{
    uchar tl,th1,th2;
    uint val;
    while(1)
    {
        th1 = TH0;                      //第 1 次读取 TH0
        tl = TL0;
        th2 = TH0;                      //第 2 次读取 TH0
        if(th1 == th2) break;           //若两次读取的相同,则跳出循环,开始计算计数值;
                                        //若两次读取的不同,则继续循环
    }
    val = th1 * 256 + tl;               //计算计数值
    return val;                         //返回计数值
```

```
}
/*********以下是主函数********/
void main()
{
    TMOD = 0x05;              //设置定时器T0为工作方式1计数方式
    TH0 = 0;TL0 = 0;          //将计数器寄存器初值清零
    TR0 = 1;
    while(1)
    {
        num = read();         //调计数值读取函数
        if(num >= 100)
        {
            num = 0;          //若计数值大于100,则num清零
            TH0 = 0;          //将计数器寄存器值清零
            TL0 = 0;
        }
        display();            //调显示函数
    }
}
```

3. 源程序释疑

① 源程序中的 read 函数用来读取运行中计数器寄存器中的值。由于该寄存器的值会随时变化,若只读一次,当发生进位时,很有可能会读错数据,因此 TH0 寄存器的值需要读两次,以确保读取时没有发生进位。操作时,先读取 TH0 一次,再读取 TL0 一次,然后再读取 TH0 一次,如果两次读取 TH0 的值相同,说明 TL0 没有向 TH0 进位。

② 本例程没有使用中断法,而是不停地读取计数器寄存器中的值。当然也可用中断法来实现同样的功能,此时可先向 TL0 和 TH0 中预装初值 0xff,每当出现一个计数脉冲,则会产生溢出中断,然后,在定时器 T0 中断函数中,对计值器 count 进行加 1 处理即可。具体源程序如下:

```
#include <reg51.h>
#define uchar unsigned char
#define uint  unsigned int
uint num;
uchar code seg_data[] = {0xc0,0xf9,0xa4,0xb0,0x99,0x92,0x82,0xf8, 0x80,0x90,0xff};
                                    //0~9的段码表,0xff为熄灭符
uchar data disp_buf[2] = {0x00,0x00};   //显示缓冲区
/*********以下是延时函数********/
 :                                  //与以上相同(略)
/*********以下是显示函数********/
 :                                  //与以上相同(略)
/*********以下是主函数********/
void main()
{
```

```
        TMOD = 0x05;                    //设置定时器 T0 为工作方式 1 计数方式
        TH0 = 0xff;TL0 = 0xff;          //将计数器寄存器初值清零
        TR0 = 1;
        EA = 1;ET0 = 1;                 //开总中断和定时器 T0 中断
        while(1)
        {
            display();                  //调显示函数
        }
    }
    /********以下是定时器 T0 中断函数********/
    void    timer0()    interrupt    1
        {
            TH0 = 0xff; TL0 = 0xff;     //设置计数初值
            num ++ ;                    //计数器加 1
            if(num> = 100)
            {
                num = 0;                //若计数值大于 100,则 num 清零
            }
        }
```

另外,读者还可使用定时器 T0 的工作方式 2。使用工作方式 2 时,需要将主函数中的"TMOD=0x05;"语句改为"TMOD=0x06;"。由于在方式 2 下具有自动加载功能,因此,中断函数中"TH0=0xff;TL0=0xff;"两条语句可取消。

4. 实现方法

① 打开 Keil C51 软件,建立工程项目,再建立一个名为 ch7_3.c 的源程序文件,输入上面源程序。对源程序进行编译、链接,产生 ch7_3.hex 目标文件。

② 将 DD-900 实验开发板 JP1 的 DS、V_{CC} 两插针短接,为数码管供电。同时,将 JP4 的 P34、555 两插针短接,选择 555 电路输出的脉冲作为信号源。

③ 将 STC89C51 单片机插到锁紧插座,把 ch7_3.hex 文件下载到 STC89C51 中,观察数码管的显示情况。

该实验程序在附光盘的 ch7\ch7_3 文件夹中。

专家点拨:在第 3 章图 3-8 所示的电路中,NE555 及外围电路共同组成多谐振荡器。其振荡频率由下式推算:

$$f = \frac{1}{0.7 \times (R111 + 2R112 + 2V_{R_3}) \times C}$$

当 V_{R_3} 调节到最大(200 kΩ)时,振荡频率最低,最低频率约为:

$$f_{最低} \frac{1}{0.7 \times (2 \times 10^3 + 2 \times 1 \times 10^3 + 2 \times 200 \times 10^3) \times 0.1 \times 10^{-6}} \approx 35 \text{ Hz}$$

当 V_{R_3} 调节到最小(0 Ω)时,振荡频率最高,最高频率约为:

$$f_{最高} \frac{1}{0.7 \times (2 \times 10^3 + 2 \times 10^3) \times 0.1 \times 10^{-6}} \approx 3\,400 \text{ Hz}$$

实验时,可先将电位器逆时针调到底(V_{R_3} 最大),会观察到数码管显示的数字变化较慢(因

为555输出的频率较低),再慢慢顺时针调整电位器V_{R3}的值,使V_{R3}慢慢减小,会发现数码管显示的数字逐步加快,这是因为V_{R3}减小后,555输出的频率较高的缘故。

另外,读者还可将JP4的P34、P34_555的短接针取下,然后,用一导线将单片机的P3.4引脚和地短接,模拟计数脉冲。不过,在实验时读者会发现,起初数码管显示的数值是0,当用导线接触P3.4引脚时,数码管数值在瞬间变化了很多,而不是我们期待中的增加一个值,造成此现象的原因是导线在接触单片机引脚瞬间会产生抖动,一下子输入了好几个脉冲,但这并不影响我们对程序的理解。

7.2.4 实例解析4——单片机唱歌

1. 实现功能

图7-8所示是乐曲《八月桂花遍地开》的片段,编写程序,在DD-900实验开发板上演奏出来。

图7-8 《八月桂花遍地开》的片段

有关电路参见第3章图3-20。

2. 源程序

根据要求,编写的源程序如下:

```c
#include <reg51.h>
#include <intrins.h>
sbit P37 = P3^7;
unsigned char n = 0;                  //n为节拍常数变量,全局变量
unsigned char code music[] =
{0x18,0x30,0x1c,0x10,0x20,0x40,0x1c,0x10,0x18,0x10,0x20,0x10,0x1c,0x10,0x18,0x40,
0x1c,0x20,0x20,0x20,0x1c,0x20,0x18,0x20,0x20,0x80,0xff,0x20,0x30,0x1c,0x10,0x18,
0x20,0x15,0x20,0x1c,0x20,0x20,0x20,0x26,0x40,0x20,0x20,0x2b,0x20,0x26,0x20,0x20,
0x20,0x30,0x80,0xff,0x20,0x20,0x1c,0x10,0x18,0x10,0x20,0x20,0x26,0x20,0x2b,0x20,
0x30,0x20,0x2b,0x40,0x20,0x1c,0x10,0x18,0x10,0x20,0x20,0x26,0x20,0x2b,0x20,
0x30,0x20,0x2b,0x40,0x20,0x30,0x1c,0x10,0x18,0x20,0x15,0x20,0x1c,0x20,0x20,0x20,
0x26,0x40,0x20,0x20,0x2b,0x20,0x26,0x20,0x20,0x20,0x30,0x80,
```

```
0x00};                          //格式为:频率常数、节拍常数交替排列,最后的 0x00 为结束符
/********以下是定时器 T0 中断********/
void timer0()    interrupt 1    //采用定时中断 0,产生 10 ms 定时,以控制节拍
{
    TH0 = 0xdc;                 //重装 10 ms 定时初值
    TL0 = 0x00;                 //重装 10 ms 定时初值
    n--;
}
/********以下是延时函数,延时时间为 3×m×6.7 μs********/
void delay (unsigned char m)    //控制频率的延时程序
{
    unsigned int a = 3 * m;
    while( -- a);
}
/********以下是延时函数,延时时间为 xms×1 ms*********/
void Delay_ms(unsigned int    xms)    //被调函数定义,xms 是形式参数
{
    unsigned int   i, j;
    for(i = xms;i>0;i--)        //i = xms,即延时 xms,xms 由实际参数传入一个值
        for(j = 115;j>0;j--);   //此处分号不可少
}
/********以下是主函数********/
void main()
{
    unsigned char p,m;          //m 为延时变量,用来控制音调的频率
    unsigned char i = 0;
    TMOD = 0x01;                //定时器 T0 工作方式 1
    TH0 = 0xdc;TL0 = 0x00;      //10 ms 计数初值
    EA = 1;    ET0 = 1;         //开总中断和定时器 T0 中断
play:    while(1)               //大循环,play 是标号
        {
next:    p = music[i];          //读取下一字符,next 是标号
        if(p == 0x00)
            { i = 0, Delay_ms(1000);goto play;}    //若碰到结束符,则延时 1 s,回到 play 再来一遍
        else if(p == 0xff)
            { i = i + 1; Delay_ms(10),TR0 = 0; goto next;}  //若碰到休止符,则延时 10 ms,跳转
                                                            //到 next 继续取下一音符
        else
            {
                m = music[i];   //取频率常数 m
                i ++ ;          //指向下一数据
                n = music[i];   //取节拍常数 n
                i ++ ;          //指向下一数据
            }
        TR0 = 1;                //开定时器 1
```

```
    while(n! = 0)                    //等待节拍完成(n 为节拍数)
        {P37 = ~P37;delay(m);}       //通过 P1 口输出音频
    TR0 = 0;                         //关定时器 1
    }
}
```

3. 源程序释疑

乐曲演奏的原理是这样的:组成乐曲的每个音符的频率值(音调)及其持续的时间(音长)是乐曲能连续演奏所需的两个基本数据,因此只要控制输出到扬声器激励信号的频率高低和持续时间,就可以使扬声器发出连续的乐曲声。

(1) 音调的控制

首先来看一下怎样控制音调的高低变化。乐曲是由不同音符编制而成的。音符中有 7 个音名:C、D、E、F、G、A、B。它们分别唱做哆、唻、咪、法、嗦、啦、唏。声音是由空气振动产生的,每个音名都有一个固定的振动频率,频率的高低决定了音调的高低。音乐的十二平均率规定:每两个八度音(如简谱中的中音 1 与高音 1)之间的频率相差一倍。在两个八度音之间又可分为十二个半音,每两个半音的频率比为 $\sqrt[12]{2}$。另外,音名 A(简谱中的低音 6)的频率为 440 Hz,音名 B(简谱中的音 7)到 C(简谱中的音 1)之间及 E(简谱中的音 3)到 F(简谱中的音 4)之间为半音,其余为全音。由此可计算出简谱中从低音 1 至高音 1 之间每个音名对应的频率,如表 7-2 所列。

表 7-2 简谱中的音名与频率的关系

音 名	频率/Hz	音 名	频率/Hz	音 名	频率/Hz
低音 1	262	中音 1	523	高音 1	1 047
低音 2	294	中音 2	587	高音 2	1 175
低音 3	330	中音 3	659	高音 3	1 319
低音 4	349	中音 4	699	高音 4	1 397
低音 5	392	中音 5	784	高音 5	1 569
低音 6	440	中音 6	880	高音 6	1 760
低音 7	494	中音 7	988	高音 7	1 976

在实验开发板上,P3.7 引脚经过三极管驱动一个无源蜂鸣器,构成一个简单的音响电路。因此,只要有了某个音的频率数,就能产生出这个音来。现以《八月桂花遍地开》第一个音"高音 1"这个音名为例来进行分析。高音 1 的频率数为 1 047 Hz,则其周期为:

$$T = \frac{1}{f} = \frac{1}{1\,047} \approx 0.96 \text{ ms}$$

即要求 P3.7 输出周期为 0.96 ms 的等宽方波,也就是说,P3.7 每 0.48 ms 高低电平要转换一次。如果调用 6.7 μs 的延时程序(如程序中的 delay()延时程序),则延时 0.48 ms 需要调用 72 次。由于在程序中加了一条 unsigned int a = 3 * m 语句,因此,调用的次数 m 为 72/3 = 24(十进制),将其转换为十六进制为 0x18,即"高音 1"的频率常数为 0x18。用同样的方法可算出其他音的频率常数。

(2) 音长的控制

乐曲中的音符不单有音调的高低,还要有音的长短,如有的音要唱 1/4 拍,有的音要唱 2 拍等。在节拍符号中,如用×代表某个音的唱名,×下面无短线为 4 分音符,有 1 条短横线代表 8 分音符,有 2 条横线代表 16 分音符,×右边有一条短横线代表 2 分音符,有"."的音符为符点音符。节拍控制可以通过定时器 0 中断产生,若定时时间为 10 ms,以每拍 640 ms 的节拍时间为例,那么,1 拍需要循环调用延时子程序 64 次(64×10 ms),转换成十六进制为 0x40,即节拍常数为 0x40。同理,半拍需要调用延时子程序 32 次(32×10 ms),转换成十六进制为 0x20。具体节拍常数如表 7-3 所列。

表 7-3 节拍与调用延时子程序的关系

节拍符号	×̳	×̲	×̲·	×	×·	×_	×__
名 称	16 分音符	8 分音符	8 分符点音符	4 分音符	4 分符点音符	2 分音符	全音符
拍 数	1/4 拍	半拍	3/4 拍	1 拍	1 又 1/2 拍	2 拍	4 拍
节拍常数	0x10	0x20	0x30	0x40	0x60	0x80	0x100

乐曲中,每一音符对应着确定的频率,将每一音符的计数初值和其相应的节拍常数(调用延时程序的次数)作为一组,按顺序将乐曲中的所有常数排列成一个表,然后由查表程序依次取出,产生音符并控制节奏,就可以实现演奏效果。

此外,结束符和休止符可分别用代码 0x00 和 0xff 来表示。若查表结果为 0x00,则表示曲子终了;若查表结果为 0xff,则产生相应的停顿效果。

4. 实现方法

① 打开 Keil C51 软件,建立工程项目,再建立一个名为 ch7_4.c 的源程序文件,输入上面源程序。对源程序进行编译、链接,产生 ch7_4.hex 目标文件。

② 将 STC89C51 单片机插到锁紧插座,把 ch7_4.hex 文件下载到 STC89C51 中,试听蜂鸣器是否发出八月桂花遍地开音乐片段。需要提醒读者的是,蜂鸣器发出音质可能让您不太满意,主要原因是蜂鸣器的发声效果不好,若将蜂鸣器改换成小喇叭,则发出的声音会十分动听。

该实验程序在附光盘的 ch7\ch7_4 文件夹中。

7.2.5 实例解析 5——秒表

1. 实现功能

在 DD-900 实验开发板上做一个 00~59 不断循环运行的秒表,并通过第 7、8 两只数管码显示出来。即每 1 s 到,数码管显示的秒数加 1,加到 59 s 后,回到 00,从 0 再开始循环加 1。有关电路参见第 3 章图 3-4。

2. 源程序

根据要求,编写的秒表源程序如下:

```
#include <reg51.h>
#include <intrins.h>
```

```c
#define uchar unsigned char
#define uint  unsigned int
uchar timecount = 0,count = 0;          //timecount 为 50 ms 计数器,count 为 1 s 计数器,均为全局变量
uchar code seg_data[ ] = {0xc0,0xf9,0xa4,0xb0,0x99,0x92,0x82,0xf8, 0x80,0x90,0xff};
                                        //0～9 的段码表,0xff 为熄灭符
uchar data disp_buf[2] = {0x00,0x00};//显示缓冲区
/********以下是延时函数********/
void Delay_ms(uint xms)                 //延时程序,xms 是形式参数
{
    uint i,j;
    for(i = xms;i>0;i--)                //i = xms,即延时 xms,xms 由实际参数传入一个值
        for(j = 115;j>0;j--);           //此处分号不可少
}
/********以下是显示函数********/
display()
{
    disp_buf[0] = count/10;             //取出计数值的十位
    disp_buf[1] = count % 10;           //取出计数值的个位
    P0 = seg_data[disp_buf[1]];         //显示个位
    P2 = 0x7f;                          //开个位显示(开第 8 只数码管)
    Delay_ms(5);                        //延时 5 ms
    P0 = seg_data[disp_buf[0]];         //显示十位
    P2 = 0xbf;                          //开十位显示(开第 7 只数码管)
    Delay_ms(5);                        //延时 5 ms
    P2 = 0xff;                          //关闭显示
}
/********以下是主函数********/
main()
{
    P0 = 0xff;
    P2 = 0xff;
    TMOD = 0x01;                        //定时器 T0 方式 1
    TH0 = 0x4c; TL0 = 0x00;             //50 ms 定时初值
    EA = 1; ET0 = 1; TR0 = 1;           //开总中断,开定时器 T0 中断,启动定时器 T0
    while(1)
    {display();}                        //调显示函数
}
/********以下是定时器 T0 中断函数********/
void timer0() interrupt 1 using 0
{
    TH0 = 0x4c;TL0 = 0x00;              //重装 50 ms 定时初值
    timecount ++ ;                      //计数值加 1
    if(timecount == 20)                 //若 timecount 为 20,则说明 1 s 到(20×50 ms = 1 000 ms)
    {
        timecount = 0;                  //timecount 清零
        count ++ ;                      //秒计数器加 1
```

```
        }
        if(count == 60)              //若秒计数器 count 为 60,则清零
        {
            count = 0;
        }
    }
```

3. 源程序疑释

下面简要解读以上源程序。

(1) 关于程序的模块化设计

当编写一个比较复杂的程序时,常常把这个复杂的程序分解为若干个功能函数(子程序)。分解后的每个功能函数一般只完成一项简单的功能,然后由主函数(主程序)调用各功能函数或各功能函数之间相互调用,从而完成一项比较复杂的工作。我们称这样的程序设计方法为模块化设计方法。

采用模块化设计方法编写程序,各模块(主函数、功能函数)相对独立,功能单一,结构清晰,降低了程序设计的复杂性,避免程序开发的重复劳动,另外也易于维护和功能扩充,十分方便移植。因此,单片机程序员必须掌握这种高效的设计方法。

例如,以上这个程序就是由主函数、显示函数、延时函数及定时器 T0 中断函数组成的。应该说明的是,中断函数不受主函数或其他功能函数的控制,它是一个自动运行的程序,也就是说,当定时时间到时(本例定时器 T0 中断服务程序设定为 50 ms),主函数停止运行,自动执行定进器 T0 中断函数内的程序,中断函数程序执行完毕后,再返回到主函数的断点处继续执行。

(2) 显示函数解读

显示函数比较简单,其工作过程是:先将显示缓冲区 disp_buf[1]中的内容送到数码管的个位进行显示,显示时间为 5 ms(通过调用延时函数完成),再将显示缓冲区 disp_buf[0]中的内容送到数码管的十位进行显示,显示时间也为 5 ms。

(3) 定时器 T0 中断函数解读

定时器 T0 中断函数的主要作用是形成秒信号。由于 DD-900 实验开发板中单片机外接晶振是 11.059 2 MHz,即使定时器工作于方式 1(16 位的定时/计数模式),最长定时时间也只有 71 ms 左右,因此,不能直接利用定时器来实现秒定时。为此,这里采用了两个计数器 timecount 和 count,并置初值为 0,把定时器 T0 的定时时间设定为 50 ms,每次定时时间一到,timecount 单元中的值加 1。这样,当 timecount 加到 20 时,说明已有 20 次 50 ms 的中断,也就是 1 s 时间到了。在 1 s 时间到后,使秒计数器 count 加 1,当 count 的值达到 60 时,将 count 清零。

4. 实现方法

① 打开 Keil C51 软件,建立工程项目,再建立一个名为 ch7_5.c 的源程序文件,输入上面源程序。对源程序进行编译、链接,产生 ch7_5.hex 目标文件。

② 将 DD-900 实验开发板 JP1 的 DS、V_{CC} 两插针短接,为数码管供电。

③ 将 STC89C51 单片机插到锁紧插座,把 ch7_5.hex 文件下载到 STC89C51 中,观察秒表显示结果是否正常。

该实验程序在附光盘的 ch7\ch7_5 文件夹中。

第 8 章
RS232 和 RS485 串行通信实例解析

单片机真是太好玩了,不但独立工作时十分有趣,而且还可与其他单片机、PC 机进行数据通信。这样,你只需盯着 PC 机的屏幕,就可以监测单片机的工作,操作鼠标和键盘,还可以对单片机发号施令……这些神奇的功能看似复杂,其实,实现起来十分容易,这正是单片机的魅力所在!

8.1 串行通信基本知识

8.1.1 串行通信基本概念

1. 什么是并行通信和串行通信

并行通信是将组成数据的各位同时传送,并通过并行口(如 P1 口等)来实现。图 8-1(a) 所示为 51 单片机与外部设备之间 8 位数据并行通信的连接方式。在并行通信中,数据传输线的根数与传输的数据位数相等,传输数据速度快,但所占用的传输线位数多。因此,并行通信适合于短距离通信。

串行通信是指数据一位一位地按顺序传送,串行通信通过串行口来实现。在全双工的串行通信中,仅需一根发送线和一根接收线,图 8-1(b) 所示为 51 单片机与外部设备之间串行通信的连接方式,串行通信可大大节省传输线路的成本,但数据传输速度慢。因此,串行通信适合于远距离通信。

2. 什么是同步通信和异步通信

串行通信根据数据传输时的编码格式不同,分为同步通信和异步通信两种方式。

在串行同步通信中,数据是连续传输的,即数据以数据块为单位传输。在数据开始传输前用同步字符来指示(常约定 1 个或 2 个字符),并由时钟来实现发送端和接收端同步,即检测到规定的同步字符后,下面就连续按顺序发送或接收数据,直到数据传输结束为止。串行同步通信典型格式如图 8-2(a) 所示。

在串行异步通信中,数据是不连续传输的。它以字符为单位进行传输,各个字符可以是连

第 8 章　RS232 和 RS485 串行通信实例解析

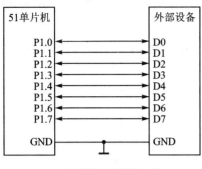
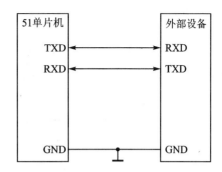

(a) 并行通信的连接方式　　　　　　　　　(b) 串行通信的连接方式

图 8-1　51 单片机的并行通信与串行通信连接方式

续传输也可以是间断传输。每个被传输字节数据由 4 部分组成:起始位、数据位、校验位和停止位,这 4 部分在通信中称为一帧。首先是一个起始位 0,它占用一位,用低电平表示;数据位 8 位(规定低位在前,高位在后);奇偶检验位只占一位(可省略);最后是停止位 1,停止位表示一个被传输字传输的结束,它一定是高电平。接收端不断检测传输线的状态,若连续为 1 后,下一位测到一个 0,就知道发送出一个新字符,应准备接收。由此可见,字符的起始位还被用作同步接收端的时钟,以保证以后的接收能正确进行。图 8-2(b)所示为串行异步传输数据格式。

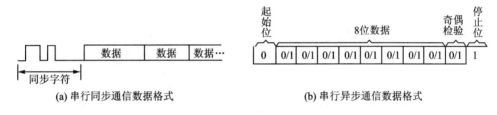

(a) 串行同步通信数据格式　　　　　　　　　(b) 串行异步通信数据格式

图 8-2　串行同步通信与串行异步通信数据格式

为了确保传输的数据准确无误,在串行异步通信中,常在传输过程中进行相应的检测,避免不正确数据被误用。奇偶校验是常用的检测方法,其工作原理如下:P 是特殊功能寄存器 PSW 的最低位,它的值根据累加器 A 中的运算结果而变化。如果 A 中 1 的个数为偶数,则 P=0;如果为奇数,则 P=1。如果在进行串行通信时,把 A 的值(数据)和 P 的值(代表所传输数据的奇偶性)同时发送,那么接收到数据后,也对数据进行一次奇偶校验。如果校验的结果相符(校验后 P=0,而发送过来的数据位也等于 0;或者校验后 P=1,而接收到的检验位也等于 1),就认为接收到的数据是正确的。反之,如果对数据校验的结果是 P=0,而接收到的校验位等于 1,或者相反,那么就认为接收到的数据是错误的。

专家点拨:串行通信的传输速率用波特率表示。波特率定义为:每秒发送二进制数码的位数,单位为 b/s,记作波特(bps)。例如,在同步通信中传输数据速率为 450 字符/s,每个字符又包含 10 位,则波特率为:450 字符/s×10 位/字符=4 500 b/s=4 500 bps,一般串行通信的波特率在 50~9 600 波特之间。

3. 什么是单工、半双工和全双工通信

在通信线路上按数据传输方向划分有单工、半双工和双工通信方式。

单工通信指传输的信息始终是同一方向,而不能进行反向传输,反向设备无发送权。

半双工通信是指信息流可在两个方向上传输,但同一时刻只能有一个站发送,两个方向上的数据传输不能同时进行。

全双工通信是指同时可进行双向通信,两个既可同时发送、接收,又可同时接收、发送。

单工通信、半双工通信和全双工通信示意图如图 8-3 所示。

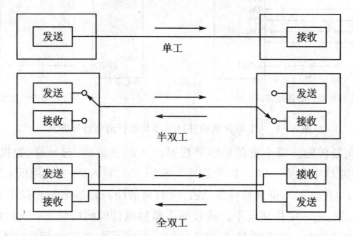

图 8-3　单工通信、半双工通信和全双工通信示意图

4. 什么是 RS232 和 RS485

RS232 和 RS485 是串行异步通信中应用最广泛的两个接口标准。采用标准接口后,能很方便地把各种计算机、外部设备、单片机等有机地连接起来,进行串行通信。

(1) RS232 接口

RS232 中的 RS 是英文"推荐标准"的缩写,232 为标识号。RS232 总线标准规定了 21 个信号和 25 个引脚,包括一个主通道和一个辅助通道,在多数情况下主要使用主通道。对于一般双工通信,仅需 3 条信号线即可实现,包括一条发送线、一条接收线和一条地线。

RS232 接口属单端信号传输,存在共地噪声和不能抑制共模干扰等问题,因此,通信距离较短,最大传输距离约 15 m。

在 DD-900 实验开发板上,就设计了一个 RS232 接口(9 芯母插孔),其引脚排列如图 8-4 所示,引脚信号功能如表 8-1 所列。

表 8-1　9 芯串口引脚功能

引脚号	信号名称	方　向	信号功能
1	DCD	PC 机←单片机	PC 机收到远程信号(未用)
2	RXD	PC 机←单片机	PC 机接收数据
3	TXD	PC 机→单片机	PC 机发送数据
4	DTR	PC 机→单片机	PC 机准备就绪(未用)
5	GND		信号地
6	DSR	PC 机←单片机	单片机准备就绪(未用)
7	RTS	PC 机→单片机	PC 机请求接收数据(未用)
8	CTS	PC 机←单片机	双方已切换到接收状态(未用)
9	RI	PC 机←单片机	通知 PC 机,线路正常(未用)

第 8 章 RS232 和 RS485 串行通信实例解析

由于 RS232 是早期(1969 年)为促进公用电话网络进行数据通信而制定的标准,其逻辑电平对地是对称的,逻辑高电平是+12 V,逻辑低电平是-12 V。而单片机遵循 TTL 标准(逻辑高电平是 5 V,逻辑低电平是 0 V),这样,如果把它们直接连在一起,不但不能实现通信,而且还有可能把一些硬件烧坏。因此,在 RS232 与 TTL 电平连接时必须经过电平转换,目前,比较常用的方法是直接选用 MAX232 芯片,在 DD-900 实验开发板上就设有 MAX232 串行接口电路,参见第 3 章图 3-18。

(2) RS485 接口

RS232 接口标准几十年来虽然得到了极为广泛的应用,但随着通信要求的不断提高,RS232 标准在很多方面已经不能满足实际通信应用的需要。因此,EIA(美国电子工业协会)相继公布了 RS449、RS423、RS422、RS485 等替代标准,其中 RS485 接口应用最为广泛。

在 DD-900 实验开发板上,设计有一个 RS485 接口,接口芯片为 MAX485,有关电路参见第 3 章图 3-19。

一般情况下,PC 机上大都设有 RS232 接口而没有 RS485 接口,因此,当 PC 机 RS232 串口与 DD-900 实验开发板 RS485 接口连接时,需要购买 RS232/RS485 转换接口,其实物如图 8-5 所示。

图 8-4 RS232 接口(9 芯母插孔)引脚排列图   图 8-5 RS232/RS485 转换接口实物图

使用 RS485 接口进行串行通信时,一台 PC 机既可以接一台单片机,也可以同时接多台单片机,其连接示意图如图 8-6 所示。

(a) PC机通过RS232/RS485转换接口与一台单片机连接

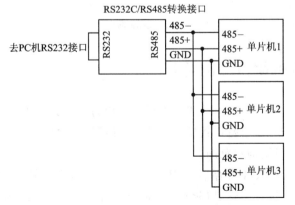

(b) PC机通过RS232/RS485转换接口与多台单片机连接

图 8-6 PC 机通过 RS485 接口与单片机连接

根据采用的接口芯片不同，RS485 接口可工作于半双工或全双工等不同的工作状态。当采用 MAX481/483/485/487、SN75176/75276 等接口芯片时，RS485 接口工作于半双工状态，如图 8-7(a)所示；当采用 MAX489/491、SN75179/75180 等接口芯片时，RS485 接口工作于全双工状态，如图 8-7(b)所示。

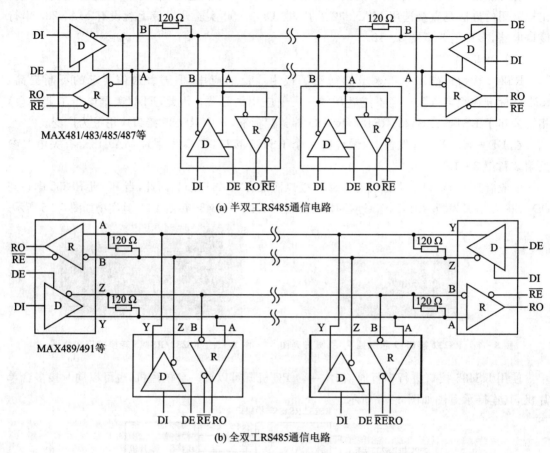

图 8-7　半双工和全双工 RS485 通信电路

RS485 接口采用的是差分传输方式，具有一定的抗共模干扰的能力，允许使用比 RS232 更高的波特率且可传输的距离更远（一般大于 1 km 以上）。另外，采用 RS485 接口，一台 PC 机可接多台单片机，因此，RS485 接口在工业控制中得到了广泛的应用。

8.1.2　51 单片机串行口的结构

51 单片机集成了一个全双工串行口（UART），串行口通过引脚 RXD(P3.0，串行口数据接收端)和引脚 TXD(P3.1，串行口数据发送端)与外部设备之间进行串行通信。图 8-8 所示为 51 单片机内部串行口结构示意图。

图中共有两个串行口缓冲寄存器（SBUF），一个是发送寄存器，一个是接收寄存器，以便单片机能以全双工方式进行通信。串行发送时，从片内总线向发送 SBUF 写入数据；串行接收时，从接收 SBUF 向片内总线读出数据。

第 8 章　RS232 和 RS485 串行通信实例解析

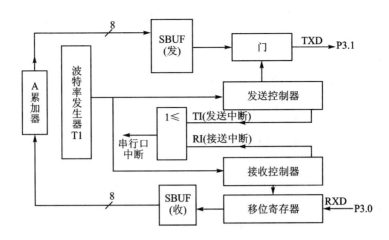

图 8-8　51 单片机内部串行口结构示意图

在接收方式下，串行数据通过引脚 RXD(P3.0)进入；在发送方式下，串行数据通过引脚 TXD(P3.1)发出。

8.1.3　串行通信控制寄存器

串行口的通信由两个特殊功能寄存器对数据的接收和发送进行控制。它们分别是串行口控制寄存器 SCON 和电源控制寄存器 PCON。

1. 串行口控制寄存器 SCON

串行口控制寄存器 SCON 地址为 98H，位地址为 9FH～98H。其具体格式如下：

位地址	9FH	9EH	9DH	9CH	9BH	9AH	99H	98H
位名称	SM0	SM1	SM2	REN	TB8	RB8	TI	RI

(1) SM0、SM1——串行口工作方式选择位

SM0、SM1 对应的 4 种通信方式如表 8-2 所列（表中，f_{osc} 为晶振频率）。

表 8-2　串行口工作方式

SM0 SM1	工作方式	功　能	波特率
0 0	方式 0	8 位同步移位方式	$f_{osc}/12$
0 1	方式 1	10 位 UART	可变
1 0	方式 2	11 位 UART	$f_{osc}/32$ 或 $f_{osc}/64$
1 1	方式 3	11 位 UART	可变

(2) SM2——多机通信控制位

该位为多机通信控制位，主要用于方式 2 和方式 3。在方式 0 时，SM2 必须为 0。

(3) REN——允许接收位

REN 相当于串行接收的开关，由软件置位或清零。当 REN=1 时，允许接收；当 REN=0 时，则禁止接收。

在串行通信过程中,如果满足 REN＝1 且 RI＝1,则启动一次接收过程,一帧数据就装入接收缓冲器 SBUF 中。

(4) TB8——发送数据位 8

在方式 2 和方式 3 时,TB8 的内容是要发送的第 9 位数据,其值由用户通过软件设置。在双机通信时,TB8 一般作为奇偶校验位使用;在多机通信中,常以 TB8 位的状态表示主机发送的是地址帧还是数据帧。

在方式 0 和方式 1 中,该位未用。

(5) RB8——接收数据位 8

RB8 是接收数据的第 9 位,在方式 2 和方式 3 中,接收数据的第 9 位数据放在 RB8 中,它可能是约定的奇偶校验位,也可能是地址/数据标志等。

在方式 1 中,RB8 存放的是接收的停止位。

在方式 0 中,该位未用。

(6) TI——发送中断标志

当方式 0 时,发送完第 8 位数据后,该位由硬件置 1;在其他方式下,于发送停止位之前,由硬件置 1。因此 TI＝1,表示帧发送结束,其状态既可供软件查询使用,也可请求中断。TI 位必须由软件清零。

(7) RI——接收中断标志

当方式 0 时,接收完第 8 位数据后,该位由硬件置 1;在其他方式下,当接收到停止位时,该位由硬件置 1。因此 RI＝1,表示帧接收结束,其状态既可供软件查询使用,也可请求中断。RI 位也必须由软件清零。

2. 电源控制寄存器 PCON

PCON 单元地址为 87H,不能位寻址。其格式如下:

位号	D7	D6	D5	D4	D3	D2	D1	D0
位符号	SMOD	—	—	—	GF1	GF0	PD	ID

电源控制寄存器 PCON 中,与串行口工作有关的仅有它的最高位 SMOD,SMOD 称为串行口的波特率倍增位。当 SMOD＝1 时,波特率加倍;系统复位时,SMOD＝0。

8.1.4 串行口工作方式

51 单片机串行口有 4 种工作方式,分别为方式 0、方式 1、方式 2 和方式 3,可通过设置 SCON 的 SM0、SM1 来选择何种工作方式。

1. 方式 0

方式 0 以 8 位数据为一帧进行传输,不设起始位和停止位,先发送或接收最低位。其一帧数据格式如下:

...	D0	D1	D2	D3	D4	D5	D6	D7	...

第8章 RS232和RS485串行通信实例解析

使用方式0实现数据的移位输入/输出时,实际上是把串行口变成为并行口使用。

串行口作为并行输出口使用时,要有"串入并出"的移位寄存器(如 CD4094、74LS164 等)配合。另外,如果把能实现"并入串出"功能的移位寄存器(如 CD4014、74LS165 等)与串行口配合使用,还可把串行口变为并行输入口使用。

总之,在方式0下,串行口为8位同步移位寄存器输入/输出方式,这种方式不适合用于两个51单片机芯片之间的直接数据通信,但可通过外接移位寄存器来实现单片机的接口扩展。

有关方式0的使用,本书不展开讨论,感兴趣的读者可参考相关书籍。

2. 方式1

方式1以10位数据为一帧进行传输,设有1个起始位0、8个数据位,1个停止位1,其一帧数据格式如下:

起始	D0	D1	D2	D3	D4	D5	D6	D7	停止

(1) 发送与接收

方式1为10位异步通信接口,TXD 和 RXD 分别用于发送与接收数据。收发一帧数据为10位,数据位是先低位,后高位。

发送时,数据从 TXD(P3.0)端输出,当 TI=0,将数据写入发送缓冲器 SBUF 时,就启动了串行口数据的发送操作。启动发送后,串行口自动在起始位清零,然后是8位数据和一位停止位1,一帧数据为10位。一帧数据发送完毕,TXD 输出线维持在1状态下(停止位),并将 SCON 寄存器的 TI 置1,以便查询数据是否发送完毕或作为发送中断的申请信号。

接收时,数据从 RXD(P3.0)端输入,SCON 的 REN 位应处于允许接收状态(REN=1)。在此前提下,串行口采样 RXD 端,当采样到从1向0的状态跳变时,就认定是接收到起始位。随后在移位脉冲的控制下,把接收到的数据位移入接收寄存器中。直到停止位到来之后把停止位送入 SCON 的 RB8 中,并置位中断标志位 RI,通知 CPU 从 SBUF 取走接收到的一个字符。

(2) 波特率的设定

方式1的波特率是可变的,且以定时器 T1 作波特率发生器。一般选用定时器 T1 工作方式2,之所以这样,是因为定时器 T1 方式2具有自动加载功能,可避免通过程序反复装入初值所引起的定时误差,使波特率更加稳定。

当选定为定时器 T1 工作方式2时,波特率计算公式为:

$$波特率 = \frac{2^{SMOD} \times f_{osc}}{384 \times (256-X)} (X 为计数初值, f_{osc} 为晶振频率)$$

从上式可以求出定时器 T1 方式2的计数初值 X:

$$X = 256 - \frac{2^{SMOD} \times f_{osc}}{384 \times 波特率}$$

例如,设两机通信的波特率为2 400,若 $f_{osc} = 11.059\ 2$ MHz,串行口工作在方式1,用定时器 T1 作波特率发生器,工作在方式2。

若 SMOD=1,则计数初值 X 为:

$$X = 256 - \frac{2^{SMOD} \times f_{osc}}{384 \times 波特率} = 256 - \frac{2 \times 11.059\ 2 \times 10^6}{384 \times 2\ 400} = 232 = 0XE8$$

若 SMOD=0，则计数初值 X 为：

$$X = 256 - \frac{2^{SMOD} \times f_{osc}}{384 \times 波特率} =$$

$$256 - \frac{1 \times 11.0592 \times 10^6}{384 \times 2400} =$$

$$244 = 0XF4$$

以上计算计数初值的方法比较麻烦，如果读者手头上有"51 波特率初值计算软件"（可从相关网站下载），则计算十分方便，该软件运行界面如图 8-9 所示。只要选择好定时器方式、晶振频率、波特率和 SMOD 后，单击"确定"按钮，即可计算出计数初值。

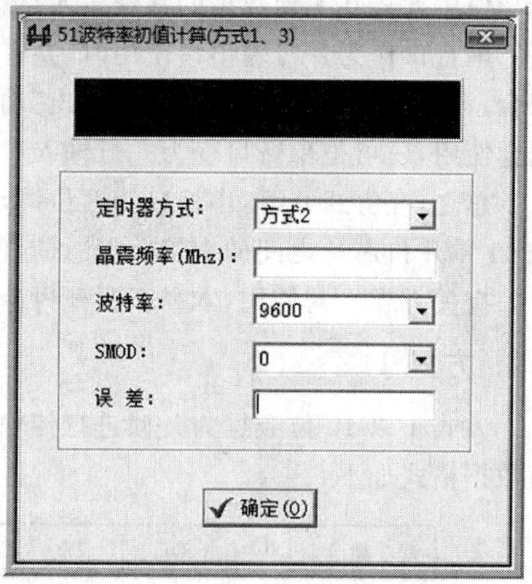

图 8-9　51 波特率初值计算软件运行界面

3. 方式 2

方式 2 是 11 位为一帧的串行通信方式，即 1 个起始位、9 个数据位和 1 个停止位。其帧格式为：

起始	D0	D1	D2	D3	D4	D5	D6	D7	D8	停止

(1) 发送和接收

方式 2 的接收过程也与方式 1 基本类似，所不同的只在第 9 数据位上，串行口把接收到的前 8 个数据位送入 SBUF，而把第 9 数据位送入 RB8。在发送数据时，应预先在 SCON 的 TB8 位中把第 9 个数据位的内容准备好。这可使用如下语句完成：

```
TB8 = 1;        //TB8 位置 1
TB8 = 0;        //TB8 位清零
```

方式 2 多用于单片机多机通信，下面简要归纳一下方式 2 发送与接收的过程。

① 数据发送。发送前，先根据通信协议设置好 SCON 中的 TB8，一般规定 TB8 为 1 时发送的为地址，TB8 为 0 时发送的为数据。然后将要发送的数据（D0~D7）写入 SBUF 中，而 D8 位的内容则由硬件电路从 TB8 中直接送到发送移位寄存器的第 9 位，并以此来启动串行发送。一帧发送完毕，硬件将 TI 位置 1。

② 数据接收。接收时，串行口把接收到的前 8 位数据送入 SBUF，而把第 9 位数据送入 RB8。然后根据 SM2 的状态和接收到的 RB8 的状态决定串行口在数据到来后是否使 RI 置 1。

当 SM2 为 0 时，则接收到的第 9 位数据（RB8）无论是 0 还是 1，都将接收到的数据装入 SBUF 中，在接收完当前帧后，产生中断申请。

当 SM2 为 1 时，则只有当接收到的第 9 位数据 RB8 为 1 时，才将接收到的数据装入 SBUF 中，在接收完当前帧后，产生中断申请。若接收到的第 9 位数据 RB8 为 0，则接收到的前 8 位数据丢弃，且不产生中断申请。

有关多机通信的详细内容，将在本书第 25 章进行介绍。

(2) 波特率的设定

方式 2 的波特率与 PCON 寄存器中 SMOD 位的值有关。当 SMOD=0 时，波特率为

第8章 RS232和RS485串行通信实例解析

$f_{osc}/64$；当SMOD=1时，波特率等于$f_{osc}/32$。

4. 方式3

方式3是11位为一帧的串行通信方式，其通信过程与方式2完全相同，所不同的仅在于波特率。方式2的波特率只有固定的两种，方式3的波特率则可由用户根据需要设定，其设定方法与方式1相同，即通过设置定时器T1的初值来设置波特率。

8.2 RS232和RS485串行通信实例解析

串行通信包括单片机和单片机之间的串行通信，以及PC机和单片机之间的串行通信，采用的接口形式主要有RS232和RS485。

实际控制中，单片机和单片机的串行通信应用很少，这里不作介绍。而PC机和单片机之间的串行通信则应用十分广泛，很多仪器仪表、智能设备等单片机应用系统，都需要与PC机之间交换数据，以实现与PC机之间的通信功能，充分发挥PC和单片机之间的功能互补，资源共享的优势。

8.2.1 实例解析1——单片机向PC机发送字符串

1. 实现功能

在DD-900实验开发板上进行实验：每按一次K1键（P3.2引脚），单片机向PC机发送字符串"DD-900"，并在PC机的串口调试助手软件上显示出来。通信波特率设置为9 600。有关电路参见第3章图3-18。

2. 源程序

这里采用查询方式进行编程，源程序如下：

```
#include "reg51.h"
#define uchar unsigned char
#define uint unsigned int
sbit K1 = P3^2;
uchar SendBuf[] = "DD-900";          //定义数组SendBuf[]并进行初始化
/********以下是字符串发送函数********/
void send_string(uchar * str)
{
    while( * str != '\0')
    {
        SBUF =  * str;
        while(!TI);                  //等待数据发送完成
        TI = 0;                      //清发送标志位
        str ++ ;                     //发送下一数据
    }
}
```

```c
/********以下是延时函数********/
void Delay_ms(uint xms)              //延时程序,xms 是形式参数
{
    uint i, j;
    for(i = xms;i>0;i--)             //i = xms,即延时 xms, xms 由实际参数传入一个值
        for(j = 115;j>0;j--);        //此处分号不可少
}
/********以下是串行口初始化函数********/
void series_init()
{
    SCON = 0x50;                     //串口工作方式 1,允许接收
    TMOD = 0x20;                     //定时器 T1 工作方式 2
    TH1 = 0xfd;TL1 = 0xfd;           //定时初值
    PCON&= 0x00;                     //SMOD = 0
    TR1 = 1;                         //开启定时器 1
}
/********以下是主函数********/
void main()
{
    series_init();                   //调串行口初始化函数
    while(1)
    {
        if(K1 == 1) continue;        //若 K1 键未按下,则继续等待,continue 不要用 break 替换
        Delay_ms(10);                //若 K1 键按下,则延时 10 ms
        if(K1 == 1) continue;        //若是键抖动,则继续等待,continue 不要用 break 替换
        while(!K1);                  //等待 K1 键释放
        send_string(SendBuf);        //若 K1 键释放,则调字符串发送函数
    }
}
```

3. 源程序释疑

源程序主要由主函数、串口初始化函数、字符串发送函数、延时函数等组成。

(1) 串口初始化函数

串口初始化子程序用于对设置串口和定时器,编写串口初始化子程序时,需要注意以下二项工作:

① 设置串口工作模式。程序中,将串口设置为工作方式 1,另外,还需将串口设置为接收允许状态,因此,应使 SCON 设置为 0x50。

② 计算定时器 T1 方式 2 计数初值。单片机的晶振为 11.059 2 MHz,选用定时器 T1 工作方式 2(TMOD=0x20),SMOD 设置为 0,通信波特率为 9 600 b/s。根据这些条件,可计算出定时器 T1 方式 2 的计数初值为:

$$X=256-\frac{2^{SOMD} \times f_{osc}}{384 \times 波特率}=256-\frac{1 \times 11.059\ 2 \times 10^6}{384 \times 9\ 600}=253=0\text{xFD}$$

当然,计数初值也可用"51 波特率初值计算软件"进行计算。

第8章 RS232和RS485串行通信实例解析

（2）字符串发送函数

字符串发送函数用来发送字符串"DD-900"，编程时，可使用查询方式，也可使用中断方式。这里采用的是查询方式。

所谓查询方式，是指通过查看中断标志位 RI 和 TI 来接收和发送数据。使用查询方式编程时，只要串口发送完数据或接收到数据，就会自动置位 TI 或 RI 标志位，主程序查询到 TI 或 RI 发生状态改变后，从而作出相应的处理。注意在查询方式中，TI 或 RI 的置位由硬件完成，而 TI 或 RI 的清除需要软件进行处理。

专家点拨：字符串发送函数 send_string 进行参数传递时，采用的是"传址方式"，也就是说，send_string 函数的实参是 SendBuf，而 SendBuf 是数组 SendBuf[ ]的数组名，数组名即是数组元件的首地址。send_string 函数的形参是指针变量 str，因此，当调用字符串发送函数 send_string 将实参传给形参时，就使指针变量 str 指向了数组 SendBuf[ ]元素的首地址。这样，通过改变 str 的指向，就可以对数组 SendBuf[ ]进行操作了。

4．实现方法

① 打开 Keil C51 软件，建立工程项目，再建立一个名为 ch8_1.c 的源程序文件，输入上面源程序。对源程序进行编译、链接，产生 ch8_1.hex 目标文件。

② 将 DD-900 实验开发板 JP3 的 232RX、232TX 和中间两插针短接，使单片机通过 RS232 串口通信。

③ 将 STC89C51 单片机插到锁紧插座，用下载型编程器或通用编程器把 ch8_1.hex 文件下载到 STC89C51 中。

④ 为了能够在 PC 机上看到单片机发出的数据，这里采用由笔者设计的顶顶串口调试助手 v1.0（该软件在附光盘中）。软件运行后，将串口设置为 COM1，波特率设置为 9 600，校验位选 NONE，数据位选 8，停止位选 1。同时，单击"打开串口"按钮，注意不要勾选"16 进制接收"。按下 DD-900 实验开发板上的 K1 键，会发现，每按一次，串口调试助手的接收窗中接收到一个"DD-900"字符串，如图 8-10 所示。

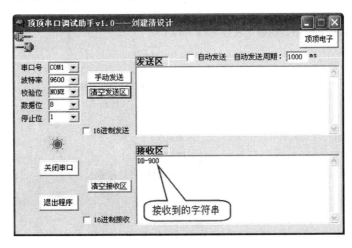

图 8-10　串口调试助手接收到的字符串

提示：串口调试助手的设置一定要正确，以便和单片机的串口通信方式保持一致，否则，

PC机将不能收到信息或收到的信息出错。读者可以试着将波特率设置为4 800,再按压K1键,观察一下串口调试助手接收了什么数据,可以告诉您的是,肯定不是DD-900!另外,也不要勾选串口调试助手的"16进制接收",若勾选,接收窗口中显示的将是"DD-900"的ASCII码值(44 44 2D 39 30 30)。

该实验程序在附光盘的ch8\ch8_1文件夹中。

8.2.2 实例解析2——PC机向单片机发号施令

1. 实现功能

在DD-900实验开发板上进行实验:由PC机的串口向单片机发送数据0x55,单片机接收到后,控制P0口的LED灯闪烁一次(闪烁时间为0.5 s),同时,蜂鸣器响0.5 s。通信波特率设置为9 600。有关电路参见第3章图3-18和图3-20。

2. 源程序

这里采用串行中断方式进行编程,源程序如下:

```c
#include "reg51.h"
#define uchar unsigned char
#define uint unsigned int
sbit BEEP = P3^7;
uchar ReceiveBuf;                    //定义接收缓冲区
/********以下是延时函数********/
void Delay_ms(uint xms)              //延时程序,xms是形式参数
{
    uint i,j;
    for(i = xms;i>0;i--)             //i = xms,即延时xms,xms由实际参数传入一个值
        for(j = 115;j>0;j--);        //此处分号不可少
}
/********以下是串行口初始化函数********/
void series_init()
{
    SCON = 0x50;                     //串口工作方式1,允许接收
    TMOD = 0x20;                     //定时器T1工作方式2
    TH1 = 0xfd;TL1 = 0xfd;           //定时初值
    PCON& = 0x00;                    //SMOD = 0
    TR1 = 1;                         //开启定时器1
    EA = 1,ES = 1;                   //开总中断和串行中断
}
/********以下是主函数********/
void main()
{
    series_init();                   //调串行口初始化函数
    while(1);                        //等待中断
}
```

/********以下是串行中断函数********/
```
void series() interrupt 4
{
    RI = 0;                       //清接收中断
    ReceiveBuf = SBUF;            //保存接收到的数据
    if(ReceiveBuf == 0x55)
    {
        P0 = 0x00;
        Delay_ms(500);
        P0 = 0xff;
        BEEP = 0;
        Delay_ms(500);
        BEEP = 1;
    }
}
```

3. 源程序释疑

该源程序采用了中断方式,主要由主函数、串行中断初始化函数、延时函数和串行中断函数组成。

主函数是一个无限循环函数,其主要作用是调用串口初始化函数,对串口进行初始化,并打开总中断和串行中断。

在中断函数中,首先对接收的数据进行判断:若是 0x55,则控制 P0 口的 LED 灯闪烁一次,蜂鸣器响一声;若接收的不是 0x55,则退出,重新接收。

4. 实现方法

① 打开 Keil C51 软件,建立工程项目,再建立一个名为 ch8_2.c 的源程序文件,输入上面源程序。对源程序进行编译、链接,产生 ch8_2.hex 目标文件。

② 将 DD-900 实验开发板 JP3 的 232RX、232TX 两插针与中间两插针短接,使单片机通过 RS232 串口通信。

③ 将 STC89C51 单片机插到锁紧插座,用下载型编程器或通用编程器把 ch8_2.hex 文件下载到 STC89C51 中。

④ 为了能够在 PC 机上看到单片机发出的数据,这里采用顶顶串口调试助手。软件运行后,将串口设置为 COM1,波特率设置为 9 600,校验位选 NONE,数据位选 8,停止位选 1,勾选 "16 进制接收"和"16 进制发送"。

⑤ 在串口调试助手的发送窗口中输入 55,然后单击"手动发送"按钮,会发现,单片机 P0 口 LED 灯闪烁一次,然后蜂鸣器响一声。

该实验程序在附光盘的 ch8\ch8_2 文件夹中。

8.2.3 实例解析 3——PC 机通过 RS232 和单片机通信(不进行奇偶校验)

1. 实现功能

在 DD-900 实验开发板上进行实验:PC 机通过 RS232 接口向单片机先发送数据 0x55

时,控制单片机 P0 口 LED 亮,P3.7 引脚的蜂鸣器响 0.5 s,同时,单片机向 PC 机返回数据 0xaa,表示已接收到。当 PC 机向单片机发送数据 0xff 时,控制单片机 P0 口 LED 熄灭,P3.7 引脚的蜂鸣器响 0.5 s,同时再向 PC 机返回一个数据 0xbb。要求通信波特率为 9 600,不进行奇偶校验。有关电路参见第 3 章图 3-4、图 3-18 和图 3-20。

2. 源程序

下面采用查询方式进行编程,源程序如下:

```c
#include "reg51.h"
#define uchar unsigned char
#define uint unsigned int
sbit BEEP = P3^7;
uchar ReceiveBuf;                //定义接收缓冲区
uchar SendBuf[] = {0xaa,0xbb};   //将发送的数组放在数组 SendBuf[]中
/*********以下是延时函数*********/
void Delay_ms(uint xms)          //延时程序,xms 是形式参数
{
    uint i,j;
    for(i=xms;i>0;i--)           //i=xms,即延时 xms,xms 由实际参数传入一个值
        for(j=115;j>0;j--);      //此处分号不可少
}
/*********以下是串行口初始化函数*********/
void series_init()
{
    SCON = 0x50;                 //串口工作方式 1,允许接收
    TMOD = 0x20;                 //定时器 T1 工作方式 2
    TH1 = 0xfd;TL1 = 0xfd;       //定时初值
    PCON& = 0x00;                //SMOD = 0
    TR1 = 1;                     //开启定时器 1
    EA = 1,ES = 1;               //开总中断和串行中断
}
/*********以下是主函数*********/
void main()
{
    series_init();               //调串行口初始化函数
    while(1);                    //等待中断
}
/*********以下是串行中断函数*********/
void series() interrupt 4
{
    RI = 0;                      //清接收中断
    ES = 0;                      //暂时关闭串口中断
    ReceiveBuf = SBUF;           //将接收到的数据保存到 ReceiveBuf 中
    if(ReceiveBuf == 0x55)
        {
```

```
            SBUF = SendBuf[0];        //若接收到的是0x55,则将SendBuf[0]中的0xaa发送出去
            while(!TI);               //等待发送
        TI = 0;                       //若发送完毕,将TI清零
            P0 = 0x00;
            BEEP = 0;
            Delay_ms(500);
            BEEP = 1;
        }
    if(ReceiveBuf == 0xff)
        {
            SBUF = SendBuf[1];        //若接收到的是0xff,则将SendBuf[1]中的0xbb发送出去
            while(!TI);               //等待发送
        TI = 0;                       //若发送完毕,则将TI清零
            P0 = 0xff;
            BEEP = 0;
            Delay_ms(500);
            BEEP = 1;
        }
        ES = 1;                       //打开串口中断
}
```

3. 源程序释疑

数据的接收与发送采用中断函数完成。在中断函数中,首先对接收到的数据进行判断;若接收的是 0x55,则返回给 PC 机数据 0xaa;若接收的是 0xff,则返回给 PC 机数据 0xbb。

需要说明的是,单片机无论是接收到的数据,还是发送给 PC 机的数据,都是十六进制数,而不是字符或字符串。因此,PC 机在发送和接收时,也要采用十六进制的形式,否则,若数据格式不统一,就不会看到我们想要的结果。

4. 实现方法

① 打开 Keil C51 软件,建立工程项目,再建立一个名为 ch8_3.c 的源程序文件,输入上面源程序。对源程序进行编译、链接,产生 ch8_3.hex 目标文件。

② 将 DD-900 实验开发板 JP3 的 232RX、232TX 两插针与中间两插针短接,使单片机通过 RS232 串口通信。

③ 将 STC89C51 单片机插到锁紧插座,用下载型编程器或通用编程器把 ch8_3.hex 文件下载到 STC89C51 中。

④ 为了对单片机进行控制,这里采用顶顶串口调试助手。软件运行后,将串口设置为COM1,波特率设置为 9 600,校验位选 NONE,数据位选 8,停止位选 1,勾选"16 进制接收",单击"打开串口"按钮。另外,还要勾选"16 进制发送"复选框。

设置完成后,在发送框口中输入 55,单击"手动发送"按钮,会发现 DD-900 实验开发板上的 8 只 LED 灯点亮,同时,串口调试助手的接收窗口中收到了单片机回复的 aa(告诉 PC 机,我点亮了!)。再在发送框口中输入 ff,单击"手动发送"按钮,会发现 DD-900 实验开发板上的 8 只 LED 灯熄灭,同时,串口调试助手的接收窗口中收到了单片机回复的 bb(告诉 PC 机,

我已熄灭了!)。

该实验程序在附光盘的 ch8\ch8_3 文件夹中。

8.2.4 实例解析 4——PC 机通过 RS232 和单片机通信(进行奇偶校验)

1. 实现功能

在 DD-900 实验开发板上进行实验:PC 机通过 RS232 接口向单片机先发送数据,并存储在单片机 RAM 存储器中。同时,单片机将每次接收到的数据通过 P0 口 LED 灯显示出来,并将接收到的数据再返回到 PC 机。若数据出错,则 LED 灯全亮,同时,向 PC 机返回数据 bb。要求通信波特率为 9 600,进行奇偶校验。有关电路参见第 3 章图 3-4、图 3-18。

2. 源程序

下面采用查询方式进行编程,源程序如下:

```
#include "reg51.h"
#define uchar unsigned char
uchar data Buf = 0;                    //定义数据缓冲区
/********以下是串行口初始化函数********/
void series_init()
{
    SCON = 0xd0;                       //串口工作方式 3,允许接收
    TMOD = 0x20;                       //定时器 T1 工作方式 2
    TH1 = 0xfd;TL1 = 0xfd;             //定时初值
    PCON& = 0x00;                      //SMOD = 0
    TR1 = 1;                           //开启定时器 1
}
/********以下是主函数********/
void main()
{
    series_init();                     //调串行口初始化函数
    while(1)
    {
        while(!RI);                    //等待接收中断
        RI = 0;                        //清接收中断
        Buf = SBUF;                    //将接收到的数据保存到 Buf 中
        ACC = Buf;                     //将接收的数据送累加器 ACC,加入此语句后,会使 PSW
                                       //寄存器中的 P 位发生变化
        if(((RB8 == 1) && (P == 0))||((RB8 == 0) &&(P == 1)))
        {
            TB8 = RB8;
            SBUF = Buf;                //将接收的数据发送回 PC 机
            while(!TI);                //等待发送中断
            TI = 0;                    //若发送完毕,则将 TI 清零
            P0 = Buf;                  //将接收的数据送 P0 口显示
```

```
            }
            else
            {
                TB8 = RB8;
                SBUF = 0xbb;
                while(!TI);                    //等待发送
                TI = 0;                        //若发送完毕,则将 TI 清零
                P0 = 0x00;
            }
        }
    }
```

3. 源程序释疑

奇偶校验是对数据传输正确性的一种校验方法。在数据传输时附加一位奇校验位或偶校验位,用来表示传输的数据中 1 的个数是奇数还是偶数。例如,PC 机把数据 1100 1111 传输给单片机,数据中含 6 个 1,为偶数。如果采用奇校验,则奇校验位为 1,这样,数位中 1 的个数加上奇校验位 1 的个数总数为奇数。在单片机端,将接收到的奇偶校验位 1 放在 SCON 寄存器的 RB8(接收数据的第 9 位数据),同时计算接收数据 1100 1111 的奇偶性(检测 PSW 寄存器的奇偶校验位 P 的值:为 1,说明数据为奇数;为 0,说明数据为偶数)。若 P 与 RB8 的值不相同,则说明接收正确;若 P 与 RB8 的值相同,则说明接收数据不正确。

如果在 PC 机端采用偶校验,当传输数据 1100 1111 时,偶校验位为 0,这样,数位中 1 的个数加上偶校验位 1 的个数总数为偶数。在单片机端,将接收到的奇偶校验位 0 放在 SCON 寄存器的 RB8(接收数据的第 9 位数据),同时计算接收数据 1100 1110 的奇偶性(检测 PSW 寄存器的奇偶校验位 P 的值:为 1,说明数据为奇数;为 0,说明数据为偶数)。若 P 与 RB8 的值相同,则说明接收正确;若 P 与 RB8 的值不同,则说明接收数据不正确。

由于要求进行奇校验,因此,应使用单片机串口方式 2 或方式 3,在本例中,使用了串口方式 3,因为串口方式 3 波特率可变,可方便地对波特率进行设置。

需要说明的是,源程序中加入了"ACC = Buf;"语句,这条语句非常重要,若不加此语句,就达不到奇偶校验的目的。因为 PSW 寄存器的 P 位只受累加器 ACC 的数据影响,而不受 SBUF 寄存器中数据的影响。

4. 实现方法

① 打开 Keil C51 软件,建立工程项目,再建立一个名为 ch8_4.c 的源程序文件,输入上面源程序。对源程序进行编译、链接,产生 ch8_4.hex 目标文件。

② 将 DD-900 实验开发板 JP3 的 232RX、232TX 两插针与中间两插针短接,使单片机通过 RS232 串口通信。

③ 将 STC89C51 单片机插到锁紧插座,用下载型编程器或通用编程器把 ch8_4.hex 文件下载到 STC89C51 中。

④ 为了对单片机进行控制,这里采用顶顶串口调试助手。软件运行后,将串口设置为 COM1,波特率设置为 9 600,校验位选 ODD(奇校验),数据位选 8,停止位选 1,勾选"16 进制

接收"和"16 进制发送"复选框,单击"打开串口"按钮。

设置完成后,在发送框口中输入十六进制数,单击"手动发送"按钮,会发现 DD-900 实验开发板上的 8 只 LED 灯会随着 PC 发送数据的不同而发生变化。例如,PC 机发送数据 01 时,第 1 只 LED 灯灭,其余全亮;PC 机发送数据 02 时,第 2 只 LED 灯灭,其余全亮;同时,在串口调试助手接收区中,会显示单片机返回来的数据。

该实验程序在附光盘的 ch8\ch8_4 文件夹中。

8.2.5 实例解析 5——PC 机通过 RS485 和单片机通信

1. 实现功能

在 DD-900 实验开发板上进行实验:PC 机通过 RS485 接口向单片机先发送数据 55 时,控制单片机 P0 口 LED 亮,P3.7 引脚的蜂鸣器响 0.5 s,同时,单片机向 PC 机返回数据 aa,表示已接收到。当 PC 机向单片机发送数据 ff 时,控制单片机 P0 口 LED 熄灭,P3.7 引脚的蜂鸣器响 0.5 s,同时再向 PC 机返回一个数据 bb。也就是说,这个实验和实例解析 3 的功能是一致的。有关电路参见第 3 章图 3-19 和图 3-20。

2. 源程序

本实验源程序和实例解析 2 的源程序基本一致,只需在上例源程序的基础上增加了几个语句,用来将 MAX485 置于接收状态或发送状态。详细源程序如下:

```c
#include "reg51.h"
#define uchar unsigned char
#define uint unsigned int
sbit ROS1_485 = P3^5;
sbit BEEP = P3^7;
uchar ReceiveBuf;                    //定义接收缓冲区
uchar SendBuf[] = {0xaa,0xbb};       //将发送的数组放在数组 SendBuf[]中
/********以下是延时函数********/
void Delay_ms(uint xms)              //延时程序,xms 是形式参数
{
    uint i, j;
    for(i = xms;i>0;i--)             //i = xms,即延时 xms,xms 由实际参数传入一个值
        for(j = 115;j>0;j--);        //此处分号不可少
}
/********以下是串行口初始化函数********/
void series_init()
{
    SCON = 0x50;                     //串口工作方式 1,允许接收
    TMOD = 0x20;                     //定时器 T1 工作方式 2
    TH1 = 0xfd;TL1 = 0xfd;           //定时初值
    PCON&= 0x00;                     //SMOD = 0
    TR1 = 1;                         //开启定时器 1
    EA = 1,ES = 1;                   //开总中断和串行中断
```

第8章 RS232和RS485串行通信实例解析

```c
}
/********以下是主函数********/
void main()
{
    series_init();              //调串行口初始化函数
    ROS1_485 = 0;               //(增加的语句)将MAX485置于接收状态
    while(1);                   //等待中断
}
/********以下是串行中断函数********/
void series() interrupt 4
{
    RI = 0;                     //清接收中断
    ES = 0;                     //暂时关闭串口中断
    ReceiveBuf = SBUF;          //将接收到的数据保存到ReceiveBuf中
    if(ReceiveBuf == 0x55)
    {
        ROS1_485 = 1;           //(增加的语句)将MAX485置于发送状态
        SBUF = SendBuf[0];      //若接收到的是0x55,则将SendBuf[0]中的0xaa发送出去
        while(!TI);             //等待发送
        TI = 0;                 //若发送完毕,则将TI清零
        ROS1_485 = 0;           //(增加的语句)再将MAX485置于接收状态
        P0 = 0x00;
        BEEP = 0;
        Delay_ms(500);
        BEEP = 1;
    }
    if(ReceiveBuf == 0xff)
    {
        ROS1_485 = 1;           //(增加的语句)将MAX485置于发送状态
        SBUF = SendBuf[1];      //若接收到的是0xff,则将SendBuf[1]中的0xbb发送出去
        while(!TI);             //等待发送
        TI = 0;                 //若发送完毕,则将TI清零
        ROS1_485 = 0;           //(增加的语句)再将MAX485置于接收状态
        P0 = 0xff;
        BEEP = 0;
        Delay_ms(500);
        BEEP = 1;
    }
    ES = 1;                     //打开串口中断
}
```

3. 源程序释疑

实例解析3中,采用的RS232是一个全双工接口,其接收和发送过程可以自动转换,不需要人工干预;本例实验中,采用的是RS485半双工接口,接口芯片MAX485的第2、3引脚为接收和发送控制端,由单片机的P35引脚(程序中定义为ROS1_485)控制。当ROS1_485为低电平

时,RS485接口处于接收状态;当ROS1_485为高电平时,RS485接口处于发送状态。因此,在单片机接收时,需要使用语句"ROS1_485＝0;";在单片机发送时,需要使用语句"ROS1_485＝1;"。

4. 实现方法

① 打开 Keil C51 软件,建立工程项目,再建立一个名为 ch8_5.c 的源程序文件,输入上面源程序。对源程序进行编译、链接,产生 ch8_5.hex 目标文件。

② 将 DD-900 实验开发板 JP3 的 485RX、485TX 两插针与中间两插针短接,使单片机通过 RS485 串口通信;同时,将 JP4 的 485 与 P35 插针短接,使单片机的 P35 引脚与 MAX485 的控制端相连。

③ 使用两根导线将 DD-900 实验开发板 485 输出接线插头的 485＋、485－引脚和 RS232/RS485 转换接口的 D＋/A、D－/B 引脚连接起来,RS232/RS485 转换接口的另一端和 PC 机的串口连接。

④ 将 STC89C51 单片机插到锁紧插座中,用下载型编程器或通用编程器把 ch8_5.hex 文件下载到 STC89C51 中。

⑤ 使用顶顶串口调试助手调试,方法和实例解析 3 相同。

怎么样,RS485 通信十分简单吧!与 RS232 通信不同的是,RS485 通信的距离很长。如果不嫌麻烦,可以事先将 DD-900 实验开发板放到 500 m 以外,按前面的方法接好线,然后,再坐到电脑旁,喝着咖啡,听着音乐,操作鼠标和键盘,照样可以对单片机进行控制,是不是十分惬意!

该实验程序在附光盘的 ch8\ch8_5 文件夹中。

在本章中,简要介绍了 PC 机与单片机通信的基本知识和几个实例。实际上,PC 机的本领大得很,通过编写 PC 机端的上位机程序,可以实现更多的功能。另外,一台 PC 机还可以控制多台单片机进行工作,即所谓的"多机通信",这些知识在实际开发中具有重要的意义。有关此部分的详细内容,将在本书第 25 章进行介绍。

第 9 章

键盘接口实例解析

键盘是单片机十分重要的输入设备,是实现人机对话的纽带。键盘是由一组规则排列的按键组成,一个按键实际上就是一个开关元件,即键盘是一组规则排列的开关。根据按键与单片机的连接方式不同,按键主要分为独立式按键和矩阵式按键,有了这些按键,对单片机控制就方便多了。除此之外,单片机还可接收 PC 机 PS/2 键盘输入的信号,看来,键盘接口上的学问还真不少!

9.1 键盘接口电路基本知识

9.1.1 键盘的工作原理

1. 键盘的特性

键盘是由一组按键开关组成的。通常,按键所用开关为机械弹性开关,这种开关一般为常开型。平时(按键不按下时),按键的触点是断开状态,按键被按下时,它们才闭合。由于机械触点的弹性作用,一个按键开关从开始接上至接触稳定要经过一定的弹跳时间,即在这段时间里连续产生多个脉冲,在断开时也不会一下子断开,存在同样的问题。按键抖动信号波形如图 9 - 1 所示。

从波形图可以看出,按键开关在闭合及断开的瞬间,均伴随有一连串的抖动。抖动时间的长短由按键的机械特性决定,一般为 5~10 ms,而按键的稳定闭合期的长短则是由操作人员的按键动作决定的,一般为十分之几秒的时间。

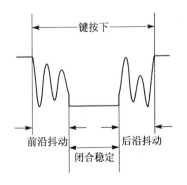

图 9 - 1 按键抖动信号波形

2. 按键的确认

按键的确认就是判别按键是否闭合,反映在电压上就是与按键相连的引脚呈现出高电平或低电平。如果高电平表示断开,那么低电平则表示闭合,所以通过检测电平的高低状态,便可确认按键是否按下。

3. 按键抖动的消除

因为机械开关存在抖动问题，为了确保CPU对一次按键动作只确认一次按键，必须消除抖动的影响。消除按键的抖动，通常有硬件、软件两种消除方法。一般情况下，常用软件方法来消除抖动。其基本编程思路是：检测出键闭合后，再执行一个10 ms左右的延时程序，以避开按键按下去的抖动时间，待信号稳定之后再进行键查询，如果仍保持闭合状态电平，则确认为真正有键按下。一般情况下，不对按键释放的后沿进行处理。

9.1.2 键盘与单片机的连接形式

单片机中的键盘与单片机的连接形式较多，其中，应用最为广泛的是独立式和矩阵式，下面对这两种连接方式简要进行介绍。

1. 独立式按键

独立式按键就是各按键相互独立，每个按键各接一根输入线，一根输入线上的按键是否按下不会影响其他输入线上的工作状态。因此，通过检测输入线的电平状态可以很容易判断哪个按键被按下了。独立式按键电路配置灵活，软件结构简单。但每个按键需占用一根输入口线，在按键数量较多时，输入口浪费大，电路结构显得很繁杂，故此种键盘适用于按键较少或操作速度较高的场合。在DD-900实验开发板上，采用了4个独立按键，分别接在单片机的P3.2～P3.5引脚上，电路参见第3章图3-17。由于单片机的P3口内部接有上拉电阻，因此，P3.2～P3.5引脚外无须另外再接。

2. 矩阵式按键

独立式按键每个I/O口线只能接一个按键，如果按键较多，则应采用矩阵式按键，以节省I/O口线。DD-900实验开发板上设有按键电路，参见第3章图3-17。从图中可以看出，利用矩阵式按键，只需4条行线和4条列线，即可组成具有4×4个按键的键盘。

9.1.3 键盘的扫描方式

键盘的扫描方式有3种，即程序控制扫描、定时扫描和中断扫描方式。

1. 程序控制扫描方式

程序控制扫描方式是指单片机在空闲时，才调用键盘扫描函数，而在执行键入命令或处理键入数据过程中，CPU将不再响应键入要求，直到CPU重新扫描键盘为止。

2. 定时扫描方式

定时扫描方式就是每隔一定时间对键盘扫描一次，它利用单片机内部的定时器产生一定时间（例如10 ms）的定时，当定时时间到时就产生定时器溢出中断，CPU响应中断后对键盘进行扫描，并在有键按下时识别出该键执行相应的键功能程序。

3. 外中断扫描方式

若键盘工作在程序控制扫描方式,则当无键按下时,CPU 要不间断地扫描键盘,直到有键按下为止。如果 CPU 要处理的事情很多,这种工作方式将不能适应。定时扫描方式只要定时时间到,CPU 就去扫描键盘,工作效率有了进一步的提高。由此可见,这两种方式常使 CPU 处于空扫状态。而外中断扫描方式下,CPU 可以一直处理自己的工作,直到有键闭合时发出中断申请,CPU 响应中断,执行相应的中断服务程序,才对键盘进行处理,从而提高了 CPU 的工作效率。

9.2 键盘接口电路实例解析

9.2.1 实例解析 1——按键扫描方式练习

1. 实现功能

在 DD-900 实验开发板上进行实验:打开电源,P0 口 LED 灯每 3 s 闪烁一次;按下 K1 键(P3.2 引脚),蜂鸣器(接在 P3.7 引脚)响 0.5 s,然后 P0 口 LED 灯继续闪烁。要求使用程序控制扫描方式进行键盘扫描。有关电路参见第 3 章图 3-4、图 3-17 和图 3-20。

2. 源程序

根据要求,使用程序控制扫描方式扫描键盘,源程序如下:

```
#include<reg51.h>
sbit K1 = P3^2;
sbit BEEP = P3^7;
/********以下是延时函数********/
void Delay_ms(unsigned int xms)          //延时函数,xms 是形式参数
{
    unsigned int  i, j;
    for(i = xms;i>0;i--)                 //i = xms,即延时 xms, xms 由实际参数传入一个值
        for(j = 115;j>0;j--);            //此处分号不可少
}
/********以下是主函数********/
void main()
{
    while(1)
    {
        P0 = 0xff;
        Delay_ms(3000);                  //延时 3 s
        P0 = 0x00;                       //P0 口 LED 灯亮
        Delay_ms(3000);
        if(K1 == 0)
            while(!K1);                  //等待 K1 键松开
```

```
        {
            Delay_ms(10);                    //若 K1 按下,则延时 10 ms 消除键抖动
            if(K1 == 0)
            {
                BEEP = 0;                    //若 K1 确实按下,控制蜂鸣器响
                Delay_ms(500);               //延时 0.5 s
                BEEP = 1;                    //关闭蜂鸣器
            }
        }
    }
}
```

3. 源程序释疑

源程序比较简单,主要由主函数和延时函数组成。

在主函数中,先点亮 P0 口的 LED 灯,并延时 3 s,然后判断是否按下了 K1 键。若按下了 K1 键,则控制 P3.7 引脚的蜂鸣器响 0.5 s;若 K1 键未按下,则继续循环。

4. 实现方法

① 打开 Keil C51 软件,建立工程项目,再建立一个名为 ch9_1.c 的源程序文件,输入上面源程序。对源程序进行编译、链接,产生 ch9_1.hex 目标文件。

② 将 DD-900 实验开发板 JP1 的 LED、V_{CC} 两插针短接,为 LED 灯供电。

③ 将 STC89C51 单片机插到 DD-900 实验开发板的锁紧插座上,把 ch9_1.hex 下载到单片机中。

④ 按下 K1 键并释放后,会发现只有连续按压 K1 键且要等待 P0 口 LED 灯 3 s 到后,在亮、灭转换期间,蜂鸣器才响一声。如果仅仅短暂地按压一下 K1 键,蜂鸣器并不响,也就是说,K1 键虽可控制,但反应十分迟钝。

为什么会出现这种情况呢?分析认为,该源程序的键盘处理采用了程序控制扫描方式,在单片机控制 P0 口灯亮或灭期间,不能响应键盘的输入,只有当单片机空闲时(亮、灭转换期间),才能扫描键盘,加之 P0 口的 LED 亮、灭时间均较长(3 s),因此,按下 K1 键时,并不能立即控制蜂鸣器发声。

该实验程序在附光盘的 ch9\ch9_1 文件夹中,文件名为 ch9_1.c。

5. 总结提高

上面的实例中,键盘扫描采用了程序控制扫描方式。由于源程序中采用的延时函数延时时间较长(3 s),导致了键盘反应迟钝。那么,如何解决这一问题呢?解决的方法很简单,键盘采用定时扫描方式或外中断扫描方式,均可使这一问题得以解决,下面分别进行说明。

(1) 采用定时扫描方式进行键盘扫描

采用定时扫描方式的源程序如下:

```
#include<reg51.h>
sbit K1 = P3^2;
sbit BEEP = P3^7;
/********以下是延时函数********/
```

```c
void Delay_ms(unsigned int  xms)              //延时函数,xms是形式参数
{
    unsigned int  i,j;
    for(i = xms;i>0;i--)                       //i = xms,即延时 xms,xms 由实际参数传入一个值
        for(j = 115;j>0;j--);                  //此处分号不可少
}

/********以下是定时器 T0 初始化函数********/
void timer0_init()
{
    TMOD = 0x01;                               //将定时器 T0 设置为工作方式 1
    TH0 = 0x4c ;TL0 = 0x00;                    //置计数初值
    EA = 1;                                    //开总中断
    ET0 = 1;                                   //开定时器 0 中断
    TR0 = 1;                                   //启动定时器 0
}
/********以下是主函数********/
void main()
{
    timer0_init();
    while(1)
    {
        P0 = 0xff;                             //P0 口 LED 灯灭
        Delay_ms(3000);                        //延时 3 s
        P0 = 0x00;                             //P0 口 LED 灯亮
        Delay_ms(3000);
    }
}
//********以下是定时器 T0 中断函数********/
void timer0() interrupt 1 using 1              //注意此处不要使用 using 0,否则会导致通用寄
                                               //存器发生使用冲突
{
    ET0 = 0;                                   //关闭定时器 T0 中断
    TH0 = 0x4c;TL0 = 0x00;                     //重装 50 ms 定时初值
    if(K1 == 0)
    {
        Delay_ms(10);                          //若 K1 按下,延时 10 ms 消除键抖动
        if(K1 == 0)
        while(!K1);                            //等待 K1 键松开
        {
            BEEP = 0;                          //若 K1 确实按下,则控制蜂鸣器响
            Delay_ms(500);                     //延时 0.5 s
            BEEP = 1;                          //关闭蜂鸣器
        }
    }
```

```
    ET0 = 1;                          //打开定时器 T0 中断
}
```

该实验程序在附光盘中的 ch9\ch9_1 文件夹中,文件名为 ch9_1_T0.c。

以上源程序主要由主函数、定时器 T0 初始化函数、定时器 T0 中断函数、延时函数等组成。

在主函数中,先调用定时器 T0 初始化函数,对定时器 T0 进行初始化(定时器选用 T0 方式 1,设定定时间为 50 ms,启动定时器 T0)。打开总中断和定时器 T0 中断,然后,点亮 P0 口的 LED 灯,延时 3 s,熄灭 P0 口 LED 灯,再延时 3 s,不断循环。

在定时器 T0 中断函数中,先加载定时器 T0 计数初值,然后判断是否按下了 K1 键。若按下了 K1 键,则控制 P3.7 引脚的蜂鸣器响 0.5 s;若 K1 键未按下,则直接返回。

键盘采用定时中断扫描方式后,CPU 就会按设定的定时间去扫描键盘,只要定时时间足够短(一般为几十 ms),就不会因为 CPU 忙于处理其他事情而延误对键盘输入的反应。

读者可自行在 DD - 900 实验开发板上进行实验,看看按键是否变灵活了!

提示:在定时器中断函数中,对寄存器组选择时,不要使用 using 0 选择第 0 组通用寄存器,这样会使定时器 T0 中断函数和主函数在使用通用寄存器发生冲突。表现的故障现象为:按下 K1 键后,P0 口 LED 灯需等待较长时间才能继续闪烁。为了避免这种现象,可以采用 using 1 或其他,当然,也可以不用,让编译器自动进行安排。

(2) 采用外中断方式进行键盘扫描

采用外中断扫描方式的源程序如下:

```c
#include<reg51.h>
sbit K1 = P3^2;
sbit BEEP = P3^7;
/********以下是延时函数********/
void Delay_ms(unsigned int xms)         //延时函数,xms 是形式参数
{
    unsigned int i,j;
    for(i = xms;i>0;i--)                //i = xms,即延时 xms,xms 由实际参数传入一个值
        for(j = 115;j>0;j--);           //此处分号不可少
}
/********以下是主函数********/
void main()
{
    EA = 1;                             //开总中断
    EX0 = 1;                            //开外中断 0
    while(1)
    {
        P0 = 0xff;                      //P0 口 LED 灯灭
        Delay_ms(3000);                 //延时 3 s
        P0 = 0x00;                      //P0 口 LED 灯亮
        Delay_ms(3000);
    }
}
```

```
//********以下是外中断0中断函数********/
void int0 () interrupt 0
{
    EX0 = 0;                        //关闭外中断
    BEEP = 0;                       //若K1确实按下,则控制蜂鸣器响
    Delay_ms(500);                  //延时0.5 s
    BEEP = 1;                       //关闭蜂鸣器
    EX0 = 1;                        //打开外中断
}
```

该实验程序在附光盘的 ch9\ch9_1 文件夹中,文件名为 ch9_1_int0.c。

在 DD-900 实验开发板上,K1 按键接在单片机的 P3.2 引脚,因此,可方便地使用外中断扫描方式进行键盘扫描。

键盘采用外中断扫描方式后,CPU 平时不必扫描键盘,只要 K1 键按下,就产生外中断 0 申请。CPU 响应外中断 0 申请后,立即对键盘进行扫描,识别出闭合键,并对键进行相应处理。

读者可自行在 DD-900 实验开发板上进行实验,实验时会发现,只要按下 K1 键,蜂鸣器立即鸣叫 0.5 s;也就是说,K1 键反应十分灵敏。

通过以上几个实验,可以得出以下结论:如果编写的程序有延时函数,且延时时间较长(超过 0.5 s),最好不要采用程序控制扫描方式扫描键盘;否则,键盘迟钝的反应会让用户无法忍受。

9.2.2 实例解析 2——可控流水灯

1. 实现功能

在 DD-900 实验开发板上进行实验:按 K1 键(P3.2 引脚),P0 口 LED 灯全亮,表示流水灯开始;按 K2 键(P3.3 引脚),P0 口 LED 灯全灭,表示流水灯结束;按 K3 键(P3.4 引脚)1 次,P0 口 LED 灯从右向左移动 1 位;按 K4 键(P3.5 引脚)1 次,P0 口 LED 灯从左向右移动 1 位。有关电路参见第 3 章图 3-4 和图 3-17。

2. 源程序

键盘采用程序控制扫描方式,编写的源程序如下:

```
#include<reg51.h>
#include<intrins.h>
#define uchar unsigned char
#define uint unsigned int
sbit K1 = P3^2;
sbit K2 = P3^3;
sbit K3 = P3^4;
sbit K4 = P3^5;
uchar flag = 0;                    //按键按下标志位
uchar led_data = 0xfe;             //流水灯数据变量
```

```c
/*********以下是延时函数*********/
void Delay_ms(uint  xms)                //延时函数,xms 是形式参数
{
    unsigned int  i, j;
    for(i = xms;i>0;i--)                //i = xms,即延时 xms,xms 由实际参数传入一个值
        for(j = 115;j>0;j--);           //此处分号不可少
}
/*********以下是按键扫描函数*********/
uchar   ScanKey()                       //函数返回值为 uchar 类型
{
    if(K1 == 0)
    {
        Delay_ms(10);                   //延时 10 ms 消除键抖动
        if(K1 == 0)
        {
            while(!K1);                 //若 K1 键确实按下,则等待 K1 释放
            flag = 1;                   //将标志位 flag 置 1
            return flag;                //返回 flag 值
        }
    }
    if(K2 == 0)
    {
        Delay_ms(10);                   //延时 10 ms 消除键抖动
        if(K2 == 0)
        {
            while(!K2);                 //若 K2 确实按下,则等待 K2 释放
            flag = 2;                   //将标志位 flag 置 2
            return flag;                //返回 flag 值
        }
    }
    if(K3 == 0)
    {
        Delay_ms(10);                   //延时 10 ms 消除键抖动
        if(K3 == 0)
        {
            while(!K3);                 //若 K3 确实按下,则等待 K3 释放
            flag = 3;                   //将标志位 flag 置 3
            return flag;                //返回 flag 值
        }
    }
    if(K4 == 0)
    {
        Delay_ms(10);                   //延时 10 ms 消除键抖动
        if(K4 == 0)
        {
```

```
            while(!K4);                    //若 K4 键确实按下,则等待 K4 释放
            flag = 4;                      //将标志位 flag 置 4
            return flag;                   //返回 flag 值
        }
    }
    return 0;                              //若无任何键按下,则返回 0
}
/********以下是键值处理函数********/
void   KeyProcess()                        //这是一个无返回值,无参数的函数
{
    switch(flag)
    {
        case 1:P0 = 0x00; flag = 0;break;  //若 flag 为 1,则 P0 口灯全亮,并将标志位清零
        case 2:P0 = 0xff; flag = 0;break;  //若 flag 为 2,则 P0 口灯全灭,并将标志位清零
        case 3:
            led_data = _crol_(led_data,1); //若 flag 为 3,则将流水灯数据循环左移 1 位
            P0 = led_data;                 //送 P0 口显示
            flag = 0;                      //显示完后将标志位清零,若不加此语句,则流水灯
                                           //会反复循环流动
            break;
        case 4:
            led_data = _cror_(led_data,1); //若 flag 为 4,则将流水灯数据循环右移 1 位
            P0 = led_data;
            flag = 0;
            break;
        default:break;
    }
}
/********以下是主函数********/
void main()
{
    while(1)                               //大循环
    {
        ScanKey();                         //调按键扫描函数,得到按键标志位 flag 的返回值
        KeyProcess();                      //调键值处理函数,根据按键的不同进行不同的操作
    }
}
```

3. 源程序释疑

该源程序主要由主函数、按键扫描函数、键值处理函数和延时函数等组成。

主函数中,首先调用按键扫描函数 ScanKey,判断是否有按键按下。如果有键按下,则根据按键的不同,设置标志位 flag 的值,然后调用键值处理函数 KeyProcess。根据按键的不同执行相应的按键操作。

以上程序本身很简单,也不是很实用,但却演示了一个键盘处理的基本思路,特别是其中

的按键判断函数,可方便地移植到其他程序中。

4. 实现方法

① 打开 Keil C51 软件,建立工程项目,再建立一个名为 ch9_2.c 的源程序文件,输入上面源程序。对源程序进行编译、链接,产生 ch9_2.hex 目标文件。

② 将 DD-900 实验开发板 JP1 的 LED、V_{CC} 两插针短接,为 LED 灯供电。

③ 将 STC89C51 单片机插到锁紧插座,把 ch9_2.hex 文件下载到 STC89C51 中。实验中会发现,按下 K1 键,P0 口 LED 灯全亮,按下 K2 键,P0 口 LED 灯全灭,按下 K3 键 1 次,P0 口 LED 灯左移 1 位,按下 K4 键 1 次,P0 口 LED 灯右移 1 位。

该实验程序在附光盘的 ch9\ch9_2 文件夹中。

9.2.3 实例解析 3——用数码管显示矩阵按键的键号

1. 实现功能

在 DD-900 实验开发板上进行实验:按下矩阵按键的相应键,在 LED 数码管(最后 1 个)上显示出相应键号,同时,当键按下时,蜂鸣器响一声。有关电路参见第 3 章图 3-4、图 3-17 和图 3-20。

2. 源程序

根据要求,编写的源程序如下:

```c
#include <reg51.h>
#define uchar unsigned char
#define uint unsigned int
uchar table[17] = {0xc0,0xf9,0xa4,0xb0,0x99,0x92,0x82, 0xf8,0x80,0x90,0x88,0x83,0xc6,0xa1,
0x86,0x8e,0xBF};              //0、1、2、3、4、5、6、7、8、9、A、B、C、D、E、F、- 的显示码
sbit BEEP = P3^7;              //蜂鸣器驱动线
uchar disp_buf;                //显示缓存
uchar temp;                    //暂存器
uchar key;                     //键顺序码
/*********以下是延时函数********/
void Delay_ms(uint xms)
{
    uint i,j;
    for(i=xms;i>0;i--)         //i=xms 即延时约 xms 毫秒
        for(j=110;j>0;j--);
}
/********以下是蜂鸣器响一声函数********/
void beep()
{
    BEEP = 0;                  //蜂鸣器响
    Delay_ms(100);
    BEEP = 1;                  //关闭蜂鸣器
```

第9章 键盘接口实例解析

```c
        Delay_ms(100);
}
/********以下是矩阵按键扫描函数********/
void MatrixKey()
{
    P1 = 0xff;
    P1 = 0xef;                          //置第1行P1.4为低电平,开始扫描第1行
    temp = P1;                          //读P1口按键
    temp = temp & 0x0f;                 //判断低4位是否有0,即判断列线(P1.0~P1.3)是否有0
    if (temp! = 0x0f)                   //若temp不等于0x0f,则说明有键按下
    {
        Delay_ms(10);                   //延时10 ms去抖
        temp = P1;                      //再读取P1口按键
        temp = temp & 0x0f;             //再判断列线(P1.0~P1.3)是否有0
        if (temp! = 0x0f)               //若temp不等于0x0f,则说明确实有键按下
        {
            temp = P1;                  //读取P1口按键,开始判断键值
            switch(temp)
            {
                case 0xee:key = 0;break;
                case 0xed:key = 1;break;
                case 0xeb:key = 2;break;
                case 0xe7:key = 3;break;
            }
            temp = P1;                  //将读取的键值送temp
            beep();                     //蜂鸣器响一声
            disp_buf = table[key];      //查表求出键值对应的显示码,送显示缓冲区disp_buf
            temp = temp & 0x0f;         //取出列线值(P1.0~P1.3)
            while(temp! = 0x0f)         //若temp不等于0x0f,则说明按键还没有释放,继续等待
            {
                temp = P1;              //若按键释放,则再读取P1口
                temp = temp & 0x0f;     //判断列线(P1.0~P1.3)是否有0
            }
        }
    }
    P1 = 0xff;
    P1 = 0xdf;                          //置第2行P1.5为低电平,开始扫描第2行
    temp = P1;
    temp = temp & 0x0f;
    if (temp! = 0x0f)
    {
        Delay_ms(10);
        temp = P1;
        temp = temp & 0x0f;
```

```c
            if (temp! = 0x0f)
            {
                temp = P1;
                switch(temp)
                {
                    case 0xde:key = 4;break;
                    case 0xdd:key = 5;break;
                    case 0xdb:key = 6;break;
                    case 0xd7:key = 7;break;
                }
                temp = P1;
                beep();
                disp_buf = table[key];
                temp = temp & 0x0f;
                while(temp! = 0x0f)
                {
                    temp = P1;
                    temp = temp & 0x0f;
                }
            }
        }
        P1 = 0xff;
        P1 = 0xbf;                       //置第3行P1.6为低电平,开始扫描第3行
        temp = P1;
        temp = temp & 0x0f;
        if (temp! = 0x0f)
        {
            Delay_ms(10);
            temp = P1;
            temp = temp & 0x0f;
            if (temp! = 0x0f)
            {
                temp = P1;
                switch(temp)
                {
                    case 0xbe:key = 8;break;
                    case 0xbd:key = 9;break;
                    case 0xbb:key = 10;break;
                    case 0xb7:key = 11;break;
                }
                temp = P1;
                beep();
                disp_buf = table[key];
                temp = temp & 0x0f;
```

第9章 键盘接口实例解析

```c
            while(temp! = 0x0f)
            {
                temp = P1;
                temp = temp & 0x0f;
            }
        }
    }
    P1 = 0xff;
    P1 = 0x7f;                          //置第 4 行 P1.7 为低电平,开始扫描第 4 行
    temp = P1;
    temp = temp & 0x0f;
    if (temp! = 0x0f)
    {
        Delay_ms(10);
        temp = P1;
        temp = temp & 0x0f;
        if (temp! = 0x0f)
        {
            temp = P1;
            switch(temp)
            {
                case 0x7e:key = 12;break;
                case 0x7d:key = 13;break;
                case 0x7b:key = 14;break;
                case 0x77:key = 15;break;
            }
            temp = P1;
            beep();
            disp_buf = table[key];
            temp = temp & 0x0f;
            while(temp! = 0x0f)
            {
                temp = P1;
                temp = temp & 0x0f;
            }
        }
    }
}
/********以下是主函数********/
main()
{
    P0 = 0xff;                          //置 P0 口
    P2 = 0xff;                          //置 P2 口
    disp_buf = 0xBF;                    //开机显示"-"符号
```

```
      while(1)
      {
        MatrixKey();              //调矩阵按键扫描函数
             P0 = disp_buf;       //键值送 P0 口显示
        Delay_ms(2);              //延时 2 ms
        P2 = 0x7f;                //打开第 8 只数码管
      }
}
```

该实验程序在附光盘的 ch9\ch9_3 文件夹中，文件名为 ch9_3.c。

3. 源程序释疑

(1) 矩阵按键

以图 3-17 所示 4×4 矩阵键盘为例，矩阵按键的识别方法主要有行扫描法、反转法、特征编码法等多种。在本例中，采用的是行扫描法。行扫描法又称为逐行（或列）扫描查询法，具体判断方法如下：

① 判断键盘中有无键按下。分别将 4 根行线（P1.4～P1.7）置低电平，然后检测各列线（P1.0～P1.3）的状态。只要有一列的电平为低，则表示键盘中有键被按下；若所有列线均为高电平，则键盘中无键按下。

② 判断按键是否真的被按下。当判断出有键被按下之后，用软件延时的方法延时 10 ms，再判断键盘的状态，如果仍有键被按下，则认为确实有键按下；否则，当作键抖动处理。

③ 判断闭合键所在的位置。在确认有键按下后，即可进入确定具体闭合键的过程。其方法是：分别将 4 根行线（P14～P17）置为低电平，逐列检测各列线（P1.0～P1.3）的电平状态。若某列为低电平，则该列线与置为低电平的行线交叉处的按键就是闭合的按键。

下面以图中 7 号键（第 2 行、第 4 列）被按下为例，说明此键是如何被识别出来的。

先让第 1 行线（P1.4）处于低电平（P1.4＝0），其余各行线为高电平，此时检测各列（P1.0～P1.3），发现各列均为高电平，说明第 1 行无键按下；再让第 2 行线（P1.5）处于低电平（P1.5＝0），其余各行线为高电平，此时检测各列（P1.0～P1.3），发现第 4 列（P1.3）列为低电平，说明第 2 行（P1.5）、第 4 列（P1.3）的键被按下。由于此时 P1.3、P1.5 引脚为低电平，其余各引脚为高电平，因此，此时 P1 的值为 0xd7，这就是程序中将 P1 的值为 0xd7 定义为 7 号键的原因。采用同样的方法可以识别出其他各按键。

④ 等待键释放。键释放之后，可以根据键码值进行相应的按键处理。

(2) 矩阵按键扫描函数

在矩阵按键扫描函数中，有这样几条语句：

```
P1 = 0xef;                //置第 1 行 P1.4 为低电平
temp = P1;                //读 P1 口按键
temp = temp & 0x0f;       //判断低 4 位是否为 0，即判断列线（P1.0～P1.3）是否有 0
if (temp! = 0x0f)         //若 temp 不等于 0x0f，则说明有键按下
{
    Delay_ms(10);         //延时 10 ms 去抖
    temp = P1;            //再读取 P1 口按键
```

```
    temp = temp & 0x0f;        //再判断列线(P1.0～P1.3)是否有 0
    if (temp! = 0x0f)          //若 temp 不等于 0x0f,则说明确实有键按下
    {
        temp = P1;             //读取 P1 口按键,开始判断键值
        ⋮
```

上面这几句扫描的是第 1 行按键,理解这几句后,其他的都一样。在程序中,已对每句做了简单的解释,下面再简要说明如下:

"temp=temp&0x0f;"语句是将 temp 与 0x0f 进行"与"运算,然后再将结果赋给 temp,主要目的是判断 temp 的低 4 位是否有 0。如果 temp 的低 4 位有 0,那么与 0x0f"与"运算后结果必然不等于 0x0f;如果 temp 的低 4 位没有 0,那么它与 0x0f"与"运算后的结果仍然等于 0x0f。temp 的低 4 位数据实际上就是矩阵键盘的 4 个列线,从而可通过判断 temp 与 0x0f"与"运算后的结果是否为 0x0f 来判断第 1 行按键是否有键被按下。

"if(temp!=0x0f)"的 temp 是上面 P1 口数据与 0x0f"与"运算后的结果,如果 temp 不等于 0x0f,则说明有键被按下。

(3) 等待按键释放

在判断完按键序号后,还需要等待按键被释放。检测释放语句如下:

```
    while(temp! = 0x0f)         //若 temp 不等于 0x0f,则说明按键还没有释放,继续等待
    {
        temp = P1;              //若按键释放,则再读取 P1 口
        temp = temp & 0x0f;     //判断列线(P1.0～P1.3)是否有 0
    }
```

这几条语句的作用是不断地读取 P1 口数据,然后和 0x0f 进行"与"运算,只要结果不等于 0x0f,则说明按键没有被释放,直到释放按键,程序才退出该 while 语句。

(4) 本例采用反转法

反转法的具体判断方法如下:

① 将行线作为输出线,列线作为输入线。置输出线(行线)全部为 0,此时列线中呈低电平 0 的为按键所在的列,如果全部都不是 0,则没有按键按下。

② 将第①步反过来,即将列线作为输出线,行线作为输入线。置输出线(列线)全部为 0,此时行线中呈低电平 0 的为按键所在的行。至此,便确定了按键的行、列位置。

③ 判断按键是否被释放。如果按键释放,则开始执行按键操作。

采用反转法的详细源程序,在附光盘 ch9/ch9_3 文件夹中,文件名为 ch9_3_2.c。

4. 实现方法

① 打开 Keil C51 软件,建立工程项目,再建立一个名为 ch9_3.c 的源程序文件,输入上面源程序。对源程序进行编译、链接,产生 ch9_3.hex 目标文件。

② 将 DD-900 实验开发板 JP1 的 DS、V_{CC} 两插针短接,为数码管供电。

③ 将 STC89C51 单片机插到锁紧插座,把 ch9_3.hex 文件下载到 STC89C51 中。按下各矩阵按键,观察数码管是否显示相应的数值。

9.2.4 实例解析 4——单片机电子琴

1. 实现功能

在 DD-900 实验开发板上进行实验：用矩阵按键的 16 个按键模拟电子琴的 16 个音符。具体音符为：按压 S0、S1、S2、S3、S4 键，发出低音 3、4、5、6、7；按压 S5、S6、S7、S8、S9、S10、S11 键，发出中音 1、2、3、4、5、6、7；按压 S12、S13、S14、S15 键，发出高音 1、2、3、4。矩阵按键与各音符的对应关系如图 9-2 所示。有关电路参见第 3 章图 3-17 和图 3-20。

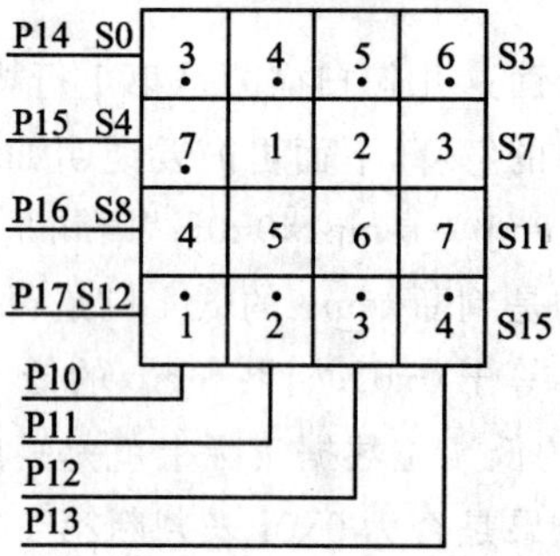

2. 源程序

根据要求，编写的源程序如下：

图 9-2 矩阵按键与音符对应关系

```
#include <reg51.h>
#define uchar unsigned char
#define uint  unsigned int
uchar table[17] = {0xc0,0xf9,0xa4,0xb0,0x99,0x92,0x82,0xf8,0x80,0x90,0x88,0x83,0xc6,0xa1,
0x86,0x8e,0xBF};
                            //0、1、2、3、4、5、6、7、8、9、A、B、C、D、E、F、- 的显示码
uint code tab[] = {64026,64106,64256,64396,64526,64586,64686,64776,64816,64896,64966,
65026,65066,65116,65156,65176};
                            //低音 3、4、5、6、7,中音 1、2、3、4、5、6、7,高音 1、2、3、4 的计数初值表
uchar STH0;
uchar STL0;
sbit BEEP = P3^7;           //蜂鸣器驱动线
uchar disp_buf;             //显示缓存
uchar  temp;                //暂存器
uchar  key;                 //键顺序吗
/********以下是延时函数********/
void Delay_ms(uint xms)
{
    uint i,j;
    for(i = xms;i>0;i--)    //i = xms 即延时约 xms
        for(j = 110;j>0;j--);
}
/********以下是矩阵按键扫描函数********/
void   MatrixKey()
{
    P1 = 0xff;
    P1 = 0xef;              //置第 1 行 P1.4 为低电平,开始扫描第 1 行
    temp = P1;              //读 P1 口按键
```

第9章 键盘接口实例解析

```
        temp = temp & 0x0f;            //判断低 4 位是否有 0,即判断列线(P1.0~P1.3)是否有 0
        if (temp! = 0x0f)              //若 temp 不等于 0x0f,则说明有键按下
        {
            Delay_ms(10);              //延时 10 ms 去抖
            temp = P1;                 //再读取 P1 口按键
            temp = temp & 0x0f;        //再判断列线(P1.0~P1.3)是否有 0
            if (temp! = 0x0f)          //若 temp 不等于 0x0f,则说明确实有键按下
            {
                temp = P1;             //读取 P1 口按键,开始判断键值
                switch(temp)
                {
                    case 0xee:key = 0;break;
                    case 0xed:key = 1;break;
                    case 0xeb:key = 2;break;
                    case 0xe7:key = 3;break;
                }
                temp = P1;             //将读取的键值送 temp
                disp_buf = table[key]; //查表求出键值对应的数码管显示码,送显示缓冲区 disp_buf
                STH0 = tab[key]/256;   //取出音符计数初值表的高 8 位
                STL0 = tab[key] % 256; //取出音符计数初值表的低 8 位
                TR0 = 1;               //启动定时器 T0 工作
                temp = temp & 0x0f;    //取出列线值(P1.0~P1.3)
                while(temp! = 0x0f)    //若 temp 不等于 0x0f,则说明按键还没有释放,继续等待
                {
                    temp = P1;         //若按键释放,则再读取 P1 口
                    temp = temp & 0x0f;//判断列线(P1.0~P1.3)是否有 0
                }
                TR0 = 0;               //关闭定时器 T0
                BEEP = 1;              //蜂鸣器停止发声,加入此行非常必要,否则会在按键时发出噪声
            }
        }
        P1 = 0xff;
        P1 = 0xdf;                     //置第 2 行 P1.5 为低电平,开始扫描第 2 行
        temp = P1;
        temp = temp & 0x0f;
        if (temp! = 0x0f)
        {
            Delay_ms(10);
            temp = P1;
            temp = temp & 0x0f;
            if (temp! = 0x0f)
            {
                temp = P1;
                switch(temp)
```

```c
            {
                case 0xde:key = 4;break;
                case 0xdd:key = 5;break;
                case 0xdb:key = 6;break;
                case 0xd7:key = 7;break;
            }
            temp = P1;
            disp_buf = table[key];    //查表求出键值对应的数码管显示码,送显示缓冲区 disp_buf
            STH0 = tab[key]/256;      //取出音符计数初值表的高 8 位
            STL0 = tab[key] % 256;    //取出音符计数初值表的低 8 位
            TR0 = 1;
            temp = temp & 0x0f;
            while(temp! = 0x0f)
            {
                temp = P1;
                temp = temp & 0x0f;
            }
            TR0 = 0;
            BEEP = 1;
        }
    }
    P1 = 0xff;
    P1 = 0xbf;                        //置第 3 行 P1.6 为低电平,开始扫描第 3 行
    temp = P1;
    temp = temp & 0x0f;
    if (temp! = 0x0f)
    {
        Delay_ms(10);
        temp = P1;
        temp = temp & 0x0f;
        if (temp! = 0x0f)
        {
            temp = P1;
            switch(temp)
            {
                case 0xbe:key = 8;break;
                case 0xbd:key = 9;break;
                case 0xbb:key = 10;break;
                case 0xb7:key = 11;break;
            }
            temp = P1;
            disp_buf = table[key];    //查表求出键值对应的数码管显示码,送显示缓冲区 disp_buf
            STH0 = tab[key]/256;      //取出音符计数初值表的高 8 位
            STL0 = tab[key] % 256;    //取出音符计数初值表的低 8 位
```

```c
            TR0 = 1;
            temp = temp & 0x0f;
            while(temp! = 0x0f)
            {
                temp = P1;
                temp = temp & 0x0f;
            }
            TR0 = 0;
            BEEP = 1;
        }
    }
    P1 = 0xff;
    P1 = 0x7f;                      //置第 4 行 P1.7 为低电平,开始扫描第 4 行
    temp = P1;
    temp = temp & 0x0f;
    if (temp! = 0x0f)
    {
        Delay_ms(10);
        temp = P1;
        temp = temp & 0x0f;
        if (temp! = 0x0f)
        {
            temp = P1;
            switch(temp)
            {
                case 0x7e:key = 12;break;
                case 0x7d:key = 13;break;
                case 0x7b:key = 14;break;
                case 0x77:key = 15;break;
            }
            temp = P1;
            disp_buf = table[key];   //查表求出键值对应的数码管显示码,送显示缓冲区 disp_buf
            STH0 = tab[key]/256;     //取出音符计数初值表的高 8 位
            STL0 = tab[key]%256;     //取出音符计数初值表的低 8 位
            TR0 = 1;
            temp = temp & 0x0f;
            while(temp! = 0x0f)
            {
                temp = P1;
                temp = temp & 0x0f;
            }
            TR0 = 0;
            BEEP = 1;
        }
```

```c
        }
    }
/********以下是定时器T0中断函数********/
void timer0(void) interrupt 1
{
    TH0 = STH0;
    TL0 = STL0;
    BEEP = ~BEEP;
}
/********以下是主函数********/
main()
{
    P0 = 0xff;                  //置位P0口
    P2 = 0xff;                  //置位P2口
    TMOD = 0x01;                //定时器T0设为模式1
    EA = 1;ET0 = 1;             //开总中断,开定时器T0中断
    disp_buf = 0xBF;            //开机显示"-"符号
    while(1)
    {
        MatrixKey();            //调矩阵按键扫描函数
        P0 = disp_buf;          //键值送P0口显示
        Delay_ms(2);            //延时2 ms
        P2 = 0x7f;              //打开第8只数码管
    }
}
```

3. 源程序释疑

(1) 音乐产生原理

乐曲是由不同音符编制而成的,每个音符(音名)都有一个固定的振动频率,频率的高低决定了音调的高低。简谱中从低音1至高音1之间每个音名对应的频率参见第7章表7-2。

现以低音6这个音名为例来进行分析。低音6的频率数为440 Hz,则其周期为:

$$T = \frac{1}{f} = \frac{1}{440} \approx 0.002\ 28\ s = 2.28\ ms$$

如果用定时器1方式1作定时,要P3.7输出周期为2.28 ms的等宽方波,则定时值为1.14 ms,设计数初值为 X,根据定时值 $= (2^{16} - X) \times \dfrac{12}{晶振频率}$ 求出计数初值为: $X = 64\ 396$ (为计算方便,设晶振频率为12 MHz)。

计算出计数初值后,只要将计数初值装入TH0、TL0,就能使DD-900实验开发板P3.7的高电平或低电平的持续时间为1.14 ms,从而发出440 Hz的音调(音乐的音长由按键控制,按键按下时发声,按键释放时停止发声)。表9-1所列是采用定时器1的方式1时,各音名与计数初值的对照表。

表 9-1　各音名与计数初值对照表

音　名	计数初值	音　名	计数初值	音　名	计数初值
低音 1	63 636	中音 1	64 586	高音 1	65 066
低音 2	63 836	中音 2	64 686	高音 2	65 116
低音 3	64 026	中音 3	64 776	高音 3	65 156
低音 4	64 106	中音 4	64 816	高音 4	65 176
低音 5	64 256	中音 5	64 896	高音 5	65 216
低音 6	64 396	中音 6	64 966	高音 6	65 256
低音 7	64 526	中音 7	65 026	高音 7	65 286

(2) 流程图

该例是在上例源程序的基础上增加了部分语句整合而成，为便于理解，图 9-3 给出了源程序的流程图。

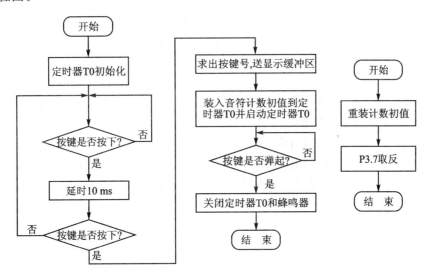

图 9-3　单片机电子琴流程图

(3) 源程序分析

本例源程序主要由主函数、矩阵按键扫描函数、延时函数、定时器 0 中断函数等组成。

主函数是一个无限循环函数，用来组织和调用各函数。工作时，首先对定时器 T0 进行初始化，暂时不开启定时器。然后调用矩阵按键扫描函数，判断按键是否按下。若未按下，继续扫描；若按下，则求出按键号，送入显示缓冲区 disp_buf，同时，将对应的计数初值装入定时器 T0，并开启定时器 T0。然后等待按键释放。在等待按键释放的过程中，若定时时间到，则进入定时器 T0 中断函数。

在定时器 T0 函数中，重装计数初值，并将 P3.7 不断取反，这样，就可以驱动蜂鸣器发出与按键相对应的按键音符音。

4. 实现方法

① 打开 Keil C51 软件，建立工程项目，再建立一个名为 ch9_4.c 的源程序文件，输入上面

源程序。对源程序进行编译、链接,产生 ch9_4.hex 目标文件。

② 将 STC89C51 单片机插到锁紧插座,把 ch9_4.hex 文件下载到 STC89C51 中,按下各矩阵按键,试听蜂鸣器是否发出相应的音符音。

该实验程序在附光盘的 ch9\ch9_4 文件夹中。

9.2.5 实例解析 5——连加、连减和双功能按键的应用

1. 实现功能

在 DD-900 实验开发板上进行十六进制加法实验:要求开机后,第 1、2、4、5、7、8 只数码管全显示为 0。

按压 K3 键(切换键),蜂鸣器响一声,此时,可用 K1 键(加 1 键)对第 1、2 只数码管的数值进行加 1 调整。再次按压 K3 键,蜂鸣器再响一声,可用 K2 键(减 1 键)对第 4、5 只数码管的数值进行减 1 调整。反复按压 K3 键,可反复进行加 1 和减 1 状态的切换。

在切换到加 1 状态下时,按压 K1 键(加 1 键),第 1、2 只数码管显示值加 1,如果按着 K1 键不放且超过 0.75 s,第 1、2 只数码管显示的数值快速连加。

在切换到减 1 状态下时,按压 K2 键(减 1 键),第 4、5 只数码管显示值减 1,如果按着 K2 键不放且超过 0.75 s,第 4、5 只数码管显示的数值快速连减。

按压 K4 键(执行键),可将第 1、2 只数码管和第 4、5 只数码管显示的数值进行相加,然后从第 6、7、8 只数码管上显示出来。

以计算 08H+FEH 为例,操作时,先按压 K3 键,切换到加 1 状态。按压 K1 键,使第 1、2 只数码管显示为 08。再按压 K3 键,切换到减 1 状态。按压 K2 键,使第 4、5 只数码管显示为 FE。最后,按压 K4 键,此时,第 6、7、8 只数码管显示为 106。

有关电路参见第 3 章图 3-4、图 3-17 和图 3-20。

2. 源程序

根据要求,编写的源程序如下:

```
#include <reg51.h>
#define uchar unsigned char
#define uint  unsigned int
sbit  K1 = P3^2;              //定义 K1 键
sbit  K2 = P3^3;              //定义 K2 键
sbit  K3 = P3^4;              //定义 K3 键
sbit  K4 = P3^5;              //定义 K4 键
sbit  BEEP = P3^7;            //定义蜂鸣器
bit   K_FLAG;                 //有键被按着该位置1,键被松开时,该位清零
bit   K_FIRST;                //第 1 次检测到有键按下时,该位为 0,以后为 1
bit   K3_FUN;     //K3 功能标志位,取值为 0 或 1,表示 K3 是双功能键。K3_FUN 为 0 表示第 1 功能,
                  //按 K1 键可进行加 1 操作;K3_FUN 为 1 表示第 2 功能,按 K2 键可进行减 1 操作
bit   K4_ENTER;               //按下 K4 键时,K4_ENTER 为 1,未按 K4 键时,K4_ENTER 为 0
uchar K_COUNT = 0;            //键计数器,用于对定时时间进行计数
```

```c
uchar code bit_tab[] = {0xfe,0xfd,0xfb,0xf7,0xef,0xdf,0xbf,0x7f};
                                //位选表,用来选择哪一只数码管进行显示
uchar code seg_data[] = {0xc0,0xf9,0xa4,0xb0,0x99,0x92,0x82,0xf8,0x80,0x90,0x88,0x83,0xc6,
0xa1,0x86,0x8e,0xff};           //0～F 和熄灭符的显示码(字形码)
uchar disp_buf[8]={0,0,0,0,0,0,0,0};   //8 字节的显示缓冲区
uchar  add1_buf = 0,add2_buf = 0;      //定义两个加数
uint add_buf = 0;                       //定义两个加数相加的结果
/*********以下是延时函数********/
void Delay_ms(uint xms)
{
    uint i,j;
    for(i = xms;i>0;i--)        //i = xms 即延时约 xms
        for(j = 110;j>0;j--);
}
/*********以下是蜂鸣器响一声函数********/
void beep()
{
    BEEP = 0;                   //BEEP 响
    Delay_ms(100);
    BEEP = 1;                   //关闭蜂鸣器
    Delay_ms(100);
}
/********以下是显示函数********/
void Display()
{
    uchar tmp;                  //定义显示暂存
    static  uchar  disp_sel;    //显示位选计数器,显示程序通过它得知现正显示哪个数
                                //码管,初始值为 0
    tmp = bit_tab[disp_sel];    //根据当前的位选计数值决定显示哪只数码管
    P2 = tmp;                   //送 P2 控制被选取的数码管点亮
    tmp = disp_buf[disp_sel];   //根据当前的位选计数值查得数字的显示码
    tmp = seg_data[tmp];        //取显示码
    P0 = tmp;                   //送到 P0 口显示出相应的数字
    disp_sel ++ ;               //位选计数值加 1,指向下一个数码管
    if(disp_sel == 8)
        disp_sel = 0;           //如果 8 个数码管显示了一遍,则让其回 0,重新再扫描
}
/********以下是按键处理函数********/
void KeyProcess()
{
    uchar   key_temp;           //定义键暂存器
    P3| = 0x3c;                 //P3 与 0x3c(00111100)相"或",使按键的各位(P3.2～P3.5)置 1
    key_temp = P3;              //读取按键
    key_temp | = 0xc3;          //未接键的各位置 1,不影响这些位的正常操作
    key_temp = ~ key_temp ;     //将读取到的按键值各位取反,这样,当有键按下时,key_temp 为 1
```

```c
    if(!key_temp)                  //如果结果是 0,则表示无键被按下,以下标志位清零
    {   K_FLAG = 0;
        K_FIRST = 0;
        K_COUNT = 0;
        K4_ENTER = 0;
        return;
    }
    if(!K_FLAG)                    //如果有键按下,则再判断 K_FLAG 是否为 0;若 K_FLAG 为 0,
                                   //则说明键被释放
    {   K_COUNT = 4;               //K_COUNT 置 4,延时 4×3 ms = 12 ms,用以消除按键抖动引
                                   //起的误动作
        K_FLAG = 1;                //将标志位 K_FLAG 置 1,说明确实有键被按下
        return;
    }
    K_COUNT -- ;                   //减 1
    if(K_COUNT! = 0)               //如果不等于 0,则继续减 1,直到为 0,延时 4×3 ms = 12 ms
        return;
    if(K3 == 0)                    //若 K3 键被按下
    {
        K3_FUN = ~K3_FUN;          //若按下 K3 键,则将 K3_FUN 取反,即将 K3 的第 1 功能与
                                   //第 2 功能互换
        beep();                    //按下 K3 键时,蜂鸣器响一声
    }
    if(K1 == 0)                    //若 K1 键按下
    {   if(!K3_FUN)                //如果 K3_FUN 为 0,则表示执行的是第 1 功能(加 1)
                                   //如果 K3_FUN 为 1,则表示执行的是第 2 功能(减 1),退出
        add1_buf ++ ;              //执行第 1 功能(加 1 操作)
    }
    else if(K2 == 0)               //若 K2 键按下
    {   if(K3_FUN)                 //如果 K3_FUN 为 0,则表示执行的是第 1 功能加(加 1),退出
                                   //如果 K3_FUN 为 1,则表示执行的是第 2 功能(减 1)
        add2_buf -- ;              //执行第 2 功能(减 1 操作)
    }
    else if(K4 == 0)               //若 K4 键按下
    {
        K4_ENTER = 1;              //将 K4 键标志位 K4_ENTER 置 1
    }
    else                           //无键按下,清零以下各变量
    {   K_FLAG = 0;
        K_FIRST = 0;
        K_COUNT = 0;
        K4_ENTER = 0;
    }
    if(K_FIRST)                    //如果不是第 1 次检测到,K_FIRST 为 1
    {   K_COUNT = 25;              //如果 K_FIRST 为 1(不是第 1 次检测到),将立即数 25 送
```

第9章　键盘接口实例解析

```
                              //K_COUNT,置数25,则定时时间为25×3ms=75ms,即连加/
                              //连减的速度为75ms/次
    }
    else                      //第1次检测到时,K_FIRST为0
    {   K_COUNT = 250;        //置数250,则定时时间为250×3ms=0.75s,即按键压下
                              //的持续时间为0.75s
        K_FIRST = 1;          //设置K_FIRST为1,经判断后可进行连加/连减操作
    }
}
/********以下是定时器T0中断函数********/
void  timer0() interrupt 1
{
    TH0 = 0xf5;   TL0 = 0x33;   //重置计数初值
    Display();                  //调显示函数
    KeyProcess();               //调按键处理函数
}
/********以下是定时器T0初始化函数********/
void  timer0_init()
{   TMOD = 0x01;
    TH0 = 0xf5;TL0 = 0x33;      //定时时间为3ms
    EA = 1;ET0 = 1;             //开总中断和定时器T0中断
    TR0 = 1;                    //T0开始运行
}
/********以下是主函数********/
void main()
{
    timer0_init();              //调定时器T0初始化函数
    disp_buf[2] = 16;           //第3位数码管熄灭(熄灭符为0xff,位于第16位)
    disp_buf[5] = 16;           //第3位数码管熄灭(熄灭符为0xff,位于第16位)
    for(;;)
    {
        if(K3_FUN == 1)         //若K3_FUN为1,则表示执行第2功能(减1操作);若为0
                                //则表示执行第1功能(加1操作)
        {
            disp_buf[3] = (add2_buf/16);    //送第4只数码管显示
            disp_buf[4] = (add2_buf%16);    //送第5只数码管显示
        }
        else
        {
            disp_buf[0] = (add1_buf/16);    //送第1只数码管显示
            disp_buf[1] = (add1_buf%16);    //送第2只数码管显示
        }
        if(K4_ENTER == 1)               //若K4键被按下
        {
            add_buf = add1_buf + add2_buf;  //求和
```

```
            disp_buf[5] = (add_buf/256);          //十六进制的百位送第6只数码管显示
            disp_buf[6] = ( add_buf % 256)/16;    //十六进制的十位送第7只数码管显示
            disp_buf[7] = (add_buf % 256) % 16;   //十六进制的个位送第8只数码管显示
        }
    }
}
```

3. 源程序释疑

该源程序的特点在于按键能实现连加、连减操作,并且具有双功能键,这些都是工业生产和仪器仪表开发中非常实用的功能。正确理解本源程序,对于今后的开发工作具有重要的指导意义。

本例源程序主要由主函数、定时器 T0 初始化函数、显示函数、按键处理函数、定时器 T0 中断函数、蜂鸣器响一声函数等组成。在源程序中,已对程序进行了详细的注释,下面进行简要说明。

(1) 主程序

主函数是一个无限循环函数。在主函数中,先对定时器 T0 和有关标志进行初始化,然后判断 K3 键的功能。若为第 1 功能(K3_FUN 为 0),则将加数 1(add1_buf)的值送第 1、2 只数码管显示;若为第 2 功能(K3_FUN 为 1),则将加数 2(add2_buf)的值送第 4、5 只数码管显示。最后,再判断 K4 键是否按下,若 K4 键按下(K4_ENTER 为 1),则将加数 1 和加数 2 相加,送第 6、7、8 只数码管显示;若 K4 键未按下(K4_ENTER 为 0),则继续循环。

(2) 定时器 T0 初始化函数

定时器 T0 初始化函数主要对定时器 T0 进行初始化设置。在本例中,选用方式 1,定时中断时间为 3 ms,通过计算,可知计数初值为 0xf533。另外,在初始化时还需要开中断和启动定时器。

(3) 显示函数

显示函数采用动态扫描法,每位数码管的扫描时间为定时中断的定时时间(3 ms),扫描 8 个数码管需要 3 ms×8=24 ms。这样,1 s 可扫描 1 000/24≈42 次。由于扫描速度足够快,加之人眼的视觉暂留特性,因此,感觉不到数码管的闪动。

读者可试着将定时中断时间改为 5 ms(将计数初值改为 0xee00),会发现,数码管显示的数字开始闪动。为什么改动一下定时时间会引起数码管闪动呢?这是因为定时时间设为 5 ms 时,扫描 8 个数码管需要 5 ms×8=40 ms,这样,1 s 可扫描 1 000/50≈20 次。由于扫描速度不够快,因此,人眼可以感觉到数码管的闪动。

这个显示函数具有较强的通用性,在本书其他各章也多次用到,若读者理解显示函数有困难,请先阅读本书第 10 章的相关内容。

(4) 按键判断与处理函数

图 9-4 是按键判断与处理函数的流程图。

这里采用定时扫描方式来扫描键盘,定时时间为 3 ms,即每隔 3 ms 对键盘扫描一次,检测是否有键被按下。从图中可以看出,如果有键被按下,则检测 K_FLAG 标志(有键被按着该位置1,键被松开时,该位清零)。如果该标志为 0,则将 K_FLAG 置1,将键计数器(K_COUNT)置4后即退出。定时时间再次到后,又对键盘扫描。如果有键被按下,则检测标志 K_FLAG,如

第 9 章　键盘接口实例解析

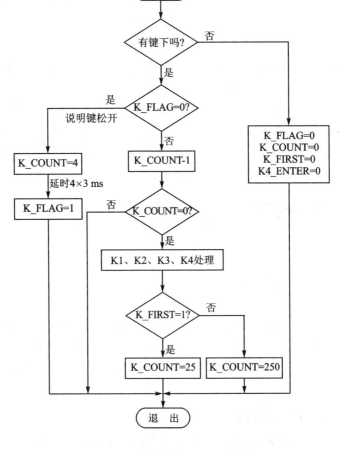

图 9-4　按键判断与处理函数流程图

果 K_FLAG 是 1,则说明在本次检测之前键就已经被按下了,将键计数器(K_COUNT)减 1,然后判断是否到 0。如果 K_COUNT＝0,则进行键值处理,否则退出。这里,设置键计数器(K_COUNT)为 4 的目的是为了消除键盘抖动引起的误动作,因 K_COUNT＝4,这样,4 次进入定时器 T0 中断服务程序所用的时间为 $4×3$ ms＝12 ms,即消抖时间为 12 ms。

键值处理完毕后,检测标志 KFirst 是否为 1(第 1 次检测到有键按下时,KFirst 为 0,以后为 1)。如果为 1,说明处于连加/连减状态,将键计数器 K_COUNT 置 25;如果 KFirst 为 0,说明是第 1 次检测到有按键按下,将键计数器 K_COUNT 置 250,同时将 KFirst 置 1。

这里的键计数器 K_COUNT 置入不同的数值,代表不同的响应时间,K_COUNT 置入 250,是设置连续按压按键的时间,即 $250×3$ ms＝750 ms＝0.75 s,也就是说,当超过 0.75 s 后进行连加/连减的操作。键计数器 K_COUNT 置入 25,是设置连加/连减的时间间隔,即 $25×3$ ms＝75 ms,也就是说,每 75 ms 数字加 1/减 1 一次。这些参数可以根据实际要求进行调整。

程序中,K3 键被设置为一个双功能键。这一功能的实现比较简单,由于只有两个功能,所以,设置了一个标志位 K3_FUN。按一下 K3 键,K3_FUN 取反一次,然后在主函数中根据 K3_FUN 是 1 还是 0 作相应的处理。

(5) 定时器 T0 中断函数

定时器 T0 中断函数主要是重置计数初值，调用显示函数和按键处理函数，定时时间为 3 ms，也就是说，每隔 3 ms，执行一次定时器 T0 中断函数。

4. 实现方法

① 打开 Keil C51 软件，建立工程项目，再建立一个名为 ch9_5.c 的源程序文件，输入上面源程序。对源程序进行编译、链接，产生 ch9_5.hex 目标文件。

② 将 DD-900 实验开发板 JP1 的 DS、V_{CC} 两插针短接，为数码管供电。

③ 将 STC89C51 单片机插到锁紧插座，把 ch9_5.hex 文件下载到 STC89C51 中，按下 K1、K2、K3、K4 各按键，观察数码管是否显示的相应的数值，计算结果是否正确。

该实验程序在附光盘的 ch9\ch9_5 文件夹中。

9.3 PS/2 键盘接口介绍及实例解析

9.3.1 PS/2 键盘接口介绍

在单片机系统中，经常采用的是前面介绍的独立按键或矩阵按键，这类键盘都是单独设计制作的，连线多，且可靠性不高。与此相比，在 PC 机中广泛使用的 PS/2 键盘具有价格低、通用可靠、使用连线少（仅使用 2 根信号线）等优点。因此，在单片机系统中应用 PS/2 键盘不失为一种很好的选择。

1. PS/2 键盘接口的引脚功能

PS/2 键盘接口为 6 引脚 mini-DIN 连接器，其引脚如图 9-5 所示。

图中，第 1 引脚为数据线(DATA)，第 2 引脚未用，第 3 引脚为电源地(GND)，第 4 引脚为电源(+5 V)，第 5 引脚时钟线(CLK)，第 6 引脚未用。

2. PS/2 键盘的发送时序

图 9-6 为 PS/2 键盘到主机(PC 机或单片机)的发送时序。从图中可以看出，一字节数据帧主要由起始位(START,低电平)、8 位数据位(DATA0～DATA7,低位在前)、奇偶校验位(PARITY)和停止位(STOP,高电平)组成。

图 9-5 PS/2 键盘接口引脚图

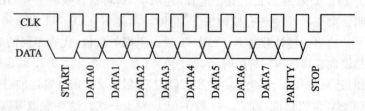
图 9-6 PS/2 键盘到 PC 机的发送时序

数据帧中，如果数据位中 1 的个数为偶数，则校验位 PARITY 为 1；如果数据位中 1 的个数为奇数，则校验位 PARITY 为 0。总之，数据位中 1 的个数加上校验位中 1 的个数总为奇数,因此总进行奇校验。

3. PS/2 键盘接口与单片机的连接

在 DD-900 实验开发板中,PS/2 键盘与 51 单片机的连接方式如图 9-7 所示。P3.4 接 PS/2 数据线,P3.3(外中断 1)接 PS/2 时钟线。因为单片机的 P3 口内部是带上拉电阻的,所以 PS/2 的时钟线和数据线可直接与单片机的 P3 口相连接。

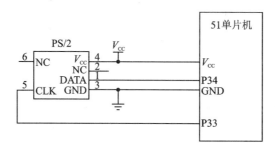

图 9-7 PS/2 键盘接口与单片机的连接

4. PS/2 键盘的编码

一次按键过程至少会发送两组扫描码,即通码和断码。通码是按键被按下时发送,断码是当按键释放时发送,按住不动将发送通码。每个键的通码和断码都是唯一的,因此通过检查唯一的扫描码,就可以知道哪个键被按下或释放。101、102 和 104 键的 PS/2 键盘使用扫描码标准如表 9-2 所列。

表 9-2 101、102 和 104 键的键盘扫描码

按键	通码	断码	按键	通码	断码	按键	通码	断码
A	1C	F0 1C	9	46	F0 46	[	54	F0 54
B	32	F0 32	`	0E	F0 0E	INSERT	E0 70	E0 F0 70
C	21	F0 21	—	4E	F0 4E	HOME	E0 6C	E0 F0 6C
D	23	F0 23	=	55	F0 55	PG UP	E0 7D	E0 F0 7D
E	24	F0 24	\	5D	F0 5D	DELETE	E0 71	E0 F0 71
F	2B	F0 2B	BKSP	66	F0 66	END	E0 69	E0 F0 69
G	34	F0 34	SPACE	29	F0 29	PG DN	E0 7A	E0 F0 7A
H	33	F0 33	TAB	0D	F0 0D	U ARROW	E0 75	E0 F0 75
I	43	F0 43	CAPS	58	F0 58	L ARROW	E0 6B	E0 F0 6B
J	3B	F0 3B	L SHFT	12	F0 12	D ARROW	E0 72	E0 F0 72
K	42	F0 42	L CTRL	14	F0 14	R ARROW	E0 74	E0 F0 74
L	4B	F0 4B	L GUI	E0 1F	E0 F0 1F	NUM	77	F0 77
M	3A	F0 3A	L ALT	11	F0 11	KP /	E0 4A	E0 F0 4A
N	31	F0 31	R SHFT	59	F0 59	KP *	7C	F0 7C
O	44	F0 44	R CTRL	E0 14	E0 F0 14	KP —	7B	F0 7B

续表 9-2

按键	通码	断码	按键	通码	断码	按键	通码	断码
P	4D	F0 4D	R GUI	E0 27	E0 F0 27	KP +	79	F0 79
Q	15	F0 15	R ALT	E0 11	E0 F0 11	KP EN	E0 5A	E0 F0 5A
R	2D	F0 2D	APPS	E0 2F	E0 F0 2F	KP .	71	F0 71
S	1B	F0 1B	ENTER	5A	F0 5A	KP 0	70	F0 70
T	2C	F0 2C	ESC	76	F0 76	KP 1	69	F0 69
U	3C	F0 3C	F1	05	F0 05	KP 2	72	F0 72
V	2A	F0 2A	F2	06	F0 06	KP 3	7A	F0 7A
W	1D	F0 1D	F3	04	F0 04	KP 4	6B	F0 6B
X	22	F0 22	F4	0C	F0 0C	KP 5	73	F0 73
Y	35	F0 35	F5	03	F0 03	KP 6	74	F0 74
Z	1A	F0 1A	F6	0B	F0 0B	KP 7	6C	F0 6C
0	45	F0 45	F7	83	F0 83	KP 8	75	F0 75
1	16	F0 16	F8	0A	F0 0A	KP 9	7D	F0 7D
2	1E	F0 1E	F9	01	F0 01	]	58	F0 58
3	26	F0 26	F10	09	F0 09	;	4C	F0 4C
4	25	F0 25	F11	78	F0 78	,	52	F0 52
5	2E	F0 2E	F12	07	F0 07	,	41	F0 41
6	36	F0 36	Print Screen	E0 12 E0 7C	E0 F0 7C E0 F0 12	.	49	F0 49
7	3D	F0 3D	SCROLL	7E	F0 7E	/	4A	F0 4A
8	3E	F0 3E	PAUSE	E1 14 77 E1 F0 14 F0 77	空			

注：表中 KP 表示小键盘，表中的数字均为十六进制形式。

根据键盘按键扫描码的不同，可将按键分为 3 类：

第 1 类按键：通码为 1 字节，断码为 F0+通码形式。如 A 键，其通码为 1C，断码为 F0 1C。

第 2 类按键：通码为 2 字节 E0+××形式，断码为 E0+F0+××形式。如 R CTRL 键，其通码为 E0 14，断码为 E0 F0 14。

第 3 类特殊按键：这类按键有两个，即 Print Screen 和 Pause 键。Print Screen 键通码为 E0 12 E0 7C，断码为 E0 F0 7C E0 F0 12。Pause 键通码为 E1 14 77 E1 F0 14 F0 77，断码为空。

组合按键扫描码的发送是按照按键发生的次序进行的。以输入大写字母 A 为例，输入时，首先按住 Shift 键，其次按下 A 键，再松开 A 键，最后松开 Shift 键。查表 9-2 的扫描码表，就得到这样一组键码：

12 1C F0 1C F0 12

其中，按住左 SHIFT 键是 12，按 A 键是 1C，松开 A 键是 F0 1C，松开左 SHIFT 键是 F0 12。

注意,这些数据都是十六进制数。

5. PS/2 键盘通信命令字

除了键盘可以向主机(PC 机或单片机)发送按键的扫描码外,主机还可以向键盘发送预定的命令字来对键盘功能进行设定。

(1) 主机发往键盘的命令

EDH(后面的 H 表示十六进制数):设置状态指示灯。该命令用来控制键盘上 3 个指示灯 NumLock、ScrollLock 和 CapLock 的亮灭。EDH 发出后,键盘将回应主机一个收到应答信号 FAH,然后等待主机发送下一个字节,该字节决定各指示灯的状态,字节中的各位作用如下:

Bit0 控制 ScrollLock(即发送 01H 时,ScrollLock 灯亮);

Bit1 控制 NumLock(即发送 02H 时,NumLock 灯亮);

Bit2 控制 CapLock(即发送 04H 时,CapLock 灯亮);

Bit3~Bit7 必须为 0,否则键盘认为该字节是无效命令,将返回 FEH,要求重发。

从以上可知,当发送 00H 时,3 个指示灯 NumLock、ScrollLock 和 CapLock 全灭。

EEH:回送响应。该命令用于辅助诊断,要求键盘收到 EEH 后也回送 EEH 予以响应。

F0H:设置扫描码。键盘收到该命令后,将回送收到信号 FAH,并等待下一命令字节。

F3H:设置键盘重复速率。主机发送该命令后,键盘将回送收到信号 FAH,然后等待主机的第 2 字节,该字节决定按键的重复速率。

F4H:键盘使能。主机发该命令给键盘后,将清除键盘发送缓冲区,重新使键盘工作,并返回收到信号 FAH。

F5H:禁止键盘。主机发该命令给键盘后,将使键盘复位,并禁止键盘扫描。键盘将返回收到信号 FAH。

FEH:重发命令。键盘收到此命令后,将会把上次发送的最后一个字节重新发送。

FFH:复位键盘。此命令将键盘复位。若复位成功,则键盘回送收到信号 FAH 和复位完成信号 AAH。

(2) 键盘发往主机的命令

00H:出错或缓冲区已满。

AAH:电源自检通过。

EEH:回送响应。

FAH:响应信号。键盘每当收到主机的命令后,都会发此响应信号。

FEH:重发命令。主机收到此命令后,将会把上次发送的最后一个命令字节重新发送。

FFH:出错或缓冲区已满。

9.3.2 实例解析 6——数码管显示 PS/2 键盘键值

1. 实现功能

在 DD-900 实验开发板上进行实验:将 PS/2 键盘上的 0~9、a~f 显示在第 8 只数码管上。按下没有定义的键,数码管显示"—"。有关电路参见第 3 章图 3-4 和图 3-9。

2. 源程序

根据要求,编写的源程序如下:

```c
#include <reg51.h>
#define uchar unsigned char
#define uint unsigned int
sbit PS2_DATA = P3^4;           //PS/2 数据线
sbit PS2_CLK = P3^3;            //PS/2 时钟线
sbit BEEP = P3^7;               //定义蜂鸣器
uchar disp_buf ,y;              //定义显示缓冲变量和显示数据个数变量
uchar KeyCode;                  //键盘键值通码
uchar code PS2_data[] = {0x45,0x16,0x1e,0x26,0x25,0x2e,0x36,0x3d,0x3e,0x46,0x1c,0x32,0x21,
0x23,0x24,0x2b};                //0~9 和 a~f 键值通码
uchar code seg_data[] = {0xc0,0xf9,0xa4,0xb0,0x99,0x92,0x82,0xf8,0x80,0x90,0x88,0x83,0xc6,
0xa1,0x86,0x8e,0xff };           //0~f 显示码和熄灭符
uchar int_count = 0;            //中断次数计数,用来读取键盘数据
uchar BF = 0;                   //标识是否有字符被收到,当 BF=1 时,说明接收到 1 帧数据
/********以下是延时函数********/
void Delay_ms(uint xms)
{
    uint i,j;
    for(i = xms;i>0;i--)         //i = xms 即延时约 xms
        for(j = 110;j>0;j--);
}
/********以下是蜂鸣器响一声函数********/
void beep()
{
    BEEP = 0;                   //蜂鸣器响
    Delay_ms(100);
    BEEP = 1;                   //关闭蜂鸣器
    Delay_ms(100);
}

/********以下是键码变换为显示码函数********/
void PS2KEY_NUM()
{
    switch(KeyCode)
    {
        case 0xF0 :   break;    //若收到的是断码 0xF0,则退出
        default:                //若收到的不是断码
            for(y = 0 ;y<16 ;y++)  //键值变换为顺序码
            {
                if(KeyCode == PS2_data[y])
                {
                    disp_buf = seg_data[y];
                    beep();     //查找有效,蜂鸣器响一声
                    Delay_ms(100);
                    KeyCode = 0x00;
```

```
                return;
            }
            else   disp_buf = 0xbf;      //没有定义的键显示"-"
        }break;
    }
}
/********以下是主函数********/
void  main()
{
    P0 = 0xff;
    P2 = 0xff;
    disp_buf = 0xbf;                  //显示"-"
    EA = 1; EX1 = 1;                  //开总中断,开外部中断1
    while(1)
    {
        if(BF == 1)
    {
        PS2KEY_NUM();                 //调键值码转显示码函数
        BF = 0;
        EA = 1;                       //数据处理完毕开中断
    }
        P0 = disp_buf;                //显示数据送 P0 口
        P2 =   0x7f;                  //开第 8 只数码管
    }
}
/********以下是外中断1函数,用来读取 PS/2 键盘的数据********/
void   ReadPS2()   interrupt 2
{
    while (PS2_CLK);
    if ((int_count >0) && (int_count < 9))   //跳过起始位
    {
        KeyCode = KeyCode >> 1;       //键盘数据是低位在前,高位在后
        if (PS2_DATA)
        KeyCode = KeyCode | 0x80;     //当键盘数据线为1时,写为1到最高位
    }
    PS2_CLK = 1;
    int_count ++ ;
    while (!PS2_CLK);                 //等待 PS/2CLK 拉高
    if (int_count == 11)              //当中断 11 次后表示一帧数据收完
    {
        int_count = 0;                //清变量准备下一次接收
        EA = 0;
        BF = 1;                       //BF = 1 表示接收到一帧数据
    }
}
```

3. 源程序释疑

源程序主要由主函数、外部中断1函数、键码转换为显示码函数、蜂鸣器响一声函数以及

延时函数等组成,下面进行简要分析。

(1) 主函数

主程序是一个无限循环函数,主要作用是完成初始化操作,同时,使开机时显示"—"符号。

(2) 外中断1服务程序

由于PS/2键盘接口的时钟CLOCK引脚接到单片机的P3.3(外中断1输入引脚),因此,在键盘有键按下时,CLOCK信号会引起单片机的连续中断,外部中断1服务程序将键盘发出的扫描码(通码和断码)进行判断和发送。当发送一帧数据后,将标志位BF置1。

(3) 键码转换为显示码函数

键码转换为显示码函数的作用是根据PS/2键盘的键值来查找通码,并取得通码的顺序码(即通码的位置),最后根据顺序码来查找出显示码,即可在数码管上显示出来。例如,从PS/2键盘上输入数字2时,查表9-2可知,键盘上的数字2的通码是1EH,1EH在code PS2_data[]数组中的顺序为第2个(从0开始数),即顺序码为2。根据顺序码2,再查seg_data数组,可知顺序码2的显示码为0xa4。将0xa4送到P0口,同时打开P2.7,在第8只数码管上就可以显示出数字2。

4. 实现方法

① 打开 Keil C51 软件,建立工程项目,再建立一个名为 ch9_6.c 的源程序文件,输入上面源程序。对源程序进行编译、链接,产生 ch9_6.hex 目标文件。

② 将 DD-900 实验开发板 JP1 的 DS、V_{CC} 两插针短接,为数码管供电;同时,将 PS/2 键盘与 DD-900 实验开发板的 PS/2 接口连接好。

③ 将 STC89C51 单片机插到锁紧插座,把 ch9_6.hex 文件下载到 STC89C51 中。从 PS/2 键盘上输入数字和字母,观察数码管上显示是否正确。

该实验程序在附光盘的 ch9\ch9_6 文件夹中。

9.3.3 实例解析7——数码管显示PS/2左、右键盘键值

1. 实现功能

在 DD-900 实验开发板上进行实验:将 PS/2 键盘上的 0~9、a~f 显示在第8只数码管上。按 NumLock 键,数码管显示 n,同时 PS/2 键盘上的 NumLock 灯亮,右边的小键盘上的数字键有效。再按 NumLock 键,NumLock 灯灭,同时,右边的小键盘上的数字键无效。按下没有定义的键,数码管显示"—"。

2. 源程序

该源程序与上例源程序基本一致,只是增加了对小键盘的控制和显示功能,详细源程序在附光盘的 ch9\ch9_7 文件夹中。

第 10 章

LED 数码管实例解析

单片机系统中常用 LED 数码管来显示各种数字或符号,由于这种显示器显示清晰、亮度高,并且接口方便,价格低廉,因此被广泛应用于各种控制系统中。在本章中,将通过几个重要实例,演示数码管显示的编程方法和技巧。

10.1 LED 数码管基本知识

10.1.1 LED 数码管的结构

LED 是发光二极管的简称,其 PN 结是用某些特殊的半导体材料(如磷砷化镓)做成的。当外加正向电压时,可以将电能转换成光能,从而发出清晰悦目的光线。如果将多个 LED 管排列好并封装在一起,就成为 LED 数码管。LED 数码管的结构示意图如图 10-1 所示。

图中,LED 数码管内部是 8 只发光二极管,a、b、c、d、e、f、g、dp 是发光二极管的显示段位,除 dp 制成圆形用以表示小数点外,其余 7 只全部制成条形,并排列成图 10-1 所示的 8 字形状。每只发光二极管都有一根电极引到外部引脚上,而另外一根电极全部连接在一起,引到外引脚,称为公共极(COM)。

LED 数码管分为共阳型和共阴型两种,共阳型 LED 数码管是把各个发光二极管的阳极都连在一起,从 COM 端引出,阴极分别从其他 8 根引脚引出,如图 10-2(a)所示。使用时,公

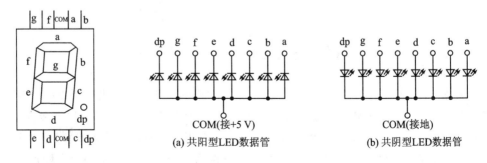

图 10-1　LED 数码管的结构示意图　　图 10-2　共阳和共阴型 LED 数码管的内部电路

共阳极接+5 V,这样,阴极端输入低电平的发光二极管就导通点亮,而输入高电平的段则不能点亮。共阴型 LED 数码管是把各个发光二极管的阴极都接在一起,从 COM 端引出,阳极分别从其他 8 根引脚引出,如图 10-2(b)所示。使用时,公共阴极接地,这样,阳极端输入高电平的发光二极管就导通点亮,而输入低电平的段则不能点亮。在购买和使用 LED 数码管时,必须说明是共阴还是共阳结构。

在 DD-900 实验开发板中,采用两组共阳型 LED 数码管。其中,每组都集成有 4 个 LED 数码管,每组数码管结构如图 10-3 所示。这样,2 组共可显示 8 位数字(或符号)。

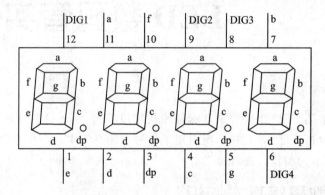

图 10-3　DD-900 实验开发板一组 LED 数码管结构示意图

图中,a、b、c、d、e、f、g、dp 是显示段位,接单片机的 P0 口,DIG1、DIG2、DIG3、DIG4 是公共极,也称位控制端口。由于该数码管为共阳型,因此,当 DIG1 接+5 V 电源时,第 1 个 LED 数码管工作;当 DIG2 接+5 V 电源时,第 2 个 LED 数码管工作;当 DIG3 接+5 V 电源时,第 3 个 LED 数码管工作;当 DIG4 接+5 V 电源时,第 4 个 LED 数码管工作。

数码管是否正常,可方便地用数字万用表进行检测。以图 10-3 所示数码管为例,判断的方法是:用数字万用表的红表笔接第 12 引脚,黑表笔分别接 a(第 11 引脚)、b(第 7 引脚)、c(第 4 引脚)、d(第 2 引脚)、e(第 1 引脚)、f(第 10 引脚)、g(第 5 引脚)、dp(第 3 引脚),最左边的数码管的相应段位应点亮;同理,将数字万用表的红表笔分别接第 9 引脚、第 8 引脚、第 6 引脚,黑表笔接段位引脚,其他 3 只数码管的相应段位也应点亮。若检测中发现哪个段位不亮,则说明该段位损坏。

需要说明的是,LED 数码管的工作电流为 3~10 mA。当电流超过 30 mA 后,有可能把数码管烧坏。因此,使用数码管时,应在每个显示段位引脚串联一只限流电阻,电阻大小一般为 470 Ω~1 kΩ。

10.1.2　LED 数码管的显示码

根据 LED 数码管结构可知,如果希望显示 8 字,那么除了 dp 段不要点亮以外,其余段全部点亮。同理,如果要显示 1,那么,只需 b、c 两个段点亮。对于共阳结构,就是要把公共端 COM 接到电源正极,而 b、c 两个负极分别经过一个限流电阻后接低电平;对于共阴结构,就是要把公共端 COM 接低电平(电源负极),而 b、c 两个正极分别经一个限流电阻后接到高电平。按照同样的方法分析其他显示数和字型码,如表 10-1 所列。

第10章 LED数码管实例解析

表10-1 8段LED数码管段位与显示字型码的关系

显示	共阳									共阴								
	dp	g	f	e	d	c	b	a	十六进制数	dp	g	f	e	d	c	b	a	十六进制数
0	1	1	0	0	0	0	0	0	0xc0	0	0	1	1	1	1	1	1	0x3f
1	1	1	1	1	1	0	0	1	0xf9	0	0	0	0	0	1	1	0	0x06
2	1	0	1	0	0	1	0	0	0xa4	0	1	0	1	1	0	1	1	0x5b
3	1	0	1	1	0	0	0	0	0xb0	0	1	0	0	1	1	1	1	0x4f
4	1	0	0	1	1	0	0	1	0x99	0	1	1	0	0	1	1	0	0x66
5	1	0	0	1	0	0	1	0	0x92	0	1	1	0	1	1	0	1	0x6d
6	1	0	0	0	0	0	1	0	0x82	0	1	1	1	1	1	0	1	0x7d
7	1	1	1	1	1	0	0	0	0xf8	0	0	0	0	0	1	1	1	0x07
8	1	0	0	0	0	0	0	0	0x80	0	1	1	1	1	1	1	1	0x7f
9	1	0	0	1	0	0	0	0	0x90	0	1	1	0	1	1	1	1	0x6f
a	1	0	0	0	1	0	0	0	0x88	0	1	1	1	0	1	1	1	0x77
b	1	0	0	0	0	0	1	1	0x83	0	1	1	1	1	1	0	0	0x7c
c	1	1	0	0	0	1	1	0	0xc6	0	0	1	1	1	0	0	1	0x39
d	1	0	1	0	0	0	0	1	0xa1	0	1	0	1	1	1	1	0	0x5e
e	1	0	0	0	0	1	1	0	0x86	0	1	1	1	1	0	0	1	0x79
f	1	0	0	0	1	1	1	0	0x8e	0	1	1	1	0	0	0	1	0x71
h	1	0	0	0	1	0	0	1	0x89	0	1	1	1	0	1	1	0	0x76
l	1	1	0	0	0	1	1	1	0xc7	0	0	1	1	1	0	0	0	0x38
p	1	0	0	0	1	1	0	0	0x8c	0	1	1	1	0	0	1	1	0x73
u	1	1	0	0	0	0	0	1	0xc1	0	0	1	1	1	1	1	0	0x3e
y	1	0	0	1	0	0	0	1	0x91	0	1	1	0	1	1	1	0	0x6e
灭	1	1	1	1	1	1	1	1	0xff	0	0	0	0	0	0	0	0	0x00

提示：以上显示码是将a、b、c、d、e、f、g、dp接到单片机的P0.0、P0.1、P0.2、P0.3、P0.4、P0.5、P0.6、P0.7上得到的(这是最为广泛的一种接法，DD-900实验开发板也采用这种接法)，这种规定和定义并非是一成不变的。在实际应用中，为了减少走线交叉和便于电路板布线，设计者可能会打乱以上接法。例如，将a接P0.7引脚、将b接到P0.4引脚等，此时，得到的显示码会与上表不一致，设计者必须根据线路的具体接法，编制出相应的"显示码表"，否则，会引起显示混乱。

10.1.3 LED数码管的显示方式

LED数码管有静态和动态两种显示方式，下面分别进行介绍。

1. 静态显示方式

所谓静态显示，就是当显示某一个数字时，代表相应笔划的发光二极管恒定发光。例如8段数码管的a、b、c、d、e、f笔段亮时显示数字0；b、c亮时显示1；a、b、d、e、g亮时显示2等。

图10-4是共阳型LED数码管静态显示电路。每位数码管的公共端COM接在一起接正电压。段选线分别通过限流电阻与段驱动电路连接。限流电阻的阻值根据驱动电压和

LED 的额定电流确定。

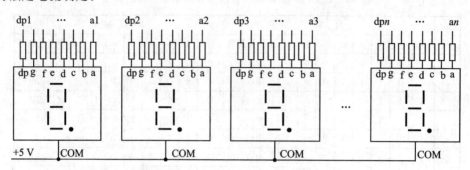

图 10-4　静态显示电路

静态显示的优点是显示稳定,在驱动电流一定的情况下显示的亮度高;缺点是使用元器件较多(每一位都需要一个驱动器,每一段都需要一个限流电阻),连接线多。

2. 动态显示方式

上面介绍的静态显示方法的最大缺点是使用元件多、引线多、电路复杂,而动态显示使用的元件少、引线少、电路简单。仅从引线角度考,静态显示从显示器到控制电路的基本引线数为"段数×位数",而动态显示从显示器到控制电路的基本引线数为"段数+位数"。以 8 位显示为例,动态显示时的基本引线数为 7+8＝15(无小数点)或 8+8＝16(有小数点);而静态显示的基本引线数为 7×8＝56(无小数点)或 8×8＝64(有小数点)。因此,静态显示的引线数大多会给实际安装、加工工艺带来困难。

动态显示是把所有 LED 数码管的 8 个显示段位 a、b、c、d、e、f、g、dp 的各同名段端互相并接在一起,并把它们接到单片机的段输出口上。为了防止各数码管同时显示相同的数字,各数码管的公共端 COM 还要受到另一组信号控制,即把它们接到单片机的位输出口上。图 10-5 是 DD-900 实验开发板 8 位 LED 数码管采用动态显示方法的接线图。

从图中可以看出,8 只数码管由两组信号来控制:一组是段输出口(P0 口),输出显示码(段码),用来控制显示的字形;另一组是位输出口(P2 口),输出位控制信号,用来选择第几位数码管工作,称为位码。当 P2.0 为低电平时,三极管 Q20 导通,于是,+5 V 电源经 Q20 的 ec 结加到第 1 位数码管的公共端 DIG1,第 1 位数码管工作;同时,当 P2.1 为低电平时,第 2 位数码管工作……当 P2.7 为低电平时,第 8 位数码管工作。

当数码管的 P0 段口加上显示码后,如果使 P2 各位轮流输出低电平,则可以使 8 位数码管一位一位地轮流点亮,显示各自的数码,从而实现动态扫描显示。在轮流点亮一遍的过程中,每位显示器点亮的时间是极为短暂的(几 ms)。由于 LED 具有余辉特性以及人眼的"视觉暂留"惰性,尽管各位数码管实际上是分时断续地显示,但只要适当选取扫描频率,给人眼的视觉印象就会是在连续稳定地显示,并不察觉有闪烁现象。

对于图 10-5 所示的动态显示电路,当定时扫描时间选择为 2 ms 时,则扫描 1 只数码管需要 2 ms,扫描完 8 只数码管需要 16 ms。这样,1 s 可扫描 8 只数码管 1 000/16≈63 次。由于扫描速度足够快,加之人眼的视觉暂留特性,因此,感觉不到数码管的闪动。

如果将定时扫描时间改为 5 ms,则扫描 8 个数码管需要 5 ms×8＝40 ms,这样,1 s 只扫描 1 000/50≈20 次。由于扫描速度不够快,因此,人眼会感觉到数码管的闪动。

第 10 章　LED 数码管实例解析

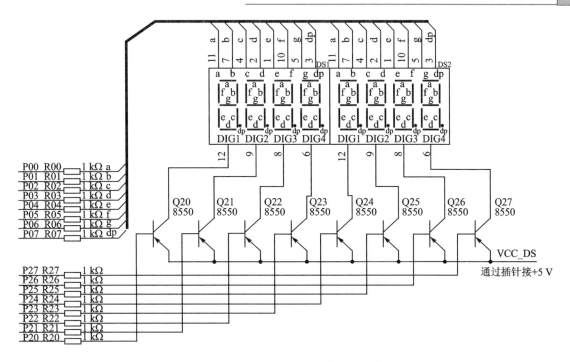

图 10-5　8 位 LED 数码管动态显示电路

实际编程时,应根据显示的位数和扫描频率来设定定时扫描时间。一般而言,只要扫描频率在 40 次以上,基本看不出显示数字的闪动。

10.2　LED 数码管实例解析

10.2.1　实例解析 1——程序控制动态显示

1. 实现功能

在 DD-900 实验开发板上进行实验:在 LED 数码管上显示 1~8,同时,蜂鸣器不停地鸣叫。有关电路参见第 3 章图 3-4 和图 3-20。

2. 源程序

根据要求,编写的源程序如下:

```
#include <reg51.h>
#define uchar unsigned char
#define uint unsigned int
sbit BEEP = P3^7;                       //定义蜂鸣器
uchar code bit_tab[] = {0xfe,0xfd,0xfb,0xf7,0xef,0xdf,0xbf,0x7f};
                                        //位选表,用来选择哪一只数码管进行显示
uchar code seg_data[] = {0xc0,0xf9,0xa4,0xb0,0x99,0x92,0x82,0xf8,0x80,0x90,0x88,0x83,0xc6,
0xa1,0x86,0x8e,0xff};                   //0~F 和熄灭符的显示码(字形码)
```

```c
uchar disp_buf[] = {1,2,3,4,5,6,7,8};      //定义显示缓冲单元,并赋值
/********以下是延时函数********/
void Delay_ms(uint xms)
{
    uint i,j;
    for(i = xms;i>0;i--)                   //i = xms 即延时约 xms
        for(j = 110;j>0;j--);
}
/*********以下是蜂鸣器响一声函数********/
void  beep()
{
    BEEP = 0;                              //打开蜂鸣器
    Delay_ms(100);
    BEEP = 1;                              //关闭蜂鸣器
    Delay_ms(100);
}
/********以下是显示函数********/
void Display()
{
    uchar i;
    uchar tmp;                             //定义显示暂存
    static uchar disp_sel = 0;             //显示位选计数器,显示程序通过它得知现正显示哪个数
                                           //码管,初始值为 0
    for(i = 0;i<8;i++)                     //扫描 8 次,将 8 只数码管扫描一遍
    {
        tmp = bit_tab[disp_sel];           //根据当前的位选计数值决定显示哪只数码管
        P2 = tmp;                          //送 P2 控制被选取的数码管点亮
        tmp = disp_buf[disp_sel];          //根据当前的位选计数值查的数字的显示码
        tmp = seg_data[tmp];               //取显示码
        P0 = tmp;                          //送到 P0 口显示出相应的数字
        Delay_ms(2);                       //延时 2 ms
        P2 = 0xff;                         //关显示,每扫描一位数码管后都要关断一次
        disp_sel++;                        //位选计数值加 1,指向下一个数码管
        if(disp_sel == 8)
        disp_sel = 0;                      //如果 8 个数码管显示了一遍,则让其回 0,重新再扫描
    }
}
/********以下是主函数********/
void main()
{
    while(1)
    {
        beep();                            //调蜂鸣器响一声函数
        Display();                         //调显示函数
    }
}
```

3. 源程序释疑

该源程序比较简单，主函数中，首先初始化各显示缓冲区，然后控制蜂鸣器不断地响一声，最后调用显示函数，将显示缓冲单元 disp_buf 中的数字 1～8 通过 8 只数码管显示出来。

该例显示函数采用程序控制动态显示方式，也就是说，显示函数由主函数不断地进行调用来实现显示。显示函数流程图如图 10-6 所示。该显示函数具有较强的通用性，稍加修改甚至不用修改，即可用到其他产品中。

为便于读者对动态显示有一个深入的了解，下面再简要说明以下几点：

① 在显示函数 Display 中，将位选计数器 disp_sel 定义为静态局部变量，其初始值为 0。每次调用显示函数结束时，disp_sel 所占用的存储单元不释放，在下次调用显示函数，disp_sel 就是上一次显示函数调用结束时的值，因此，disp_sel 的值能够在 0～7 之间变化，从而能够将 8 只数码管全部扫描到。若将 disp_sel 定义为自动局部变量（即取消 disp_sel 前面的 static），则 disp_sel 的值始终是 0。这样，只能扫描第一位数码管，其他 7 只数码管不能扫描到。这是因为，对于自动局部变量，当调用函数结束时，其存储单元被释放，下次再调用函数时，再重新分配单元，因此，自动局部变量的值不能被保留。

② 主函数在一个无限循环中，扫描一遍数码管（扫描 1 只数码管需 2 ms，扫描 8 只数码管需要 2 ms×8=16 ms），控制蜂鸣器响一声（100 ms×2=200 ms）。这样，共需 16 ms+200 ms=216 ms，扫描频率为 1 000/216≈5 次。由于扫描频率太低，因此，数码管显示时会有严重的闪烁现象。

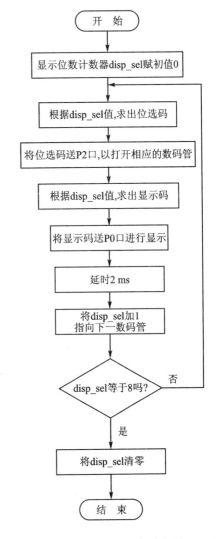

图 10-6 显示函数流程图

要使数码管不出现闪烁现象，则在两次调用显示函数 Display 之间所用的时间必须很短。为了验证一下，我们将主函数中的"beep();"语句删除，此时，主函数一个循环中需要的时间则为 16 ms，扫描频率为 1 000/16≈63 次，这个扫描频率足够高，因此，数码管显示时未出现闪烁现象。

实际工作中，CPU 要做的事情很多，在两次调用显示函数 Display() 之间的时间间隔很难确定，也很难保证所有工作都能在很短时间内完成，因此，采用程序控制动态显示方式时，一定要考虑 CPU 做其他事情的用时情况，若用时过长，就会引起数码管的闪烁。

③ 这个显示函数比较"浪费"时间，每位数码管显示时都要占用 CPU 的 2 ms 时间，显示 8 个数码管，就要占用 16 ms。也就是说，在这 16 ms 之内，CPU 必须"耐心"地进行等待，16 ms

过后才能处理其他事情。处理完后,还要再不断地等待 16 ms……对于我们来说,16 ms 是那么的短暂,以致于我们无法感觉出来,但对于以 μs 来计算的 CPU 来说,16 ms 无疑是十分漫长的!

总之,程序控制动态显示方式应当应用在 CPU 处理事情占用时间较少的情况下,若主函数中含有延时较长的延时函数,不易采用这种显示方式。

那么,若主函数中含有延时较长的延时函数时,如何进行显示呢?将在下一实例中进行讲解和演练。

④ 请读者将以上源程序改动以下两点:一是将主函数中的"beep();"语句删除;二是将显示函数 Display 中的延时时间由 2 ms 改为 500 ms,即将"Delay_ms(2);"改为"Delay_ms(500);"。改动以上两点后,重新编译,生成 .hex 文件,下载到单片机中。实验时就会发现,LED 数码管会从左到右依次逐位显示"1→2→3→4→5→6→7→8",时间间隔为 500 ms。从这个实验可以清楚地看到动态扫描的"慢动作"。在延时时间为 2 ms 时,LED 数码管也是这样逐位扫描的,只是由于延时时间很短,看起来是 8 只数码管同时显示,实际上,您的眼睛被它"欺骗"了!

4. 实现方法

① 打开 Keil C51 软件,建立工程项目,再建立一个名为 ch10_1.c 的源程序文件,输入上面源程序。对源程序进行编译、链接,产生 ch10_1.hex 目标文件。

② 将 DD-900 实验开发板 JP1 的 DS、V_{CC} 两插针短接,为数码管供电。

③ 将 STC89C51 插到 DD-900 实验开发板的锁紧插座上,把 ch10_1.hex 目标文件下载到单片机中,观察数码管的显示情况。

正常情况下,若蜂鸣器使用"Delay_ms(10);"延时时(两条延时语句共延时 20 ms),数码管会出现闪烁现象;当蜂鸣器使用"Delay_ms(2);"延时时(两条延时语句共延时 4 ms),数码管不会出现闪烁现象。读者可按以上要求修改源程序,分别进行调试,同时观察数码管的显示情况。

该实验程序在附光盘的 ch10\ch10_1 文件夹中。

10.2.2 实例解析 2——定时中断动态显示

1. 实现功能

该实验与上例实现功能一样,即在 LED 数码管上显示 1~8,同时,蜂鸣器不停地鸣叫。

2. 源程序

根据要求,编写的源程序如下:

```
#include <reg51.h>
#define uchar unsigned char
#define uint unsigned int
sbit BEEP = P3^7;                    //定义蜂鸣器
uchar code bit_tab[] = {0xfe,0xfd,0xfb,0xf7,0xef,0xdf,0xbf,0x7f};
                                     //位选表,用来选择哪只数码管显示
```

```c
uchar code seg_data[] = {0xc0,0xf9,0xa4,0xb0,0x99,0x92,0x82,0xf8,0x80,0x90,0x88,0x83,0xc6,
0xa1,0x86,0x8e,0xff};              //0~F 和熄灭符的显示码(字形码)
uchar disp_buf[] = {1,2,3,4,5,6,7,8};  //定义显示缓冲单元,并赋值
/*********以下是延时函数********/
void Delay_ms(uint xms)
{
    uint i,j;
    for(i = xms;i>0;i--)           //i = xms 即延时约 xms
        for(j = 110;j>0;j--);
}
/**********以下是蜂鸣器响一声函数********/
void  beep()
{
    BEEP = 0;                      //打开蜂鸣器
    Delay_ms(100);
    BEEP = 1;                      //关闭蜂鸣器
    Delay_ms(100);
}
/********以下是显示函数********/
void Display()
{
    uchar tmp;                     //定义显示暂存
    static uchar disp_sel = 0;     //显示位选计数器,显示程序通过它得知现正显示哪个数
                                   //码管,初始值为 0
    tmp = bit_tab[disp_sel];       //根据当前的位选计数值决定显示哪只数码管
    P2 = tmp;                      //送 P2 控制被选取的数码管点亮
    tmp = disp_buf[disp_sel];      //根据当前的位选计数值查的数字的显示码
    tmp = seg_data[tmp];           //取显示码
    P0 = tmp;                      //送到 P0 口显示出相应的数字
    disp_sel ++;                   //位选计数值加 1,指向下一个数码管
    if(disp_sel == 8)
        disp_sel = 0;              //如果 8 个数码管显示了一遍,则让其回 0,重新再扫描
}
/********* 以下是定时器 T0 初始化函数********/
void  timer0_init()
{
    TMOD = 0x01;                   //工作方式 1
    TH0 = 0xf8;TL0 = 0xcc;         //定时时间为 2 ms 计数初值
    EA = 1;ET0 = 1;                //开总中断和定时器 T0 中断
    TR0 = 1;                       //T0 开始运行
}
/********* 以下是主函数********/
void main()
{
    timer0_init();                 //调定时器 T0 初始化函数
```

```
        while(1)
        {
            beep();                      //调蜂鸣器响一声函数
        }
}
/********以下是定时器 T0 中断函数********/
void    timer0()  interrupt 1
{
        TH0 = 0xf8;    TL0 = 0xcc;      //重置计数初值,定时时间为 2 ms
        Display();                       //调显示函数
}
```

3. 源程序释疑

该源程序采用定时中断动态显示方式,显示函数与上例相比,主要少了以下几条语句:一是 2 ms 的延时语句"Delay_ms(2);",二是 for 循环语句,三是"P2=0xff;"语句,其他部分完成相同。

专家点拨: 实例解析1和实例解析2虽然显示函数十分相似,但 CPU 的工作方式却有着较大的不同。

对于程序控制动态显示方式(实例解析1),CPU 的工作方式为:CPU 干自己的活(控制蜂鸣器响一声)→调显示函数→显示第1位,延时 2 ms→显示第2位,延时 2 ms……→显示第8位,延时 2 ms→扫描完毕。可以看出,这种显示方式的特点是:CPU 干完自己的活后,再显示8位数码管,显示完8位后,再接着干自己的活,循环往复。

对于定时中断动态显示方式(实例解析2),CPU 的工作方式为:CPU 干自己的活(控制蜂鸣器响)→2 ms 后,定时中断发生,CPU 转入定时中断服务程序→调显示子程序,显示第1位,退出中断→CPU 继续干自己的活(继续控制蜂鸣器响)→2 ms 后,定时中断又发生,CPU 转入定时中断服务程序,显示第2位,退出中断→CPU 继续干自己的活……→中断8次后,CPU 扫描完8位数码管。可以看出,这种显示方式的特点是:CPU 先干 2 ms 自己的活(有可能干不完),再显示1位数码管,显示完1位后,再接着干 2 ms 自己的活,再显示第2位……

本程序中,采用了定时器 T0 方式1进行定时,并将定时时间设置为 2 ms(计数初值为 0xf8cc),即每位数码管的扫描时间为 2 ms,扫描 8 个数码管需要 2 ms×8=16 ms。这样,1 s 可扫描 1 000/16≈63 次,由于扫描速度足够快,数码管的显示是稳定的。另外,CPU 只有定时中断时才进行扫描,平时总是忙于自己的工作(如本例控制蜂鸣器发声),可谓"工作"、"显示"两不误!

采用定时中断是实现快速稳定显示最为有效的方法。那么,只要采用定时中断,是不是都可以使数码管显示稳定呢?不一定!读者可试着将定时时间改为 5 ms(将计数初值改为 0xee00),也就是说,让 CPU 每 5 ms 去"看一眼"数码管,您会发现,数码管就会变得"不听话"了,显示的数字开始不停地闪动。为什么改动一下定时时间会引起数码管闪动呢?这是因为,定时时间设为 5 ms 时,扫描 8 个数码管需要 5 ms×8=40 ms,这样,1 s 只能扫描 1 000/50=20 次,由于扫描速度不够快,人眼可以感觉到数码管的闪动。因此,采用定时中断方式扫描数码管时,一定要合理设置定时时间。

第10章 LED数码管实例解析

4. 实现方法

① 打开 Keil C51 软件,建立工程项目,再建立一个名为 ch10_2.c 的源程序文件,输入上面源程序。对源程序进行编译、链接,产生 ch10_2.hex 目标文件。

② 将 DD-900 实验开发板 JP1 的 DS、V_{CC} 两插针短接,为数码管供电。

③ 将 STC89C51 单片机插到锁紧插座,把 ch10_2.hex 文件下载到 STC89C51 中。观察数码管的显示是否正常。

该实验程序在附光盘的 ch10\ch10_2 文件夹中。

10.2.3 实例解析 3——简易数码管电子钟

1. 实现功能

在 DD-900 实验开发板上实现数码管电子钟功能:开机后,数码管显示"23-59-45"并开始运行。按 K1 键(设置键)时钟停止,蜂鸣器响一声;按 K2 键(小时加 1 键),小时加 1;按 K3 键(分钟加 1 键),分钟加 1;调整完成后按 K4 键(运行键),蜂鸣器响一声后时钟继续运行。有关电路参见第 3 章图 3-4、图 3-17 和图 3-20。

2. 源程序

时钟一般是由运行、显示和调整时间 3 项基本功能组成,这些功能在单片机时钟里主要由软件设计体现出来。

运行部分可利用定时器 T1 来完成,例如,设置定时器 T1 工作在模式 1 状态下,设置每隔 10 ms 中断一次,中断 100 次正好是 1 s。中断服务程序里记载着中断的次数,中断 100 次为 1 s,60 s 为 1 min,60 min 为 1 h,24 h 为 1 d。

时钟的显示使用 8 位 LED 数码管,可显示出"××-××-××"格式的时间,其软件设计原理是:将转换函数得到的数码管显示数据,输入到显示缓冲区,再加到数码管 P0 口(段口)。同时,由定时器 T0 产生 2 ms 的定时,即每隔 2 ms 中断一次,对 8 位 LED 数码管不断进行扫描,即可在 LED 数码管上显示出时间。

调整时钟时间是利用了单片机的输入功能,把按键开关作为单片机的输入信号,通过检测被按下的开关,从而执行赋予该开关的调整时间功能。

因此,在设计程序时把单片机时钟功能分解为运行、显示和调整时间 3 个主要部分。每一部分的功能通过编写相应的功能函数或中断函数来完成,然后再通过主函数或中断函数的调用,使这 3 部分有机地连在一起,从而完成 LED 数码管电子钟的设计。

这里要再次提醒读者的是,主函数没有办法调用中断函数,中断函数是一种和主函数交叉运行的程序。也就是说,在主函数运行时,若有中断发生,开始运行中断函数,中断函数运行完毕,再回头运行主函数。无论是主函数,还是中断函数,它们都可以根据需要调用相应的功能函数。

根据以上设计思路,编写的源程序如下:

```
#include <reg51.h>
#define uchar unsigned char
```

```c
#define uint unsigned int
uchar hour = 23,min = 59,sec = 45;          //定义小时、分钟和秒变量
uchar count_10ms;                            //定义 10 ms 计数器
sbit    K1  = P3^2;                          //定义 K1 键
sbit    K2  = P3^3;                          //定义 K2 键
sbit    K3  = P3^4;                          //定义 K3 键
sbit    K4  = P3^5;                          //定义 K4 键
sbit    BEEP = P3^7;                         //定义蜂鸣器
bit K1_FLAG = 0;                             //定义按键标志位,按下 K1 键置 1,否则清零
uchar code bit_tab[] = {0xfe,0xfd,0xfb,0xf7,0xef,0xdf,0xbf,0x7f};
                                             //位选表,用来选择哪只数码管进行显示
uchar code seg_data[] = {0xc0,0xf9,0xa4,0xb0,0x99,0x92,0x82,0xf8,0x80,0x90,0x88,0x83,0xc6,
0xa1,0x86,0x8e,0xff,0xbf};                   //0~F、熄灭符和字符"-"的显示码(字形码)
uchar disp_buf[8];                           //定义显示缓冲单元
/********以下是延时函数********/
void Delay_ms(uint xms)
{
    uint i,j;
    for(i = xms;i>0;i--)                     //i = xms 即延时约 xms
        for(j = 110;j>0;j--);
}
/*********以下是蜂鸣器响一声函数********/
void  beep()
{
    BEEP = 0;                                //蜂鸣器响
    Delay_ms(100);
    BEEP = 1;                                //关闭蜂鸣器
    Delay_ms(100);
}
/******以下是时钟运行转换函数,负责将时钟运行数据转换为适合数码管显示的数据*******/
void conv(uchar in1,in2,in3)                 //形参 in1、in2、in3 接收实参 hour、min、sec 传来的数据
{
    disp_buf[0] = in1/10;                    //小时十位
    disp_buf[1] = in1 % 10;                  //小时个位
    disp_buf[3] = in2/10;                    //分钟十位
    disp_buf[4] = in2 % 10;                  //分钟个位
    disp_buf[6] = in3/10;                    //秒十位
    disp_buf[7] = in3 % 10;                  //秒个位
    disp_buf[2] = 17;                        //第 3 只数码管显示"-"(在 seg_data 表的第 17 位)
    disp_buf[5] = 17;                        //第 6 只数码管显示"-"
}
/********以下是显示函数********/
void Display()
{
    uchar tmp;                               //定义显示暂存
```

```
        static uchar disp_sel = 0;          //显示位选计数器,显示程序通过它得知现正显示哪
                                            //个数码管,初始值为0
        tmp = bit_tab[disp_sel];            //根据当前的位选计数值决定显示哪只数码管
        P2 = tmp;                           //送 P2 控制被选取的数码管点亮
        tmp = disp_buf[disp_sel];           //根据当前的位选计数值查的数字的显示码
        tmp = seg_data[tmp];                //取显示码
        P0 = tmp;                           //送到 P0 口显示出相应的数字
        disp_sel ++ ;                       //位选计数值加 1,指向下一个数码管
        if(disp_sel == 8)
        disp_sel = 0;                       //如果 8 个数码管显示了一遍,则让其回 0,重新再扫描
}
/* * * * * * * * 以下是定时器 T0 中断函数,用于数码管的动态扫描* * * * * * * */
void timer0() interrupt 1
{
        TH0 = 0xf8;TL0 = 0xcc;              //重装计数初值,定时时间为 2 ms
        Display();                          //调显示函数
}
/* * * * * * * * 以下是定时器 T1 中断函数,用于产生秒、分和时信号* * * * * * * */
void timer1() interrupt 3
{
        TH1 = 0xdc;TL0 = 0x00;              //重装计数初值,定时时间为 10 ms
        count_10ms ++ ;                     //10 ms 计数器加 1
        if(count_10ms >= 100)
        {
            count_10ms = 0;                 //计数 100 次后恰好为 1 s,此时 10ms 计数器清零
            sec ++ ;                        //秒加 1
            if(sec == 60)
            {
                sec = 0;
                min ++ ;                    //若到 60 s,则分加 1
                if(min == 60)
                {
                    min = 0;
                    hour ++ ;               //若到 60 min,则时加 1
                    if(hour == 24)
                    {
                        hour = 0;min = 0;sec = 0;//若到 24 h,则时、分和秒单元清零
                    }
                }
            }
        }
}
/* * * * * * * * 以下是按键处理函数,用来对按键进行处理* * * * * * * */
void   KeyProcess()
{
```

```c
        TR1 = 0;                        //若按下 K1 键,则定时器 T1 关闭,时钟暂停
        if(K2 == 0)                     //若按下 K2 键
        {
            Delay_ms(10);               //延时去抖
            if(K2 == 0)
            {
                while(!K2);             //等待 K2 键释放
                beep();
                hour ++ ;                //时调整
                if(hour == 24)
                {
                    hour = 0;
                }
            }
        }
        if(K3 == 0)                     //若按下 K3 键
        {
            Delay_ms(10);
            if(K3 == 0)
            {
                while(!K3);             //等待 K3 键释放
                beep();
                min ++ ;                 //分调整
                if(min == 60)
                {
                    min = 0;
                }
            }
        }
        if(K4 == 0)                     //若按下 K4 键
        {
            Delay_ms(10);
            if(K4 == 0)
            {
                while(!K4);             //等待 K4 键释放
                beep();
                TR1 = 1;                 //调整完毕后,时钟恢复运行
                K1_FLAG = 0;             //将 K1 键按下标志位清零
            }
        }
    }
}
/*********以下是定时器 T0/T1 初始化函数********/
void timer_init()
{
    TMOD = 0x11;                        //定时器 T0/T1 工作模式 1,16 位定时方式
```

```c
        TH0 = 0xf8;TL0 = 0xcc;           //装定时器T0计数初值,定时时间为2 ms
        TH1 = 0xdc;TL1 = 0x00;           //装定时器T1计数初值,定时时间为10 ms
        EA = 1;ET0 = 1;ET1 = 1;          //开总中断和定时器T0、T1中断
        TR0 = 1;TR1 = 1;                 //启动定时器T0、T1
}
/********以下是主函数********/
void main(void)
{
    P0 = 0xff;
    P2 = 0xff;
    timer_init();                        //调定时器T0、T1初始化函数
    while(1)
    {
        if(K1 == 0)                      //若K1键按下
        {
            Delay_ms(10);                //延时10 ms去抖
            if(K1 == 0)
            {
                while(!K1);              //等待K1键释放
                beep();                  //蜂鸣器响一声
                K1_FLAG = 1;             //K1键标志位置1,以便进行时钟调整
            }
        }
        if(K1_FLAG == 1)KeyProcess();    //若K1_FLAG为1,则进行时钟调整
        conv(hour,min,sec);              //调时钟运行转换函数
    }
}
```

3. 源程序释疑

该源程序主要由主函数、定时器T0/T1初始化函数、定时器T0中断函数、定时器T1中断函数、显示函数、按键处理函数、时钟运行转换函数、蜂鸣器函数、延时函数等组成。这些小程序功能基本独立,像一块块积木,将它们有序地组合到一起,就可以完成电子钟的显示、运行及调整功能。因此,这个源程序虽然稍复杂,但十分容易分析和理解。

(1) 主函数

主函数首先是初始化定时器T0/T1,然后判断K1键是否按下。若按下,将K1键标志位K1-FALG置1,并调用按键处理函数KeyProcess,对时钟进行调整。在主函数最后,调用转换函数,将时单元hour、分单元min、秒单元sec中的数值转换为适合数码管显示的十位数和个位数,使开机时显示"23-59-45"。

(2) 定时器T0/T1初始化函数

定时器T0/T1初始化函数的作用是设置定时器T0的定时时间为2 ms(计数初值为0xf8cc),设置定时器T1的定时时间为10 ms(计数初值为0xdc00),并打开总中断、T0/T1中断以及开启T0/T1定时器。

(3) 定时器 T0 中断函数

在定时器 T0 中断函数中,首先重装计数初值(0xf8cc),然后,调用显示函数对数码管进行动态扫描。由于定时器 T0 的定时时间为 2 ms,因此,每隔 2 ms 就会进入一次定时器 T0 中断函数,扫描 1 位数码管。这样,进入 8 次中断函数,就可以将 8 只数码管扫描一遍,需要的时间为 2ms×8＝16 ms,扫描频率为 1 000/16≈63,这个频率足够快,不会出现闪烁现象。

(4) 时钟运行转换函数

时钟运行转换子程序 conv 的作用是将定时器 T1 中断函数中产生的时(hour)、分(min)、秒(sec)数据,转换成适应 LED 数码管显示的数据,并装入显示缓冲数组 disp_buf 中。

(5) 显示函数

显示函数的作用是将存入数组 disp_buf 中的时、分、秒数据以及"-"符号显示出来。

显示函数 Display 与实例解析 2 所使用的显示函数完全一致,这里不再分析。

需要说明的是,显示函数 Display 由定时器 T0 中断函数调用,在主函数和其他功能函数中,不必再调用 Display。

(6) 定时器 T1 中断函数

定时器 T1 可产生 10 ms 的定时(计数初值为 0xdc00),因此,每隔 10 ms 就会进入一次定时器 T1 中断函数,在中断函数中,可记录中断次数(存放在 count_10ms)。记满 100 次(10 ms×100＝1 000 ms)后,秒加 1;秒计满 60 次后,分加 1;分计满 60 次后,小时加 1;小时计满 24 次后,秒、分和时单元清零。定时器 T1 中断函数流程图如图 10-7 所示。

(7) 按键处理函数

按键处理函数用来对时钟进行设置,当单片机时钟每次重新启用时,都需要重新设置目前时钟的时间,其设置流程序如图 10-8 所示。

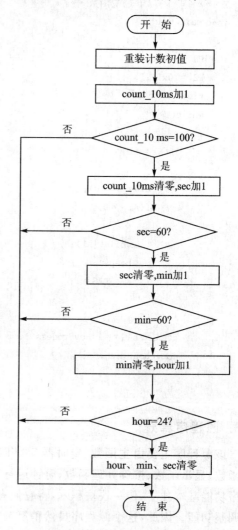

图 10-7　定时器 T1 中断函数流程图

4. 实现方法

① 打开 Keil C51 软件,建立工程项目,再建立一个名为 ch10_3.c 的源程序文件,输入上面源程序。对源程序进行编译、链接,产生 ch10_3.hex 目标文件。

② 将 DD-900 实验开发板 JP1 的 DS、V_{CC} 两插针短接,为数码管供电。

③ 将 STC89C51 单片机插到锁紧插座,把 ch10_3.hex 文件下载到 STC89C51 中。观察时钟的运行情况及时间调整功能是否正常。

该实验程序在附光盘的 ch10\ch10_3 文件夹中。

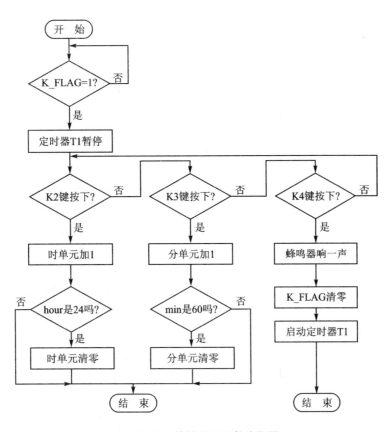

图 10-8　按键处理函数流程图

10.2.4　实例解析 4——具有闹铃功能的数码管电子钟

1. 实现功能

在 DD-900 实验开发板上实现带闹铃功能的 LED 数码管电子钟,主要功能如下:

① 开机后,数码管显示"23-59-45"并开始运行,如实例解析 3 一致。

② 按 K1 键(设置键)时钟停止,蜂鸣器响一声。此时,按 K2 键(小时加 1 键),小时加 1;按 K3 键(分钟加 1 键),分钟加 1;调整完成后按 K4 键(运行键),蜂鸣器响一声后时钟继续运行。与实例解析 3 一致。

③ 时钟设置完成并进入正常运行状态后,再按一下 K2 键,此时 K2 键为设置闹铃功能键,闹铃显示的初始值为"11-59-00"。

④ 进入闹铃设置状态后,再按 K2 键为小时调整,按 K3 键为分钟调整。

⑤ 闹铃设置完成后,按 K4 键可打开和关闭闹铃功能。若打开闹铃,蜂鸣器响 3 声;若关闭闹铃,蜂鸣器响一声。

⑥ 闹铃时间到后,蜂鸣器连续响,按 K4 键,则蜂鸣器关闭。

2. 源程序

在实例解析 3 的基础上,加装闹铃控制功能即可,具体源程序如下:

```c
#include <reg51.h>
#define uchar unsigned char
#define uint  unsigned int
uchar hour = 23, min = 59, sec = 45;          //定义时、分和秒变量
uchar count_10ms;                              //定义 10ms 计数器
sbit    K1 = P3^2;                             //定义 K1 键
sbit    K2 = P3^3;                             //定义 K2 键
sbit    K3 = P3^4;                             //定义 K3 键
sbit    K4 = P3^5;                             //定义 K4 键
sbit    BEEP = P3^7;                           //定义蜂鸣器
bit K1_FLAG = 0;                               //定义按键标志位,当按下 K1 键时,该位置 1,K1
                                               //键未按下时,该位为 0
bit K2_FLAG = 0;                               //定义按键标志位,当按下 K2 键时,该位置 1,K2
                                               //键未按下时,该位为 0
uchar code bit_tab[] = {0xfe,0xfd,0xfb,0xf7,0xef,0xdf,0xbf,0x7f};
                                               //位选表,用来选择哪只数码管进行显示
uchar code seg_data[] = {0xc0,0xf9,0xa4,0xb0,0x99,0x92,0x82,0xf8,0x80,0x90,0x88,0x83,0xc6,
0xa1,0x86,0x8e,0xff,0xbf};
                                               //0~F、熄灭符和字符"-"的显示码(字形码)
uchar disp_buf[8];                             //定义显示缓冲单元
bit   alarm = 0;                               //设置闹铃标志位:为 1,闹铃功能打开;为 0,闹
                                               //铃功能关闭
uchar   hour_a = 11, min_a = 59;               //闹铃时、分缓冲区
/********以下是延时函数********/
void Delay_ms(uint xms)
  :                                            //与实例解析 3 完全相同
/********以下是蜂鸣器响一声函数********/
void  beep()
  :                                            //与实例解析 3 完全相同
/********以下是闹铃转换函数,负责将闹铃数据转换为适合数码管显示的数据********/
void conv_a(uchar  in1,in2)                    //形参 in1、in2 接收实参 hour_a、min_a 传来的数据
{
    disp_buf[0] = in1 /10;                     //闹铃时十位
    disp_buf[1] = in1 %10;                     //闹铃时个位
    disp_buf[3] = in2 /10;                     //闹铃分十位
    disp_buf[4] = in2 %10;                     //闹铃分个位
    disp_buf[6] = 0;                           //闹铃秒十位
    disp_buf[7] = 0;                           //闹铃秒个位
    disp_buf[2] = 17;                          //第 3 只数码管显示"-"(在 seg_data 表的第 17 位)
    disp_buf[5] = 17;                          //第 6 只数码管显示"-"
}
/********以下是时钟运行转换函数,负责将运行数据转换为适合数码管显示的数据********/
void conv(uchar in1,in2,in3)                   //形参 in1、in2、in3 接收实参 hour、min、sec 传来的
                                               //数据
  :                                            //与实例解析 3 完全相同
```

/********以下是闹铃检查函数********/
```c
void AlarmCheck()
{
    if(alarm)                                    //若闹铃标志位为1
    {
        if((hour == hour_a)&&(min == min_a))     //若时钟的时、分与闹铃的时、分相等,则执行
        {
            while(K4){beep();}                   //未按下 K4 键,闹铃始终响
            while(!K4);                          //等待 K4 键释放
            alarm = 0;                           //闹铃标志位清零
        }
    }
}
```
/********以下是闹铃设置函数********/
```c
void AlarmSet()
{
    conv_a(hour_a,min_a);                        //调闹铃转换函数
    if((K2 == 0)&&(K2_FLAG == 1))                //若 K2 键按下后(K2_FLAG 为 1),再按下 K2 键
    {
        Delay_ms(10);                            //延时去抖
        if((K2 == 0)&&(K2_FLAG == 1))
        {
            while(!K2);                          //等待 K2 键释放
            beep();
            hour_a ++ ;                          //时调整
            if(hour_a == 24){hour_a = 0;}
        }
    }
    if((K3 == 0)&&(K2_FLAG == 1))                //若按下 K2 键后(K2_FLAG 为 1),再按下 K3 键
    {
        Delay_ms(10);
        if((K3 == 0)&&(K2_FLAG == 1))
        {
            while(!K3);                          //等待 K3 键释放
            beep();
            min_a ++ ;                           //分调整
            if(min_a == 60){min_a = 0;}
        }
    }
    if((K4 == 0)&&(K2_FLAG == 1))                //若按下 K2 键后(K2_FLAG 为 1),再按下 K4 键
    {
        Delay_ms(10);
        if((K4 == 0)&&(K2_FLAG == 1))
        {
            while(!K4);                          //等待 K4 键释放
```

```c
            alarm = ~ alarm;              //闹铃标志位取反,使 K4 键具有打开和关闭闹铃的
                                          //功能
            K2_FLAG = 0;                  //闹铃调整后将 K2_FLAG 清零
            if(alarm == 1){beep();beep();beep();}   //若闹铃开启(闹铃标志位为 1),则响 3 声
            else beep();                  //否则,若闹铃关闭(闹铃标志位为 0),则响 1 声
            conv(hour,min,sec);           //闹铃设置完成后,调时钟运行转换函数,显示时
                                          //钟时间
        }
    }
}
/********以下是显示函数********/
void Display()
 ⋮                                        //与实例解析 3 完全相同
/********以下是定时器 T0 中断函数,用于数码管的动态扫描********/
void timer0() interrupt 1
 ⋮                                        //与实例解析 3 完全相同
/********以下是定时器 T1 中断函数,用于产生用于产生秒、分和时信号********/
void timer1() interrupt 3
 ⋮                                        //与实例解析 3 完全相同
/********以下是按键处理函数,用来对按键进行处理********/
void  KeyProcess()
 ⋮                                        //与实例解析 3 完全相同
/********以下是定时器 T0/T1 初始化函数********/
void  timer_init()
 ⋮                                        //与实例解析 3 完全相同
/********以下是主函数********/
void main(void)
{
    P0 = 0xff;
    P2 = 0xff;
    timer_init();                         //调定时器 T0、T1 初始化函数
    while(1)
    {
        if((K1 == 0)&&(K2_FLAG == 0))     //若 K1 键按下时,只进行时钟调整,使闹铃设置功
                                          //能失效
        {
            Delay_ms(10);                 //延时 10 ms 去抖
            if((K1 == 0)&&(K2_FLAG == 0))
            {
                while(!K1);               //等待 K1 键释放
                beep();                   //蜂鸣器响一声
                K1_FLAG = 1;              //K1 键标志位置 1,以便进行时钟调整
            }
        }
        if((K2 == 0)&&(K1_FLAG == 0))     //若按下 K2 键时,只进行闹铃调整,使时钟调整失效
```

```
    {
        Delay_ms(10);
        if((K2 == 0)&&(K1_FLAG == 0))
        {
            while(!K2);                    //等待 K2 键释放
            beep();
            K2_FLAG = 1;                   //K2 键标志位置 1,以便进行闹铃调整
        }
    }
    if(K1_FLAG == 1)KeyProcess();          //若 K1_FLAG 为 1,则进行时钟调整
    if(K2_FLAG == 1){AlarmSet(); continue;} //若 K2_FLAG 为 1,则进行闹铃调整
    AlarmCheck();                          //调闹铃检查函数
    conv(hour,min,sec);                    //调走时转换函数
    }
}
```

3. 源程序释疑

闹铃的基本原理是,先设置好闹铃时间的时和分,然后将时钟时间(时、分)与设置的闹铃时间(时、分)不断进行比较,当时钟时间与闹铃时间一致时,说明定时时间到,闹铃响起。

本例与源程序是在与实例解析 3 相比,增加了闹铃检查函数、闹铃设置函数和闹铃转换函数。另外,主函数与实例解析 3 也有所不同。

(1) 闹铃检查函数

闹铃检查函数 AlarmCheck 的作用是检查闹铃标志位 alarm 是否为 1。若 alarm 不为 1,表示闹铃功能关闭,则退出函数;若 alarm 为 1,表示闹铃功能打开。此时,再比较时钟时 hour、分 min 与闹铃时 hour_a、分 min_a 是否一致,若一致,说明闹铃时间到,控制蜂鸣器不断响起。

(2) 闹铃设置函数

闹铃设置函数 AlarmSet 与前面的按键处理函数 KeyProcess 基本相同。主要区别是,AlarmSet 函数用来设置闹铃时间,并将闹铃小时数据存放在 hour_a 中;将闹铃分钟数据存放在 min-a 中。而 KeyProcess 函数用来调整时钟时间,并将时钟小时数据存放在 hour 中,将时钟分钟数据存放在 min 中。

(3) 闹铃时间转换函数

闹铃时间转换函数 conv_a 与前面介绍的时钟运行转换函数 conv 在结构上基本相同。connv_a 的主要作用是,将闹铃小时 hour_a 和闹铃分钟 min_a 数据转换成适应 LED 数码管显示的数据,并加载到显示缓冲数组 disp_buf 中。

(4) 主函数

本例主函数比实例解析 3 的主函数稍复杂,主要是增加了闹铃的检查与处理功能。其中,按下 K1 键后,设置 K1_FLAG 标志位为 1,以便进行时钟调整;按下 K2 键后,设置 K2_FLAG 标志位为 1,以便进行闹铃调整。需要说明的是,在进行时钟调整和闹铃调整时都用到了 K2、K3、K4 键,这很容易引起调整混乱,因此,在程序中加入了一些约束条件。

在进行实际产品开发时,所接手的产品不可能功能十分简单和单一,加之编程时需要进行全方位考虑,以避免程序臭虫,这些原因都会导致源程序十分烦琐和复杂。一些初学者看到这

些复杂的源程序,感觉编程太难了,进而产生了畏难情绪,丧失了学习单片机的积极性。实际上,复杂程序看似复杂,其实并不复杂,它们都是由一个个模块组合而成的,理解了每个模块的编程方法和技巧,就可以轻而易举地编写复杂的程序了。

4. 实现方法

① 打开 Keil C51 软件,建立工程项目,再建立一个名为 ch10_4.c 的源程序文件,输入上面源程序。对源程序进行编译、链接,产生 ch10_4.hex 目标文件。

② 将 DD-900 实验开发板 JP1 的 DS、V_{CC} 两插针短接,为数码管供电。

③ 将 STC89C51 单片机插到锁紧插座,把 ch10_4.hex 文件下载到 STC89C51 中。观察时钟的运行情况、时间调整功能、闹铃设置功能是否正常,闹铃时间到后闹铃是否响起。

该实验程序在附光盘的 ch10\ch10_4 文件夹中。

10.2.5 实例解析5——数码管频率计

1. 实现功能

在 DD-900 实验开发板上实现数码管频率计功能。外部信号源由实验开发板上的 NE555 产生,校正信号(10 Hz)由单片机的 P1.0 引脚产生,输出的频率能够在 LED 的 8 位数码管上显示出来。有关电路参见第 3 章图 3-4 和图 3-8。

2. 源程序

根据要求,编写的源程序如下:

```c
#include<reg51.h>
#define uchar unsigned char
#define uint  unsigned int
#define ulint unsigned long int
ulint  frequency;                    //定义测量的频率值
uchar data T0_count = 0,T1_count = 0;  //定义定时器T0、T1中断次数计数器
uchar T0_TH0 = 0,T0_TL0 = 0,T0_num = 0; //T0计数缓冲单元高、低地址和计数溢出次数计数
sbit P10 = P1^0;                     //定义频率校正信号输出端
uchar code bit_tab[] = {0xfe,0xfd,0xfb,0xf7,0xef,0xdf,0xbf,0x7f};
                                     //位选表,用来选择哪只数码管进行显示
uchar code seg_data[] = {0xc0,0xf9,0xa4,0xb0,0x99,0x92,0x82,0xf8,0x80,0x90,0x88,0x83,0xc6,
0xa1,0x86,0x8e,0xff,0xbf};           //0~F、熄灭符和字符"-"的显示码(字形码)
uchar disp_buf[8];                   //定义显示缓冲单元
/********以下是延时函数********/
void Delay_ms(uint xms)
{
    uint i,j;
    for(i = xms;i>0;i--)              //i = xms 即延时约 xms
        for(j = 110;j>0;j--);
}
/********以下是显示函数********/
```

第 10 章　LED 数码管实例解析

```c
void Display()
{
    uchar i;
    uchar tmp;                          //定义显示暂存
    static uchar disp_sel = 0;          //显示位计数器,显示程序通过它得知现正显示哪个
                                        //数码管,初始值为 0

    for(i = 0;i<8;i++)                  //扫描 8 次,将 8 只数码管扫描一遍
    {
        tmp = bit_tab[disp_sel];        //根据当前的位选计数值决定显示哪只数码管
        P2 = tmp;                       //送 P2 控制被选取的数码管点亮
        tmp = disp_buf[disp_sel];       //根据当前的位选计数值查的数字的显示码
        tmp = seg_data[tmp];            //取显示码
        P0 = tmp;                       //送到 P0 口显示出相应的数字
        Delay_ms(2);                    //延时 2 ms
        P2 = 0xff;                      //关显示
        disp_sel ++ ;                   //位选计数值加 1,指向下一个数码管
        if(disp_sel == 8)
            disp_sel = 0;               //如果 8 个数码管显示了一遍,则让其回 0,重新再扫描
    }
}
/*******以下是频率数值转换函数,将测量的频率转换为适合 LED 数码管显示的数据*******/
void convert()
{
    frequency = T0_num * 65536 + T0_TH0 * 256 + T0_TL0;   //频率值计算
    disp_buf[0] = frequency/10000000;                     //千万位
    frequency = frequency % 10000000;
    disp_buf[1] = frequency/1000000;                      //百万位
    frequency = frequency % 1000000;
    disp_buf[2] = frequency/100000;                       //十万位
    frequency = frequency % 100000;
    disp_buf[3] = frequency/10000;                        //万位
    frequency = frequency % 10000;
    disp_buf[4] = frequency/1000;                         //千位
    frequency = frequency % 1000;
    disp_buf[5] = frequency/100;                          //百位
    frequency = frequency % 100;
    disp_buf[6] = frequency/10;                           //十位
    disp_buf[7] = frequency % 10;                         //个位
}
/********以下是定时器 T1 中断函数(定时方式,定时时间为 50 ms)********/
void timer1() interrupt 3
{
    TR1 = 0;                            //关闭定时器 T1
    TH1 = 0x4c;TL1 = 0x00;              //重装计数初值
    T1_count ++ ;                       //定时器 T1 中断次数计数器加 1
    if(T1_count > = 20)                 //若 T1_COUNT 大于等于 20(20×50 ms = 1 s),即等于或
```

```c
    {
        TR0 = 0;                              //关闭定时器T0,停止计数
        T1_count = 0;                         //清零
        T0_TH0 = TH0;                         //取出定时器T0计数值高位
        T0_TL0 = TL0;                         //取出定时器T0计数值低位
        T0_num = T0_count;                    //将定时器T0的中断次数送T0_num
        TH0 = 0;                              //清定时器T0
        TL0 = 0;
        T0_count = 0;                         //定时器T0中断次数计数器清零
        TR0 = 1;                              //开启定时器T0,继续计数
    }
    TR1 = 1;                                  //开启定时器T1,继续定时
    P10 = ~P10;                               //频率校正信号取反输出
}
/******以下是定时器T0中断函数(计数方式,初值为0,计满65 535产生一次溢出中断)******/
void timer0() interrupt 1
{
    TH0 = 0;TL0 = 0;                          //重装计数初值
    T0_count ++ ;                             //计数值加1
}
/********以下是定时器T0、T1初始化函数********/
void timer_init()
{
    TMOD = 0x15;                              //定时器T1为工作方式1,定时方式;T0为工作方式1,
                                              //计数方式
    TH1 = 0x4c; TL1 = 0x00;                   //定时器T1为定时方式,定时时间为50 ms(计数初值
                                              //为0x4c00)
    TH0 = 0; TL0 = 0;                         //定时器T0为计数方式,计数初值为0
    PT0 = 1;                                  //T0优先
    EA = 1;ET1 = 1; ET0 = 1;                  //开总中断、定时器T1和T0中断
    TR1 = 1;                                  //启动定时器T1
    TR0 = 1;                                  //启动定时器T0
}
/********以下是主函数********/
void main(void)
{
    P0 = 0xff; P2 = 0xff;
    timer_init();                             //定时器T0、T1初始化
    while(1)
    {
        convert();                            //调用频率数值转换函数
        Display();                            //调用显示函数
    }
}
```

3. 源程序释疑

(1) 频率测量的基本原理

频率计是电子电路试验中经常用到的测量仪器之一,它能将频率值用数码管或液晶显示器直接显示出来,给测试带来很大的方便。

频率的测量实际上就是在 1 s 时间内对被测信号进行计数,此计数值就是该输入信号的频率值。

在程序中,使用了定时器 T0 和 T1,并将 T1 设置为定时方式,每 50 ms 产生一次中断,产生 20 次中断所用时间正好为 1 s;将 T0 设置为计数方式,T0 的初值设置为 0,计 65 535 个脉冲后产生一次溢出中断。在 T0 中断溢出时,对溢出次数进行计数(设计数值为 N),1 s 内 T0 的总的脉冲数为 65 535×N+TH0×256+TL0,这个数值就是被测信号的频率值。

(2) 频率测量信号的来源

在 DD-900 实验开发板中,频率输入信号主要有两个来源,一是 555 电路输出的信号(见图 3-8),输入到单片机的 P3.4(定时器 T0 计数输入端),频率范围约 35～3 400 Hz。调整电位器 V_{R3},可改变 555 输出的频率值。二是单片机的 P1.0 输出信号,在定时器 T1 中断服务程序中,将 P1.0 输出的信号不断进行取反,这样,从 P1.0 可输出频率为 10 Hz 的信号(因定时器 T1 定时时间为 50 ms,因此,P1.0 输出信号的周期为 100 ms)。将 P1.0 输出的信号连接到单片机的 P3.4,即可作为频率计的校正信号。

(3) 源程序分析

源程序主要由主函数、定时器 T0/T1 初始化函数、频率值转换函数、显示函数、定时器 T0 中断函数(计数方式)、定时器 T1 中断函数(定时方式)等组成。图 10-9 所示为主函数和定时器 T1/ T0 中断函数流程图。

① 定时器 T0/T1 初始化函数比较简单,主要作用是对定时器 T0/T1 进行初始化。初始化时,定时器 T0 设置为计数方式,计数初值为 0;定时器 T1 设置为定时方式,定时时间为 50 ms(计数初值为 0x4c00)。将定时器 T0 中断定义为优先。

② 在定时器 T0 中断函数中,首先装载计数初值,然后不断对中断次数计数器 T0_count 进行加 1 操作。

③ 在定时器 T1 中断函数中,首先装载计数初值(0x4c00),每 50 ms 产生一次中断,产生 20 次中断所用时间正好为 1 s。1 s 到后,关闭定时器 T0,并将定时器 T0 的中断次数、高位数据和低位数据分别装载到 T0_num、T0_TH0 和 T0_TL0 中。最后,对 P1.0 引脚取反,以便在 P1.0 引脚获得 10 Hz 的校正信号。

④ 显示函数。显示函数采用程序控制动态扫描方式,与实例解析 1 采用的显示函数完全一致。

需要说明的是,把单片机的 T0 作为计数器时,最快计数频率是系统时钟的 1/24,约 460 kHz,也就是说,本例演示的这个频率计测量的最高频率为 460 kHz,超出这个最高值,则无法测量。

4. 实现方法

① 打开 Keil C51 软件,建立工程项目,再建立一个名为 ch10_5.c 的源程序文件,输入上面源程序。对源程序进行编译、链接,产生 ch10_5.hex 目标文件。

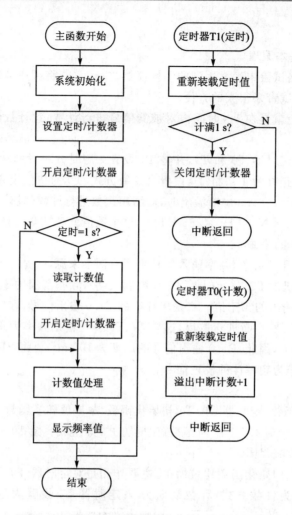

图 10-9　主函数和定时器 T1/T0 中断函数流程图

② 将 DD-900 实验开发板 JP1 的 DS、V_{CC} 两插针短接,为数码管供电。

③ 将 STC89C51 单片机插到锁紧插座,把 ch10_5.hex 文件下载到 STC89C51 中。

④ 用导线将 J1 接口的 P1.0 引脚和 P3.4 引脚短接,观察数码管是否显示为 10 Hz 的信号,若不是 10 Hz,说明源程序或硬件有问题。

⑤ 取下 J1 接口 P1.0 引脚和 P3.4 引脚短接线,同时,用短接帽将 JP4 的 P34、555 两插针短接,输入 555 电路产生的信号,调整 V_{R3},观察数码管显示的频率数值是否变化。正常情况下,V_{R3} 逆时针调到底时,频率约 40 Hz;顺时针旋转,频率增大,顺时针旋到底时,频率在 3 400 Hz 以上。

该实验程序在附光盘的 ch10\ch10_5 文件夹中。

第 11 章

LCD 显示实例解析

LCD(液晶显示器)具有体积小、质量轻、功耗低、信息显示丰富等优点,应用十分广泛,如电子表、电话机、传真机、手机、PDA 等,都使用了 LCD。从 LCD 的显示内容来分,主要分为字符型(代表产品为 1602 LCD)和点阵型(代表产品为 12864 LCD)两种。其中,字符型 LCD 以显示字符为主;点阵式 LCD 不但可以显示字符,还可以显示汉字、图形等内容。LCD 入门比较容易,深入也不困难,学习单片机,当然不能错过这两个可爱的"小东东"!

11.1 字符型 LCD 基本知识

11.1.1 字符型 LCD 引脚功能

字符型 LCD 专门用于显示数字、字母及自定义符号、图形等。这类显示器均把液晶显示控制器、驱动器、字符存储器等做在一块板上,再与液晶屏(LCD)一起组成一个显示模块,称为 LCM,但习惯上,仍称其为 LCD。

字符型 LCD 是由若干个 5×7 或 5×11 等点阵字符位组成。每一个点阵字符位都可以显示一个字符。点阵字符位之间有一空点距的间隔起到了字符间距和行距的作用。目前市面上常用的有 16 字×1 行、16 字×2 行、20 字×2 行和 40 字×2 行等的字符模块组。这些 LCD 虽然显示字数各不相同,但输入输出接口都相同。

图 11-1 所示是 16 字×2 行(下称 1602)LCD 显示模块的外形,其接口引脚有 16 只,引脚功能如表 11-1 所列。

表 11-1 字符型 LCD 显示模块接口功能

引脚号	符号	功能	引脚号	符号	功能
1	V_{SS}	电源地	6	E	使能信号
2	V_{DD}	电源正极	7~14	DB0~DB7	数据 0~7
3	VL	液晶显示偏压信号	15	BLA	背光源正极
4	RS	数据/命令选择	16	BLK	背光源负极
5	R/W	读/写选择			

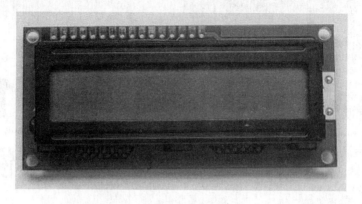

图 11-1 1602 LCD 显示模块外形

表 11-1 中，V_{SS} 为电源地，V_{DD} 接 5 V 正电源。VL 为液晶显示器对比度调整端，接正电源时对比度最弱，接地时对比度最高，对比度过高时会产生"鬼影"。使用时，一般在该引脚与地之间接一固定电阻或电位器。RS 为寄存器选择，高电平时选择数据寄存器，低电平时选择指令寄存器。R/W 为读/写信号线，高电平时进行读操作，低电平时进行写操作。E 端为使能端，当 E 端由高电平跳变成低电平时，液晶模块执行命令。DB0～DB7 为 8 位双向数据线。BLA、BLK 用于带背光的模块，不带背光的模块这两个引脚悬空不接。

11.1.2　字符型 LCD 内部结构

目前大多数字符显示模块的控制器都采用型号为 HDB44780 的集成电路。其内部电路如图 11-2 所示。

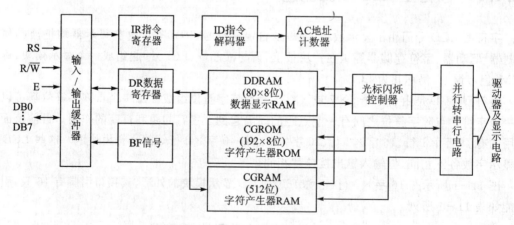

图 11-2　HDB44780 的内部电路

1. 数据显示存储器 DDRAM

DDRAM 用来存放要 LCD 显示的数据，只要将标准的 ASCII 码送入 DDRAM，内部控制电路会自动将数据传送到显示器上。例如要 LCD 显示字符 A，则只须将 ASCII 码 41H 存入 DDRAM 即可。DDRAM 有 80 字节空间，共可显示 80 个字符(每个字符为 1 字节)。

2. 字符产生器 CGROM

字符产生器 CGROM 存储了 160 个不同的点阵字符图形,如表 11-2 所列。这些字符有:阿拉伯数字、大小写英文字母、常用的符号和日文假名等,每一个字符都有一个固定的代码。例如字符码 41H 为 A 字符,若要在 LCD 中显示 A,就是将 A 的代码 41H 写入 DDRAM 中,同时电路到 CGROM 中将 A 的字型点阵数据找出来,显示在 LCD 上,就能看到字母 A。

表 11-2 字符产生器 CGROM 存储的字符

3. 字符产生器 CGRAM

字符产生器 CGRAM 是供使用者储存自行设计的特殊造型的造型码 RAM,共有 512 位(64 字节)。一个 5×7 点矩阵字型占用 8×8 位,因此 CGRAM 最多可存 8 个造型。

4. 指令寄存器 IR

IR 指令寄存器负责储存单片机要写给 LCD 的指令码。当单片机要发送一个命令到 IR 指令寄存器时,必须要控制 LCD 的 RS、R/W 及 E 这 3 个信号,当 RS 及 R/W 信号为 0,E 信号由 1 变为 0 时,就会把在 DB0~DB7 的数据送入 IR 指令寄存器。

5. 数据寄存器 DR

数据寄存器 DR 负责储存单片机要写到 CGRAM 或 DDRAM 的数据,或储存单片机要从 CGRAM 或 DDRAM 读出的数据,因此 DR 寄存器可视为一个数据缓冲区,它也是由 LCD 的 RS、R/W 及 E 三个信号来控制。当 RS 及 R/W 信号为 1,E 信号为 1 时,LCD 会将 DR 寄存器内的数据由 DB0~DB7 输出,以供单片机读取;当 RS 信号为 1,R/W 信号为 0,E 信号由 1 变为 0 时,就会把在 DB0~DB7 的数据存入 DR 寄存器。

6. 忙碌标志信号 BF

BF 的功能是告诉单片机,LCD 内部是否正忙着处理数据。当 BF=1 时,表示 LCD 内部正在处理数据,不能接受单片机送来的指令或数据。LCD 设置 BF 的原因为单片机处理一个指令的时间很短,只需几 μs 左右,而 LCD 得花上 40 μs~1.64 ms 的时间,所以单片要机要写数据或指令到 LCD 之前,必须先查看 BF 是否为 0。

7. 地址计数器 AC

AC 的工作是负责计数写到 CGRAM、DORAM 数据的地址,或从 DDRAM、CGRAM 读出数据的地址。使用地址设定指令写到 IR 寄存器后,则地址数据会经过指令解码器,再存入 AC。当单片机从 DDRAM 或 CGRAM 存取资料时,AC 依照单片机对 LCD 的操作而自动的修改它的地址计数值。

11.1.3 字符型 LCD 控制指令

LCD 控制指令共有 11 组,介绍如下:

1. 清 屏

清屏指令格式如下:

控制信号			控制代码							
RS	R/W	E	DB7	DB6	DB5	DB4	DB3	DB2	DB1	DB0
0	0	1	0	0	0	0	0	0	0	1

指令代码为 01H,将 DDRAM 数据全部填入"空白"的 ASCII 代码 20H,执行此指令将清除显示器的内容,同时光标移到左上角。

2. 光标归位

光标归位指令格式如下:

控制信号			控制代码							
RS	R/W	E	DB7	DB6	DB5	DB4	DB3	DB2	DB1	DB0
0	0	1	0	0	0	0	0	0	1	×

指令代码为 02H,地址计数器 AC 被清零,DDRAM 数据不变,光标移到左上角。×表示可以为 0 或 1。

3. 输入方式设置

输入方式设置指令格式如下:

控制信号			控制代码							
RS	R/W	E	DB7	DB6	DB5	DB4	DB3	DB2	DB1	DB0
0	0	1	0	0	0	0	0	1	I/D	S

该指令用来设置光标、字符移动的方式,具体设置情况如下:

状态位		指令代码	功　能
I/D	S		
0	0	04H	光标左移1格,AC值减1,字符全部不动
0	1	05H	光标不动,AC值减1,字符全部右移1格
1	0	06H	光标右移1格,AC值加1,字符全部不动
1	1	07H	光标不动,AC值加1,字符全部左移1格

4. 显示开关控制

显示开关控制指令格式如下:

控制信号			控制代码							
RS	R/W	E	DB7	DB6	DB5	DB4	DB3	DB2	DB1	DB0
0	0	1	0	0	0	0	1	D	C	B

指令代码为08H~0FH。该指令有3个状态位D、C、B,这3个状态位分别控制着字符、光标和闪烁的显示状态。

D是字符显示状态位。当D=1时为开显示,D=0时为关显示。注意关显示仅是字符不出现,而DDRAM内容不变,这与清屏指令不同。

C是光标显示状态位。当C=1时为光标显示,C=0时为光标消失。光标为底线形式(5×1点阵),光标的位置由地址指针计数器AC确定,并随其变动而移动。当AC值超出了字符的显示范围,光标将随之消失。

B是光标闪烁显示状态位。当B=1时,光标闪烁;B=0时,光标不闪烁。

5. 光标、字符位移

光标、字符位移指令的格式如下:

控制信号			控制代码							
RS	R/W	E	DB7	DB6	DB5	DB4	DB3	DB2	DB1	DB0
0	0	1	0	0	0	1	S/C	R/L	×	×

执行该指令将产生字符或光标向左或向右滚动一个字符位。如果定时执行该指令,将产生字符或光标的平滑滚动。光标、字符位移的具体设置情况如下:

状态位		指令代码	功能
S/C	R/L		
0	0	10H	光标左移
0	1	14H	光标右移
1	0	18H	字符左移
1	1	1CH	字符右移

6. 功能设置

功能设置指令格式如下：

控制信号			控制代码							
RS	R/W	E	DB7	DB6	DB5	DB4	DB3	DB2	DB1	DB0
0	0	1	0	0	1	DL	N	F	0	0

该指令用于设置控制器的工作方式。其中，有3个参数DL、N和F，它们的作用是：

DL用于设置控制器与计算机的接口形式。接口形式体现在数据总线长度上。DL＝1设置数据总线为8位长度，即DB7～DB0有效；DL＝0设置数据总线为4位长度，即DB7～DB4有效。在该方式下8位指令代码和数据将按先高4位后低4位的顺序分两次传输。

N用于设置显示的字符行数。N＝0为一行字符；N＝1为两行字符。

F用于设置显示字符的字体。F＝0为5×7点阵字符体；F＝1为5×10点阵字符体。

7. CGRAM地址设置

CGRAM地址设置指令格式如下：

控制信号			控制代码							
RS	R/W	E	DB7	DB6	DB5	DB4	DB3	DB2	DB1	DB0
0	0	1	0	1	A5	A4	A3	A2	A1	A0

该指令将6位的CGRAM地址写入地址指针计数器AC内，随后，单片机对数据的操作是对CGRAM的读/写操作。

8. DDRAM地址设置

DDRAM地址设置指令格式如下：

控制信号			控制代码							
RS	R/W	E	DB7	DB6	DB5	DB4	DB3	DB2	DB1	DB0
0	0	1	1	A6	A5	A4	A3	A2	A1	A0

该指令将7位的DDRAM地址写入地址指针计数器AC内，随后，单片机对数据的操作是对DDRAM的读/写操作。

专家点拨：A6为0表示第1行显示，为1表示第2行显示；A5A4A3A2A1A0中的数据表示显示的列数。例如,若 DB7~DB0 中的数据为 10000100B,因为 A6 为 0,所以第 1 行显示;因为 A5A4 A3A2A1A0 为 000100B,十六进制为 04H,十进制为 4,所以,第 4 列显示。再如,若 DB7~DB0 中的数据为 11010000B,因为 A6 为 1,所以第 2 行显示;因为 A5A4 A3A2A1A0 为 010000B,十六进制为 10H,十进制为 16,所以,第 16 列显示。由于 LCD 起始列为 0,最后 1 列为 15,所以,此时将超出 LCD 的显示范围。这种情况多用于移动显示,即先让显示列位于 LCD 之外,再通过编程,使待显示列数逐步减小,此时,将会看到字符由屏外逐步移到屏内的显示效果。

9. 读 BF 及 AC 值

读 BF 及 AC 指令的格式如下:

控制信号			控制代码							
RS	R/W	E	DB7	DB6	DB5	DB4	DB3	DB2	DB1	DB0
0	1	1	BF	AC6	AC5	AC4	AC3	AC2	AC1	AC0

LCD 的忙碌标志 BF 用以指示 LCD 目前的工作情况。当 BF=1 时,表示正在做内部数据的处理,不接受单片机送来的指令或数据;当 BF=0 时,则表示已准备接收命令或数据。当程序读取此数据的内容时,DB7 表示忙碌标志,而另外 DB6~DB0 的值表示 CGRAM 或 DDRAM 中的地址,至于是指向哪一地址则根据最后写入的地址设定指令而定。

10. 写数据到 CGRAM 或 DDRAM

写数据到 CGRAM 或 DDRAM 的指令格式如下:

控制信号			控制代码							
RS	R/W	E	DB7	DB6	DB5	DB4	DB3	DB2	DB1	DB0
1	0	1								

先设定 CGRAM 或 DDRAM 地址,再将数据写入 DB7~DB0 中,以使 LCD 显示出字形。也可将使用者自创的图形存入 CGRAM。

11. 从 CGRAM 或 DDRAM 读取数据

从 CGRAM 或 DDRAM 读取数据的指令格式如下:

控制信号			控制代码							
RS	R/W	E	DB7	DB6	DB5	DB4	DB3	DB2	DB1	DB0
1	1	1								

先设定 CGRAM 或 DDRAM 地址,再读取其中的数据。

11.1.4 字符型 LCD 与单片机的连接

字符型 LCD 与单片机的连接比较简单,图 11-3 所示是 DD-900 实验开发板中 1602 LCD 与单片机的连接电路。

11.1.5 字符型 LCD 驱动程序软件包的制作

很多人学习 LCD 编程时,总会花费大量的时间来编写驱动程序,实际上,这完全没有必要。因为单片机工程师们早已把 LCD 驱动程序编好,我们要做的工作只是如何利用驱动程序编写应用程序而已。我们要善于"站在巨人的肩膀上"工作,善于取人之长,补已之短,只有这样,才能快速提高自己的编程水平。

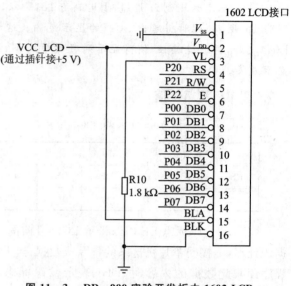

图 11-3 DD-900 实验开发板中 1602 LCD 与单片机的连接电路

1. 字符型 LCD 通用函数

在通用函数前,加入以下自定义部分(根据图 11-3 所示电路定义):

```c
#include <reg51.h>
#include <intrins.h>
#define uchar unsigned char
#define uint  unsigned int
sbit  LCD_RS = P2^0;
sbit  LCD_RW = P2^1;
sbit  LCD_EN = P2^2;
```

(1) LCD 忙碌检查函数

```c
bit lcd_busy()
{
    bit result;
    LCD_RS = 0;
    LCD_RW = 1;
    LCD_EN = 1;
    _nop_();
    _nop_();
    _nop_();
    _nop_();
    result = (bit)(P0&0x80);
    LCD_EN = 0;
    return result;
}
```

(2) LCD 清屏函数

```c
void lcd_clr()
{
    lcd_wcmd(0x01);              //清除 LCD 的显示内容
```

```
        Delay_ms(5);
}
```

(3) 写指令寄存器 IR 函数

```
void lcd_wcmd(uchar cmd)
{
    while(lcd_busy());
    LCD_RS = 0;
    LCD_RW = 0;
    LCD_EN = 0;
    _nop_();
    _nop_();
    P0 = cmd;
    _nop_();
    _nop_();
    _nop_();
    _nop_();
    LCD_EN = 1;
    _nop_();
    _nop_();
    _nop_();
    _nop_();
    LCD_EN = 0;
}
```

(4) 写数据寄存器 DR 函数

```
void lcd_wdat(uchar dat)
{
    while(lcd_busy());
    LCD_RS = 1;
    LCD_RW = 0;
    LCD_EN = 0;
    P0 = dat;
    _nop_();
    _nop_();
    _nop_();
    _nop_();
    LCD_EN = 1;
    _nop_();
    _nop_();
    _nop_();
    _nop_();
    LCD_EN = 0;
}
```

(5) LCD 初始化函数

当打开电源,加到 LCD 上的电压必须满足一定的时序变化时,LCD 才能正常启动。若 LCD 上的电压时序不正常,则必须执行以下热启动子程序,启动流程是:

开始→电源稳定 15 ms→功能设定(不检查忙信号)→等待 5 ms→功能设定(不检查忙信号)→等待 5 ms→功能设定(不检查忙信号)→等待 5 ms→关显示→清显示→开显示→进入正常启动状态。

根据以上流程,编写的 LCD 初始化函数如下:

```
void lcd_init()
{
    Delay_ms(15);              //等待 LCD 电源稳定
    lcd_wcmd(0x38);            //16×2 显示,5×7 点阵,8 位数据
    Delay_ms(5);
    lcd_wcmd(0x38);
    Delay_ms(5);
    lcd_wcmd(0x38);
    Delay_ms(5);
    lcd_wcmd(0x0c);            //显示开,关光标
    Delay_ms(5);
    lcd_wcmd(0x06);            //移动光标
    Delay_ms(5);
    lcd_wcmd(0x01);            //清除 LCD 的显示内容
    Delay_ms_ms(5);
}
```

(6) 延时函数

```
void Delay_ms(uint xms)
{
    uint i,j;
    for(i=xms;i>0;i--)         //i=xms 即延时约 xms
        for(j=110;j>0;j--);
}
```

2. 字符型 LCD 驱动程序软件包的制作

将 LCD 通用子程序组合在一起,就构成了 LCD 的驱动程序软件包。其具体内容如下:

```
#include <reg51.h>
#include <intrins.h>
#define uchar unsigned char
#define uint  unsigned int
sbit  LCD_RS = P2^0;
sbit  LCD_RW = P2^1;
sbit  LCD_EN = P2^2;
void Delay_ms(uint xms);       //延时函数声明
bit lcd_busy();                //忙检查函数声明
```

```
void lcd_wcmd(uchar cmd);              //写指令寄存器 IR 函数声明
void lcd_wdat(uchar dat);              //写数据寄存器 DR 函数声明
void lcd_clr();                        //清屏函数声明
void lcd_init();                       //LCD 初始化函数声明
/********以下是延时函数********/
    ⋮
/********以下是 LCD 忙碌检查函数********/
    ⋮
/********以下是写指令寄存器 IR 函数********/
    ⋮
/********以下是写寄存器 DR 函数********/
    ⋮
/********以下是 LCD 清屏函数********/
    ⋮
/********以下是 LCD 初始化函数********/
    ⋮
```

该软件包制作好后,命名为 LCD_drive.h 并保存起来。注意,一定要保存为后缀为.h 的库文件,以后,在编写 LCD 应用程序时,就可以直接在应用程序文件中加:

　　　　　　♯include "LCD_drive.h"或♯include ＜LCD_drive.h＞

预处理命令进行调用。有一点需要说明,如果将 LCD_drive.h 放在＜＞内,系统就到存放 C 库函数的目录中寻找要包含的文件;如果将 LCD_drive.h 放在""内,则系统先到当前目录中查找要包含的文件;若查找不到,再到存放 C 库函数的目录中查找。在本书中,我们采用的是将 LCD_drive.h 放在""内的形式。

11.2　字符型 LCD 实例解析

11.2.1　实例解析 1——1602 LCD 显示字符串

1. 实现功能

在 DD-900 实验开发板上进行实验:在 LCD 第 1 行第 4 列显示字符串"Ding-Ding",在第 2 行第 1 列显示字符串"Welcome to you!"。有关电路参见第 3 章图 3-5。

2. 源程序

根据要求,编写的源程序如下:

```
♯include <reg51.h>
♯include "LCD_drive.h"                 //包含 LCD 驱动程序文件包
♯define uchar unsigned char
♯define uint unsigned int
uchar code line1_data[] = {"   Ding-Ding    "};//定义第 1 行显示的字符
uchar code line2_data[] = {"Welcome To You! "};//定义第 2 行显示的字符
```

/********以下是主函数********/
```c
void  main()
{
    uchar i;
    Delay_ms(10);
    lcd_init();                     //调 LCD 初始化函数(在 LCD 驱动程序软件包中)
    lcd_clr();                      //调清屏函数(在 LCD 驱动程序软件包中)
    lcd_wcmd(0x00|0x80);            //设置显示位置为第 1 行第 0 列
    i = 0;
    while(line1_data[i] != '\0')    //若没有到达第 1 行字符串尾部
    {
        lcd_wdat(line1_data[i]);    //显示第 1 行字符
        i++;                        //指向下一字符
    }
    lcd_wcmd(0x40|0x80);            //设置显示位置为第 2 行第 0 列
    i = 0;
    while(line2_data[i] != '\0')    //若没有到达第 2 行字符串尾部
    {
        lcd_wdat(line2_data[i]);    //显示第 2 行字符
        i++;                        //指向下一字符
    }
    while(1);                       //等待
}
```

3. 源程序释疑

程序中，首先调 LCD 驱动程序软件包 LCD_drive.h 中的 LCD_init、LCD_clr 函数，对 LCD 进行初始化和清屏，然后定位字符显示位置，将第 1 行和第 2 行字符串显示在 LCD 的相应位置上。

4. 实现方法

① 打开 Keil C51 软件，建立工程项目，再建立一个名为 ch11_1.c 的源程序文件，输入上面源程序。

② 在工程项目中，将前面制作的驱动程序软件包 LCD_drive.h 添加进来，这样，在工程项目中，就有两个文件，如图 11-4 所示。

③ 单击"重新编译"按钮，对源程序 ch11_1.c 和 LCD_drive.h 进行编译和链接，产生 ch11_1.hex 目标文件。

④ 将 DD-900 实验开发板 JP1 的 LCD、V_{CC} 两插针短接，为 LCD 供电。

⑤ 将 STC89C51 单片机插到锁紧插座，把 ch11_1.hex 文件下载到 STC89C51 中，观察 LCD 显示是否正常。

该实验源程序和 LCD 驱动程序软件包在附光盘的 ch11\ch11_1 文件夹中。

第 11 章　LCD 显示实例解析

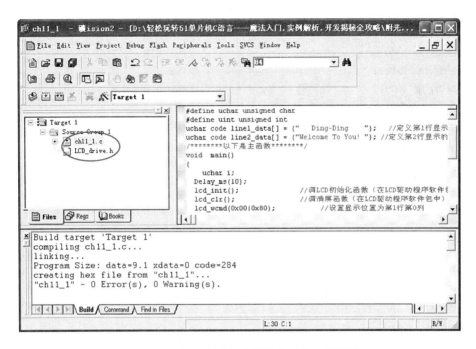

图 11-4　加入驱动程序软件包后的工程项目

11.2.2　实例解析 2——1602 LCD 移动显示字符串

1. 实现功能

在 DD-900 实验开发板上进行实验：在 LCD 第 1 行显示从右向左不断移动的字符串"Ding-Ding"，在第 2 行显示从右向左不断移动的字符串"Welcome to you!"。移动到屏幕中间后，字符串闪烁 3 次，然后，再循环移动、闪烁。有关电路参见第 3 章图 3-5。

2. 源程序

根据要求，编写的源程序如下：

```
#include <reg51.h>
#include "LCD_drive.h"                    //包含 LCD 驱动程序文件包
#define uchar unsigned char
#define uint unsigned int
uchar code line1_data[] = {"   Ding-Ding   "};  //定义第 1 行显示的字符
uchar code line2_data[] = {"Welcome To You! "}; //定义第 2 行显示的字符
/********以下是闪烁 3 次函数********/
void flash()
{
    Delay_ms(1000);                       //控制停留时间
    lcd_wcmd(0x08);                       //关闭显示
    Delay_ms(500);                        //延时 0.5 s
    lcd_wcmd(0x0c);                       //开显示
```

```
            Delay_ms(500);                      //延时 0.5 s
            lcd_wcmd(0x08);                     //关闭显示
            Delay_ms(500);                      //延时 0.5 s
            lcd_wcmd(0x0c);                     //开显示
            Delay_ms(500);                      //延时 0.5 s
            lcd_wcmd(0x08);                     //关闭显示
            Delay_ms(500);                      //延时 0.5 s
            lcd_wcmd(0x0c);                     //开显示
            Delay_ms(500);                      //延时 0.5 s
    }
/********以下是主函数********/
    void  main()
    {
        uchar i,j;
        Delay_ms(10);
        lcd_init();                             //初始化 LCD
        for(;;)                                 //大循环
        {
            lcd_clr();                          //清屏
            lcd_wcmd(0x10|0x80);                //设置显示位置为第 1 行第 16 列
            i = 0;
            while(line1_data[i] != '\0')        //加载第 1 行字符串
            {
                lcd_wdat(line1_data[i]);
                i++;
            }
            lcd_wcmd(0x50|0x80);                //设置显示位置为第 2 行第 16 列
            i = 0;
            while(line2_data[i] != '\0')        //加载第 2 行字符串
            {
                lcd_wdat(line2_data[i]);
                i++;
            }
            for(j=0;j<16;j++)                   //向左移动 16 格
            {
                lcd_wcmd(0x18);                 //字符同时左移 1 格
                Delay_ms(500);                  //移动时间为 0.5 s
            }
            flash();                            //调闪烁函数,闪动 3 次
        }
    }
```

3. 源程序释疑

程序中,首先调驱动程序软件包中的 LCD_init、LCD_clr 函数,对 LCD 进行初始化和清屏。然后将字符位置定位在第 1 行和第 2 行的第 16 列,即 LCD 显示屏的最右端外的第 1 个

第 11 章　LCD 显示实例解析

字符。这样,让字符循环移动 16 个格,就可以将字符串从 LCD 屏外逐步移到屏内。移到屏内后,再调用闪烁函数 flash,控制字符串每隔 0.5 s 闪烁 1 次,共闪烁 3 次。

4. 实现方法

① 打开 Keil C51 软件,建立工程项目,再建立一个名为 ch11_2.c 的源程序文件,输入上面的程序。

② 在工程项目中,再将前面制作的驱动程序软件包 LCD_drive.h 添加进来。

③ 单击"重新编译"按钮,对源程序 ch11_2.c 和 LCD_drive.h 进行编译和链接,产生 ch11_2.hex 目标文件。

④ 将 DD - 900 实验开发板 JP1 的 LCD、V_{CC} 两插针短接,为 LCD 供电。

⑤ 将 STC89C51 单片机插到锁紧插座,把 ch11_2.hex 文件下载到 STC89C51 中,观察 LCD 显示是否正常。

该实验源程序和 LCD_drive 软件包在附光盘的 ch11\ch11_2 文件夹中。

11.2.3　实例解析 3——1602 LCD 滚动显示字符串

1. 实现功能

在 DD - 900 实验开发板上进行实验:在第 1 行显示"Ding - Ding",第 2 行显示"Welcome to you!"。显示时,先从左到右逐字显示,产生类似"打字"的效果。闪烁 3 次后,再从右到左逐字显示,再闪烁 3 次。然后,不断重复上述显示方式。有关电路参见第 3 章图 3 - 5。

2. 源程序

根据要求,编写的源程序如下:

```
# include <reg51.h>
# include "LCD_drive.h"                //包含 LCD 驱动程序文件包
# define uchar unsigned char
# define uint unsigned int
uchar code line1_R[] = {"    Ding - Ding    "};   //定义第 1 行右滚动显示的字符
uchar code line2_R[] = {"Welcome To You!    "};   //定义第 2 行右滚动显示的字符
uchar code line1_L[] = {"    gniD - gniD    "};   //定义第 1 行左滚动显示的字符
uchar code line2_L[] = {"!uoy ot emocleW "};      //定义第 2 行左滚动显示的字符
/********以下是闪烁 3 次函数********/
  ⋮                                               //与实例解析 2 完全相同(略)
/********以下是主函数********/
void   main()
{
    uchar i;
    lcd_init();                                   //初始化 LCD
    while(1)
    {
        lcd_clr();                                //清屏
        Delay_ms(10);
```

```
    lcd_wcmd(0x06);                     //向右移动光标
    lcd_wcmd(0x00|0x80);                //设置显示位置为第1行的第0个字符
    i = 0;
    while(line1_R[ i ] != '\0')         //加载字符串
    {
        lcd_wdat(line1_R[ i ]);
        i++;
        Delay_ms(200);                  //200 ms 显示一个字符
    }
    lcd_wcmd(0x40|0x80);                //设置显示位置为第2行第0个字符
    i = 0;
    while(line2_R[ i ] != '\0')         //加载字符串
    {
        lcd_wdat(line2_R[ i ]);
        i++;
        Delay_ms(200);                  //200 ms 显示一个字符
    }
    Delay_ms(1000);                     //停留1 s
    flash();                            //闪烁3次
    lcd_clr();                          //清屏
    Delay_ms(10);
    lcd_wcmd(0x04);                     //向左移动光标
    lcd_wcmd(0x0f|0x80);                //设置显示位置为第1行的第15个字符
    i = 0;
    while(line1_L[ i ] != '\0')         //加载字符串
    {
        lcd_wdat(line1_L[ i ]);
        i++;
        Delay_ms(200);                  //200 ms 显示一个字符
    }
    lcd_wcmd(0x4f|0x80);                //设置显示位置为第2行第15个字符
    i = 0;
    while(line2_L[ i ] != '\0')         //加载字符串
    {
        lcd_wdat(line2_L[ i ]);
        i++;
        Delay_ms(200);                  //200 ms 显示一个字符
    }
    Delay_ms(1000);                     //停留1 s
    flash();                            //闪烁3次
    }
}
```

3. 源程序释疑

字符向右滚动显示的基本方法是:先定位字符显示位置为第1行第0列、第2行第0列,

第11章 LCD显示实例解析

写入命令字 0x06,控制向右移动光标(字符不动)。然后开始显示字符,延时一段时间后(本例中延时时间为 200 ms),再显示下一字符。这样,就可以达到字符右滚动显示的效果。

字符向左滚动显示的基本方法与以上类似,这里不再重复。

4. 实现方法

① 打开 Keil C51 软件,建立工程项目,再建立一个名为 ch11_3c 的源程序文件,输入上面源程序。

② 在工程项目中,再将 LCD 驱动程序软件包 LCD_drive.h 添加进来。

③ 单击"重新编译"按钮,对源程序 ch11_3.c 和 LCD_drive.h 进行编译和链接,产生 ch11_3.hex 目标文件。

④ 将 DD-900 实验开发板 JP1 的 LCD、V_{CC} 两插针短接,为 LCD 供电。

⑤ 将 STC89C51 单片机插到锁紧插座,把 ch11_3.hex 文件下载到 STC89C51 中,观察 LCD 显示是否正常。

该实验源程序和 LCD 驱动程序在附光盘的 ch11\ch11_3 文件夹中。

11.2.4 实例解析 4——1602 LCD 电子钟

1. 实现功能

在 DD-900 实验开发板上实现 LCD 电子钟功能:开机后,LCD 上显示以下内容并开始运行:

"---LCD Clcok---"

"****23:59:45****"

按 K1 键(设置键)时钟停止,蜂鸣器响一声;此时,按 K2 键(时加 1 键),时加 1;按 K3 键(分加 1 键),分加 1;调整完成后按 K4 键(运行键),蜂鸣器响一声后时钟继续运行。

有关电路参见第 3 章图 3-5、图 3-17 和图 3-20。

2. 源程序

根据要求,编写的源程序如下:

```
#include <reg51.h>
#include "LCD_drive.h"
#define uchar unsigned char
#define uint unsigned int
uchar hour = 23, min = 59, sec = 45;    //定义时、分和秒变量
uchar count_10ms;                        //定义 10 ms 计数器
    sbit    K1   = P3^2;                 //定义 K1 键
    sbit    K2   = P3^3;                 //定义 K2 键
    sbit    K3   = P3^4;                 //定义 K3 键
    sbit    K4   = P3^5;                 //定义 K4 键
    sbit    BEEP = P3^7;                 //定义蜂鸣器
    bit K1_FLAG = 0;                     //定义按键标志位,当按下 K1 键时,该位置 1,K1 键未
                                         //按下时,该位为 0
```

```c
uchar code line1_data[] = {"- - -LCD  Clcok- - -"};    //定义第1行显示的字符
uchar code line2_data[] = {" *  *  *  * "};             //定义第2行显示的字符
uchar disp_buf[6] = {0x00, 0x00, 0x00, 0x00, 0x00, 0x00};  //定义显示缓冲单元
/**********以下是蜂鸣器响一声函数********/
void beep()
{
    BEEP = 0;                       //蜂鸣器响
    Delay_ms(100);
    BEEP = 1;                       //关闭蜂鸣器
    Delay_ms(100);
}
/********以下是转换函数,负责将时钟运行数据转换为适合LCD显示的数据********/
void LCD_conv(uchar  in1,in2,in3)    //形参in1、in2、in3接收实参hour、min、sec传来的数据
{
    disp_buf[0] = in1/10 + 0x30;    //时十位数据
    disp_buf[1] = in1 % 10 + 0x30;  //时个位数据
    disp_buf[2] = in2/10 + 0x30;    //分十位数据
    disp_buf[3] = in2 % 10 + 0x30;  //分个位数据
    disp_buf[4] = in3/10 + 0x30;    //秒十位数据
    disp_buf[5] = in3 % 10 + 0x30;  //秒个位数据
}
/********以下是LCD显示函数,负责将函数LCD_conv转换后的数据显示在LCD上********/
void LCD_disp()
{
    lcd_wcmd(0x44 | 0x80);          //从第2行第4列开始显示
    lcd_wdat(disp_buf[0]);          //显示时十位
    lcd_wdat(disp_buf[1]);          //显示时个位
    lcd_wdat(0x3a);                 //显示":"
    lcd_wdat(disp_buf[2]);          //显示分十位
    lcd_wdat(disp_buf[3]);          //显示分个位
    lcd_wdat(0x3a);                 //显示":"
    lcd_wdat(disp_buf[4]);          //显示秒十位
    lcd_wdat(disp_buf[5]);          //显示秒个位
}
/********以下是定时器T1中断函数,用于产生用于产生秒、分和时信号********/
void timer1() interrupt 3
{
    TH1 = 0xdc;TL0 = 0x00;          //重装计数初值,定时时间为10 ms
    count_10ms ++ ;                 //10 ms计数器加1
    if(count_10ms >= 100)
    {
        count_10ms = 0;             //计数100次后恰好为1 s,此时10 ms计数器清零
        sec ++ ;                    //秒加1
        if(sec == 60)
        {
```

```
            sec = 0;
            min ++ ;                        //若到 60 s,分加 1
            if(min == 60)
            {
                min = 0;
                hour ++ ;                   //若到 60 min,时加 1
                if(hour == 24)
                {
                    hour = 0;min = 0;sec = 0;    //若到 24 h,时、分和秒单元清零
                }
            }
        }
    }
}
/*********以下是按键处理函数,用来对按键进行处理********/
void  KeyProcess()
{
    TR1 = 0;                        //若按下 K1 键,则定时器 T1 关闭,时钟暂停
    if(K2 == 0)                     //若按下 K2 键
     {
        Delay_ms(10);               //延时去抖
        if(K2 == 0)
        {
            while(!K2);             //等待 K2 键释放
            beep();
            hour ++ ;                //时调整
            if(hour == 24)
            {
                hour = 0;
            }
        }
     }
    if(K3 == 0)                     //若按下 K3 键
     {
        Delay_ms(10);
        if(K3 == 0)
        {
            while(!K3);             //等待 K3 键释放
            beep();
            min ++ ;                 //分调整
            if(min == 60)
            {
                min = 0;
            }
        }
```

```c
        }
        if(K4 == 0)                     //若按下 K4 键
         {
             Delay_ms(10);
             if(K4 == 0)
             {
                 while(!K4);            //等待 K4 键释放
                 beep();
                 TR1 = 1;               //调整完毕后,时钟恢复运行
                 K1_FLAG = 0;           //将 K1 键按下标志位清零
             }
         }
}
/*********以下是定时器 T1 初始化函数********/
void    timer1_init()
{
    TMOD = 0x10;                       //定时器 T1 工作模式 1,16 位定时方式
    TH1 = 0xdc;TL1 = 0x00;             //装定时器 T1 计数初值,定时时间为 10 ms
    EA = 1;ET1 = 1;                    //开总中断和定时器 T1 中断
    TR1 = 1;                           //启动定时器 T1
}
/********以下是主函数********/
void main(void)
{
    uchar i;
    P0 = 0xff;
    P2 = 0xff;
    timer1_init();                     //调定时器 T1 初始化函数
    lcd_init();                        //LCD 初始化函数(在 LCD 驱动程序软件包中)
    lcd_clr();                         //清屏函数(在 LCD 驱动程序软件包中)
    lcd_wcmd(0x00|0x80);               //设置显示位置为第 1 行第 0 列
    i = 0;
    while(line1_data[i] != '\0')       //在第 1 行显示"---LCD  Clcok---"
    {
    lcd_wdat(line1_data[i]);           //显示第 1 行字符
    i++;                               //指向下一字符
    }
    lcd_wcmd(0x40|0x80);               //设置显示位置为第 2 行第 0 列
    i = 0;
    while(line2_data[i] != '\0')       //在第 2 行 0~3 列显示"****"
    {
        lcd_wdat(line2_data[i]);       //显示第 2 行字符
        i++;                           //指向下一字符
    }
    lcd_wcmd(0x4c|0x80);               //设置显示位置为第 2 行第 12 列
```

```
            i = 0;
            while(line2_data[i] != '\0')      //在第 2 行 12 列之后显示"****"
            {
                lcd_wdat(line2_data[i]);       //显示第 2 行字符
                i++;                           //指向下一字符
            }
        while(1)
        {
            if(K1 == 0)                        //若 K1 键按下
            {
                Delay_ms(10);                  //延时 10 ms 去抖
                if(K1 == 0)
                {
                    while(!K1);                //等待 K1 键释放
                    beep();                    //蜂鸣器响一声
                    K1_FLAG = 1;               //K1 键标志位置 1,以便进行时钟调整
                }
            }
            if(K1_FLAG == 1)KeyProcess();      //若 K1_FLAG 为 1,则进行时钟调整
            LCD_conv(hour,min,sec);            //调时钟运行转换函数
            LCD_disp();                        //调 LCD 显示函数,显示时、分和秒
        }
    }
```

3. 源程序释疑

该源程序主要由主函数、定时器 T1 初始化函数、定时器 T1 中断函数、按键处理函数、LCD 转换函数、显示函数、蜂鸣器响一声函数等组成。

LCD 电子钟与第 10 章介绍的数码管电子钟的很多功能函数是相同的,读者阅读本例源程序时,请再回过头去,熟悉一下第 10 章数码管电子钟中的有关内容。下面对本例源程序简要进行说明。

① 主函数。主函数首先对定时器 T1 和 LCD 进行初始化,并在 LCD 的第 1 行、第 2 行相应位置显示固定不动的字符串。然后,对按键进行判断,并调用按键处理函数,对按键进行处理。最后,调用 LCD 转换函数和 LCD 显示函数,将时间在 LCD 的第 2 行相应位置显示出来。

② 定时器 T1 初始化函数。定时器 T1 初始化函数的作用是设置定时器 T1 的定时时间为 10 ms(计数初值为 0xdc00),并打开总中断、T1 中断以及开启 T1 定时器。

③ 定时器 T1 中断函数。此部分与第 10 章数码管电子钟的定时器 T1 中断函数完全相同,这里不再说明。

④ LCD 转换函数。LCD 转换函数 LCD_conv 的作用是将定时器 T1 中断函数中产生的时(hour)、分(min)、秒(sec)数据,分离出十位和个位,然后,再将分离的数据加 0x30 后,转换为 ASCII 码,并写入 DDRAM 寄存器,从 LCD 上显示出来。

⑤ 按键处理函数。此部分与第 10 章数码管电子钟的按键处理子程序 KeyProcess 完全相同,这里不再说明。

4. 实现方法

① 打开 Keil C51 软件,建立工程项目,再建立一个名为 ch11_4.c 的源程序文件,输入上面源程序。

② 在工程项目中,再将 LCD 驱动程序软件包 LCD_drive.h 添加进来。

③ 单击"重新编译"按钮,对源程序 ch11_4.c 和 LCD_drive.h 进行编译和链接,产生 ch11_4.hex 目标文件。

④ 将 DD-900 实验开发板 JP1 的 LCD、V_{CC} 两插针短接,为 LCD 供电。

⑤ 将 STC89C51 单片机插到锁紧插座,把 ch11_4.hex 文件下载到 STC89C51 中,观察 LCD 电子钟的显示、运行及调整是否正常。

该实验源程序和 LCD 驱动程序在附光盘的 ch11\ch11_4 文件夹中。

11.2.5 实例解析 5——1602 LCD 频率计

1. 实现功能

在 DD-900 实验开发板上实现数码管频率计功能,外部信号源由实验开发板上的 NE555 产生,校正信号由单片机的 P1.0 产生,输出的频率能够在 LCD 上显示出来,具体显示格式为:

--Frequency is--
XXXXXXXXHz   (XXXXXXXX 表示被测信号的频率值,共 8 位)

有关电路参见第 3 章图 3-5、图 3-8。

2. 源程序

根据要求,编写的源程序如下:

```c
#include<reg51.h>
#include "LCD_drive.h"
#define uchar unsigned char
#define uint unsigned int
#define ulint unsigned long int
ulint frequency;                              //定义测量的频率值
uchar data T0_count = 0,T1_count = 0;         //定义定时器 T0、T1 中断次数计数器
uchar T0_TH0 = 0,T0_TL0 = 0,T0_num = 0;       //T0 计数缓冲单元高,低地址和计数溢出次数计数
sbit P10 = P1^0;                              //定义频率校正信号输出端
uchar disp_buf[8] = {0};                      //定义显示缓冲单元
uchar code line1_data[] = {"--Frequency is--"};   //定义第 1 行显示的字符
uchar code line2_data[] = {"Hz       "};      //定义第 2 行显示的字符
/*******以下是 LCD 显示函数,负责将函数 convert 转换后的频率数据显示在 LCD 上*******/
void LCD_disp ()
{
    lcd_wcmd(0x42 | 0x80);                    //从第 2 行第 2 列开始显示
    lcd_wdat(disp_buf[0]);                    //显示千万位
```

```c
    lcd_wdat(disp_buf[1]);                  //显示百万位
    lcd_wdat(disp_buf[2]);                  //显示十万位
    lcd_wdat(disp_buf[3]);                  //显示万位
    lcd_wdat(disp_buf[4]);                  //显示千位
    lcd_wdat(disp_buf[5]);                  //显示百位
    lcd_wdat(disp_buf[6]);                  //显示十位
    lcd_wdat(disp_buf[7]);                  //显示个位
}
/********以下是频率数值转换函数,将测量的频率转换为适合LCD显示的数据********/
void convert()
{
    frequency = T0_num * 65536 + T0_TH0 * 256 + T0_TL0;   //频率值计算
    disp_buf[0] = frequency/10000000 + 0x30;              //千万位
    frequency = frequency % 10000000;
    disp_buf[1] = frequency/1000000 + 0x30;               //百万位
    frequency = frequency % 1000000;
    disp_buf[2] = frequency/100000 + 0x30;                //十万位
    frequency = frequency % 100000;
    disp_buf[3] = frequency/10000 + 0x30;                 //万位
    frequency = frequency % 10000;
    disp_buf[4] = frequency/1000 + 0x30;                  //千位
    frequency = frequency % 1000;
    disp_buf[5] = frequency/100 + 0x30;                   //百位
    frequency = frequency % 100;
    disp_buf[6] = frequency/10 + 0x30;                    //十位
    disp_buf[7] = frequency % 10 + 0x30;                  //个位
}
/********以下是定时器T1中断函数(定时方式,定时时间为50 ms)********/
void timer1() interrupt 3
{
TR1 = 0;                                 //关闭定时器T1
TH1 = 0x4c;TL1 = 0x00;                   //重装计数初值
T1_count ++ ;                            //定时器T1中断次数计数器加1
if(T1_count >= 20)                       //若若T1_COUNT大于等于20(20×50 ms = 1 s),即
                                         //等于或超过1 s
{
    TR0 = 0;                             //关闭定时器T0,停止计数
    T1_count = 0;                        //清零
    T0_TH0 = TH0;                        //取出定时器T0计数值高位
    T0_TL0 = TL0;                        //取出定时器T0计数值低位
    T0_num = T0_count;                   //将定时器T0的中断次数送T0_num
    TH0 = 0;                             //清定时器T0
    TL0 = 0;
    T0_count = 0;                        //定时器T0中断次数计数器清零
    TR0 = 1;                             //开启定时器T0,继续计数
```

```c
    }
    TR1 = 1;                            //开启定时器 T1,继续定时
    P10 = ~P10;                         //频率校正信号取反输出
}
/******以下是定时器 T0 中断函数(计数方式,初值为 0,计满 65 535 产生一次溢出中断)******/
void timer0() interrupt 1
{
    TH0 = 0;TL0 = 0;                    //重装计数初值
    T0_count++;                         //计数值加 1
}
/********以下是定时器 T0、T1 初始化函数********/
void timer_init()
{
    TMOD = 0x15;                        //定时器 T1 为工作方式 1,定时方式;T0 为工作方
                                        //式 1,计数方式
    TH1 = 0x4c; TL1 = 0x00;             //定时器 T1 为定时方式,定时时间为 50 ms(计数初
                                        //值为 0x4c00)
    TH0 = 0; TL0 = 0;                   //定时器 T0 为计数方式,计数初值为 0
    PT0 = 1;                            //T0 优先
    EA = 1;ET1 = 1; ET0 = 1;            //开总中断、定时器 T1 和 T0 中断
    TR1 = 1;                            //启动定时器 T1
    TR0 = 1;                            //启动定时器 T0
}
/********以下是主函数********/
void main(void)
{
    uchar i;
    P0 = 0xff; P2 = 0xff;
    timer_init();                       //定时器 T0、T1 初始化
    lcd_init();                         //LCD 初始化
    lcd_clr();                          //LCD 清屏
    lcd_wcmd(0x00|0x80);                //设置显示位置为第 1 行第 0 列
        i = 0;
        while(line1_data[i] != '\0')    //在第 1 行显示"-- Frequency is --"
        {
            lcd_wdat(line1_data[i]);    //显示第 1 行字符
            i++;                        //指向下一字符
        }
        lcd_wcmd(0x4b|0x80);            //设置显示位置为第 2 行第 11 列
        i = 0;
        while(line2_data[i] != '\0')    //在第 2 行 0~3 列显示"Hz"
        {
            lcd_wdat(line2_data[i]);    //显示第 2 行字符
            i++;                        //指向下一字符
        }
```

第 11 章 LCD 显示实例解析

```
    while(1)
        {
            convert();              //调用频率数值转换函数
            LCD_disp();             //调用 LCD 显示函数
        }
}
```

3. 源程序释疑

源程序主要由主程序、数据初始化子程序、定时器 T0/T1 初始化子程序、3 字节二进制转 4 字节 BCD 码子程序、BCD 码转换子程序、字符串显示子程序、定时器 T0 中断服务程序(计数方式)、定时器 T1 中断服务程序(定时方式)等组成。

LCD 频率计与第 10 章介绍的数码管频率计的很多源程序是完全相同的,读者阅读本例源程序时,请再回过头去,熟悉一下第 10 章数码管频率计中的有关内容。下面,对本例源程序简要进行说明。

① 主程序中,首先调用数据初始化子程序 DATA_INIT、定时器 T0/T1 初始化子程序。然后,调用 HOT_START、CLR_LCD 子程序,启动 LCD 并进行清屏,接着调用字符串显示子程序 DISP_STR,在 LCD 相应位置上,显示出所要求的字符。最后,调用 3 字节二进制转 4 字节 BCD 码子程序 DATA_PROC 和 BCD 码转换子程序 BCD_CONV,将测量的频率值转换为适合 LCD 显示的数据。

② 定时器 T0/T1 初始化子程序 T0T1_INIT、定时器 T0 中断服务程序 TIME0、定时器 T1 中断服务程序 TIME1、3 字节二进制转 4 字节 BCD 码子程序 DATA_PROC 与第 10 章的数码管频率计中使用的完全一致,这里不再介绍。

③ BCD 码转换子程序 BCD_CONV 可对 T_S、T_M、T_H、T_G 四字节 BCD 码中频率值进行转换和处理,并将处理后的数据加 30H 后,转换为 ASCII 码,写入 DDRAM 寄存器,从 LCD 上显示出来。

④ 字符串显示子程序

字符串显示子程序比较简单,与实例解析 1、2 完全相同,其作用是将字符串显示在 LCD 的第 1、2 行上。

4. 实现方法

① 打开 Keil C51 软件,建立工程项目,再建立一个名为 ch11_5.c 的源程序文件,输入上面源程序。

② 在工程项目中,再将 LCD 驱动程序软件包 LCD_drive.h 添加进来。

③ 单击"重新编译"按钮,对源程序 ch11_5.c 和 LCD_drive.h 进行编译和链接,产生 ch11_5.hex 目标文件。

④ 将 DD-900 实验开发板 JP1 的 LCD、V_{CC} 两插针短接,为 LCD 供电。

⑤ 将 STC89C51 单片机插到锁紧插座,把 ch11_5.hex 文件下载到 STC89C51 中。

⑥ 用导线将 J1 接口的 P1.0 引脚和 P3.4 引脚短接,观察数码管是否显示为 10 Hz 的信号,若不是 10 Hz,说明源程序或硬件有问题。

⑦ 取下 J1 接口 P1.0 引脚和 P3.4 引脚短接线,同时,用短接帽将 JP4 的 P34、555 两插针

短接,输入 555 电路产生的信号,调整 V_{R3},观察数码管显示的频率数值是否变化。正常情况下,V_{R3} 逆时针调到底时,频率约 40 Hz;顺时针旋转,频率增大,顺时针旋到底时,频率在 3 400 Hz 以上。

该实验程序和 LCD 驱动程序在附光盘的 ch11\ch11_5 文件夹中。

11.3　12864 点阵型 LCD 介绍与实例解析

前面介绍的字符型 1602 LCD 一般用来显示数字及字母,虽然也可以显示一些简单的汉字及图形,但编程比较麻烦。因此,要显示更多的汉字及复杂图形,一般采用点阵型 LCD。目前,常用的的点阵型 LCD 有 122×32、128×64、240×320 等多种,其中,以 128×64(一般简称 12864)LCD 比较常见,其外形如图 11-5 所示。

市场上的 12864 LCD 主要分为两种:一种是采用 KS0108 及其兼容控制器,它不带任何字库;另一种是采用 ST7920 控制器,它带有中文字库(8 000 多个汉字)。

需要提醒读者的是,带字库的 12864 LCD 一般都集成有-10 V 电源,因此,可直接使用;而很多不带字库的 12864 LCD 不带-10 V 电源,使用时比较麻烦,需要自己组装电源,在选购 12864 LCD 时应特别注意。

图 11-5　12864 点阵型 LCD 的外形

由于带字库的 LCD 使用比较方便,而且与不带字库 12864 LCD 价格相差不多,因此应用较为广泛。带字库的 12864 LCD 型号较多,其模块内部结构及使用略有差别,下面,主要以型号为 TS12864-3 的带字库 LCD 为例进行介绍。

11.3.1　12864 点阵型 LCD 介绍

1. 12864 点阵型 LCD 的引脚功能

带字库 12864 LCD 显示分辨率为 128×64,内置有 8 192 个 16×16 点汉字和 128 个 16×8 点 ASCII 字符集,可构成全中文人机交互图形界面。带字库 12864 LCD 的引脚功能如表 11-3 所列。

表 11-3　12864 点阵型 LCD 引脚功能

引脚号	符　号	功　　能
1	V_{SS}	逻辑电源地
2	V_{DD}	+5 V 逻辑电源
3	V_0	对比度调整端
4	RS(CS)	数据/指令选择。高电平,表示数据 DB0~DB7 为显示数据;低电平,表示数据 DB0~DB7 为指令数据

续表 11-3

引脚号	符号	功能
5	R/W(SID)	在并口模式下,该引脚为读/写选择端;在串口模式下,该引脚为串行数据输入端
6	E(SCLK)	在并口模式下,该引脚为读/写使能端,E的下降沿锁定数据; 在串口模式下,该引脚为串行时钟端
7~14	DB0~DB7	在并口模式下,为8位数据输入输出引脚; 在串口模式下,未用
15	PSB	并口/串口选择端。高电平时为8位或4位并口模式;低电平时为串口模式
16	NC	空
17	REST	复位信号,低电平有效
18	V_{OUT}	LCD驱动电压输出端
19	BLA	背光电源正极
20	BLK	背光电源负极

从表中可以看出,12864 LCD 可分为串口和并口两种数据传输方式,当第 15 引脚为高电平时,为并口方式,数据通过第 7~14 引脚与单片机进行并行传输;当第 15 引脚为低电平时,为串口方式,数据通过第 5、6 引脚与单片机进行串行传输。

2. 12864 点阵型 LCD 的内部结构

12864 点阵型 LCD 主要由 1 片行列驱动控制器 ST7920、3 个列驱动器 ST7921 和 12864 点阵液晶显示屏组成,其结构示意图如图 11-6 所示。

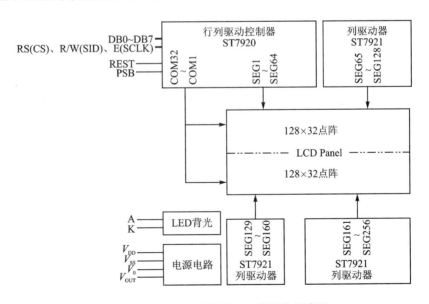

图 11-6　12864 点阵型 LCD 的结构示意图

行列驱动控制器 ST7920 主要含有以下功能器件,了解这些器件的功能,有利于 12864 LCD 模块的编程。

① 中文字型产生 ROM(CGROM)及半宽字型 ROM(HCGROM)。ST7920 的字型产生

ROM 通过 8 192 个 16×16 点阵的中文字型,以及 126 个 16×8 点阵的西文字符,它用 2 字节来提供编码选择,将要显示的字符的编码写到 DDRAM 上,硬件将依照编码自动从 CGROM 中选择将要显示的字型显示再屏幕上。

② 字型产生 RAM(CGRAM)。ST7920 的字型产生 RAM 提供用户自定义字符生成(造字)功能,可提供 4 组 16×16 点阵的空间,用户可以将 CGROM 中没有的字符定义到 CGRAM 中。

③ 显示 RAM(DDRAM)。DDRAM 提供 64×2 字节的空间,最多可以控制 4 行 16 字的中文字型显示。当写入显示资料 RAM 时,可以分别显示 CGROM、HCGROM 及 CGRAM 的字型。

④ 忙标志 BF。BF 标志提供内部工作情况,BF=1 表示模块在进行内部操作,此时模块不接受外部指令和数据;BF=0 时,模块为准备状态,随时可接受外部指令和数据。

⑤ 地址计数器 AC。地址计数器是用来贮存 DDRAM/CGRAM 之一的地址,它可由设定指令暂存器来改变,之后只要读取或是写入 DDRAM/CGRAM 的值时,地址计数器的值就会自动加 1。

3. 12864 点阵型 LCD 的指令

带字库 12864 点阵型 LCD 的指令稍多,主要分为基本指令集和扩展指令集两大类,如表 11-4 和表 11-5 所列。当"功能设置指令"的第 2 位 RE 为 0 时,可使用基本指令集;当 RE 为 1 时,可使用扩展指令集。

表 11-4 基本指令集

指令	指令码									说明	执行时间 (540 kHz)
	RS	RW	DB7	DB6	DB5	DB4	DB3	DB2	DB1	DB0		
清除显示	0	0	0	0	0	0	0	0	0	1	将 DDRAM 填满 20H,并且设定 DDRAM 的地址计数器(AC)到 00H	4.6 ms
地址归位	0	0	0	0	0	0	0	0	1	X	设定 DDRAM 的地址计数器(AC)到 00H,并且将光标移到开头原点位置;这个指令并不改变 DDRAM 的内容	4.6 ms
进入点设定	0	0	0	0	0	0	0	1	I/D	S	I/D=1 光标右移,I/D=0 光标左移;S=1 整体显示移动,S=0 整体显示不移动	72 μs
显示状态 开/关	0	0	0	0	0	0	1	D	C	B	D=1:整体显示 ON C=1:光标 ON B=1:光标位置 ON	72 μs
光标或显示 移位控制	0	0	0	0	0	1	S/C	R/L	X	X	10H/14H,光标左右移动 18H/1CH,整体显示左右移动	72 μs
功能设定	0	0	0	0	1	DL	X	0 RE	X	X	DL=1(必须设为 1) RE=1:扩充指令集动作 RE=0:基本指令集动作	72 μs
设定 CGRAM 地址	0	0	0	1	AC5	AC4	AC3	AC2	AC1	AC0	设定 CGRAM 地址到地址计数器(AC)	72 μs

第11章 LCD显示实例解析

续表 11-4

指　令	指令码									说　明	执行时间 (540 kHz)
	RS	RW	DB7	DB6	DB5	DB4	DB3	DB2	DB1	DB0		
设定DDRAM地址	0	0	1	AC6	AC5	AC4	AC3	AC2	AC1	AC0	设定DDRAM地址到地址计数器(AC)	72 μs
读取忙碌标志(BF)和地址	0	1	BF	AC6	AC5	AC4	AC3	AC2	AC1	AC0	读取忙碌标志(BF)可以确认内部动作是否完成,同时可以读出地址计数器(AC)的值	0 μs
写资料到RAM	1	0	D7	D6	D5	D4	D3	D2	D1	D0	写入资料到内部的RAM(DDRAM/CGRAM/IRAM/GDRAM)	72 μs
读出RAM的值	1	1	D7	D6	D5	D4	D3	D2	D1	D0	从内部的RAM读取资料(DDRAM/CGRAM/IRAM/GDRAM)	72 μs

表 11-5　扩展指令集

指　令	指令码										说　明	执行时间/μs (540 kHz)
	RS	RW	DB7	DB6	DB5	DB4	DB3	DB2	DB1	DB0		
待命模式	0	0	0	0	0	0	0	0	0	1	将DDRAM填满20H,并且设定DDRAM的地址计数器(AC)为00H	72
卷动地址或IRAM地址选择	0	0	0	0	0	0	0	0	1	SR	SR=1:允许输入垂直卷动地址; SR=0:允许输入IRAM地址	72
反白选择	0	0	0	0	0	0	0	1	R1	R0	选择4行中的任一行作反白显示,并可决定反白与否	72
睡眠模式	0	0	0	0	0	0	1	SL	X	X	SL=1:脱离睡眠模式; SL=0:进入睡眠模式	72
扩充功能设定	0	0	0	0	1	1	X	0 RE	G	0	RE=1:扩充指令集动作 RE=0:基本指令集动作 G=1:绘图显示ON G=0:绘图显示OFF	72
设定IRAM地址或卷动地址	0	0	0	1	AC5	AC4	AC3	AC2	AC1	AC0	SR=1:AC5~AC0为垂直卷动地址 SR=0:AC3~AC0为ICON IRAM地址	72
设定绘图RAM地址	0	0	1	AC6	AC5	AC4	AC3	AC2	AC1	AC0	设定CGRAM地址到地址计数器(AC)	72

4. 12864点阵型LCD与单片机的连接

12864点阵型LCD与单片机的连接分为串口连接和并口连接两种。图11-7所示是DD-900实验开发板中12864点阵型LCD与单片机的连接电路。

从图中可以看出,12864 LCD和单片机采用并口连接方式。实际上,这种连接方式也同样可以进行串口编程和实验。编程时,只需在程序中将第15引脚(PSB)设置为低电平即可。

5. 12864 点阵型 LCD 的使用

用带字库 12864 LCD 时应注意以下几点：

① 欲在某一个位置显示中文字符时，应先设定显示字符位置，即先设定显示地址，再写入中文字符编码。

② 显示 ASCII 字符过程与显示中文字符过程相同。在显示连续字符时，只须设定一次显示地址即可，由模块自动对地址加 1，指向下一个字符位置。

③ 当字符编码为 2 字节时（汉字的编码为 2 字节，ASCII 字符的编码为 1 字节），应先写入高位字节，再写入低位字节。

④ 模块在接收指令前，必须先确认模块内部处于非忙状态，即读取 BF 标志时需为 0，方可接受新的指令。如果在送出一个

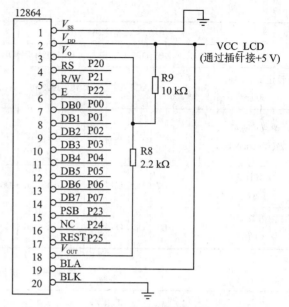

图 11-7　DD-900 实验开发板中 12864 点阵型 LCD 与单片机的连接电路

指令前不检查 BF 标志，则在前一个指令和这个指令中间必须延迟一段较长的时间，即等待前一个指令确定执行完成。指令执行的时间请参考指令表中的指令执行时间说明。

⑤ RE 为基本指令集与扩充指令集的选择控制位。当变更 RE 后，以后的指令集将维持在最后的状态，除非再次变更 RE 位，否则使用相同指令集时，无需每次均重设 RE 位。

⑥ 12864 LCD 可分为上下两屏，最多可实现 32 个中文字符或 64 个 ASCII 码字符的显示。12864 LCD 内部提供 64×2 字节的 RAM 缓冲区（DDRAM）。字符显示是通过将字符编码写入 DDRAM 实现的。根据写入的内容不同，可分别在液晶屏上显示 CGROM（中文字库）、HCGROM（ASCII 码字库）及 CGRAM（自定义字形）3 种不同的字符和字形。

3 种不同字符/字型的选择编码范围为：0000～0006H（其代码分别是 0000、0002、0004、0006 共 4 个）显示 CGROM 中的自定义字型；编码为 02H～7FH 显示 HCGROM 中的半宽 ASCII 码字符；编码为 A1A0H～F7FFH 显示 CGROM 中的 8 192 个中文汉字字形。

模块 DDRAM 的地址与 LCD 屏幕上的 32 个显示区域有着一一对应的关系，其对应关系如表 11-6 所列。

表 11-6　汉字显示时各行坐标对应的 DDRAM 地址值

行	X 坐标							
LINE1	80H	81H	82H	83H	84H	85H	86H	87H
LINE2	90H	91H	92H	93H	94H	95H	96H	97H
LINE3	88H	89H	8AH	8BH	8CH	8DH	8EH	8FH
LINE4	98H	99H	9AH	9BH	9CH	9DH	9EH	9FH

⑦ 图形显示时，先设垂直地址再设水平地址（连续写入 2 字节的资料来完成垂直与水平的坐标地址）。垂直地址范围为 AC5～AC0；水平地址范围为 AC3～AC0。地址计数器（AC）

只会对水平地址(X轴)自动加1,当水平地址＝0FH 时会重新设为00H,但并不会对垂直地址做进位自动加1。故当连续写入多笔数据时,程序需自行判断垂直地址是否需重新设定。水平坐标与垂直坐标的排列顺序如图11-8所示。

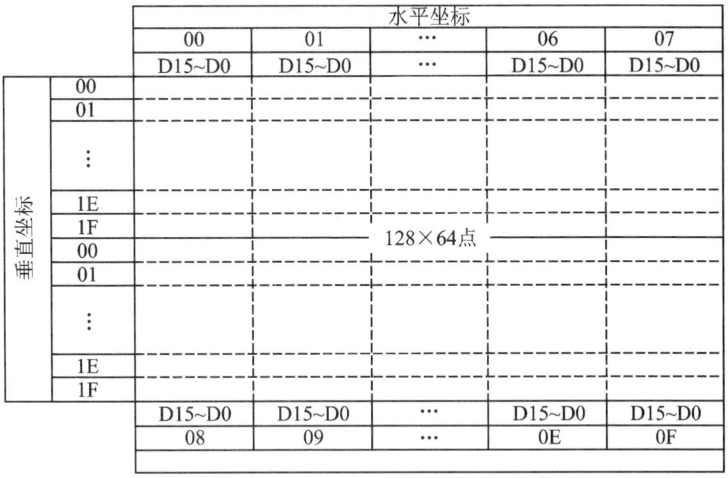

		水平坐标			
		00	01	...	06	07
		D15~D0	D15~D0	...	D15~D0	D15~D0
垂直坐标	00					
	01					
	⋮					
	1E					
	1F		128×64点			
	00					
	01					
	⋮					
	1E					
	1F					
		D15~D0	D15~D0	...	D15~D0	D15~D0
		08	09	...	0E	0F

图11-8 水平坐标与垂直坐标的排列顺序

6. 12864点阵型LCD驱动程序

和1602 LCD一样,也可以为12864 LCD制作驱动程序软件包。由于12864既可接成并口形式,也可接成串口形式,因此,其软件包也有两种形式。

(1) 并口形式驱动程序软件包

并口形式驱动程序软件包(文件名为Drive_Parallel.h)具体内容如下:

```
#include <reg51.h>
#include <intrins.h>
#define uchar unsigned char
#define uint unsigned int
/********12864LCD引脚定义********/
#define LCD_data P0              //数据口
sbit LCD_RS = P2^0;              //寄存器选择输入
sbit LCD_RW = P2^1;              //液晶读/写控制
sbit LCD_EN = P2^2;              //液晶使能控制
sbit LCD_PSB = P2^3;             //串/并方式控制,高电平为并行方式,低电平为串行方式
sbit LCD_RST = P2^5;             //液晶复位端口
/********以下是函数声明********/
void Delay_ms(uint xms);         //延时函数声明
void delayNOP();                 //短延时函数声明
bit lcd_busy();                  //忙检查函数声明
void lcd_wcmd(uchar cmd);        //写命令函数声明
void lcd_wdat(uchar dat);        //写数据函数声明
void lcd_init();                 //LCD并行初始化函数
void lcd_clr();                  //清屏函数声明
```

```c
/********以下是延时函数********/
void Delay_ms(uint xms)
{
    uint i,j;
    for(i = xms;i>0;i--)              //i = xms 即延时约 xms
        for(j = 110;j>0;j--);
}
/********以下是短延时函数********/
void delayNOP()
{_nop_();_nop_();_nop_();_nop_();}
/******以下是LCD忙碌检查函数,lcd_busy为1时,忙;lcd-busy为0时,闲,可写指令与数据******/
bit lcd_busy()
{
    bit result;
    LCD_RS = 0;
    LCD_RW = 1;
    LCD_EN = 1;
    delayNOP();
    result = (bit)(P0&0x80);
    LCD_EN = 0;
    return(result);
}
/********以下是写指令函数********/
void lcd_wcmd(uchar cmd)
{
    while(lcd_busy());
    LCD_RS = 0;
    LCD_RW = 0;
    LCD_EN = 0;
    _nop_();
    _nop_();
    P0 = cmd;
    delayNOP();
    LCD_EN = 1;
    delayNOP();
    LCD_EN = 0;
}
/********以下是写数据函数********/
void lcd_wdat(uchar dat)
{
    while(lcd_busy());
    LCD_RS = 1;
    LCD_RW = 0;
    LCD_EN = 0;
    P0 = dat;
```

```c
        delayNOP();
        LCD_EN = 1;
        delayNOP();
        LCD_EN = 0;
}
/********以下是 LCD 并行初始化函数********/
void lcd_init()
{
        LCD_PSB = 1;                    //设置为并口方式
        LCD_RST = 0;                    //液晶复位
        Delay_ms(3);
        LCD_RST = 1;
        Delay_ms(3);
        lcd_wcmd(0x34);                 //扩充指令操作
        Delay_ms(5);
        lcd_wcmd(0x30);                 //基本指令操作
        Delay_ms(5);
        lcd_wcmd(0x0C);                 //显示开,关光标
        Delay_ms(5);
        lcd_wcmd(0x01);                 //清除 LCD 的显示内容
        Delay_ms(5);
}
/********以下是 LCD 清屏函数********/
void lcd_clr()
{
        lcd_wcmd(0x01);                 //清除 LCD 的显示内容
        Delay_ms(5);
}
```

(2) 串口形式驱动程序软件包

串口形式驱动程序软件包文件名为 Drive_Serial.h,在附光盘 ch11/ch11_7 文件夹中。

11.3.2 实例解析 6——12864 LCD 显示汉字(并口方式)

1. 实现功能

在 DD-900 实验开发板上进行实验:在 12864 LCD(带字库)的第 1 行滚动显示"顶顶电子欢迎您!";第 2 行滚动显示"DD-900 实验开发板";第 3 行滚动显示"www.ddmcu.com";第 4 行滚动显示"TEL:15853209853";闪烁 3 次后,再循环显示,要求 12864 LCD 采用并口方式。有关电路参见第 3 章图 3-5。

2. 源程序

采用并口方式,编写的源程序如下:

```c
#include <reg51.h>
```

```c
#include <intrins.h>
#include "Drive_Parallel.h"
#define uchar unsigned char
#define uint  unsigned int
uchar code  line1_data[] = {"顶顶电子欢迎您!"};
uchar code  line2_data[] = {"   www.ddmcu.com   "};
uchar code  line3_data[] = {"DD-900 实验开发板"};
uchar code  line4_data[] = {"TEL: 15853209853   "};
/********以下是设定显示位置函数********/
void lcd_pos(uchar X,uchar Y)
{
    uchar pos;
    if (X==1) {X=0x80;}
    else if (X==2) {X=0x90;}
    else if (X==3) {X=0x88;}
    else if (X==4) {X=0x98;}
    pos = X+Y;
    lcd_wcmd(pos);                  //显示地址
}
/********以下是闪烁3次函数********/
void flash()
{
    Delay_ms(1000);                 //控制停留时间
    lcd_wcmd(0x08);                 //关闭显示
    Delay_ms(500);                  //延时0.5 s
    lcd_wcmd(0x0c);                 //开显示
    Delay_ms(500);                  //延时0.5 s
    lcd_wcmd(0x08);                 //关闭显示
    Delay_ms(500);                  //延时0.5s
    lcd_wcmd(0x0c);                 //开显示
    Delay_ms(500);                  //延时0.5 s
    lcd_wcmd(0x08);                 //关闭显示
    Delay_ms(500);                  //延时0.5 s
    lcd_wcmd(0x0c);                 //开显示
    Delay_ms(500);                  //延时0.5 s
}
/********以下是主函数********/
void main()
{
    uchar i;
    Delay_ms(100);                  //上电,等待稳定
    lcd_init();                     //初始化LCD
    while(1)
    {
        lcd_pos(1,0);               //设置显示位置为第1行
```

```
    for(i=0;i<16;i++)
    {
        lcd_wdat(line1_data[i]);
        Delay_ms(100);                    //每个字符停留的时间为100 ms
    }
    lcd_pos(2,0);                         //设置显示位置为第2行
    for(i=0;i<16;i++)
    {
        lcd_wdat(line2_data[i]);
        Delay_ms(100);
    }
    lcd_pos(3,0);                         //设置显示位置为第3行
    for(i=0;i<16;i++)
    {
        lcd_wdat(line3_data[i]);
        Delay_ms(100);
    }
    lcd_pos(4,0);                         //设置显示位置为第4行
    for(i=0;i<16;i++)
    {
        lcd_wdat(line4_data[i]);
        Delay_ms(100);
    }
    Delay_ms(1000);                       //停留1 s
    flash();                              //闪烁3次
    lcd_clr();                            //清屏
    Delay_ms(2000);
    }
}
```

3. 源程序释疑

源程序比较简单,在主函数中,首先对LCD进行初始化,然后定位字符显示的位置,使显示屏位依次显示第1行、第2行、第3行、第4行的字符和汉字。最后,调用闪烁函数,使LCD闪烁3次后再重复显示第1行至第4行的内容。

4. 实现方法

① 打开Keil C51软件,建立工程项目,再建立一个名为ch11_7.c的源程序文件,输入上面的程序。

② 在工程项目中,再将前面制作的LCD并口驱动程序软件包Drive_Parallel.h添加进来。

③ 单击"重新编译"按钮,对源程序ch11_7.c和Drive_Parallel.h进行编译和链接,产生ch11_7.hex目标文件。

④ 将DD-900实验开发板JP1的LCD、V_{CC}两插针短接,为LCD供电。

⑤ 将STC89C51单片机插到锁紧插座,把ch11_7.hex文件下载到STC89C51中,观察

LCD 显示是否正常。

该实验源程序和 LCD 驱动程序软件包 Drive_Parallel.h 在附光盘的 ch11\ch11_6 文件夹中。

11.3.3　实例解析 7——12864 LCD 显示汉字(串口方式)

1. 实现功能

在 DD-900 实验开发板上进行实验：在 12864 LCD(带字库)的第 1 行滚动显示"顶顶电子欢迎您!"；第 2 行滚动显示"DD-900 实验开发板"；第 3 行滚动显示"www.ddmcu.com"；第 4 行滚动显示"TEL：15853209853"。闪烁 3 次后，再循环显示，要求 12864 LCD 采用串口方式。有关电路参见第 3 章图 3-5。

2. 源程序

12864 LCD 和单片机连接时，即可以采用并口方式，也可以采用串口方式，当采用串口方式时，连接方法参见表 11-3。

在串口方式下，编写源程序时，只需在并口方式源程序的基础上改动两点即可：一是移去并口驱动程序软件包 Drive_Parallel.h，同时将串口驱动程序软件包 Drive_Serial.h 添加到工程项目中即可；二是将源程序中的预处理命令 ♯clude "Drive_Parallel.h"改为 ♯clude "Drive_Serial.h"。有关串口方式的详细源程序在附光盘 ch11/ch11_7 目录下。

11.3.4　实例解析 8——12864 LCD 显示图形

1. 实现功能

在 DD-900 实验开发板上，显示出一头可爱的小胖猪的图片。有关电路参见第 3 章图 3-5。

2. 源程序

根据要求，编写的源程序如下：

```
#include <reg51.h>
#include <intrins.h>
#include "Drive_Parallel.h"
#define uchar unsigned char
#define uint  unsigned int
/********以下是小猪的图片数据********/
uchar code bmp_map[] = {详细数据参见附光盘,略}
/********以下是图片显示函数********/
void DispMap(uchar *bmp)
{
    uchar i,j;
    lcd_wcmd(0x34);              //写数据时,关闭图形显示
```

第11章 LCD显示实例解析

```
    for(i = 0;i<32;i++)              //每屏两行,共 32 个数据
    {
        lcd_wcmd(0x80 + i);          //先写入水平坐标值
        lcd_wcmd(0x80);              //写入第 1 行首地址(第一屏的首地址)
        for(j = 0;j<16;j++)          //再写入两个 8 位元的数据
        lcd_wdat( * bmp ++ );        //写入数据,并指向下一数据
        Delay_ms(1);                 //延时 1 ms
    }
    for(i = 0;i<32;i++)              //每屏两行,共 32 个数据
    {
        lcd_wcmd(0x80 + i);          //写入水平坐标值
        lcd_wcmd(0x88);              //写入第 3 行的首地址(第二屏的首地址)
        for(j = 0;j<16;j++)
        lcd_wdat( * bmp ++ );
        Delay_ms(1);
    }
    lcd_wcmd(0x36);                  //写完数据,开图形显示
}
/ ********以下是主函数********/
void main()
{
    Delay_ms(100);                   //上电,等待稳定
    lcd_init();                      //初始化 LCD
    lcd_clr();                       //清屏
    DispMap(bmp_map);                //显示图片
    while(1);                        //等待
}
```

3. 源程序释疑

图形显示由图片显示函数 DispMap 完成,由于显示屏分为两屏,故写入图片数据时应分开进行写入。下面重点介绍一下图片数据的制作方法。

制作图片数据时,需要采用 LCD 字模软件,图 11-9 所示是 LCD 字模软件的运行界面。

单击工具栏上的"打开"铵钮,选择事先制作好的"小猪"图片(该图片在附光盘的 ch11\文件夹中,注意,图片要做成 bmp 格式的位图,分辨率为 128×64),此时,在软件预览区中出现小猪的预览图,如图 11-10 所示。

再单击软件工具栏上的"生成 C51 格式数据"按钮,在"图片和汉字数据生成区"就产生了小猪图片的数据,将此数据复制到源程序上即可。

另外,该软件还可以制作汉字数据。制作时,只需在"汉字输入区"输入汉字,按"Ctrl+回车"键,汉字将发送到预览区。单击软件工具栏上的"生成 C51 格式数据"按钮,即可生成相应汉字的数据。顺便说一下,该软件不但可制作 LCD 数据,而且还可制作 LED 点阵屏数据。

有关 LCD 字模制作软件较多,读者可到相关网站去下载。

4. 实现方法

① 打开 Keil C51 软件,建立工程项目,再建立一个名为 ch11_8.c 的源程序文件,输入上

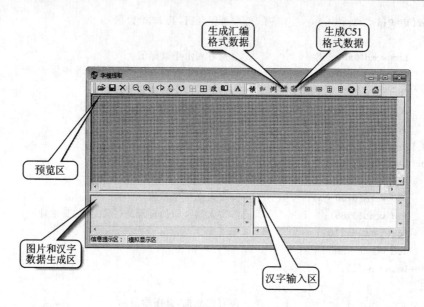

图 11-9　LCD 字模软件运行界面

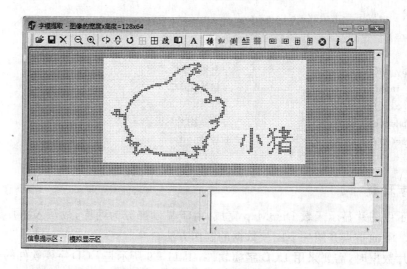

图 11-10　图片的预览图

面源程序。

② 在工程项目中,再将前面制作的 LCD 并口驱动程序软件包 Drive_Parallel.h 添加进来。

③ 单击"重新编译"按钮,对源程序 ch11_8.c 和 Drive_Parallel.h 进行编译和链接,产生 ch11_8.hex 目标文件。

④ 将 DD-900 实验开发板 JP1 的 LCD、V_{CC} 两插针短接,为 LCD 供电。

⑤ 将 STC89C51 单片机插到锁紧插座,把 ch11_8.hex 文件下载到 STC89C51 中,观察 LCD 显示的图片是否正常。

该实验源程序和驱动程序软件包 Drive_Parallel.h 在附光盘的 ch11\ch11_8 文件夹中。

第 12 章

时钟芯片 DS1302 实例解析

时钟芯片的主要功能是完成年、月、周、日、时、分、秒的计时,通过外部接口为单片机系统提供时钟和日历。时钟芯片大都使用 32.768 kHz 的晶振作为振荡源,本身误差很小。另外,很多时钟芯片还内置有温度补偿电路,因此,时钟运行十分准确。目前,常用的时钟芯片主要有 DS12887、DS1302、DS3231、PCF8563 等,其中,DS1302 应用最为广泛。

12.1 时钟芯片 DS1302 基本知识

12.1.1 DS1302 介绍

DS1302 是 DALLAS 公司推出的涓流充电时钟芯片,内含有一个实时时钟/日历和 31 字节静态 RAM,通过简单的串行接口与单片机进行通信。DS1302 电路提供秒、分、时、日、月、年的信息,每月的天数和闰年的天数可自动调整。时钟操作可通过 AM/PM 指示决定采用 24 或 12 h 格式。另外,DS1302 内部有一个 31×8 的用于临时性存放数据的 RAM 寄存器。DS1302 与单片机之间能简单地采用同步串行的方式进行通信,仅需用到 3 个口线,即 RST 复位端、I/O 数据端、SCLK 时钟端。DS1302 工作时功耗很低,保持数据和时钟信息时功率小于 1 mW。

DS1302 为 8 引脚集成芯片,其引脚功能如表 12-1 所列。DS1302 与单片机的连接如图 12-1 所示。

表 12-1 DS1302 引脚功能

引脚号	符号	功能	引脚号	符号	功能
1	V_{CC2}	主电源输入	5	RST	复位端,RST=1 允许通信;RST=0 禁止通信
2	X1	外接 32.768 kHz 晶振	6	I/O	数据输入/输出端
3	X2	外接 32.768 kHz 晶振	7	SCLK	串行时钟输入端
4	GND	地	8	V_{CC1}	备用电源输入

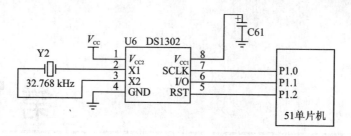

图 12-1　DS1302 与单片机的连接

需要特别说明的是,备用电源可以用电池或者超级电容器(0.1 F 以上)。虽然 DS1302 在主电源掉电后的耗电很小,但是,如果要长时间保证时钟正常,最好选用小型充电电池。可以用老式电脑主板上的 3.6 V 充电电池。如果断电时间较短(几小时或几天),也可以用漏电较小的普通电解电容器代替。100 μF 就可以保证 1 小时的正常运行。

12.1.2　DS1302 的控制命令字

数据传送是以单片机为主控芯片进行的,每次传送时,由单片机向 DA1302 写入一个控制命令字开始,控制命令字的格式如下:

D7	D6	D5	D4	D3	D2	D1	D0
1	RAM/CK	A4	A3	A2	A1	A0	RD/W

控制命令字的最高位(D7)必须是 1,如果它为 0,则不能把数据写入 DS1302 中。

RAM/CK 位为 DS1302 片内 RAM/时钟选择位。RAM/CK=1 时选择 RAM 操作;RAM/CK=0 时选择时钟操作。

RD/W 是读/写控制位。RD/W=1 时为读操作,表示 DS1302 接收完命令字后,按指定的选择对象及寄存器(或 RAM)地址,读取数据,并通过 I/O 线传送给单片机;RD/W=0 时为写操作,表示 DS1302 接收完命令字后,紧跟着再接受来自单片机的数据字节,并写入到 DS1302 的相应寄存器或 RAM 单元中。

A0~A4 为片内日历时钟寄存器或 RAM 地址选择位。

12.1.3　DS1302 的寄存器

DS1302 内部寄存器地址及寄存器内容如图 12-2 所示。

1. 寄存器的地址

寄存器的地址也就是前面所说的寄存器控制命令字。每个寄存器有两个地址,例如,对于秒寄存器,读操作时,RD/W=1,读地址为 81H;写操作时,RD/W=0,写地址为 80H。

DS1302 与 RAM 相关的寄存器分为两类:一类是单个 RAM 单元,共 31 个,每个单元组态为一个 8 位的字节,其命令控制字为 C0H~FDH,其中奇数为读操作,偶数为写操作;另一类为突发方式下的 RAM 多字节寄存器,此方式下可一次性读/写所有 RAM 的 31 字节,命令

第 12 章 时钟芯片 DS1302 实例解析

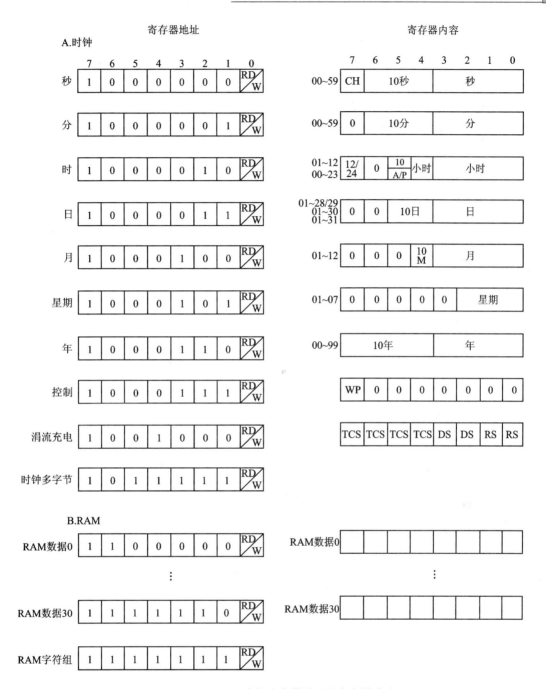

图 12-2 DS1302 内部寄存器地址及寄存器内容

控制字为 FEH（写）和 FFH（读）。

2. 寄存器的内容

在 DS1302 内部的寄存器中，有 7 个寄存器与日历、时钟相关，存放的数据位为 BCD 码形式。

秒寄存器存放的内容中，最高位 CH 位为时钟停止位。当 CH=1 时，振荡器停止；CH=0

时,振荡器工作。

小时寄存器存放的内容中,最高位 12/24 为 12/24 h 标志位。该位为 1,为 12 h 模式;该位为 0,为 24 h 模式。第 5 位 A/P 为上午/下午标志位,该位为 1,为下午模式;该位为 0 为上午模式。

控制寄存器的最高位 WP 为写保护位,WP=0 时,能够对日历时钟寄存器或 RAM 进行写操作;当 WP=1 时,禁止写操作。

涓流充电寄存器的高 4 位 TCS 为涓流充电选择位。当 TCS 为 1010 时,使能涓流充电;当 TCS 为其他时,充电功能被禁止。寄存器的第 3、2 位 DS 为二极管选择位,当 DS 为 01 时,选择 1 个二极管;当 DS 为 10 时,选择 2 个二极管;当 DS 为其他时,充电功能被禁止。寄存器的第 1、0 位的 RS 为电阻选择位,用来选择与二极管相串联的电阻值。当 RS 为 01 时,串联电阻为 2 kΩ;当 RS 为 10 时,串联电阻为 4 kΩ;当 RS 为 11 时,串联电阻为 8 kΩ;当 RS 为 00 时,将不允许充电。图 12-3 所示给出了涓流充电寄存器的控制示意图。

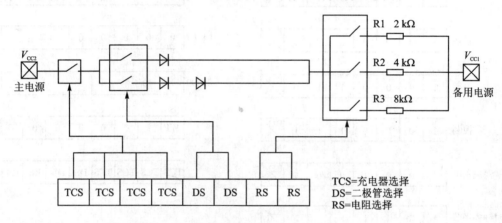

图 12-3 涓流充电寄存器控制示意图

12.1.4 DS1302 的数据传送方式

DS1302 有单字节传送方式和多字节传送方式。通过把 RST 复位线驱动至高电平,即可启动所有的数据传送。图 12-4 所示是单字节数据传送示意图。传送时,首先在 8 个 SCLK 周期内传送写命令字节,然后,在随后的 8 个 SCLK 周期的上升沿输入数据字节,数据从位 0 开始输入。

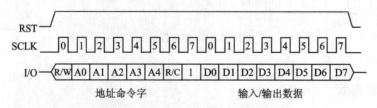

图 12-4 单字节数据传送示意图

数据输入时,时钟的上升沿数据必须有效,数据的输出在时钟的下降沿。如果 RST 为低电平,那么所有的数据传送将被中止,且 I/O 引脚变为高阻状态。

上电时,在电源电压大于 2.5 V 之前,RST 必须为逻辑 0。当把 RST 驱动至逻辑 1 状态时,SCLK 必须为逻辑 0。

12.1.5 DS1302 驱动程序软件包的制作

为方便编程,在这里,仍制作一个 DS1302 的驱动程序软件包,软件包文件名为 DS1302_drive.h,具体内容如下:

```
#include<reg51.h>
#include<intrins.h>
#define uchar unsigned char
#define uint unsigned int
sbit reset = P1^2;
sbit sclk  = P1^0;
sbit io    = P1^1;
/********以下是函数声明********/
void write_byte(uchar inbyte);              //写 1 字节数据函数声明
uchar read_byte();                          //读 1 字节数据函数声明
void  write_ds1302(uchar cmd,uchar indata); //写 DS1302 函数声明
uchar read_ds1302(uchar addr);              //读 DS1302 函数声明
void  set_ds1302(uchar addr,uchar *p,uchar n); //设置 DS1302 初始时间函数声明
void  get_ds1302(uchar addr,uchar *p,uchar n); //读当前时间函数声明
void  init_ds1302();                        //DS1302 初始化函数声明
/********以下是写 1 字节数据函数********/
void write_byte(uchar inbyte)
{
    uchar i;
    for(i = 0;i<8;i++)
    {
        sclk = 0;                           //写时低电平改变数据
        if(inbyte&0x01)
        io = 1;
        else
        io = 0;
        sclk = 1;                           //高电平把数据写入 DS1302
        _nop_();
        inbyte = inbyte>>1;
    }
}
/********以下是读 1 字节数据函数********/
uchar read_byte()
{
    uchar i,temp = 0;
    io = 1;
```

```c
    for(i = 0;i<7;i++)
    {
        sclk = 0;
        if(io == 1)
        temp = temp|0x80;
        else
        temp = temp&0x7f;
        sclk = 1;                              //产生下跳沿
        temp = temp>>1;
    }
    return (temp);
}
/********写DS1302函数,往DS1302的某个地址写入数据********/
void write_ds1302(uchar cmd,uchar indata)
{
    sclk = 0;
    reset = 1;
    write_byte(cmd);
    write_byte(indata);
    sclk = 0;
    reset = 0;
}
/********读DS1302函数,读DS1302某地址的的数据********/
uchar read_ds1302(uchar addr)
{
    uchar backdata;
    sclk = 0;
    reset = 1;
    write_byte(addr);                          //先写地址
    backdata = read_byte();                    //然后读数据
    sclk = 0;
    reset = 0;
    return (backdata);
}
/********初始化DS1302函数********/
void init_ds1302()
{
    reset = 0;
    sclk = 0;
    write_ds1302(0x80,0x00);                   //写秒寄存器
    write_ds1302(0x90,0xab);                   //写充电器,写入值为1010 1011,即2个二极
                                               //管+8kΩ电阻充电
    write_ds1302(0x8e,0x80);                   //写保护控制字,禁止写
}
```

第 12 章 时钟芯片 DS1302 实例解析

12.2 DS1302 读/写实例解析

12.2.1 实例解析 1——DS1302 数码管电子钟

1. 实现功能

在 DD-900 实验开发板上实现数码管电子钟功能：开机后，数码管开始显示时间。调整好时间后断电，开机仍能正常运行（断电时间不要太长）。按 K1 键（设置键）时钟停止，蜂鸣器响一声；按 K2 键（时加 1 键），时加 1；按 K3 键（分加 1 键），分加 1；调整完成后按 K4 键（运行键），蜂鸣器响一声后继续运行。有关电路参见第 3 章图 3-4、图 3-14、图 3-17 和图 3-20。

2. 源程序

根据要求，编写的源程序如下：

```c
#include <reg51.h>
#include "DS1302_drive.h"
#define uchar unsigned char
#define uint  unsigned int
sbit    K1 = P3^2;          //定义 K1 键
sbit    K2 = P3^3;          //定义 K2 键
sbit    K3 = P3^4;          //定义 K3 键
sbit    K4 = P3^5;          //定义 K4 键
sbit    BEEP = P3^7;        //定义蜂鸣器
bit K1_FLAG = 0;            //定义按键标志位,当按下 K1 键时,该位置 1,K1 键未按下时,该位为 0
uchar code bit_tab[] = {0xfe,0xfd,0xfb,0xf7,0xef,0xdf,0xbf,0x7f};
                            //位选表,用来选择哪只数码管进行显示
uchar code seg_data[] = {0xc0,0xf9,0xa4,0xb0,0x99,0x92,0x82,0xf8,0x80,0x90,0x88,0x83,0xc6,
0xa1,0x86,0x8e,0xff,0xbf};
                            //0～F、熄灭符和字符"-"的显示码(字形码)
uchar disp_buf[8] = {0x00};                 //定义显示缓冲区
uchar time_buf[7] = {0,0,0x12,0,0,0,0};     //DS1302 时间缓冲区,存放秒、分、时、日、月、星期、年
uchar   temp[2] = {0};                      //用来存放设置时的时、分的中间值
/*********以下是延时函数********/
void Delay_ms(uint xms)
{
    uint i,j;
    for(i = xms;i>0;i--)    //i = xms 即延时约 xms
        for(j = 110;j>0;j--);
}
/********以下是蜂鸣器响一声函数********/
void  beep()
```

```c
{
    BEEP = 0;                           //蜂鸣器响
    Delay_ms(100);
    BEEP = 1;                           //关闭蜂鸣器
    Delay_ms(100);
}
/********以下是时钟运行转换函数,负责将时间数据转换为适合数码管显示的数据********/
void conv(uchar in1,in2,in3)            //形参 in1、in2、in3 接收实参 time_buf[2]、time_buf
                                        //[1]、time_buf[0]传来的时/分/秒数据
{
    disp_buf[0] = in1/10;               //时十位
    disp_buf[1] = in1 % 10;             //时个位
    disp_buf[3] = in2/10;               //分十位
    disp_buf[4] = in2 % 10;             //分个位
    disp_buf[6] = in3/10;               //秒十位
    disp_buf[7] = in3 % 10;             //秒个位
    disp_buf[2] = 17;                   //第 3 只数码管显示"-"(在 seg_data 表的第 17 位)
    disp_buf[5] = 17;                   //第 6 只数码管显示"-"
}
/********以下是显示函数********/
void Display()
{
    uchar tmp;                          //定义显示暂存
    static uchar disp_sel = 0;          //显示位选计数器,显示程序通过它得知现正显示
                                        //哪个数码管,初始值为 0
    tmp = bit_tab[disp_sel];            //根据当前的位选计数值决定显示哪只数码管
    P2 = tmp;                           //送 P2 控制被选取的数码管点亮
    tmp = disp_buf[disp_sel];           //根据当前的位选计数值查的数字的显示码
    tmp = seg_data[tmp];                //取显示码
    P0 = tmp;                           //送到 P0 口显示出相应的数字
    disp_sel ++ ;                       //位选计数值加 1,指向下一个数码管
    if(disp_sel == 8)
    disp_sel = 0;                       //如果 8 个数码管显示了一遍,则让其回 0,重新再
                                        //扫描
}
/********以下是定时器 T0 中断函数,用于数码管的动态扫描********/
void timer0() interrupt 1
{
    TH0 = 0xf8;TL0 = 0xcc;              //重装计数初值,定时时间为 2 ms
    Display();                          //调显示函数
}
/********以下是按键处理函数********/
void KeyProcess()
{
    uchar min16,hour16;                 //定义十六进制的分和时变量
```

第12章 时钟芯片 DS1302 实例解析

```c
        write_ds1302(0x8e,0x00);              //DS1302 写保护控制字,允许写
        write_ds1302(0x80,0x80);              //时钟停止运行
        if(K2 == 0)                           //K2 键用来对小时进行加 1 调整
        {
            Delay_ms(10);                     //延时去抖
            if(K2 == 0)
            {
                while(!K2);                   //等待 K2 键释放
                beep();
                time_buf[2] = time_buf[2] + 1;    //小时加 1
                if(time_buf[2] == 24) time_buf[2] = 0;    //当变成 24 时初始化为 0
                hour16 = time_buf[2]/10 * 16 + time_buf[2] % 10;    //将所得的小时数据转变成十六
                                                                    //进制数据
                write_ds1302(0x84,hour16);    //将调整后的小时数据写入 DS1302
            }
        }
        if(K3 == 0)                           //K3 键用来对分钟进行加 1 调整
        {
            Delay_ms(10);                     //延时去抖
            if(K3 == 0)
            {
                while(!K3);                   //等待 K3 键释放
                beep();
                time_buf[1] = time_buf[1] + 1;    //分加 1
                if(time_buf[1] == 60) time_buf[1] = 0;    //当分钟加到 60 时初始化为 0
                min16 = time_buf[1]/10 * 16 + time_buf[1] % 10;    //将所得的分钟数据转变成十六
                                                                   //进制数据
                write_ds1302(0x82,min16);     //将调整后的分钟数据写入 DS1302
            }
        }
        if(K4 == 0)                           //K4 键是确认键
        {
            Delay_ms(10);                     //延时去抖
            if(K4 == 0)
            {
                while(!K4);                   //等待 K4 键释放
                beep();
                write_ds1302(0x80,0x00);      //调整完毕后,启动时钟运行
                write_ds1302(0x8e,0x80);      //写保护控制字,禁止写
                K1_FLAG = 0;                  //将 K1 键按下标志位清零
            }
        }
    }
}
/******以下是读取时间函数,负责读取当前的时间,并将读取到的时间转换为十进制数******/
void get_time()
```

```c
{
    uchar sec,min,hour;                      //定义秒、分和时变量
    write_ds1302(0x8e,0x00);                 //控制命令,WP=0,允许写操作
    write_ds1302(0x90,0xab);                 //涓流充电控制
    sec = read_ds1302(0x81);                 //读取秒
    min = read_ds1302(0x83);                 //读取分
    hour = read_ds1302(0x85);                //读取时
    time_buf[0] = sec/16 * 10 + sec % 16;    //将读取到的十六进制数转化为十进制
    time_buf[1] = min/16 * 10 + min % 16;    //将读取到的十六进制数转化为十进制
    time_buf[2] = hour/16 * 10 + hour % 16;  //将读取到的十六进制数转化为十进制
}
/********以下是定时器T0初始化函数********/
void  timer0_init()
{
    TMOD = 0x01;                             //定时器0工作模式1,16位定时方式
    TH0 = 0xf8;TL0 = 0xcc;                   //装定时器T0计数初值,定时时间为2 ms
    EA = 1;ET0 = 1;                          //开总中断和定时器T0中断
    TR0 = 1;                                 //启动定时器T0
}
/********以下是主函数********/
void main(void)
{
    P0 = 0xff;
    P2 = 0xff;
    timer0_init();                           //调定时器T0、T1初始化函数
    init_ds1302();                           //DS1302初始化
    while(1)
    {
        get_time();                          //读取当前时间
        if(K1 == 0)                          //若K1键按下
        {
            Delay_ms(10);                    //延时10 ms去抖
            if(K1 == 0)
            {
                while(!K1);                  //等待K1键释放
                beep();                      //蜂鸣器响一声
                K1_FLAG = 1;                 //K1键标志位置1,以便进行时钟调整
            }
        }
        if(K1_FLAG == 1)KeyProcess();        //若K1_FLAG为1,则进行时钟调整
        conv(time_buf[2],time_buf[1],time_buf[0]);  //将DS1302的时/分/秒传送到转换函数
    }
}
```

3. 源程序释疑

该源程序与第10章实例解析3介绍的简易数码管电子钟的源程序有很多相同和相似的

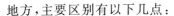

地方,主要区别有以下几点:

① 第 10 章简易数码管电子钟的运行功能由定时器 T1 完成,而本例源程序的时钟运行功能由 DS1302 完成。

② 二者的按键处理函数 KeyProcess 有所不同,本例的 KeyProcess 函数增加了对 DS1302 的控制功能(如振荡器的关闭与启动,调整数据的写入等)。

另外需要说明的是,本例中 DS1302 不但可以显示时间,而且还可以显示年、月、日和星期等数据,读者可在本例的基础上进行功能扩充。

4. 实现方法

① 打开 Keil C51 软件,建立工程项目,再建立一个名为 ch12_1.c 的源程序文件,输入上面源程序。

② 在工程项目中,再将前面制作的驱动程序软件包 DS1302_drive.h 添加进来。

③ 单击"重新编译"按钮,对源程序 ch12_1.c 和 DS1302_drive.h 进行编译和链接,产生 ch12_1.hex 目标文件。

④ 将 DD-900 实验开发板 JP1 的 DS、V_{CC} 两插针短接,为数码管供电。同时,将 JP5 的 1302(CLK)、1302(IO)、1302(RST)分别和 P10、P11、P12 短接,使 DS1302 和单片机连接起来。

⑤ 将 STC89C51 单片机插到锁紧插座,把 ch12_1.hex 文件下载到 STC89C51 中,观察时钟运行、调整是否正常,断电后再开机时钟运行是否准确。

该实验源程序和 D1302 驱动程序软件包 DS1302_drive.h 在附光盘的 ch12\ch12_1 文件夹中。

12.2.2 实例解析 2——DS1302 LCD 电子钟

1. 实现功能

在 DD-900 实验开发板上实现 LCD 电子钟功能:开机后,LCD 上显示以下内容并开始运行,并且断电后再开机时间依然准确:

---LCD Clcok---

****XX:XX:XX****

按 K1 键(设置键)时钟停止,蜂鸣器响一声;按 K2 键(时加 1 键),时加 1;按 K3 键(分加 1 键),分加 1;调整完成后按 K4 键(运行键),蜂鸣器响一声后继续运行。

有关电路参见第 3 章图 3-5、图 3-14、图 3-17 和图 3-20。

2. 源程序

根据要求,编写的源程序如下:

```
#include <reg51.h>
#include "LCD_drive.h"
#include "DS1302_drive.h"
#define uchar unsigned char
#define uint  unsigned int
```

```c
uchar count_10ms;                    //定义10 ms 计数器
sbit    K1 = P3^2;                   //定义K1键
sbit    K2 = P3^3;                   //定义K2键
sbit    K3 = P3^4;                   //定义K3键
sbit    K4 = P3^5;                   //定义K4键
sbit    BEEP = P3^7;                 //定义蜂鸣器
bit K1_FLAG = 0;                     //定义按键标志位,当按下K1键时,该位置1,K1键未按
                                     //下时,该位为0
uchar code line1_data[] = {"- - -LCD   Clcok- - -"};   //定义第1行显示的字符
uchar code line2_data[] = {"* * * *"};  //定义第2行显示的字符
uchar disp_buf[8] = {0x00};          //定义显示缓冲区
uchar time_buf[7] = {0,0,0x12,0,0,0,0};  //DS1302时间缓冲区,存放秒、分、时、日、月、星期、年
uchar   temp [2] = {0};              //用来存放设置时的时、分的中间值
/*********以下是蜂鸣器响一声函数********/
void  beep()
{
    BEEP = 0;                        //蜂鸣器响
    Delay_ms(100);
    BEEP = 1;                        //关闭蜂鸣器
    Delay_ms(100);
}
/********以下是转换函数,负责将时钟运行数据转换为适合LCD显示的数据********/
void   LCD_conv (uchar   in1,in2,in3)
//形参 in1、in2、in3 接收实参 time_buf[2]、time_buf[1]、time_buf[0]传来的时、分、秒数据
{
    disp_buf[0] = in1/10 + 0x30;     //时十位数据
    disp_buf[1] = in1 % 10 + 0x30;   //时个位数据
    disp_buf[2] = in2/10 + 0x30;     //分十位数据
    disp_buf[3] = in2 % 10 + 0x30;   //分个位数据
    disp_buf[4] = in3/10 + 0x30;     //秒十位数据
    disp_buf[5] = in3 % 10 + 0x30;   //秒个位数据
}
/********以下是LCD显示函数,负责将函数LCD_conv转换后的数据显示在LCD上********/
void    LCD_disp ()
{
    lcd_wcmd(0x44 | 0x80);           //从第2行第4列开始显示
    lcd_wdat(disp_buf[0]);           //显示时十位
    lcd_wdat(disp_buf[1]);           //显示时个位
    lcd_wdat(0x3a);                  //显示":"
    lcd_wdat(disp_buf[2]);           //显示分十位
  lcd_wdat(disp_buf[3]);             //显示分个位
  lcd_wdat(0x3a);                    //显示":"
    lcd_wdat(disp_buf[4]);           //显示秒十位
    lcd_wdat(disp_buf[5]);           //显示秒个位
}
```

```c
/********以下是按键处理函数********/
void KeyProcess()
    ⋮                                   //与实例解析1完全相同(略)
/*******以下是读取时间函数,负责读取当前的时间,并将读取到的时间转换为十进制数*******/
void get_time()
    ⋮                                   //与实例解析1完全相同(略)
/********以下是主函数********/
void main(void)
{
    uchar i;
    P0 = 0xff;
    P2 = 0xff;
    lcd_init();                         //LCD初始化函数(在LCD驱动程序软件包中)
    lcd_clr();                          //清屏函数(在LCD驱动程序软件包中)
    lcd_wcmd(0x00|0x80);                //设置显示位置为第1行第0列
    i = 0;
    while(line1_data[i] != '\0')        //在第1行显示---LCD  Clcok---
    {
        lcd_wdat(line1_data[i]);        //显示第1行字符
        i++;                            //指向下一字符
    }
    lcd_wcmd(0x40|0x80);                //设置显示位置为第2行第0列
    i = 0;
    while(line2_data[i] != '\0')        //在第2行0~3列显示****
    {
        lcd_wdat(line2_data[i]);        //显示第2行字符
        i++;                            //指向下一字符
    }
    lcd_wcmd(0x4c|0x80);                //设置显示位置为第2行第12列
    i = 0;
    while(line2_data[i] != '\0')        //在第2行12列之后显示****
    {
        lcd_wdat(line2_data[i]);        //显示第2行字符
        i++;                            //指向下一字符
    }
    init_ds1302();                      //DS1302初始化
    while(1)
    {
    get_time();                         //读取当前时间
    if(K1 == 0)                         //若K1键按下
        {
            Delay_ms(10);               //延时10ms去抖
            if(K1 == 0)
            {
                while(!K1);             //等待K1键释放
```

```
            beep();                          //蜂鸣器响一声
            K1_FLAG = 1;                     //K1键标志位置1,以便进行时钟调整
        }
    }
    if(K1_FLAG == 1)KeyProcess();            //若K1_FLAG为1,则进行时钟调整
    LCD_conv(time_buf[2],time_buf[1],time_buf[0]);  //将DS1302的时、分、秒传送到转换函数
    LCD_disp();                              //调LCD显示函数,显示时、分和秒
    }
}
```

3. 源程序释疑

该源程序与上例有许多相同或相似的地方,主要区别是将 LED 显示改为 LCD 显示,在源程序中已进行了详细的说明,这里不再分析。

4. 实现方法

① 打开 Keil C51 软件,建立工程项目,再建立一个名为 ch12_2.c 的源程序文件,输入上面源程序。

② 在工程项目中,再将 1602 LCD 驱动程序软件包 LCD_drive.h 和 D1302 的驱动程序软件包 DS1302_drive.h 添加进来。

③ 单击"重新编译"按钮,对源程序 ch12_2.c 和 LCD_drive.h、DS1302_drive.h 进行编译和链接,产生 ch12_2.hex 目标文件。

④ 将 DD-900 实验开发板 JP1 的 LCD、V_{CC} 两插针短接,为 LCD 供电。同时,将 JP5 的 1302(CLK)、1302(IO)、1302(RST)分别与 P10、P11、P12 短接,使 DS1302 和单片机连接起来。

⑤ 将 STC89C51 单片机插到锁紧插座,把 ch12_2.hex 文件下载到 STC89C51 中,观察时钟运行、调整是否正常,断电后再开机时钟运行是否准确。

该实验源程序和 D1302 驱动程序软件包 DS1302_drive.h、LCD 驱动程序软件包 LCD_drive.h 在附光盘的 ch12\ch12_2 文件夹中。

第 13 章
EEPROM 存储器实例解析

　　一个单片机系统中,存储器起着非常重要的作用。单片机内部的存储器主要分为数据存储器 RAM 和程序存储器 Flash ROM。我们所编写的程序一般写入到 Flash ROM 中,程序运行时产生的中间数据一般存放在 RAM 中。RAM 虽然使用比较方便,但也有自身的缺陷,即系统掉电后保存在数据存储区 RAM 内部的数据会丢失。对于某些对数据要求严格的系统而言,这个问题往往是致命的。为了解决这一问题,近年来出现了 EEPROM(电可编程只读存储器)数据存储芯片,比较典型的有基于 I^2C 总线接口的 24CXX 系列以及基于 Microwire 总线的 93CXX 系列等。这些芯片的共同特点是:芯片掉电后数据不会丢失,数据往往可以保存几年甚至几十年,并且数据可以反复擦写。芯片与单片机接口简单,功耗较低,并且价格便宜。本章主要介绍 24CXX、93CXX 这两种数据存储器的编程方法,并对 STC89C 系列单片机内部 EEPROM 进行简要说明。

13.1　24CXX 实例解析

13.1.1　24CXX 数据存储器介绍

1. 24CXX 概述

　　24CXX 系列是最为常见的 I^2C 总线串行 EEPROM 数据存储器,该系列芯片除具有一般串行 EEPROM 的体积小,功耗低,工作电压允许范围宽等特点外,还具有型号多,容量大,读/写操作简单等特点。

　　目前,24CXX 串行 E2PROM 有 24C01/02/04/08/16 以及 24C32/64/128/256 等几种。其存储容量分别为 1 K 位(128×8 位,128 字节)、2 K 位(256×8 位,256 字节)、4 K 位(512×8 位,512 字节)、8 K 位(1 024×8 位,1 KB)、16 K 位(2 048×8 位,2 KB)、32 K 位(4 096×8 位,4 KB)、64 K 位(8 192×8 位,8 KB)、128 K 位(16 384×8 位,16 KB)、256 K 位(32 768×8 位,32 KB),这些芯片主要由 ATMEL、Microchip、XICOR 等几家公司提供。图 13-1 所示为 24CXX 系列芯片引脚排列图。

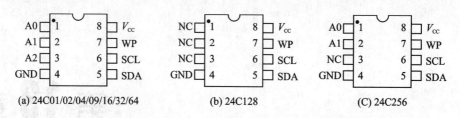

(a) 24C01/02/04/09/16/32/64　　　(b) 24C128　　　(C) 24C256

图 13-1　24CXX 芯片引脚排列图

图中,A0、A1、A2 为器件地址选择线,SDA 为 I²C 串行数据线,SCL 为 I²C 时钟线,WP 为写保护端,当该端为低电平时,可对存储器写操作,当该端为高电平时,不能对存储器写操作,V_{CC} 为 1.8～5.5 V 正电压,GND 为地。

24CXX 串行存储器一般具有 2 种写入方式:一种是字节写入方式,另一种是页写入方式。24CXX 芯片允许在一个写周期内同时对 1 字节到 1 页的若干字节的编程写入。1 页的大小取决于芯片内页寄存器的大小,其中,24C01 具有 8 字节数据的页面写能力,24C02/04/08/16 具有 16 字节数据的页面写能力,24C32/64 具有 32 字节数据的页面写能力,24Cl28/256 具有 64 字节数据的页面写能力。

2. I²C 总线介绍

前已述及,24CXX 系列芯片采用 I²C 总线接口与单片机连接,那么,什么是 I²C 总线呢?

I²C 总线是 Philips 公司推出的芯片间串行传输总线。它由 2 根线组成,1 根是串行时钟线(SCL),1 根是串行数据线(SDA)。主控器(单片机)利用串行时钟线发出时钟信号,利用串行数据线发送或接收数据。凡具有 I²C 接口的受控器(如 24CXX)都可以挂接在 I²C 总线上,主控器通过 I²C 总线对受控器进行控制。

(1) I²C 总线数据的传输规则

① 在 I²C 总线上的数据线 SDA 和时钟线 SCL 都是双向传输线,它们的接口各自通过一个上拉电阻接到电源正端。当总线空闲时,SDA 和 SCL 必须保持高电平。

② 进行数据传送时,在时钟信号高电平期间,数据线上的数据必须保持稳定。只有时钟线上的信号为低电平期间,数据线上的高电平或低电平才允许变化,如图 13-2 所示。

③ 在 I²C 总线的工作过程中,当时钟线保持高电平期间,数据线由高电平向低电平变化定义为起始信号(S),而数据线由低电平向高电

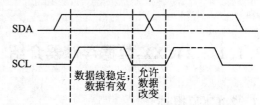

图 13-2　数据的有效性

平的变化定义为一个终止信号(P),如图 13-3 所示,起始信号和终止信号均由主控器产生。

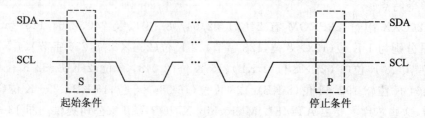

图 13-3　起始和停止条件

第13章 EEPROM存储器实例解析

④ I²C总线传送的每一字节均为8位,但每启动一次总线,传输的字节数没有限制。由主控器发送时钟脉冲及起始信号、寻址字节和停止信号,受控器件必须在收到每个数据字节后作出响应,在传送一个字节后的第9个时钟脉冲位,受控器输出低电平作为应答信号。此时,要求发送器在第9个时钟脉冲位上释放SDA线,以便受控器送出应答信号,将SDA线拉成低电平,表示对接收数据的认可。应答信号用ACK或A表示,非应答信号用$\overline{ACK}$或$\overline{A}$表示。当确认后,主控器可通过产生一个停止信号来终止总线数据传输。I²C总线数据传输示意图如图13-4所示。

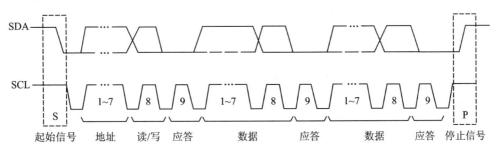

图13-4 I²C总线数据传输示意图

需要说明的是,当主控器接收数据时,在最后一个数据字节,必须发送一个非应答位,使受控器释放SDA线,以便主控器产生一个停止信号来终止总线数据传输。

(2) I²C总线数据的读/写格式

总线上传送数据的格式是指:为被传送的各项有用数据安排的先后顺序,这种格式是人们根据串行通信的特点,传送数据的有效性、准确性和可靠性而制定的。另外,总线上数据的传送还是双向的,也就是说主控器在指令操纵下,既能向受控器发送数据(写入),也能接收受控器中某寄存器中存放的数据(读取)。因此传送数据的格式有"写格式"与"读格式"之分。

① 写格式。I²C总线数据的写格式如图13-5所示。

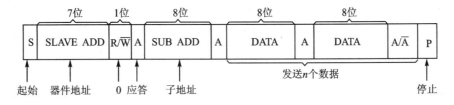

图13-5 I²C总线数据的写格式

写格式是指主控器向受控器发送数据。工作过程是:先由主控器发出启动信号(S),随后传送一个带读/写($R/\overline{W}$)标记的器件地址(SLAVE ADD)字节,器件地址只有7位长,第8位是读/写位($R/\overline{W}$),用来确定数据传送的方向。对于写格式,$R/\overline{W}$应为0,表示主控器将发送数据给受控器,接着传送第2字节,即器件地址的子地址(SUB ADD)。若受控器有多字节的控制项目,该子地址是指首(第一个)地址,因为子地址在受控器中是按顺序编制的,这就便于某受控器的数据一次传送完毕。接着才是若干字节的控制数据的传送,每传送一个字节的地址或数据后的第9位是受控器的应答信号。数据传送的顺序要靠主控器中程序的支持才能实现,数据发送完毕后,由主控器发出停止信号(P)。

② 读格式。读格式如图13-6所示。

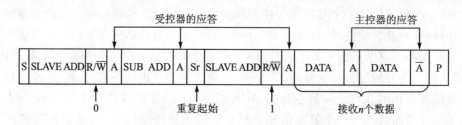

图 13-6 受控器向主控器发送数据(读格式)

与写格式不同,读格式首先要找到读取数据的受控器地址,包括器件地址和子地址,因此格式中在启动读之前,用写格式发送受控器,再启动读格式。

专家点拨:在设置众多受控器中,为了将控制数据可靠地传送给指定的受控 IC,必须使每一块受控 IC 编制一个地址码,称为器件地址,显然器件地址不能在不同的 IC 间重复使用。主控器发送寻址字节时,总线上所有受控器都将寻址字节中的 7 位地址与自己的器件地址相比较,如果两者相同,则该器件就是被寻址的受控器(从器件)。受控器内部的 n 个数据地址(子地址)的首地址由子地址数据字节指出,I^2C 总线接口内部具有子地址指针自动加 1 功能,因此主控器不必一一发送 n 个数据字节的子地址。

3. 24CXX 芯片的器件地址

24CXX 器件地址设置如图 13-7 所示。

从图中可以看出,24CXX 的器件地址由 7 位地址和 1 位方向位组成。其中,高 4 位器件地址 1010 由 I^2C 委员会分配,最低 1 位 $R/\overline{W}$ 为方向位。当 $R/\overline{W}=0$ 时,对存储器进行写操作;当 $R/\overline{W}=1$ 时,对存储器进行读操作。其他 3 位为硬地址位,可选择接地、接 V_{CC} 或悬空。

对于容量只有 128/256 字节的 24C01/24C02 而言,A_2、A_1、A_0 为硬地址,可选择接地或 V_{CC},当选择接地时,则该存储器的写器件地址为 10100000(十六进制为 0xa0),读器件地址为 10100001(十六进制为 0xa1)。

对于容量具有 512 字节的 24C04 而言,硬地址是 A_2、A_1,其中 A_0 悬空,划规页地址 P0 使用。读/写第 0 页的 256 字节子地址时,其器件地址应赋于 P0=0;读/写第 1 页的 256 字节子地址时,其器件地址应赋于 P0=1。因为 8 位子

AT24C01	AT24C02						
1	0	1	0	A_2	A_1	A_0	$R/\overline{W}$
AT24C04							
1	0	1	0	A_2	A_1	P_0	$R/\overline{W}$
AT24C08							
1	0	1	0	A_2	P_1	P_0	$R/\overline{W}$
AT24C16							
1	0	1	0	P_2	P_1	P_0	$R/\overline{W}$
AT24C32	AT24C64						
1	0	1	0	A_2	A_1	A_0	$R/\overline{W}$
AT24C128							
1	0	1	0	X	X	X	$R/\overline{W}$
AT24C256							
1	0	1	0	X	A_1	A_0	$R/\overline{W}$

图 13-7 24CXX 器件地址设置

地址只能寻址 256 字节,可见,当 A0 悬空时,可对 512 字节进行寻址。若 A0 接地,其子地址只能在第 0 页(256 字节)中寻址,这说明,尽管 24C04 的字节容量有 512 个,但第 1 页的存储容量被放弃。

对于 24C08,A1、A0 应选择悬空,对于 24C16,A0、A1、A2 应选择悬空,只有这样,才能充分利用其内部地址单元。

对于 24C32/64,A2、A1、A0 为硬地址,可选择接地或 V_{CC}。

对于 24C128,A0、A1、A2 应选择悬空。

对于 24C256,A0、A1 为硬地址,A2 应选择悬空。

第13章　EEPROM存储器实例解析

专家点拨：若A2、A1、A0未悬空，可以任选接地或接V_{CC}，这样，A2、A1、A0就有8种不同的选择，说明一对总线系统最多可以同时连接8个24C01/02、4个24C04、2个24C08、8个24C32/64、4个24C256而不发生地址冲突，不过这种使用多块存储器的方法在单片机设计中很少采用。

4. 24CXX芯片的数据地址

24CXX系列芯片数据地址如表13-1所列。

表13-1　24CXX系列芯片数据地址

型号	A15	A14	A13	A12	A11	A10	A9	A8	A7	A6	A5	A4	A3	A2	A1	A0
24C01	X	X	X	X	X	X	X	X	I/O	I/O	I/O	I/O	I/O	I/O	I/O	I/O
24C02	X	X	X	X	X	X	X	X	I/O	I/O	I/O	I/O	I/O	I/O	I/O	I/O
24C04	X	X	X	X	X	X	X	I/O	I/O	I/O	I/O	I/O	I/O	I/O	I/O	I/O
24C08	X	X	X	X	X	X	I/O	I/O	I/O	I/O	I/O	I/O	I/O	I/O	I/O	I/O
24C16	X	X	X	X	X	I/O	I/O	I/O	I/O	I/O	I/O	I/O	I/O	I/O	I/O	I/O
24C32	X	X	X	I/O	I/O	I/O	I/O	I/O	I/O	I/O	I/O	I/O	I/O	I/O	I/O	I/O
24C64	X	X	X	I/O	I/O	I/O	I/O	I/O	I/O	I/O	I/O	I/O	I/O	I/O	I/O	I/O
24C128	X	X	I/O	I/O	I/O	I/O	I/O	I/O	I/O	I/O	I/O	I/O	I/O	I/O	I/O	I/O
24C256	X	I/O	I/O	I/O	I/O	I/O	I/O	I/O	I/O	I/O	I/O	I/O	I/O	I/O	I/O	I/O

注：表中，X表示无效位，I/O表示有效位。

从表中可以看出，对于24C01/02/04/08/16来说，只有A0～A7是有效位，8位地址的最大寻址空间是256K位，这对于24C01/02正好合适，但对于24C04/08/16来说，则不能完全寻址，因此，需要借助页面地址选择位P0、P1、P2进行相应配合。

13.1.2　I^2C总线驱动程序软件包的制作

Philips公司提供了标准的I^2C总线状态处理软件包，并要求系统主从器件都具有I^2C总线接口，这对于Philips公司的单片机如P89C系列而言，通过这个软件包去处理I^2C器件是比较容易的。但是目前其他公司的绝大多数单片机并不具有I^2C总线接口，如AT89S51、STC89C51等，这时，可以编写I^2C总线驱动程序软件包，用普通I/O口模拟I^2C总线工作，从而实现I^2C总线上主控器(单片机)对从器件(如24CXX芯片)的读/写操作。

下面是根据I^2C总线规则编写的I^2C总线软件包(文件名为I2C_drive.h)：

```
#include <reg51.h>
#include <intrins.h>
#define uchar unsigned char
#define uint unsigned int
sbit  SDA = P1^7;              //串行数据
sbit  SCL = P1^6;              //串行时钟
bit   ack;                     //ack=1,发送正常,ack=0,表示接收器无应答
```

```c
/********函数声明********/
void delayNOP();                                    //短延时函数声明
void I2C_start();                                   //启动信号函数声明
void I2C_stop();                                    //停止信号函数声明
void I2C_init();                                    //I²C总线初始化函数声明
void I2C_Ack();                                     //应答信号函数声明
void I2C_NAck();                                    //非应答信号函数声明
uchar RecByte();                                    //接收(读)1字节数据函数声明
uchar SendByte(uchar write_data) ;                  //发送(写)1字节数据函数声明
uchar  read_nbyte (uchar SLA,uchar SUBA,uchar * pdat,uchar n);   //接收(读)n字节数据函数声明
uchar  write_nbyte(uchar SLA,uchar SUBA,uchar * pdat,uchar n);   //发送(写)n字节数据函数声明
/********4μs延时函数********/
void delayNOP()
{
    _nop_();_nop_();
    _nop_();_nop_();
}
/********启动信号函数********/
void I2C_start()
{
    SDA = 1;
    SCL = 1;
    delayNOP();
    SDA = 0;
    delayNOP();
    SCL = 0;                                        //准备发送或接收数据
}
/********停止信号函数********/
void I2C_stop()
{
    SDA = 0;
    SCL = 1;
    delayNOP();
    SDA = 1;                                        //发送I²C总线结束信号
    delayNOP();
    SCL = 0;
}
/********I²C总线初始化函数********/
void I2C_init()
{
    SCL = 0;
    I2C_stop();
}
/********发送应答函数********/
void I2C_Ack()
```

```c
{
    SDA = 0;
    SCL = 1;
    delayNOP();
    SCL = 0;
    SDA = 1;
}
/********发送非应答函数********/
void I2C_NAck()
{
    SDA = 1;
    SCL = 1;
    delayNOP();
    SCL = 0;
    SDA = 0;
}
/********从 I²C 总线芯片接收(读)1 字节数据函数********/
uchar RecByte()
{
    uchar i,read_data;
    read_data = 0x00;
    SDA = 1;                              //置数据线为输入方式
    for(i = 0; i < 8; i++)
    {
        SCL = 1;
        read_data <<= 1;
        read_data |= SDA;
        delayNOP();
        SCL = 0;
    delayNOP();
    }
    SCL = 0;
    delayNOP();
    return(read_data);
}
/********向 I²C 总线芯片发送(写)1 字节数据函数********/
uchar SendByte(uchar write_data)
{
    uchar i;
    for(i = 0; i < 8; i++)                //循环移入 8 个位
    {
        SDA = (bit)(write_data & 0x80);
        _nop_();
        _nop_();
        SCL = 1;
```

```c
            delayNOP();
            SCL = 0;
            write_data <<= 1;
        }
        delayNOP();
        SDA = 1;                          //释放总线,准备读取应答
        SCL = 1;
        delayNOP();
        if(SDA == 1) ack = 0;             //ack = 0,表示非应答
        else     ack = 1;
        SCL = 0;
        delayNOP();
        return ack;                       //返回应答位
}
/*********发送(写)多字节数据函数********/
uchar   write_nbyte(uchar SLA,uchar SUBA,uchar *pdat,uchar n)
{
        uchar  s;
        I2C_start();
        SendByte(SLA);                    //发送器件地址
        if(ack == 0) return(0);
        SendByte(SUBA);                   //发送器件子地址
        if(ack == 0) return(0);

        for(s = 0; s<n; s++)
        {
            SendByte(*pdat);              //发送数据
            if(ack == 0) return(0);
            pdat++;
        }
        I2C_stop();                       //结束总线
        return(1);
}
/*********接收(读)多字节数据函数********/
uchar   read_nbyte (uchar SLA,uchar SUBA,uchar *pdat,uchar n)
{
        uchar  s;
        I2C_start();
            SendByte(SLA);                //发送器件读地址
            if(ack == 0) return(0);
            SendByte(SUBA);               //发送器件子地址
            if(ack == 0) return(0);
            I2C_start();
            SendByte(SLA + 1);            //发送器件写地址
            if(ack == 0) return(0);
```

```c
    for(s = 0; s<n; s++)
    {
        *pdat = RecByte();                  //接收数据
        I2C_Ack();                          //发送应答位
        pdat++;
    }
    I2C_NAck();                             //发送非应答
    I2C_stop();                             //结束总线
    return(1);
}
```

需要说明的是,以上驱动程序软件包中,其中的发送与接收多字节数据函数适合 24C01/02/04/08/16 等芯片,但不适合 24C32/64/128/256 等芯片。因为这几种芯片的数据地址超过 8 位,在制作 24C32/64/128/256 芯片多字节读/写程序时,需要先发送 2 个 8 位地址,再发送数据到存储单元,详细编写方法这里不作详述。

13.1.3 实例解析 1——具有记忆功能的记数器

1. 实现功能

在 DD-900 实验开发板上实现具有记忆功能的记数器:按压 K1 键一次,第 7、8 位数码管显示加 1,最高记数为 99,关机后开机,数码管显示上次关机时的记数值。有关电路参见第 3 章图 3-4、图 3-10、图 3-17 和图 3-20。

2. 源程序

根据要求,编写的源程序如下:

```c
#include <reg51.h>
#include "I2C_drive.h"                      //包含 I²C 总线驱动程序软件包
#define uchar unsigned char
#define uint unsigned int
uchar code seg_data[] = {0xC0,0xF9,0xA4,0xB0,0x99,0x92,0x82,0xF8,0x80,0x90,0xff};
                                            //0~9 和熄灭符的段码表
uchar code bit_tab[] = {0xbf,0x7f};         //第 7、8 只数码管位选表
uchar disp_buf[2] = {0,0};                  //定义 2 个显示缓冲单元
uchar count[] = {0};                        //定义数组,用来存放计数值
sbit    P26 = P2^6;                         //第 8 只数码管位选端
sbit    P27 = P2^7;                         //第 8 只数码管位选端
sbit    BEEP = P3^7;                        //蜂鸣器
sbit    K1 = P3^2;                          //K1 键
/********以下是延时函数********/
void Delay_ms(uint xms)                     //延时程序,xms 是形式参数
{
    uint i,j;
    for(i=xms;i>0;i--)                      //i=xms,即延时 xms,xms 由实际参数传入一个值
```

```c
        for(j = 115;j>0;j--);              //此处分号不可少
    }
/********以下是蜂鸣器响一声函数********/
void   beep()
{
    BEEP = 0;                              //蜂鸣器响
    Delay_ms(100);
    BEEP = 1;                              //关闭蜂鸣器
    Delay_ms(100);
}

/********以下是显示函数********/
void Display()
{
    uchar tmp;                             //定义显示暂存
    static uchar disp_sel = 0;             //显示位选计数器,显示程序通过它得知现正显示
                                           //哪个数码管,初始值为0
    tmp = bit_tab[disp_sel];               //根据当前的位选计数值决定显示哪只数码管
    P2 = tmp;                              //送P2控制被选取的数码管点亮
    tmp = disp_buf[disp_sel];              //根据当前的位选计数值查的数字的显示码
    tmp = seg_data[tmp];                   //取显示码
    P0 = tmp;                              //送到P0口显示出相应的数字
    disp_sel++;                            //位选计数值加1,指向下一个数码管
    if(disp_sel == 2)
    disp_sel = 0;                          //如果2个数码管显示了一遍,则让其回0,重新再
                                           //扫描
}
/********以下是定时器T0中断函数,用于数码管的动态扫描********/
void timer0() interrupt 1
{
    TH0 = 0xf8;TL0 = 0xcc;                 //重装计数初值,定时时间为2 ms
    Display();
}
/********以下是定时器T0初始化函数********/
void   timer0_init()
{
    TMOD = 0x01;                           //定时器0工作模式1,16位定时方式
    TH0 = 0xf8;TL0 = 0xcc;                 //装定时器T0计数初值,定时时间为2 ms
    EA = 1;ET0 = 1;                        //开总中断和定时器T0中断
    TR0 = 1;                               //启动定时器T0
}
/********以下是主函数********/
void main()
{
    timer0_init();
```

第13章 EEPROM 存储器实例解析

```
        I2C_init();
        read_nbyte(0xa0,0x00, count,1);        //从 AT24C04 读出数据 1 个数据,存放在 count[]
                                               //数组中
        if(count[0]> = 100)count[0] = 0;       //防止首次读取 EEPROM 数据时出错
        while(1)
        {
            if(K1 == 0)
            {
                Delay_ms(10);
                if(K1 == 0)
                {
                    while(!K1);                //等待 K1 键释放
                    count[0] ++ ;
                    write_nbyte(0xa0,0x00, count,1);   //从 count 中取出 1 个数据,向 AT24C04 写入
                    beep();
                    if(count[0] == 99)count[0] = 0;
                }
            }
            disp_buf[0] = count[0]/10;
            disp_buf[1] = count[0] % 10;
        }
    }
```

3. 源程序释疑

为了达到断电记忆的目的,应处理好以下两个问题:

一是断电前数据的存储问题,即断电前一定要将数据保存起来,这一功能由程序中的以下函数完成:

```
        write_nbyte(0xa0,0x00, count,1);                //从 count 中取出 1 个数据,向 AT24C04 写入
```

函数第 1 个实参 0xa0 是存储器 24C04 的读地址,第 2 个参数 0x00 表示 24C04 第 0 号子地址。

第 3 个实参 count 是数组 count[]的首地址,因为 write_nbyte 函数的原形是:

```
        uchar write_nbyte(uchar SLA,uchar SUBA,uchar * pdat,uchar n)
```

可以看出,形参 pdat 是一个指针变量,因此,实参应采用地址或指针的形式,这里采用了数组 count[]的首地址,这样,指针变量 pdat 就指向了数组 count[]的第一个元素 count[0]的地址。

函数的第 4 个实参 1 表示写入 1 个数据,即将数组第一个元素 count[0]写到 24C04 存储器中。

二是重新开机后数据读取的问题,即重新开机后要将断电前保存的数据读出来,这一功能由程序中的以下函数完成:

```
        read_nbyte(0xa0,0x00, count,1);        //从 AT24C04 读出数据 1 个数据,存放在 count[]数组中
```

函数 read_nbyte 的原形是:

uchar read_nbyte (uchar SLA,uchar SUBA,uchar * pdat,uchar n)

可以看出,这个函数与上面的写 n 字节数据函数 write_nbyte 类似,其作用是从 24C04 的 0 单元开始读取 1 个数据,存放在 count[ ]数组的首地址中。

需要说明的是,对于全新的 24C04 或者是被别人写过但不知道写过什么内容的 EEP-ROM 芯片,首次上电后,读出来的数据我们无法知道,若是 100 以内的数还好处理,但若是大于 100 的数,将无法在数码管上显示出来,从而引起乱码,为了避免这种现象,在函数 read_nbyte 的后面加入了以下语句:

if(count[0]>＝100)count[0]＝0;   //防止首次读取 EEPROM 数据时出错

这几条语句的作用是,对读取的计数值 count[0]进行判断,若小于 100,可以直接进行转换,若大于或等于 100,则将 count[0]清零,从而避免了初次上电的乱码问题。

4. 实现方法

① 打开 Keil C51 软件,建立工程项目,再建立一个名为 ch13_1.c 的源程序文件,输入上面的程序。

② 在 ch13_1.uv2 的工程项目中,再将前面制作的驱动程序软件包 I2C_drive.h 添加进来。

③ 单击"重新编译"按钮,对源程序 ch13_1.c 和 I2C_drive.h 进行编译和链接,产生 ch13_1.hex 目标文件。

④ 将 DD-900 实验开发板 JP1 的 V_{cc}、DS 两插针短接,为数码管供电。同时,将 JP5 的 24CXX(SCL)、24CXX(SDA)分别和 P16、P17 插针短接,使 24C04 和单片机连接起来。

⑤ 将 STC89C51 插到锁紧插座,把 ch13_1.hex 文件下载到单片机中。按压 K1 键,观察数码管计数情况,断电后再开机,观察数码管是否显示关机前的计数值。

该实验程序和 I^2C 总线驱动程序软件包 I2C_drive.h 在附光盘的 ch13\ch13_1 文件夹中。

13.1.4 实例解析 2——花样流水灯

1. 实现功能

在 DD-900 实验开发板上演示花样流水灯:开机后,8 个 LED 灯按 10 种不同的花样进行显示,演示一遍后,蜂鸣器响一声,然后再重新开始循环。有关电路参见第 3 章图 3-4、图 3-10 和图 3-20。

2. 源程序

根据要求,编写的源程序如下:

```
#include <reg51.h>
#include <intrins.h>
#include "I2C_drive.h"              //包含 I²C 总线驱动程序软件包
#define uchar unsigned char
#define uint unsigned int
sbit BEEP = P3^7;
```

```c
/********以下是流水灯数据********/
uchar code  led_data1[40] = {
            0xfe,0xfd,0xfb,0xf7,0xef,0xdf,0xbf,0x7f,        //依次逐个点亮
            0xfe,0xfc,0xf8,0xf0,0xe0,0xc0,0x80,0x00,        //依次逐个叠加
            0x80,0xc0,0xe0,0xf0,0xf8,0xfc,0xfe,0xff,        //依次逐个递减
            0xfe,0xfc,0xf8,0xf0,0xe0,0xc0,0x80,0x00,        //依次逐个叠加
            0x80,0xc0,0xe0,0xf0,0xf8,0xfc,0xfe,0xff};       //依次逐个递减
uchar code  led_data2[34] = {
            0x7e,0xbd,0xdb,0xe7,0xe7,0xdb,0xbd,0x7e,        //两边靠拢后分开
            0x7e,0x3c,0x18,0x00,0x00,0x18,0x3c,0x7e,        //两边叠加后递减
            0x7e,0xbd,0xdb,0xe7,0xe7,0xdb,0xbd,0x7e,        //两边靠拢后分开
            0x7e,0x3c,0x18,0x00,0x00,0x18,0x3c,0x7e,        //两边叠加后递减
            0x00,0xff};                                      //全亮和全灭
uchar idata led_buf[74] = {0xff,0xff };                      //数据存储区
/********以下是延时函数********/
void Delay_ms(uint xms)
{
    uint i,j;
    for(i = xms;i>0;i--)                                    //i = xms 即延时约 xms
        for(j = 110;j>0;j--);
}
/********以下是蜂鸣器响一声函数********/
void  beep()
{
    BEEP = 0;                                               //蜂鸣器响
    Delay_ms(100);
    BEEP = 1;                                               //关闭蜂鸣器
    Delay_ms(100);
}
/********以下是主函数********/
main(void)
{
    uchar i,temp;
    I2C_init();
    write_nbyte(0xa0,0,led_data1,40);   //从 led_data1[]数组中取出 40 个数据,从 24C04 的
                                        //0 单元开始写入 40 个数据
    Delay_ms(5);
    write_nbyte(0xa0,40,led_data2,34);  //从 led_data2[]数组中取出 34 个数据,从 24C04 的
                                        //40 单元开始写入 34 个数据
    Delay_ms(5);
    Delay_ms(500);
    read_nbyte(0xa0,0,led_buf,74);      //从 AT24C04 的 0 单元开始读出数据 74 个数据,存放
                                        //在 led_buf[]数组中
    while(1)
    {
```

```
        for(i = 0; i<74; i ++)            //显示 74 个数据
        {
            temp = led_buf[i];
            P0 = temp;
            Delay_ms(300);                //显示时间为 300 ms
        }
        beep();
    }
}
```

3. 源程序释疑

这个源程序比较简单，采用查表的方法，先从数组 led_data1[ ]取出 40 个流水灯数据，写入到 24C04 的前 40 个单元。再从数组 led_data2[ ]中取出 34 个流水灯数据，写入到 24C04 从 41 开始的 34 个单元。最后，再将写入的 74 数据读取出来，存放到数组 led_buf[ ]中，送 P0 口的 LED 灯进行显示。

4. 实现方法

① 打开 Keil C51 软件，建立工程项目，再建立一个名为 ch13_2.c 的源程序文件，输入上面的程序。

② 在 ch13_2.uv2 的工程项目中，再将 I^2C 驱动程序软件包 I2C_drive.h 添加进来。

③ 单击"重新编译"按钮，对源程序 ch13_2.c 和 I2C_drive.h 进行编译和链接，产生 ch13_2.hex 目标文件。

④ 将 DD-900 实验开发板 JP1 的 LED、V_{cc} 两插针短接，为 LED 灯供电。同时，将 JP5 的 24CXX(SCL)、24CXX(SDA)分别和 P16、P17 插针短接，使 24C04 和单片机连接起来。

⑤ 将 STC89C51 插到锁紧插座，把 ch13_2.hex 文件下载到单片机中，观察 LED 灯的花样变化情况。

该实验源程序和 I^2C 驱动程序软件包 I2C_drive 在附光盘的 ch13\ch13_2 文件夹中。

13.2 93CXX 介绍及实例解析

13.2.1 93CXX 介绍

93CXX 是一种基于 Microwire 总线的 EEPROM 存储芯片。Microwire 总线是美国国家半导体公司研发的一种简单的串行通信接口协议，它可以使单片机与各种外围设备以串行方式进行通信以交换信息。Microwire 总线接口一般使用 4 条线：串行时钟线(SCK)、输出数据线 SO、输入数据线 SI 和低电平有效的片选线 CS。采用 Microwire 总线可以简化电路设计，节省 I/O 口线，提高设计的可靠性。

93CXX 系列芯片采用 COMS 技术，体积小巧，和 24CXX 系列芯片一样，也是一种理想的低功耗非易失性存储器，广泛使用在各种家电、通信、交通或工业设备中，通常是用于保存设备或个人的相关设置数据。芯片可以进行一百万次的擦写，并且可以保存一百年。图 13-8 是

第 13 章 EEPROM 存储器实例解析

93CXX 系列芯片引脚排列图。

图中,CS 是片选输入,高电平有效,CS 端低电平时,芯片为休眠状态;CLK 是同步时钟输入,数据读/写与 CLK 上升沿同步;DI 是串行数据输入,DO 是串行数据输出;ORG 是数据结构选择输入,该引脚接 V_{CC} 时,器件的内部存储组织结构以 16 位为一个单元,接 GND 时,器件的内部存储组织结构以 8 位为一个单元。

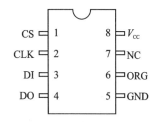

图 13-8　93C46 芯片引脚排列图

目前,93CXX 系列 EEPROM 有 93C46、93C56、93C66、93C76、93C86 等几种,其容量如表 13-2 所列。

表 13-2　93 系列串行 EEPROM 容量

型　号	8 位容量(ORG=0)	16 位容量(ORG=1)
93C46	128×8 位(1K 位)	64×16 位(1K 位)
93C56	256×8 位(2K 位)	128×16 位(2K 位)
93C66	512×8 位(4K 位)	256×16 位(4K 位)
93C76	1 024×8 位(8K 位)	512×16 位(8K 位)
93C86	2 048×8 位(16K 位)	1 024×16 位(16K 位)

一般而言,当型号最后没有英文 A 或 B 时,表示此存储器为 16 位读/写方式;当型号最后有英文 A 或 B 时,表示此存储器有 8 位和 16 位之分。尾缀为 A 时,表示内部数据管理模式为 8 位;尾缀为 B 时,表示内部数据管理模式为 16 位。生产 93CXX 系列芯片的公司也有很多,如 ATMEL 公司生产的 93C46 芯片是该公司生产的 93 系列芯片的一种,它有 1K 位的存储空间,两种数据输入输出模式,分别为 8 位和 16 位数据模式,这样,1K 位的存储位就可以分为 128×8 位和 64×16 位。

93C46 有 7 个操作指令,单片机就是靠发送这几个指令来实现芯片的读/写等功能。表 13-3 是 93C46 的指令表。在 93C 的其他型号中指令基本一样,所不同的是地址位的长度,在使用时要查看相关芯片资料,得知地址位长度后再编写驱动程序。因为 93C 的数据结构有两种,所以地址位和数据位会有×8 和×16 两种模式,这在编程时也要注意。在 ERASE、WRITE、ERAL、WRAL 指令之前必须先发送 EWEN 指令,使芯片进入编程状态,在编程结束后发 EWDS 指令结束编程状态。

表 13-3　93C46 存储器指令表

指　令	起始位	操作码	地址位 ×8	地址位 ×16	数据位 ×8	数据位 ×16	说　明
READ	1	10	A5A4A3A2A1A0	A5A4A3A2A1A0			读取指定地址数据
WRITE	1	01	A5A4A3A2A1A0	A5A4A3A2A1A0	D7~D0	D15~D0	把数据写到指定地址
ERASE	1	11	A5A4A3A2A1A0	A5A4A3A2A1A0			擦除指定地址数据
EWEN	1	00	11××××	11××××			擦写使能
EWDS	1	00	00××××	00××××			擦写禁止
WRAL	1	00	01××××	01××××	D7~D0	D15~D0	写指定数据到所有地址
ERAL	1	00	10××××	10××××			擦除所有数据

13.2.2　93CXX 驱动程序软件包的制作

与 24CXX 芯片一样，在使用 93CXX 芯片编程时，最好事先制作好驱动程序软件包，这样不但可大大提高编程效率，而且源程序一目了然，清晰易读。另外，读者不必对驱动程序软件包细读深研，只需简单了解函数及其参数功能、类型即可。93CXX 驱动程序软件包文件名为 93C46_drive.h，在附光盘的 ch13\ch13_3 文件夹中。

13.2.3　实例解析 3——数码管循环显示 1～8

1. 实现功能

在 DD-900 实验开发板上演示 93C46 读/写实验：先将数码管 1～8 的显示码写入到 93C46 从 0x00 开始的单元，然后再从 93C46 读出，驱动 8 只数码管循环显示 1～8。有关电路参见第 3 章图 3-4、图 3-11。

2. 源程序

根据要求，编写的源程序如下：

```
#include <reg51.h>
#include "93C46_drive.h"
uchar code seg_data[] = {0xf9,0xa4,0xb0,0x99,0x92,0x82,0xf8,0x80};   //1～8 的显示码(字形码)
uchar disp_buf[] = {0x00,0x00,0x00,0x00,0x00,0x00,0x00,0x00};
/*********以下是主函数********/
main()
{
    uchar i,shift;
    init_93CXX();                       //初始化 93C46
    ewen();                             //擦写使能
    erase();                            //擦除全部内容
    for(i = 0 ; i < 8; i++)
    {
        write(i, seg_data[i]);          //将 1～8 的显示码写入到 93C46 的 0～7 号地址中
    }
    ewds();                             //禁止写入操作
    for(i = 0 ; i < 8; i++)
    {
        disp_buf[i] = read(i);          //读取 AT93C46 的 0～7 号地址内容
    }
    while(1)
    {
        shift = 0xfe;                   //数码管位选端置初值,先点亮 P2.0 的数码管
        P2 = 0xff ;                     //关闭数码管
        for(i = 0; i<8; i++)
```

```
            {
                P0 = disp_buf[i];           //送 P0 口显示
                P2 = shift;                 //选择数码管段端口
                shift = _crol_(shift,1);    //位选端左移 1 位
                Delay_ms(500);              //延时 500 ms
            }
        }
    }
```

3. 源程序释疑

源程序比较简单,主要工作流程是:首先读取 1~8 的显示码数据,调用写操作函数,将 1~8 的显示码写到 93C46 从 00H 开始的地址单元,然后,再调用读操作函数,将存放在 93C46 中的数据读取,驱动数码管将读出的数据显示出来。

4. 实现方法

① 打开 Keil C51 软件,建立工程项目,再建立一个名为 ch13_3.c 的源程序文件,输入上面源程序。

② 在工程项目中,再将前面制作的驱动程序软件包 93C46_drive.h 添加进来。

③ 单击"重新编译"按钮,对源程序 ch13_3.c 和 93C46_drive.h 进行编译和链接,产生 ch13_3.hex 目标文件。

④ 将 DD-900 实验开发板 JP1 的 DS、V_{CC} 两插针短接,为数码管供电。同时,将 JP5 的 93CXX(CS)、93CXX(CLK)、93CXX(DI)、93CXX(DO)分别和 P14、P15、P16、P17 插针短接,使 93C46 和单片机连接起来。

⑤ 将 STC89C51 插到锁紧插座,把 ch13_3.hex 文件下载到单片机中,观察数码管的显示情况。

该实验源程序和 93C46 驱动程序软件包 93C46_drive.h 在附光盘的 ch13\ch13_3 文件夹中。

13.3 STC89C 系列单片机内部 EEPROM 的使用

13.3.1 STC89C 系列单片机内部 EEPROM 介绍

单片机运行时的数据都存在于 RAM(随机存储器)中,在掉电后 RAM 中的数据是无法保留的。通过前面内容的学习,我们知道,要使数据在掉电后不丢失,需要使用 EEPROM 或 FLASH ROM 等存储器来实现。在一般的单片机中(如 AT89S51 等),一般是在片外扩展存储器,单片机与存储器之间通过 I^2C 或 Microwire 总线等接口来进行数据通信。这样不光会增加开发成本,同时在程序开发上也要花更多的心思。而在 STC89C 系列单片机中,内置了 EEPROM(其实是采用 IAP 技术读写内部 FLASH 来实现 EEPROM),这样就节省了片外资源,使用起来也更加方便。

STC89C 系列单片机各型号单片机内置的 EEPROM 的容量在 2K 位以上,可以擦写 10

万次。

上面提到了IAP,它的意思是"在应用编程",即在程序运行时程序存储器可由程序自身进行擦写。正是因为有了IAP,从而可以使单片机可以将数据写入到程序存储器中,使得数据如同烧入的程序一样,掉电不丢失。当然写入数据的区域与程序存储区要分开来,以使程序不会遭到破坏。

IAP功能与表13-4所列的几个特殊功能寄存器相关。

表13-4 STC89C系列单片机的几个特殊功能寄存器

寄存器	地址	名称	BIT7	BIT 6	BIT 5	BIT 4	BIT 3	BIT 2	BIT 1	BIT 0	复位值
ISP_DATA	E2H	ISP/IAP操作时的数据寄存器									11111111
ISP_ADDRH	E3H	ISP/IAP操作时的地址寄存器高8位									00000000
ISP_ADDRL	E4H	ISP/IAP操作时的地址寄存器低8位									00000000
ISP_CMD	E5H	SP/IAP操作时的命令模式寄存器	—	—	—	—	—	MS2	MS1	MS0	XXXXX000
ISP_TRIG	E6H	SP/IAP操作时的命令触发寄存器									XXXXXXXX
ISP_CONTR	E7H	ISP/IAP操作时的控制寄存器	ISPEN	SWBS	SWRST	—	—	WT2	WT1	WT0	000XX000

13.3.2 STC89C系列单片机内部EEPROM驱动程序软件包的制作

为了编程方便,笔者根据宏晶科技提供的资料,制作一个STC89C系列单片机内部EEPROM驱动程序软件包,软件包文件名为STC_EEPROM.h,在附光盘ch13/ch13_4文件夹中。STC_EEPROM.h软件包主要包括STC89C特殊功能寄存器定义以及打开ISP/IAP功能函数、关闭ISP/IAP功能函数、字节读函数、扇区擦除函数、字节写函数等。

13.3.3 实例解析4——STC89C系列单片机内部EEPROM演示

1. 实现功能

要求采用STC89C系列单片机(这里采用STC89C51)内部EEPROM存储器,在DD-900实验开发板上实现具有记忆功能的记数器,具体功能与实例解析1一致。

2. 源程序

根据要求,编写的源程序如下:

```
#include <reg52.h>
#include "STC_EEPROM.h"            //包含STC89C52内部EEPROM驱动程序软件包
```

```c
#define uchar unsigned char
#define uint unsigned int
uchar code seg_data[] = {0xC0,0xF9,0xA4,0xB0,0x99,0x92,0x82,0xF8,0x80,0x90,0xff};
                                        //0~9 和熄灭符的段码表
uchar code bit_tab[] = {0xbf,0x7f};     //第 7、8 只数码管位选表
uchar disp_buf[2] = {0,0};              //定义 2 个显示缓冲单元
uchar count[] = {0};                    //定义数组,用来存放计数值
sbit P26 = P2^6;                        //第 8 只数码管位选端
sbit P27 = P2^7;                        //第 8 只数码管位选端
sbit BEEP = P3^7;                       //蜂鸣器
sbit K1 = P3^2;                         //K1 键
/*********以下是延时函数********/
  :                                     //与实例解析 1 完全一致(略)
/*********以下是蜂鸣器响一声函数********/
  :                                     //与实例解析 1 完全一致(略)
/*********以下是显示函数********/
  :                                     //与实例解析 1 完全一致(略)
/*********以下是定时器 T0 中断函数,用于数码管的动态扫描********/
  :                                     //与实例解析 1 完全一致(略)
/*********以下是定时器 T0 初始化函数********/
  :                                     //与实例解析 1 完全一致(略)
/*********以下是主函数********/
void main()
{
    timer0_init();
    count[0] = byte_read(0x1000);       //从 STC89C51 内部 EEPROM 起始地址 0x1000 的扇区
                                        //中读取数据,存放在 count[0]中
                                        //若采用 STC89C52 单片机,此处的 0x1000 应改
                                        //为 0x2000
    if(count[0] >= 100)count[0] = 0;    //防止首次读取 EEPROM 数据时出错
    while(1)
    {
        if(K1 == 0)
        {
            Delay_ms(10);
            if(K1 == 0)
            {
                while(!K1);             //等待 K1 键释放
                count[0]++;
                SectorErase(0x1000);    //将 STC89C51 内部 EEPROM 起始地址为 0x1000
                        //的一个扇区擦除,若采用 STC89C52 单片机,0x1000 应改为 0x2000
                byte_write(0x1000,count[0]);  //将数据写入 STC89C51 内部 EEPROM 起始地址
                        //为 0x1000 的扇区中若采用 STC89C52 单片机,此处的 0x1000 应改为 0x2000
                beep();
                if(count[0] == 99)count[0] = 0;
```

            }
        }
        disp_buf[0] = count[0]/10;
        disp_buf[1] = count[0] % 10;
    }
}
```

**3. 源程序释疑**

① 源程序中,读取 STC89C51 内部 EEPROM 内容由以下语句完成:

```
count[0] = byte_read(0x1000);
```

语句中,byte_read 是驱动程序软件包中的读字节函数,其原形为:

```
uchar byte_read(uint byte_addr)
```

该函数只有一个参数 byte_addr,表示字节地址,函数的功能是,读取 STC89C51 内部 EEPROM 字节地址为 byte_addr 的数据。

提示:对于 STC89C51 单片机,内部 EEPROM 共有 8 个扇区,起始与结束地址分别为 0x1000、0x11ff、0x1200、0x13ff、0x1400、0x15ff、0x1600、0x17ff、0x1800、0x19ff、0x1a00、0x1bff、0x1c00、0x1dff、0x1e00、0x1fff。

对于 STC89C52 单片机,内部 EEPROM 也有 8 个扇区,起始与结束地址分别为 0x2000、0x21ff、0x2200、0x23ff、0x2400、0x25ff、0x2600、0x27ff、0x2800、0x29ff、0x2a00、0x2bff、0x2c00、0x2dff、0x2e00、0x2fff。

对于其他型号的 STC 系列单片机,其内部 EEPROM 扇区的地址也有所不同,详细情况请查阅相关资料。

② 源程序中,将数据写入 STC89C51 内部 EEPROM 由以下两条语句完成:

```
SectorErase(0x1000);              //擦除扇区
byte_write(0x1000,count[0]);      //重新将数据写入到 STC89C51 的 0x1000 地址中
```

第 1 条语句是 EEPROM 扇区擦除函数,其函数原形为:

```
void SectorErase(uint sector_addr)
```

该函数只有一个参数 sector_addr,表示扇区地址,函数的使用是将 EEPROM 中起始地址为 sector_addr 的一个扇区擦除。

第 2 条语句的写 EEPROM 数据函数,函数原形为:

```
void byte_write(uint byte_addr, uchar original_data)
```

该函数有两个参数,第 1 个参数是 byte_addr,表示字节地址;第 2 个参数 original_data,表示原始数据。函数的功能是,将数据 original_data 写入到 STC89C51 内部 EEPROM 字节地址为 byte_addr 的扇区中。

应该注意的是,STC89C51 单片机每个扇区为 512 字节,建议在写程序时,将同一次修改的数据放在同一扇区中,以方便修改。因为在执行擦除命令时,一次最小擦除一个扇区的数据,每次更新前都必须擦除原数据,方可重新写入一个新数据,不能在原数据基础上更新内容。
```

4. 实现方法

① 打开 Keil C51 软件,建立工程项目,再建立一个名为 ch13_4.c 的源程序文件,输入上面的程序。

② 在工程项目中,再将前面制作的驱动程序软件包 STC_EEPROM.h 添加进来。

③ 单击"重新编译"按钮,对源程序 ch13_4.c 和 STC_EEPROM.h 进行编译和链接,产生 ch13_4.hex 目标文件。

④ 将 DD-900 实验开发板 JP1 的 V_{CC}、DS 两插针短接,为数码管供电。

⑤ 将 STC89C51 单片机插到锁紧插座,把 ch13_4.hex 文件下载到单片机中。按压 K1 键,观察数码管计数情况,断电后再开机,观察数码管是否显示关机前的计数值。

该实验程序和 STC 内部 EEPROM 驱动程序软件包 STC_EEPROM.h 在附光盘的 ch13\ch13_4 文件夹中。

第 14 章
单片机看门狗实例解析

单片机系统工作时,有可能会受到来自外界电磁场的干扰,造成程序的跑飞,从而陷入死循环,程序的正常运行被打断,造成单片机系统陷入停滞状态,发生不可预料的后果。为此,便产生了一种专门用于监测单片机程序运行状态的电路,俗称看门狗(Watch Dog Timer),英文缩写为 WDT。看门狗电路主要由一个定时器组成,在打开看门狗时,定时器开始工作,定进时间一到,触发单片机复位。在软件设计时,在合适的地方对看门狗定时器清零,只要软件运行正常,单片机就不会出现复位;当应用系统受到干扰而导致死机或出错时,则程序不能及时对看门狗定时器进行清零,一段时间后,看门狗定时器溢出,输出复位信号给单片机,使单片机重新启动工作,从而保证系统的正常运行。以前,广泛使用的 AT89C 系列单片机内部没有看门狗电路,在干扰严重的场合下工作时,需要外接看门狗电路(如 X25045、X5045 等)或设置软件看门狗。现在,新型的 AT89S、STC89C 系列等单片机内部已集成了看门狗电路,使用十分方便。

14.1 单片机看门狗基本知识

目前,常用的看门狗主要有软件看门狗、外部硬件看门狗以及 AT89S、STC89C 系列单片机内部看门狗 3 种形式。下面重点以 AT89S、STC89C 系列单片机内部看门狗电路为例进行介绍。

14.1.1 AT89S 系列单片机内部看门狗

对于 AT89S 系列单片机,内部具有看门狗寄存器 WDTRST(地址为 0xa6),当看门狗激活后,用户必须向 WDTRST 依次写入 0x1e 和 0xe1 喂狗,避免看门狗定时器(WDT)溢出。喂狗动作如下:

```
WDTRST = 0x1e;
WDTRST = 0xe1;
```

使用 AT89S 系列单片机的看门狗时,要注意以下几点:

一是看门狗必须由程序激活后才开始工作,因此必须保证 CPU 有可靠的上电复位,否则看门狗也无法工作。

二是看门狗使用的是 CPU 的晶振,在晶振停振的时候看门狗也无效。

三是在 16 383 个机器周期内必须至少喂狗一次,如果晶振为 11.059 2 MHz,则在 17 ms 以内需喂狗一次。

14.1.2 STC89C 系列单片机内部看门狗

STC89C 系列单片机,设有看门狗定时器寄存器 WDT_CONTR,它在特殊功能寄存器中的字节地址为 0xe1,不能位寻址。该寄存器不但可启停看门狗,而且还可以设置看门狗溢出时间等。WDT_CONTR 寄存器各位的定义如下:

位序号	D7	D6	D5	D4	D3	D2	D1	D0
位符号	—	—	EN_WDT	CLR_WDT	IDLE_WDT	PS2	PS1	PS0

EN_WDT:看门狗允许位,当设置为 1 时,启动看门狗。

CLR_WDT:看门狗清零位,当设为 1 时,看门狗定时器将重新计数。硬件自动清零此位。

IDLE_WDT:看门狗 IDLE 模式位,当设置为 1 时,看门狗定时器在单片机的空闲模式计数;当清零时,看门狗定时器在单片机的空闲模式时不计数。

PS2、PS1、PS0:看门狗定时器预分频值,用来设置看门狗溢出时间。看门狗溢出时间与预分频数有直接的关系,公式如下:

$$看门狗溢出时间 = (N \times 预分频数 \times 32\ 768)/晶振频率$$

式中,N 表示 STC 单片机的时钟模式。STC89C 单片机有两种时钟模式:一种是单倍速,也就是 12 时钟模式。这种时钟模式下,STC89C 单片机与其他公司 51 单片机具有相同的机器周期,即 12 个振荡周期为一个机器周期。另一种为双倍速,又被称为 6 时钟模式。在这种时钟模式下,STC89C 单片机比其他公司 51 单片机运行速度要快一倍,关于单倍速与双倍速的设置在下载程序软件界面上有设置选择。一般情况下,我们使用单倍速模式,即 N 为 12。

当单片机晶振为 11.059 2 MHz,工作在单倍速下时($N=12$),看门狗定时器预分频值与看门狗定时时间的对应关系如表 14-1 所列。

表 14-1 看门狗定时器预分频值与看门狗定时时间

PS2	PS1	PS0	预分频数	看门狗溢出时间	PS2	PS1	PS0	预分频数	看门狗溢出时间
0	0	0	2	71.1 ms	1	0	0	32	1.137 7 s
0	0	1	4	142.2 ms	1	0	1	64	2.275 5 s
0	1	0	8	284.4 ms	1	1	0	128	4.551 1 s
0	1	1	16	568.8 ms	1	1	1	256	9.102 2 s

14.2 单片机看门狗实例解析与演练

14.2.1 实例解析与演练1——AT89S51内部看门狗测试

1. 实现功能

在DD-900实验开发板上测试AT89S51单片机的看门狗功能:开机后,P0口LED灯全亮,按K1键,则激活看门狗,并开始喂狗,P0口上的LED灯熄灭,同时蜂鸣器鸣叫一声。若再按下K2键,则停止喂狗,看门狗溢出后程序回到初始状态,即P0口LED灯全亮。有关电路参见第3章图3-4、图3-17和图3-20。

2. 源程序

根据要求,编写的源程序如下:

```c
#include<reg51.h>
#define uchar unsigned char
#define uint unsigned int
sfr   WDTRST = 0xa6;           //定义看门狗寄存器
sbit  K1 = P3^2;
sbit  K2 = P3^3;
sbit  BEEP = P3^7;
/********以下是延时函数********/
void Delay_ms(uint xms)         //延时程序,xms是形式参数
{
    uint i,j;
    for(i = xms;i>0;i--)        //i = xms,即延时xms,xms由实际参数传入一个值
        for(j = 115;j>0;j--);   //此处分号不可少
}
/********以下是蜂鸣器响一声函数********/
void  beep()
{
    BEEP = 0;                   //蜂鸣器响
    Delay_ms(100);
    BEEP = 1;                   //关闭蜂鸣器
    Delay_ms(100);
}
/********以下是主函数********/
void main()
{
    TMOD = 0x01;                //设定定时器0为工作方式1
    TH0 = 0xc6;TL0 = 0x66;      //定时时间为16 ms的计数初值
    EA = 1;ET0 = 1;             //开总中断和定时器T0中断
    P0 = 0xff;
    P0 = 0x00;                  //P0口灯全亮
```

```c
    while(1)
    {
        while(K1);              //等待 K1 键按下
        TR0 = 1;                //启动定时器 T0,开始喂狗
        P0 = 0xff;              //LED 灯灭
        beep();                 //蜂鸣器响一声
        while(K2);              //K1 按下后,再等待 K2 键按下
        TR0 = 0;                //关闭定时器 T0,停止喂狗
    }
}
/********以下是定时器 T0 中断函数********/
void timer0() interrupt 1 using 0
{
    TH0 = 0xc6;TL0 = 0x66;      //重装 16 ms 定时初值
    WDTRST = 0x1e;              //喂狗
    WDTRST = 0xe1;
}
```

3. 源程序释疑

这个源程序比较简单,其作用是模拟看门狗打开及关闭时的动作。开始时,P0 口的灯全亮并等待,当按下 K1 键时,则激活看门狗。激活看门狗后,需要定时进行喂狗,这里采用定时中断方式,并将定时时间设为 16 ms,也就是说,每 16 ms 喂狗一次。因此,看门狗定时器不会溢出。当按下 K2 键时,由于关闭了定时器 T0,因此,无法进行喂狗,一段时间后(即 17 ms 后),看门狗定时器溢出,程序复位,再从头开始运行。

需要说明的是,本例中,喂狗动作放在定时时间为 16 ms 的中断服务程序中,因此,喂狗比较及时。当然,喂狗时也可以不采用定时中断的方式,在这种情况下,要特别注意两次喂狗时间间隔不能大于 17 ms,否则,则看门狗定时器溢出,程序将被复位。

4. 实现方法

① 打开 Keil C51 软件,建立工程项目,再建立一个名为 ch14_1.c 的源程序文件,输入上面的程序。对源程序进行编译、链接和调试,产生 ch14_1.hex 目标文件。

② 将 DD-900 实验开发板 JP1 的 LED、V_{CC} 两插针短接,为 LED 灯供电。

③ 将 AT89S51 单片机插到锁紧插座,把 ch14_1.hex 文件下载到 AT89S51 中。正常情况下,开机后 LED 灯全亮,按下 K1 键,开始喂狗,LED 灯熄灭,蜂鸣器鸣叫一声。再按下 K2 键,则停止喂狗,程序复位,P0 口 LED 灯又全亮。

该实验程序在附光盘的 ch14\ch14_1 文件夹中。

14.2.2 实例解析与演练 2——STC89C51 内部看门狗测试

1. 实现功能

在 DD-900 实验开发板上测试 STC89C51 单片机的看门狗功能:开机后,P0 口 LED 灯按流水灯逐个点亮,要求在程序中加入看门狗功能。有关电路参见第 3 章图 3-4 和图 3-20。

2. 源程序

```c
#include<reg51.h>
#define uint unsigned int
sfr  WDT_CONTR = 0xe1;              //定义STC89C单片机看门狗寄存器
sbit P00 = P0^0;                    //定义位变量
sbit P01 = P0^1;
sbit P02 = P0^2;
sbit P03 = P0^3;
sbit P04 = P0^4;
sbit P05 = P0^5;
sbit P06 = P0^6;
sbit P07 = P0^7;
/********以下是延时函数********/
void Delay_ms(uint xms)
{
    uint i,j;
    for(i=xms;i>0;i--)              //i=xms,即延时xms,xms由实际参数传入一个值
        for(j=115;j>0;j--);
}
/********以下是主函数********/
void main()
{
    while(1)                        //循环显示
    {
        WDT_CONTR = 0x3d;           //第一次喂狗,并将看门狗定时时间设置为2.275 5 s
        P00 = 0;                    //P00引脚灯亮
        Delay_ms (500);             //将实际参数500传递给形式参数xms,延时0.5 s
        P00 = 1;                    //P00引脚灯灭
        P01 = 0;                    //P01引脚灯亮
        Delay_ms (500);
        P01 = 1;                    //P01引脚灯灭
        P02 = 0;                    //P02引脚灯亮
        Delay_ms (500);
        P02 = 1;                    //P02引脚灯灭
        P03 = 0;                    //P03引脚灯亮
        Delay_ms (500);
        P03 = 1;                    //P03引脚灯灭
        WDT_CONTR = 0x3d;           //第二次喂狗,并将看门狗定时时间设置为2.275 5 s
        P04 = 0;                    //P04引脚灯亮
        Delay_ms (500);
        P04 = 1;                    //P04引脚灯灭
        P05 = 0;                    //P05引脚灯亮
        Delay_ms (500);
        P05 = 1;                    //P05引脚灯灭
```

```
        P06 = 0;                    //P06 引脚灯亮
        Delay_ms (500);
        P06 = 1;                    //P06 引脚灯灭
        P07 = 0;                    //P07 引脚灯亮
        Delay_ms (500);
        P07 = 1;                    //P07 引脚灯灭
    }
}
```

3. 源程序释疑

在应用看门狗时,需要在整个大程序的不同位置喂狗,每两次喂狗之间的时间间隔一定不能小于看门狗定时器的溢出时间,否则程序将会不停地复位。

在本程序中,8 只 LED 灯按流水灯方式显示一遍需要 4 s 时间,而看门狗定时器定时时间设置为 2.275 5 s。因此,8 只流水灯循环一遍的过程中需喂狗 2 次,否则,流水灯在流动过程中会不断被复位。

为了验证这种情况,读者可以将源程序中的第 2 次喂狗语句"WDT_CONTR＝0x3d"删除,观察会有什么现象发生?

删除该语句后,会发现,流水灯只能在前 5 只 LED 灯之间循环。原来,点亮前 4 只流水灯需用时 2 s,而看门狗定时时间为 2.275 5 s,因此,在点亮第 5 只 LED 灯时,看门狗定时器溢出,程序复位,流水灯又从第 1 只开始循环。

4. 实现方法

① 打开 Keil C51 软件,建立工程项目,再建立一个名为 ch14_2.c 的源程序文件,输入上面源程序。对源程序进行编译、链接,产生 ch14_2.hex 目标文件。

② 将 DD-900 实验开发板 JP1 的 LED、V_{CC} 两插针短接,为 LED 灯供电。

③ 将 STC89C51 单片机插到锁紧插座,把 ch14_2.hex 文件下载到 STC89C51 中。正常情况下,开机后 LED 灯应按流水灯形式被逐个点亮。

该实验程序在附光盘的 ch14\ch14_2 文件夹中。

第 15 章

温度传感器 DS18B20 实例解析

美国 DALLAS 公司生产的单线数字温度传感器 DS18B20，是一种模/数转换器件，可以把模拟温度信号直接转换成串行数字信号供单片机处理，而且读/写 DS18B20 信息仅需要单线接口，使用非常方便。DSl8B20 体积小，精度高，使用灵活，因此，在测温系统中应用十分广泛。

15.1 温度传感器 DS18B20 基本知识

15.1.1 温度传感器 DS18B20 介绍

DS18B20 是 DALLAS 公司推出的单总线数字温度传感器，测量温度范围为 $-55 \sim +125$℃，在 $-10 \sim +85$℃范围内精度为±0.5℃。现场温度直接以单总线的数字方式传输，大大提高了系统的抗干扰性。DS18B20 支持 3～5.5 V 的电压范围，使用十分灵活和方便。

1. DS18B20 引脚功能

DS18B20 的外形如图 15-1 所示。

可以看出，DS18B20 的外形类似三极管，共 3 只引脚，分别为 GND（地）、DQ（数字信号输入/输出）和 V_{DD}（电源）。

DS18B20 与单片机连接电路非常简单，如图 15-2(a)所示，由于每片 DS18B20 含有唯一的串行数据口，所以在一条总线上可以挂接多个 DS18B20 芯片，如图 15-2(b)所示。

2. DS18B20 的内部结构

DS18B20 内部结构如图 15-3 所示。

DS18B20 共有 64 位 ROM，用于存放 DS18B20 编码，其前 8 位是单线系列编码（DS18B20 的编码是 19H），后面 48 位是芯片唯一的序列号，最后 8 位是以上 56 的位的 CRC 码（冗余校验）。数据在出厂时设置，不能由用户更改。由于每一个 DS18B20 序列号都各不相同，因此，在一根总线上可以挂接多个 DS18B20。

图 15-1 DS18B20 的外形

第 15 章　温度传感器 DS18B20 实例解析

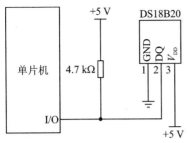
(a) 单只 DS18B20 与单片机的连接

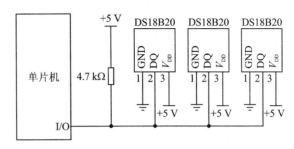
(b) 多只 DS18B20 与单片机的连接

图 15-2　DS18B20 与单片机的连接

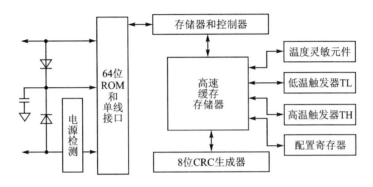

图 15-3　DS18B20 内部结构

DS18B20 中的温度传感器完成对温度的测量。

配置寄存器主要用来设置 DS18B20 的工作模式和分辨率。配置寄存器中各位的定义如下：

TM	R1	R0	1	1	1	1	1

配置寄存器的低 5 位一直为 1，TM 是测试模式位，用于设置 DS18B20 在工作模式还是在测试模式。这位在出厂时被设置为 0，R1 和 R0 用来设置分辨率，即决定温度转换的精度位数，设置情况如表 15-1 所列。

高温度和低温度触发器 TH、TL 是一个非易失性的可电擦除的 EEPROM，可通过软件写入用户报警上下限值。

高速缓存存储器由 9 字节组成，分别是：温度值低位 LSB(字节 0)、温度值高位 MSB(字节 1)、高温限值 TH(字节 2)、低温限值 TL(字节 3)、配置寄存器(字节 4)保留(字节 5、6、7)、CRC 校验值(字节 8)。

表 15-1　DS18B20 分辨率设置

R1	R0	分辨率/位	温度最大转换时间/ms
0	0	9	93.75
0	1	10	187.5
1	0	11	375
1	1	12	750

当温度转换命令发出后，经转换所得的温度值存放在高速暂存存储器的第 0 和第 1 字节内。第 0 个字节存放的是温度的低 8 位信息，第 1 字节存放的是温度的高 8 位信息。单片机可通过单线接口读到该数据，读取时低位在前，高位在后。第 2、3 字节是 TH、TL 的易失性拷贝，第 4 字节是配置寄存器的易失性拷贝，这 3 字节的内容在每一次上电复位时被刷新。第

5、6、7 字节用于内部计算,第 8 字节用于冗余校验。

　　这里需要注意的是,存放在第 0、1 字节中的温度值,其中,后 11 位是数据位,前 5 位是符号位。如果测得的温度大于 0,前 5 位为 0,只要将测到的数值乘于 0.062 5 即可得到实际温度;如果温度小于 0,前 5 位为 1,测到的数值需要取反加 1 再乘于 0.062 5,即可得到实际温度。表 15-2 给出了典型温度的二进制及十六进制对照表。

表 15-2　典型温度的二进制及十六进制对照表

温度值/℃	双字节温度(二进制)		双字节温度(十六进制)
	符号位(5 位)	数据位(11 位)	
+125	00000	111 1101 0000	0x07d0
+85.5	00000	101 0101 1000	0x0558
+25.0625	00000	001 1001 0001	0x0191
+10.125	00000	000 1010 0010	0x00a2
+0.5	00000	000 0000 1000	0x0008
0	00000	000 0000 0000	0x0000
−0.5	11111	111 1111 1000	0xfff8
−10.125	11111	111 0101 1110	0xff5e
−25.0625	11111	111 0110 1111	0xfe6f
−55	11111	100 1001 0000	0xfc90

3. DS18B20 的指令

　　在对 DS18B20 进行读/写编程时,必须严格保证读/写时序,否则将无法读取测温结果。根据 DS18B20 的通信协议,单片机控制 DS18B20 完成温度转换必须经过以下步骤:每一次读/写之前都要对 DS18B20 进行复位,复位成功后发送一条 ROM 指令,最后发送 RAM 指令,这样才能对 DSl8B20 进行预定的操作。

　　复位要求单片机将数据线下拉 500 μs,然后释放,DS18B20 收到信号后等待 16~60 μs,然后发出 60~240 μs 的存在低脉冲,单片机收到此信号表示复位成功。

　　DS18B20 的 ROM 指令如表 15-3 所列,RAM 指令如表 15-4 所列。

表 15-3　ROM 指令表

指　　令	约定代码	功　　能
读 ROM	0x33	读 DS18B20 温度传感器 ROM 中的编码(即 64 位地址)
匹配 ROM	0x 55	发出此命令之后,接着发出 64 位 ROM 编码,访问单总线上与该编码相对应的 DS18B20 使之做出响应,为下一步对该 DS18B20 的读/写作准备
搜索 ROM	0x F0	用于确定挂接在同一总线上 DS18B20 的个数和识别 64 位 ROM 地址。为操作各器件作好准备
跳过 ROM	0x CC	忽略 64 位 ROM 地址,直接向 DS18B20 发温度变换命令。适用于单只 DS18B20 工作
报警搜索命令	0x EC	执行后只有温度超过设定值上限或下限的芯片才做出响应

第15章 温度传感器 DS18B20 实例解析

表15-4 RAM 指令表

指 令	约定代码	功 能
温度变换	0x 44	启动 DS18B20 进行温度转换,12 位转换时最长为 750 ms(9 位为 93.75 ms)。结果存入内部 9 字节 RAM 中
读高速缓存	0x BE	读内部 RAM 中 9 字节的内容
写高速缓存	0x 4E	发出向内部 RAM 的字节 2、3 写上、下限温度数据命令,紧跟该命令之后,是传送两字节的数据
复制高速缓存	0x 48	将 RAM 中字节 2、3 的内容复制到 EEPROM 中
重调 EEPROM	0x B8	将 EEPROM 中内容恢复到 RAM 中的第 3、4 字节
读供电方式	0x B4	寄生供电时 DS18B20 发送 0,外接电源供电时 DS18B20 发送 1

4. DS18B20 使用注意事项

DS18B20 虽然具有诸多优点,但在使用时也应注意以下几个问题:

① 由于 DS18B20 与微处理器间采用串行数据传送方式,因此,在对 DS18B20 进行读/写编程时,必须严格地保证读/写时序,否则,将无法正确读取测温结果。

② 对于在单总线上所挂 DS18B20 的数量问题,一般人们会误认为可以挂任意多个 DS18B20,而在实际应用中并非如此。若单总线上所挂 DS18B20 超过 8 个时,则需要解决单片机的总线驱动问题,这一点,在进行多点测温系统设计时要加以注意。

③ 连接 DS18B20 的总线电缆是有长度限制的。试验中,当采用普通信号电缆且其传输长度超过 50 m 时,读取的测温数据将发生错误。而将总线电缆改为双绞线带屏蔽电缆时,正常通讯距离可达 150 m,如采用带屏蔽层且每米绞合次数更多的双绞线电缆,则正常通信距离还可以进一步加长。这种情况主要是由总线分布电容使信号波形产生畸变造成的,因此,在用 DS18B20 进行长距离测温系统设计时要充分考虑总线分布电容和阻抗匹配问题。

④ 在 DS18B20 测温程序设计中,当向 DS18B20 发出温度转换命令后,程序总要等待 DS18B20 的返回信号。这样,一旦某个 DS18B20 接触不好或断线,在程序读该 DS18B20 时就没有返回信号,从而使程序进入死循环。因此,在进行 DS18B20 硬件连接和软件设计时,应当加以注意。

⑤ 如果单片机对多只 DS18B20 进行操作,需要先执行读 ROM 命令,逐个读出其序列号,然后再发出匹配命令,就可以进行温度转换和读/写操作了。单片机只对一只 DS18B20 进行操作,一般不需要读取 ROM 编码以及匹配 ROM 编码,只要用跳过 ROM 命令,就可以进行温度转换和读/写操作。

15.1.2 温度传感器 DS18B20 驱动程序软件包的制作

为方便编程,在此制作一个 DS18B20 的驱动程序软件包,软件包文件名为 DS18B20_drive.h,具体内容如下:

```
#define uchar unsigned char
#define uint unsigned int
```

```c
sbit DQ = P1^3;                    //定义DS18B20端口DQ
uchar yes0 ;
/********以下是延时函数********/
void Delay(uint num)
{
    while( -- num );
}
/******以下是DS18B20初始化函数。若返回值为0,则DS18B20正常;若返回值为1,则不正常******/
 Init_DS18B20(void)
{
    DQ = 1;                        //DQ复位
    Delay(8);                      //延时
    DQ = 0;                        //单片机将DQ拉低
    Delay(90);                     //精确延时大于480 μs
    DQ = 1;                        //拉高总线
    Delay(8);
    yes0 = DQ;                     //如果=0,则初始化成功;=1,则初始化失败
    Delay(100);
    DQ = 1;
    return(yes0);                  //返回信号。若yes0为0,则存在;若yes0为1,则不存在
}
/********以下是读1字节函数********/
ReadOneByte(void)
{
    uchar i = 0;
    uchar dat = 0;
    for (i = 8; i > 0; i--)
    {
        DQ = 0;
        dat >>= 1;
        DQ = 1;
        if(DQ)
        dat |= 0x80;
        Delay(4);
    }
    return (dat);
}
/********以下是写1字节函数********/
WriteOneByte(uchar dat)
{
    uchar i = 0;
    for (i = 8; i > 0; i--)
    {
        DQ = 0;
        DQ = dat&0x01;
```

```
            Delay(5);
            DQ = 1;
            dat>>= 1;
    }
}
```

15.2 DS18B20 数字温度计实例解析

15.2.1 实例解析 1——LED 数码管数字温度计

1. 实现功能

在 DD-900 实验开发板上进行实验:DS18B20 感应的温度值通过前 4 位数码管进行显示,其中,前 3 位显示温度的百位、十位和个位,最后 1 位显示温度的小数位。有关电路参见第 3 章图 3-4、图 3-15。

2. 源程序

根据要求,编写的源程序如下:

```
#include <reg51.h>
#include "DS18B20_drive.h"                    //DS18B20 驱动程序软件包
#define uchar unsigned char
#define uint unsigned int
sbit BEEP = P3^7;
uchar code seg_data[] = {0xC0,0xF9,0xA4,0xB0,0x99,0x92,0x82,0xF8,0x80,0x90,0xff};
                                              //0~9 和熄灭符的段码表
uchar data  temp_data[2] = {0x00,0x00};       //用来存放温度高 8 位和低 8 位
uchar data  disp_buf[5] = {0x00,0x00,0x00,0x00,0x00};  //显示缓冲区
sbit DOT = P0^7;                              //接数码管小数点段位
sbit    P20 = P2^0;
sbit    P21 = P2^1;
sbit    P22 = P2^2;
sbit    P23 = P2^3;
/********以下是延时函数********/
void Delay_ms(uint xms)                       //延时程序,xms 是形式参数
{
    uint i,j;
    for(i = xms;i>0;i--)
        for(j = 115;j>0;j--);                 //此处分号不可少
}
/********以下是蜂鸣器响一声函数********/
void  beep()
{
```

```c
    BEEP = 0;                                    //蜂鸣器响
    Delay_ms(100);
    BEEP = 1;                                    //关闭蜂鸣器
    Delay_ms(100);
}
/********以下是显示函数,在前4位数码管上显示出温度值********/
void Display()
{
    P0 = seg_data[disp_buf[3]];                  //显示百位
    P20 = 0;                                     //开百位显示
    Delay_ms(2);                                 //延时2 ms
    P20 = 1;                                     //关百位显示
    P0 = seg_data[disp_buf[2]];                  //显示十位
    P21 = 0;
    Delay_ms(2);
    P21 = 1;
    P0 = seg_data[disp_buf[1]];                  //显示个位
    P22 = 0;
    DOT = 0;                                     //显示小数点
    Delay_ms(2);
    P22 = 1;
    P0 = seg_data[disp_buf[0]];                  //显示小数位
    P23 = 0;
    Delay_ms(2);
    P23 = 1;
}
/********以下是读取温度值函数********/
GetTemperture(void)
{
uchar i;
Init_DS18B20();                                  //DS18B20 初始化
    if(yes0 == 0)                                //若 yes0 为 0,则说明 DS18B20 正常
    {
        WriteOneByte(0xCC);                      //跳过读序号列号的操作
        WriteOneByte(0x44);                      //启动温度转换
        for(i = 0;i<250;i++)Display();           //调用显示函数延时,等待 A/D 转换结束,分辨率
                                                 //为 12 位时需延时 750 ms 以上
        Init_DS18B20();
        WriteOneByte(0xCC);                      //跳过读序号列号的操作
        WriteOneByte(0xBE);                      //读取温度寄存器
        temp_data[0] = ReadOneByte();            //温度低 8 位
        temp_data[1] = ReadOneByte();            //温度高 8 位
    }
    else   beep();                               //若 DS18B20 不正常,则蜂鸣器报警
}
```

/********以下是温度数据转换函数,将温度数据转换为适合 LED 数码管显示的数据********/
void TempConv()
{
    uchar   temp;   //定义温度数据暂存
    temp = temp_data[0]&0x0f;   //取出低 4 位的小数
    disp_buf[0] = (temp * 10/16);   //求出小数位的值
    temp = ((temp_data[0]&0xf0)>>4)|((temp_data[1]&0x0f)<<4);
                                    //temp_data[0]高 4 位与 temp_data[1]低 4 位组成 1 字节整数
    disp_buf[3] = temp/100;   //分离出整数部分的百位
    temp = temp % 100;   //十位和个位部分存放在 temp
    disp_buf[2] = temp/10;   //分离出整数部分十位
    disp_buf[1] = temp % 10;   //个位部分
    if(!disp_buf[3])   //若百位为 0,则不显示百位,seg_data[]表的
                                                //第 10 位为熄灭符
    {
        disp_buf[3] = 10;
        if(!disp_buf[2])   //若十高位为 0,不显示十位
            disp_buf[2] = 10;
    }
}
/********以下是主函数********/
void main(void)
{
    while(1)
    {
        GetTemperture();   //读取温度值
        TempConv();   //将温度转换为适合 LED 数码管显示的数据
        Display();
    }
}

3. 源程序释疑

源程序主要由主函数、读取温度值函数 GetTemperture、温度值转换函数 TempConv、显示函数 Display 等组成。

① 函数 GetTemperture 用来读取温度值。读取时,首先对 DS18B20 复位,检测 DS18B20 是否正常工作。若工作不正常,则蜂鸣器报警;若正常,则接着读取温度数据。单片机发出 0xCC 指令,跳过 ROM 操作,然后向 DS18B20 发出 A/D 转换的 0x44 指令,再发出读取温度寄存器的温度值指令 0xBE,将读取的 16 位温度数据的低位和高位分别存放在数组 temp_data[0]、temp_data[1]单元中。

② 温度值转换函数 TempConv 用来将读取到的温度数据转换为适合 LED 数码管显示的数据。

③ 显示函数 Display 比较简单,这里主要说明两点:一是个位数小数点的显示,个位数小数点由单片机的 P0.7 引脚和 P2.2 引脚控制。当 P0.7 引脚、P2.2 引脚均为低电平时,个位

数小数显示；当 P0.7 引脚、P2.2 引脚为高电平时，个位数小数点不显示。二是延时时间的选择问题。在显示函数中，延时时间为 2 ms，这样，显示 4 位数码管需要 8 ms，频率为 125 Hz，因此，不会出现闪烁现象。当然，这个延时时间可以改变，但最好不要超过 6 ms，否则，会出现闪烁的现象。

4. 实现方法

① 打开 Keil C51 软件，建立工程项目，再建立一个名为 ch15_1.c 的源程序文件，输入上面源程序。

② 在 ch15_1.uv2 的工程项目中，再将前面制作的驱动程序软件包 DS18B20_drive.h 添加进来。

③ 单击"重新编译"按钮，对源程序 ch15_1.c 和 DS18B20_drive.h 进行编译和链接，产生 ch15_1.hex 目标文件。

④ 将 DD-900 实验开发板 JP1 的 DS、V_{CC} 两插针短接，为数码管供电，同时，将 JP6 的 DS18B20、P13 两插针短接，使温度传感器 DS18B20 与单片机相连。

⑤ 将 STC89C51 单片机插到锁紧插座，把 ch15_1.hex 文件下载到单片机中，观察数码管上的温度显示情况，用手触摸温度传感器，观察温度是否发生变化。

该实验程序和 DS18B20 驱动程序软件包 DS18B20_drive.h 在附光盘的 ch15\ch15_1 文件夹中。

15.2.2 实例解析 2——LCD 数字温度计

1. 实现功能

在 DD-900 实验开发板上实现 LCD 数字温度计功能：开机后，若 DS18B20 正常，LCD 第 1 行显示"DS18B20 OK"；第 2 行显示"TMEP:XXX.X°C"（XXX.X 表示显示的温度数值）。若 DS18B20 不正常，LCD 第 1 行显示"DS18B20 ERROR"；第 2 行显示"TMEP:----°C"。有关电路参见第 3 章图 3-5、图 3-15。

2. 源程序

根据要求，编写的源程序如下：

```c
#include<reg51.h>
#include "LCD_drive.h"                  //包含 LCD 驱动程序软件包
#include "DS18B20_drive.h"              //DS18B20 驱动程序软件包
#define uchar unsigned char
#define uint  unsigned int
sbit BEEP = P3^7;                       //蜂鸣器
bit  temp_flag ;                        //判断 DS18B20 是否正常标志位，正常时为 1，不正
                                        //常时为 0
uchar temp_comp;                        //用来存放测量温度的整数部分
uchar disp_buf[8] = {0};                //显示缓冲
uchar temp_data[2] = {0x00,0x00};       //用来存放温度数据的高位和低位
uchar code line1_data[] = "   DS18B20 OK    ";    //DS18B20 正常时第 1 行显示的信息
```

第 15 章　温度传感器 DS18B20 实例解析

```c
uchar code  line2_data[] = " TEMP:          ";  //DS18B20 正常时第 2 行显示的信息
uchar code  menu1_error[] = "    DS18B20 ERR   ";  //DS18B20 出错时第 1 行显示的信息
uchar code  menu2_error[] = " TEMP: - - - -    ";  //DS18B20 出错时第 2 行显示的信息
/********以下是函数声明,由于本例采用的函数较多,应加入函数声明部分********/
void  TempDisp();                    //温度值显示函数声明
void  beep();                        //蜂鸣器响一声函数声明
void  MenuError();                   //DS18B20 出错菜单函数声明
void  MenuOk();                      //DS18B20 正常菜单函数声明
void  GetTemperture();               //读取温度值函数声明
void  TempConv();                    //温度值转换函数声明
/********以下是温度值显示函数,负责将测量温度值显示在 LCD 上********/
void  TempDisp()
{
    lcd_wcmd(0x46 | 0x80);           //从第 2 行第 6 列开始显示温度值
    lcd_wdat(disp_buf[3]);           //百位数显示
    lcd_wdat(disp_buf[2]);           //十位数显示
    lcd_wdat(disp_buf[1]);           //个位数显示
    lcd_wdat('.');                   //显示小数点
    lcd_wdat(disp_buf[0]);           //小数位数显示
    lcd_wdat(0xdf);                  //0xdf 是圆圈"°"的代码,以便与下面的 C 配合成温
                                     //度符号℃
    lcd_wdat('C');                   //显示 C
}
/********以下是蜂鸣器响一声函数********/
void  beep()
{
    BEEP = 0;                        //蜂鸣器响
    Delay_ms(100);
    BEEP = 1;                        //关闭蜂鸣器
    Delay_ms(100);
}
/********以下是 DS18B20 正常时的菜单函数********/
void  MenuOk()
{
uchar i;
lcd_wcmd(0x00|0x80);                 //设置显示位置为第 1 行第 0 列
    i = 0;
    while(line1_data[i] != '\0')     //在第 1 行显示"   DS18B20 OK    "
    {
        lcd_wdat(line1_data[i]);     //显示第 1 行字符
        i++;                         //指向下一字符
    }
    lcd_wcmd(0x40|0x80);             //设置显示位置为第 2 行第 0 列
    i = 0;
    while(line2_data[i] != '\0')     //在第 2 行显示" TEMP:          "
```

```c
        {
            lcd_wdat(line2_data[i]);        //显示第 2 行字符
            i ++ ;                          //指向下一字符
        }
}
/********以下是DS18B20出错时的菜单函数********/
void  MenuError()
{
    uchar  i;
    lcd_clr();                              //LCD 清屏
    lcd_wcmd(0x00|0x80);                    //设置显示位置为第 1 行第 0 列
    i = 0;
    while(menu1_error[i]!= '\0')            //在第 1 行显示" DS18B20 ERR "
    {
        lcd_wdat(menu1_error[i]);           //显示第 1 行字符
        i ++ ;                              //指向下一字符
    }
    lcd_wcmd(0x40|0x80);                    //设置显示位置为第 2 行第 0 列
    i = 0;
    while(menu2_error[i]!= '\0')            //" TEMP：---- "
    {
        lcd_wdat(menu2_error [i]);          //显示第 2 行字符
        i ++ ;                              //指向下一字符
    }
    lcd_wcmd(0x4b | 0x80);                  //从第 2 行第 11 列开始显示
    lcd_wdat(0xdf);                         //0xdf 是圆圈"°"的代码,以便与下面的 C 配合成温
                                            //度符号℃
   lcd_wdat('C');                           //显示 C
}
/********以下是读取温度值函数********/
void GetTemperture(void)
{
    EA = 0;                                 //关中断,防止读数错误
    Init_DS18B20();                         //DS18B20 初始化
    if(yes0 == 0)                           //yes0 为 Init_DS18B20 函数的返回值,若 yes0
                                            //为 0,则说明 DS18B20 正常
        {
            WriteOneByte(0xCC);             //跳过读序号列号的操作
            WriteOneByte(0x44);             //启动温度转换
            Delay_ms(1000);                 //延时 1 s,等待转换结束
            Init_DS18B20();
            WriteOneByte(0xCC);             //跳过读序号列号的操作
            WriteOneByte(0xBE);             //读取温度寄存器
            temp_data[0] = ReadOneByte();   //温度低 8 位
            temp_data[1] = ReadOneByte();   //温度高 8 位
```

```c
        //temp_TH = ReadOneByte();         //温度报警 TH
        //temp_TL = ReadOneByte();         //温度报警 TL
        temp_flag = 1;
    }
    else temp_flag = 0;                    //否则,出错标志置 0
    EA = 1;                                //温度数据读取完成后再开中断
}
/********以下是温度数据转换函数,将温度数据转换为适合 LCD 显示的数据********/
void TempConv()
{
    uchar sign = 0;                        //定义符号标志位
    uchar  temp;                           //定义温度数据暂存
    if(temp_data[1]>127)                   //大于 127 即高 4 位为全 1,即温度为负值
    {
        temp_data[0] = (~temp_data[0]) + 1; //取反加 1,将补码变成原码
        if((~temp_data[0]) >= 0xff)        //若大于或等于 0xff
        temp_data[1] = (~temp_data[1]) + 1; //取反加 1
        else temp_data[1] = ~temp_data[1]; //否则只取反
        sign = 1;                          //置符号标志位为 1
    }
    temp = temp_data[0]&0x0f;              //取小数位
    disp_buf[0] = (temp * 10/16) + 0x30;   //将小数部分变换为 ASCII 码
    temp_comp = ((temp_data[0]&0xf0)>>4)|((temp_data[1]&0x0f)<<4);
                                           //取温度整数部分
    disp_buf[3] = temp_comp /100 + 0x30;   //百位部分变换为 ASCII 码
    temp =  temp_comp % 100;               //十位和个位部分
    disp_buf[2] = temp /10 + 0x30;         //分离出十位并变换为 ASCII 码
    disp_buf[1] = temp % 10 + 0x30;        //分离出个位并变换为 ASCII 码
    if(disp_buf[3] == 0x30)                //百位 ASCII 码为 0x30(即数字 0),不显示
    {
        disp_buf[3] = 0x20;                //0x20 为空字符码,即什么也不显示
        if(disp_buf[2] == 0x30)            //十位为 0,不显示
        disp_buf[2] = 0x20;
    }
    if(sign) disp_buf[3] = 0x2d;           //如果符号标志位为 1,则显示负号(0x2d 为负号的
                                           //字符码)
}
/********以下是主函数********/
void main(void)
{
    P0 = 0xff; P2 = 0xff;
    lcd_init();                            //LCD 初始化
    lcd_clr();                             //LCD 清屏
    while(1)
    {
```

```
        GetTemperture();                  //读取温度数据
        if(temp_flag == 0)
        {
            beep();                       //若DS18B20不正常,蜂鸣器报警
            MenuError();                  //显示出错信息函数
        }
        if(temp_flag == 1)                //若DS18B20正常,则往下执行
        {
            TempConv();                   //将温度转换为适合LCD显示的数据
            MenuOk();                     //显示温度值菜单
            TempDisp();                   //调用LCD显示函数
        }
    }
}
```

3. 源程序释疑

本例与上例相比,很多是一致的,最大的不同就是显示方式不同。另外需要注意的是,在采用LCD显示时,由于LCD显示的是ASCII码,因此,将温度值转换为ASCII码,只需将温度值加上0x30即可。

另外,该源程序具有DS18B20出错显示功能,即当DS18B20不正常时,调用函数MenuError,使LCD上显示出DS18B20出错信息。

4. 实现方法

① 打开Keil C51软件,建立工程项目,再建立一个名为ch15_2.c的源程序文件,输入上面的程序。

② 在ch15_2.uv2的工程项目中,将前面制作的DS18B20驱动程序软件包DS18B20_drive.h以及第11章制作的1602 LCD驱动程序软件包LCD_drive.h添加进来。

③ 单击"重新编译"按钮,对源程序ch15_2.c、DS18B20_drive.h以及LCD_drive.h进行编译和链接,产生ch15_2.hex目标文件。

④ 将DD-900实验开发板JP1的LCD、V_{CC}两插针短接,为LCD供电,同时,将JP6的DS18B20、P13两插针短接,使温度传感器DS18B20与单片机相连。

⑤ 将STC89C51单片机插到锁紧插座,把ch15_2.hex文件下载到单片机中,观察LCD上的温度显示情况,用手触摸温度传感器,观察温度是否发生变化。

该实验程序、DS18B20驱动程序软件包DS18B20_drive.h、1602 LCD驱动程序软件包LCD_drive.h在附光盘的ch15\ch15_2文件夹中。

15.2.3 实例解析3——LCD温度控制器

1. 实现功能

在DD-900实验开发板上实现LCD温度控制器的功能。具体要求如下:

① 开机检查温度传感器DS18B20的工作状态。LCD温度控制器接通电源后,在工作正

第15章 温度传感器DS18B20实例解析

常情况下,LCD上第1行显示信息为"DS18B20 OK";第2行显示为"TEMP:XXX.X℃"(测量的温度值)。若传感器DS18B20工作不正常,显示屏上第1行显示信息为"DS18B20 ERROR";第2行显示"TEMP:----℃"。这时要检查DS18B20是否连接好,如果连接正常,一般说明DS18B20存在问题。

② 设定温度报警值TH、TL。按K1键,进入设定TH、TL报警值状态,LCD第1行显示为"SET TH:XXX℃";第2行显示"SET TL:XXX℃"。此时,再按K1键(加减选择键),可设定加、减方式;按K2键(TH调整键),可调整TH值;按K3键(TL调整键),可调整TL值;按K4键(确认键),退出设定状态。

③ 报警状态显示标志。当实际温度大于TH的设定值时,在显示屏第2行上显示符号为">H"。此时关闭继电器,蜂鸣器响起,表示超温,同时在LCD第1行最后显示闪烁的小喇叭符号🔊。

当实际温度小于TL的设定值时,在显示屏第2行上显示符号为"<L"。此时继电器吸合,开始加热,蜂鸣器响起,表示温度过低,同时在LCD第1行最后显示闪烁的小喇叭符号🔊。

有关电路参见第3章图3-5、图3-7、图3-15、图3-17和图3-20。

2. 源程序

根据要求,编写的源程序如下:

```
#include<reg51.h>
#include "LCD_drive.h"            //包含LCD驱动程序软件包
#include "DS18B20_drive.h"        //DS18B20驱动程序软件包
#define uchar unsigned char
#define uint  unsigned int
sbit BEEP = P3^7;                 //蜂鸣器
sbit RELAY = P3^6;                //继电器
sbit K1 = P3^2;                   //按键K1
sbit K2 = P3^3;                   //按键K2
sbit K3 = P3^4;                   //按键K3
sbit K4 = P3^5;                   //按键K4
bit  temp_flag;                   //判断DS18B20是否正常标志位,正常时为1,不正常时为0
bit  K1_flag = 0;                 //K1键按下时,该标志位为1,因为K1是一个双功能键,需要
                                  //设置标志位进行区分
uchar count_50ms = 0;             //50 ms定时器计数器
bit flag_500ms = 0;               //500 ms标志位,满500 ms时该位置1,用来控制小喇叭的
                                  //闪烁频率
bit  key_up;                      //按键加1减1标志位,用来控制K1键进行加1和减1
                                  //的切换
uchar disp_buf[8] = {0};          //显示缓冲
uchar TH_buf[] = {0};             //报警高位缓冲
uchar TL_buf[] = {0};             //报警低位缓冲
uchar temp_comp;                  //用来存放比较温度值(即温度值的整数部分),以便和报
                                  //警值进行比较
uchar temp_data[2] = {0x00,0x00}; //用来存放温度数据的高位和低位
uchar code  speaker[8] = {0x01,0x1b,0x1d,0x19,0x1d,0x1b,0x01,0x00};
```

```c
                                    //小喇叭的 LCD 点阵数据
uchar   temp_TH = 30;               //高温报警温度初始值
uchar   temp_TL = 15;               //低温报警温度初始值
uchar code  line1_data[] = "   DS18B20 OK    ";   //DS18B20 正常时第 1 行显示的信息
uchar code  line2_data[] = " TEMP:           ";   //DS18B20 正常时第 2 行显示的信息
uchar code  menu1_error[] = "   DS18B20 ERR   ";  //DS18B20 出错时第 1 行显示的信息
uchar code  menu2_error[] = " TEMP: ----      ";  //DS18B20 出错时第 2 行显示的信息
uchar code  menu1_set[] = "    SET TH:      ";    //设置菜单第 1 行温度信息
uchar code  menu2_set[] = "    SET TL:      ";    //设置菜单第 2 行温度信息
uchar code  menu2_H[] = ">H ";      //温度过高时,第 2 行显示高温报警符号
uchar code  menu2_L[] = "<L ";      //温度过低时,第 2 行显示低温报警符号
/********以下是函数声明,由于本例采用的函数较多,应加入函数声明部分********/
void timer0_init();                 //定时器 T0 初始化函数声明
void SpeakerFlash();                //小喇叭符号闪烁函数声明
void lcd_write_CGRAM();             //写 CGRAM 函数声明
void TempDisp();                    //温度值显示函数声明
void beep();                        //蜂鸣器响一声函数声明
void MenuError();                   //DS18B20 出错菜单函数声明
void MenuOk();                      //DS18B20 正常菜单函数声明
void THTL_Disp();                   //报警温度值显示函数声明
void GetTemperture();               //读取温度值函数声明
void TempConv();                    //温度值转换函数声明
void Write_THTL();                  //报警值写入函数声明(写入 DS18B20 的 RAM 和 EEPROM)
void ScanKey();                     //按键扫描函数声明
void SetTHTL();                     //报警温度值设置函数声明
void TempComp();                    //温度比较函数声明
/********以下是温度值显示函数,负责将测量温度值显示在 LCD 上********/
void TempDisp()
    ⋮                               //与实例解析 2 完全相同(略)
/********以下是蜂鸣器响一声函数********/
void beep()
    ⋮                               //与实例解析 2 完全相同(略)
/********以下是 DS18B20 正常时的菜单函数********/
void MenuOk()
    ⋮                               //与实例解析 2 完全相同(略)
/********以下是 DS18B20 出错时的菜单函数********/
void MenuError()
    ⋮                               //与实例解析 2 完全相同(略)
/********以下是报警值 TH 和 TL 显示函数,用来将设置的报警值显示出来********/
void THTL_Disp()
{
    uchar i, temp1, temp2;
    lcd_wcmd(0x00|0x80);            //设置显示位置为第 1 行第 0 列
    i = 0;
    while(menu1_set[i] != '\0')     //在第 1 行显示" SET TH:     "
```

```c
    {
        lcd_wdat(menu1_set[i]);       //显示第 1 行字符
        i++;                          //指向下一字符
    }
    lcd_wcmd(0x40|0x80);              //设置显示位置为第 2 行第 0 列
    i = 0;
    while(menu2_set[i] != '\0')       //在第 2 行显示"  SET TL：    "
    {
        lcd_wdat(menu2_set[i]);       //显示第 2 行字符
        i++;                          //指向下一字符
    }
    TH_buf[3] = temp_TH /100 + 0x30;  //TH 百位部分变换为 ASCII 码
    temp1 = temp_TH % 100;            //TH 十位和个位部分
    TH_buf[2] = temp1 /10 + 0x30;     //分离出 TH 十位并变换为 ASCII 码
    TH_buf[1] = temp1 % 10 + 0x30;    //分离出 TH 个位并变换为 ASCII 码
    lcd_wcmd(0x09|0x80);              //设置显示位置为第 1 行第 9 列
    lcd_wdat(TH_buf[3]);              //TH 百位数显示
    lcd_wdat(TH_buf[2]);              //TH 十位数显示
    lcd_wdat(TH_buf[1]);              //TH 个位数显示
    lcd_wdat(0xdf);                   //0xdf 是圆圈"°"的代码,以便和下面的 C 配合成温度符号℃
    lcd_wdat('C');                    //显示 C
    TL_buf[3] = temp_TL /100 + 0x30;  //TL 百位部分变换为 ASCII 码
    temp2 = temp_TL % 100;            //TL 十位和个位部分
    TL_buf[2] = temp2 /10 + 0x30;     //分离出 TL 十位并变换为 ASCII 码
    TL_buf[1] = temp2 % 10 + 0x30;    //分离出 TL 个位并变换为 ASCII 码
    lcd_wcmd(0x49|0x80);              //设置显示位置为第 2 行第 9 列
    lcd_wdat(TL_buf[3]);              //TL 百位数显示
    lcd_wdat(TL_buf[2]);              //TL 十位数显示
    lcd_wdat(TL_buf[1]);              //TL 个位数显示
    lcd_wdat(0xdf);                   //0xdf 是圆圈"°"的代码,以便和下面的 C 配合成温度符号℃
    lcd_wdat('C');                    //显示 C
}
/********以下是读取温度值函数********/
void GetTemperture(void)
   ⋮                                 //与实例解析 2 完全相同(略)
/********以下是温度数据转换函数,将温度数据转换为适合 LCD 显示的数据********/
void TempConv()
   ⋮                                 //与实例解析 2 完全相同(略)
/********以下是写温度报警值函数********/
void  Write_THTL()
{
    Init_DS18B20();
    WriteOneByte(0xCC);               //跳过读序号列号的操作
    WriteOneByte(0x4e);               //将设定的温度报警值写入 DS18B20
    WriteOneByte(temp_TH);            //写 TH
```

```c
    WriteOneByte(temp_TL);          //写 TL
    WriteOneByte(0x7f);             //12 位精确度
    Init_DS18B20();
    WriteOneByte(0xCC);             //跳过读序号列号的操作
    WriteOneByte(0x48);             //把暂存器里的温度报警值拷贝到 EEROM
}
/********以下是按键扫描函数********/
void ScanKey()
{
    if((K1 == 0)&&(K1_flag == 0))   //若 K1 键按下
    {
        Delay_ms(10);               //延时 10 ms 去抖
        if((K1 == 0)&&(K1_flag == 0))
            while(!K1);             //等待 K1 键释放
        K1_flag = 1;
        beep();                     //蜂鸣器响一声
        THTL_Disp();                //显示 TH、TL 报警值
    }
    if(K1_flag == 0)                //若 K1_flag 为 0,说明 K1 键未按下
    {
        TempConv();                 //将温度转换为适合 LCD 显示的数据
        TempDisp();                 //调用 LCD 显示函数
        TempComp();                 //调温度比较函数
    }
}
/********以下是设置报警值 TH、TL 函数********/
void SetTHTL()
{
    if((K1 == 0)&&(K1_flag == 1))   //若 K1 键按下
    {
        Delay_ms(10);               //延时 10 ms 去抖
        if((K1 == 0)&&(K1_flag == 1))
        {
            while(!K1);             //等待 K1 键释放
            beep();                 //蜂鸣器响一声
            key_up = !key_up ;      //加 1 减 1 标志位取反,以便使 K2、K3 键进行加 1 减 1 调整
        }
    }
    if((K2 == 0)&&(K1_flag == 1))   //若按下 K2 键
    {
        Delay_ms(10);               //延时去抖
        if((K2 == 0)&&(K1_flag == 1))
        {
            while(!K2);             //等待 K2 键释放
            beep();
```

第 15 章 温度传感器 DS18B20 实例解析

```
            if(key_up == 1) temp_TH ++ ;          //若 key_up 为 1,TH 加 1
            if(key_up == 0) temp_TH -- ;          //若 key_up 为 0,TH 减 1
            if((temp_TH >120)|| (temp_TH <= 0))   //设置 TH 最高为 120℃,最低为 0℃
            {
                temp_TH = 0;
            }
            THTL_Disp();                          //显示出调整后的值
        }
    }
    if((K3 == 0)&&(K1_flag == 1))                 //若按下 K3 键
    {
        Delay_ms(10);                             //延时去抖
        if((K3 == 0)&&(K1_flag == 1))
        {
            while(!K3);                           //等待 K3 键释放
            beep();
            if(key_up == 1) temp_TL ++ ;          //若 key_up 为 1,TL 加 1
            if(key_up == 0) temp_TL -- ;          //若 key_up 为 0,TL 减 1
            if((temp_TL >120)|| (temp_TL <= 0))
            {
                temp_TL = 0;
            }
            THTL_Disp();
        }
    }
    if((K4 == 0)&&(K1_flag == 1))                 //若按下 K4 键
    {
        Delay_ms(10);
        if((K4 == 0)&&(K1_flag == 1))
        {
            while(!K4);                           //等待 K4 键释放
            beep();
            K1_flag = 0;                          //K1_flag 标志位置 1,说明调整结束
            Write_THTL();                         //将 THTL 报警值写入暂存器和 EEPROM
            MenuOk();                             //调整结束后显示出测量温度菜单
        }
    }
}
/*********以下是温度比较函数********/
void TempComp()
{
    uchar i;
    if(temp_comp >= temp_TH)                      //若当前温度大于 TH
    {
        beep();
```

```c
            RELAY = 1;                          //继电器断开停止加热
            lcd_wcmd(0x4e|0x80);                //设置显示位置为第2行第14列
            i = 0;
            while(menu2_H[i]! = '\0')           //在第2行显示">H"
            {
                lcd_wdat(menu2_H[i]);           //显示第2行字符
                i ++;                           //指向下一字符
            }
            SpeakerFlash();                     //小喇叭符号闪烁
        }
        else if(temp_comp <= temp_TL)           //若当前温度小于TL
        {
            beep();
            RELAY = 0;                          //继电器吸合开始加热
            lcd_wcmd(0x4e|0x80);                //设置显示位置为第2行第14列
            i = 0;
            while(menu2_L[i]! = '\0')           //在第2行显示"<L"
            {
                lcd_wdat(menu2_L[i]);           //显示第2行字符
                i ++;                           //指向下一字符
            }
            SpeakerFlash();                     //小喇叭符号闪烁
        }
        else
        {
            lcd_wcmd(0x0f|0x80);                //设置显示位置为第1行第15列
            lcd_wdat(0x20);                     //显示空字符,清除此处的小喇叭符号
            lcd_wcmd(0x4e|0x80);                //设置显示位置为第2行第14列
            lcd_wdat(0x20);                     //显示空字符,清除此处的">H"或"<L"符号
            lcd_wdat(0x20);                     //显示空字符,清除此处的">H"或"<L"符号
        }
}
/********以下是定时器T0初始化函数********/
void timer0_init()
{
    TMOD = 0x01;                                //定时器T0为定时方式1
    TH0 = 0x4c; TL0 = 0x00;                     //定时器T0定时时间为50 ms(计数初值
                                                //为0x4c00)
    EA = 0;ET0 = 1;                             //开定时器T0中断,总中断暂时不开放,以免
                                                //引起温度数据的读取
    TR0 = 1;                                    //定时器T0启动
}
/********以下是小喇叭自定义图形写入CGRAM函数********/
void lcd_write_CGRAM()
{
```

第15章 温度传感器 DS18B20 实例解析

```c
    unsigned char i;
    lcd_wcmd(0x40);                          //写 CGRAM
    for (i = 0; i< 8; i++)
    lcd_wdat(speaker[i]);                    //写入小喇叭数据
}
/********以下是小喇叭闪烁函数,小喇叭每 1 s 闪烁一次,即亮 0.5 s,灭 0.5 s********/
void SpeakerFlash()
{
    if(flag_500ms == 1)
    {
        lcd_write_CGRAM();                   //自定义图形写入 CGRAM 函数
        Delay_ms(5);                         //延时 5 ms
        lcd_wcmd(0x0f|0x80);                 //设置显示位置为第 1 行第 15 列
        lcd_wdat(0x00);                      //小喇叭为第 0 号图形
    }
    if(flag_500ms == 0)
    {
        lcd_wcmd(0x0f|0x80);                 //设置显示位置为第 1 行第 15 列
        lcd_wdat(0x20);                      //0x20 为空字符,即什么也不显示
    }
}
/********以下是主函数********/
void main(void)
{
    P0 = 0xff; P2 = 0xff;
    timer0_init();                           //定时器 T0 初始化
    lcd_init();                              //LCD 初始化
    lcd_clr();                               //LCD 清屏
    Write_THTL();                            //将 THTL 报警值写入暂存器
    MenuOk();                                //显示温度值菜单
    while(1)
    {
        GetTemperture();                     //读取温度数据
        if(temp_flag == 0)
        {
            beep();                          //若 DS18B20 不正常,蜂鸣器报警
            MenuError();                     //显示出错信息函数
        }
        if(temp_flag == 1)                   //若 DS18B20 正常,则往下执行
        {
            ScanKey();                       //扫描按键函数
            SetTHTL();                       //设置报警温度函数
        }
    }
}
```

/********以下是定时器 T0 中断函数,用来控制小喇叭的闪烁********/
void Time0(void) interrupt 1
{
    TH0 = 0x4c;   //重置 50 ms 定时初值
    TL0 = 0x00;
    count_50ms++;   //50 ms 计数器加 1
    if(count_50ms>9)
    {
        count_50ms = 0;   //若计数 10 次,则清零
        flag_500ms = ~flag_500ms;   //将 500 ms 标志位取反
    }
}

3. 源程序释疑

① 本例源程序看似复杂,实际上并非如此,它是在上例的基础上,再增加几个功能函数后改装而成的。

本例与源程序是在实例解析 2 相比,以下几个功能函数是完全相同的:

```
void TempDisp();          //温度值显示函数
void beep();              //蜂鸣器响一声函数
void MenuError();         //DS18B20 出错菜单函数
void MenuOk();            //DS18B20 正常菜单函数
void GetTemperture();     //读取温度值函数
void TempConv();          //温度值转换函数
```

在此基础上,又增加了以下几个功能函数:

```
void timer0_init();       //定时器 T0 初始化函数
void SpeakerFlash();      //小喇叭符号闪烁函数
void lcd_write_CGRAM();   //写 CGRAM 函数
void THTL_Disp();         //报警温度值显示函数
void Write_THTL();        //报警值写入函数(写入 DS18B20 的 RAM 和 EEPROM)
void ScanKey();           //按键扫描函数
void SetTHTL();           //报警温度值设置函数
void TempComp();          //温度比较函数
```

设计这几个新增的功能函数时,要根据产品功能一步一步进行,设计的顺序为:

第一步:设计定时器 T0 初始化函数 timer0_init();
第二步:设计按键扫描函数 ScanKey;
第三步:设计报警部分功能函数 Write_THTL、THTL_Disp 和 SetTHTL;
第四步:设计显示小喇叭符号函数 lcd_write_CGRAM、SpeakerFlash。

每设计一步,都要对设计的部分进行简单的编译和调试,验证是否符合要求。实践证明,这种分整为零的设计方法不但方便实用,而且层次清晰,可大大降低程序设计的难度。

② timer0_init、SpeakerFlash、lcd_write_CGRAM 函数用来初始化定时器 T0,并产生闪烁的小喇叭符号。产生的方法是:将定时器 T0 定时时间设置为 50 ms,定时 10 次后,将标志

位 flag_500ms 取反,也就是说,标志位 flag_500ms 每 0.5s 取反一次。然后,在 SpeakerFlash 中根据 flag_500ms 标志位的值,去显示和消隐小喇叭图形符号,这样,就可以产生闪烁的小喇叭符号了。

可能有些读者不明白小喇叭符号是如何产生的,下面简要说明小喇叭图形数据的制作方法:

LCD 模块内置两种字符发生器。一种为 CGROM,即已固化好的字模库,见第 11 章表 11-2。单片机只要写入某个字符的字符代码,LCD 就可以将该字符显示出来。另一种为 CGRAM,即可随时定义的字符字模库。LCD 模块提供了 64 字节的 CGRAM,它可以生成 8 个 5×7 点阵的自定义字符,自定义字符的地址为 00H~07H(即 0x00~0x07)。LCD 模块仅使用存储单元字节的低 5 位,而高 3 位虽然存在,但不作为字模数据使用。表 15-5 列出了小喇叭(◀)的点阵与图形数据的对应关系。

点阵中,1 代表点亮该元素,0 代表熄灭该元件,* 为无效位,可取 0 或 1,一般取 0。从表中可以看出,源程序中"speaker[8] = {0x01,0x1b,0x1d,0x19,0x1d,0x1b,0x01,0x00};"中数据就是按照以上方法制作出来的。

③ 源程序中,ScanKey 函数用来对按键 K1 进行判断。若 K1 键按下,则设置标志位 K1_flag 为 1,并显示出设置菜单;若 K1 键未按下,则显示测量温度值。SetTHTL 函数用来设置报警温度值,设置完成后(即按下 K4 键),要完成 3 项工作:一是将标志位

表 15-5 小喇叭(◀)点阵与图形数据的对应关系

点　阵	图形数据(二进制)	图形数据(十六进制)
***00001	00000001B	0x01
***11011	00011011B	0x1b
***11101	00011101B	0x1d
***11001	00011001B	0x19
***11101	00011101B	0x1d
***11011	00011011B	0x1b
***00001	00000001B	0x01
********	00000000B	0x00

K1_flag 清零;二是将设置的数据写入 DS18B20;三是继续显示测量温度菜单。Write_THTL 函数用来将设置的高温和低温写入 DS18B20 的 RAM 和 EEPROM。THTL_Disp 函数用来将设置的高温 TH 和低温 TL 报警温度值显示出来。TempComp 函数用来对测量温度和高温 TH、低位 TL 值进行比较,以便控制继电器接通和断开。

如图 15-4 所示是源程序的流程图。

4. 实现方法

① 打开 Keil C51 软件,建立工程项目,再建立一个名为 ch15_3.c 的源程序文件,输入上面的程序。

② 在 ch15_3.uv2 的工程项目中,将前面制作的 DS18B20 驱动程序软件包 DS18B20_drive.h 以及第 11 章制作的 1602 LCD 驱动程序软件包 LCD_drive.h 添加进来。

③ 单击"重新编译"按钮,对源程序 ch15_3.c、DS18B20_drive.h 以及 LCD_drive.h 进行编译和链接,产生 ch15_3.hex 目标文件。

④ 将 DD-900 实验开发板 JP1 的 LCD、V_{CC} 两插针短接,为 LCD 供电,同时,将 JP6 的 DS18B20、P13 两插针短接,使温度传感器 DS18B20 与单片机相连,将 JP4 的 RELAY、P36 两插针短接,使继电器与单片机相连。

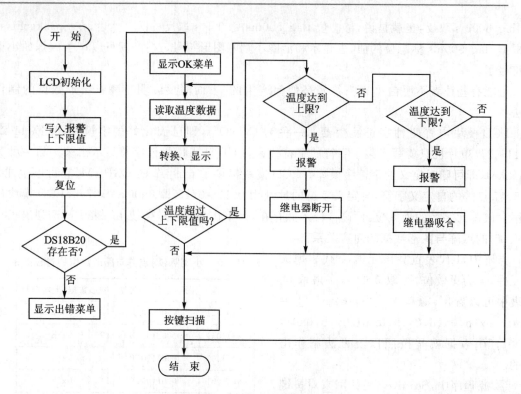

图 15-4　LCD 温度控制器流程图

⑤ 将 STC89C51 单片机插到锁紧插座，把 ch15_2.hex 文件下载到单片机中，观察 LCD 上的温度显示情况是否正常。

在显示正常后，按 K1 键进入设置菜单，按 K2、K3 键，调整报警上下限值，调整好后，按 K4 键退出。

用手触摸温度传感器，温度应上升，当达到上限报警值时，蜂鸣器响，同时，继电器有断开的声音。然后，再将一块冰放在 DS18B20 管处，LCD 上显示的温度应下降，当下降到下限报警值时，蜂鸣器也会响起。

该实验程序和 DS18B20 驱动程序软件包 DS18B20_drive.h、1602 LCD 驱动程序软件包 LCD_drive.h 在附光盘的 ch15\ch15_3 文件夹中。

第 16 章

红外遥控和无线遥控实例解析

随着电子技术的发展,遥控技术在通信、军事和家用电器等诸多领域得到了广泛的应用。特别是随着各种遥控专用集成电路的不断问世,使得各类遥控设备的性能更加优越可靠,功能更加完善。常见的遥控电路一般有声控、光控、红外遥控、无线遥控等,这里,主要介绍适合单片机控制的红外遥控和无线遥控。

16.1 红外遥控基本知识

红外线遥控是目前使用最广泛的一种通信和遥控手段。由于红外线遥控装置具有体积小,功耗低,功能强,成本低等特点,因此,继彩电、录像机之后,在空调机以及玩具等其他小型电器装置上也纷纷采用红外线遥控。工业设备中,在高压、辐射、有毒气体、粉尘等环境下,采用红外线遥控不仅安全可靠,而且能有效地隔离电气干扰。

16.1.1 红外遥控系统

通用红外遥控系统由发射和接收两大部分组成,应用编/解码专用集成电路芯片来进行控制操作,如图 16-1 所示。

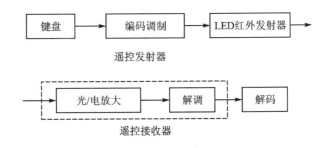

图 16-1 红外遥控系统框图

发射部分包括键盘矩阵、编码调制、LED 红外发送器;接收部分包括光/电转换放大器、解调、解码电路。

16.1.2 红外遥控的编码与解码

1. 遥控编码

遥控编码由遥控发射器(简称遥控器)内部的专用编码芯片完成。

遥控编码专用芯片很多,这里以应用最为广泛的 HT6122 为例,说明编码的基本工作原理。当按下遥控器按键后,HT6122 即有遥控编码发出,所按的键不同,遥控编码也不同。HT6122 输出的红外遥控编码由一个引导码、16 位用户码(低 8 位和高 8 位)、8 位键数据码和 8 位键数据反码组成,如图 16-2 所示。

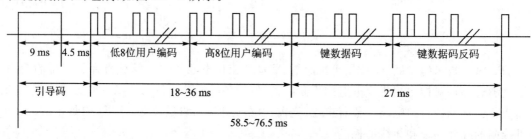

图 16-2　HT6122 输出的红外码

HT6122 输出的红外编码经过一个三极管反相驱动后,由 LED 红外发射二极管向外发射出去。因此,遥控器发射的红外编码与上图的红外码反相,即高电平变为低电平,低电平变为高电平。

① 当一个键按下时,先读取用户码和键数据码,22 ms 后遥控输出端(REM)启动输出,按键时间只有超过 22 ms 才能输出一帧码,超过 108 ms 后才能输出第 2 帧码。

② 遥控器发射的引导码是一个 9 ms 的低电平和一个 4.5 ms 的高电平,这个同步码可以使程序知道从该同步码以后可以开始接收数据。

③ 引导码之后是用户码,用户码能区别不同的红外遥控设备,防止不同机种遥控码互相干扰。用户码采用脉冲位置调制方式(PPM),即利用脉冲之间的时间间隔来区分 0 和 1。以脉宽为 0.56 ms,间隔 0.565 ms,周期为 1.125 ms 的组合表示二进制的 0;以脉宽为 1.685 ms,间隔 0.565 ms,周期为 2.25 ms 的组合表示二进制的 1,如图 16-3 所示。

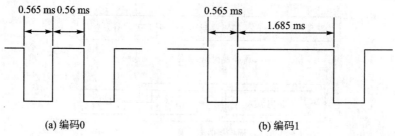

图 16-3　编码 0 和编码 1

④ 最后 16 位为 8 位的键数据码和 8 位键数据码反码,用于核对数据是否接收准确。

上述 0 和 1 组成的二进制码经 38 kHz 的载频进行二次调制,以提高发射效率,达到降低电源功耗的目的。然后再通过红外发射二极管产生红外线向空间发射。

2. 遥控解码

遥控解码由单片机系统完成。

解码的关键是如何识别 0 和 1，从位的定义可以发现 0、1 均以 0.565 ms 的低电平开始，不同的是高电平的宽度不同。0 为 0.56 ms，1 为 1.685 ms，因此，必须根据高电平的宽度区别 0 和 1。如果从 0.565 ms 低电平过后开始延时，0.56 ms 以后，若读到的电平为低，说明该位为 0，反之则为 1。为了可靠起见，延时必须比 0.56 ms 长些，但又不能超过 1.12 ms，否则如果该位为 0，读到的已是下一位的高电平，因此取 (1.12 ms + 0.56 ms)/2 = 0.84 ms 最为可靠，一般取 0.8～1.0 ms 即可。

另外，根据红外编码的格式，程序应该等待 9 ms 的起始码和 4.5 ms 的结束码完成后才能读码。

16.1.3　DD-900 实验开发板遥控电路介绍

1. 配套遥控器

DD-900 实验开发板配套的红外遥控器采用 HT6122 芯片（兼容 HT6121、HT6222、SC6122、DT9122 等芯片）制作，其外形如图 16-4 所示。遥控器共有 20 个按键，当按键按下后，即有规律地将遥控编码发出。所按的键不同，键值代码也不同，键值代码均在遥控器上进行了标示。

需要说明的是，遥控器上的键值代码不是随意标出的，而是通过编程求出的，在下面的实例解析中，将进行演示。求出键值代码后，就可以用遥控器上不同的按键，对单片机不同的功能进行控制了。

图 16-4　HT6122 遥控发射器外形

2. 遥控接收头

DD-900 实验开发板选用一体化红外接收头，接收来自红外遥控器的红外信号。接收头将红外接收二极管、放大、解调、整形等电路封装在一起，外围只有 3 只引脚（电源、地和红外信号输入），结构十分简捷。

接收头负责红外遥控信号的解调，将调制在 38 kHz 上的红外脉冲信号解调并倒相后输入到单片机的 P3.2 引脚。接收的信号由单片机进行高电平与低电平宽度的测量，并进行解码处理。解码编程时，既可以使用中断方式，也可以使用查询方式。

16.2　红外遥控实例解析

16.2.1　实例解析 1——LED 数码管显示遥控器键值

1. 实现功能

在 DD-900 实验开发板上进行实验：开机，第 7、8 两只数码管显示"--"。按压 HT6122 遥控器的按键,遥控器会周期性地发出一组32位二进制遥控编码。实验开发板上的遥控接收头接收到该遥控编码后进行程序解码,解码成功,蜂鸣器会响一声,并在LED的第7、8只数码管上显示此键的键值代码。另外,遥控器上的02H、01H还具有控制功能。当按下02H键时,蜂鸣器响一声,继电器吸合;当按下01H键时,蜂鸣器响一声,继电器断开。有关电路参见第3章图3-4、图3-6、图3-7和图3-20。

2. 源程序

根据要求,遥控解码采用外中断方式,编写的源程序如下:

```c
#include <reg51.h>
#include <intrins.h>
#define uchar unsigned char
#define uint  unsigned int
sbit IRIN = P3^2;               //遥控输入引脚
sbit BEEP = P3^7;               //蜂鸣器
sbit RELAY = P3^6;              //继电器
uchar IR_buf[4] = {0x00,0x00,0x00,0x00};  //IR_buf[0]、IR_buf[1]为用户码低位和高位接收缓冲区
                                //IR_buf[2]、IR_buf[3]为键数据码和反码接收缓冲区
uchar disp_buf[2] = {0x10,0x10};  //显示缓冲单元,初值为0x10(即16),指向显示码的第
                                  //16个"-"
uchar code seg_data[] = {0xc0,0xf9,0xa4,0xb0,0x99,0x92,0x82,0xf8,0x80,0x90,0x88,0x83,0xc6,
0xa1,0x86,0x8e,0xbf};             //0~F和"-"符的显示码(字形码)
/********以下是0.14 ms的x倍延时函数********/
void delay(uchar x)               //延时x×0.14 ms
{
    uchar i;
    while(x--)
        for (i = 0; i<13; i++);
}
/********以下是延时函数********/
void Delay_ms(uint xms)
{
    uint i,j;
    for(i = xms;i>0;i--)          //i = xms即延时约xms
        for(j = 110;j>0;j--);
}
/*********以下是蜂鸣器响一声函数********/
void beep()
{
    BEEP = 0;                     //蜂鸣器响
    Delay_ms(100);
    BEEP = 1;                     //关闭蜂鸣器
    Delay_ms(100);
}
/********以下是显示函数********/
```

```c
void  Display()
{
    P0 = (seg_data[disp_buf[0]]);
    P2 = 0x7f;
    Delay_ms(1);
    P0 = (seg_data[disp_buf[1]]);
    P2 = 0xbf;
    Delay_ms(1);
}
/********以下是主函数********/
main()
{
    EA = 1;EX0 = 1;              //允许总中断中断,使能 INT0 外部中断
    IT0 = 1;                      //触发方式为脉冲负边沿触发
    IRIN = 1;                     //遥控输入引脚置 1
    BEEP = 1; RELAY = 1;          //关闭蜂鸣器和继电器
    P0 = 0xff; P2 = 0xff;         //P0 和 P2 口置 1
    Display();                    //调显示函数
    while(1)
    {
        if(IR_buf[2] == 0x02)     //02H 键(键值码为 02H)
        RELAY = 0;                //继电器吸合
        if(IR_buf[2] == 0x01)     //01H 键(键值码为 01H)
        RELAY = 1;                //继电器关闭
        Display();
    }
}
/********以下是外中断 0 函数********/
void IR_decode() interrupt 0
{
    uchar j,k,count = 0;
    EX0 = 0;                      //暂时关闭外中断 0 中断请求
    delay(20);                    //延时 20×0.14 = 2.8 ms
    if (IRIN == 1)                //等待 IRIN 低电平出现
    {
        EX0 = 1;                  //开外中断 0
        return;                   //中断返回
    }
    while (!IRIN) delay(1);       //等待 IRIN 变为高电平,跳过 9 ms 的低电平引导码
    for (j = 0;j<4;j ++)          //收集 4 组数据,即用户码低位、用户码高位、键值数据
                                  //码和键值数码反码
    {
        for (k = 0;k<8;k ++)      //每组数据有 8 位
        {
            while (IRIN)          //等待 IRIN 变为低电平,跳过 4.5 ms 的高电平引导码
```

```
                              //信号
        delay(1);
        while (!IRIN)         //等待 IRIN 变为高电平
        delay(1);
        while (IRIN)          //对 IRIN 高电平时间进行计数
        {
            delay(1);         //延时 0.14 ms
            count ++ ;        //对 0.14 ms 延时时间进行计数
            if (count>=30)
            {
                EX0 = 1;      //开外中断 0
                return;       //0.14 ms 计数过长则返回
            }
        }
        IR_buf[j] = IR_buf[j] >> 1;    //若计数小于 6,数据最高位补 0,说明收到的是 0
        if (count>=6) {IR_buf[j] = IR_buf[j] | 0x80;}   //若计数大于等于 6,数据最高
                                                         //位补 1,说明收到的是 1
        count = 0;            //计数器清零
    }
}
if (IR_buf[2]! = ~IR_buf[3])  //将键数据反码取反后与键数据码码比较,若不等,表示
                              //接收数据错误,放弃
{
    EX0 = 1;
    return;
}
disp_buf[0] = IR_buf[2] & 0x0f;   //取键码的低四位送显示缓冲
disp_buf[1] = IR_buf[2] >> 4;     //右移 4 次,高 4 位变为低 4 位送显示缓冲
Display();                        //调显示函数
beep();                           //蜂鸣器响一声
EX0 = 1;                          //开外中断 0
}
```

3. 源程序释疑

源程序主要由主函数、外中断 0 中断函数、键值显示函数等组成。其中,外中断 0 中断函数主要用来对红外遥控信号进行键值解码和纠错。

① 在外中断 0 中断函数中,首先等待红外遥控引导码信号(一个 9 ms 的低电平和一个 4.5 ms 的高电平),然后开始收集用户码低 8 位、用户码高 8 位、8 位的键值码和 8 位键值反码数据,并存入 IR_buf[]数组中。IR_buf[0]存放的是用户码低 8 位,IR_buf[1]存放的是用户码高 8 位,IR_buf[2]存放的是 8 位键值码,IR_buf[3]存放的是 8 位键值码反码。

② 解码的关键是如何识别 0 和 1。程序中设计一个 0.14 ms 的延时函数,作为单位时间,对脉冲维持高电平的时间进行计数,并把此计数值存入 count,看高电平保持时间是几个 0.14 ms。需要说明的是,高电平保持时间必须比 0.56 ms 长些,但又不能超过 1.12 ms,否则

如果该位为0,读到的已是下一位的高电平,因此,在源程序中,取 0.14 ms×6＝0.84 ms。

③ 0 和 1 的具体要求判断由程序中的以下语句进行判断:

```
IR_buf[j] = IR_buf[j] >> 1;                              //若计数小于6,数据最高位补0,说明收到的是0
if (count>=6){IR_buf[j] = IR_buf[j] | 0x80;}            //若计数大于等于6,数据最高位补1,说明收到的
                                                         //是1
```

若 count 的值小于 6,说明脉冲维持高电平的时间小于 0.14 ms×6＝0.84 ms,程序执行语句"IR_buf[j]=IR_buf[j] >> 1;",表示接收到的是 0。

若 count 的值小于 6,说明脉冲维持高电平的时间大于 0.14 ms×6＝0.84 ms,程序执行语句"if (count>=6) {IR_buf[j] = IR_buf[j] | 0x80;}",表示接收到的是 1。

另外当高电平计数为 30 时(0.14 ms×30＝4.2 ms),说明有错误,程序退出。

④ 程序中,语句"if (IR_buf[2]! =～IR_buf[3])"的作用是,将 8 位的键数据反码取反后与 8 位的键数据码进行比较,核对接收的数据是否正确。如果接收的数据正确,蜂鸣器响一声,并将解码后的键值送到显示缓冲区 disp_buf[0](个位)和 disp[1](十位)中。

4. 实现方法

① 打开 Keil C51 软件,建立工程项目,再建立一个 ch16_1.c 的文件,对源程序进行编译和链接,产生 ch16_1.hex 目标文件。

② 将 DD-900 实验开发板 JP1 的 DS、V_{CC} 两插针短接,为数码管供电,同时,将 JP4 的 IR、P32 两插针短接,使遥控接收头与单片机相连;将 JP4 的 RELAY、P36 两插针短接,使继电器与单片机相连。

③ 将 STC89C51 单片机插到锁紧插座,把 ch16_1.hex 文件下载到单片机中,观察数码管上的显示情况。按压遥控器不同的按键,观察数码管是否显示出与遥控器按键相对应的键值。按下 02H 键,继电器是否有吸合的声音,按下 01H 键,继电器是否有断开的声音。

该实验程序在附光盘的 ch16\ch16_1 文件夹中。

16.2.2 实例解析 2——LCD 显示遥控器键值

1. 实现功能

在 DD-900 实验开发板上进行实验:开机,第 LCD 的第 1 行显示"----IR　CODE----";第 2 行显示"　--H　"。按压 HT6122 遥控器的按键,遥控器发出遥控编码,实验开发板上的遥控接收头接收到该遥控编码后进行解码,解码成功,蜂鸣器会响一声,并在第 2 行显示此键的键值代码。另外,遥控器上的 02H、01H 还具有控制功能。当按下 02H 键,蜂鸣器响一声,继电器吸合。当按下 01H 键,蜂鸣器响一声,继电器断开。有关电路参见第 3 章图 3-5、图 3-6、图 3-7 和图 3-20。

2. 源程序

根据要求,遥控解码采用查询方式,编写的源程序如下:

```
#include<reg51.h>
#include "LCD_drive.h"
```

```c
#define uchar unsigned char
#define uint  unsigned int
#define ulint unsigned long int

sbit IRIN = P3^2;                          //遥控输入引脚
sbit BEEP = P3^7;                          //蜂鸣器
sbit RELAY = P3^6;                         //继电器
uchar IR_buf[4] = {0x00,0x00,0x00,0x00};   //IR_buf[0]、IR_buf[1]为用户码低位、用户码高位接收
                                           //缓冲区
                                           //IR_buf[2]、IR_buf[3]为键数据码和键数据码反码接收
                                           //缓冲区
uchar disp_buf[2];                         //定义显示缓冲单元
uchar code line1_data[] = "- - - -IR  CODE- - - -";   //定义第1行显示的字符
uchar code line2_data[] = "     - -H           ";     //定义第2行显示的字符
/ * * * * * * * *以下是0.14 ms的x倍延时函数* * * * * * * */
    ⋮                                      //与实例解析1完全相同(略)
/ * * * * * * * * *以下是蜂鸣器响一声函数* * * * * * * */
    ⋮                                      //与实例解析1完全相同(略)
/ * * * * * * * *以下是LCD显示函数,负责将键值码显示在LCD上* * * * * * * */
void  Display ()
{
    if(disp_buf[1]>9)
    { disp_buf[1] = disp_buf[1] + 0x37;}   //若为字母a~f,则加0x37,转换为ASCII码
    else
    disp_buf[1] = disp_buf[1] + 0x30;      //若为数字0~9,则加0x30,转换为ASCII码
    if(disp_buf[0]>9)
    { disp_buf[0] = disp_buf[0] + 0x37;}   //若为字母a~f,则加0x37,转换为ASCII码
    else
    disp_buf[0] = disp_buf[0] + 0x30;      //若为数字0~9,则加0x30,转换为ASCII码
    lcd_wcmd(0x44 | 0x80);                 //从第2行第4列开始显示
    lcd_wdat(disp_buf[1]);                 //显示十位
    lcd_wdat(disp_buf[0]);                 //显示个位
}
/ * * * * * * * *以下是遥控键值解码函数* * * * * * * */
void  IR_decode()
    ⋮                                      //与实例解析1完全相同(略)
/ * * * * * * * *以下是主函数* * * * * * * */
void main(void)
{
    uchar i;
    P0 = 0xff; P2 = 0xff;
    lcd_init();                            //LCD初始化
    lcd_clr();                             //LCD清屏
    lcd_wcmd(0x00|0x80);                   //设置显示位置为第1行第0列
        i = 0;
```

```
        while(line1_data[i] != '\0')      //在第1行显示"----IR  CODE----"
        {
            lcd_wdat(line1_data[i]);      //显示第1行字符
            i++;                          //指向下一字符
        }
        lcd_wcmd(0x40|0x80);              //设置显示位置为第2行第0列
        i = 0;
        while(line2_data[i] != '\0')      //在第2行0~3列显示"    --H     "
        {
            lcd_wdat(line2_data[i]);      //显示第2行字符
            i++;                          //指向下一字符
        }
    }
    while(1)
    {
        IR_decode();                      //调键值解码函数
        if(IR_buf[2] == 0x02)             //02H键(键值码为02H)
        RELAY = 0;                        //继电器吸合
        if(IR_buf[2] == 0x01)             //01H键(键值码为01H)
        RELAY = 1;                        //继电器关闭
    }
}
```

3. 源程序释疑

该源程序与实例解析1很多是一致的,主要不同点有以下两点:

一是本例采用查询方式进行键值解码,而实例解析1采用的外中断方式。

二是二者的键值显示函数Display不同。在本例键值显示函数中,为了能在LCD上显示出十六进制数字0~9和字母A~F,需要对数字和字母进行转换。对于数字,加上0x30即为其ASCII码;而对于字母,加上0x37才是其ASCII码。转换成ASCII码后,就可以在LCD上显示了。

4. 实现方法

① 打开Keil C51软件,建立工程项目,再建立一个文件名为ch16_2.c的文件,输入上面的源程序。

② 在工程项目中,再将第11章制作的LCD驱动程序软件包LCD_drive.h添加进来。

③ 单击"重新编译"按钮,对源程序ch16_2.c和LCD_drive.h进行编译和链接,产生ch16_2.hex目标文件。

④ 将DD-900实验开发板JP1的LCD、V_{CC}两插针短接,为LCD供电,同时,将JP4的IR、P32两插针短接,使遥控接收头与单片机相连;将JP4的RELAY、P36两插针短接,使继电器与单片机相连。

⑤ 将STC89C51单片机插到锁紧插座,把ch16_2.hex文件下载到单片机中,观察LCD的显示情况。按压遥控器不同的按键,观察数码管是否显示出与遥控器按键相对应的键值。按下02H键,继电器是否有吸合的声音;按下01H键,继电器是否有断开的声音。

该实验程序和 LCD 驱动程序在附光盘的 ch16\ch16_2 文件夹中。

16.2.3　实例解析 3——遥控器控制花样流水灯

1. 实现功能

在 DD-900 实验开发板上实现遥控器控制花样流水灯功能,具体要求是:开机后,8 只 LED 灯全亮,分别按遥控器 00H、01H、02H、04H、05H、06H、08H 键,LED 灯可显示出不同的花样。有关电路参见第 3 章图 3-4、图 3-6。

2. 源程序

根据要求,编写的源程序如下:

```c
#include <reg51.h>
#include <intrins.h>
#define uchar unsigned char
#define uint unsigned int
/*******以下是流水灯数据********/
uchar code led_data1[8] = {0xfe,0xfd,0xfb,0xf7,0xef,0xdf,0xbf,0x7f};  //依次逐个点亮
uchar code led_data2[8] = {0xfe,0xfc,0xf8,0xf0,0xe0,0xc0,0x80,0x00};  //依次逐个叠加
uchar code led_data3[8] = { 0x7e,0xbd,0xdb,0xe7,0xe7,0xdb,0xbd,0x7e}; //两边靠拢后分开
uchar code led_data4[8] = {0xfe,0xfc,0xf8,0xf0,0xe0,0xc0,0x80,0x00};  //依次逐个叠加
uchar code led_data5[8] = { 0x7e,0x3c,0x18,0x00,0x00,0x18,0x3c,0x7e}; //两边叠加后递减
sbit IRIN = P3^2;                    //遥控输入引脚
sbit BEEP = P3^7;                    //蜂鸣器
uchar disp_buf[2];
uchar IR_buf[4] = {0x00,0x00,0x00,0x00};  //IR_buf[0]、IR_buf[1]为用户码低位、用户码高位
                                          //接收缓冲区
                                          //IR_buf[2]、IR_buf[3]为键数据码和键数据码反码
                                          //接收缓冲区
/*******以下是 0.14 ms 的 x 倍延时函数********/
    ⋮                                //与实例解析 1 完全相同(略)
/*******以下是延时函数********/
    ⋮                                //与实例解析 1 完全相同(略)
/********以下是蜂鸣器响一声函数********/
    ⋮                                //与实例解析 1 完全相同(略)
/*******以下是花样灯 1 函数********/
void LED1()
{
    uchar i;
    for(i = 0; i<8; i++)             //显示 74 个数据
    {
        P0 = led_data1[i];
```

```c
        Delay_ms(100);
    }
}
/********以下是花样灯 2 函数********/
void  LED2()
{
    uchar i;
    for(i = 0; i<8; i++)            //显示 74 个数据
    {
        P0 = led_data2[i];
        Delay_ms(100);
    }
}
/********以下是花样灯 3 函数********/
void  LED3()
{
    uchar i;
    for(i = 0; i<8; i++)            //显示 74 个数据
    {
        P0 = led_data3[i];
        Delay_ms(100);
    }
}
/********以下是花样灯 4 函数********/
void  LED4()
{
    uchar i;
    for(i = 0; i<8; i++)            //显示 74 个数据
    {
        P0 = led_data4[i];
        Delay_ms(100);
    }
}
/********以下是花样灯 5 函数********/
void  LED5()
{
    uchar i;
    for(i = 0; i<8; i++)            //显示 74 个数据
    {
        P0 = led_data5[i];
        Delay_ms(100);
    }
}
```

```
/********以下是主函数********/
main()
{
    EA = 1;EX0 = 1;          //允许总中断中断,使能 INT0 外部中断
    IT0 = 1;                 //触发方式为脉冲负边沿触发
    IRIN = 1;                //遥控输入引脚置 1
    BEEP = 1;                //关闭蜂鸣器?
    P0 = 0xff;               //P0 口置 1
    while(1)
    {
        if(IR_buf[2] == 0x00)    //00H 键(键值码为 0x00)
        P0 = 0;                  //LED 灯全亮
        if(IR_buf[2] == 0x01)    //01H 键(键值码为 0x01)
        LED1();
        if(IR_buf[2] == 0x02)    //02H 键(键值码为 0x02)
        LED2();
        if(IR_buf[2] == 0x04)    //04H 键(键值码为 0x04)
        LED3();
        if(IR_buf[2] == 0x05)    //05H 键(键值码为 0x05)
        LED4();
        if(IR_buf[2] == 0x06)    //06H 键(键值码为 0x06)
        LED5();
        if(IR_buf[2] == 0x08)    //08H 键(键值码为 0x08)
        P0 = 0xff;               //P0 口灯全灭
    }
}
/********以下是外中断 0 函数********/
    ⋮                        //比实例解析 1 少一条"Display();"语句,其他完全相同(略)
```

3. 源程序释疑

源程序比较简单,首先解码出遥控键值,然后,根据键值去调用不同的花样灯函数。在花样灯函数中,将花样灯数据送到 P0 口,即可使 P0 口的 LED 灯显示出相应的花样。

4. 实现方法

① 打开 Keil C51 软件,建立工程项目,再建立一个 ch16_3.c 的文件,输入上面源程序,对源程序进行编译和链接,产生 ch16_3.hex 目标文件。

② 将 DD-900 实验开发板 JP1 的 LED、V_{CC} 两插针短接,为 LED 灯供电,同时,将 JP4 的 IR、P32 两插针短接,使遥控接收头与单片机相连。

③ 将 STC89C51 单片机插到锁紧插座,把 ch16_3.hex 文件下载到单片机中,按压遥控器的 00H、01H、02H、04H、05H、06H、08H 键,观察 LED 灯显示的花样是否正常。

该实验程序在附光盘的 ch16\ch16_3 文件夹中。

16.3 无线遥控电路介绍与演练

16.3.1 无线遥控电路基础知识

无线电遥控由发射电路和接收电路两部分组成。当接收机收到发射机发出的无线电波以后,驱动电子开关电路工作,因此,它的发射频率与接收频率必须是完全相同的。无线遥控的主要特点是控制距离远,视不同的应用场合,近可以是零点几米,远则可以超越地球到达太空。

无线遥控的核心器件是编码与解码芯片,近年来许多厂商相继推出了品种繁多的专用编解码芯片,它们广泛应用于各种电子产品中。下面主要介绍应用最为广泛的 PT2262/PT2272 芯片(可代换芯片有 HS2262/HS2272、SC22262/SC2272 等)。

1. PT2262/PT2272 的结构

PT2262/PT2272 是台湾普城公司生产的一种 CMOS 工艺制造的低功耗和低价位的通用编码/解码芯片,主要应用在车辆防盗系统、家庭防盗系统和遥控玩具中。

PT2262/PT2272 是一对带地址、数据编码功能的红外遥控编码/解码芯片。其中编码(发射)芯片 PT2262 将载波振荡器、编码器和发射单元集成于一身,使发射电路变得非常简洁。解码(接收)芯片 PT2272 根据后缀的不同,有 L4/M4/L6/M6 之分,其中 L 表示锁存输出,数据只要成功接收就能一直保持对应的电平状态,直到下次遥控数据发生变化时改变。M 表示暂存(非锁存)输出,数据输出的电平是瞬时的而且和发射端是否发射相对应,可以用于类似点动的控制。后缀的 6 和 4 表示有几路并行的控制通道。当采用 4 路并行数据时(PT2272-M4),对应的地址编码应该是 8 位;如果采用 6 路的并行数据时(PT2272-M6),对应的地址编码应该是 6 位。

PT2262/PT2272 引脚排列如图 16-5 所示。

编码芯片 PT2262 的引脚功能如表 16-1 所列。解码芯片 PT2272 引脚功能如表 16-2 所列。

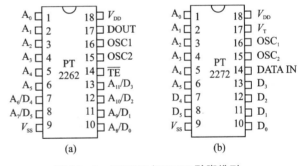

图 16-5 PT2262/PT2272 引脚排列

地址码和数据码都用宽度不同的脉冲来表示,两个窄脉冲表示 0;两个宽脉冲表示 1;一个窄脉冲和一个宽脉冲表示开路。

对于编码芯片 PT2262,A0~A5 共 6 根线为地址线,而 A6~A11 共 6 根线可以作为地址线,也可以作为数据线,这要取决于所配合使用的解码器。若解码器没有数据线,则 A6~A11 作为地址线使用。在这种情况下,A0~A11 共 12 根地址线,每线都可以设成 1、0 和开路 3 种形式,因此,共有编码 $3^{12}=531\ 441$ 种。但若配对的解码芯片 PT2272 的 A6~A11 是数据线,那么,PT2262 的 A6~A11 也为数据线使用,并只可设置为 1、0 两种状态之一,而地址线只剩下 A0~A5 共 6 根,编码数降为 $3^6=729$ 种。

表 16-1 编码芯片 PT2262 引脚功能

名称	引脚号	说明
A0~A11	1~8、10~13	地址引脚,用于进行地址编码,可置为 0、1 和悬空
D0~D5	7~8、10~13	数据输入端
V_{DD}	18	电源正端(+)
V_{SS}	9	电源负端(-)
$\overline{TE}$	14	编码启动端,用于多数据的编码发射,低电平有效
OSC1	16	振荡电阻输入端,与 OSC2 所接电阻决定振荡频率
OSC2	15	振荡电阻输出端
Dout	17	编码输出端(正常时为低电平)

表 16-2 解码芯片 PT2272 引脚功能

名称	引脚号	说明
A0~A11	1~8、10~13	地址引脚,用于进行地址编码,可置为 0、1 和悬空,必须与 PT2262 一致,否则不解码
D0~D5	7~8、10~13	地址或数据引脚,当作为数据引脚时,只有在地址码与 PT2262 一致,数据引脚才能输出与 PT2262 数据端对应的高电平,否则输出为低电平,锁存型只有在接收到下一数据才能转换
V_{DD}	18	电源正端(+)
V_{SS}	9	电源负端(-)
DIN	14	数据信号输入端,来自接收模块输出端
OSC1	16	振荡电阻输入端,与 OSC2 所接电阻决定振荡频率
OSC2	15	振荡电阻输出端
V_T	17	解码有效确认输出端(常低),解码有效变成高电平(瞬态)

2. PT2262/PT2272 的基本工作原理

编码芯片 PT2262 发出的编码信号由地址码、数据码、同步码组成一个完整的码字。解码芯片 PT2272 接收到信号后,其地址码经过两次比较核对后,V_T 引脚才输出高电平,与此同时相应的数据引脚也输出高电平,如果发送端一直按住按键,编码芯片 PT2262 会连续发射。当发射机没有按键按下时,PT2262 不接通电源,其第 17 引脚为低电平,因此高频发射电路(一般设置为 315 MHz)不工作;当有按键按下时,PT2262 得电工作,其第 17 引脚输出经调制的串行数据信号。当第 17 引脚为高电平期间,高频发射电路起振并发射等幅高频信号(315 MHz);当第 17 引脚为低平期间,高频发射电路停止振荡。因此高频发射电路完全受控于 PT2262 的第 17 引脚输出的数字信号,从而对高频电路完成幅度键控 ASK 调制,相当于调制度为 100% 的调幅。

16.3.2 无线遥控模块介绍

目前,市场上出现了很多无线遥控模块,这些模块一般包括两部分,一是发射模块,也就是常说的遥控器;二是接收模块,用来接收发射模块发射的信号。由于这类模块外围元件少,功能强,设计与应用简单,因此,非常适合进行单片机扩展实验。图 16-6 所示是 PT2262/PT2272 无线遥控模块外形图。

发射模块外形与汽车遥控器类似,设有 4 个按键 A、B、C、D,内部主要由编码芯片 PT2262、高频调制及功率放大电路组成,其内部电路如图 16-7 所示。

接收模块由 PT2272-M4(或 PT2272-L4)及接收电路组成,其电路框图如图 16-8 所示。

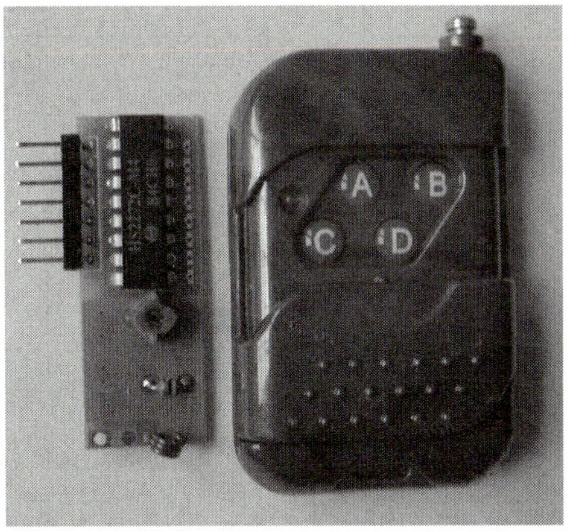

图 16-6 PT2262/PT2272 无线遥控模块外形图

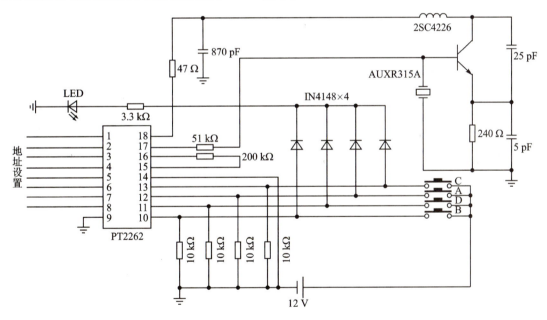

图 16-7 发射模块内部电路

接收模块有 7 个引出端,正视面从左向右分别和 PT2272 的第 10 引脚(D0)、第 11 引脚(D1)、第 12 引脚(D2)、第 13 引脚(D3)、第 9 引脚(GND)、第 17 引脚(V_T)、第 18 引脚(+5 V)相连,V_T 端为解码有效输出端,D0~D3 为 4 位数据非锁存输出端。

在 PT2262/PT2272 无线遥控模块中,采用的是 8 位地址码和 4 位数据码形式,也就是说,编码电路 PT2262 的第 1~8 引脚为地址设定引脚。有 3 种状态可供选择:悬空、接正电源、接地 3 种状态,$3^8 = 6\,561$,因此地址编码不重复度为 6 561 组。只有发射端 PT2262 和接收端 PT2272 的地址编码完全相同,才能配对使用。模块生产厂家为了便于生产管理,出厂时,遥

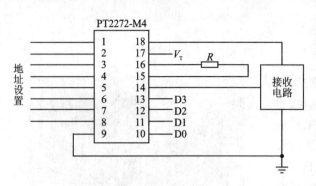

图 16-8 接收模块电路框图

控模块的 PT2262 和 PT2272 的 8 位地址编码端全部悬空,这样用户可以很方便选择各种编码状态。用户如果想改变地址编码,只要将 PT2262 和 PT2272 的 1~8 引脚设置相同即可。例如将发射机的 PT2262 的第 1 引脚接地,第 5 引脚接正电源,其他引脚悬空;而接收机的 PT2272 只要也第 1 引脚接地,第 5 引脚接正电源,其他引脚悬空就能实现配对接收。当两者地址编码完全一致时,接收机对应的 D0~D3 端输出约 4 V 互锁高电平控制信号,同时 V_T 端也输出解码有效高电平信号。用户可将这些信号加一级放大,便可驱动继电器、功率三极管等进行负载遥控开关操纵。

16.3.3 实例解析 5——遥控模块控制 LED 灯和蜂鸣器

1. 实现功能

利用无线遥控模块,在 DD-900 实验开发板上实现以下功能:

第 1 次按遥控器 A 键,蜂鸣器响 1 声,P0.0 引脚 LED 亮,第 2 次按遥控器 A 键,蜂鸣器响 1 声,P0.0 引脚 LED 灭。

第 1 次按遥控器 B 键,蜂鸣器响 2 声,P0.1 引脚 LED 亮,第 2 次按遥控器 B 键,蜂鸣器响 2 声,P0.1 引脚 LED 灭。

第 1 次按遥控器 C 键,蜂鸣器响 3 声,P0.2 引脚 LED 亮,第 2 次按遥控器 C 键,蜂鸣器响 3 声,P0.2 引脚 LED 灭。

第 1 次按遥控器 D 键,蜂鸣器响 4 声,P0.3 引脚 LED 亮,第 2 次按遥控器 D 键,蜂鸣器响 4 声,P0.3 引脚 LED 灭。

2. 源程序

根据要求,编写的源程序如下:

```
#include <reg51.h>
#include <intrins.h>
#define  uint unsigned int
#define  uchar unsigned char
sbit  P00 = P0^0;
sbit  P01 = P0^1;
sbit  P02 = P0^2;
sbit  P03 = P0^3;
#define  B_CODE 0x01         //遥控器按键B发射码,B键和发射器PT2262的第10引脚相连
#define  D_CODE 0x02         //遥控器按键D发射码,D键和发射器PT2262的第11引脚相连
#define  A_CODE 0x04         //遥控器按键A发射码,A键和发射器PT2262的第12引脚相连
```

```c
#define C_CODE 0x08        //遥控器按键C发射码,C键和发射器PT2262的第13引脚相连
sbit  D0 = P1^0;           //接收板数据口0
sbit  D1 = P1^1;           //接收板数据口1
sbit  D2 = P1^2;           //接收板数据口2
sbit  D3 = P1^3;           //接收板数据口3
sbit  VT = P1^4;           //解码有效输出端,有信号时VT为1
bit   A_flag;              //A键按下标志位。为1时,LED灯亮;为0时,LED灯灭
bit   B_flag;              //B键按下标志位。为1时,LED灯亮;为0时,LED灯灭
bit   C_flag;              //C键按下标志位。为1时,LED灯亮;为0时,LED灯灭
bit   D_flag;              //D键按下标志位。为1时,LED灯亮;为0时,LED灯灭
sbit BEEP = P3^7;          //蜂鸣器
uchar temp;
/*********以下是延时函数********/
    :                      //与实例解析1完全相同(略)
/*********以下是蜂鸣器响一声函数********/
    :                      //与实例解析1完全相同(略)
/*********以下是发射按键处理函数********/
void KeyProcess()
{
    if(temp == A_CODE)
    {
        A_flag = ~ A_flag;
        if(A_flag == 0){P00 = 1;beep();}
        if(A_flag == 1){P00 = 0;beep();}
    }
    if(temp == B_CODE)
    {
        B_flag = ~B_flag;
        if(B_flag == 0){P01 = 1;beep();beep();}
        if(B_flag == 1){P01 = 0;beep();beep();}
    }
    if(temp == C_CODE)
    {
        C_flag = ~C_flag;
        if(C_flag == 0){P02 = 1;beep();beep();beep();}
        if(C_flag == 1){P02 = 0;beep();beep();beep();}
    }
    if(temp == D_CODE)
    {
        D_flag = ~D_flag;
        if(D_flag == 0){P03 = 1;beep();beep();beep();beep();}
        if(D_flag == 1){P03 = 0;beep();beep();beep();beep();}
    }
}
/*********以下是主函数********/
```

```
main()
{
    P1 = 0x1f;              //置 P1.0～P1.4 为输入状态
    P0 = 0xff;              //关闭 P0 口输出
    beep();
    while(1)
    {
        if(VT == 1)         //V_T = 1,表示有键按下
        {
            temp = P1&0x0f; //取低 4 位
            KeyProcess();   //调发射按键处理函数
        }
    }
}
```

3．源程序释疑

在发射电路中,B 键接 PT2262 的第 10 引脚,D 键接 PT2262 的第 11 引脚,A 键接 PT2262 的 12 引脚,C 键接 PT2262 的第 13 引脚。在接收电路中,单片机的 P1.0 接 PT2272 的第 10 引脚,P1.1 接 PT2272 的第 11 引脚,P1.2 接 PT2272 的第 12 引脚,P1.3 接 PT2272 的第 13 引脚,P1.4 接 PT2272 的第 17 引脚。因此,若没有键按下,则单片机的 P1.4(V_T)为 0;若有键按下,则单片机的 P1.4 为 1。同时,若按下的是 B 键,则单片机的 P1.0 为 1,P1.1、P1.2、P1.3 为 0;若按下的是 D 键,则单片机的 P1.1 为 1,P1.0、P1.2、P1.3 为 0;若按下的是 A 键,则单片机的 P1.2 为 1,P1.0、P1.1、P1.3 为 0;若按下的是 C 键,则单片机的 P1.3 为 1,P1.0、P1.1、P1.2 为 0。根据以上原理,单片机即可识别出发射按键是否按下,以及按下的是哪只键。

4．实现方法

① 打开 Keil C51 软件,建立工程项目,再建立一个名为 ch16_5.c 的文件,输入上面源程序。对源程序进行编译和链接,产生 ch16_5.hex 目标文件。

② 将 DD - 900 实验开发板 JP1 的 LED、V_{CC} 两插针短接,为 LED 灯供电,同时,用 7 根杜邦连接线将 J1、J2 接口的 P1.0、P1.1、P1.2、P1.3、GND、P1.4、V_{CC} 插针与遥控模块的 D0、D1、D2、D3、GND、V_T、V_{CC} 插针相连。

③ 将 STC89C51 单片机插到锁紧插座,把 ch16_5.hex 文件下载到单片机中,分别按压无线模块的遥控器 A、B、C、D 键,观察 P0 口 LED 灯及蜂鸣器动作是否正常。

需要说明的是,在无线遥控接收模块上有一个可调电感,若调整不当会引起无法接收的故障现象。实验时,若发现接收距离短或不能接收,则可用工具微调一下此电感即可。

该实验程序在附光盘的 ch16\ch16_5 文件夹中。

第 17 章
A/D 和 D/A 转换电路实例解析

单片机的外部设备不一定都是数字式的,经常会与模拟式设备进行连接。例如,用单片机接收温度、压力信号时,因为温度和压力都是模拟量,就需要 A/D 转换电路来把模拟信号变为数字信号,以便能够输送给单片机进行处理。另外,单片机输出的信号都是数字信号,而模拟式外围设备则需要模拟信号才能工作,因此,必须经过 D/A 转换电路,将数字信号变换为模拟信号,才能为模拟设备所接受。总之,A/D 和 D/A 转换是单片机系统中不可缺少的接口电路,在本章中,将一一进行介绍和演练。

17.1 A/D 转换电路介绍及实例解析

17.1.1 A/D 转换电路介绍

A/D 转换器的种类很多,按其工作原理不同分为直接 A/D 转换器和间接 A/D 转换器两类。直接 A/D 转换器可将模拟信号直接转换为数字信号,这类 A/D 转换器具有较快的转换速度,其典型电路有逐次比较型 A/D 转换器。而间接 A/D 转换器则是先将模拟信号转换成某一中间电量(时间或频率),然后再将中间电量转换为数字量输出。此类 A/D 转换器的速度较慢,典型电路是双积分型 A/D 转换器和电压频率转换型 V/F 转换器。下面主要以常用的 A/D 转换器 ADC0832 为例进行介绍。

1. ADC0832 引脚功能

ADC0832 是美国德州仪器公司出品的 8 位串行 A/D 转换器,单通道 8 位分辨率,输入/输出电平与 TTL/CMOS 兼容。工作频率为 250 kHz 时,转换时间为 32 μs。ADC0832 引脚排列如图 17-1 所示,其功能如表 17-1 所列。

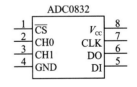

图 17-1 ADC0832 引脚功能图

2. ADC0832 工作时序

当把 ADC0832 的 $\overline{CS}$ 置高时,内部所有寄存器清零,输出变为高阻态。当把 CLK 置低时,完成 ADC0832 的初始化工作。

表 17-1　ADC0832 引脚功能

引脚号	符号	功能	引脚号	符号	功能
1	$\overline{CS}$	片选端	5	DI	模拟输入选择
2	CH0	模拟输入通道 0	6	DO	数/模转换数据输出端
3	CH1	模拟输入通道 1	7	CLK	时钟输入
4	GND	地	8	V_{CC}	电源

当 ADC0832 的 $\overline{CS}$ 由高变低时，选中 ADC0832，在时钟的上升沿，DI 端的数据移入 ADC0832 内部的多路地址寄存器。当输入启动位和配置位后，选择了模拟输入通道 CH0、CH1。配置位与模拟输入通道选择逻辑如表 17-2 所列。

表 17-2　配置位 0、1 与模拟输入通道选择逻辑

输入形式	配置位 0	配置位 1	选择通道	
			CH0	CH1
差分	L	L	+	−
	L	H	−	+
单端	H	L	+	
	H	H		+

在第一个时钟期间，DI 为高，表示输入启动位。紧接输入两位配置位。

在第二个时钟期间，若 DI(配置位 0)为高电平，表示选择单通道输入。若 DI(配置位 0)为低电平，表示选择差分输入。

在第三个时钟期间，如果在选择单通道输入的情况下，若 DI(配置位 1)为低电平，表示选择 CH0 通道输入。若 DI(配置位 1)为高电平，表示选择 CH1 通道输入。

如果在选择差分输入的情况下，若 DI(配置位 1)为低电平，表示 CH0 为差分输入"+"端，CH1 为差分输入"−"端。若 DI(配置位 1)为高电平，表示 CH0 为差分输入"−"端，CH1 为差分输入"+"端。

当前 3 个脉冲发送完启动位和配置位确定了模拟输入通道后，ADC0832 从第 4 个脉冲的下降沿开始输出转换数据。在每个 CLK 下降沿时，串行数据从 DO 端移出一位。数据输出时，先从最高位输出(D7~D0)，输出完转换结果后，又从最低位开始重新输出一遍数据(D0~D7)，两次发送数据的最低位(D0)共用。

17.1.2　实例解析 1——LED 数码管电压表

1. 实现功能

在 DD-900 实验开发板上实现 LED 数码管电压表功能：开机后，调整电位器 V_{R1}，模拟从通道 0 输入测量电压，第 6、7、8 三只数码管可以显示出被测量的电压大小，最大测量电压为 5 V，其中第 6 只数码管显示个位数，第 7、8 两只数码管显示小数位。有关电路参见第 3 章

图 3-4、图 3-12。

2. 源程序

根据要求,编写的源程序如下:

```c
#include <reg51.h>
#include <intrins.h>
#define uchar unsigned char
#define uint unsigned int
#define channel_0  0x02           //单通道 0 输入选择
#define channel_1  0x03           //单通道 1 输入选择
sbit ADC_CS = P1^2;               //片选端
sbit ADC_CLK = P1^0;              //时钟端
sbit ADC_DATA = P1^1;             //数据端
sbit  ACC0 = ACC^0;               //通道与输入方式控制字
sbit  ACC1 = ACC^1;               //通道与输入方式控制字
uint data disp_buf[3] = {0x00,0x00,0x00};  //定义 3 个显示数据单元
uchar code seg_data[] = {0xC0,0xF9,0xA4,0xB0,0x99,0x92,0x82,0xF8,0x80,0x90,0xff};
                                  //0~9 和熄灭符的段码表
sbit  DOT = P0^7;                 //接数码管小数点段位
sbit  P25 = P2^5;
sbit  P26 = P2^6;
sbit  P27 = P2^7;
/********以下是延时函数********/
void Delay_ms(uint xms)
{
    uint i,j;
    for(i = xms;i>0;i--)          //i = xms 即延时约 xms
        for(j = 110;j>0;j--);
}
/********以下是 ADC 启动函数********/
void ADC_start()
{
    ADC_CS = 1;                   //一个转换周期开始
    _nop_();
    ADC_CLK = 0;
    _nop_();
    ADC_CS = 0;                   //CS 置 0,片选有效
    _nop_();
    ADC_DATA = 1;                 //数据置 1,起始位
    _nop_();
    ADC_CLK = 1;                  //第一个脉冲输入启动位
    _nop_();
    ADC_DATA = 0;                 //在负跳变之前加一个数据反转操作
    _nop_();
    ADC_CLK = 0;
```

```c
        _nop_();
}
/****** 以下是 A/D 转换函数,选择输入通道,输入信号的模式(单端输入或差分输入) ******/
int ADC_read(uchar dat)
{
    uchar i;
    ADC_start();                    //启动转换开始,输入第 1 个脉冲,即启动位
    ACC = dat;                      //将数据送 ACC,这里的 dat 由实参 channel_0(0x02)
                                    //传入
    ADC_DATA = ACC1;                //第 2 个脉冲送 ACC 的第 1 位(即 channel_0 的第 1 位,
                                    //为 1),表示单通道输入
    ADC_CLK = 1;
    _nop_();
    ADC_DATA = 0;
    ADC_CLK = 0;
    _nop_();
    ADC_DATA = ACC0;                //第 3 个脉冲送 ACC 的第 0 位(即 channel_0 的第 1 位,
                                    //为 0),表示通道 0
    ADC_CLK = 1;
    _nop_();
    ADC_DATA = 1;
    ADC_CLK = 0;
    ADC_CLK = 1;                    //第 4 个脉冲输出数据
    ACC = 0;
    for(i = 8;i>0;i--)              //读取 8 位数据
    {
        ADC_CLK = 0;                //脉冲下降沿
        ACC = ACC<<1;
        ACC0 = ADC_DATA;            //读取 DO 端数据
        _nop_();
        _nop_();
        ADC_CLK = 1;
    }
    ADC_CS = 1;                     //CS = 1,片选无效
    return(ACC);                    //返回 ACC 中的数据
}
/******** 以下是数据转换函数,将测量值转换为适合数码管显示的数据 ********/
void convert(uchar ad_data)
{
    uint temp;
    disp_buf[2] = ad_data/51;       //A/D 值转换为 3 为 BCD 码,最大为 5.00 V
    temp = ad_data % 51;            //余数暂存
    temp = temp * 10;               //计算小数第 1 位
    disp_buf[1] = temp/51;
    temp = temp % 51;
```

```
        temp = temp * 10;                   //计算小数第 2 位
        disp_buf[0] = temp/51;
}
/********以下是显示函数,在第 6、7、8 三只数码管上显示出电压值********/
Display()
{
        P0 = seg_data[disp_buf[2]];         //显示个位
        P25 = 0;
        DOT = 0;                            //显示小数点
        Delay_ms(2);
        P25 = 1;
        P0 = seg_data[disp_buf[1]];         //显示第 1 位小数
        P26 = 0;
        Delay_ms(2);
        P26 = 1;
        P0 = seg_data[disp_buf[0]];         //显示第 2 位小数
        P27 = 0;
        Delay_ms(2);
        P27 = 1;
}
/********以下是主函数********/
void main()
{
        uchar ad_value;

        while(1)
        {
                ad_value = ADC_read(channel_0);    //读取采集值,送到 ad_value 中
                convert(ad_value);                 //将读取到的 ad_value 值进行转换
                Display();                         //数码管显示函数
        }
}
```

3. 源程序释疑

源程序主要由主函数、A/D 启动函数、A/D 转换函数、数据转换函数、显示函数等组成。

A/D 启动函数和 A/D 转换函数根据 ADC0832 的工作时序来编写,并将转换结果返回给主函数的 ad_value 变量。

数据转换子程序的作用是对 ad_value 中的数据进行处理。ADC0832 输出的最大转换值为 FFH(255),而 ADC0832 最大的允许模拟电压输入值为 5 V,故采用 255/51＝5.00 V 的运算方式,将 ADC0832 输出的转换值转为适合数码管显示的数据,分别存放在显示缓冲区 disp_buf[2]、disp_buf[1]、disp_buf[0]中。

显示函数比较简单,其作用是将显示缓冲区 disp_buf[2]、disp_buf[1]、disp_buf[0]中的电压数据送数码管显示。

4. 实现方法

① 打开 Keil C51 软件,建立工程项目,再建立一个名为 ch17_1.c 的文件,输入上面的源程序,对源程序进行编译和链接,产生 ch17_1.hex 目标文件。

② 将 DD-900 实验开发板 JP1 的 DS、V_{CC} 两插针短接,为数码管供电,同时,将 JP6 的 0832(CLK)、0832(IO)、0832(CS) 和 P10、P11、P12 三组插针短接,使 ADC082 与单片机相连。

③ 将 STC89C51 单片机插到锁紧插座,把 ch17_1.hex 文件下载到单片机中,观察数码管上的显示情况,调节可调电阻 V_{R1},模拟从通道 0 单端输入,观察数码管上显示电压的大小。为了确认显示结果是否正确,可用万用表测量 ADC0832 的第 2 引脚电压,万用表测量结果应与数码管显示结果基本一致。

该实验程序在附光盘的 ch17\ch17_1 文件夹中。

17.1.3 实例解析 2——LCD 电压表

1. 实现功能

在 DD-900 实验开发板上实现 LCD 电压表功能:开机后,调整电位器 V_{R1},模拟从通道 0 输入测量电压,LCD 第 1 行显示"--LCD VOLTAGE--",第 2 行显示测量的电压数值(精确到小数点后 2 位)。有关电路参见第 3 章图 3-5、图 3-12。

2. 源程序

根据要求,编写的源程序如下:

```c
#include <reg51.h>
#include <intrins.h>
#include "LCD_drive.h"           //加载 LCD 驱动程序软件包
#define uchar unsigned char
#define uint unsigned int
#define channel_0   0x02         //单通道 0 输入选择
#define channel_1   0x03         //单通道 1 输入选择
sbit ADC_CS = P1^2;              //片选端
sbit ADC_CLK= P1^0;              //时钟端
sbit ADC_DATA = P1^1;            //数据端
sbit  ACC0 = ACC^0;              //通道与输入方式控制字
sbit  ACC1 = ACC^1;              //通道与输入方式控制字
uint data disp_buf[3] = {0x00,0x00,0x00};    //定义 3 个显示数据单元
uchar code line1_data[] = {"-- LCD  VOLTAGE --"};
uchar code line2_data[] = {"           V        "};
/*******以下是 ADC 启动函数********/
    :                             //与实例解析 1 完全相同(略)
/********以下是 A/D 转换函数,选择输入通道,输入信号的模式(单端输入或差分输入)********/
    :                             //与实例解析 1 完全相同(略)
/********以下是数据转换函数,将测量值转换为适合 LCD 显示的数据********/
void convert(uchar ad_data)
```

```c
{
    uint temp;
    disp_buf[2] = ad_data/51;              //AD 值转换为 3 为 BCD 码,最大为 5.00 V
    disp_buf[2] = disp_buf[2] + 0x30;      //加 0x30 转换为 ASCII 码,进行整数位显示
    temp = ad_data % 51;                    //余数暂存
    temp = temp * 10;                       //计算小数第 1 位
    disp_buf[1] = temp/51;
    disp_buf[1] = disp_buf[1] + 0x30;      //加 0x30 转换为 ASCII 码,进行第 1 位小数显示
    temp = temp % 51;
    temp = temp * 10;                       //计算小数第 2 位
    disp_buf[0] = temp/51;
    disp_buf[0] = disp_buf[0] + 0x30;      //加 0x30 转换为 ASCII 码,进行第 2 位小数显示
}
/********以下是 LCD 显示函数********/
void LCD_disp()
{
    lcd_wcmd(0x45| 0x80);                   //定位第 2 行第 5 列
    lcd_wdat(disp_buf[2]);                  //整数位显示
    lcd_wcmd(0x46| 0x80);                   //定位第 2 行第 6 列
    lcd_wdat('.');                          //小数点显示
    lcd_wcmd(0x47 | 0x80);                  //定位第 2 行第 7 列
    lcd_wdat(disp_buf[1]);                  //第 1 位小数显示
    lcd_wcmd(0x48| 0x80);                   //定位第 2 行第 8 列
    lcd_wdat(disp_buf[0]);                  //第 2 位小数显示
}
/********以下是主函数********/
void main()
{
    uchar i, ad_value ;
    Delay_ms(30);                           //延时
    lcd_init();                             //初始化 LCD
    lcd_clr();
    lcd_wcmd(0x00| 0x80);                   //设置显示位置为第 1 行的第 0 列
    i = 0;
    while(line1_data[i] != '\0')
    {                                       //显示字符"-- LCD  VOLTAGE --"
        lcd_wdat(line1_data[i]);
        i ++ ;
    }
    lcd_wcmd(0x40| 0x80);                   //设置显示位置为第 2 行第 0 列
    i = 0;
    while(line2_data[i] != '\0')
    {
        lcd_wdat(line2_data[i]);            //显示字符"       V       "
        i ++ ;
```

```
        }
        while(1)
        {
            ad_value = ADC_read(channel_0);    //读取采集值,送到 ad_value 中
            convert(ad_value);                 //将读取到的 ad_value 值进行转换
            LCD_disp();                        //LCD 显示函数
            Delay_ms(150);                     //延时 150 ms
        }
    }
```

3. 源程序释疑

该源程序与实例解析 ADC 启动和 ADC 转换函数是一致的,主要不同点是,主函数、转换函数和显示函数有所不同。在源程序中,已对主函数和显示函数进行了详细的注解,这里不再重复。

4. 实现方法

① 打开 Keil C51 软件,建立工程项目,再建立一个名为 ch17_2.c 的文件,输入上面源程序。

② 在 ch17_2.uv2 的工程项目中,再将第 11 章制作的 LCD 驱动程序软件包 LCD_drive.h 添加进来。

③ 单击"重新编译"按钮,对源程序 ch17_2.c 和 LCD_drive.h 进行编译和链接,产生 ch17_2.hex 目标文件。

④ 将 DD-900 实验开发板 JP1 的 LCD、V_{CC} 两插针短接,为 LCD 供电,同时,将 JP6 的 0832(CLK)、0832(IO)、0832(CS) 和 P10、P11、P12 三组插针短接,使 ADC082 与单片机相连。

⑤ 将 STC89C51 单片机插到锁紧插座,把 ch17_2.hex 文件下载到单片机中,观察 LCD 的显示情况,调节可调电阻 V_{R1},模拟从通道 0 单端输入,观察 LCD 显示电压的大小。为了确认显示结果是否正确,可用万用表测量 ADC0832 的第 2 引脚电压,万用表测量结果应与 LCD 显示结果基本一致。

该实验程序和 LCD 驱动程序软件包在附光盘的 ch17\ch17_2 文件夹中。

17.2　D/A 转换电路介绍及实例解析

17.2.1　D/A 转换电路介绍

目前,D/A 转换器从接口上可分为两大类:并行接口 D/A 转换器和串行接口 D/A 转换器。并行接口 D/A 转换器的引脚多,体积大,占用单片机的口线多;而串行 D/A 转换器的体积小,占用单片机的口线少,为减少线路板的面积和占用单片机的口线,可采用串行 D/A 转换器。下面以常见的串行 D/A 转换器 TLC5615 为例进行介绍。

1. TLC5615 引脚功能

TLC5615 为美国德州仪器公司推出的产品,是具有串行接口的 10 位数/模转换器,其输

出为电压型,最大输出电压是基准电压值的 2 倍。带有上电复位功能,即把 DAC 寄存器复位至全零。TLC5615 性价比高,目前在国内市场很方便购买。TLC5615 的引脚排列如图 17-2 所示,其功能如表 17-3 所列。

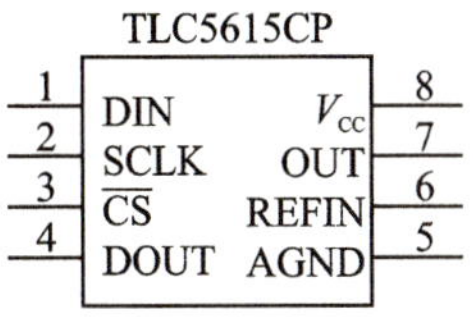

图 17-2 TLC5615 引脚功能图

2. TLC5615 工作时序

TLC5615 的工作时序关系是,当片选 $\overline{CS}$ 为低电平时,输入数据 DIN 由时钟 SCLK 同步输入或输出,而且最高有效位在前,低有效位在后。输入时,SCLK 的上升沿把串行输入数据 DIN 移入内部的移位寄存器,SCLK 的下降沿输出串行数据 DOUT,片选 $\overline{CS}$ 的上升沿把数据传送至 DAC 寄存器。

表 17-3 TLC5615 引脚功能

引脚号	符 号	功 能	引脚号	符 号	功 能
1	DIN	串行数据输入	5	AGND	模拟地
2	SCLK	串行时钟	6	REFIN	基准电压输入
3	$\overline{CS}$	片选端,低电平有效	7	OUT	DAC 模拟电压输出
4	DOUT	串行数据输出	8	V_{CC}	电源

当片选 $\overline{CS}$ 为高电平时,串行输入数据 DIN 不能由时钟同步送入移位寄存器,输出数据 DOUT 保持最近的数值不变而不进入高阻状态。

由以上可知,要想串行输入数据和输出数据,必须满足两个条件,第一是时钟 SCLK 的有效跳变;第二是片选 $\overline{CS}$ 为低电平。

17.2.2 实例解析 3——D/A 转换实验

1. 实现功能

在 DD-900 实验开发板上进行实验:往内存单元分别送 3 组数据 0x03ff、0x01ff、0x0000,使用电压表测量 TLC5615 的第 7 引脚 D/A 电压输出端,观察输出电压的变化情况。有关电路参见第 3 章图 3-13。

2. 源程序

根据要求,编写的源程序如下:

```
#include <reg51.h>
#define uchar unsigned char
#define uint unsigned int
sbit  cs = P1^5;                //片选
sbit  clk = P1^3;               //时钟
sbit  din = P1^4;               //数据入口
/********以下是延时函数********/
void Delay_ms(uint xms)
{
```

```c
    uint i,j;
    for(i = xms;i>0;i--)                    //i = xms 即延时约 xms
        for(j = 110;j>0;j--);
}
/********以下是 55 μs 延时函数********/
void delay()
{
    int i = 5;
    while(i--);
}
/********以下是 TLC5615 D/A 转换函数,最多输出参考电压的 2 倍********/
void TLC5615(uint da)
{
    uchar i;
    da<<= 6;
    cs = 0;
    clk = 0;
    for (i = 0;i<12;i++)
    {
        din = (bit)(da&0x8000);
        clk = 1;
        da<<= 1;
        clk = 0;
    }
    cs = 1;
    clk = 0;
    for (i = 0;i<12;i++);
}
/********以下是主函数********/
void main()
{
    delay();
    while(1)
    {
        TLC5615(0x03ff);            //第 1 组数据 D/A 转换
        Delay_ms(2000);             //延时 2 s
        TLC5615(0x1ff);             //第 1 组数据 D/A 转换
        Delay_ms(2000);             //延时 2 s
        TLC5615(0x0000);            //第 1 组数据 D/A 转换
        Delay_ms(2000);             //延时 2 s
        delay();
    }
}
```

3. 源程序释疑

源程序比较简单,主要由主函数、TCL5615 D/A 转换函数(TLC5615 驱动程序)等组成。

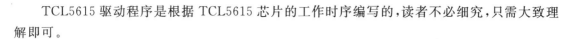

TCL5615驱动程序是根据TCL5615芯片的工作时序编写的,读者不必细究,只需大致理解即可。

4. 实现方法

① 打开Keil C51软件,建立工程项目,再建立一个名为ch17_3.c的文件,输入上面源程序,对源程序进行编译和链接,产生ch17_3.hex目标文件。

② 将DD-900实验开发板JP5的5615(CLK)、5615(IO)、5615(CS)和P13、P14、P15三组插针短接,使TLC5615与单片机相连。

③ 将STC89C51单片机插到锁紧插座,把ch17_3.hex文件下载到单片机中,用万用表测量TLC5615的第7引脚输出的模拟电压,正常情况下,应能从大到小不断变化。

④ 调整电位器V_{R2},TLC5615的第6引脚REFIN参考电压会发生变化,同时TLC5615的第7引脚输出的电压也会发生变化(因为TLC5615的第7引脚输出电压是REFIN电压的2倍)。

例如,调整V_{R2},使TLC5615的第6引脚REFIN参考电压为2.15 V,此时,用万用表测量TLC5615的第7引脚模拟电压时,会发现在4.30 V(最大值)、2.15 V(中间值)、0 V(最小值)之间不断变化。

该实验程序在附光盘的ch17\ch17_3文件夹中。

第18章
步进电机、直流电机和舵机实例解析

电动机作为主要的动力源,在生产和生活中占有重要的地位。电动机的控制过去多用模拟法,随着计算机的产生和发展,开始采用单片机进行控制。用单片机控制电动机,不但控制精确,而且非常方便和智能,因此,应用越来越广泛。本章主要介绍用单片机控制步进电机、直流电机和舵机的方法与实例。

18.1 步进电机实例解析

18.1.1 步机电机基本知识

一般电机都是连续旋转,而步进电机却是一步一步地转动,故叫步进电机。具体而言,每当步进电机的驱动器接收到一个驱动脉冲信号后,步进电机将会按照设定的方向转动一个固定的角度(步进角)。因此,步进电机是一种将电脉冲转化为角位移的执行器件。用户可以通过控制脉冲的个数来控制角位移量,从而达到准确定位的目的,同时还可以通过控制脉冲频率来控制电机转动的速度和加速度,从而达到调速的目的。

1. 步进电机分类

常见的步进电机分为3种:永磁式(PM)、反应式(VR)和混合式(HB)。永磁式步进电机一般为两相,转矩和体积较小,步进角一般为7.5°或15°;反应式步进电机一般为三相,可实现大转矩输出,步进角一般为1.5°,但噪声和振动较大;混合式步进电机是指混合了永磁式和反应式的优点,它又分为两相和五相,两相步进角一般为1.8°,五相步进角一般为0.72°,这种步进电机因性能优异应用比较广泛。

2. 步进电机工作原理

步进电机有三线式、五线式和六线式,但其控制方式均相同,都要以脉冲信号电流来驱动。假设每旋转一圈需要48个脉冲信号来励磁,可以计算出每个励磁信号能使步进电机前进7.5°,其旋转角度与脉冲的个数成正比。步进电机的正、反转由励磁脉冲产生的顺序来控制。六线式四相步进电机是比较常见的,它的控制等效电路如图18-1所示,外形如图18-2所示。在下面的实验中采用的也是这种类型的步进电机。

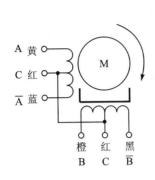

图 18-1 六线式步进电机等效电路图　　图 18-2 步进电机的实物外形

从图中可以看出,六线式四相步进电机有 2 组线圈(每组线圈各有二相)和 4 条励磁信号引线 A、Ā、B、B̄。2 组线圈中间有一个端点引出作为公共端,这样,一共有 6 根引出线(如果将两个公共端引线连在一起,则有 5 根引线)。

要使步进电机转动,只要轮流给各引出端通电即可。将图 18-1 中线圈中间引出线标识为 C,只要 AC、ĀC、BC、B̄C 四相轮流加电就能驱动步进电机运转。加电的方式可以有多种,如果将公共端 C 接正电源,那么只需用开关元件(如三极管、驱动器)将 A、Ā、B、B̄ 轮流接地既可。由于每出现一个脉冲信号,步进电机只走一步。因此,只要依序不断送出脉冲信号,步进电机就能实现连续转动。

3. 步进电机的励磁方式

步进电机的励磁方式分为 1 相励磁、2 相励磁和 1-2 相励磁 3 种,简要介绍如下:

(1) 1 相励磁

1 相励磁方式也称单 4 拍工作方式,是指在每一瞬间,步进电机只有一个线圈中的一相导通。每送一个励磁信号,步进电机旋转一个步进角(如 7.5°),这是 3 种励磁方式中最简单的一种。其特点是:精确度好、消耗电力小,但输出转矩最小,振动较大。如果以该方式控制步进电机正转,对应的励磁时序如表 18-1 所列。若励磁信号反向传送,则步进电机反转。

(2) 2 相励磁

2 相励磁方式也称双 4 拍工作方式,是指在每一瞬间,步进电机两个线圈各有一相同时导通。每送一个励磁信号,步进电机旋转一个步进角(如 7.5°)。其特点是:输出转矩大,振动小,因而成为目前使用最多的励磁方式。如果以该方式控制步进电机正转,对应的励磁时序如表 18-2 所列。若励磁信号反向传送,则步进电机反转。

表 18-1　1 相励磁时序表

步进	A	B	Ā	B̄	说明
1	0	1	1	1	AC 相导通
2	1	0	1	1	BC 相导通
3	1	1	0	1	ĀC 相导通
4	1	1	1	0	B̄C 相导通

表 18-2　2 相励磁时序表

步进	A	B	Ā	B̄	说明
1	0	0	1	1	AC、BC 相导通
2	1	0	0	1	BC、ĀC 相导通
3	1	1	0	0	ĀC、B̄C 相导通
4	0	1	1	0	B̄C、AC 相导通

(3) 1-2 相励磁

1-2 相励磁方式也称单双 8 拍工作方式,工作时,1 相励磁和 2 相励磁交替导通,每传送一个励磁信号,步进电机只走半个步进角(如 3.75°)。其特点是,精确角提高且运转平滑。如果以该方式控制步进电机正转,对应的励磁时序如表 18-3 所列。若励磁信号反向传送,则步进电机反转。

表 18-3 1-2 相励磁时序表

步进	A	B	$\overline{A}$	$\overline{B}$	说明	步进	A	B	$\overline{A}$	$\overline{B}$	说明
1	0	1	1	1	AC 相导通	5	1	1	0	1	$\overline{A}$C 相导通
2	0	0	1	1	AC、BC 相导通	6	1	1	0	0	$\overline{A}$C、$\overline{B}$C 相导通
3	1	0	1	1	BC 相导通	7	1	1	1	0	$\overline{B}$C 相导通
4	1	0	0	1	BC、$\overline{A}$C 相导通	8	0	1	1	0	$\overline{B}$C、AC 相导通

4. 步进电机驱动电路

步进电机的驱动可以选用专用的电机驱动模块,如 L298、FT5754 等,这类驱动模块接口简单,操作方便,它们既可驱动步进电机,也可驱动直流电机。除此之外,还可利用三极管自己搭建驱动电路,不过这样会非常麻烦,可靠性也会降低。另外,还有一种方法就是使用达林顿驱动器 ULN2003、ULN2803 等,下面,重点对 ULN2003 和 ULN2803 进行介绍。

ULN2003/ULN2803 是高压大电流达林顿晶体管阵列芯片,吸收电流可达 500 mA,输出管耐压为 50 V 左右,因此有很强的低电平驱动能力,可用于微型步进电机的相绕组驱动。ULN2003 由 7 组达林顿晶体管阵列和相应的电阻网络以及钳位二极管网络构成,具有同时驱动 7 组负载的能力,为单片双极型大功率高速集成电路。ULN2803 与 ULN2003 基本相同,主要区别是,ULN2803 比 ULN2003 增加了一路负载驱动电路。ULN2803 与 ULN2003 内部电路框图如图 18-3 所示。

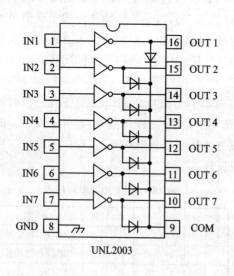
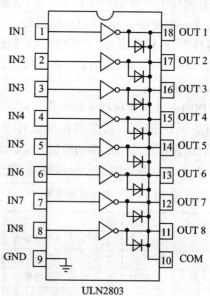

图 18-3 ULN2803 与 ULN2003 内部电路框图

从图中可以看出，ULN2003/ULN2803 内部含有 7/8 个反相器，也就是说，其输出与输入是反相的。另外，ULN2003/ULN2803 内部还集成有多只钳位二极管，其作用是，当步进电机线圈通断时，会产生过高的反电动势，加入钳位二极管后，可将反电动势钳位，从而保护芯片不因过高电压而击穿。

5. 步进电机与单片机的连接

DD-900 实验开发板中设有步进电机驱动电路，有关电路参见第 3 章图 3-16 所示。

从图中可以看出，步进电机由达林顿驱动器 ULN2003 驱动，通过单片机的 P1.0～P1.3 控制各线圈的接通与切断。开机时，P1.0～P1.3 均为高电平，依次将 P1.0～P1.3 切换为低电平即可驱动步进电机运行，注意在切换之前将前一个输出引脚变为高电平。如果要改变电机的转动速度，只要改变两次接通之间的时间，而要改变电机的转动方向，只要改变各线圈接通的顺序即可。

18.1.2　实例解析 1——步机电机正转与反转

1. 实现功能

在 DD-900 实验开发板上实现如下功能：开机后，步进电机先正转 1 圈，停 0.5 s，然后再反转 1 圈，停 0.5 s，并不断循环。有关电路参见第 3 章图 3-16。

2. 源程序

根据要求，编写的源程序如下：

```
#include <reg51.h>
#define uchar unsigned char
#define uint unsigned int
uchar code up_data[4]={0xf8,0xf4,0xf2,0xf1};    //1 相励磁正转表
uchar code down_data[4]={0xf1,0xf2,0xf4,0xf8};  //1 相励磁反转表
/********以下是延时函数********/
void Delay_ms(uint xms)
{
    uint i,j;
    for(i=xms;i>0;i--)                //i=xms 即延时约 xms
        for(j=110;j>0;j--);
}
/********以下是步进电机 1 相励磁法正转函数********/
void motor_up(uint n)
{
    uchar i;
    uint  j;
    for(j=0; j<12*n; j++)             //转 n 圈
    {
        for (i=0; i<4; i++)           //4 次共转 7.5°×4=30°，这样，转 12 次可转
                                      //360°（即 1 圈）
```

```
            {
                P1 = up_data[i];              //取正转数据
                Delay_ms(500);                //转一个角度停留的时间,可调节转速
            }
        }
    }
/********步进电机1相励磁法反转函数********/
    void motor_down(uint n)
    {
        uchar i;
        uint  j;
        for (j = 0; j<12*n; j++)              //转 n 圈
        {
            for (i = 0; i<4; i++)             //4次共转 7.5°×4 = 30°,这样,转 12 次可转
                                              //360°(即 1 圈)
            {
                P1 = down_data[i];            //取反转数据
                Delay_ms(500);                //转一个角度停留的时间,可调节转速
            }
        }
    }
/********以下是主函数********/
    main()
    {
        while(1)
        {
            motor_up(1);                      //电机正转 1 圈
            P1 = 0xff;                        //电机停转
            Delay_ms(2000);                   //换向延时为 2 s
            motor_down(1);                    //电机反转 1 圈
            P1 = 0x00;                        //电机停转
            Delay_ms(2000);                   //换向延时为 2 s
        }
    }
```

3. 源程序释疑

该电路使用 2 相步进电机,采用 1 相励磁法,正转信号时序为 0xf8→0xf4→0xf2→0xf1;反转信号时序为 0xf1→0xf2→0xf4→0xf8。1 相励磁正反转时序表如表 18-4 所列。

注意,表 18-4 与表 18-1 相位相反,这是因为表 18-1 列出的是驱动电路(ULN2003)输出端的信号,而表 18-4 列出的是驱动电路输入端的信号,由于驱动电路内含反相器,因而,二者相位相反。

在源程序中,依次取出正转和反转时序表中的数据,并进行适当的延时,即可控制步进电机按要求的方向和速度进行转动了。

表 18-4 列出的是 1 相励磁法正反转时序表,如采用 2 相励磁和 1-2 相励磁,其时序如

表18-5、表18-6所列。

表18-4　1相励磁法正反转时序表

步　进	P1.7~P1.4	P1.3	P1.2	P1.1	P1.0	十六进制数
1	全设为1	1	0	0	0	0xf8
2	全设为1	0	1	0	0	0xf4
3	全设为1	0	0	1	0	0xf2
4	全设为1	0	0	0	1	0xf1

表18-5　2相励磁法正反转时序表

步　进	P1.7~P1.4	P1.3	P1.2	P1.1	P1.0	十六进制数
1	全设为1	1	1	0	0	0xfc
2	全设为1	0	1	1	0	0xf6
3	全设为1	0	0	1	1	0xf3
4	全设为1	1	0	0	1	0xf9

表18-6　1-2相励磁法正反转时序表

步　进	P1.7~P1.4	P1.3	P1.2	P1.1	P1.0	十六进制数
1	全设为1	1	0	0	0	0xf8
2	全设为1	1	1	0	0	0xfc
3	全设为1	0	1	0	0	0xf4
4	全设为1	0	1	1	0	0xf6
5	全设为1	0	0	1	0	0xf2
6	全设为1	0	0	1	1	0xf3
7	全设为1	0	0	0	1	0xf1
8	全设为1	1	0	0	1	0xf9

需要说明的是,对于1相励磁和2相励磁方式,每传送一个励磁信号,步进电机走1个步进角(7.5°),因此,转一圈需要48个励磁脉冲;而对于1-2相励磁方式,每传送一个励磁信号,步进电机只走半个步进角(3.75°),因此,转一圈需要96个励磁脉冲。

4. 实现方法

① 打开Keil C51软件,建立工程项目,再建立一个名为ch18_1.c的文件,输入上面的源程序,对源程序进行编译和链接,产生ch18_1.hex目标文件。

② 将DD-900实验开发板JP7的A_IN、B_IN、C_IN、D_IN与P10、P11、P12、P13插针短接,使步进电机驱动电路与单片机电路相连。

③ 将STC89C51单片机插到锁紧插座,把ch18_1.hex文件下载到单片机中,观察步进电机转动及4只LED灯闪动情况。

该实验程序在附光盘的ch18\ch18_1文件夹中。

18.1.3 实例解析 2——步进电机加速与减速运转

1. 实现功能

在 DD-900 实验开发板上实现如下功能：开机后，步进电机开始加速启动，然后匀速运转 50 圈，最后减速停止，停止 2 s 后，继续循环。有关电路参见第 3 章图 3-16。

2. 源程序

根据要求，编写的源程序如下：

```c
#include <reg51.h>
#define uchar unsigned char
#define uint unsigned int
uchar code up_data[8] = { 0xf8,0xfc,0xf4,0xf6,0xf2,0xf3,0xf1,0xf9 };   //1-2 相励磁正转表
uchar code down_data[8] = { 0xf9,0xf1,0xf3,0xf2,0xf6,0xf4,0xfc,0xf8 }; //1-2 相励磁反转表
uchar rate;                                                             //速率
/********以下是延时函数,延时时间为 speed×4 ms********/
void Delay(uint speed)
{
    uint i,j;
    for(i = speed;i>0;i--)
        for(j = 440;j>0;j--);
}
/********以下是步进电机 1-2 相励磁法正转函数********/
void motor_up()
{
    uchar i;
    for (i = 0; i<8; i++)        //8 次共转 3.75°×8 = 30°,即 1 个周期转 30°
    {
        P1 = up_data[i];         //取正转数据
        Delay(rate);             //调节转速
    }
}
/********以下是步进电机加速、匀速、减速运行函数********/
void motor_turn()
{
    uint count;                  //转动次数计数器
    rate = 16;                   //速度分 16 档
    count = 600;                 //转 600 次,由于每次转 30°,因此,共转 50 圈
    do
    {
        motor_up();              //加速
        rate--;
    }while(rate!= 0x01);
```

```c
        do
        {
            motor_up();                    //匀速
            count -- ;
        }while(count! = 0x01);
        do
        {
            motor_up();                    //减速
            rate ++ ;
        }while(rate! = 0x0a);
    }
/ ********以下是主函数********/
main()
{
    while(1)
    {
        P1 = 0xff;
        motor_turn();
        Delay(500);                        //延时 2 s
    }
}
```

3. 源程序释疑

在对步进电机的控制中,如果启动时一次将速度升到给定速度,会导致步进电机发生失步现象,造成不能正常启动。如果到结束时突然停下来,由于惯性作用,步进电机会发生过冲现象,造成位置精度降低。因此,实际控制中,步进电机的速度一般都要经历加速启动、匀速运转和减速的过程。本例源程序演示的就是这个控制过程。

在源程序中,将步进电机转速分为 16 个档次,存放在 rate 单元中,该值越小,延时时间越短,步进电机速度越快。

在加速启动过程中,先使 rate 为 16,控制步进电机速度最慢,电机每转动 30°,控制 rate 减1,速度上升一个档次,直到 rate 减为 1,加速启动过程结束。

在匀速运转过程中,rate 始终为 1,控制步进电机速度恒定不变,电机转 50 圈后,匀速运转过程结束。

减速停止过程中,先使 rate 为 1,电机每转动 30°,控制 rate 加 1,速度下降一个档次,直到rate 增加到 16,减速停止过程结束。

需要再次说明的是,本实验中采用的步进电机步进角为 7.5°,而源程序中采用了 1 - 2 相励磁方式,每传送一个励磁信号,步进电机只走半个步进角(3.75°),因此,传送 8 个脉冲只转30°,传送 96 个脉冲才能转 1 圈。

4. 实现方法

① 打开 Keil C51 软件,建立工程项目,再建立一个名为 ch18_2.c 的文件,输入上面的源程序,对源程序进行编译和链接,产生 ch18_2.hex 目标文件。

② 将 DD-900 实验开发板 JP7 的 A_IN、B_IN、C_IN、D_IN 与 P10、P11、P12、P13 插针短接,使步进电机驱动电路与单片机电路相连。

③ 将 STC89C51 单片机插到锁紧插座,把 ch18_2.hex 文件下载到单片机中,观察步进电机的加速启动、匀速运转及减速停止过程。

该实验程序在附光盘的 ch18\ch18_2 文件夹中。

18.1.4 实例解析 3——用按键控制步机电机正反转

1. 实现功能

在 DD-900 实验开发板上进行实验:开机时,步进电机停止;按 K1 键,步进电机正转;按 K2 键,步进电机反转;按 K3 键,步进电机停止。正转采用 1-2 相励磁方式,反转采用 1 相励磁方式。有关电路参见第 3 章图 3-16、图 3-17、图 3-20。

2. 源程序

根据要求,编写的源程序如下:

```c
#include <reg51.h>
#define uchar unsigned char
#define uint unsigned int
sbit K1 = P3^2;
sbit K2 = P3^3;
sbit K3 = P3^4;
sbit BEEP = P3^7;
bit up_flag = 0;
bit down_flag = 0;
bit stop_flag = 0;
uchar code up_data[8] = {0xf8,0xfc,0xf4,0xf6,0xf2,0xf3,0xf1,0xf9};  //1-2 相励磁正转表
uchar code down_data[4] = {0xf1,0xf2,0xf4,0xf8};                     //1 相励磁反转表
/********以下是延时函数********/
void Delay_ms(uint xms)
{
    uint i,j;
    for(i=xms;i>0;i--)              //i=xms 即延时约 xms
        for(j=110;j>0;j--);
}
/*********以下是蜂鸣器响一声函数********/
void beep()
{
    BEEP = 0;                       //蜂鸣器响
    Delay_ms(100);
    BEEP = 1;                       //关闭蜂鸣器
    Delay_ms(100);
}
```

第18章 步进电机、直流电机和舵机实例解析

```
/********以下是步进电机正转函数********/
void motor_up()
{
    uchar i;
    for(i = 0; i<8; i++)                    //8 次共转 3.75°×4 = 30°
    {
        P1 = up_data[i];                    //取正转数据
        Delay_ms(30);                       //转一个角度停留的时间,可调节转速
    }
}
/********步进电机反转函数********/
void motor_down()
{
    uchar i;
    for(i = 0; i<4; i++)                    //4 次共转 7.5°×4 = 30°
    {
        P1 = down_data[i];                  //取反转数据
        Delay_ms(30);                       //转一个角度停留的时间,可调节转速
    }
}
/********以下是主函数********/
main()
{
    while(1)
    {
        if(K1 == 0)
        {
            Delay_ms(10);
            if(K1 == 0)
            {
                up_flag = 1;
                down_flag = 0;
                stop_flag = 0;
                beep();
            }
        }
        if(K2 == 0)
        {
            Delay_ms(10);
            if(K2 == 0)
            {
                down_flag = 1;
                up_flag = 0;
                stop_flag = 0;
                beep();
```

```
            }
        }
        if(K3 == 0)
        {
            Delay_ms(10);
            if(K3 == 0)
            {
                stop_flag = 1;
                up_flag = 0;
                down_flag = 0;
                beep();
            }
        }
        if(up_flag == 1)motor_up();              //电机正转
        if(down_flag == 1)motor_down();          //电机反转
        if(stop_flag == 1)P1 = 0x00;             //电机停止
    }
}
```

3. 源程序释疑

本程序通过 K1、K2、K3 键控制步进电机的转动和转向，正转使用了 1-2 相励磁法，反转使用了 1 相励磁法。

按下 K3 键停止电机运行时，为防止关闭时某一相线圈长期通电，要将 P1.0～P1.3 均置为低电平（不要都置为高电平），因为 P1.0～P1.3 为低电平时，经 ULN2003 反相后输出高电平，使加到步进电机线圈端的电压与电源电压相同，因此，线圈不发热。

需要说明的是，由于正转与反转脉冲信号频率是相同的，但由于正转使用了 1-2 相励磁方法，因此，正向转速为反向转速的一半。

4. 实现方法

① 打开 Keil C51 软件，建立工程项目，再建立一个名为 ch18_3.c 的文件，输入上面的源程序，对源程序进行编译和链接，产生 ch18_3.hex 目标文件。

② 将 DD-900 实验开发板 JP7 的 A_IN、B_IN、C_IN、D_IN 与 P10、P11、P12、P13 插针短接，使步进电机驱动电路与单片机电路相连。

③ 将 STC89C51 单片机插到锁紧插座，把 ch18_3.hex 文件下载到单片机中，分别按压 K1、K2、K3 键，观察步进电机的运行情况。

该实验程序在附光盘的 ch18\ch18_3 文件夹中。

18.1.5 实例解析 4——用按键控制步进电机转速

1. 实现功能

在 DD-900 实验开发板上进行实验：开机时，步进电机停止，第 6、7、8 三只数码管上显示运行速度最小值 25 r/min；按 K1 键，步进电机启动运转；按 K2 键，速度加 1；按 K3 键，速度减 1，加 1 减 1 均能通过数码管显示出来；按 K4 键，步进电机停止。要求步进电机采用 1 相励磁方式。有关电路参见第 3 章图 3-4、图 3-16、图 3-17、图 3-20。

2. 源程序

根据要求，编写的源程序如下：

```c
#include <reg51.h>
#include <intrins.h>
#define uchar unsigned char
#define uint unsigned int
#define min_speed 25                  //最小转速为 25 r/min
#define max_speed 100                 //最大转速为 100 r/min
uchar speed = 25;                     //定义转速变量,初始值为 25
uchar drive_out = 0xf1;               //驱动输出,初始值为 1 相励磁法的第一个值 0xf1
sbit K1 = P3^2;                       //K1 键
sbit K2 = P3^3;                       //K2 键
sbit K3 = P3^4;                       //K3 键
sbit K4 = P3^5;                       //K4 键
sbit BEEP = P3^7;                     //蜂鸣器
uchar code seg_data[] = {0xC0,0xF9,0xA4,0xB0,0x99,0x92,0x82,0xF8,0x80,0x90,0xff};
                                      //0~9 和熄灭符的段码表
uchar code bit_tab[] = {0xdf,0xbf,0x7f};  //第 6、7、8 只数码管位选表
uchar data  disp_buf[3] = {0x00,0x00,0x00};  //显示缓冲区
/********以下是步进电机计数值高位表********/
uchar code motor_h[] = {76,82,89,95,100,106,110,115,119,123,127,131,134,137,140,143,146,148,151,
            153,155,158,160,162,165,166,167,169,171,172,174,175,177,178,179,181,182,
            183,184,185,186,187,188,189,190,191,192,193,194,195,196,196,197,198,199,
            199,200,201,201,202,203,203,204,204,205,206,206,207,207,208,208,209,209,
            210,210,211};
/********以下是步进电机计数值低位表********/
uchar code motor_l[] = {0,236,86,73,212,0,214,96,163,165,110,0,97,148,158,128,62,219,89,186,0,
            44,65,64,42,0,196,119,24,171,47,165,13,106,187,0,59,108,147,176,197,
            210,214,211,200,183,158,128,91,48,0,202,143,78,10,192,114,31,201,110,15,
            173,70,221,112,0,141,22,157,33,162,32,155,21,140,0};
/********以下是延时函数********/
void Delay_ms(uint xms)
{
    uint i,j;
    for(i = xms;i>0;i--)              //i = xms 即延时约 xms
        for(j = 110;j>0;j--);
}
/*********以下是蜂鸣器响一声函数********/
void beep()
{
    BEEP = 0;                         //蜂鸣器响
```

```c
        Delay_ms(100);
        BEEP = 1;                          //关闭蜂鸣器
        Delay_ms(100);
    }
/********以下是转换函数,转换为适合 LED 数码管显示的数据********/
void Conv()
{
    uchar temp;
    disp_buf[0] = speed/100;               //分离出转速的百位
    temp = speed % 100;                    //十位和个位部分存放在 temp
    disp_buf[1] = temp/10;                 //分离出转速的十位
    disp_buf[2] = temp % 10;               //分离出转速个位部分
}
/********以下是显示函数********/
void Display()
{
    uchar tmp;                             //定义显示暂存
    static uchar disp_sel = 0;             //显示位选计数器,显示程序通过它得知现正显示哪
                                           //个数码管,初始值为 0
    tmp = bit_tab[disp_sel];               //根据当前的位选计数值决定显示哪只数码管
    P2 = tmp;                              //送 P2 控制被选取的数码管点亮
    tmp = disp_buf[disp_sel];              //根据当前的位选计数值查得数字的显示码
    tmp = seg_data[tmp];                   //取显示码
    P0 = tmp;                              //送到 P0 口显示出相应的数字
    disp_sel ++ ;                          //位选计数值加 1,指向下一个数码管
    if(disp_sel == 3)
        disp_sel = 0;                      //如果 3 个数码管显示了一遍,则让其回 0,重新再扫描
}
/*********以下是定时器 T0 和 T1 初始化函数********/
void timer_init()
{
    TMOD = 0x11;                           //定时器 T0 和 T1 均为工作模式 1, 16 位定时方式
    TH0 = 0xf8;TL0 = 0xcc;                 //装定时器 T0 计数初值,定时时间为 2 ms
    TH1 = 0xff;TL1 = 0xff;                 //装定时器 T1 计数初值
    EA = 1;ET0 = 1;ET1 = 1;                //开总中断和定时器 T0、T1 中断
    TR0 = 1;                               //启动定时器 T0,暂不启动定时器 T1
}
/********以下是按键处理函数********/
void KeyProcess()
{
    if(K1 == 0)
    {
        Delay_ms(10);
        if(K1 == 0)
        {
            TR1 = 1;                       //K1 键按下后,启动定时器 T1,步进电机开始运转
```

```
            beep();
        }
    }
    if(K2 == 0)
    {
        Delay_ms(10);
        if(K2 == 0)
        {
            if(speed == 100)speed = 25;     //若转速达到 100,则将其恢复为 25
            speed ++ ;                       //转速加 1
            beep();
        }
    }
    if(K3 == 0)
    {
        Delay_ms(10);
        if(K3 == 0)
        {
            if(speed == 25)speed = 100;     //若转速降到 25,则将其设置为 100
            speed -- ;                       //转速减 1
            beep();
        }
    }
    if(K4 == 0)
    {
        Delay_ms(10);
        if(K4 == 0)
        {
            TR1 = 0;                         //关闭定时器 T1,停止步进电机运转
            beep();
        }
    }
}
/********以下是主函数********/
main()
{
    timer_init();                            //定时器 T0 和 T1 初始化
    while(1)
    {
        KeyProcess();                        //按键处理函数
        Conv();                              //转速数据转换函数
    }
}
/********以下是定时器 T0 中断函数,定时时间为 2 ms,用于数码管的动态扫描********/
void timer0() interrupt 1
{
```

```
        TH0 = 0xf8;TL0 = 0xcc;              //重装计数初值,定时时间为 2 ms
        Display();                          //显示函数
    }
/********以下是定时器 T1 中断函数,定时时间由查表值决定,用于步进电机转速控制********/
void timer1() interrupt 3
{
        TH1 = motor_h[speed - min_speed];   //先将当前转速与最小转速相减,然后再去查计数值
                                            //高位值表

        TL1 = motor_l[speed - min_speed];   //先将当前转速与最小转速相减,然后再去查计数值
                                            //低位值表

        P1 = drive_out;                     //将驱动值送 P1,驱动步进电机运转,drive_out 初始
                                            //值为 0xf1

        drive_out = (drive_out<<1);         //将 drive_out 左移 1 位再赋值给 drive_out
                                            //4 次中断可依次输出 1 相励磁的数据

        if(drive_out == 0x10)drive_out = 0xf1; //若左移后 drive_out 的值为 0x10,则将 drive_out
                                            //恢复为初始值 0xf1
}
```

3. 源程序释疑

步进电机采用 1 相励磁法,每 48 个脉冲转 1 圈,即在最低转速时 25 r/min,要求为 1 200 脉冲/min,相当于每 50 ms 输出 1 个脉冲。而在最高转速时,要求为 100 r/min,即 4 800 脉冲/min,相当于每 12.5 ms 输出 1 个脉冲。如果让定时器 T1 产生定时,则步进电机转速与定时器 T1 定时常数的关系如表 18 - 7 所列(只计算了几个典型值)。

表 18 - 7　步进电机转速与定时器 T1 定时常数的关系

转速/(r·min^{-1})	每脉冲时间/ms	计数高位 TH1	计数低位 TL1
25	50	0x4c(76)	0x00(0)
50	25	0xa6(166)	0x00(0)
75	16.7	0xc3(195)	0xe1(225)
90	13.9	0xce(206)	0x00(0)
100	12.5	0xd3(211)	0x00(0)

注:表中括号内为十进制数。

表中 TH1 和 TL1 是根据定时时间算出来的定时初值,这里用到的晶振是 11.059 2 MHz。有了上述表格,程序就不难实现了,使用定时器 T1 为定时器,定时时间到达后,切换 P1 口的输出值分别为 0xf1、0xf2、0xf4、0xf8,即可控制步进电机按 1 相励磁方式工作。

源程序主要由按键处理函数、转换函数(将速度值转换为适合数码管显示的数值)、定时器 T0 中断函数(主要完成显示功能)、定时器 T1 中断函数(主要完成步进电机的驱动)等组成。

主函数首先使定时器 T0 和 T1 初始化,然后调用按键处理函数 KeyProcess,判断有无键按下,若有,则进行相应的处理。接着是调用转换函数 Conv,将当前的转速值 speed 分离出百位、十位和个位,送入显示缓冲区 disp_buf[0]、disp_buf[1]、disp_buf[2]。

步进电机的驱动工作是在定时器 T1 的中断函数中实现的,由前述分析可知,每次的定时时间到达以后,需要将 P1.0~P1.3 依次接通。程序中,用了一个变量 drive_out 来实现这一

功能。drive_out 变量的初值为 0xf1,该值是 1 相励磁法的第 1 个驱动脉冲,进入到定时器 T1 中断以后,先将该变量取出送 P1,驱动步进电机工作,然后,再将该变量左移 1 位。这样,第 2 次进入中断时,drive_out 的值为 0xe2(其作用与 0xf2 一样),即 1 相励磁法的第 2 个驱动脉冲号。第 3 次进入中断时,drive_out 的值为 0xc4(其作用与 0xf4 一样),即 1 相励磁法的第 3 个驱动脉冲号。第 4 次进入中断时,drive_out 的值为 0x88(其作用与 0xf8 一样),即 1 相励磁法的第 4 个驱动脉冲号。当第 5 次进入中断时,drive_out 的值为 0x10,经判断后,将 drive_out 赋初值 0xf1。这样,P1.0～P1.3 可循环输出低电平,从而控制步进电机持续运转。

定时时间又是如何确定的呢? 这里用的是查表的方法。首先用 51 初值计算软件计算出在每一种转速下的 TH1 值和 TL1 值,然后,分别放入 motor_h 和 motor_l 表中。在进入定时器 T1 中断函数之后,将速度值变量 speed 减去基数 25,然后分别到 motor_h[]和 motor_l[]查出相应的计数值高位和低位,送入 TH1 和 TL1,实现重置定时初值的目的。

专家点拨:控制步进电机速度的方法可有两种:

第 1 种是通过软件延时的方法。改变延时的时间长度就可以改变输出脉冲的频率。但这种方法使 CPU 长时间等待,占用 CPU 大量时间,因此实用价值不高,前面介绍的实例解析 1、2、3 采用的都是这种方式。

第 2 种是通过定时器中断的方法。在中断服务程序中进行脉冲输出操作,调整定时器的定时常数就可以实现调速。这种方法占用 CPU 时间较少,是一种比较实用的调速方法。实例解析 4 采用的就是这种方式。

在定时器中断法中,通过改变 P1.0～P1.3 电平状态,就可以控制步进电机工作;改变定时常数,就可以控制步进电机的转速。

4. 实现方法

① 打开 Keil C51 软件,建立工程项目,再建立一个名为 ch18_4.c 的文件,输入上面的源程序,对源程序进行编译和链接,产生 ch18_4.hex 目标文件。

② 将 DD-900 实验开发板 JP7 的 A_IN、B_IN、C_IN、D_IN 与 P10、P11、P12、P13 插针短接,使步进电机驱动电路与单片机电路相连。

③ 将 STC89C51 单片机插到锁紧插座,把 ch18_4.hex 文件下载到单片机中,分别按压 K1、K2、K3、K4 键,观察步进电机的运行情况及数码管的显示情况。

该实验程序在附光盘的 ch18\ch18_4 文件夹中。

18.2 直流电机介绍及实例解析

18.2.1 直流电机基本知识

1. 直流电机的组成与分类

直流电机是由直流供电,将电能转化为机械能的旋转机械装置,主要包括定子、转子和电刷 3 部分。定子是固定不动的部分,由永久磁铁制成;转子是在软磁材料硅钢片上绕上线圈构成;而电刷则是把两个小炭棒用金属片卡住,固定在定子的底座上,与转子轴上的两个电极接触而构成的。电子稳速式直流电机还包括电子稳速板。

根据直流电机的定子磁场不同,可将直流电机分为两大类,一类为激磁式直流电机,它的定子磁极由铁心和激磁线圈组成,大中型直流电机一般采用这种结构形式;另一类是永磁式直流电机,它的定子磁极由永久磁铁组成,小型直流电机一般采用这种结构形式。实验中采用的就是这种小型的直流电机,其外形如图18-4所示。

2. 直流电机的驱动

用单片机控制直流电机时,需要加驱动电路,为直流电机提供足够大的驱动电流。使用不同的直流电机,其驱动电流也不同,要根据实际需求选择合适的驱动电路,常用的驱动电路主要有以下几种形式。

(1) 采用场效应管驱动电路

直流电机场效应管驱动电路如图18-5所示。

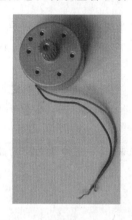

图18-4 小型直流电机外形

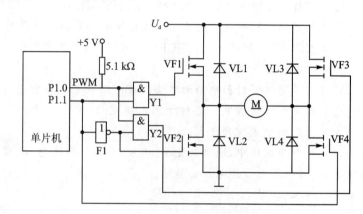

图18-5 直流电机场效应管驱动电路

由单片机的P1.0输出PWM信号,控制直流电动机的转速;由P1.1输出控制正反转的方向信号,控制直流电动机的正反转。当P1.1=1时,"与"门Y1打开,由P1.0输出的PWM信号加在MOS场效应晶体管VF1的栅极上。同时P1.1使VF4导通,而经反相器F1反相为低电平使VF2截止,并关闭"与"门Y2,使P1.0输出的PWM不能通过Y2加到VF3上,因而VF2与VF3均截止。此时电流由电动机电源U_d经VF1、直流电动机、VF4到地,使直流电动机正转。

当P1.1=0时,情况与上述正好相反,电路使VF1与VF4截止,VF2与VF3导通。此时电流由电动机电源U_d经VF3、直流电动机、VF2到地。流经直流电动机的电流方向与正转时相反,使电动机反转。

用此电路编程时应注意,在电动机转向时,由于场效应晶体管(开关管)本身在开关时有一定的延时时间,如果上管VF1还未关断就打开了下管VF2,将会使电路直通造成电动机电源短路。因此在电动机转向前(即P1.1取反翻转前),要将VF1~VF4全关断一段时间,使P1.0输出的PWM信号变为一段低电平延时,延时时间一般在5~20 μs之间。

(2) 采用电机专用驱动模块

为了解决场效应管驱动电路存在的问题,驱动电路可采用专用PWM信号发生器集成电路,如LMD18200、SG1731、UC3637等。这些芯片都有PWM波发生电路、死区电路、保护电路,非常适合小型直流电动机的控制,下面以 LMD18200 为例进行说明。

LMD18200 是美国国家半导体公司生产的产品,专用于直流电动机驱动的集成电路芯片。它有 11 个引脚,电源电压 55 V,额定输出电流 2 A,输出电压 30 V,可通过输入的 PWM 信号实现 PWM 控制,可通过输入的方向控制信号实现转向控制,如图 18-6 所示是由 LMD18200 构成的直流电机驱动电路。

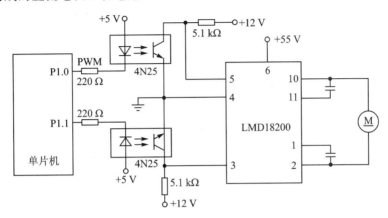

图 18-6 由 LMD18200 构成的直流电机驱动电路

电路中,由单片机发出 PWM 控制信号,通过光电耦合器与 LMD18200 的第 3、4 引脚相连,其目的是进行信号隔离,以避免 LMD18200 对单片机的干扰。

(3) 采用达林顿驱动器

常用的达林顿驱动器有 ULN2003、ULN2803 等。使用达林顿驱动器接线简单,操作方便,并可为电机提供 500 mA 左右的驱动电流,十分适合进行直流电机实验,我们在实验中选择的就是达林顿驱动器 ULN20003。

在 DD-900 实验开发板中,没有多余的 I/O 口可利用,只能选用 I/O 复用口。这里,选用单片机的 P1.0(与步进电机的 A 输入端共用),当然,也可以选用其他 I/O 口,如图 18-7 所示。

3. 直流电机的 PWM 调速原理

直流电机由单片机的一个 I/O 口控制。当需要调节直流电机转速时,使单片机的相应 I/O 口输出不同占空比的 PWM 波形即可,那么,什么是 PWM 呢?

PWM 是英文 Pulse Width Modulation(脉冲宽度调制)的缩写,它是按一定规律改变脉冲序列的脉冲宽度,来调节输出量的一种调制方式。我们在控制系统中最常用的是矩形波 PWM 信号,在控制时,只要调节 PWM 波的占空比(高电平持续时间与周期之比,即,T_{on}/T,如图 18-8 所示),即可调节直流电机的转速。占空比越大,速度越快,如果全为高电平,占空比为 100% 时,速度达到最快。

当用单片机 I/O 口输出 PWM 信号进行调速时,PWM 信号可采用以下 3 种方法得到:

(1) 采用 PWM 信号电路

它是用分立元件或集成电路组成 PWM 信号电路来输出 PWM 信号,这种方法需要增加硬件开销,因此,只应用在对控制要求较高的场合。

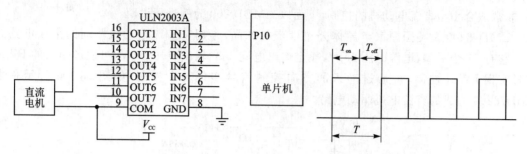

图 18-7 直流电机与单片机的连接　　　　图 18-8 矩形波占空比示意图

(2) 软件模拟法

软件模拟法又分为两种：

一是采用软件延时方法。当高电平延时时间到时，对 I/O 口电平取反变成低电平，然后再延时；当低电平延时时间到时，再对该 I/O 口电平取反，如此循环就可得到 PWM 信号。

二是利用定时器。控制方法同上，只是在这里利用单片机的定时器来定时进行高、低电平的翻转，而不用软件延时。

在下面的实验中，采用的就是软件模拟法。

(3) 利用单片机自带的 PWM 控制器

有些单片机(如 C8051、STC12C5410 等)自带 PWM 控制器，AT89S51/STC89C51 单片机无此功能，其他型号的很多单片机如 PIC 单片机、AVR 单片机(如 ATmega16、ATmega128)等也带有 PWM 控制器。

18.2.2　实例解析 5——用按键控制直流电机转速

1. 实现功能

在 DD-900 实验开发板上进行实验：开机后，直流电机停止；按 K1 键，直流电机按 0.1 的占空比运转；按 K2 键，直流电机按 0.2 的占空比运转；按 K3 键，直流电机按 0.5 的占空比运转；按 K4 键，直流电机停止。

2. 源程序

根据要求，编写的源程序如下：

```
#include <reg51.h>
#define uchar unsigned char
#define uint unsigned int
sbit K1 = P3^2;
sbit K2 = P3^3;
sbit K3 = P3^4;
sbit K4 = P3^5;
sbit P10 = P1^0;
bit K1_flag = 0;
bit K2_flag = 0;
```

```c
bit K3_flag = 0;
bit K4_flag = 0;
/*********以下是延时函数********/
void Delay_ms(uint xms)
{
    uint i,j;
    for(i = xms;i>0;i--)           //i = xms 即延时约 xms
        for(j = 110;j>0;j--);
}
/*********以下是 0.1 占空比运转函数********/
void speed1()
{
    P10 = 0;                       //P1.0 为低电平,经 ULN2003 反相后输出高电平,电机停转
    Delay_ms(90);
    P10 = 1;                       //P1.0 为高电平,经 ULN2003 反相后输出低电平,电机转动
    Delay_ms(10);
}
/*********以下是 0.2 占空比运转函数********/
void speed2()
{
    P10 = 0;                       //P1.0 为低电平,经 ULN2003 反相后输出高电平,电机停转
    Delay_ms(40);
    P10 = 1;                       //P1.0 为高电平,经 ULN2003 反相后输出低电平,电机转动
    Delay_ms(10);
}
/*********以下是 0.5 占空比运转函数********/
void speed3()
{
    P10 = 0;                       //P1.0 为低电平,经 ULN2003 反相后输出高电平,电机停转
    Delay_ms(10);
    P10 = 1;                       //P1.0 为高电平,经 ULN2003 反相后输出低电平,电机转动
    Delay_ms(10);
}
/*********以下是主函数********/
main()
{
    while(1)
    {
        if(K1 == 0){K1_flag = 1;K2_flag = 0;K3_flag = 0;K4_flag = 0;}
        if(K2 == 0){K2_flag = 1;K1_flag = 0;K3_flag = 0;K4_flag = 0;}
        if(K3 == 0){K3_flag = 1;K1_flag = 0;K2_flag = 0;K4_flag = 0;}
        if(K4 == 0){K4_flag = 1;K1_flag = 0;K2_flag = 0;K3_flag = 0;}
        if(K1_flag == 1)speed1();
        if(K2_flag == 1)speed2();
```

```
            if(K3_flag == 1)speed3();
            if(K4_flag == 1)P10 = 0;    //P1.0为低电平,经ULN2003反相后输出高电平,电机停转
        }
    }
```

3. 源程序释疑

源程序比较简单,采用软件延时方法产生 PWM 信号。当按下 K1 键时,转动周期为 90 ms+10 ms=100 ms,P1.0 输出高电平时间(电机转动时间)为 10 ms,因此,占空比为 10/100=0.1,此时,电机转动速度慢。当按下 K2 键时,转动周期为 40 ms+10 ms=50 ms,P1.0 输出高电平时间(电机转动时间)为 10 ms,因此,占空比为 10/50=0.2,此时,电机转动速度较快。当按下 K3 键时,转动周期为 10 ms+10 ms=20 ms,P1.0 输出高电平时间(电机转动时间)为 10 ms,因此,占空比为 10/20=0.5,此时,电机转动速度最快。

4. 实现方法

① 打开 Keil C51 软件,建立工程项目,再建立一个名为 ch18_5.c 的文件,输入上面的源程序,对源程序进行编译和链接,产生 ch18_5.hex 目标文件。

② 将 DD-900 实验开发板 JP7 的 A 与 P1.0 插针短接,使直流电机驱动电路与单片机电路相连。同时,将直流电机的一端接步进电机输出端口的 V_{CC},另一端接步进电机输出插针的 A_OUT 端。

③ 将 STC89C51 单片机插到锁紧插座,把 ch18_5.hex 文件下载到单片机中,分别按压 K1、K2、K3、K4 键,观察直流电机的运行情况。

该实验程序在附光盘的 ch18\ch18_5 文件夹中。

18.3 舵机介绍及实例解析

18.3.1 舵机基本知识

1. 什么是舵机

舵机,顾名思义,就是航空航海以及各种汽车模型的操舵电机。舵机也称伺服电机,它是一个简单的闭环系统,其用于构成闭环的硬件电路与微型电机、减速器封装在一个部件内。输出轴可在控制信号的控制下在 0～180°范围内任意运动到某一个角度位置。舵机广泛用于机器人制作,机电系统开发,航模设计制作以及一些科学研究的控制。由于采用大减速比齿轮组和闭环控制方式,因此,精度高,扭矩大,控制起来十分方便。图 18-9 所示是常见舵机的外形图。

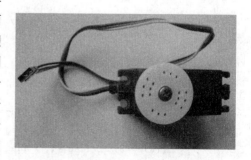

图 18-9 舵机外形图

2. 舵机的基本原理

舵机是一种位置伺服的驱动器,其工作原理是:控制信号由接收机的通道进入信号调制芯片,获得直流偏置电压。它内部有一个基准电路,产生周期为 20 ms、宽度为 1.5 ms 的基准信号,将获得的直流偏置电压与电位器的电压比较,获得电压差输出。最后,电压差的正负输出到电机驱动芯片决定电机的正反转。当电机转速一定时,通过级联减速齿轮带动电位器旋转,使得电压差为 0,电机停止转动。

3. 舵机的引脚

标准的舵机有 3 条导线,分别是:电源线、地线和控制线。电源线和地线用于提供舵机内部的直流电机和控制线路所需的能源,电压通常介于 4~6 V,一般取 5 V。注意,给舵机供电电源应能提供足够的功率。控制线的输入是一个宽度可调的周期性方波脉冲信号,即 PWM 信号,方波脉冲信号的周期为 20 ms(即频率为 50 Hz)。当方波的脉冲宽度改变时,舵机转轴的角度发生改变,角度变化与脉冲宽度的变化成正比。舵机的输出轴转角与输入信号的脉冲宽度之间的关系如图 18-10 所示。

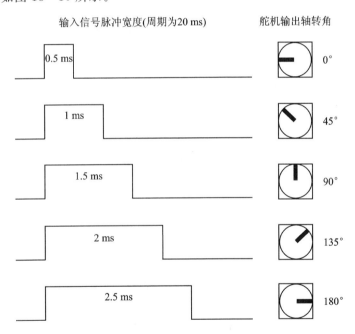

图 18-10 舵机输出转角与输入信号脉冲宽度的关系

4. 舵机与单片机的连接

在用单片机驱动舵机之前,要先确定相应舵机的功率,然后选择足够功率的电源为舵机供电,控制端无须大电流,直接用单片机的 I/O 口就可操作。在 DD-900 实验开发板中,选用 P1.1 作为舵机的控制信号。另外,由于只是演示性实验,并不需要带大功率负载,所以不需为舵机提供大功率电源。舵机电源可直接从单片机中取得,图 18-11 所示是舵机与

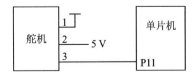

图 18-11 舵机与单片机的连接

单片机连接示意图。

18.3.2 实例解析6——用按键控制舵机转角

1. 实现功能

在 DD-900 实验开发板上进行实验,开机时,舵机的角度自动转为 0°,按 K3 键(P3.4),角度增加,按 K4 键(P3.5),角度减小。

2. 源程序

根据要求,编写的源程序如下:

```c
#include <reg51.h>
#define uchar unsigned char
#define uint unsigned int
unsigned char count;              //0.5 ms 次数标识
sbit PWM = P1^1;                  //PWM 信号输出
sbit K3 = P3^4;                   //角度增加按键检测 I/O 口
sbit K4 = P3^5;                   //角度减少按键检测 I/O 口
unsigned char angle;              //角度标识
/********以下是延时函数********/
void Delay_ms(uint xms)
{
    uint i,j;
    for(i=xms;i>0;i--)            //i=xms 即延时约 xms
        for(j=110;j>0;j--);
}
/********以下是定时器 T0 中断初始化函数********/
void timer0_init()
{
    TMOD = 0x01;                  //定时器 0 工作在方式 1
    EA = 1;ET0 = 1;               //开总中断和定时器 T0 中断
    TH0  = 0xfe;   TL0  = 0x33;   //0.5 ms 定时初值
    TR0 = 1;                      //启动定时器 T0
}
/********以下是按键扫描函数********/
void KeyScan()
{
    if(K3 == 0)                   //角度增加按键 K3 是否按下
    {
        Delay_ms(10);             //按下延时,消抖
        if(K3 == 0)               //确实按下
        {
            angle ++;             //角度标识加 1
            count = 0;            //按键按下,则 20 ms 周期从新开始
```

```
                if(angle == 6) angle = 5;        //已经是 180°,则保持
                while(K3 == 0);                   //等待按键放开
            }
        }
        if(K4 == 0)                               //角度减小按键 K4 是否按下
        {
            Delay_ms(10);                         //延时去抖
            if(K4 == 0)                           //确实按下
            {
                angle--;                          //角度标识减 1
                count = 0;
                if(angle == 0)angle = 1;          //已经是 0°,则保持
                while(K4 == 0);
            }
        }
    }
    void main()
    {
        angle = 1;
        count = 0;
        timer0_init();
        while(1)
        {
            KeyScan();                            //按键扫描
        }
    }
    /********以下是定时器 T0 中断函数,定时时间为 0.5 ms********/
    void timer0() interrupt 1                     //中断程序
    {
        TH0 = 0xfe;TL0 = 0x33;                    //重新 0.5 ms 定时赋值
        if(count<angle)                           //判断 0.5 ms 次数是否小于角度标识
        PWM = 1;                                  //确实小于,PWM 输出高电平
        else
        PWM = 0;                                  //大于则输出低电平
        count = (count + 1);                      //0.5 ms 次数加 1
        count = count % 40;                       //次数始终保持为 40,即保持周期为 20 ms
    }
```

3. 源程序释疑

单片机系统实现对舵机输出转角的控制,必须首先完成两项任务:首先,产生基本的 PWM 周期信号,即产生 20 ms 的周期信号;其次,调整脉宽,即单片机调节 PWM 信号的占空比。

在源程序中,单片机控制的是单个舵机,实现方法比较简单,它利用定时器 T0 来产生 PWM 信号。程序中,单片机可控制舵机 5 个角度转动,即 0°、45°、90°、135°、180°,其控制思路

如下：先将定时器 T0 初始化，定时时间为 0.5 ms。定义一个角度标识 angle，数值取值范围为 1、2、3、4、5，用来实现 0.5 ms、1 ms、1.5 ms、2 ms、2.5 ms 高电平的输出。再定义一个计数器 count，数值最大为 40，实现周期为 20 ms。每次进入定时器 T0 中断时，将 count 与 angle 进行比较，判断 0.5 ms 次数 count 是否小于角度标识 angle。若 count 小于 angle，控制 P1.1 引脚输出高电平；若 count 大于 angle，控制 P1.1 引脚输出低电平。例如，若进入中断时 angle 此时为 5，则进入前 5 次中断期间（此时的 count 小于 5），P1.1 输出为高电平，5 次共输出 2.5 ms 的高电平。剩下的 35 次中断期间（此时的 count 大于 5），P1.1 输出为低电平，35 次共输出 17.5 ms 的低电平。这样总的时间是 20 ms，为一个周期。

在按键扫描子程序中，每按一次 K3 或 K4 键，angle 加 1 或减 1，经比较和判断后，可完成舵机 5 个转角的控制。

4. 实现方法

① 打开 Keil C51 软件，建立工程项目，再建立一个名为 ch18_6.c 的文件，输入上面的源程序，对源程序进行编译和链接，产生 ch18_6.hex 目标文件。

② 将舵机的控制线、电源线、地线通过杜邦线插在 DD-900 实验开发板的 P1.1、V_{CC}、GND 三个插针上，使舵机与单片机电路相连。

③ 将 STC89C51 单片机插到锁紧插座，把 ch18_6.hex 文件下载到单片机中，分别按压 K3、K4 键，观察舵机的运行情况情况。

该实验程序在附光盘的 ch18\ch18_6 文件夹中。

第 19 章 单片机低功耗模式实例解析

在以电池供电的单片机系统中,有时为了降低电池的功耗,在程序不运行时就要采用低功耗模式。低功耗模式有两种,即待机模式和掉电模式,很多读者特别是初学者对低功耗模式了解不多,或者说了解得还不够深入。在本章中,我们将带您一起走进它!

19.1 单片机低功耗模式基本知识

低功耗模式是由电源控制及波特率选择寄存器 PCON 来控制的。PCON 是一个逐位定义的 8 位寄存器,其格式如下所示:

D7	D6	D5	D4	D3	D2	D1	D0
SMOD	—	—	—	GF1	GF0	PD	IDL

SMOD 为波特率倍增位,在串行通信时用;GF1 为通用标志位 1;GF0 为通用标志位 0;PD 为掉电模式位,PD=1,进入掉电模式;IDL 为待机模式位,IDL=1,进入待机模式。也就是说只要执行一条指令让 PD 位或 IDL 位为 1 就可以了。那么,单片机是如何进入或退出掉电工作模式和待机工作模式的呢?下面进行简要介绍。

19.1.1 待机模式

待机模式又叫空闲模式,当使用指令使 PCON 寄存器的 IDL=1,则进入待机模式。当单片机进入待机模式时,除 CPU 处于休眠状态外,其余硬件全部处于活动状态,芯片中程序未涉及的数据存储器和特殊功能寄存器中的数据在待机模式期间都将保持原值。但假定定时器正在运行,那么计数器寄存器中的值还将会增加。在待机模式下,单片机的消耗电流从 4~7 mA 降为 2 mA 左右,这样就可以节省电源的消耗。单片机在待机模式下,可由任一个中断或硬件复位唤醒。需要注意的是,使用中断唤醒单片机时,程序从原来停止处继续运行;当使用硬件复位唤醒单片机时,程序将从头开始执行。

19.1.2 掉电模式

掉电模式又叫休眠模式,当使用指令使 PCON 寄存器的 PD=1 时,则进入掉电工作模式。此时单片机的一切工作都停止,只有内部 RAM 的数据被保持下来。掉电模式下电源电压可以降到 2 V,电流可降至 0.1 μA。单片机在掉电模式下,可由外部中断或者硬件复位换醒。与待机模式类似,使用外部中断唤醒单片机时,程序从原来停止处继续运行;当使用硬件复位唤醒单片机时,程序将从头开始执行。

19.2 单片机低功耗模式实例解析

19.2.1 实现功能

在 DD-900 实验开发板进行实验:开机后,第 7、8 只数码管从 00 开始显示秒表的运行情况,当秒表走时到 10 时,单片机进入待机模式。按下 K1 键(单片机响应外部中断 0)后,单片机从待机模式返回,秒表继续运行。有关电路参见第 3 章图 3-4、图 3-17。

19.2.2 源程序

根据要求,编写的源程序如下:

```c
#include <reg51.h>
#include <intrins.h>
#define uchar unsigned char
#define uint unsigned int
sbit P26 = P2^6;
sbit P27 = P2^7;
uchar count = 0, sec = 0;              //count 为 50 ms 计数器,sec 为秒计数器变量
bit sec_flag = 0;
uchar code seg_data[] = {0xc0,0xf9,0xa4,0xb0,0x99,0x92,0x82,0xf8, 0x80,0x90};
                                       //0~9 的段码表
uchar data disp_buf[2] = {0x00,0x00};  //显示缓冲区
/********以下是延时函数********/
void Delay_ms(uint xms)                //延时程序,xms 是形式参数
{
    uint i, j;
    for(i = xms;i>0;i--)                //i = xms,即延时 xms,xms 由实际参数传入一个值
        for(j = 115;j>0;j--);           //此处分号不可少
}
/********以下是显示函数********/
void Display()
```

```c
{
    disp_buf[0] = sec/10;              //取出秒计数值的十位
    disp_buf[1] = sec%10;              //取出秒计数值的个位
    P0 = seg_data[disp_buf[1]];        //显示个位
    P27 = 0;                           //开个位显示(开第 8 只数码管)
    Delay_ms(10);                      //延时 10 ms
    P27 = 1;                           //关闭显示
    P0 = seg_data[disp_buf[0]];        //显示十位
    P26 = 0;                           //开十位显示(开第 7 只数码管)
    Delay_ms(10);                      //延时 10 ms
    P26 = 1;                           //关闭显示
}
/*********以下是主函数*********/
main()
{
    P0 = 0xff;
    P2 = 0xff;
    TMOD = 0x01;                       //定时器 T0 方式 1
    TH0 = 0x4c; TL0 = 0x00;            //50 ms 定时初值
    EA = 1; ET0 = 1; TR0 = 1;          //开总中断,开定时器 T0 中断,启动定时器 T0
    EX0 = 1; IT0 = 1;                  //开外中断 0,下降沿触发
    while(1)
    {
        if(sec_flag == 1)
        {
            if(sec == 60) sec = 0;     //如果秒计数器 sec 为 60,则清零
            if(sec == 10)
            {
                ET0 = 0;               //关闭定时器 T0
                PCON = 0x01;           //进入待机模式,如果使 PCON 为 0x02,则进入掉电
                                       //模式
            }
            sec_flag = 0;              //秒标志位清零
            sec++;                     //秒计数器加 1
        }
        Display();                     //显示函数
    }
}
/*********以下是定时器 T0 中断函数,产生 50 ms 定时*********/
void timer0() interrupt 1
{
    TH0 = 0x4c; TL0 = 0x00;            //重装 50 ms 定时初值
    count++;                           //计数值加 1
    if(count == 20)                    //若 count 为 20,说明 1 s 到(20×50 ms = 1 000 ms)
    {
```

```
            count = 0;                              //count 清零
        sec_flag = 1;
        }
}
/********以下是外中断0函数,用来触发单片机进入正常工作状态*******/
void int0() interrupt 0
{
    PCON = 0x00;                                //进入正常模式
    ET0 = 1;                                    //打开定时器 T0 中断
}
```

19.2.3　源程序疑释

源程序主要由主函数、显示函数、定时器 T0 中断函数、外中断 0 中断函数等组成。整个源程序演示了单片机从正常工作模式进入待机模式,然后再从待机模式返回到正常工作模式的全过程。

定时器 T0 中断函数用来产生秒信号,定时时间为 50 ms,中断 20 次后,恰好为 1 s,此时置位秒信号标志位 sec_flag。

在主程序中,首先判断秒标志位 sec_flag 是否为 1,若为 1,则秒计数器 sec 的值加 1,当加到 10 时,关闭定时器 T0,同时,将单片机设置为待机模式。

应该注意的是,在主程序中有以下两条语句:

```
ET0 = 0;                        //关闭定时器 T0
PCON = 0x01;                    //进入待机模式,如果使 PCON 为 0x02,则进入掉电模式
```

这两条语句的作用是:在进入待机模式之前,先把定时器 T0 关闭,这样方可一直等待外部中断 0 的产生,如果不关闭定时器 T0,定时器 T0 的中断同样也会唤醒单片机,使其退出待机模式,这样我们便看不出进入待机模式和返回的过程了。

在外部中断 0 服务程序中,首先将 PCON 中原先设定的待机模式控制位清除,接下来再重新开启定时器 T0。这样,当按下 K1 键触发外中断 0 时,一方面可以退出待机模式,另一方面秒表又可以继续运行了。

19.2.4　实现方法

① 打开 Keil C51 软件,建立工程项目,再建立一个名为 ch19_1.c 的源程序文件,输入上面的程序。对源程序进行编译、链接,产生 ch19_1.hex 目标文件。

② 将 DD-900 实验开发板 JP1 的 DS、V_{CC} 两插针短接,为数码管供电。

③ 将 STC89C51 单片机插到锁紧插座,把 ch19_1.hex 文件下载到单片机中。然后开机观察数码管的显示情况。

正常情况下,实验现象如下:数码管从 00 开始递增显示,到 10 后,数码管显示停止并熄灭,单片机进入待机模式。此时,按 K1 键,相当于触发了外中断 0,数码管从 11 开始显示,递

增下去,一直到59后再回到00继续运行。需要说明的是,单片机进入待机模式时,如果按下的是复位键,则单片机唤醒后将从00开始显示,而不是从11开始显示。

待机实验完成后,读者再将源程序中的PCON=0x01改为PCON=0x02,让单片机进入掉电模式,再观察掉电实验情况。

实验时,大家可将数字万用表调节到电流档,然后串接入单片机系统的供电回路中,观察单片机在正常工作模式、待机模式、掉电模式下流过系统的总电流变化情况,经测试可发现结果如下:正常工作电流＞待机模式电流＞掉电模式电流。

该实验程序在附光盘的 ch19\ch19_1 文件夹中。

第 20 章
语音电路实例解析

如今,电子产品都进入了智能化阶段,如果在设计的电子产品中加入语音电路,就能实现产品自己开口说话,会令产品的人性化、智能化更加提高。语音电路的应用已成为很多产品先声夺人、出其制胜的法宝。在本章中,将带您一起领略语音电路的神奇魅力!

20.1 语音电路基本知识

在日常生活中,经常能看到语音提示的身影,如公交报站系统、电话留言、银行取款服务等,给我们的日常生活中带来了极大的便利。它们之所以会开口说话,是因为其内部都装有一颗语音芯片,在单片机的控制下,就可以按照事先写好的程序工作了。

那么,什么是语音芯片呢?语音芯片就是可以录音和放音的芯片。比较典型的器件产品是美国 ISD 公司生产的 ISD 系列语音芯片。ISD 系列语音芯片采用模拟数据在半导体存储器直接存储的专利技术,即将模拟语音数据直接写入单个存储单元,不需要经过 A/D 或 D/A 转换,因此能够较好地真实再现语音的自然效果。

ISD 公司生产的语音芯片很多,如 ISD1420、ISD1820、ISD2560、ISD4000 系列等,这里,主要以应用较为广泛的 ISD4000 系列芯片为例进行介绍。

20.1.1 ISD4000 系列芯片的组成及特点

ISD4000 系列芯片是美国 ISD 公司制造的一种新款语音芯片,主要包括 ISD4002 系列(2~4 min 录放)、ISD4003 系列(4~8 min 录放)和 ISD4004 系列(8~16 min 录放)3 个子系列。ISD4000 系列工作电压为 3 V,单片录放时间为 2~16 min,音质好,适用于各种语音电子产品。

ISD4000 系列芯片采用 CMOS 技术,内含振荡器、防混淆滤波器、平滑滤波器、音频放大器、自动静音及非易失多级存储阵列等电路,其内部电路框图如图 20-1 所示。芯片的所有操作由单片机控制,操作命令通过 SPI 串行通信接口送入。芯片采用多电平直接模拟量存储技术,每个采样值直接存储在片内闪存(闪烁存储器)中,因此能够非常真实、自然地再现语音、音乐、音调和效果声,避免了一般固体录音电路因量化和压缩造成的量化噪声和"金属声"。采样频率可为 4.0、5.3、6.4、8.0 kHz,频率越低,录放时间越长,而音质则有所下降。片内信息存于闪烁存储器中,可在断电情况下保存 100 年(典型值),反复录音 10 万次。

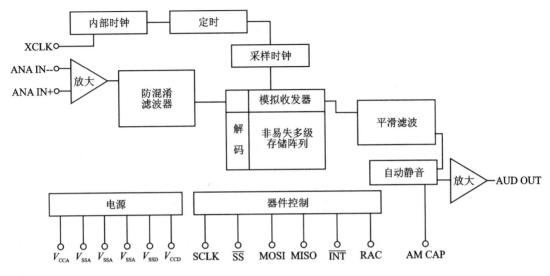

图 20-1　ISD4000 系列芯片内部电路框图

20.1.2　ISD4000 芯片引脚功能

ISD4000 芯片引脚排列如图 20-2 所示,引脚功能如表 20-1 所列。

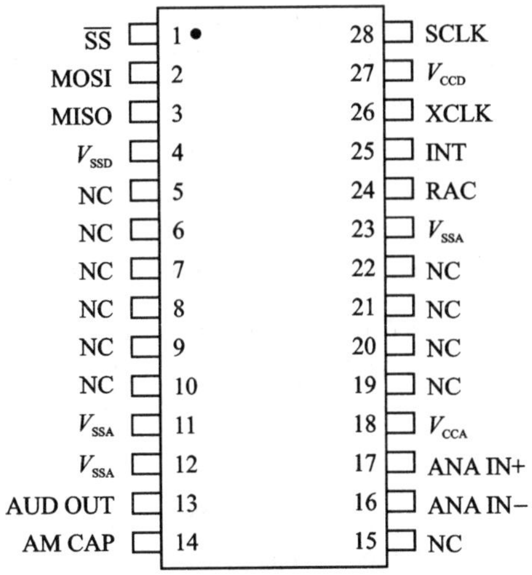

图 20-2　ISD4000 芯片引脚排列

表 20-1　ISD4000 芯片引脚功能

引脚号	符　号	功　能
1	$\overline{SS}$	ISD400 片选端。此端为低电平时,可向 ISD4000 芯片发送指令,两条指令之间为高电平

续表 20-1

引脚号	符号	功能
2	MOSI	主机输出/从机输入数据线。主机应在串行时钟上升沿之前半个周期将数据放到该端,以便输入到 ISD4000 芯片
3	MISO	主机输入/从机输出数据线。ISD 未选中时,该端呈高阻态
4	V_{SSD}	数字地
5~10、15、19~22	NC	空
11、12、23	V_{SSA}	模拟地
13	AUD OUT	音频输出端,可驱动 5 kΩ 的负载
14	AM CAP	自动静噪端。通常本端对地接 1 μF 的电容,构成内部信号电平峰值检测电路的一部分。检出的峰值电平与内部设定的阈值作比较,决定自动静噪功能的翻转点。本端接 V_{CCA} 时,则禁止自动静噪
16	ANA IN−	差分驱动时,这是录音信号的反相输入端。信号通过耦合电容输入,最大幅度为峰峰值 16 mV,本端的标称输入阻抗为 56 kΩ,单端驱动时,本端通过电容接地
17	ANA IN+	这是录音信号的同相输入端。输入放大器可用单端或差分驱动。单端输入时,信号由耦合电容输入,最大幅度为峰峰值 32 mV,耦合电容和本端的 3 kΩ 输入阻抗决定了芯片频率的低端截止频率。在差分驱动时,信号最大幅度为峰峰值 16 mV
18	V_{CCA}	模拟电源
24	RAC	行地址时钟端,漏极开路输出。每个 RAC 周期表示 ISD 存储器的操作进行了一行(ISD4000 系列中的存储器共 600~2 400 行)。8 kHz 采样频率的器件,RAC 周期为 200 ms,其中 175 ms 保持高电平,低电平为 25 ms。快进模式下,RAC 为 218.75 ms 高电平,31.25 ms 为低电平,该端可用于存储管理技术
25	$\overline{INT}$	中断输出端,漏极开路输出。ISD4000 在任何操作中检测到 EOM 或 OVF 时,该端变为低电平并保持。中断状态在下一个 SPI 周期开始时清除。中断状态也可用 RINT 指令读取
26	XCLK	外部时钟端,内部有下拉元件。芯片内部有采样时钟,并在出厂前已调校,误差为±1%内。若要求更高精度时钟,可从本端输入外部时钟。在不外接外时钟时,此端必须接地
27	V_{CCD}	数字电源
28	SCLK	ISD4000 的时钟输入端,由主控制器产生,用于同步 MOSI 和 MISO 的数据传输。数据在 SCLK 上升沿锁存到 ISD4000,在下降沿移出 ISD4000

20.1.3 ISD4000 的操作指令

ISD4000 工作于 SPI 串行接口。SPI 是摩托罗拉公司推出的串行扩展接口,它可以使单片机与各种外围设备以串行方式进行通信以交换信息。SPI 总线接口一般使用 4 条线:串行时钟线(SCLK)、主机输入/从机输出数据线 MISO、主机输出/从机输入数据线 MOSI 和低电平有效的从机片选线$\overline{SS}$。由于 SPI 系统总线一共只需 4 位数据和控制线,因此,采用 SPI 总线接口可以简化电路设计,节省很多常规电路中的接口器件和 I/O 口线,提高设计的可靠性。

SPI 总线中,$\overline{SS}$、SCLK 和 MOSI 这 3 个信号由控制器发出,并送到 ISD4000,控制器通过 MISO 信号线可从 ISD4000 中读取数据。

1. ISD4002/4003 操作指令

对于 ISD4002 和 ISD4003,MOSI 信号线向 ISD4002/4003 传送 2 字节指令,第 1 字节为低 8 位地址(A0~A7),第 2 字节为高 3 位地址(A8~A10)和 5 位操作指令。有的指令不需要地址,是单字节指令。

ISD4002/4003 的操作指令如下:

① POWERUP 指令:20H。上电指令,等待上电完成后器件可以工作。指令格式如下:

00100XXX

X 可取 0 或 1,一般取 0(下同)。

② SET PLAY 指令:E0H+地址 A0~A10。送出放音指令和放音起始地址。指令格式如下:

11100A10A9A8	A7A6A5A4A3A2A1A0

③ PLAY 指令:F0H。从当前地址开始放音,直到出现 EOM 或 OVF 为止。指令格式如下:

11110XXX

OVF 是存储器末尾标志,用来指示 ISD 的录、放操作已到达存储器的末尾。EOM 是信息结尾标志,用来指示在放音中检测到信息结尾。

④ SET REC 指令:A0H+地址 A0~A10。送出录音指令和录音起始地址。指令格式如下:

10100A10A9A8	A7A6A5A4A3A2A1A0

⑤ REC 指令:B0H。从当前地址开始录音,直到出现 OVF 或停止指令。指令格式如下:

10110XXX

⑥ SET MC 指令:E8H+地址 A0~A10。从指令地址开始快进。指令格式如下:

11101A10A9A8	A7A6A5A4A3A2A1A0

⑦ MC 指令:F8H。执行快进操作,直到出现 EOM 为止。指令格式如下:

11111XXX

⑧ STOP 指令:30H。停止当前操作。指令格式如下:

0X110XXX

⑨ STOPWRDN 指令：10H。停止当前操作并掉电。指令格式如下：

0X01XXXX

⑩ RINT 指令：30H。读中断状态位 OVF 和 EOM。指令格式如下：

0X110XXX

2. ISD4004 操作指令

对于 ISD4004，MOSI 信号线向 ISD4004 传送 3 字节指令，第 1 字节为低 8 位地址（A0～A7），第 2 字节为高 8 位地址（A8～A15），第 3 字节为 8 位操作指令。有的指令不需要地址，是单字节指令。

ISD4004 的操作指令如下：

① POWERUP 指令：20H。上电指令，等待上电完成后器件可以工作。指令格式如下：

00100XXX

X 可取 0 或 1，一般取 0（下同）。

② SET PLAY 指令：E0H＋地址 A0～A15。送出放音指令和放音起始地址。指令格式如下：

11100XXX	A15A14A13A12A11A10A9A8	A7A6A5A4A3A2A1A0

③ PLAY 指令：F0H。从当前地址开始放音，直到出现 EOM 或 OVF 为止。指令格式如下：

11110XXX

④ SET REC 指令：A0H＋地址 A0～A15。送出录音指令和录音起始地址。指令格式如下：

10100XXX	A15A14A13A12A11A10A9A8	A7A6A5A4A3A2A1A0

⑤ REC 指令：B0H。从当前地址开始录音，直到出现 OVF 或停止指令。指令格式如下：

10110XXX

⑥ SET MC 指令：E8H＋地址 A0～A15。从指令地址开始快进。指令格式如下：

11101XXX	A15A14A13A12A11A10A9A8	A7A6A5A4A3A2A1A0

⑦ MC 指令：F8H。执行快进操作，直到出现 EOM 为止。指令格式如下：

11111XXX

⑧ STOP 指令:30H。停止当前操作。指令格式如下:

```
0X110XXX
```

⑨ STOPWRDN 指令:10H。停止当前操作并掉电。指令格式如下:

```
0X01XXXX
```

⑩ RINT 指令:30H。读中断状态位 OVF 和 EOM。指令格式如下:

```
0X110XXX
```

20.1.4 ISD4000 系列芯片主要参数

ISD4000 系列芯片主要参数如表 20-2 所列。

表 20-2 ISD4000 系列芯片主要参数

型 号	存储时间/s	可分段数	信息分辨率/ms	采样频率/kHz	滤波器带宽/kHz	指令格式（指令码+地址）	指令字节数
ISD4002-120	120	600	200	8.0	3.4	5+11	2
ISD4002-180	180	600	300	5.3	2.3	5+11	2
ISD4002-240	240	600	400	4.0	1.7	5+11	2
ISD4003-04	240	1 200	200	8.0	3.4	5+11	2
ISD4003-06	360	1 200	300	5.3	2.3	5+11	2
ISD4003-08	480	1 200	400	4.0	1.7	5+11	2
ISD4004-08	480	2 400	200	8.0	3.4	8+16	3
ISD4004-16	960	2 400	400	4.0	1.7	8+16	3

20.2 ISD4000 语音开发板与驱动程序的制作

20.2.1 ISD4000 语音开发板的制作

为了配合下面的实例解析,笔者设计制作了一种单片机控制 ISD4000 语音开发板,不但可进行语音录制、播放,而且输入不同的程序,还可开发出不同的智能产品。图 20-3 所示是 ISD4000 语音开发板的电路原理图。

整个开发板系统由电源电路,STC89C51 单片机,ISD4000(可安装 ISD4002、ISD4003 或 ISD4004)语音芯片,数码管显示电路,话筒和线路录音输入电路,LM386 功放电路以及按键电路等组成。

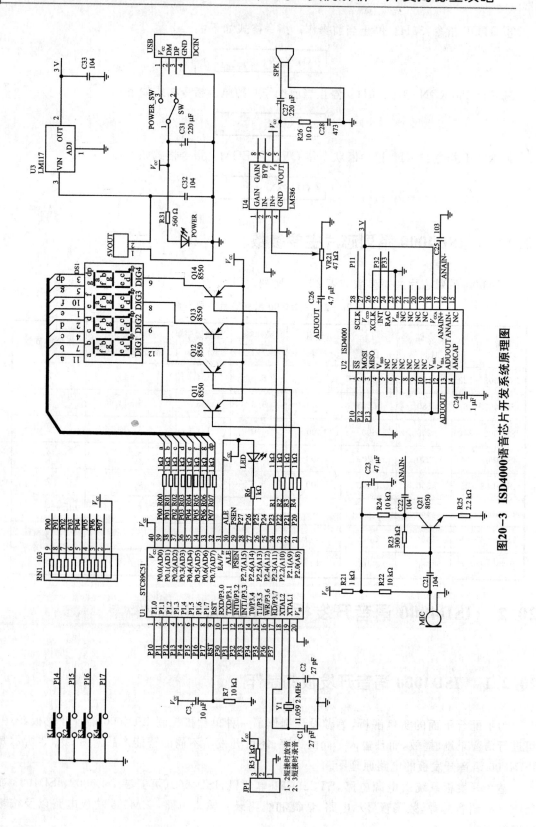

图20-3 ISD4000语音芯片开发系统原理图

(1) 电源电路

电源电路采用 USB 接口,输入电压为 5 V,为整机主要电路供电。由于 ISD4000 芯片需在 2.7～3.3 V 工作,因此,电路中又加入 LM1117-3 稳压块,输出 3.3 V 电压,专为 ISD4000 芯片供电。

(2) 单片机

STC89C51 是一款低功耗/低电压、高性能的 8 位单片机,除兼容 8051 单片机外,内部还具有 ISP 在线下载程序等多种新功能,方便我们进行烧写调试。

(3) ISD4000

ISD4000 系列有多种芯片,实验时,主要选用 ISD4002-120 或 ISD4004-08。如果选用 ISD4002-120,可录放 120 s 语音信号,分 600 段,可寻址其范围为 000H～258H;如果选用 ISD4004-08,可录放 8 min 语音信号,分 2 400 段,可寻址其范围为 000H～0960H。

从图中可以看出,单片机和 ISD4000 之间的连线较少。P1.0 接 ISD4000 的片选引脚$\overline{SS}$,控制 ISD4000 是否选通;P1.1 接 ISD4000 的 MOSI 串行输入引脚,语音芯片从该引脚读入放音的地址;P1.2 接 ISD 的串行输出引脚 MISO,单片机从该引脚接收从语音芯片传来的信号;单片机的 P1.3 接 ISD4000 的串行时钟输入端 SCLK,作为 ISD 的时钟输入,用于同步 MOSI 和 MISO 的数据传输;P1.4 接 ISD 芯片的中断引脚$\overline{INT}$,接收从语音芯片发来的 EOM 信号,获得语音段结束信息,控制其放音或快进操作。

(4) 录音输入电路

录音时,输入的音频信号由 ISD4000 的第 16、17 引脚送到内部电路,经处理后,存储到内部闪存中。由话筒输入的音频信号转化为电信号后,通过三极管 Q21 放大,耦合到 ISD4000 语音信号的输入端,单端输入时一般信号幅度不超过 32 mV。

(5) 放音输出电路

放音时,音频从内部闪存中取出,由 ISD4000 的第 13 引脚输出,经 LM386 放大后,驱动扬声器或耳机发出声音。

(6) 录放切换电路

录放切换由第 3 引脚插针 JP1 完成,当 JP1 的第 3、2 引脚短接时(即 P3.6 接 V_{CC},为高电平),处于录音状态;当 JP2 的第 1、2 引脚短接时(即 P3.6 接 GND,为低电平),处于放音状态。

(7) 按键电路

4 个按键分别接在单片机的 P1.4～P1.7,4 个按键功能未定,可根据实际需要在编程时进行设定。

(8) 显示电路

为方便进行产品开发及录音、放音操作,系统加入一个 4 位共阳数码管显示电路,显示内容可根据实际情况进行确定。

图 20-4 是制作完成的 ISD4000 语音开发板实物外形,有关语音开发实验板的详细内容,请登录顶顶电子网站。

图 20-4　ISD4000 语音开发板实物外形

20.2.2　ISD4000 驱动程序软件包的制作

ISD4000 系列芯片中，ISD4002/4003 与 ISD4004 操作指令不尽相同，因此，二者的驱动程序软件包也不尽一致，ISD4002 和 ISD4004 驱动程序软件包的详细内容如下：

1. ISD4002 驱动程序软件包

ISD4002 驱动程序软件包文件名为 ISD4002_drive.h，具体内容如下：

```c
#include <reg51.h>
#define uchar unsigned char
#define uint unsigned int
sbit SS = P1^0;                    //ISD4000 片选端
sbit SCLK = P1^1;                  //ISD4000 时钟端
sbit MOSI = P1^2;                  //ISD4000 数据输入
sbit MISO = P1^3;                  //ISD4000 数据输出
sbit ISD_INT = P3^2;               //中断
sbit LED = P2^6;                   //指示灯
/********以下是 yus 延时函数********/
void delay(uint yus)
{
    while(yus!=0)yus-- ;
}
/********以下是 xms 延时函数********/
```

第 20 章　语音电路实例解析

```c
void Delay_ms(uint xms)                 //延时程序,xms 是形式参数
{
    uint i, j;
    for(i = xms;i>0;i-- )               //i = xms,即延时 xms,xms 由实际参数传入一个值
        for(j = 115;j>0;j-- );          //此处分号不可少
}
/********以下是 SPI 串行发送函数********/
void spi_send(uchar isdx)
{
    uchar isd_count;
    SS = 0;                             //ss = 0,打开 SPI 通信端
    SCLK = 0;
    for(isd_count = 0;isd_count<8;isd_count ++ )   //先发低位再发高位,依次发送
    {
        if ((isdx&0x01) == 1)
        MOSI = 1;
        else
        MOSI = 0;
        isdx = isdx>>1;
        SCLK = 1;
        delay(2);
        SCLK = 0;
        delay(2);
    }
}
/********以下是发送上电指令********/
void isd_powerup(void)
{
    delay(10);
    SS = 0;
    spi_send(0x20);
    SS = 1;
    Delay_ms(50);
}
/********以下是发送掉电指令函数********/
void isd_poweroff(void)
{ delay(10);
    spi_send(0x10);
SS = 1;
Delay_ms(50);
}
/********以下是发送 play(播放)指令函数********/
void isd_play(void)
{
    LED = 0;
```

```c
    spi_send(0xf0);
    SS = 1;
}
/********以下是发送 rec(录音)指令函数********/
void isd_rec(void)
{
    LED = 0;
    spi_send(0xb0);
    SS = 1;
}
/********以下是发送 stop(停止)指令函数********/
void isd_stop(void)
{
    delay(10);
    spi_send(0x30);
    SS = 1;
    Delay_ms(50);
}
/********以下是发送 setplay(放音起始地址)指令函数********/
void isd_setplay(uchar adl,uchar adh)
{
    spi_send(adl);                    //发送起始地址低位
    adh = adh|0xe0;
    spi_send(adh);                    //发送起始地址高位
    SS = 1;
}
/********以下是发送 setrec(录音起始地址)指令函数********/
void isd_setrec(uchar adl,uchar adh)
{
    spi_send(adl);                    //发送起始地址低位
    adh = adh|0xa0;
    spi_send(adh);                    //发送起始地址高位
    SS = 1;
}
/********以下是检查芯片是否溢出函数(读 OVF,并返回 OVF 值)********/
uchar check_ovf(void)
{
    SS = 0;
    delay(2);
    SCLK = 0;
    delay(2);
    SCLK = 1;
    SCLK = 0;
    delay(2);
    if (MISO == 1)
```

```
    {
        SCLK = 0;
        SS  = 1;                            //关闭 spi 通信端
        isd_stop();                         //发送 stop 指令
        return 1;                           //OVF 为 1,返回 1
    }
    else
    {
        SCLK = 0;
        SS  = 1;                            //关闭 spi 通信端
        isd_stop();                         //发送 stop 指令
        return 0;                           //OVF 为 0,返回 0
    }
}
```

2. ISD4004 驱动程序软件包的制作

与 ISD4002/3 不同的是,ISD4004 芯片的语音地址是 16 位,在发送带地址指令(如 setplay 函数,setrec 函数)时,需要先发送 2 字节的地址信息,再发送 1 字节的命令字。其他函数与 ISD4002 完全相同,ISD4004 驱动程序软件包文件名为 ISD4004_drive.h,具体内容如下:

```
#include <reg51.h>
#define uchar unsigned char
#define uint unsigned int
sbit SS = P1^0;                             //ISD4000 片选端
sbit SCLK = P1^1;                           //ISD4000 时钟端
sbit MOSI = P1^2;                           //ISD4000 数据输入
sbit MISO = P1^3;                           //ISD4000 数据输出
sbit ISD_INT = P3^2;                        //中断
sbit LED = P2^6;                            //指示灯
/********以下是 yus 延时函数********/
    ⋮                                       //与 ISD4002 驱动程序完全相同(略)
/********以下是 xms 延时函数********/
    ⋮                                       //与 ISD4002 驱动程序完全相同(略)
/********以下是 SPI 串行发送函数********/
void spi_send(uchar isdx)
    ⋮                                       //与 ISD4002 驱动程序完全相同(略)
/********以下是发送上电指令********/
void isd_powerup(void)
    ⋮                                       //与 ISD4002 驱动程序完全相同(略)
/********以下是发送掉电指令函数********/
    ⋮                                       //与 ISD4002 驱动程序完全相同(略)
/********以下是发送 play(播放)指令函数********/
    ⋮                                       //与 ISD4002 驱动程序完全相同(略)
/********以下是发送 rec(录音)指令函数********/
    ⋮                                       //与 ISD4002 驱动程序完全相同(略)
```

```
/********以下是发送 stop(停止)指令函数********/
    ⋮                          //与 ISD4002 驱动程序完全相同(略)
/********以下是发送 setplay(放音起始地址)指令函数********/
void isd_setplay(uchar adl,uchar adh)
{
    Delay_ms(1);
    spi_send(adl);              //发送放音起始地址低位
    delay(2);
    spi_send(adh);              //发送放音起始地址高位
    delay(2);
    spi_send(0xe0);             //发送 setplay 指令字节
    SS = 1;
}
/********以下是发送 setrec(录音起始地址)指令函数********/
void isd_setrec(uchar adl,uchar adh)
{
    Delay_ms(1);
    spi_send(adl);              //发送放音起始地址低位
    delay(2);
    spi_send(adh);              //发送放音起始地址高位
    delay(2);
    spi_send(0xa0);             //发送 setplay 指令字节
    SS = 1;
}
/********以下是检查芯片是否溢出函数(读 OVF,并返回 OVF 值)********/
    ⋮                          //与 ISD4002 驱动程序完全相同(略)
```

20.3 语音电路实例解析

20.3.1 实例解析 1——语音的录制与播放

1. 实现功能

在 ISD4000 语音开发板上(语音芯片为 ISD4004-08)进行语音的录制与播放实验:

将 JP1 置于录音位置时,可进行录音操作。录音时,按住 K1 键(P1.4 引脚,定义为操作键)不动,对着话筒可录音,松开 K1 键,一段录音结束。再按住 K1 键,可进行第 2 段、第 3 段……的录音。在录音状态下按一下 K2 键(接 P1.5 引脚,定义为返回键),返回到第 1 段位置。

将 JP1 置于放音位置时,可进行放音操作。放音时,按一下 K1 键,开始播放第一段,播放完成后停止,再按 K1 键,可播放第 2 段、第 3 段……在放音状态下按一下 K2 键,返回到第一段位置。

2. 源程序

根据要求,编写的源程序如下:

```c
#include <reg51.h>
#include "ISD4004_drive.h"
#define uchar unsigned char
#define uint unsigned int
sbit K1 = P1^4;                          //K1 键
sbit K2 = P1^5;                          //K2 键
sbit PR = P3^6;                          //录放控制端,PR = 1 录音, PR = 0 放音
/********以下是闪烁函数,当溢出时,LED 闪烁提醒停止录音********/
void flash(void)
{
    while(K1 == 0)
    {
        LED = 1;
        Delay_ms(300);
        LED = 0;
        Delay_ms(300);
    }
}
/********以下是录音函数********/
void Recorder()
{
    Delay_ms(500);                       //延迟录音
    isd_setrec(0x00,0x00);               //发送 0x0000h 地址的 setplay 指令
    do
    {
        isd_rec();                       //发送 rec 指令
        while(K1 == 0)                   //等待录音完毕,松开 K1 键,则停止录音
        {
            if(ISD_INT == 0) flash();    //如果芯片溢出,进行 LED 闪烁提示
        }
        if(ISD_INT == 0)break;           //如果芯片溢出,则芯片复位
        LED = 1;                         //录音完毕,LED 熄灭
        isd_stop();                      //发送停止命令
        while(K1 == 1)                   //若 K1 键释放,再判断 K1、K2 键是否按下
        {
            if(K2 == 0) break;           //如果按下 K2 按键,则芯片复位
            if(K1 == 0)Delay_ms(500);    //如果 K1 再次按下,开始录制下一段语音
        }
    }while(K1 == 0);
}
/********以下是放音函数********/
void Player()
```

```c
{
    uchar ovflog;
    while(K1 == 0){;}
    isd_setplay(0x00,0x00);              //发送 setplay 指令,从 0x0000 地址开始放音
    do
    {
        isd_play();                      //发送放音指令
        delay(20);
        while(ISD_INT == 1)              //等待放音完毕的 EOM 中断信号
        {;}
        LED = 1;
        isd_stop();                      //放音完毕,发送 stop 指令
        if (ovflog = check_ovf())  break; //检查芯片是否溢出,如溢出则停止放音,芯片复位
        while(K1 == 1)                   //若 K1 键释放,再判断 K1、K2 键是否按下
        {
            if (K2 == 0)break;           //若 K2 键按下,则芯片复位
            if(K1 == 0)Delay_ms(10);     //若 K1 键按下,延时 10 ms 去抖
        }
    }while(K1 == 0);                     //K1 键再次按下,播放下一段语音
}
/********以下是主函数********/
void main(void)
{
    while(1)
    {
        P0 = 0xff ;P1 = 0xff ;P2 = 0xff; P3 = 0xff;    //端口初始化
        while (K1 == 1)                  //等待 K1 键按下
        {
            if (K1 == 0) Delay_ms(10);   //若 K1 键按下,延时 10 ms,防抖动
        }
        isd_powerup();                   //K1 键按下,ISD 上电
        isd_poweroff();                  //掉电
        isd_powerup();                   //上电
        if (PR == 1) Recorder();         //如果 PR = 1,则转入录音部分
        else Player();                   //如果 PR == 0,则转入放音部分
        isd_stop();                      //停止
        isd_poweroff();                  //掉电
    }
}
```

3. 源程序释疑

源程序比较简单,程序开始时,首先检测录音/放音切换开关 JP1 的位置,若处于录音状态(P1.4 为高电平),则跳转到录音程序进行录音操作;若处于放音状态(P1.4 为低电平),则跳转到放音程序进行放音操作。在放音时,若按下了返回键(接于单片机的 P1.5 引脚),则重新

回到放音起始地址 0000H 处。

4. 实现方法

① 打开 Keil C51 软件,建立工程项目,再建立一个名为 ch20_1.c 的源程序文件,输入上面的程序。

② 在 ch20_1.uv2 的工程项目中,再将前面制作的驱动程序软件包 ISD4004_drive.h 添加进来。

③ 单击"重新编译"按钮,对源程序 ch20_1.c 和 ISD4004_drive.h 进行编译和链接,产生 ch20_1.hex 目标文件。

④ 把 ch20_1.hex 文件下载到 STC89C51 中(可用 DD-900 实验开发板进行下载),再将 STC89C51 取下,插到 ISD4000 语音开发板上,给语音开发板通电。先将 JP1 置于录音位置进行录音。断电,再将 JP1 置于放音位置,通电,并试听放音效果是否正常。

该实验源程序在附光盘的 ch20\ch20_1 文件夹中,ISD4004 驱动程序软件包在附光盘的 ch20\文件夹中。

如果要进行 ISD4002 实验,请将 ISD4000 语音开发板上的 ISD4004 取下,装上 ISD4002,然后,移去 ISD4004_drive.h 驱动程序软件包,加载 ch20\文件夹中的 ISD4004_drive.h 驱动程序软件包,重新编译链接即可。

20.3.2 实例解析 2——语音报站器

1. 实现功能

在 ISD4000 语音开发板上(语音芯片为 ISD4004-08)实现语音报站器功能:

将 JP1 置于录音位置时,可进行报站录音操作。录音时,按一下 K1 键(注意,不是持续按着),LED 灯亮,此时对着话筒可录音,一段录音结束。再按一下 K1 键,可进行第 2 段、第 3 段……的录音。在这里,要求录制 10 站内容,每段录音时间为 10 s。

将 JP1 置于放音位置时,可将录制的 10 站内容进行播放。播放时,按一下 K1 键,返回到第一站,并开始播放第一站内容;按一下 K2 键,播放下一站内容;按一下 K3 键,播放上一站内容;同时,数码管上可显示出播放的站号。

2. 源程序

根据要求,编写的源程序如下:

```
#include <reg51.h>
#include "ISD4004_drive.h"
#define uchar unsigned char
#define uint unsigned int
sbit K1 = P1^4;        //K1 键,按下 K1 键从第 1 站开始播放
sbit K2 = P1^5;        //K2 键,按下 K2 键,播放下一站
sbit K3 = P1^6;        //K3 键,按下 K3 键,播放上一站
sbit K4 = P1^7;        //K4 键,待定,可根据需要将其设定为广告播放键
sbit PR = P3^6;        //录放控制端,PR=1 录音,PR=0 放音
```

```c
uchar code bit_tab[4] = {0xfe,0xfd,0xfb,0xf7};        //位选表,用来选择哪一只数码管进行显示
uchar code seg_data[] = {0xc0,0xf9,0xa4,0xb0,0x99,0x92,0x82,0xf8,0x80,0x90,0x88,0x83,
                0xc6,0xa1,0x86,0x8e,0xff};    //0~F和熄灭符的显示码(字形码)
uchar disp_buf[4] = {0x00,0x00,0x00,0x00};            //定义显示缓冲单元,并赋值
uchar code addh_tab[10] = {00,00,01,01,02,02,03,03,04,04};
    //ISD4000 高8位地址表,为阅读方便,这里采用的是十进制形式,当然也可以采用十六进制的形式
uchar code addl_tab[10] = {00,50,00,50,00,50,00,50,00,50};
    //ISD4000 低8位地址表,为阅读方便,这里采用的是十进制形式,当然也可以采用十六进制的形式
char count = 1;                                 //站计数器,初始为第1站
/*********以下是录音函数********/
void  Recorder()
{
    EA = 0;                            //录音时关中断
    if(K1 == 0)                        //等待 K1 键按下
    {
        Delay_ms(10);                  //若 K1 键按下,延时 10 ms,防抖动
        if (K1 == 0)
        {
            while(!K1);                //等待 K1 键释放
            isd_powerup();             //ISD 上电
            isd_poweroff();            //掉电
            isd_powerup();             //上电
            Delay_ms(500);             //延迟 500 ms 录音
            isd_setrec(addl_tab[count - 1],addh_tab[count - 1]);  //设置 ISD 低位和高位地址表
            isd_rec();                 //发送 rec 指令
            LED = 0;
            Delay_ms(10000);           //录音 10 s
            LED = 1;                   //录音完毕,LED 熄灭
            count ++ ;                 //指向下一地址
            isd_stop();                //发送停止命令
            if(count>10)count = 1;     //若录完第 10 站,则返回到第 1 站
        }
    }
    EA = 1;                            //录音完毕打开中断
}
/*********以下是放音函数********/
void  Player()
{
    uchar ovflog;
    isd_powerup();                     //ISD 上电
    isd_poweroff();                    //掉电
    isd_powerup();                     //上电
    if(K1 == 0)
    {
        Delay_ms(10);                  //若 K1 键按下,延时 10 ms,防抖动
```

第20章　语音电路实例解析

```c
        if (K1 == 0)
        {
            while(!K1);                    //等待 K1 键释放
            count = 1;                      //从第 1 站开始播放
            isd_setplay(0x00,0x00);        //发送 setplay 指令,从 0x0000 地址开始放音
            isd_play();                     //发送放音指令
            LED = 0;                        //放音时打开 LED 灯
            delay(20);
            while(ISD_INT == 1);
                                            //若放音完毕,则中断信号 ISD_INT = 0,否则,则等待中断信号
            LED = 1;                        //放音完毕关断 LED 灯
            isd_stop();                     //发送停止命令
            if (ovflog = check_ovf()) isd_poweroff();
                                            //检查芯片是否溢出,若溢出,则停止放音,芯片复位
        }
    }
    if(K2 == 0)
    {
        Delay_ms(10);                       //若 K2 键按下,则延时 10 ms,防抖动
        if (K2 == 0)
        {
            while(!K2);                     //等待 K2 键释放
            count ++ ;                      //指向下一地址
            if(count>10)count = 1;          //若播放完第 10 站,则返回到第 1 站
            isd_setplay(addl_tab[count-1],addh_tab[count-1]);//设置 ISD 低位和高位地址表
            isd_play();                     //发送放音指令
            LED = 0;                        //打开 LED 灯
            delay(20);
            while(ISD_INT == 1);
                                            //若放音完毕,则中断信号 ISD_INT = 0,否则,则等待中断信号
            LED = 1;                        //关断 LED 灯
            isd_stop();                     //发送停止命令
            if (ovflog = check_ovf()) isd_poweroff();
                                            //检查芯片是否溢出,若溢出,则停止放音,芯片复位
        }
    }
    if(K3 == 0)
    {
        Delay_ms(10);                       //若 K3 键按下,则延时 10 ms,防抖动
        if (K3 == 0)
        {
            while(!K3);                     //等待 K3 键释放
            count -- ;                      //指向上一地址
            if(count<=0)count = 10;         //若已播放完第一站,则将其回到最后一站(第 10 站)
            isd_setplay(addl_tab[count-1],addh_tab[count-1]);//设置 ISD 低位和高位地址表
```

```c
        isd_play();              //发送放音指令
        LED = 0;                 //开 LED 灯
        delay(20);
        while(ISD_INT == 1);     //若放音完毕,则中断信号 ISD_INT = 0,否则,等待中断信号
        LED = 1;                 //关 LED 灯
        isd_stop();              //发送停止命令
        if (ovflog = check_ovf()) isd_poweroff();
                                 //检查芯片是否溢出,若溢出,则停止放音,芯片复位
    }
}
/********以下是转换函数,将站号转换为适合 LED 显示的数值********/
void Conv()
{
    disp_buf[0] = 0x00;          //千位
    disp_buf[1] = 0x00;          //百位
    disp_buf[2] = count/10;      //站号十位
    disp_buf[3] = count % 10;    //站号个位
}
/********以下是显示函数********/
void Display()
{
    uchar tmp;                   //定义显示暂存
    static uchar disp_sel = 0;   //显示位选计数器,显示程序通过它得知现正显示哪个数
                                 //码管,初始值为 0
    tmp = bit_tab[disp_sel];     //根据当前的位选计数值决定显示哪只数码管
    P2 = tmp;                    //送 P2 控制被选取的数码管点亮
    tmp = disp_buf[disp_sel];    //根据当前的位选计数值查的数字的显示码
    tmp = seg_data[tmp];         //取显示码
    P0 = tmp;                    //送到 P0 口显示出相应的数字
    disp_sel ++ ;                //位选计数值加 1,指向下一个数码管
    if(disp_sel == 4)
    disp_sel = 0;                //如果 4 个数码管显示了一遍,则让其回 0,重新再扫描
}
/*********以下是定时器 T0 初始化函数********/
void   timer0_init()
{
    TMOD = 0x01;                 //工作方式 1
    TH0 = 0xf8;TL0 = 0xcc;       //定时时间为 2 ms 计数初值
    EA = 1;ET0 = 1;              //开总中断和定时器 T0 中断
    TR0 = 1;                     //T0 开始运行
}
/********以下是主函数********/
void main(void)
{
```

```
        timer0_init();              //调定时器T0初始化函数
        while(1)
        {
            P0 = 0xff ;P1 = 0xff ;P2 = 0xff; P3 = 0xff;     //端口初始化
            if (PR == 1) Recorder();    //如果PR = 1,则转入录音部分
            else Player();              //如果PR = 0,则转入放音部分
            isd_stop();                 //停止
            isd_poweroff();             //掉电
        }
}
/********以下是定时器T0中断函数********/
void   timer0() interrupt 1
{
    TH0 = 0xf8;    TL0 = 0xcc;      //重置计数初值,定时时间为2 ms
    Conv();                         //调数值转换函数
    Display();                      //调显示函数
}
```

3. 源程序释疑

电路上电后,程序首先完成定时器T0的初始化,随后查询录放按键状态。若处于录音状态,则调录音函数Recorder进行录音;若处于放音状态,则调放音函数Player进行放音。

录音时,从0x0000地址开始录音,按一次K1键,count加1,指向下一地址,ISD4004地址由高8位地址表和低8位组成。由于要求录制10站内容,因此,需要10组高8位和低8位地址。这10组高8位地址存放在数组addh_tab[10]中,低8位地址存放在数组addl_tab[10]中。其中,第1段录音地址为addh_tab[0]和addl_tab[10],即0000;第2段录音地址为addh_tab[1]和addl_tab[1],即0050(注意:这是十进制,不是十六进制);其他地址依次类推。

顺便说一下,在addh_tab[0]和addl_tab[10]地址表中,共分为10段,每段长度为50。由于ISD4004-08信息分辩率为200 ms,因此,每段长度为50×200 ms=10 s。也就是说,录音时,每段最大录音时间为10 s。

放音时,首先对按键进行判断,若按下是K1键,则从0000地址开始播放第1站;若按下的是K2键,则使count加1,播放下一站;若按下的是K3键,则使count减1,播放上一站。

需要说明的是,本程序还存在小小的"臭虫",例如,在播放过程中,按键会失灵,只有播放完毕后按键才有效,想一想,如何改进这一问题?

另外,读者还可以在源程序的基础上进行修改,增加一些新功能,以适应实际问题的需要,这就是所谓的程序升级或二次开发。如果你是一名程序开发员,一定很清楚,二次开发比一次开发要容易得多。

4. 实现方法

① 打开Keil C51软件,建立工程项目,再建立一个名为ch20_2.c的源程序文件,输入上面的程序。

② 在ch20_2.uv2的工程项目中,再将前面制作的驱动程序软件包ISD4004_drive.h添加进来。

③ 单击"重新编译"按钮,对源程序 ch20_2.c 和 ISD4004_drive.h 进行编译和链接,产生 ch20_2.hex 目标文件。

④ 把 ch20_2.hex 文件下载到 STC89C51 中(可用 DD-900 实验开发板进行下载),再将 STC89C51 取下,插到 ISD4000 语音开发板上。给语音开发板通电,先将 JP1 置于录音位置,对各站站名进行录音。断电,再将 JP1 置于放音位置。通电,按 K1、K2、K3 键,观察报站情况是否符合要求。

该实验源程序和 ISD4004 驱动程序软件包在附光盘的 ch20\ch20_2 文件夹中。

20.3.3 实例解析 3——语音报时电子钟

1. 实现功能

该电子钟具有以下功能:

① 时钟功能。开机后,数码管显示"1159"(11 点 59 分)并开始运行;同时,第 4 只数码管的小数点每秒闪动 1 次。

② 时钟调整功能。按 K1 键(设置键)时钟停止,此时,按 K2 键(时加 1 键),时加 1,按 K3 键(分加 1 键),分加 1,调整完成后按 K4 键(运行键)继续运行。

③ 语音报时功能。按 K4 键,可报出显示的时间,如数码管显示为"1159",则报时为"十一点五十九分"。

2. 源程序

为了实现语音报时功能,需要将报时的语音录制下来。主要录制的语音有:小时报时 0~23 点,以及分钟报时 0~59 分,共计 84 段,也就是说,需要事先在 ISD4004 中录制以上 84 段报时内容。

为了录制报时的 84 段内容,需要编写录音程序。录音程序中,将 0~59 分存放在 ISD 的 0000~0295 地址中,将 0~23 点存放在 ISD 的 0300~0415 地址中。可以看出,无论是分钟还是小时,每段长度均为 5。由于 ISD4004-08 信息分辨率为 200 ms,因此,每段长度为 5×200 ms=1 s。也就是说,录音时,每段最大录音时间为 1 s。

有关录音的具体源程序与本章实例解析 2 基本相同,这里不再列出,详细内容在附光盘 ch20/record 文件夹中。

将小时和分钟的语音录制完成后,就可以根据 ISD4004 的录音/放音地址,编写语音报时了,详细源程序如下:

```
#include <reg51.h>
#include "ISD4004_drive.h"
#define uchar unsigned char
#define uint unsigned int
uchar hour = 11, min = 59, sec = 45;    //定义时、分和秒变量
uchar count_10ms;                        //定义 10 ms 计数器
uchar count2_10ms;                       //定义 10 ms 计数器 2,用于数码管小数点的闪烁
bit flag_500ms;                          //500 ms 标志位
char count;                              //定义语音地址计数器,根据此计数器查找 ISD4000 的高 8 位
```

```c
                                //和低 8 位地址
sbit  K1 = P1^4;                //定义 K1 键,设置键
sbit  K2 = P1^5;                //定义 K2 键,时加 1 键
sbit  K3 = P1^6;                //定义 K3 键,分加 1 键
sbit  K4 = P1^7;                //定义 K4 键,调整小时和分钟时为确认键,平时为语音报时键
bit K1_FLAG = 0;                //定义按键标志位,当按下 K1 键时,置 1,否则,清零
sbit Dot = P0^7;                //数码管小数点
uchar code bit_tab[] = {0xfe,0xfd,0xfb,0xf7,0xef,0xdf,0xbf,0x7f};
                                //位选表,用来选择哪一只数码管进行显示
uchar code seg_data[] = {0xc0,0xf9,0xa4,0xb0,0x99,0x92,0x82,0xf8,0x80,0x90,0x88,0x83,
0xc6,0xa1,0x86,0x8e,0xff,0xbf}; //0~F,熄灭符和字符"-"的显示码(字形码)
uchar disp_buf[4];              //定义显示缓冲单元
/******以下是第 4 位数码管小数点闪烁函数,小数点每 0.5 s 闪烁一次,即亮 0.5 s,灭 0.5 s******/
void DotFlash()
{
    if(flag_500ms == 1)Dot = 0; //若 500 ms 标志位为 1,则点数小数点
    if(flag_500ms == 0)Dot = 1; //若 500 ms 标志位为 0,则熄灭小数点
}
/********以下是时钟运行转换函数,负责将时钟数据转换为适合数码管显示的数据********/
void conv(uchar in1,in2,in3)    //形参 in1、in2、in3 接收实参 hour、min、sec 传来的数据
{
    disp_buf[0] = in1/10;       //时十位
    disp_buf[1] = in1 % 10;     //时个位
    disp_buf[2] = in2/10;       //分十位
    disp_buf[3] = in2 % 10;     //分个位
}
/********以下是显示函数********/
void Display()
{
    uchar tmp;                  //定义显示暂存
    static uchar disp_sel = 0;  //显示位计数器,显示程序通过它得知现正显示哪个数码管,
                                //初始值为 0
    tmp = bit_tab[disp_sel];    //根据当前的位选计数值决定显示哪只数码管
    P2 = tmp;                   //送 P2 控制被选取的数码管点亮
    tmp = disp_buf[disp_sel];   //根据当前的位选计数值查的数字的显示码
    tmp = seg_data[tmp];        //取显示码
    P0 = tmp;                   //送到 P0 口显示出相应的数字
    if(disp_sel == 3)DotFlash();//第 4 只数码管的小数点闪烁
    disp_sel ++ ;               //位选计数值加 1,指向下一个数码管
    if(disp_sel == 4)
    disp_sel = 0;               //如果 4 个数码管显示了一遍,则让其回 0,重新再扫描
}

/********以下是按键处理函数,用来对按键进行处理********/
void KeyProcess()
{
```

```c
        TR1 = 0;                          //若按下 K1 键,则定时器 T1 关闭,时钟暂停
        if(K2 == 0)                       //若按下 K2 键
        {
            Delay_ms(10);                 //延时去抖
            if(K2 == 0)
            {
                while(!K2);               //等待 K2 键释放
                hour ++ ;                 //时调整
                if(hour == 24)
                {
                    hour = 0;
                }
            }
        }
        if(K3 == 0)                       //若按下 K3 键
        {
            Delay_ms(10);
            if(K3 == 0)
            {
                while(!K3);               //等待 K3 键释放
                min ++ ;                  //分调整
                if(min == 60)
                {
                    min = 0;
                }
            }
        }
        if((K4 == 0)&&(K1_FLAG == 1))     //若按下 K4 键
        {
            Delay_ms(10);
            if((K4 == 0)&&(K1_FLAG == 1))
            {
                while(!K4);               //等待 K4 键释放
                TR1 = 1;                  //调整完毕后,时钟恢复走时
                K1_FLAG = 0;              //将 K1 键按下标志位清零
            }
        }
}
/*********以下是定时器 T0/T1 初始化函数********/
void  timer_init()
{
    TMOD = 0x11;                          //定时器 0,1 工作模式 1,16 位定时方式
    TH0 = 0xf8;TL0 = 0xcc;                //装定时器 T0 计数初值,定时时间为 2 ms
    TH1 = 0xdc;TL1 = 0x00;                //装定时器 T1 计数初值,定时时间为 10 ms
    EA = 1;ET0 = 1;ET1 = 1;               //开总中断和定时器 T0、T1 中断
    TR0 = 1;TR1 = 1;                      //启动定时器 T0、T1
```

```c
}
/********以下是放音函数********/
void Player()
{
    uchar ovflog;
    isd_powerup();                      //ISD 上电
    isd_poweroff();                     //掉电
    isd_powerup();                      //上电
    if((K4==0)&&(K1_FLAG==0))           //因为 K4 键具有双功能,这里借助 K1_FLAG 标志
                                        //位进行区分
    {
        Delay_ms(10);                   //延时 10 ms,防抖动
        if ((K4==0)&&(K1_FLAG==0))
        {
            while(!K4);                 //等待 K4 键释放
            switch(hour)
            {
                case 0:{isd_setplay(00,03);   //设置"0 点"报时的地址为 0300
                        isd_play();            //发送放音指令
                        LED = 0;               //放音时打开 LED 灯
                        delay(20);
                        while(ISD_INT == 1);   //若放音未完毕,则等待中断信号
                        LED = 1;               //放音完毕关断 LED 灯
                        isd_stop();break;}     //发送停止命令
                        ⋮                     //1~23 点报时部分除地址设置不同外,其他与
                                               //以上相同
            }
            switch(min)
            {
                case 0:{isd_setplay(00,00);   //设置"0 分"报时地址
                        isd_play();            //发送放音指令
                        LED = 0;               //放音时打开 LED 灯
                        delay(20);
                        while(ISD_INT == 1);   //若放音未完毕,则等待中断信号
                        LED = 1;               //放音完毕关断 LED 灯
                        isd_stop();break;}     //发送停止命令
                        ⋮                     //1~59 分报时部分除地址设置不同外,其他与
                                               //以上相同见光盘
            }
            if (ovflog = check_ovf()) isd_poweroff();  //检查芯片是否溢出,若溢出,则停止
                                                       //放音,芯片复位
        }
    }
}
/********以下是主函数********/
void main(void)
```

```c
{
    P0 = 0xff;  P2 = 0xff;
    timer_init();                          //调定时器 T0、T1 初始化函数
    while(1)
    {
        if(K1 == 0)                        //若 K1 键按下
        {
            Delay_ms(10);                  //延时 10 ms 去抖
            if(K1 == 0)
            {
                while(!K1);                //等待 K1 键释放
                K1_FLAG = 1;               //K1 键标志位置 1,以便进行时钟调整
            }
        }
        if(K1_FLAG == 1)KeyProcess();      //若 K1_FLAG 为 1,则进行时钟调整
        conv(hour,min,sec);                //调时钟运行转换函数
        Player();                          //调报时函数
    }
}
/********以下是定时器 T0 中断函数,用于数码管的动态扫描********/
void timer0() interrupt 1
{
    TH0 = 0xf8;TL0 = 0xcc;                 //重装计数初值,定时时间为 2 ms
    Display();                             //调显示函数
}
/********以下是定时器 T1 中断函数,用于产生用于产生秒、分和时信号********/
void timer1() interrupt 3
{
    TH1 = 0xdc;TL0 = 0x00;                 //重装计数初值,定时时间为 10 ms
    count_10ms ++ ;                        //10 ms 计数器加 1
    count2_10ms ++ ;                       //10 ms 计数器 2 加 1
    if(count2_10ms == 50)
    {
        flag_500ms = !flag_500ms;          //每 500 ms 标志位 flag_500ms 取反一次
        count2_10ms = 0;                   //计数 50 次后恰好为 0.5 s,此时 count2_10ms
                                           //计数器清零
    }
    if(count_10ms >= 100)
    {
        count_10ms = 0;                    //计数 100 次后恰好为 1 s,此时 10 ms 计数器清零
        sec ++ ;                           //秒加 1
        if(sec == 60)
        {
            sec = 0;
            min ++ ;                       //若到 60 s,分加 1
            if(min == 60)
```

```
            {
                min = 0;
                hour ++ ;                        //若到 60 min,时加 1
                if(hour == 24)
                {
                    hour = 0;min = 0;sec = 0;    //若到 24 h,时、分和秒单元清零
                }
            }
        }
    }
}
```

3. 源程序释疑

该语音电子钟是在本书第 10 章"LED 简易电子钟"的基础上,增加了语音报时功能而制作的。因此,在阅读本例前,请读者回到第 10 章,再简要熟悉一下第 10 章"LED 简易电子钟"中的有关内容。

在源程序中,已对重点和难点做了详尽的解释,这里不再一一剖析。

4. 录音程序的调试

为了制作语音报时钟,需要事先将有关报时的小时和分钟录制下来,具体的录音源程序在附光盘 ch20/record 文件夹中。

录制方法如下:

① 打开 ch20/record 中的 record.uv2 的工程项目,单击"重新编译"按钮,对源程序 record.c 和 ISD4004_drive.h 进行编译和链接,产生 record.hex 目标文件,将目标文件下载到 STC89C51 单片机中。

② 为语音开发板供电,用短接帽短接 JP1 插针,使 JP1 处于录音位置。按压 K1 键,等待约 0.5 s 左右,LED 指示灯点亮,此时,迅速对着话筒讲"0 分",约 1 s 左右,LED 灯灭,这样,语音"0 分"即录制完毕。

再按压 K1 键,按照上面同样的方法,再依次录制 1~59 分以及 0~23 点等语音段。

③ 语音段录制完成后,用短接帽短接 JP1 的左边和中间的插针,使开发板处于放音状态。按压 K1 键,播放刚才录制的语音段,试听效果是否符号要求。每按压一次 K1 键,可依次播放下一段内容,同时,在数码管上会显示出各语音段的顺序号。

5. 语音报时钟的调试

① 打开附光盘 ch20/ch20_3 文件夹中 ch20_3.uv2 的工程项目,单击"重新编译"按钮,对源程序 ch20_3.c 和 ISD4004_drive.h 进行编译和链接,产生 ch20_3.hex 目标文件,将目标文件下载到 STC89C51 单片机中。

② 为语音开发板供电,用短接帽短接 JP1 插针,使 JP1 处于放音位置。此时会发现数码管显示为"1159",并且最右侧数码管的小数点不断闪烁,说明时钟开始运行。对照正常的时间,用按键对小时和分钟进行设置,设置完成后按 K4 键确认。

③ 时钟正常后,按 K4 键,可听到语音报时的声音。

该实验源程序和 ISD4004 驱动程序软件包在附光盘的 ch20\ch20_3 文件夹中。

第 21 章
LED 点阵屏实例解析

LED 点阵屏是一种可以显示图文的显示器件，字体亮丽，适合远距离观看，很容易吸引人的注意力，有着非常好的告示效果。LED 点阵屏比霓虹灯简单，容易安装和使用，是很好的户内外视觉媒体。随着 LED 点阵技术的进步和价格的降低，现在已逐步走进大小店铺，为普通大众所接受。

21.1　LED 点阵屏基本知识

21.1.1　LED 点阵屏的分类

LED 点阵屏是以发光二极管 LED 为像素点，通过环氧树脂和塑模封装而成。LED 点阵屏具有亮度高，功耗低，引脚少，视角大，寿命长，耐湿、耐冷热、耐腐蚀等特点。

LED 点阵屏有 4×4、4×8、5×7、5×8、8×8、16×16、24×24、40×40 等多种，其中，8×8 点阵屏应用最为广泛。

根据显示颜色的数目，LED 点阵屏分为单色、双基色、全彩色等几种。

单色 LED 点阵显示屏只能显示固定的色彩，如红、绿、黄等单一颜色。通常这种屏用来显示比较简单的文字和图案信息，例如商场、酒店的信息牌等。

双基色和全彩色 LED 点阵屏所显示的颜色由不同颜色的发光二极管点阵组合方式决定，如红绿都亮时可显示黄色，若按照脉冲方式控制二极管的点亮时间，则可实现 256 或更高级灰度显示，即可实现全彩色显示。

根据驱动方式的不同，LED 点阵屏分为电脑驱动型和单片机驱动型两种工作方式。

电脑驱动型的特点是，LED 点阵屏由电脑驱动，不但可以显示字形、图形，还可以显示多媒体彩色视频内容，但其造价较高。

单片机驱动的特点是，体积小，质量轻，成本较低。有基础的无线电爱好者，经过简单的学习，只需购置少量的元器件，就可以自己动手制作 LED 点阵屏了。

21.1.2 LED 点阵屏的结构与测量

8×8 LED 点阵屏的的外形及引脚排列如图 21-1 所示。

从图中可以看出，8×8 LED 点阵屏的引脚排列顺序为：从 LED 点阵屏的正面观察（俯视），左下角为第 1 引脚，按逆时针方向，依次为第 1～16 引脚。

LED 点阵屏内部由 8×8 共 64 个发光二极管组成，其内部结构如图 21-2 所示。

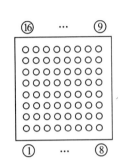

图 21-1　8×8 LED 点阵屏的外形及引脚排列　　图 21-2　LED 点阵屏的结构

从图中可以看出，每个发光二极管是放置在行线和列线的交叉点上，当对应的某一列置低电平，某一行置高电平，则相应的二极管就亮。因此，通过控制不同行列电平的高低，就可以实现显示不同效果的目的。

LED 点阵屏是否正常，可用数字万用表进行判断。方法是：将数字万用表的红表笔接点阵屏的第 9 引脚，黑表笔接点阵屏的第 13 引脚，根据图 21-2 可知，第 9、13 引脚接的是一只二极管，因此，点阵屏左上角的二极管应点亮，若不亮，则说明该二极管像素点损坏。采用同样的方法，可判断出其他二极管像素点是否损坏。

21.2　LED 点阵屏开发板的制作

为了配合下面的实例演练，笔者设计并制作了 LED 点阵屏开发板。利用该开发板可实现汉字和图像的静态和动态显示，通过编写程序，还可实现更多的功能。图 21-3 所示是 LED 点阵屏开发板的电路原理图。

从图中可以看出，整个开发板系统由一片 STC89C51 单片机，一片 4-16 译码器 74HC154（也可采用 2 片 3-8 译码器 74HC138），4 片串行输入—并行输出移位寄存器 74HC595，一片 RS232 接口芯片 MAX232，一片时钟芯片 DS1302，一片 256 KB 串行 EEPROM 存储器 AT24C256（开发板上留有此插座，未安装芯片），8 块 8×8 LED 点阵屏（组成 2 块 16×16 LED 点阵屏）和 16 只行驱动三极管等组成，电路组成框图如图 21-4 所示。

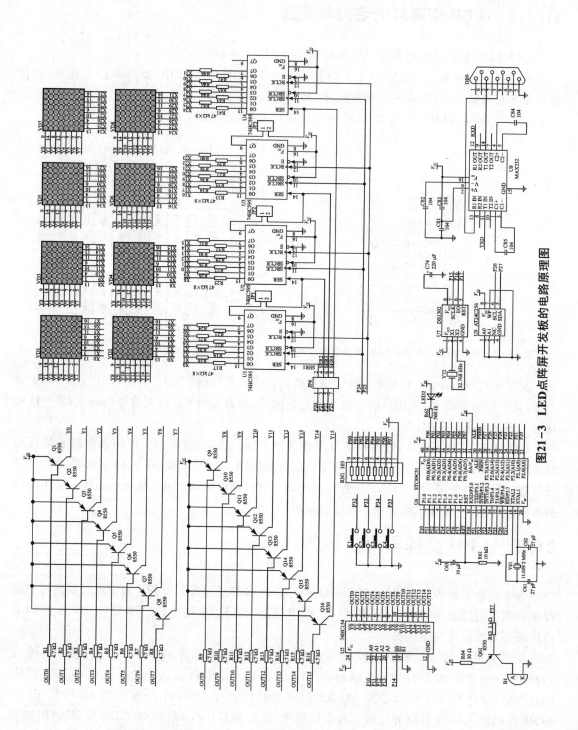

图21-3 LED点阵屏开发板的电路原理图

第21章 LED点阵屏实例解析

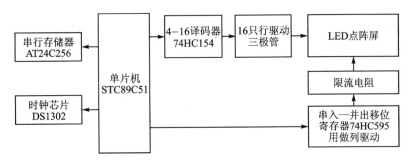

图21-4 LED点阵屏开发板电路框图

21.2.1 4-16译码器74HC154

74LS154能将4位二进制数编码输入译成16个彼此独立的有效低电平输出之一,它们都具有两个低电平选通输入控制端。74LS154的引脚排列如图21-5所示,译码表如表21-1所列。

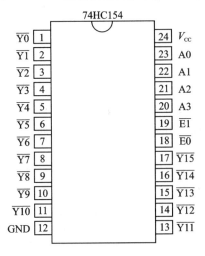

图21-5 74LS154的引脚排列图

表21-1 4-16线译码器74LS154的译码表

输入						输出															
$\overline{E0}$	$\overline{E1}$	A3	A2	A1	A0	$\overline{Y15}\sim\overline{Y0}$															
0	0	0	0	0	0	1	1	1	1	1	1	1	1	1	1	1	1	1	1	1	0
0	0	0	0	0	1	1	1	1	1	1	1	1	1	1	1	1	1	1	1	0	1
0	0	0	0	1	0	1	1	1	1	1	1	1	1	1	1	1	1	1	0	1	1
0	0	0	0	1	1	1	1	1	1	1	1	1	1	1	1	1	1	0	1	1	1
0	0	0	1	0	0	1	1	1	1	1	1	1	1	1	1	1	0	1	1	1	1
0	0	0	1	0	1	1	1	1	1	1	1	1	1	1	1	0	1	1	1	1	1
0	0	0	1	1	0	1	1	1	1	1	1	1	1	1	0	1	1	1	1	1	1
0	0	0	1	1	1	1	1	1	1	1	1	1	1	0	1	1	1	1	1	1	1
0	0	1	0	0	0	1	1	1	1	1	1	1	0	1	1	1	1	1	1	1	1
0	0	1	0	0	1	1	1	1	1	1	1	0	1	1	1	1	1	1	1	1	1

续表 21-1

输入						输出 $\overline{Y15} \sim \overline{Y0}$															
$\overline{E0}$	$\overline{E1}$	A3	A2	A1	A0																
0	0	1	0	1	0	1	1	1	1	1	0	1	1	1	1	1	1	1	1	1	1
0	0	1	0	1	1	1	1	1	1	0	1	1	1	1	1	1	1	1	1	1	1
0	0	1	1	0	0	1	1	1	0	1	1	1	1	1	1	1	1	1	1	1	1
0	0	1	1	0	1	1	1	0	1	1	1	1	1	1	1	1	1	1	1	1	1
0	0	1	1	1	0	1	0	1	1	1	1	1	1	1	1	1	1	1	1	1	1
0	0	1	1	1	1	0	1	1	1	1	1	1	1	1	1	1	1	1	1	1	1
0	1	×	×	×	×	1	1	1	1	1	1	1	1	1	1	1	1	1	1	1	1
1	0	×	×	×	×	1	1	1	1	1	1	1	1	1	1	1	1	1	1	1	1
1	1	×	×	×	×	1	1	1	1	1	1	1	1	1	1	1	1	1	1	1	1

21.2.2 串行输入—并行输出移位寄存器 74HC595

为解决串行传输中列数据准备和列数据显示之间的矛盾问题，LED 点阵开发板采用了 74HC595 作为列驱动。因为 74HC595 具有一个 8 位串入并出的移位寄存器和一个 8 位输出锁存器的结构，而且移位寄存器和输出锁存器的控制是各自独立的，这使列数据的准备和列数据的显示可以同时进行。74HC595 的引脚排列如图 21-6 所示。

74HC595 由一个 8 位串行移位寄存器和一个带 3 态并行输出的 8 位 D 型锁存器所构成。该移位寄存器接收串行数据和提供串行输出，同时移位寄存器还向 8 位锁存器提供并行数据。移位寄存器和锁存器具有单独的时钟输入端。该器件还有一个用于移位寄存器的异步复位端。其内部结构如图 21-7 所示。

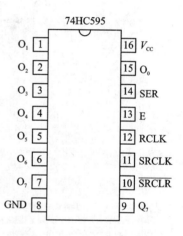

图 21-6 74HC595 引脚排列

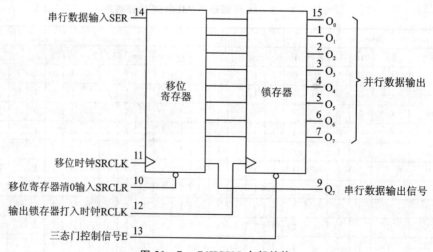

图 21-7 74HC595 内部结构

74HC595 的引脚功能如表 21-2 所列。

表 21-2 74HC595 引脚功能

引脚号	符 号	功 能
15,1~7	$O_0 \sim O_7$	并行数据输出
8	GND	地
9	Q_7	串行数据输出端
10	$\overline{SRCLR}$	移位寄存器的清零输入端。当其为低电平时,移位寄存器的输出全部为 0
11	SRCLK	移位寄存器的移位时钟脉冲。在其上升沿将 SER 的数据输入。移位后的各位信号出现在各移位寄存器的输出端
12	RCLK	输出锁存器的输入时钟信号。其上升沿将移位寄存器的输出输入到输出锁存器。由于 SRCLK 和 RCLK 两个信号是互相独立的时钟,所以能够做到输入串行移位与输出锁存互不干扰
13	E	三态门的开放信号。只要当其为低电平时,移位寄存器的输出才开放,否则成高阻态
14	SER	串行数据输入端
16	V_{CC}	电源

由于 74HC595 具有存储寄存器(锁存器),因此,数据传送时不会立即出现在输出引脚上,只有在给 RCLK 上升沿后,才会将数据集中输出。因此,该芯片比常用 74HC164 芯片更适于快速和动态地显示数据。

由于 74HC595 的拉电流和灌电流的能力都很强(典型值为 35 mA),因此,LED 点阵屏既可以使用共阳型的,也可以使用共阴型的,这里采用的是共阳型的。

专家点拨:74HC595 的驱动能力很强(驱动电流典型值为 35 mA),可以直接驱动小型的 LED 点阵屏。但对于大中型的 LED 点阵屏,则需要增加一级驱动电路。如常用的达林顿晶体管阵列芯片 ULN2803,其吸收电流可达 500 mA,具有很强的低电平驱动能力。ULN2803 内含 8 个反相器,可同时驱动 8 路负载,非常适合作大中型 LED 点阵屏的驱动电路。

21.2.3 行驱动三极管

对于 8×8 LED 点阵屏,每只 LED 管的工作电流为 3~10 mA。若按 10 mA 计算,则每块 8×8 LED 点阵屏每行全部点亮时所需的总电流为 10 mA×8=80 mA。若驱动 4 块 8×8 LED,则 4 块 8×8 LED 每行全部点亮时工作电流为 80 mA×4=320 mA。选用三极管 S8550 作为行驱动可满足要求,因为 S8550 的最大集电极电流为 500 mA。

需要说明的是,若驱动 4 块以上的 8×8 LED 点阵屏,则需要选用功率更大的三极管,如 TIP127(最大集电极电流为 5 A)。

21.2.4 数据存储电路

数据存储电路由串行 EEPROM AT24C256 组成。AT24C256 是一个 256 KB 串行存储器,具有掉电后数据不丢失的特点。AT24C256 采用 I^2C 协议与单片机通信,单片机 STC89C51 通过读 SDA 和 SCL 脚,来读取 AT24C256 中的内容,并将其中的内容显示在 LED 点阵屏上。另外,也可以通过上位机(PC 机)将编辑好的数据内容下载到 AT24C256 芯片内, 以便单片机随时进行读取。

在 LED 点阵屏开发板上,安装有 AT24C256 插座,芯片未装(因为在下面实例演例中未用到该芯片),读者在编程时,可根据实际情况自行加装。

21.2.5 时钟电路

时钟电路由 DS1302 为核心构成,有关 DS1302 的详细知识,请参考本书第 12 章相关内容。

21.2.6 RS232 接口电路

RS232 接口电路由 MAX232 等组成,主要完成与 PC 机通信,该芯片比较常用,这里不再介绍。

21.2.7 按键电路

LED 点阵屏开发板上设置有 4 个按键 K1～K4,分别接在 STC89C51 的 P3.2～P3.5 引脚,按键功能可根据实际编程进行定义。

图 21-8 所示是制作完成的 LED 点阵屏开发板实物图,有关该开发板的详细内容,请登录顶顶电子网站。

图 21-8 LED 点阵屏开发板实物图

21.3 汉字显示原理及扫描码的制作

21.3.1 汉字显示的基本原理

国际汉字库中的每个汉字由 16 行 16 列的点阵组成，即每个汉字由 256 个点阵来表示。实际上，汉字是一种特殊的图形，在 256 个点阵范围内，可以显示任何图形。

无论显示图形还是文字，只要控制图形或文字的各个点所在位置相对应的 LED 发光，就可以得到我们想要的显示结果，这种同时控制各个发光点亮灭的方法称为静态扫描方式。

1 个 16×16 点阵屏（由 4 个 8×8 点阵屏组成）共有 256 个发光二极管，显然，如果采用静态扫描方式，单片机没有这么多端口。况且在实际应用中，往往要采用多个 16×16 点阵屏，这样，所需的控制端口更多。因此，在实际应用中，LED 点阵屏一般都不采用静态扫描方式，而采用另一种称为动态扫描的显示方式。

所谓动态扫描，简单地说就是逐行轮流点亮，这样扫描驱动电路就可以实现 16 行的同名列共用一套列驱动器。在轮流点亮一遍的过程中，每行 LED 点亮的时间是极为短暂的，如果以 1 ms 计算，扫描 16 行则只需 16 ms，扫描频率为 1 000/16＝62.5 Hz，由于这个频率足够快，给人眼的视觉印象就会是在连续稳定地显示，并不察觉有闪烁现象。

21.3.2 汉字扫描码的制作

为了实现汉字的扫描，需要制作汉字字模数据，即扫描码。下面以显示"大"字为例进行来说明。

汉字"大"的扫描码一般通过字模提取软件来提取，有关字模提取的软件较多，读者可以网上进行搜索和下载。这里，我们选用在本书第 11 章使用的字模提取软件，其运行界面参见第 11 章图 11-9。

制作"大"的扫描码时，在工具栏中选择"横向取模"按钮，然后，在汉字输入区中输入"大"，按键盘上的 Ctrl＋Enter 键，此时，在软件预览区即出现"大"字的点阵图，如图 21-9 所示。

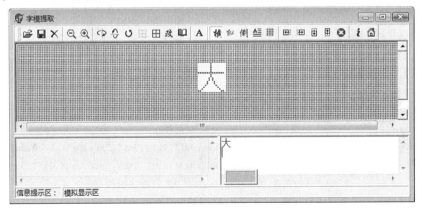

图 21-9 "大"字的点阵图

单击软件工具栏中的"生成C51数据格式"按钮,即可在下面的字模数据生成区输出"大"字的字模,共32个数据:

0x01,0x00,0x01,0x00,0x01,0x00,0x01,0x00,0x01,0x00,0xff,0xfe,0x01,0x00,0x01,0x00,
0x02,0x80,0x02,0x80,0x04,0x40,0x04,0x40,0x08,0x20,0x10,0x10,0x20,0x08,0xc0,0x06

这32个数据中,第1个数据0x01表示"大"字在第1行左半部的扫描码,第2个数据0x00表示"大"字在第1行右半部的扫描码;第3个数据0x01表示"大"字在第2行左半部的扫描码,第4个数据0x00表示"大"字在第2行右半部的扫描码…第31个数据0xc0表示"大"字在第16行左半部的扫描码,第32个数据0x06表示"大"字在第16行右半部的扫描码。

如果需要反相的扫描码,请单击工具栏中"反显图像"按钮,此时,输出的字形会反相。再单击"生成C51数据格式"按钮,即可在下面的字模数据生成区输出"大"字的反相字模,共32个数据:

0xfe,0xff,0xfe,0xff,0xfe,0xff,0xfe,0xff,0xfe,0xff,0x00,0x01,0xfe,0xff,0xfe,0xff,
0xfd,0x7f,0xfd,0x7f,0xfb,0xbf,0xfb,0xbf,0xf7,0xdf,0xef,0xef,0xdf,0xf7,0x3f,0xf9

21.4 LED点阵屏实例解析

21.4.1 实例解析1——显示1个汉字

1. 实现功能

在LED点阵屏开发板第一组LED屏(左边的4个8×8LED屏)上显示汉字"大"。

2. 源程序

根据要求,编写的源程序如下:

```
#include <reg51.h>
#include <intrins.h>                        //函数 _nop_();
#define uchar unsigned char
#define uint  unsigned int
#define  BLKN 2                             //1个16×16 LED屏的列数据(16位)可由2个8位
                                            //数据组合而成
sbit   SDATA_595 = P2^0;                    //串行数据输入
sbit   SCLK_595 = P2^4;                     //移位时钟脉冲
sbit   RCK_595 = P2^5;                      //输出锁存器控制脉冲
sbit   G_74154 = P1^4;                      //显示允许控制信号端口
uchar data  disp_buf[32];                   //显示缓存
uchar temp;                                 //暂存
uchar code Bmp[32] = {0xfe,0xff,0xfe,0xff,0xfe,0xff,0xfe,0xff,0xfe,0xff,0x00,0x01,0xfe,0xff,
                     0xfe,0xff,0xfd,0x7f,0xfd,0x7f,0xfb,0xbf,0xfb,0xbf,0xf7,0xdf,0xef,0xef,
                     0xdf,0xf7,0x3f,0xf9};  //"大"字的字模数据
/*********以下是将显示数据送入74HC595内部移位寄存器函数*********/
void WR_595(void)
```

```c
{
    uchar x;
    for(x=0;x<8;x++)
    {
        temp=temp>>1;                  //右移位
        SDATA_595=CY;                  //移位数据送 CY
        SCLK_595=1;                    //上升沿发生移位
        _nop_();
        _nop_();
        SCLK_595=0;
    }
}
/*********以下是主函数*********/
void main(void)
{
    uchar i;
    TMOD=0x01;                         //定时器 T0 工作方式 1
    TH0=0xfc;TL0=0x66;                 //1 ms 定时初值
    G_74154=1;                         //关闭显示
    RCK_595=0;
    P1=0xf0;                           //行号端口清零
    EA=1;ET0=1;                        //开总中断,允许定时器 T0 中断
    TR0=1;                             //启动定时器 T0
    while(1)
    {
        for(i=0;i<32;i++)
        {
            disp_buf[i]=Bmp[i];        //将数据送显示缓存
        }
    }
}
/*********以下是定时器 T0 中断函数,定时时间为 1 ms,即每 1 ms 扫描 1 行*********/
void timer0() interrupt 1
{
    uchar i,j=BLKN;
    TH0=0xfc;TL0=0x66;                 //重装 1 ms 定时常数
    i=P1;                              //读取当前显示的行号
    i=i+1;                             //行号加 1,指向下一行
    if(i==16)i=0;                      //若扫描完 16 行,则继续从第 1 行开始扫描
    i=i&0x0f;                          //屏蔽高 4 位
    do{
        j--;
        temp=disp_buf[i*BLKN+j];       //先送右半部分数据再送左半部分数据
        WR_595();
    }while(j);                         //完成一行数据的发送
```

```
        G_74154 = 1;                //关闭显示
        P1 &= 0xf0;                 //行号端口清零
        RCK_595 = 1;                //上升沿将数据送到输出锁存器
        P1 |= i;                    //写入行号
        RCK_595 = 0;                //锁存显示数据
        G_74154 = 0;                //打开显示
    }
```

3. 源程序释疑

① 由于51单片机为8位单片机,因此,为了产生16×16点阵汉字,需要将一个字拆为2个部分。一般把它拆为左半部和右半部,左半部由16×8点阵组成,右半部也由16×8点阵组成。

扫描时,先送出第1行右半部发光管亮灭的数据(扫描码)并锁存,再送出左半部发光管亮灭的数据(扫描码)并锁存,然后选通第1行,使其燃亮一定的时间,然后熄灭;按照同样的方法,再送出第2行右半部分、左半部分数据,选通第2行。以此类推,第16行之后,又重新燃亮第1行,反复轮回。当这样轮回的速度足够快(40次/s以上),由于人眼的视觉暂留现象,就能看到LED点阵屏上稳定的图形了。

为什么送出数据时先送右半部分再送左半部分呢？这是因为,在本例中,LED点阵屏实验开发板上的前2个74HC595是串连的,数据会依次从左往右传。具体来说,第1次送出来的数据会先锁存在第1个74HC595上,在单片机送了第2个数据后,第1个送出的数据往右传,这样,第1个数据被传送到第2个74HC595上,第2个数据则停留在第1个74HC595上。因此,当2个74HC595采用串联方式时,一定要先传送右边的数据,再传送左边的数据,这样,LED显示屏才会显示出正确的汉字和图形,否则,会发现左右颠倒的现象。

需要说明的是,"大"字的字模数据是按先左后右的顺序制作的。因此,在源程序中,取字模数据时采用了查表的方式,即先取出第1行右半部分数据,再取出第1行左半部数据,然后,再取第2行右半部、左半部……第16行右半部、左半部。具体功能主要由以下几条语句完成:

```
    i = i & 0x0f;                   //屏蔽高4位
    do{
        j--;
        temp = disp_buf[i*BLKN+j];  //先送右半部分数据再送左半部分数据
        WR_595();
    }while(j);                      //完成一行数据的发送
```

这几条语句的作用是,将每行的数据分左8位和右8位分别送出。例如,当i(行号)为0进入do循环时,j(即BLKN,初始值为2)减1变为1,于是,temp=disp[2×0+1]= disp_buf[1],disp_buf[1]就是Bmp[1],即"大"字的第1行右8位的数据。在下一轮do循环中,由于此时j减1后为0,因此,temp=disp[2×0+0]= disp_buf[0],disp_buf[0]就是Bmp[0],即"大"字的第1行左8位的数据。j为0后,do循环结束,这样,就可以将第1行右8位和左8位数据送出了。

② LED点阵屏的行扫描由定时器T0中断函数完成,扫描1行时间为1 ms,扫描1帧(16行)用时16 ms,扫描频率为1/0.016=62.5 Hz,由于这个扫描频率足够快,因此,不会感觉

到闪烁现象。

读者可以试着将 1 ms 定时时间改为 2 ms 或更多,再实验一下,你看到"大"字开始闪烁了!

4. 实现方法

① 打开 Keil C51 软件,建立工程项目,再建立一个名为 ch21_1.c 的源程序文件,输入上面的程序。对源程序进行编译,产生 ch21_1.hex 目标文件。

② 为 LED 点阵屏实验开发板供电,短接 JP1 插针(使前 2 只 74HC595 串联),同时将 JP4 的 P20、SER1 插针短接(从第 1 只 74HC595 输入数据),JP2、JP3 插针不用短接(后 2 只 74HC595 暂停工作)。

③ 将 STC89C51 单片机插到单片机插座,把 ch21_1.hex 文件下载到 STC89C51 中,观察显示的汉字是否正常。

该实验源程序在附光盘的 ch21\ch21_1 文件夹中。

21.4.2 实例解析 2——同时显示 2 个汉字

1. 实现功能

在 LED 点阵屏开发板第 1 组 LED 屏(左边的 4 个 8×8 LED 屏)和第 2 组 LED 屏(右边的 4 个 8×8 LED 屏)上同时显示 2 个汉字"成功"。

2. 源程序

根据要求,编写的源程序如下:

```
#include <reg51.h>
#include <intrins.h>                    //函数 _nop_();
#define uchar unsigned char
#define uint unsigned int
#define BLKN 4                          //2 个 16×16 LED 屏的列数据(32 位)可由 4 个 8 位
                                        //数据组合而成
sbit SDATA_595 = P2^0;                  //串行数据输入
sbit SCLK_595  = P2^4;                  //移位时钟脉冲
sbit RCK_595   = P2^5;                  //输出锁存器控制脉冲
sbit G_74154   = P1^4;                  //显示允许控制信号端口
uchar data disp_buf[64];                //显示缓存
uchar temp;                             //暂存
uchar code Bmp[64] = {0xff,0xaf,0xff,0xbf,0xff,0xb7,0xff,0xbf,0xff,0xbf,0xff,0xbf,0xc0,0x01,
                     0x01,0xbf,0xdf,0xbf,0xee,0x03,0xdf,0xbf,0xef,0xbb,0xdf,0xbb,0xef,0xbb,
                     0xc1,0xbb,0xef,0xbb,0xdd,0xbb,0xef,0xbb,0xdd,0xd7,0xef,0x7b,0xdd,0xd7,
                     0xef,0x7b,0xdd,0xed,0xe1,0x7b,0xd5,0xcd,0x0e,0xfb,0xbb,0xb5,0xbe,
                     0xfb,0xbf,0x79,0xfd,0xd7,0x7e,0xfd,0xfb,0xef
                    };                  //"成功"的字模数据
/********以下是将显示数据送入 74HC595 内部移位寄存器函数********/
void WR_595(void)
```

```c
    :                                          //略,见光盘
/********以下是主函数********/
void main(void)
{
    uchar i;
    TMOD = 0x01;                               //定时器 T0 工作方式 1
    TH0 = 0xfc; TL0 = 0x66;                    //1 ms 定时初值
    G_74154 = 1;                               //关闭显示
    RCK_595 = 0;
    P1 = 0xf0;                                 //行号端口清零
    EA = 1; ET0 = 1;                           //开总中断,允许定时器 T0 中断
    TR0 = 1;                                   //启动定时器 T0
    while(1)
    {
        for(i = 0; i<64; i++)
        {
            disp_buf[i] = Bmp[i];              //将数据送显示缓存
        }
    }
}
/******** 以下是定时器 T0 中断函数,定时时间为 1 ms,即每 1 ms 扫描 1 行 ********/
void timer0() interrupt 1
{
    uchar i, j = BLKN;
    TH0 = 0xfc; TL0 = 0x66;                    //重装 1 ms 定时常数
    i = P1;                                    //读取当前显示的行号
    i = i + 1;                                 //行号加 1,指向下一行
    if(i == 16) i = 0;                         //若扫描完 16 行,则继续从第 1 行开始扫描
    i = i & 0x0f;                              //屏蔽高 4 位
    do{
        j--;
        temp = disp_buf[i * BLKN + j];         //先送右半部分数据,再送左半部分数据
        WR_595();
    }while(j);                                 //完成一行数据的发送
    G_74154 = 1;                               //关闭显示
    P1 &= 0xf0;                                //行号端口清零
    RCK_595 = 1;                               //上升沿将数据送到输出锁存器
    P1 |= i;                                   //写入行号
    RCK_595 = 0;                               //锁存显示数据
    G_74154 = 0;                               //打开显示
}
```

3. 源程序释疑

该源程序与上例源程序十分相似,主要不同是字模数据的制作方法不同。该例中,"成功"的字模数据为 64 个,扫描时,先扫描第 1 行"成"字的右 8 位、左 8 位,"功"字的右 8 位、左 8

位;再扫描第 2 行"成"字的右 8 位、左 8 位,"功"字的右 8 位、左 8 位……最后扫描第 16 行"成"字的右 8 位、左 8 位,"功"字的右 8 位、左 8 位。因此,制作字模数据时,不能先制作"成"字的字模再制作"功"字的字模,而应该将"成功"二字作为一个图像来进行制作。具体制作方法是,在汉字输入区中输入"成功"二个汉字,然后按键盘 Ctrl+Enter 键,将汉字输入到预览区,单击软件工具栏中的"反选图像"按钮,使二汉字反相显示,再单击"生成 C51 格式的点阵数据"按钮,这样,就可以在数据生成区看到"成功"二汉字的字模数据了,如图 21-10 所示。

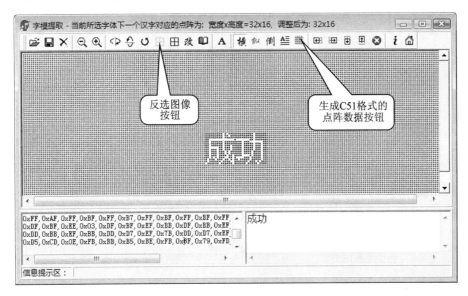

图 21-10 "成功"的字模数据

4. 实现方法

① 打开 Keil C51 软件,建立工程项目,再建立一个名为 ch21_2.c 的源程序文件,输入上面的程序。对源程序进行编译,产生 ch21_2.hex 目标文件。

② 为 LED 点阵屏实验开发板供电,短接 JP1、JP2、JP3 插针,使 4 只 74HC595 相互串联工作,同时将 JP4 的 P20、SER1 插针短接(从第 1 只 74HC595 输入数据)。

③ 将 STC89C51 单片机插到单片机插座,把 ch21_1.hex 文件下载到 STC89C51 中,观察显示的 2 个汉字"成功"是否正常。

该实验源程序在附光盘的 ch21\ch21_2 文件夹中。

5. 总结提高

本例也可以用分别制作出"成"字和"功"字的字模数据,然后,短接 JP1、JP3 插针(不要短接 JP2),使前两只 74HC595 和后两只 74HC595 分别串联工作,同时将 JP4 的 P20、SER1 和 P22、SER3 插针同时短接(从第 1 只和第 3 只 74HC595 同时输入数据)。这样,通过编程也可以达到同时显示"成功"2 个汉字的目的,详细源程序如下:

```
#include <reg51.h>
#include <intrins.h>          //函数 _nop_();
#define uchar unsigned char
#define uint unsigned int
```

```c
#define BLKN 2                              //1个16×16 LED屏的列数据(16位)可由2个8位数据
                                            //组合而成
sbit SDATA0_595 = P2^0;                     //串行数据输入1,从第1只74HC595的SER端输入数据
sbit SDATA2_595 = P2^2;                     //串行数据输入3,从第3只74HC595的SER端输入数据
sbit SCLK_595 = P2^4;                       //移位时钟脉冲
sbit RCK_595 = P2^5;                        //输出锁存器控制脉冲
sbit G_74154 = P1^4;                        //显示允许控制信号端口
uchar data disp_buf1[32];                   //显示缓存1
uchar data disp_buf2[32];                   //显示缓存2
uchar temp1,temp2;                          //暂存1和暂存2
uchar code Bmp1[32] = { 0xff,0xaf,0xff,0xb7,0xff,0xbf,0xc0,0x01,0xdf,0xbf,0xdf,0xbf,0xdf,
                        0xbb,0xc1,0xbb,0xdd,0xbb,0xdd,0xd7,0xdd,0xd7,0xdd,0xed,0xd5,0xcd,
                        0xbb,0xb5,0xbf,0x79,0x7e,0xfd };    //"成"字的字模数据
uchar code Bmp2[32] = { 0xff,0xbf,0xff,0xbf,0xff,0xbf,0x01,0xbf,0xee,0x03,0xef,0xbb,0xef,
                        0xbb,0xef,0xbb,0xef,0xbb,0xef,0x7b,0xef,0x7b,0xe1,0x7b,0x0e,0xfb,
                        0xbe,0xfb,0xfd,0xd7,0xfb,0xef };    //"功"字的字模数据
/********以下是将显示数据送入74HC595内部移位寄存器函数********/
void WR_595(void)
    ⋮                                       //略,见附光盘
/********以下是主函数********/
void main(void)
{
    uchar i;
    TMOD = 0x01;                            //定时器T0工作方式1
    TH0 = 0xfc; TL0 = 0x66;                 //1 ms定时初值
    G_74154 = 1;                            //关闭显示
    RCK_595 = 0;
    P1 = 0xf0;                              //行号端口清零
    EA = 1;ET0 = 1;                         //开总中断,允许定时器T0中断
    TR0 = 1;                                //启动定时器T0
    while(1)
    {
        for(i = 0;i<32;i++)
        {
            disp_buf1[i] = Bmp1[i];         //将"成"字的数据送显示缓存1
            disp_buf2[i] = Bmp2[i];         //将"功"字的数据送显示缓存2
        }
    }
}
/********以下是定时器T0中断函数,定时时间为1 ms,即每1 ms扫描1行********/
void timer0() interrupt 1
{
    uchar i,j = BLKN;
    TH0 = 0xfc; TL0 = 0x66;                 //重装1 ms定时常数
    i = P1;                                 //读取当前显示的行号
```

```
        i = i + 1;                        //行号加1,指向下一行
        if(i == 16)i = 0;                 //若扫描完16行,则继续从第1行开始扫描
        i = i & 0x0f;                     //屏蔽高4位
        do{
            j--;
            temp1 = disp_buf1[i*BLKN + j];  //将"成"字的数据送暂存1
            temp2 = disp_buf2[i*BLKN + j];  //将"功"字的数据送暂存2
            WR_595();
        }while(j);                        //完成一行数据的发送
        G_74154 = 1;                      //关闭显示
        P1 &= 0xf0;                       //行号端口清零
        RCK_595 = 1;                      //上升沿将数据送到输出锁存器
        P1 |= i;                          //写入行号
        RCK_595 = 0;                      //锁存显示数据
        G_74154 = 0;                      //打开显示
}
```

该源程序文件名为 ch21_2_1.c,在附光盘的 ch21\ch21_2 文件夹中。

21.4.3 实例解析 3——LED 点阵屏倒计时牌

1. 实现功能

在 LED 点阵屏实验开发板左边的 4 个 8×8 LED 显示屏上,循环显示 10、9、8、7、6、5、4、3、2、1 倒计时,每个数字停留时间为 1 s。

2. 源程序

根据要求,编写的源程序如下:

```
#include <reg51.h>
#include <intrins.h>                    //函数 _nop_();
#define uchar unsigned char
#define uint unsigned int
#define BLKN 2                          //1个16×16 LED屏的列数据(16位)可由2个8位
                                        //数据组合而成
sbit SDATA_595 = P2^0;                  //串行数据输入
sbit SCLK_595 = P2^4;                   //移位时钟脉冲
sbit RCK_595 = P2^5;                    //输出锁存器控制脉冲
sbit G_74154 = P1^4;                    //显示允许控制信号端口
uchar data disp_buf[32];                //显示缓存
uchar temp;                             //暂存
uchar code Bmp[][32] = {1~10 点阵数据,略,见光盘};
/*******以下是 xms 延时函数********/
void Delay_ms(uint xms)
{
    uint i, j;
```

```c
        for(i = xms;i>0;i--)
            for(j = 115;j>0;j--);
    }
/********以下是将显示数据送入74HC595内部移位寄存器函数********/
void WR_595(void)
    ⋮                                           //略,见光盘
/********以下是主函数********/
void main(void)
{
    uchar i,k;
    TMOD = 0x01;                                //定时器T0工作方式1
    TH0 = 0xfc; TL0 = 0x66;                     //1 ms 定时初值
    G_74154 = 1;                                //关闭显示
    RCK_595 = 0;
    P1 = 0xf0;                                  //行号端口清零
    EA = 1;ET0 = 1;                             //开总中断,允许定时器T0中断
    TR0 = 1;                                    //启动定时器T0
    while(1)
    {
        for(k = 0;k<11;k++)                     //显示10~1、黑屏共11个字模数据
        {
            for(i = 0;i<32;i++)                 //每个字模为32个数据
            {
                disp_buf[i] = Bmp[k][i];        //将字模数据送显示缓存
            }
            Delay_ms(1000);                     //每个字之间延时1 s
        }
    }
}
/********以下是定时器T0中断函数,定时时间为1 ms,即每1 ms扫描1行********/
void timer0() interrupt 1
{
    uchar i,j = BLKN;
    TH0 = 0xfc; TL0 = 0x66;                     //重装1 ms定时常数
    i = P1;                                     //读取当前显示的行号
    i = i + 1;                                  //行号加1,指向下一行
    if(i == 16)i = 0;                           //若扫描完16行,则继续从第1行开始扫描
    i = i & 0x0f;                               //屏蔽高4位
    do{
        j--;
        temp = disp_buf[i*BLKN + j];            //先送右半部分数据再送左半部分数据
        WR_595();
    }while(j);                                  //完成一行数据的发送
    G_74154 = 1;                                //关闭显示
    P1 &= 0xf0;                                 //行号端口清零
```

```
            RCK_595 = 1;              //上升沿将数据送到输出锁存器
            P1 |= i;                  //写入行号
            RCK_595 = 0;              //锁存显示数据
            G_74154 = 0;              //打开显示
        }
```

3. 源程序释疑

该源程序与实例解析 1 十分相似,主要不同是,该例需要间隔显示多个汉字(数字),因此,存放字模数据时采用了二维数组的形式。在主函数中,将二维数组 Bmp[ ][32]中的数据分 11 次取出,每取出 32 个数据(1 个汉字的数据)后延时 1 s,这样,就可以显示出间隔为 1 s 的倒计时效果。

另外需要说明的是,制作数字 0~9 的字模数据时,在字模软件中输入数字时要采用"全角"的方式。这样,一个数字会占两字节,即和一个汉字相当,这样,在显示时才能将数字显示在 16×16 LED 屏的中央。否则,如果采用半角的方式输入数字,则 1 个数字只占 1 字节,显示时,只能显示在 16×16 LED 屏的的半屏位置上。

4. 实现方法

① 打开 Keil C51 软件,建立一个名为 ch21_3.uv2 的工程项目,再建立一个名为 ch21_3.c 的源程序文件,输入上面的程序。对源程序进行编译,产生 ch21_3.hex 目标文件。

② 为 LED 点阵屏实验开发板供电,将短接 JP1 插针(使前两只 74HC595 串联),同时将 JP4 的 P20、SER1 插针短接(从第一只 74HC595 输入数据);JP2、JP3 插针不用短接(后两只 74HC595 暂停工作)。将仿真芯片插到开发板的单片机插座上,进行硬件仿真调试,观察显示的汉字是否正常。

③ 仿真调试通过后,取下仿真芯片,再将 STC89C51 单片机插到单片机插座,把 ch21_3.hex 文件下载到 STC89C51 中。

该实验源程序在附光盘的 ch21\ch21_3 文件夹中。

21.4.4 实例解析 4——显示上下滚动的汉字

1. 实现功能

在 LED 点阵屏实验开发板左边的 4 个 8×8 LED 显示屏上,从上到下滚动显示"顶顶电子"4 个汉字。

2. 源程序

要所要求,编写的源程序如下:

```
#include <reg51.h>
#include <intrins.h>                  //函数 _nop_();
#define uchar unsigned char
#define uint unsigned int
#define BLKN 2                        //1 个 16×16 LED 屏的列数据(16 位)可由 2 个 8 位
```

```c
                                        //数据组合而成
sbit SDATA_595 = P2^0;                  //串行数据输入
sbit SCLK_595  = P2^4;                  //移位时钟脉冲
sbit RCK_595  = P2^5;                   //输出锁存器控制脉冲
sbit G_74154 = P1^4;                    //显示允许控制信号端口
uchar data disp_buf[32];                //显示缓存
uchar temp;                             //暂存
uchar code Bmp[][32] = {顶顶电子4个字的点阵数据,略,见光盘};
/*********以下是xms延时函数********/
void Delay_ms(uint xms)
{
    uint i,j;
    for(i = xms;i>0;i--)
        for(j = 115;j>0;j--);
}
/*********以下是将显示数据送入74HC595内部移位寄存器函数********/
void WR_595(void)
    ⋮                                   //略,见光盘
/*********以下是主函数********/
void  main(void)
{
    uchar i,j,k;
    TMOD = 0x01;                        //定时器T0工作方式1
    TH0 = 0xfc; TL0 = 0x66;             //1 ms定时初值
    G_74154 = 1;                        //关闭显示
    RCK_595 = 0;
    P1 = 0xf0;                          //行号端口清零
    EA = 1;ET0 = 1;                     //开总中断,允许定时器T0中断
    TR0 = 1;                            //启动定时器T0
    while(1)
    {
        for(i = 0;i<32;i++)             //黑屏
        {
            disp_buf[i] = Bmp[4][i];    //取黑屏数据,二维数组的第4行的32个数据为黑
                                        //屏数据
        }
        Delay_ms(100);                  //延时100 ms
        for(i = 0;i<5;i++)              //滚动显示5个汉字
        {
            for(j = 0;j<16;j++)         //每个汉字为16行,扫描16行为1个扫描周期
            {
                for(k = 0;k<15;k++)     //开始滚动显示
                {
                    disp_buf[k*BLKN] = disp_buf[(k+1)*BLKN];//将下一数据送上一数据缓存
                    disp_buf[k*BLKN+1] = disp_buf[(k+1)*BLKN+1];
```

```
                    }
                    disp_buf[30] = Bmp[i][j * BLKN];        //为 disp_buf[30]送数据
                    disp_buf[31] = Bmp[i][j * BLKN + 1];    //为 disp_buf[31]送数据
                    Delay_ms(100);
                }
            }
            Delay_ms(1000);
        }
    }
    /********以下是定时器 T0 中断函数,定时时间为 1 ms,即每 1 ms 扫描 1 行********/
    void timer0() interrupt 1
    {
        uchar i,j = BLKN;
        TH0 = 0xfc; TL0 = 0x66;              //重装 1 ms 定时常数
        i = P1;                              //读取当前显示的行号
        i = i + 1;                           //行号加 1,指向下一行
        if(i == 16)i = 0;                    //若扫描完 16 行,则继续从第 1 行开始扫描
        i = i & 0x0f;                        //屏蔽高 4 位
        do{
            j--;
            temp = disp_buf[i * BLKN + j];   //先送右半部分数据再送左半部分数据
            WR_595();
        }while(j);                           //完成一行数据的发送
        G_74154 = 1;                         //关闭显示
        P1 &= 0xf0;                          //行号端口清零
        RCK_595 = 1;                         //上升沿将数据送到输出锁存器
        P1 |= i;                             //写入行号
        RCK_595 = 0;                         //锁存显示数据
        G_74154 = 0;                         //打开显示
    }
```

3. 源程序释疑

滚动显示由主函数中的 3 个 for 循环语句完成。要实现上下滚动显示,只需在下一个扫描周期里,使下一缓存中的数据送到上一显示缓冲存中,相当于整屏汉字向上移动 1 位,然后扫描,完成一个周期。如果取数时按照上述依次增加,屏幕就会持续不断的有汉字向上滚动,从而实现了滚动显示的效果。

4. 实现方法

① 打开 Keil C51 软件,建立工程项目,再建立一个名为 ch21_4.c 的源程序文件,输入上面的程序。对源程序进行编译,产生 ch21_4.hex 目标文件。

② 为 LED 点阵屏实验开发板供电,短接 JP1 插针(使前 2 只 74HC595 串联),同时将 JP4 的 P20、SER1 插针短接(从第 1 只 74HC595 输入数据),JP2、JP3 插针不用短接(后两只 74HC595 暂停工作)。

③ 将 STC89C51 单片机插到单片机插座中,把 ch21_4.hex 文件下载到 STC89C51 中,观察显示的汉字滚动是否正常。

该实验源程序在附光盘的 ch21\ch21_4 文件夹中。

21.4.5　实例解析 5——显示左右移动的汉字

1. 实现功能

在 LED 点阵屏实验开发板的 8 个 8×8 LED 显示屏上,从右向左移动显示"顶顶电子欢迎您"7 个汉字。

2. 源程序

根据要求,编写的源程序如下:

```
#include <reg52.h>
#include <intrins.h>                         //包含函数 _nop_()
#define uchar unsigned char
sbit SDATA0_595 = P2^0;                      //定义 P2.0 为列向第 1 个 74HC595 的数据输入
sbit SDATA1_595 = P2^1;                      //定义 P2.1 为列向第 2 个 74HC595 的数据输入
sbit SDATA2_595 = P2^2;                      //定义 P2.2 为列向第 3 个 74HC595 的数据输入
sbit SDATA3_595 = P2^3;                      //定义 P2.3 为列向第 4 个 74HC595 的数据输入
sbit SCLK_595 = P2^4;                        //74HC595 的移位时钟控制
sbit RCK_595 = P2^5;                         //74HC595 的锁存输出时钟控制
uchar temp[4] = {0,0,0,0};                   //74HC595 显示缓冲区变量
uchar idata disp_buf[4][16];                 //显示缓冲区
/********定义要显示的汉字代码段 8×16,分别是左上→左下→右上→右下********/
uchar code word[][16] = {顶顶电子欢迎您 7 个字的点阵数据,略,见光盘};
 /********以下是延时函数,可控制移动的速度********/
void delay()
{
    uchar i;
    for(i = 0;i<=100;i++);
}
/********以下是将显示数据送入 74HC595 内部移位寄存器函数********/
void WR_595(void)
{
    uchar x;
    for (x = 0;x<8;x++)
    {
        temp[0] = temp[0]>>1;                //将 temp[0]右移 1 位后
        SDATA0_595 = CY;                     //进位输出到移位寄存器
        temp[1] = temp[1]>>1;                //将 temp[1]右移 1 位后
        SDATA1_595 = CY;                     //进位输出到移位寄存器
        temp[2] = temp[2]>>1;                //将 temp[2]右移 1 位后
        SDATA2_595 = CY;                     //进位输出到移位寄存器
```

```
            temp[3] = temp[3]>>1;              //将 temp[0]右移 1 位后的进位输出到移位寄存器
            SDATA3_595 = CY;                    //进位输出到移位寄存器
            SCLK_595 = 1;                       //上升沿发生移位
            _nop_();
            _nop_();
            SCLK_595 = 0;
        }
}
/********以下是显示汉字函数********/
void display_word()
{
    uchar m,p;
    for(p = 0;p<= 20;p++)                       //一屏内容刷 20 次
    {
        for(m = 0;m<= 15;m++)                   //从 1~16 行逐行扫描
        {
            temp[0] = disp_buf[0][m];           //将显示内容 0 放入缓冲区 0
            temp[1] = disp_buf[1][m];           //将显示内容 1 放入缓冲区 1
            temp[2] = disp_buf[2][m];           //将显示内容 2 放入缓冲区 2
            temp[3] = disp_buf[3][m];           //将显示内容 3 放入缓冲区 3
            WR_595();                           //将显示数据送入 74HC595 内部移位寄存器
            RCK_595 = 0;                        //锁存输出
            RCK_595 = 1;
            P1 = m;                             //显示当前行
            delay();                            //延时
            P1 = 0xff;                          //显示完一行重新初始化防止重影
        }
    }
}
/********以下是主函数********/
void main()
{
    uchar i,j,m;
    while(1)
    {
        for(i = 0;i<= 17;i++)                   //一共显示 17 + 4 个字符,即 11 个汉字
        {
            for(j = 0;j<8;j++)                  //左移 0~7 位实现从右向左移
            {
                for(m = 0;m<= 15;m++)           //逐行左移
                {
                    disp_buf[0][m] = (word[i][m]<<j)|(word[i+1][m]>>(8-j));
                                                //将第 i+1 个 8×8 小块左移 j 位后的移出
                    disp_buf[1][m] = (word[i+1][m]<<j)|(word[i+2][m]>>(8-j));
                                                //相"或"后加在一起,形成左移效果
```

```
                    disp_buf[2][m] = (word[i+2][m]<<j)|(word[i+3][m]>>(8-j));
                    disp_buf[3][m] = (word[i+3][m]<<j)|(word[i+4][m]>>(8-j));
                }
                display_word();                    //调用显示汉字函数
            }
        }
    }
}
```

3. 源程序释疑

与前几例相比,本例变化较大,下面简要进行分析。

① 本例汉字显示时采用的是顺序方式,而不是定时中断方式。

② 本例汉字字模制作时,是将 1 个 16×16 的汉字分解为 2 个 16×8 半字组成,也就是说,将每个汉字分解为左 16×8 和右 16×8 两部分。因此,用字模提取软件制作字模时,需要采用"纵向取模",这样制作的字模才能符合要求。而在前面的几个例子中,采用的都是"横向取模"方式,请读者制作本例字模数据时一定要注意。

本例之所有采用"纵向取模"方式,是因为,每个半字(上下两块 8×8 屏,即 16×8 屏)都由一个独立的 74HC595 进行控制,也就是说,电路中,4 个 74HC595 采用并联数据输入方式(4 个 74HC595 的 14 引脚数据输入端 SER1、SER2、SER3、SER4 要分别与单片机的 P2.0、P2.1、P2.2、P2.3 连接),这样,4 个 74HC595 就可以分别对 4 个 16×8 屏进行控制了。

4. 实现方法

① 打开 Keil C51 软件,建立工程项目,再建立一个名为 ch21_5.c 的源程序文件,输入上面的程序。对源程序进行编译,产生 ch21_5.hex 目标文件。

② 为 LED 点阵屏实验开发板供电,断开 JP1、JP2、JP3 插针(取消 4 只 74HC595 的串联方式),同时将 JP4 的 P20、P21、P22、P23 和 SER1、SER2、SER3、SER4 插针分别短接(给 4 只 74HC595 同时输入数据)。

③ 将 STC89C51 单片机插到单片机插座,把 ch21_5.hex 文件下载到 STC89C51 中,观察显示的移动汉字是否正常。

该实验源程序在附光盘的 ch21\ch21_5 文件夹中。

21.4.6 实例解析 6——LED 点阵屏电子钟

1. 实现功能

在 LED 点阵屏实验开发板上实现电子钟功能:

将两块 16×16 LED 点阵分为 8 块 8×8 小点阵,显示时将上下分开,上面 4 块 8×8 显示小时和分钟;下面 4 块 8×8 小点阵中,只用最右侧的一块,用来显示秒,其他 3 块 8×8 小点阵黑屏(备用,可用来显示日期,本例未用)。

开机后,点阵屏开始运行,调整好时间后断电,开机仍能正常运行(断电时间不要太长)。按 K1 键(设置键)时钟停止,蜂鸣器响一声;按 K2 键(时加 1 键),时加 1;按 K3 键(分加 1

键),分加 1;调整完成后按 K4 键(运行键),蜂鸣器响一声后继续运行。

2. 源程序

要所要求,采用定时中断方式,编写的源程序如下:

```c
#include <reg51.h>
#include <intrins.h>                              //函数 _nop_()
#include "DS1302_drive.h"                         //包含 DS1302 驱动程序软件包
#define uchar unsigned char
sbit SDATA0_595 = P2^0;                           //定义 P2.0 为列向第 1 个 74HC595 的 DATA 输入
sbit SDATA1_595 = P2^1;                           //定义 P2.1 为列向第 2 个 74HC595 的 DATA 输入
sbit SDATA2_595 = P2^2;                           //定义 P2.2 为列向第 3 个 74HC595 的 DATA 输入
sbit SDATA3_595 = P2^3;                           //定义 P2.3 为列向第 4 个 74HC595 的 DATA 输入
sbit K1 = P3^2;                                   //K1 为设置键
sbit K2 = P3^3;                                   //K2 为时加 1 调整键
sbit K3 = P3^4;                                   //K3 为分加 1 调整键
sbit K4 = P3^5;                                   //K4 为确认键
sbit SCLK_595 = P2^4;                             //74HC595 的移位时钟控制
sbit RCK_595 = P2^5;                              //74HC595 的锁存输出时钟控制
uchar time_buf[3] = {0,0,0};                      //定义时钟时间数据存储区,分别为时、分、秒
uchar disp_buf[8] = {0,0,0,0,0,0,0,0};            //显示缓冲区
uchar temp[4] = {0,0,0,0};                        //定义 74HC595 的移位暂存区
uchar flag_500ms;                                 //500 ms 标志位,控制小时和分钟之间的两个小点
                                                  //每 0.5 s 亮或灭一次,即 1 s 闪烁 1 次
uchar count_50ms;                                 //50 ms 标志位,每 50 ms 该标志位加 1
bit K1_FLAG;                                      //K1 键按下标志位,K1 键按下时,该标志位置 1
sbit BEEP = P3^7;                                 //蜂鸣器引脚
/********定义 0～9 的 8×8 点阵显示代码********/
uchar code bmp_0[10][8] = {
{0xe3,0xdd,0xdd,0xdd,0xdd,0xdd,0xdd,0xe3},        //0 的显示代码
{0xf7,0xc7,0xf7,0xf7,0xf7,0xf7,0xf7,0xc1},        //1 的显示代码
{0xe3,0xdd,0xdd,0xfd,0xfb,0xf7,0xef,0xc1},        //2 的显示代码
{0xe3,0xdd,0xfd,0xe3,0xfd,0xfd,0xdd,0xe3},        //3 的显示代码
{0xfb,0xf3,0xeb,0xdb,0xdb,0xc1,0xfb,0xf1},        //4 的显示代码
{0xc1,0xdf,0xdf,0xc3,0xfd,0xfd,0xdd,0xe3},        //5 的显示代码
{0xe3,0xdd,0xdf,0xc3,0xdd,0xdd,0xdd,0xe3},        //6 的显示代码
{0xc1,0xdd,0xfd,0xfb,0xf7,0xf7,0xf7,0xf7},        //7 的显示代码
{0xe3,0xdd,0xdd,0xe3,0xdd,0xdd,0xdd,0xe3},        //8 的显示代码
{0xe3,0xdd,0xdd,0xdd,0xe1,0xfd,0xdd,0xe3},        //9 的显示代码
};
/********定义 0～9 的 8×8 点阵显示代码,与上面不同的是多了时和分之间的两点********/
uchar code bmp_1[10][8] = {
{0xe3,0xdd,0x5d,0xdd,0xdd,0x5d,0xdd,0xe3},        //:0 的显示代码
{0xf7,0xc7,0x77,0xf7,0xf7,0x77,0xf7,0xc1},        //:1 的显示代码
{0xe3,0xdd,0x5d,0xfd,0xfb,0x77,0xef,0xc1},        //:2 的显示代码
{0xe3,0xdd,0x7d,0xe3,0xfd,0x7d,0xdd,0xe3},        //:3 的显示代码
```

```
    {0xfb,0xf3,0x6b,0xdb,0xdb,0x41,0xfb,0xf1},     //:4 的显示代码
    {0xc1,0xdf,0x5f,0xc3,0xfd,0x7d,0xdd,0xe3},     //:4 的显示代码
    {0xe3,0xdd,0x5f,0xc3,0xdd,0x5d,0xdd,0xe3},     //:5 的显示代码
    {0xc1,0xdd,0x7d,0xfb,0xf7,0x77,0xf7,0xf7},     //:6 的显示代码
    {0xe3,0xdd,0x5d,0xe3,0xdd,0x5d,0xdd,0xe3},     //:7 的显示代码
    {0xe3,0xdd,0x5d,0xdd,0xe1,0x7d,0xdd,0xe3},     //:8 的显示代码
};
/********定义黑屏的显示代码********/
uchar code bmp_2[10][8] = {
    {0xff,0xff,0xff,0xff,0xff,0xff,0xff,0xff},     //黑屏
    {0xff,0xff,0xff,0xff,0xff,0xff,0xff,0xff},     //黑屏
    {0xff,0xff,0xff,0xff,0xff,0xff,0xff,0xff},     //黑屏
    {0xff,0xff,0xff,0xff,0xff,0xff,0xff,0xff},     //黑屏
    {0xff,0xff,0xff,0xff,0xff,0xff,0xff,0xff},     //黑屏
    {0xff,0xff,0xff,0xff,0xff,0xff,0xff,0xff},     //黑屏
    {0xff,0xff,0xff,0xff,0xff,0xff,0xff,0xff},     //黑屏
    {0xff,0xff,0xff,0xff,0xff,0xff,0xff,0xff},     //黑屏
};
/********定义 0～59 模拟 7 段数码管 8×8 点阵显示代码 ********/
uchar code bmp_3[60][8] = {
    {0xff,0xff,0x88,0xaa,0xaa,0xaa,0x88,0xff},     //00 的显示代码
    {0xff,0xff,0x8e,0xae,0xae,0xae,0x8e,0xff},     //01 的显示代码
    {0xff,0xff,0x88,0xae,0xa8,0xab,0x88,0xff},     //02 的显示代码
    {0xff,0xff,0x88,0xae,0xa8,0xae,0x88,0xff},     //03 的显示代码
    {0xff,0xff,0x8a,0xaa,0xa8,0xae,0x8e,0xff},     //04 的显示代码
    {0xff,0xff,0x88,0xab,0xa8,0xae,0x88,0xff},     //05 的显示代码
    {0xff,0xff,0x88,0xab,0xa8,0xaa,0x88,0xff},     //06 的显示代码
    {0xff,0xff,0x88,0xae,0xae,0xae,0x8e,0xff},     //07 的显示代码
    {0xff,0xff,0x88,0xaa,0xa8,0xaa,0x88,0xff},     //08 的显示代码
    {0xff,0xff,0x88,0xaa,0xa8,0xaa,0x88,0xff},     //09 的显示代码
    {0xff,0xff,0xe8,0xea,0xea,0xea,0xe8,0xff},     //10 的显示代码
    {0xff,0xff,0xee,0xee,0xee,0xee,0xee,0xff},     //11 的显示代码
    {0xff,0xff,0xe8,0xee,0xe8,0xeb,0xe8,0xff},     //12 的显示代码
    {0xff,0xff,0xe8,0xee,0xe8,0xee,0xe8,0xff},     //13 的显示代码
    {0xff,0xff,0xea,0xea,0xe8,0xee,0xee,0xff},     //14 的显示代码
    {0xff,0xff,0xe8,0xeb,0xe8,0xee,0xe8,0xff},     //15 的显示代码
    {0xff,0xff,0xe8,0xeb,0xe8,0xea,0xe8,0xff},     //16 的显示代码
    {0xff,0xff,0xe8,0xee,0xee,0xee,0xee,0xff},     //17 的显示代码
    {0xff,0xff,0xe8,0xea,0xe8,0xea,0xe8,0xff},     //18 的显示代码
    {0xff,0xff,0xe8,0xea,0xe8,0xee,0xe8,0xff},     //19 的显示代码
    {0xff,0xff,0x88,0xea,0x8a,0xba,0x88,0xff},     //20 的显示代码
    {0xff,0xff,0x8e,0xee,0x8e,0xbe,0x8e,0xff},     //21 的显示代码
    {0xff,0xff,0x88,0xee,0x88,0xbb,0x88,0xff},     //22 的显示代码
    {0xff,0xff,0x88,0xee,0x88,0xbe,0x88,0xff},     //23 的显示代码
    {0xff,0xff,0x8a,0xea,0x88,0xbe,0x8e,0xff},     //24 的显示代码
```

```
{0xff,0xff,0x88,0xeb,0x88,0xbe,0x88,0xff},   //25 的显示代码
{0xff,0xff,0x88,0xeb,0x88,0xba,0x88,0xff},   //26 的显示代码
{0xff,0xff,0x88,0xee,0x8e,0xbe,0x8e,0xff},   //27 的显示代码
{0xff,0xff,0x88,0xea,0x88,0xba,0x88,0xff},   //28 的显示代码
{0xff,0xff,0x88,0xea,0x88,0xbe,0x88,0xff},   //29 的显示代码
{0xff,0xff,0x88,0xea,0x8a,0xea,0x88,0xff},   //30 的显示代码
{0xff,0xff,0x8e,0xee,0x8e,0xee,0x8e,0xff},   //31 的显示代码
{0xff,0xff,0x88,0xee,0x88,0xeb,0x88,0xff},   //32 的显示代码
{0xff,0xff,0x88,0xee,0x88,0xee,0x88,0xff},   //33 的显示代码
{0xff,0xff,0x8a,0xea,0x88,0xee,0x8e,0xff},   //34 的显示代码
{0xff,0xff,0x88,0xeb,0x88,0xee,0x88,0xff},   //35 的显示代码
{0xff,0xff,0x88,0xeb,0x88,0xea,0x88,0xff},   //36 的显示代码
{0xff,0xff,0x88,0xee,0x8e,0xee,0x8e,0xff},   //37 的显示代码
{0xff,0xff,0x88,0xea,0x88,0xea,0x88,0xff},   //38 的显示代码
{0xff,0xff,0x88,0xea,0x88,0xee,0x88,0xff},   //39 的显示代码
{0xff,0xff,0xa8,0xaa,0x8a,0xea,0xe8,0xff},   //40 的显示代码
{0xff,0xff,0xae,0xae,0x8e,0xee,0xee,0xff},   //41 的显示代码
{0xff,0xff,0xa8,0xae,0x88,0xeb,0xe8,0xff},   //42 的显示代码
{0xff,0xff,0xa8,0xae,0x88,0xee,0xe8,0xff},   //43 的显示代码
{0xff,0xff,0xaa,0xaa,0x88,0xee,0xee,0xff},   //44 的显示代码
{0xff,0xff,0xa8,0xab,0x88,0xee,0xe8,0xff},   //45 的显示代码
{0xff,0xff,0xa8,0xab,0x88,0xea,0xe8,0xff},   //46 的显示代码
{0xff,0xff,0xa8,0xae,0x8e,0xee,0xee,0xff},   //47 的显示代码
{0xff,0xff,0xa8,0xaa,0x88,0xea,0xe8,0xff},   //48 的显示代码
{0xff,0xff,0xa8,0xaa,0x88,0xee,0xe8,0xff},   //49 的显示代码
{0xff,0xff,0x88,0xba,0x8a,0xea,0x88,0xff},   //50 的显示代码
{0xff,0xff,0x8e,0xbe,0x8e,0xee,0x8e,0xff},   //51 的显示代码
{0xff,0xff,0x88,0xbe,0x88,0xeb,0x88,0xff},   //52 的显示代码
{0xff,0xff,0x88,0xbe,0x88,0xee,0x88,0xff},   //53 的显示代码
{0xff,0xff,0x8a,0xba,0x88,0xee,0x8e,0xff},   //54 的显示代码
{0xff,0xff,0x88,0xbb,0x88,0xee,0x88,0xff},   //55 的显示代码
{0xff,0xff,0x88,0xbb,0x88,0xea,0x88,0xff},   //56 的显示代码
{0xff,0xff,0x88,0xbe,0x8e,0xee,0x8e,0xff},   //57 的显示代码
{0xff,0xff,0x88,0xba,0x88,0xea,0x88,0xff},   //58 的显示代码
{0xff,0xff,0x88,0xba,0x88,0xee,0x88,0xff},   //59 的显示代码
};
void KeyProcess();                           //按键处理函数声明
void get_time();                             //时间处理函数声明
void Display();                              //显示函数声明
void Delay_ms(uint xms);
void beep();
void WR_595(void);
/********以下是延时函数********/
void Delay_ms(uint xms)
{
```

```c
    uint i,j;
    for(i=xms;i>0;i--)                  //i=xms 即延时约 xms
        for(j=110;j>0;j--);
}
/********以下是蜂鸣器响一声函数********/
void beep()
{
    BEEP = 0;                           //蜂鸣器响
    Delay_ms(100);
    BEEP = 1;                           //关闭蜂鸣器
    Delay_ms(100);
}
/********以下是将显示数据送入 74HC595 内部移位寄存器函数********/
void WR_595(void)
{
    uchar x;
    for (x=0;x<8;x++)
    {
        temp[0] = temp[0]>>1;
        SDATA0_595 = CY;                //将 temp[0]右移 1 位进位输出到移位寄存器
        temp[1] = temp[1]>>1;
        SDATA1_595 = CY;                //将 temp[1]右移 1 位后进位输出到移位寄存器
        temp[2] = temp[2]>>1;
        SDATA2_595 = CY;                //将 temp[2]右移 1 位后进位输出到移位寄存器
        temp[3] = temp[3]>>1;
        SDATA3_595 = CY;                //将 temp[3]右移 1 位后进位输出到移位寄存器
        SCLK_595 = 1;                   //上升沿发生移位
        _nop_();
        _nop_();
        SCLK_595 = 0;
    }
}
/********以下是显示函数,将要显示的数据通过 74HC595 和 74LS154 用 LED 点阵显示出来********/
void Display()
{
    uchar i;
    disp_buf[0] = time_buf[1]%10;       //显示分个位
    disp_buf[1] = time_buf[1]/10;       //显示分十位
    disp_buf[2] = time_buf[2]%10;       //显示时个位
    disp_buf[3] = time_buf[2]/10;       //显示时十位
    disp_buf[7] = time_buf[0];          //显示秒 00~59
    for(i=0;i<16;i++)                   //逐行扫描
    {
        if(i<8)                         //上面的 8 行显示
        {
```

```c
                temp[0] = bmp_0[disp_buf[3]][i];        //取时十位显示码
                temp[1] = bmp_0[disp_buf[2]][i];        //取时个位显示码
                if(flag_500ms == 0)                     //时和分之间的两点闪标志位
                {
                    temp[2] = bmp_1[disp_buf[1]][i];    //分十位显示码(带两点),当 flag_500ms
                                                        //为 0 时,两点亮
                }
                else
                {
                    temp[2] = bmp_0[disp_buf[1]][i];    //分十位显示码(不带两点),当 flag_500ms
                                                        //为 1 时,两点不亮
                }
                temp[3] = bmp_0[disp_buf[0]][i];        //取分个位显示码
            }
            else                                        //下面的 8 行显示
            {
                temp[0] = bmp_2[disp_buf[5]][i-8];      //显示黑屏
                temp[1] = bmp_2[disp_buf[5]][i-8];      //显示黑屏
                temp[2] = bmp_2[disp_buf[5]][i-8];      //显示黑屏
                temp[3] = bmp_3[disp_buf[7]][i-8];      //取秒的显示码
            }
            WR_595();                                   //调用移位函数处理
            RCK_595 = 0;RCK_595 = 1;                    //输出
            P1 = i;                                     //逐行显示,扫描
            Delay_ms(1);                                //延时 1 ms
            P1 = 0xff;                                  //显示完一行清显示
        }
}
/********以下是按键处理函数********/
void KeyProcess()
{
    uchar min16,hour16;                                 //定义十六进制的分钟和小时变量
    write_ds1302(0x8e,0x00);                            //DS1302 写保护控制字,允许写
    write_ds1302(0x80,0x80);                            //时钟停止运行
    flag_500ms = 0;                                     //500 ms 标志位
    TR0 = 0;                                            //关闭 T0 定时器,使小时和分钟之间的两个
                                                        //点停止闪烁

    if(K2 == 0)                                         //K2 键用来对小时进行加 1 调整
    {
        Delay_ms(10);                                   //延时去抖
        if(K2 == 0)
        {
            while(!K2);                                 //等待 K2 键释放
            beep();
            time_buf[2] = time_buf[2] + 1;              //时加 1
```

```c
            if(time_buf[2] == 24)time_buf[2] = 0;    //当变成24时初始化为0
            hour16 = time_buf[2]/10 * 16 + time_buf[2] % 10;    //将所得的时数据转变成十六
                                                                //进制数据
            write_ds1302(0x84,hour16);              //将调整后的小时数据写入DS1302
        }
    }
    if(K3 == 0)                                     //K3键用来对分进行加1调整
    {
        Delay_ms(10);                               //延时去抖
        if(K3 == 0)
        {
            while(!K3);                             //等待K3键释放
            beep();
            time_buf[1] = time_buf[1] + 1;          //分加1
            if(time_buf[1] == 60) time_buf[1] = 0;  //当分加到60时初始化为0
            min16 = time_buf[1]/10 * 16 + time_buf[1] % 10;    //将所得的分数据转变成十六
                                                                //进制数据
            write_ds1302(0x82,min16);               //将调整后的分数据写入DS1302
        }
    }
    if(K4 == 0)                                     //K4键是确认键
    {
        Delay_ms(10);                               //延时去抖
        if(K4 == 0)
        {
            while(!K4);                             //等待K4键释放
            beep();
            write_ds1302(0x80,0x00);                //调整完毕后,启动时钟运行
            write_ds1302(0x8e,0x80);                //写保护控制字,禁止写
            K1_FLAG = 0;                            //将K1键按下标志位清零
            TR0 = 1;                                //开启定时器T0,使时和分之间的两点
                                                    //开始闪烁
            get_time();                             //调读取时间函数
        }
    }
    Display();                                      //调显示函数
}
/********以下是读取时间函数********/
void get_time()
{
    uchar sec,min,hour;
    write_ds1302(0x8e,0x00);                        //控制命令,WP = 0,允许写操作
    write_ds1302(0x90,0xab);                        //涓流充电控制
    sec = read_ds1302(0x81);                        //读取秒
    min = read_ds1302(0x83);                        //读取分
```

```c
    hour = read_ds1302(0x85);                //读取时
    time_buf[0] = sec/16 * 10 + sec % 16;    //将读取到的秒十六进制数转化为十进制
    time_buf[1] = min/16 * 10 + min % 16;    //将读取到的分十六进制数转化为十进制
    time_buf[2] = hour/16 * 10 + hour % 16;  //将读取到的时十六进制数转化为十进制
}
/*********以下是定时器T01初始化函数********/
void timer0_init()
{
    TMOD = 0x01;                 //定时器0工作模式1,16位定时方式
    TH0 = 0x4c;TL0 = 0x00;       //装定时器T0计数初值,定时时间为50 ms
    EA = 1;ET0 = 1;              //开总中断和定时器T0中断
    TR0 = 1;                     //启动定时器T0
}
/********以下是主函数********/
void main()
{
    timer0_init();
    init_ds1302();
    while(1)
    {
        if(K1 == 0)                          //若K1键按下
        {
            Delay_ms(10);                    //延时10 ms去抖
            if(K1 == 0)
            {
                while(!K1);                  //等待K1键释放
                beep();                      //蜂鸣器响一声
                K1_FLAG = 1;                 //K1键标志位置1,以便进行时钟调整
            }
        }
        if(K1_FLAG == 1)KeyProcess();        //若K1_FLAG为1,则进行走时调整
        get_time();                          //读取时间
        Display();                           //调用显示函数
    }
}
/********以下是定时器T0中断函数,定时时间为50 ms,控制时和分之间两点的闪烁********/
void timer0(void)    interrupt 1
{
    TH0 = 0x4c;TL0 = 0x00;           //重装定时器T0计数初值,定时时间为50 ms
    count_50ms ++ ;                  //每50 ms,计数器count_50ms加1一次
    if(count_50ms == 10)             //若0.5 s到
    {
        flag_500ms = 0;              //flag_500ms标志位清零
    }
    if(count_50ms == 20)             //若1 s到
```

```
            {
                flag_500ms = 1;             //flag_500ms 标志位置 1
                count_50ms = 0;             //count_50ms 计数器清零
            }
      }
```

3. 源程序释疑

① 该源程序与第 12 章实例解析 1 介绍的 D1302 数码管电子钟的源程序有很多相同和相似的地方，请读者在阅读本例前，重温一下第 12 章有关内容。

② 与前几例相比，本例有所不同。主要不同点是：本例汉字字模制作时，是按 8×8 的小点阵方式制作的，也就是说，每个数字甚至 2 个数字只占 1 个 8×8 的小点阵。本例中的数字字模数据，既可以自己手工制作，也可以用专用的 8×8 点阵软件进行制作。

③ 由于每块 8×8 点阵屏需要显示不同的内容，因此，需要对 8 块 8×8 点阵屏分别进行控制，具体控制时采用了两种措施：

一是由硬件完成。即每个半字（上下两块 8×8 屏，即 16×8 屏）都由一个独立的 74HC595 进行控制，也就是说，电路中，4 个 74HC595 采用并联数据输入方式（4 个 74HC595 的 14 引脚数据输入端 SER1、SER2、SER3、SER4 要分别和单片机的 P2.0、P2.1、P2.2、P2.3 连接），这样，4 个 74HC595 就可以分别对 4 个 16×8 屏进行控制了。

二是由软件完成。在显示函数 Display 中，加入了 if…else 判断语句，用来区分扫描的是上部的 8×8 点阵屏还是下部的 8×8 点阵屏。

通过以上硬件和软件的相互结合，单片机就可以对 8 块 8×8 点阵屏分别进行控制了。

4. 实现方法

① 打开 Keil C51 软件，建立工程项目，再建立一个名为 ch21_6.c 的源程序文件，输入上面的程序。

② 在工程项目中，再将第 11 章制作的驱动程序软件包 DS1302_drive.h 添加进来。

③ 单击"重新编译"按钮，对源程序 ch21_6.c 和 DS1302_drive.h 进行编译和链接，产生 ch21_6.hex 目标文件。

④ 为 LED 点阵屏实验开发板供电，断开 JP1、JP2、JP3 插针（取消 4 只 74HC595 的串联方式），同时将 JP4 的 P20、P21、P22、P23 和 SER1、SER2、SER3、SER4 插针分别短接（给 4 只 74HC595 同时输入数据）。

⑤ 将 STC89C51 单片机插到单片机插座，把 ch21_6.hex 文件下载到 STC89C51 中，观察时间显示、时间调整是否正常。

该实验源程序和 DS1302 驱动程序软件包 DS1302_drive.h 在附光盘的 ch21\ch21_6 文件夹中。

第 22 章

IC 卡实例解析

现代社会生活中的人只需两样东西即走遍天下,一是钱,二是身份证件。而 IC 卡正好具有这两样东西的特征,一是作为电子货币,二是作为持卡人身份证明。可见 IC 卡的应用无处不在。

22.1 IC 卡基本知识

22.1.1 IC 卡的分类

按照嵌入集成电路芯片的形式,IC 卡可分为接触型卡和非接触型卡两种。

1. 接触型 IC 卡

接触型 IC 卡上有 8 个或 6 个镀金触点可与外界接触。持卡人刷卡时,须将 IC 卡插入读卡器,读/写完毕后再取出。这种卡的特点是刷卡稍慢,但可靠性高,多用于储存信息量大,读/写操作复杂的场合。接触型 IC 卡根据内部芯片类型的不同,又分为存储器卡和逻辑加密卡两种。

存储器卡也叫非加密存储器卡,卡内的集成电路芯片主要是一个电擦除可编程只读存储器 EEPROM(如 AT24C04 等),这种卡仅有数据存储功能,不具有数据处理功能。另外,也不提供硬件加密功能,只能存储通过系统加密过的数据,很容易被破解。

逻辑加密卡内的集成电路包括加密逻辑电路和电擦除可编程只读存储器 EEPROM,也就是在存储器卡的基础上增加了加密逻辑电路,加密逻辑电路通过校验密码方式来保护着卡和卡中数据的安全。最常用的逻辑加密卡是 SLE4442 卡,这也是本章演练的重点。

2. 非接触式 IC 卡

非接触式 IC 卡又称射频卡,在卡片靠近读/写器表面时即可完成卡中的数据的读/写操作。它成功地将射频识别技术和 IC 卡技术结合起来,解决了无源(卡中无电源)和免接触这一难题,是电子器件领域的一大突破。

在非接触式 IC 卡中,基于 MF RC500 的 Mifare1 卡最为常见。Mifare1 卡上有 1 KB EE-

PROM 存储容量,并划分为 16 个扇区,各扇区的密码和存取控制都是独立的,可以根据实际需要设定各自的密码及存取控制。因此一张卡能同时运用在 16 个不同的系统中。卡片上还内建有增值、减值的专项数学运算电路,非常适合公交、地铁等行业的检票、收票系统。卡片上的数据读/写可超过 10 万次以上,数据保存期可达 10 年以上。

Mifare1 卡中包含一块 ASIC 微晶片和一个高频天线,卡片上无源(无电池)。其基本工作原理是:读/写器中的 Mifare 基站向 Mifarel 卡发一组固定频率(13.56 MHz)的电磁波,卡片内有一个 LC 串联谐振电路,其频率与基站发射的频率相同。在电磁波的激励下,LC 谐振电路产生共振,使卡片内具有电荷,当所积累的电荷达到 2 V 时,卡片中芯片将卡内数据发射出去或接收基站对卡片的操作。射频卡的标准操作距离为 10 cm,与卡片读/写器的通信速率高达 106 KB/s。

有关非接触式 IC 卡编程比较复杂,本书不作介绍,对此感兴趣的读者请自购相关书籍和实验器材进行学习。

22.1.2 SLE4442 逻辑加密卡的结构

SLE4442 逻辑加密卡主要由 EEPROM 存储单元阵列和密码控制逻辑单元构成。SLE4442 逻辑加密卡由于采用密码控制逻辑来控制对 EEPROM 存储器的访问和改写,因此,它不像存储卡一样可以被任意的复制或改写。正是因为这种卡具有大容量、安全保密、使用灵活和低价格等多种优点,在目前的接触型 IC 卡中占有主导地位。

SLE4442 主要由 256 字节的主存储器、32 字节保护存储器、4 字节密码存储器等构成,其内部电路如图 22-1 所示。

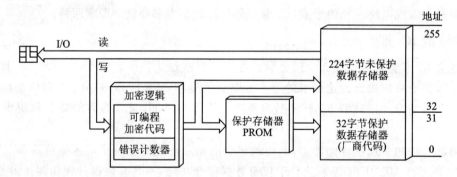

图 22-1　SLE4442 逻辑加密卡内部电路

1. 主存储器

主存储器为可重复擦除使用的 E2PROM 型存储器,按字节寻址、擦除和写入。主存储器的地址为 0~255,共 256 字节。主存储器可分为两个数据区:保护数据区和应用数据区。

主存储器前 32 字节为保护数据区,地址为 0~31。这部分的数据读出不受限制,但擦除和写入操作均受到保护存储器内部数据状态的限制。根据这一特性,主存储器的保护数据区一般均作为 IC 卡的标识数据区,存放一些固定不变的标识参数,如厂商代码、发行商代码等。

主存储器后 224 字节为应用数据区,地址为 32~255。这部分的数据读出不受限制,但擦除和写入均受控于加密存储器数据校验比较结果的影响。

2. 保护存储器

保护存储器是一个 32×1 字节的一次性可编程只读存储器(PROM),它按位寻址和写入。保护存储器每个被写 0 的单元所对应控制的主存储器的字节单元不再接受任何擦除和写入操作命令,从而使得该字节单元内的数据不可再被改变。因此,对保护存储器单元的写入一定要特别小心。

3. 加密存储器

加密存储器是一个 4 字节的 E2PROM 型存储器。在这个存储器中,第 0 字节为"密码输入错误计数器"(Error Counter,EC),其有效位是低 3 位。在芯片初始化时,计数器设置成 111。这一字节是可读的,每次比较密码时,先要判定计数器中是否还有 1。如果还有 1,则将一个 1 写成 0,然后进行比较"校验字"操作。如果比较结果一致,则密码错误计数器将允许进行擦除操作(注意,芯片不能自动进行擦除操作),同时打开主存储器、保护存储器和加密存储器,并允许进行擦除和写入操作。如果比较结果不一致,则密码错误计数器中为 1 的个数减少 1 位。只要计数器的内容不全为 0,则芯片的比较"校验字"操作还允许再次进行。当连续 3 次输入错误密码后(即密码计数器减少为 0),则芯片的存储单元将全部被锁死,SLE4442 变成一个只读存储器,而且这种改变是不可逆的。由此可见,加密存储器可以理解为进入整个芯片的"关卡"。

22.1.3 SLE4442 逻辑加密卡的引脚功能

SLE4442 逻辑加密卡引脚分布如图 22-2 所示,由于图中最外侧的 C4、C8 引脚未用,因此,很多 SLE4442 卡已取消了这两个引脚。

SLE442 卡各个引脚功能定义如表 22-1 所列。

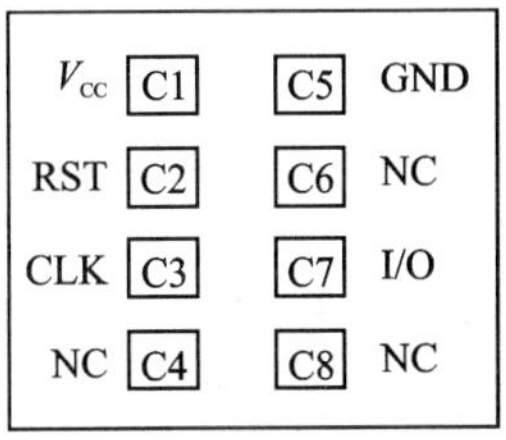

图 22-2 SLE4442 引脚排列

表 22-1 SLE442 引脚功能

卡触点	符 号	功 能	卡触点	符 号	功 能
C1	V_{CC}	工作电压(5 V)	C5	GND	地
C2	RST	复 位	C6	NC	保留
C3	CLK	时 钟	C7	I/O	数据
C4	NC	保留	C8	NC	保留

22.1.4 SLE4442 的操作命令

SLE4442 的操作命令如表 22-2 所列,每条操作命令有 3 字节,第 1 字节为控制字,第 2 字节为地址,第 3 字节为数据。

表 22-2　SLE4442 的操作命令

控制字	地址	数据	功能	命令模式
00110000	待读地址	—	读主存储区	输出数据模式
00111000	待写入地址	待写入数据	写主存储区	处理模式
00110100	—	—	读保护存储区	输出数据模式
00111100	待写入地址	待写入数据	写保护存储区	处理模式
00110001	—	—	读密码存储区	输出数据模式
00111001	待写入地址	待写入数据	写密码存储区	处理模式
00110011	待比较地址	待比较数据	比较校验数据	处理模式

22.1.5　SLE4442 开发板介绍

为了进行 SLE4442 卡实验，笔者开发了一种 IC 卡开发板，开发板电路如图 22-3 所示，其实物外形如图 22-4 所示。

IC 卡开发板电路比较简单，主要由单片机 STC89C51、IC 卡座、RS232 接口电路 MAX232 以及蜂鸣器和指示灯电路等组成。

22.1.6　SLE4442 驱动程序软件包的制作

在使用 SLE4442 逻辑加密卡时，需要编写相应的程序。为了方便编程，应首先制作 SLE4442 驱动程序软件包。该软件包比较复杂，这里不再列出，详细内容在附光盘 ch22/ch22_2 文件夹中，文件名为 SLE4442.h。

22.2　SLE4442 逻辑加密卡实例解析

22.2.1　实例解析 1——SLE4442 卡的插入与退出

1. 实现功能

在 IC 卡开发板上实现以下功能：当插入 SLE4442 逻辑加密卡时，PC 机的串口调试助手显示"IC 卡已插入"，蜂鸣器响一声；当退出 SLE4442 卡时，显示"IC 卡已退出"，蜂鸣器响一声。

2. 源程序

根据要求，编写的源程序如下：

```
#include <reg51.h>
#include <stdio.h>
```

第 22 章 IC 卡实例解析

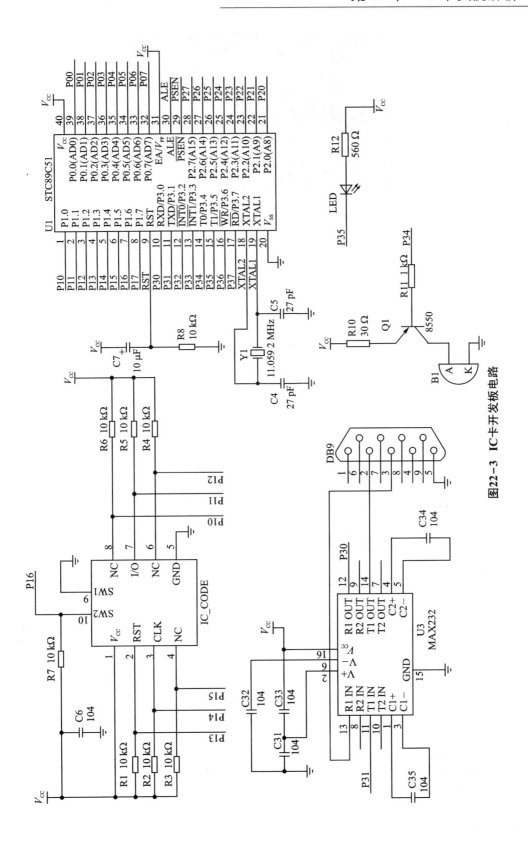

图22-3 IC卡开发板电路

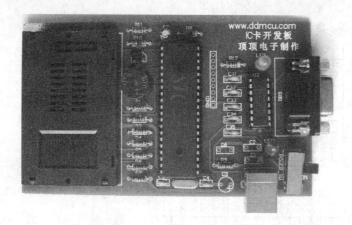

图 22-4 IC 卡开发板实物外形

```c
#define uint unsigned int
#define uchar unsigned char
sbit BEEP = P3^4;                //蜂鸣器
sbit LED  = P3^5;                //指示灯
sbit IC_SW   = P1^6;             //插卡开关
sbit IC_RST  = P1^3;             //C2 复位信号
sbit IC_CLK  = P1^4;             //C3 时钟信号
sbit IC_DATA = P1^1 ;            //C7 数据信号
/********以下是延时函数********/
void Delay_ms(uint xms)          //延时程序,xms 是形式参数
{
    uint i, j;
    for(i = xms;i>0;i--)         //i = xms,即延时 xms,xms 由实际参数传入一个值
        for(j = 115;j>0;j--);    //此处分号不可少
}
/*********以下是蜂鸣器响一声函数********/
void beep()
{
    BEEP = 0;                    //蜂鸣器响
    Delay_ms(100);
    BEEP = 1;                    //关闭蜂鸣器
    Delay_ms(100);
}
/********以下是串口初始化函数********/
void series_init(void)
{
    SCON = 0x50;                 //串口工作方式 1,允许接收
    TMOD = 0x20;                 //定时器 T1 工作方式 2
    TH1 = 0xfd;TL1 = 0xfd;       //定时初值
    PCON& = 0x00;                //SMOD = 0
    TR1 = 1;                     //开启定时器 1
```

```
    }
/********以下是主函数********/
void main()
{
    series_init();              //串口初始化
    TI = 1;                     //手工将发送中断标志 TI 置 1
    printf("程序开始运行...\n");
    beep();                     //蜂鸣器响一声
    IC_SW = 1;                  //卡开关输入端置 1
    LED = 1;                    //指示灯灭
    while(1)
    {
        while(IC_SW);           //等待插入 IC 卡,若插入 IC 卡,则 IC_SW = 0,往下执行
        Delay_ms(10);           //消除抖动
        if(IC_SW) continue;     //若 IC_SW = 1,则说明是抖动引起,跳出本次循环,再继续下
                                //次循环
        LED = 0;                //若 IC_SW = 0,则说明 IC 卡确实已插入,打开指示灯
        printf("IC 卡已插入\n");
        while(!IC_SW);          //等待拔出 IC 卡
        LED = 1;                //关闭绿灯
        printf("IC 卡已退出\n");
    }
}
```

3. 程序释疑

程序中使用了 printf 库函数(使用前应加入预处理命令 #include <stdio.h>),其主要作用是通过串口发送字符串。在 printf 函数的前面,看到有一行使 TI 置 1 的语句"TI=1;",这条语句非常重要。若不加此语句,将无法发送字符串,实际上,在 printf 函数内部,包含了字符发送函数 putchar,也就是说,printf 发送字符串时,是不断调用函数 putchar 来完成的。读者可以打开 Keil\C51\lib 文件夹中的 putchar.c 文件,会发现,在文件的最后,有以下语句:

```
while(!TI);
TI = 0;
return(SBUF = c);
```

从这几条语句可以看出,若不将 TI 置 1,则函数将死在"while(!TI);"这条语句上,无法往下执行,这就是调用 printf 或 putchar 函数之前将 TI 置 1 的原因。

利用 printf 函数进行发送的好处是,一次可以发送多个字符(采用 SBUF 寄存器进行发送时一次只能发送一个字符),不过,使用 printf 函数会占用较大的程序存储空间。

4. 实现方法

① 打开 Keil C51 软件,建立工程项目,再建立一个名为 ch22_1.c 的文件,输入上面的源程序。对源程序进行编译、链接,产生 ch22_1.hex 目标文件。

② 把 ch22_1.hex 文件下载到 IC 卡开发板上的 STC89C51 单片机中,开串口调试助手。

软件运行后,将串口设置为 COM1,波特率设置为 9 600,校验位选无 NONE,数据位选 8,停止位选 1,同时,单击"打开串口"按钮,注意不要勾选"十六进制接收"。插入 IC 卡,会发现串口调试助手的接收窗口会显示"IC 卡已插入",若退出 IC 卡,接收窗口会显示"IC 卡已退出"。

该实验程序在附光盘的 ch22\ch22_1 文件夹中。

22.2.2 实例解析 2——SLE4442 卡读/写演示

1. 实现功能

在 IC 卡开发板上实现以下功能:当插入 SLE4442 逻辑加密卡时,单片机可以读/写 SLE4442 卡中存储器的数据,将主存储区 0x30~0x3f 中的数据修改为 0x30~0x3f;将密码由初始密码"0xff、0xff、0xff"修改为"0x12、0x34、0x56",修改后的数据和密码能通过 PC 机的串口调试助手显示出来。

2. 源程序

根据要求,编写的源程序如下:

```c
#include <reg51.h>
#include <stdio.h>
#include <intrins.h>
#include <SLE4442.h>
#define uint unsigned int
#define uchar unsigned char
sbit BEEP = P3^4;                   //蜂鸣器
sbit LED = P3^5;                    //指示灯
/********以下是延时函数********/
void Delay_ms(uint xms)             //延时程序,xms 是形式参数
{
    uint i, j;
    for(i=xms;i>0;i--)              //i=xms,即延时 xms,xms 由实际参数传入一个值
        for(j=115;j>0;j--);         //此处分号不可少
}
/*********以下是蜂鸣器响一声函数********/
void  beep()
{
    BEEP = 0;                       //蜂鸣器响
    Delay_ms(100);
    BEEP = 1;                       //关闭蜂鸣器
    Delay_ms(100);
}
/********以下是字符处理函数,使数据显示为 10、20、30…A0、B0、C0、D0、E0、F0 ********/
void printchar(uchar ch)
{
    if(ch>=0&&ch<=9) ch=ch+'0';
```

```c
        else if(ch>=10&&ch<=15) ch=ch+'A'-10;
        putchar(ch);
}
/********以下是十六进制输出函数,以十六进制格式输出1字节********/
void printhex(uchar hex)
{
        uchar c;
        c = hex;
        c = c>>4;
        printchar(c);
        c = hex;
        c = c&0x0F;
        printchar(c);
}
/********以下是串口初始化函数********/
void series_init(void)
{
        SCON = 0x50;                    //串口工作方式1,允许接收
        TMOD = 0x20;                    //定时器T1工作方式2
        TH1 = 0xfd;TL1 = 0xfd;          //定时初值
        PCON& = 0x00;                   //SMOD = 0
        TR1 = 1;                        //开启定时器1
}
/********以下是主函数********/
void main()
{
        uchar i;
        uint p;
        uchar buff[16];                 //数据数组
        uchar   password[3];            //密码数组
        series_init();                  //串口初始化
        TI = 1;                         //手工将发送中断标志TI置1
        printf("程序开始运行...\n");
        beep();                         //蜂鸣器响一声
        IC_SW = 1;                      //卡开关输入端置1
        LED = 1;                        //指示灯灭
        while(1)
        {
                while(IC_SW);           //等待插入IC卡
                Delay_ms(10);           //消除抖动
                if(IC_SW) continue;
                LED = 0;                //打开指示灯
                printf("IC卡已插入\n");
                beep();
                ResetCard();
```

```c
printf("IC 卡数据:\n");
p = 0;
while((!IC_SW)&&(p<256))        //读 16 字节
{
    ReadMainMem(p,buff,16);     //读主存储器,在 SLE4442 驱动程序软件包中
    BreakOperate();             //中止操作,在 SLE4442 驱动程序软件包中
    Delay10us();
    printhex(p);                //以十六进制显示行号
    printf(":");
    for(i = 0;i <= 15; i++)
        printhex(buff[i]);      //输出一行数据
    printf("\n");
    p += 16;                    //指向下一行数据
}
printf("保护寄存器:");
ReadProtectMem(buff);           //读保护存储器数据,在 SLE4442 驱动程序软件包中
for(i = 0;i < 5; i++)
    printhex(buff[i]);          //输出 5 字节数据
printf("\n");
printf("密码寄存器:");
ReadPwd(buff);                  //读密码存储器函数,在 SLE4442 驱动程序软件包中
for(i = 0;i < 4; i++)
    printhex(buff[i]);          //输出 4 字节密码数据
printf("\n");
if((buff[0] & 0x07) == 0x07)    //密码计数,防止 3 次校验错误密码导致锁卡
{
    password[0] = 0xFF;         //出厂默认密码
    password[1] = 0xFF;
    password[2] = 0xFF;
    if(Verify(password))        //校对密码,Verify 校验函数在 SLE4442 驱动程序软件包中
    {
        printf("校对密码正确\n");
        for(i = 0x30;i<0x40;i++)    //写 0x30 开始的 16 字节
        {
            buff[0] = i;        //写入的数据为 0x30~0x3f,共 16 字节
            WriteMainMem(i,buff);   //写主存储器 1 字节,在 SLE4442 驱动程序软件包中
        }
        printf("写数据成功\n");
        buff[0] = 0x12;
        buff[1] = 0x34;
        buff[2] = 0x56;
        ChangePwd(buff);        //修改密码,在 SLE4442 驱动程序软件包中
        printf("密码已修改为:0x123456\n");
    }
    else
```

```
                {
                    printf("校对密码出错\n");
                }
            }
            else
            {
                printf("密码计数器不是 111\n");
            }
            if(!IC_SW)ResetCard();
            while(!IC_SW);                    //等待退出 IC 卡
            LED = 1;                          //关闭指示灯
            printf("IC 卡已退出\n");
            Delay_ms(30);
        }
    }
```

3. 程序释疑

① 程序中使用了以下函数完成读 SLE4442 卡主存储器数据的读操作：

```
ReadMainMem(p,buff,16);
```

该函数有 3 个参数，第 1 个实参 p 表示存储器地址；第 2 个实参 buff 是数组 buff[ ]的首地址；第 3 个参数 16 表示一次读取 16 个数据。

为什么函数的第 2 个实参采用了地址的形式呢，这是因为，读主存储器函数 ReadMainMem 原形是：

```
void ReadMainMem(uchar addr,uchar * pt,uchar count);
```

可以看出，第 2 个形参是指针变量 pt，因此，函数的第 2 个实参中使用了数组首地址的形式，这样，指针变量 pt 就指向了数组 buff[ ]的首地址。

② 程序中，使用以下语句完成主存储器的写操作：

```
WriteMainMem(i,buff);
```

函数的第 1 个实参 i 表示主存储器的地址；第 2 个实参 buff 表示数组 buff[ ]的首地址。函数的功能是将数组 buff[ ]中的数据写到主存储器地址以 i 开始的单元中。

该函数的原形为：

```
void WriteMainMem(uchar addr,uchar * pt)
```

第 1 个形参 addr 为表示要写入的主存储器地址；第 2 个形参 pt 是指针变量，实参 buff 传递给形参 pt 后，指针变量 pt 就指向了数组的首地址 buff。这样，就可以将数组 buff[ ]中的数据写入到主存储器指定的地址中。

③ 程序中还有几个函数，如读保护存储器函数"ReadProtectMem(buff);"、读密码存储器函数"ReadPwd(buff);"、校验函数"Verify(password)"、密码修改函数"ChangePwd(buff);"等，请读者参考 SLE4442.h 文件自行分析。

④ 程序中有如下语句：

```
            if((buff[0] & 0x07) == 0x07)              //密码计数,防止3次校验错误密码导致锁卡
            ⋮
        else
        {
            printf("密码计数器不是 111\n");
        }
```

这个if…else语句的作用是防止将卡锁死。若不加这个条件判断语句,则第一次进行实验时,会显示密码已修改为"0x123456"。再次插入时,密码校验时将会出错(因为在程序中设置的校验密码为0xffffff),校验不正确将引起密码计数器1的个数减小一个(由0111变为0110),若3次校验不正确,密码计数器将变为0000,此时,卡将锁死。加入这个判断语句则可防止锁卡,因为当密码计数器的值不是0x07(0111)时,将自动退出,并提示"密码计数器不是111"。

可能有的读者要问,密码修改后,怎样才能将密码再恢复为初始密码(0xffffff)呢?很简单,只需将程序中的校验密码改为0x123456,修改密码改为0xffffff即可。如果不能修改,说明密码计数器的值不是0111,此时,需要将程序中的"if((buff[0] & 0x07) == 0x07)"和后面的"else{printf("密码计数器不是111\n");}"两条语句删除。当然,修改完成后还要将这两条语句进行恢复,以免锁卡。详细源程序在附光盘 ch13/reset 文件夹中。

4. 实现方法

① 打开 Keil C51 软件,建立工程项目,再建立一个名为 ch22_2.c 的源程序文件,输入上面的程序。

② 在 ch22_2.uv2 的工程项目中,再将前面制作的驱动程序软件包 SLE4442.h 添加进来。

③ 单击"重新编译"按钮,对源程序 ch22_2.c 和 SLE4442.h 进行编译和链接,产生 ch22_2.hex 目标文件。

④ 把 ch22_2.hex 文件下载到 IC 卡开发板上的 STC89C51 单片机中,打开串口调试助手,软件运行后,插入 IC 卡,会发现串口调试助手的接收窗口会显示读取到的 IC 卡存储器数据以及修改的密码,如图 22-5 所示。

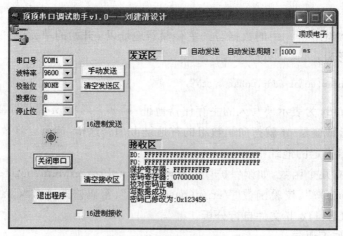

图 22-5 读取到的主存储器数据以及修改的密码

该实验程序和 SLE4442.h 驱动程序软件包在附光盘的 ch22\ch22_2 文件夹中。

22.2.3 实例解析 3——基于 SLE4442 卡的门锁系统

1. 实现功能

在 IC 卡开发板上实现以下功能：当插入 SLE4442 逻辑加密卡时，若密码为"0x12、0x34、0x56"，则验证正确，单片机发出一个开锁信号给控制电路，控制电机运转，打开门锁，从而完成开锁动作（这里用蜂鸣器响 3 声，同时 LED 灯闪烁 3 次，模拟开锁成功）；若验证的密码不正确，则不能开锁。SLE4442 卡中的所有信息能通过串口调试助手显示出来。

2. 源程序

该源程序是在上例的基础上改编得到的，具体源程序如下：

```c
#include <reg51.h>
#include <stdio.h>
#include <intrins.h>
#include <SLE4442.h>
#define uint unsigned int
#define uchar unsigned char
sbit BEEP = P3^4;                        //蜂鸣器
sbit LED = P3^5;                         //指示灯
/********以下是延时函数********/
void Delay_ms(uint xms)                  //延时程序,xms 是形式参数
{
    uint i, j;
    for(i = xms;i>0;i--)                 //i = xms,即延时 xms, xms 由实际参数传入一个值
        for(j = 115;j>0;j--);            //此处分号不可少
}
/********以下是蜂鸣器响一声函数********/
void beep()
{
    BEEP = 0;                            //蜂鸣器响
    Delay_ms(100);
    BEEP = 1;                            //关闭蜂鸣器
    Delay_ms(100);
}
/********以下是字符处理函数,使数据显示为 10、20、30…A0、B0、C0、D0、E0、F0 ********/
void printchar(uchar ch)
{
    if(ch>=0&&ch<=9) ch = ch +'0';
    else if(ch>=10&&ch<=15) ch = ch +'A'-10;
    putchar(ch);
}
/********以下是十六进制输出函数,以十六进制格式输出 1 个字节********/
```

```c
void printhex(uchar hex)
{
    uchar c;
    c = hex;
    c = c>>4;
    printchar(c);
    c = hex;
    c = c&0x0F;
    printchar(c);
}
/********以下是串口初始化函数********/
void series_init(void)
{
    SCON = 0x50;                    //串口工作方式1,允许接收
    TMOD = 0x20;                    //定时器T1工作方式2
    TH1 = 0xfd;TL1 = 0xfd;          //定时初值
    PCON& = 0x00;                   //SMOD = 0
    TR1 = 1;                        //开启定时器1
}
/********以下是主函数********/
void main()
{
    uchar i;
    uint p;
    uchar buff[16];                 //数据数组
    uchar password[3];              //密码数组
    series_init();                  //串口初始化
    TI = 1;                         //手工将发送中断标志TI置1
    printf("程序开始运行...\n");
    IC_SW = 1;                      //卡开关输入端置1
    LED = 1;                        //指示灯灭
    while(1)
    {
        while(IC_SW);               //等待插入IC卡
        Delay_ms(10);               //消除抖动
        if(IC_SW) continue;
        LED = 0;                    //打开指示灯
        printf("IC卡已插入\n");
        ResetCard();
        printf("IC卡数据:\n");
        p = 0;
        while((!IC_SW)&&(p<256))    //读16字节
        {
            ReadMainMem(p,buff,16); //读主存储器
            BreakOperate();         //中止操作
```

```c
        Delay10us();
        printhex(p);                    //以十六进制显示行号
        printf(": ");
        for(i = 0;i <= 15;i++)
            printhex(buff[i]);          //输出一行数据
        printf("\n");
        p += 16;                        //指向下一行数据
    }
    printf("保护寄存器：");
    ReadProtectMem(buff);               //读保护存储器数据
    for(i = 0;i < 5;i++)
        printhex(buff[i]);              //输出 5 字节数据
    printf("\n");
    printf("密码寄存器：");
    ReadPwd(buff);                      //读密码存储器
    for(i = 0;i < 4;i++)
        printhex(buff[i]);              //输出 4 字节密码数据
    printf("\n");
    password[0] = 0x12;                 //出厂默认密码
    password[1] = 0x34;
    password[2] = 0x56;
    if(Verify(password))                //校对密码
    {
        printf("校对密码正确\n");
        LED = 1;                        //LED 灯灭
        beep();                         //蜂鸣器响一声
        LED = 0;                        //LED 灯亮
        beep();                         //蜂鸣器响一声
        LED = 1;                        //LED 灯灭
        beep();                         //蜂鸣器响一声
        LED = 0;                        //LED 灯亮
        Delay_ms(200);
        LED = 1;                        //LED 灯灭
        Delay_ms(200);
        LED = 0;                        //LED 灯亮
    }
        else
        {
            printf("校对密码出错\n");
        }
    if(!IC_SW)ResetCard();
    while(!IC_SW);                      //等待退出 IC 卡
    LED = 1;                            //关闭指示灯
    printf("IC 卡已退出\n");
    Delay_ms(30);
```

       }
   }

3. 程序释疑

本例程序是在上例的基础上改编而成，虽然比较简单，但却比较实用。它演示了一个接触 IC 卡的应用全过程，另外，读者可在此基础上进行扩充，例如，增加持卡人身份的验证等，使其功能更加完善。

4. 实现方法

① 打开 Keil C51 软件，建立工程项目，再建立一个名为 ch22_3.c 的源程序文件，输入上面源程序。

② 在工程项目中，再将前面制作的驱动程序软件包 SLE4442.h 添加进来。

③ 单击"重新编译"按钮，对源程序 ch22_3.c 和 SLE4442.h 进行编译和链接，产生 ch22_3.hex 目标文件。

④ 把 ch22_3.hex 文件下载到 IC 卡开发板上的 STC89C51 单片机中，打开串口调试助手。软件运行后，插入 SLE4442 卡，若卡的密码为"0x12、0x34、0x56"，则会听到蜂鸣器响 3 声，同时可看到 LED 灯闪烁 3 次；若密码不正确，则蜂鸣器和指示灯无反应。

该实验程序和 SLE4442.h 驱动程序软件包在附光盘的 ch22\ch22_3 文件夹中。

第三篇 开发揭秘篇

本篇知识要点：
- 基于 DTMF 远程控制器/报警器的设计与制作；
- 智能电子密码锁的设计与制作；
- 在 VB 下实现 PC 机与单片机的通信；
- 基于 nRF905 无线通信温度监控系统的设计与制作；
- 简单实用 51 编程器的设计、制作与使用；
- 单片机高级开发技术指南；
- 单片机开发深入揭秘与研究。

第 23 章
基于 DTMF 远程控制器/报警器的设计与制作

在下班前,有没有一种办法可以实现对家中电器的远程控制呢?例如,在办公室通过电话或手机,控制家中的电饭煲开始烧饭,或者把家中的空调打开,一回到家中立即能感受到清香的米饭和清爽的凉风。当您在单位工作或出门在外时,有没有一种办法,可以实现当家中有非法入侵时,能够自动地拨叫您的单位电话或手机进行报警呢?本设计就是基于这种考虑,通过采用 DTMF 技术,实现电话远程控制家电和自动报警功能。

23.1 DTMF 基础知识

23.1.1 什么是 DTMF

DTMF 是英文 Dual Tone Multi Frequency 的缩写,意为"双音多频",它是音频电话的拨号信号,由美国 AT&T 贝尔实验室研制。双音多频信号编码技术易于识别,抗干扰能力强,拨号速度快,且比用 modem 进行远程传输的方法更为经济实用,因此这种拨号方式取代了传统的脉冲拨号方式。

双音多频拨号方式的双音是指用两个特定的单音信号的组合叠加来代表数字或符号功能,两个单音的频率不同,所代表的数字和功能也不同。在双音多频电话机中,有 16 个按键,其中有 10 个数字键(0~9),6 个功能键(*、#、A、B、C、D),按照组合的原理,它必须有 8 种不同的单音频信号。由于采用的频率有 8 种,故称之为多频。又因从 8 种频率中任意抽出两种进行组合,又称其为 8 中取 2 的双音编码方法。

根据 CCITT 的建议,国际上采用 697 Hz、770 Hz、825 Hz、941 Hz、1 209 Hz、1 336 Hz、1 477 Hz 和 1 633 Hz 这 8 种频率,把这 8 种频率分为两个群,即高频群和低频群。从高频群和低频举任意各抽取一种频率进行组合,共有 16 种不同的组合,代表 16 种不同的数字或功能,如图 23-1 所示。

例如,按 1 键时,由拨号电路产生 697 Hz 与 1 209 Hz 叠加的信号电流输出;按 2 键时,产生 697 Hz 与 1 336 Hz 叠加输出;其他以此类推。

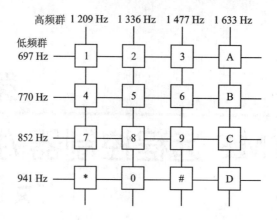

图 23-1　DTMF 的编译码定义

23.1.2　电话机的通话过程

打电话时:甲机摘机,由甲机拨入乙机电话号码,程控交换机接收到甲机的拨号号码组合音频信号(DTMF 信号)后,将其一一译码,再判断号码,选择接通回路,至对应乙机,并馈出振铃信号。当乙机摘机接听时,自动取消振铃信号,正常通话。此时,如果再从甲机输入一组电话号码,可从乙机直接听到甲机所拨号码的双音频组合音,而电信局的交换机不会将之视作用户的拨打号码处理。挂机后,程控交换机自动断开该回路,完成一次通话过程。

专家点拨:电话线上的电压是由电信的交换机提供的。当电话机待机时,电话线上有 30~50 V 的直流电压;当有来电时,交换机给电话机断续地发送 90 V 左右,25 Hz 的交流电压,为电话机提供振铃;当电话机提机后停止发送。电话机通话时,由于电话机阻抗变小,因此只有 9 V 左右。

23.1.3　MT8880 介绍

MT8880 是单片 DTMF 双音多频收发器,也称 DTMF 双音多频编解码芯片,与此芯片功能类似的还有 CM8888、MT8888 等,这些芯片集成度高,体积小,抗干扰能力强,应用十分广泛。

1. MT8880 内部结构与引脚功能

MT8880 采用 CMOS 工艺,内部集 DTMF 信号收发于一体,它的发送部分可发出 16 种双音多频 DTMF 信号。接收部分完成 DTMF 信号的接收、分离和译码,并以 4 位并行二进制码的方式输出,便于与单片机接口。MT8880 内部电路如图 23-2 所示。

MT8880 有 DIP、SSOP、PLCC 三种封装方式,其中,20 引脚的 DIP 封装比较常用,引脚排列如图 23-3 所示,引脚功能如表 23-1 所列。

第 23 章 基于 DTMF 远程控制器/报警器的设计与制作

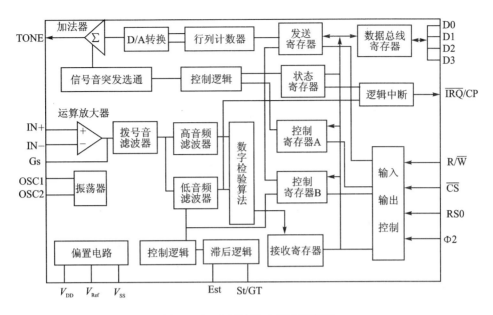

图 23 - 2　MT8880 内部电路框图

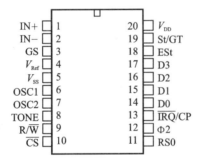

图 23 - 3　MT8880 引脚排列

表 23 - 1　MT8880 引脚功能

引脚号	符　号	功　　　能
1	IN+	运放同相输入端
2	IN−	运放反相输入端
3	GS	运放输出端
4	V_{Ref}	基准电压输出端,电压值为 $V_{DD}/2$
5	V_{SS}	地
6	OSC1	振荡器输入端
7	OSC2	振荡器输出端
8	TONE	DTMF 信号输出端
9	R/$\overline{W}$	读/写控制端,低电平为写操作
10	$\overline{CS}$	片选端,低电平有效

续表 23-1

引脚号	符号	功能
11	RS0	寄存器选择输入端
12	Φ2	系统时钟输入
13	$\overline{IRQ}$/GP	中断信号请求端
14~17	D0~D3	数据总线,当$\overline{CS}$为1或Φ2为高电平时,呈高阻态
18	ESt	超前控制输出端,若电路检测到一种有效的单音对时,ESt为高电平;若信号丢失,则ESt返回低电平
19	St/GT	控制输入/时间检测输出
20	V_{DD}	供电端,典型值为5 V

2. MT8880 的编解码表

MT8880 是一款双音频的语音拨号芯片。接收时,它能将双音频信号转换为 4 位数字信号;发送时,它能将 4 位数字信号转换为双音频信号。双音频信号与 4 位数字信号的对应关系如表 23-2 所列。

表 23-2 双音频信号与 4 位数字信号的对应关系

双音频信号		数字和符号	4 位数字信号			
低频组/Hz	高频组/Hz		D3	D2	D1	D0
697	1 209	1	0	0	0	1
697	1 336	2	0	0	1	0
697	1 477	3	0	0	1	1
770	1 209	4	0	1	0	0
770	1 336	5	0	1	0	1
770	1 477	6	0	1	1	0
852	1 209	7	0	1	1	1
852	1 336	8	1	0	0	0
852	1 477	9	1	0	0	1
941	1 336	0	1	0	1	0
941	1 209	*	1	0	1	1
941	1 477	#	1	1	0	0
697	1 633	A	1	1	0	1
770	1 633	B	1	1	1	0
852	1 633	C	1	1	1	1
941	1 633	D	0	0	0	0

通过上表可知,发送 1 时为 0001,发送 2 时发送 0010……依次类推。但要看清楚,电话号码中的 0 对应的可不是 0000,它对应的是 1010。

2. 寄存器与控制

MT8880 共有 5 个不同作用的寄存器,分别是:两个数据寄存器,一个是只执行读操作的接收数据寄存器 RDR;另一个是只执行写操作的发送数据寄存器 TDR。两个 4 位的收、发控制寄存器 CRA 和 CRB。对 CRB 的操作就是通过 CRA 中的一个特定位来操作的,因此编程中应对其进行初始化。一个 4 位状态寄存器 SR,用来反映收、发信号的工作状态。

MT8880 内部寄存器的选择与操作由 RS0 及 R/$\overline{\text{W}}$ 来控制,控制功能如表 23-3 所列。

表 23-3 寄存器控制功能表

RS0	R/$\overline{\text{W}}$	功　能	RS0	R/$\overline{\text{W}}$	功　能
0	0	写发送数据寄存器	1	0	写控制寄存器
0	1	读接收数据寄存器	1	1	读状态寄存器

发射/接收控制由两个具有相同地址空间的控制寄存器(CRA 和 CRB)完成。寄存器 CRB 的写操作由在 CRA 上设置适当的比特位来控制。下一个向同一地址的写操作则将被写入 CRB,以后又将循环写入 CRA。当电源连通或重开电源后,软件复位必须包括在所有程序运行前使预置控制和状态寄存器初始化。控制寄存器和状态寄存器的功能如表 23-4 和表 23-5 所列。

表 23-4 控制寄存器功能表

控制寄存器	控制位	名　称	功　能	说　明
CRA	b0	TOUT	信号音输出控制	逻辑 1 使能信号音输出
	b1	CP/DTMF	模式控制	逻辑 1 为 CP 呼叫模式,逻辑 0 为 DTMF 模式
	b2	IRQ	中断使能	逻辑 1 使能中断模式,当双音频模式被选中(b0=0)时,接收到 DTMF 信号或发送完一 DTMF 双音信号,DTMF/CP 引脚电平由高变低
	b3	RSEL	寄存器选择	逻辑 1 下一次访问寄存器 CRB,访问结束转回控制寄存器 CRA
CRB	b0	BURST	双音突发模式	逻辑 0 使能双音频突发模式
	b1	TEST	测试模式	逻辑 1 使能测试模式,以在 IRQ/CP 引脚输出延迟控制信号
	b2	S/D	单双音产生	逻辑 0 允许产生 DTMF 信号,逻辑 1 输出单音频
	b3	C/R	列/行音选择	b2=1 时,逻辑 0 使能产生行单音信号逻辑,逻辑 1 使能产生列单音信号

表 23-5 状态寄存器功能表

状态位	名　称	状态标志设置	状态标志清除
b0	中断请求位	发生中断,b1 或 b2 置位	中断无效,状态寄存器读后被清零
b1	发送寄存器空(突发模式)	暂停结束,准备发送新数据	状态寄存器读后或在突发模式下被清除
b2	接收寄存器满	接收寄存器的数据有效	状态寄存器读后被清除
b3	延时控制	检测不到 DTMF 信号时置位	检测 DTMF 信号被清除

23.2 基于 DTMF 的远程控制器/报警器

23.2.1 开发实例说明

本实例的目标是设计一个基于 DTMF 的远程控制及电话报警装置。远程控制器/报警器以单片机 STC89C51、双音多频编解码芯片 MT8880 为核心,通过现有的电话网络传递控制信号,进行家电的远程控和自动报警。该控制器通用性较强,可广范应用于家用电器及其他场所的各种控制设备。

远程控制器/报警器和电话线连接后,能够完成以下功能:

① 具有远程控制功能。用手机或其他电话拨打家中的电话时,远程控制器/报警器的蜂鸣器开始响(模拟振铃声),同时振铃指示灯闪烁,5次振铃后,模拟摘机。此时,拨打人员按手机或电话的数字9,可控制远程控制器/报警器的继电器接通,同时蜂鸣器响一声。按＊键,继电器断开,同时蜂鸣器响2声。按♯号键,蜂鸣器响4声,然后挂机。拨出的号码能够在远程控制/报警器的 LCD 显示器中显示出来。

② 具有自动报警功能。当家中防户门被打开时,触发开关闭合(触发开关设置在单片机的 P30),触发远程控制器/报警器动作,自动拨打事先存储在 EEPROM 中的手机或电话,并播放报警声,提示您家中有人进入。另外,报警号码可通过矩阵键盘进行修改。

23.2.2 硬件电路设计

远程控制器/报警器主要由单片机,DTMF 编解码电路 MT8880,摘机挂机电路,铃流检测电路,触发开关和矩阵按键电路,LCD 显示电路,继电器输出控制电路,EEPROM 存储器等组成,其基本组成框图如图 23-4 所示。

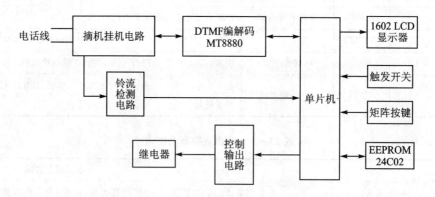

图 23-4　远程控制器/报警器的基本组成框图

如图 23-5 所示是根据基本框图设计的电路原理图。

下面对各部分电路进行简要分析与介绍。

第23章 基于DTMF远程控制器/报警器的设计与制作

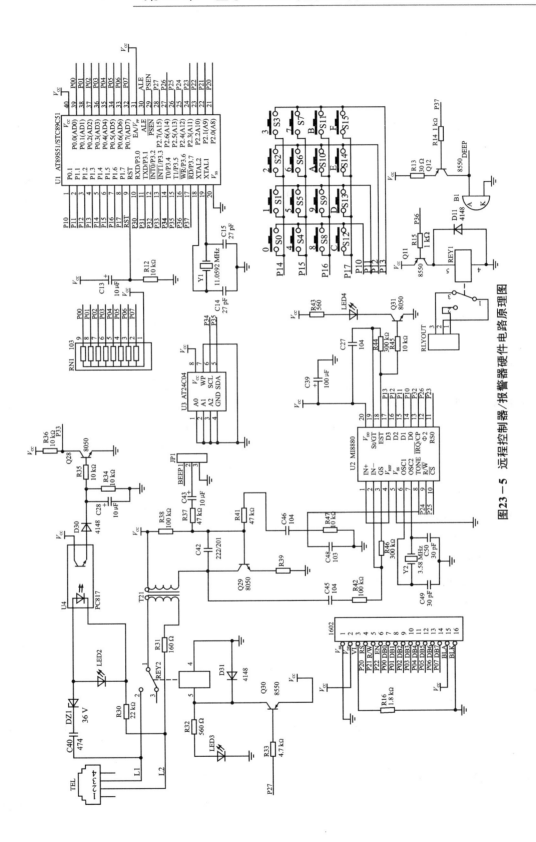

图23-5 远程控制器/报警器硬件电路原理图

1. 单片机

单片机可采用STC89C51或AT89S51等,主要是进行接收、发送控制数据处理,存储器的读/写、显示处理、按键处理等操作。

2. DTMF编解码电路

DTMF编解码电路以MT8880为核心构成。主要有两个方面的作用。

接收时,电话线上的双音频信号经音频变压器T21耦合后,由MT8880的第2引脚输入,经过运算放大和拨号音滤波器,滤除信号中的拨号音频率,然后发送到双音频(高音频和低音频)滤波器,分离出低频组和高频组信号。通过数字检验算法电路,检出DTMF信号的频率,并且通过译码器译成4位二进制码。4位二进制编码被锁存在接收数据寄存器中,此时状态寄存器中的延时控制标识(b3)复位,状态寄存器中的接收数据寄存器满标识(b2)位置位。对外而言,当寄存器中的延时控制识别位复位时,MT8880的第13引脚($\overline{IRQ}$/CP)由高电平变为低电平。由于$\overline{IRQ}$/CP与单片机的P32(外中断0)相连,因此,当$\overline{IRQ}$/CP由高电平变为低电平时,向CPU发出中断请求。CPU响应中断后,读出接收寄存器中的数据(由MT8880的第14~17引脚输出D0~D3,送到单片机的P10~P13),读完后$\overline{IRQ}$/CP返回高电平。

发送时,单片机的P10~P13输出4位数字信号D0~D3,送到MT8880的第14~17引脚,并被锁存在发送数据寄存器中。发送的DTMF信号频率由MT8880第6、7引脚外接的3.58 MHz的晶振分频产生。分频器首先从基准频率分离出8个不同频率的正弦波,行列计数器根据发送数据寄存器中的数据,以八取二方式分离出一个高频信号和一个低频信号,再经D/A转换,在加法器中合成DTMF信号,并从MT8880的第8引脚输出。经Q29放大和音频变压器T21耦合后,送到摘机挂机电路,向外拨出电话号码。号码拨出后,由单片机P37输出的音频信号经Q29放大和T1耦合,通过电话线输出报警信号。

3. 摘机、挂机电路

摘机、挂机电路主要由Q30和继电器REY2等组成。摘机、挂机由单片机的P27进行控制,当P27为高电平时,三极管Q30截止,其集电极为低电平,继电器REY2线圈失电,REY2的开关不动作,此时,电话线L1断开,电路处于挂机状态;当P27为低电平时,三极管Q30导通,其集电极为高电平,继电器REY2线圈得电,REY2的常开触点闭合,于是,电话线L1、L2形成通路,电路处于摘机状态。

可见,摘机、挂机电路就是一个由单片机控制的电子开关,它负责将电话线与远程控制器/报警器内部电路的接通和断开。平时该开关处于断开(即挂机)状态,以免影响线路上其他电话设备的正常工作。在以下两种情况下,电路处于摘机状态:

一是接收时。远程控制器/报警器接收5次铃流信号以后,该开关将在单片机的控制下自动接通(即摘机),此时远程控制信号才能进入到远程控制器/报警器内部的其他电路中去。

二是发送时。拨号时,单片机从P27输出低电平信号,控制电话线接通,以便拨出的号码能及时发送出去。

4. 铃流检测电路

铃流检测电路的作用是检测电话线上的铃流信号,以便于让单片机统计电话铃响的次数或振铃的持续时间。

第 23 章　基于 DTMF 远程控制器/报警器的设计与制作

为什么要统计电话铃响的次数呢？这是因为，远程控制器/报警器是接在电话线上的，同时，电话线上还连接有电话机。在待机(即线路空闲)时，电话机和远程控制器/报警器都处于闲置状态，此时，远程控制器/报警器随时都有可能接到线路上的远程控制信号。为了不影响电话机的正常使用，要求远程控制器/报警器在接到铃流信号后不能马上动作，要有一定的延迟时间，以便于让主人有足够的时间到达电话机跟前去接听电话，也就是电话优先的原则。只有在若干次铃响(如 5 次)以后，如果仍然没有人接听电话，就默认家里没人，此时才允许远程控制器/报警器摘机应答响应，这就是铃流检测电路的作用。

铃流检测电路主要由 C40、DZ1、R30、U4、Q28 等组成，由于电容 C40 不能通过直流，因此在待机状态下，铃流检测电路不工作。当有人打来电话时，电话线路上有 90 V 左右 25 Hz 的交流电压，因此，铃流电流通过 C40、DZ1、光电耦合器 U4 的发光二极管、R30 形成回路。此时，U4 内的发光二极管发光，使光敏管导通，U4 的第 3 引脚输出高电平，经 D30、C28 整流滤波，控制 Q28 导通，Q28 的集电极输出低电平，送到单片机的 P33 引脚(外中断 1)。当没有铃流信号时，Q28 截止，其集电极输出高电平。由此可见，单片机 P33 引脚的低电平是随着铃流信号的出现而出现的，只要检测到 P33 引脚有低电平脉冲出现，就说明线路上有铃流信号了，而且通过计算 P33 引脚低电平的次数，就可以判断出振铃次数的多少。

当振铃次数达到 5 次时，单片机从 P27 引脚输出低电平，控制三极管 Q30 导通，其集电极为高电平，继电器 REY2 线圈得电，REY2 的常开触点闭合，于是，电话线 L1、L2 形成通路，此时，可接收电话线上的控制指令。

另外，为了增加远程控制器/报警器的可靠性，在电话线 L1、L2 之间还可以加入一只压敏电阻。压敏电阻的特性是，平时不导通，阻值无穷大，一旦线路上因雷电等因素出现瞬间的脉冲高压时，压敏电阻立即导通，并出现永久性短路，将电话线路两端给短接起来，避免远程控制器/报警器上的其他元件遭受雷击等高压脉冲影响，对远程控制器/报警器起到保护作用。

5. 触发开关和矩阵按键电路

触发开关用来触发报警器工作，实际安装时，应安装在防户门的相应位置上，当防户门关上时，开关断开，当防户门被打开时，按键闭合，经单片机检测后，从 EEPROM 中取出预置的电话或手机号码向外拨出。在本实例中，触发开关的动作由按键来进行模拟。

6. 显示电路

显示电路采用 1602 LCD 显示屏，其作用是显示接收到的控制指令，以及发送的报警号码。

7. 输出控制电路

输出控制电路用来驱动继电器工作，如果负载较重，可采用驱动电路 ULN2003 或功率较大的三极管，本实例中，采用三极管 S8550。

8. EEPROM 存储器

EEPROM 存储器以 24C04 为核心构成，其作用是保存报警电话号码，以便报警时取出。

图 23-6 是根据硬件电路制作的远程控制器/报警器开发板，有关该开发板的详细情况，请登录顶顶电子网站。

图 23-6 远程控制器/报警器开发板实物图

23.2.3 MT8880 驱动程序软件包的制作

为了方便使用 MT8880 进行软件设计,我们制作了 MT8880 的驱动程序软件包,文件名为 MT8880_drive.h。该软件包主要包括 MT8880 初始化 MT8880_init(),读状态寄存器 read_status(),写状态寄存器 write_status(uchar value)等几个函数,完整的驱动程序软件包在光盘 ch23 文件夹中。

23.2.4 软件设计

根据功能要求,软件部分分为两部分进行设计,即远程控制接收部分和自动拨号报警部分,下面分别进行介绍。

1. 远程控制接收部分软件设计

接收部分软件的功能是接收控制信号,并对继电器进行控制。接收部分软件主要由系统程序、外中断 0 中断服务程序、外中断 1 中断服务程序 3 部分组成。其中,外中断 0 由 MT8880 的第 13 引脚 $\overline{\text{IRQ}}$/CP 触发,当 $\overline{\text{IRQ}}$/CP 由高电平变为低电平时,通过 P3.2 引脚向单片机发出中断请求。CPU 响应中断后,读出接收寄存器中的数据,并存放起来,读完后 $\overline{\text{IRQ}}$/CP 返回高电平。外中断 1 由振铃信号触发,在外中断 1 中断服务程序中,对振铃次数进行计数,当计数值为 5 时,置位标志位 bell_flag。

程序设计时,要重点注意以下两点:

一是对外中断 1 的振铃次数进行判断。若 bell_flag 标志位为 1,判断为振铃次数达到 5 次,则摘机,准备接收信号;若 bell_flag 为 0,则继续等待。

二是对外中断 0 接收到的数据进行处理。若接收到的数据是 9,则控制继电器线圈得电,常开触点闭合,控制相应电路工作;若接收到的数据是＊,则继电器断开,同时蜂鸣器响2声;若接收到的数据是♯,则蜂鸣器响4声,然后挂机。

接收部分详细源程序在附光盘 ch23/ch23_1 文件夹中。

2. 自动拨号报警部分软件设计

自动拨号报警部分的功能是,当触发开关触发后(P3.0 为低电平),调取 24C04 预置的电话或手机号码,并自动拨出进行报警。另外,拨出的号码可通过矩阵键盘进行修改。

自动拨号报警部分详细源程序在附光盘 ch23/ch23_2 文件夹中。

23.2.5 系统调试

1. 接收部分的调试

① 打开 Keil C51 软件,建立工程项目,再建立一个名为 ch23_1.c 的源程序文件,输入接收部分的源程序。

② 在 ch23_1.uv2 的工程项目中,再将 1602 LCD 驱动程序软件包 LCD_drive.h 和 MT8880 驱动程序软件包 MT8880_drive.h 添加进来。

③ 单击"重新编译"按钮,对源程序 ch23_1.c 和 LCD_drive.h、MT8880_drive.h 进行编译和链接,产生 ch23_1.hex 目标文件。

④ 将 ch23_1.hex 目标文件下载到 STC89C51 单片机中,下载完成后,把单片机插到 DTMF 远程控制报警开发板的单片机插座上。

⑤ 将家中的电话线插到 DTMF 远程控制报警开发板的插座上,插好后给开发板供电,此时,显示开机画面,画面内容如下:

```
DTMF   CONTROL
NUM:
```

⑥ 用手机拨打电话,5次振铃后,电话接通。此时,拨打手机的9键,远程控制器/报警器实验开发板的继电器应工作;拨打手机的＊键,远程控制器/报警器实验开发板的继电器应断开;拨打手机的♯键,远程控制器/报警器实验开发板的应挂机。另外,9、＊、♯能在远程控制器/报警器实验开发板的 LCD 上显示出来。

2. 自动拨号报警部分的调试

① 打开 Keil C51 软件,建立工程项目,再建立一个名为 ch23_2.c 的源程序文件,输入自动拨号报警部分的源程序。

② 在 ch23_2.uv2 的工程项目中,再将 1602 LCD 驱动程序软件包 LCD_drive.h、I^2C 的驱动程序软件包 I2C_drive.h 和 MT8880 驱动程序软件包 MT8880_drive.h 添加进来。

③ 单击"重新编译"按钮,对源程序 ch23_2.c 和 LCD_drive.h、I2C_drive.h、MT8880_drive.h 进行编译和链接,产生 ch23_2.hex 目标文件。

④ 将 ch23_2.hex 目标文件下载到 STC89C51 单片机中,下载完成后,把单片机插到 DTMF 远程控制报警开发板的单片机插座上。

⑤ 给 DTMF 远程控制报警开发板供电,此时,显示开机画面,画面内容如下:

```
       TELEPHONE   ALARM
TEL:
```

⑥ 按压矩阵键盘的 B 键,进入手机号码修改状态,如下所示:

```
        MODIFY  CODE
NUM:-----------
```

此时,输入 11 位手机号码,2 s 后,退出号码修改状态画面,返回开机画面。

⑦ 将家中的电话线插到 DTMF 远程控制报警开发板的插座上,插好后给开发板供电。将单片机的 P3.0 的触发开关接地,此时,DTMF 远程控制报警开发板自动拨存储在 24C04 中的手机号码,并在 LCD 上显示出来。同时,蜂鸣器发出报警声。如果此时用所拨打的手机接听,则会听到报警声,报警二次后自动停止。

以上分别介绍了二个软件的设计与调试,读者可将二个软件合在一起,组合成一个完整的远程控制器/报警器。

详细源程序及 DTMF 远程控制报警开发板介绍请登录顶顶电子网站。

第 24 章
智能电子密码锁的设计与制作

出于安全、方便等方面的需要,许多电子密码锁相继问世。例如声控锁、指纹识别等。这类产品的特点只是针对特定有效指纹或声音有效,适用于保密要求高的场合。由于这些产品成本一般较高,一定程度上限制了其普及和推广。本章介绍一种由基于 51 单片机控制的智能电子密码锁,具有矩阵按键密码输入、密码记忆、密码出错提示及报警等功能。另外,还可在意外泄密的情况下及时修改密码,因此,特别适合家庭、宾馆、私家车库等场所。

24.1 智能电子密码锁功能介绍及组成

密码锁已经是现代生活中经常用到的工具之一,广泛应用于保险柜、房门、宾馆、车库等。用电子密码锁代替传统的机械式密码锁,克服了机械式密码锁密码量少,安全性能差的缺点。特别是使用单片机控制的智能电子密码锁,不但功能齐全,而且具有更高的安全性和可靠性。

24.1.1 智能电子密码锁功能介绍

下面设计一个由 51 单片机控制的智能电子密码锁,具有以下功能:
① 共 6 位密码,每位的取值范围为 0~9。
② 可以自行设定和修改密码。
③ 密码通过矩阵按键输入,按每个密码键时都有声音提示。输入密码时,为了不被其他人看到真实的密码,LCD 显示屏只显示"******"。
④ 开机后,LCD 显示屏显示开机画面。此时,按下 A 键,2 s 以后显示密码输入信息,等待用户输入密码。若输入密码正确,继电器通电动作(模拟开锁),LCD 上显示出密码正确的信息,蜂鸣器响 1 声,按 E 键,再次回到开机画面。
⑤ 在输入密码正确的情况下,按 B 键,可进入密码修改界面,允许用户修改密码。密码修改成功后,按 E 键,则退出密码修改界面,回到开机画面。
⑥ 密码有 3 次输入机会,若输入 3 次后密码仍不正确,蜂鸣器响 3 声,LCD 显示出错信息,不允许用户继续输入,此时按 E 键,可回到开机画面。

24.1.2 智能电子密码锁的组成

根据功能要求,设计的智能电子密码锁的框图如图 24-1 所示。

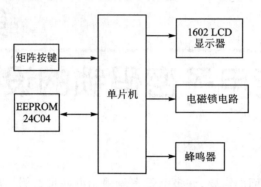

图 24-1 智能电子密码锁的框图

智能电子密码锁主要由单片机(可采用 STC89C51 或 AT89S51)、矩阵键盘、继电器、蜂鸣器、LCD 显示器和 EEPROM 存储器 24C04 等组成。

矩阵键盘用来输入密码,24C04 用来存储密码。在断电条件下,其内部密码数据可保持 10 年不丢失。电磁锁电路是执行电路,用来开锁;蜂鸣器用来提示、报警;LCD 显示器采用 1602 字符型,用来显示有关信息。

24.2 智能电子密码锁的设计

24.2.1 硬件电路设计

智能电子密码锁的基本原理是:从矩阵键盘输入一组密码,单片机把该密码和设置密码比较,若输入的密码正确,则控制电磁锁动作,将电磁铁抽回,从而将锁打开;若输入的密码不正确,则要求重新输入,并记录错误次数,如果出现 3 次错误,则被强制锁定并报警。

根据智能密码锁的基本原理、基本框图及功能要求,设计的硬件电路如图 24-2 所示。

(1) 单片机电路

单片机电路以 U1(STC89C51)为核心构成,由于 P0 口是一个 8 位漏极开路的双向 I/O 口,因此,外接了上拉电阻排 RN01。

(2) 矩阵键盘电路

矩阵按键为 4×4 共 16 只按键,其中行线接在单片机的 P1.4~P1.7,列线接在单片机的 P1.0~P1.3。

(3) 电磁锁电路

为了使用 DD-900 实验开发板对本设计进行验证,这里的电磁锁由继电器进行了替代。

继电器电路由驱动三极管 Q2、继电器 RLY1 等组成。当单片机的 P3.6 输出低电平时,Q2 导通,其集电极为高电平,继电器 RLY1 线圈得电,RLY1 常开触点闭合。

第24章 智能电子密码锁的设计与制作

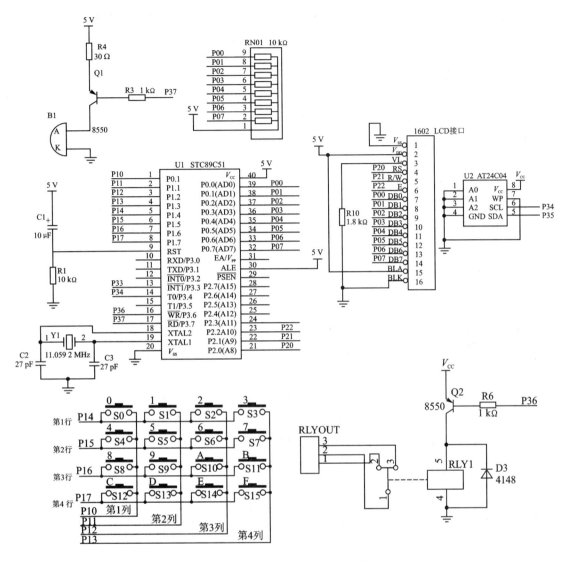

图24-2 智能电子密码锁硬件电路

电磁锁的原理与继电器十分相似,其原理是:当电磁锁线圈通电后,带动锁杆动作,将锁打开。实际组装密码锁时,只需将继电器再替换为电磁锁即可。

(4) 蜂鸣器电路

蜂鸣器电路由Q1、B1等组成,由单片机的P3.7控制。当P3.7输出低电平时,Q1导通,蜂鸣器发声;当P3.7输出高电平时,Q1截止,蜂鸣器不发声;当P3.7输出频率不同的信号时,蜂鸣器会发出不同的叫声。

(5) EEPROM存储器24C04

EEPROM存储器24C04为I^2C总线控制器件,其串行时钟SCL端和串行数据端SDA分别接在单片机的P3.3和P3.4。

(6) 1602 LCD显示电路

显示电路采用1602字符型LCD,用来显示有关信息。1602 LCD共16只引脚,其中,

DB0~DB7 为数据端,接单片机的 P0.0~P0.7;RS、R/W、E 为控制端,分别接单片机的 P2.0、P2.1、P2.2。

24.2.2 软件设计

程序将分为主程序和定时器 T0 中断服务程序。主程序负责矩阵键盘扫描、键值输入、密码比较和开锁或报警处理。定时器 T0 中断服务程序主要是产生 2 s 的定时。

根据程序功能,主程序主要分为以下几部分:

(1) 键盘扫描程序

键盘扫描程序主要判断矩阵按键是否按下,按下的是哪一个键,并求出按键的键值。矩阵键盘的识别有多种,详细内容参见本书第 9 章有关内容,这里不再重复。

(2) LCD 显示程序

LCD 显示程序主要负责把要显示的数字或字母显示出来。由于显示的画面和内容较多,需要对不同的画面和显示内容进行定义。使用时,只需定位好显示行和显示列位置,调用不同的显示信息即可。

(3) 密码输入与比较程序

输入密码前,要先将正确的密码从 EEPROM 存储器 24C04 中读出,并存放在一个具有 6 个元素的数组中(本例采用 code_buf[6])。

6 位密码由矩阵按键输入,输入的密码存储在另一个数组中(本例采用 incode_buf[6])。输入完 6 位密码后,将输入的密码数据 incode_buf[6]和正确的密码数据 code_buf[6]进行比较,若全部 6 位密码均相等,显示密码正确信息;若输入的密码不完全正确,则进行第 2 次输入;若输入 3 次仍不正确,则报错。

(4) 密码修改程序

密码修改程序用来设置新密码。当输入的开锁密码正确后,可重新设置新密码。输入的新密码先暂存在数组 code_buf[6]中,然后,调用写 EEPROM 存储器程序,将 code_buf[6]中的 6 位密码存储在 24C04 中。

(5) 开锁程序

当输入密码正确时,单片机从 P3.6 输出低电平,控制继电器工作,模拟开锁动作,同时,当输入密码或开锁成功时,蜂鸣器发出相应的提示音。

智能电子密码锁详细源程序在附光盘 ch24/ch24_1 文件夹中。

24.2.3 24C04 读/写工具软件的设计

24C04 读/写工具软件作为后台管理软件使用,主要有两种应用场合:一是首先往 24C04 写入密码(在本设计中,首先预设密码为 123456);二是忘记密码时,可使用此读/写工具软件重新读出原密码,当然,也可以重写 24C04,更新新密码。

24C04 读/写工具软件的源程序在附光盘 ch24/ch24_2 文件夹中。

24.2.4 系统调试

下面用 DD-900 实验开发板,说明智能电子密码锁的调试方法。系统调试主要分以下两步:

1. 用 24C04 读/写工具软件将密码写入 24C04

① 打开 Keil C51 软件,建立工程项目,再建立一个名为 ch24_2.c 的源程序文件,输入 24C04 读/写工具软件的源程序。

② 在工程项目中,再将 1602 LCD 驱动程序软件包 LCD_drive.h 和 I²C 的驱动程序软件包 I2C_drive.h 添加进来。

③ 单击"重新编译"按钮,对源程序 ch24_2.c 和 LCD_drive.h、I2C_drive.h 进行编译和链接,产生 ch24_2.hex 目标文件。

④ 将 ch24_2.hex 目标文件下载到 STC89C51 中,短接 DD-900 实验开发板 JP1 的 LCD、V_{CC} 插针,为 LCD 供电。短接 JP4 的 RLY、P36 插针,使继电器接入电路。同时,用杜邦线将 JP5 的 24CXX(SCL)、24CXX(SDA)两插针分别连接到单片机的 P3.3、P3.4 引脚上,使 24C04 和单片机相连。此时,LCD 上显示出 24C04 读/写工具软件的开机画面,画面内容如下:

```
WRIT & READ
---PASSWORD---
```

⑤ 按压矩阵按键的 C 键,LCD 上显示设置 6 位密码画面,画面内容如下:

```
WRIT    CODE
NUM:------
```

此时,输入 6 位密码,即可将设置的密码写入到 24C04 中。

⑥ 按 E 键退出写状态,再按 D 键,LCD 上显示出刚才设置的 6 位密码,如下所示:

```
READ    CODE
NUM:1 2 3 4 5 6
```

这个密码就是智能密码锁的初始密码(这里设置为 123456),请使用者将此密码记住!

2. 智能电子密码锁的调试

① 打开 Keil C51 软件,建立工程项目,再建立一个名为 ch24_1.c 的源程序文件,输入智能电子密码锁的源程序。

② 在工程项目中,再将 1602 LCD 驱动程序软件包 LCD_drive.h 和 I²C 的驱动程序软件包 I2C_drive.h 添加进来。

③ 单击"重新编译"按钮,对源程序 ch24_1.c 和 LCD_drive.h、I2C_drive.h 进行编译和链接,产生 ch24_1.hex 目标文件。

④ 将 ch24_1.hex 目标文件下载到 STC89C51 中,短接 DD-900 实验开发板 JP1 的 LCD、V_{CC} 插针,为 LCD 供电;短接 JP4 的 RLY、P36 插针,使继电器接入电路;同时,用杜邦线

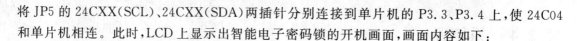

将JP5的24CXX(SCL)、24CXX(SDA)两插针分别连接到单片机的P3.3、P3.4上,使24C04和单片机相连。此时,LCD上显示出智能电子密码锁的开机画面,画面内容如下:

```
     KEY   LOCK
   MADE  IN  CHINA
```

⑤ 按A键,2 s以后,进入密码输入画面,画面内容如下:

```
   PLEASE  INPUT
   PASSWORD:------
```

若输入的密码不正确,将提示再次输入,若输入3次后仍不正确,LCD上显示出输入错误的信息,如下所示。按E键,可返回开机画面。

```
   INPUT  PASSWORD
     INPUT  ERR
```

输入密码123456,密码正确,继电器动作(模拟开锁),同时,LCD上显示输入正确的画面,如下所示。按E键,可返回开机画面。

```
   INPUT  PASSWORD
     INPUT  OK
```

⑥ 在密码输入正确的情况下(显示出输入正确的画面),按B键,进入新密码设置画面,画面内容如下:

```
   MODIFY  PASSWORD
   PASSWORD:------
```

输入6位新密码,此时显示出修改密码正确画面,按E键,可返回到开机画面。

需要说明的是,若更换了新密码,一定要记住,若遗忘,则只能使用前面制作的"24C04读/写工具软件"进行读/写。

第 25 章
在 VB 下实现 PC 机与单片机的通信

PC 机功能强大,人机界面友好,是单片机所不能及的。由 PC 机和单片机构成的系统可以实现更加复杂的控制,这样,就会遇到了 PC 机与单片机串行通信的问题。在硬件上,PC 机和 51 单片机都有串口,因此,可以使用 RS232 或 RS485 标准接口进行串行通信;在软件上,需要分别为 PC 机和单片机编写相应的程序。目前,单片机端的程序由汇编语言或 C 语言编写;PC 机的程序则采用 Visual Basic 6.0(简称 VB)、Visual C++6.0(简称 VC++)、Dephi 等软件进行开发。其中,VB 易学易用,使用广泛。需要说明的是,如果读者从未接触过 VB,那么,在学习本章之前,需要先找一本 VB 6.0 教程,学会 VB 常用控件的使用与编程方法。这个学习过程不会很长,半个月左右即可入门。

25.1 PC 机与单片机串行通信介绍

近年来,单片机在数据采集、智能仪表仪器、家用电器和过程控制中应用越来越广泛。但由于单片机计算能力有限,难以进行复杂的数据处理,因此应用高性能的 PC 机对单片机系统进行管理和控制,已成为一种发展方向。在 PC 机与单片机的控制系统中,通常以 PC 机(上位机)为主机,单片机(下位机)为从机,由单片机完成数据的采集及对装置的控制,而由 PC 机完成各种复杂的数据处理和对单片机的控制。因此,PC 机与单片机之间的数据通信越发显得重要。

25.1.1 PC 机与单片机通信硬件的实现

由于 51 单片机具有全双工串口,因此,PC 机与单片机通信一般采用串口进行。串口是指按照逐位顺序传递数据的通信方式,在串口通信中,主要有 RS232 和 RS485 两个标准。RS232 标准接口结构简单,只要 3 根线(RX、TX、GND)就可以完成通信任务;但缺点是带负载能力差,通信距离不超过十几米。为了扩大通信距离,可以采用 RS485 标准接口进行通信。RS485 通信采用差动的两线发送、两线接收的双向数据总线两线制方式,其通信距离可达 1 200 m。有关 RS232、RS485 标准的详细内容,请参阅本书第 8 章。

25.1.2　PC机与单片机通信编程语言的选择

要实现PC机与单片机的串行通信,需要分别为上位机(PC机)和下位机(单片机)编写相应的程序。一般而言,下位机程序由汇编语言或C语言编写,而上位机程序可选用VB、VC++、Dephi等软件进行开发。

Visual Basic(简称VB)是Microsoft公司推出的一种Windows应用程序开发工具。是当今世界上使用最广泛的编程语言之一,它也被公认为是编程效率最高的一种编程方法。无论是开发功能强大、性能可靠的商务软件,还是编写能处理实际问题的实用小程序,VB都是最快速、最简便的方法。

目前,VB编程已经成为Windows系统开发的主要语言之一,以其高效、简单易学及功能强大的特点越来越为广大程序设计人员及用户所喜爱。VB支持面向对象的程序设计,具有结构化的事件驱动编程模式可以使用,而且可以十分简便地设计出良好的人机界面。在标准串口通信方面,VB提供了串行通信控件MSComm,为编写PC机串口通信软件提供了极大的方便。

25.1.3　MSComm控件介绍

1. MSComm控件的通信方法

MSComm是Microsoft公司提供的Windows下串行通信编程ActiveX控件,它为应用程序提供了通过串行接口收发数据的简便方法。使用MSComm控件非常方便,仅需通过简单的修改控件的属性和使用控件的通信方法,就可以实现对串口的配置,完成串口接收和发送数据等任务。

MSComm控件提供了两种处理通信问题的方法:事件驱动方式和查询方式。

(1) 查询法

这种方法是在每个重要的程序之后,查询MSComm控件的某些属性值(如CommEvent属性和InBufferCount属性),来检测事件和通信状态。如果应用程序较小,并且是自保持的,这种方法可能是更可取的。例如,如果写一个简单的电话拨号程序,则没有必要对每接收一个字符都产生事件,因为唯一等待接收的字符是调制解调器的"确定"响应。

(2) 事件驱动法

这是处理串口通信的一种有效方法。当串口接收或发送指定数量的数据,或当串口通信状态发生改变时,MSComm控件触发OnComm事件。在OnComm事件中,可通过检测CommEvent属性值获知串口的各种状态,从而进行相应的处理。这种方法程序响应及时,可靠性高。

2. MSComm控件的引用

MSComm控件没有出现在VB的工具箱里面,因此,在使用.MSComm控件时,需要将其添加到工具箱中,步骤如下:

① 选择VB菜单的"工程"→"部件",如图25-1所示。

② 选择"部件"后,出现部件对话框,勾选Microsoft Comm Control 6.0控件,如图25-2所示。

第 25 章　在 VB 下实现 PC 机与单片机的通信

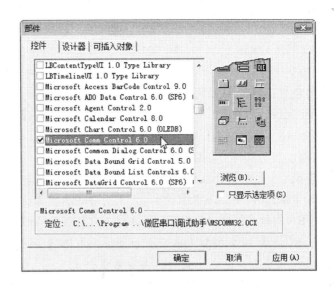

图 25-1　选择"部件"　　　　　图 25-2　勾选 Microsoft Comm Control 6.0 控件

③ 单击"应用"或"确定"按钮后，在工具箱中可看到 MSComm 控件的图标，双击该图标，即可将 MSComm 控件添加到窗口中，如图 25-3 所示。

④ 单击窗口中的 MSComm 控件，在 VB 界面的右侧会显示出 MSComm 控件的属性窗口，如图 25-4 所示。在属性窗口中，可以对 MSComm 控件的属性进行设置。

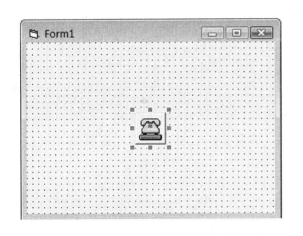
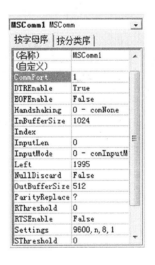

图 25-3　将 MSComm 控件的添加到窗口中　　　图 25-4　MSComm 控件的属性窗口

3. MSComm 控件的属性

MSComm 控件的属性较多，下面仅介绍一些常用的属性。

① CommPort。设置并返回通信端口号，当其设置为 1 时，表示选择 COM1 串口；设置为 2 时，表示选择 COM2 串口，最大设置值为 16。

② Settings。以字符串的形式设置并返回串口设置参数，其格式为"波特率、奇偶校验、数

·473·

据位、停止位",缺省值为"9 600,N,8,1",即波特率为 9 600 b/s,无校验,8 位数据,1 位停止位。波特率可为 300、600、1 200、2 400、9 600、14 400、19 200、28 800、38 400、56 000 等。校验位有无校验(NONE)、奇校验(ODD)、偶校验(EVEN)、标志校验(MARK)、空格校验(SPACE)等,缺省为无校验(NONE)。若传输距离长,可增加校验位,可选偶校验或奇校验。停止位的设定值可为 1(缺省值)、1.5 和 2。

需要注意的是,在程序设计时,校验位 NONE、ODD、EVEN、MARK、SPACE 只取第一个字母,即 N、O、E、M、S,否则,会产生编译错误。例如,Settings 属性设置为"9 600,N,8,1"是正确的,而设置为"9 600,NONE,8,1"则会报错。

专家点拨:校验位用来检测传输的结果是否正确无误,这是最简单的数据传输错误检测方法。但需注意,校验位本身只是标志,无法将错误更正。常用的校验位有奇校验(ODD)、偶校验(EVEN)、标志校验(MARK)、空格校验(SPACE)4 种。

ODD 校验位:将数据位和校验位中是 1 的位数目加起来为奇数。换句话说,校验位能设置成 1 或 0,使得数据位加上校验位具有奇数个 1。

EVEN 校验位:将数据位和校验位中是 1 的位数目加起来为偶数。换句话说,校验位能设置成 1 或 0,使得数据位加上校验位具有偶数个 1。

标记校验位:校验位永远为 1。

空格校验位:校验位永远为 0。

表 25-1 列出了数字 0~9 的 ODD、EVEN 校验位的值。

表 25-1 数字 0~9 的 ODD、EVEN 校验位的值

数据位	ODD 校验位	EVEN 校验位	数据位	ODD 校验位	EVEN 校验位
0000 0000	1	0	0000 0101	1	0
0000 0001	0	1	0000 0110	1	0
0000 0010	0	1	0000 0111	0	1
0000 0011	1	0	0000 1000	0	1
0000 0100	0	1	0000 1001	1	0

③ PortOpen。设置或返回通信端口状态。应用程序要使用串口进行通信,必须在使用之前向操作系统提出资源申请要求(打开串口),打开方式为:MSComm. PortOpen=True;通信完成后必须释放资源(关闭串口),关闭方式为:MSComm. PortOpen=False。

④ Input。从接收缓冲区移走字符串,该属性设计时无效,运行时只读。在使用 Input 前,用户可以选择检查 InBufferCount 属性来确定缓冲区中是否已有需要数目的字符。

⑤ InputLen。设置并返回每次从接收缓冲区读取的字符数。缺省值为 0,表示读取全部字符。若设置 InputLen 为 1,则一次读取 1 字节;若设置 InputLen 为 2,则一次读取 2 字节。

⑥ InputBufferSize。设置或返回接收缓冲区的大小,缺省值为 1 024 字节。

⑦ InputMode。设置或返回 Input 属性取回数据的类型。有两种形式,设为 ComInputModeText(缺省值,其值为 0)时,按字符串形式接收;设为 ComInputModeBinary(其值为 1)时,按字节数组中的二进制数据来接收。

⑧ InBufferCount。返回输入缓冲区等待读取的字节数。可以通过该属性值为 0 来清除

接收缓冲区。

⑨ Output。向发送缓冲区发送数据,该属性设计时无效,运行时只读。

⑩ OutBufferSize。设置或返回发送缓冲区的大小,缺省值为 512 字节。

⑪ OutBufferCount。设置或返回发送缓冲区中等待发送的字符数。可以通过设置该属性为 0 来清空发送缓冲区。

⑫ CommEvent。返回最近的通信事件或错误。只要有通信事件或错误发生就会产生 OnComm 事件。CommEvent 属性中存有该事件或错误的数值代码。程序员可通过检测数值代码来进行相应的处理。

通信错误设定值如表 25 - 2 所列,通信事件设定值如表 25 - 3 所列。

表 25 - 2　通信错误设定值

常　数	值	描　述	常　数	值	描　述
comEventBreak	1001	接收到中断信号	comEventCDTO	1007	Carrier Detect 超时
comEventCTSTO	1002	Clear-To-Send 超时	comEventRxOver	1008	接收缓冲区溢出
comEventDSRTO	1003	Data-Set-Ready 超时	comEventRxParity	1009	Parity 错误
comEventFrame	1004	帧错误	comEventTxFull	1010	发送缓冲区满
comEventOverrun	1006	端口超速	comEventDCB	1011	检索端口设备控制块（DCB）时的意外错误

表 25 - 3　通信事件设定值

常　数	值	描　述	常　数	值	描　述
comEvSend	1	发送事件	comEvCD	5	Carrier Detect 线变化
comEvReceive	2	接收事件	comEvRing	6	振铃检测
comEvCTS	3	Clear-To-Send 线变化	comEvEOF	7	文件结束
comEvDSR	4	Data-Set Ready 线变化			

⑬ Rthreshold。设置或返回引发接收事件的字节数。接收字符后,如果 Rthreshold 属性被设置为 0(缺省值),则不产生 OnComm 事件;如果 Rthreshold 被设为 n,则接收缓冲区收到 n 个字符时 MSComm 控件产生 OnComm 事件。

⑭ SThreshold。设置并返回发送缓冲区中允许的最小字符数。若设置 Sthreshold 属性为 0(缺省值),数据传输事件不会产生 OnComm 事件;若设置 Sthreshold 属性为 1,当传输缓冲区完全空时,MSComm 控件产生 OnComm 事件。

⑮ EOFEnable。确定在输入过程中 MSComm 控件是否寻找文件结尾(EOF)字符。如果找到 EOF 字符,将停止输入并激活 OnComm 事件,此时 CommEvent 属性设置为 comEvEOF(文件结束)。

⑯ RTSEnable。确定是发送状态还是接收状态,为 False 时,为发送状态(缺省值);为 True 时,为接收状态。

4. MSComm 控件的事件

通过串行传输的过程,VB 的 MSComm 控件会在适当的时候引发相关的事件。不同于其他控件的是，VB 的 MSComm 控件只有一个事件 OnComm。所有可能发生的情况，全部由此事件进行处理，只要 CommEvent 的属性值产生变化，就会产生 OnComm 事件，这表示发生了通信事件或错误。通过引发相关事件，就可通过 CommEvent 属性了解发生的错误或事件是什么。

25.1.4 一个简单的例子

下面介绍一个简单的例子，说明 MSComm 控件的编程方法。

1. 实现功能

将 PC 机键盘输入的一个或一串字符发送给单片机，单片机接收到 PC 机发来的数据后，回送同一数据给 PC 机，并在 PC 机屏幕上显示出来。只要 PC 机屏幕上显示的字符与键入的字符相同，即表明 PC 机与单片机间通信正常。

2. 通信协议

通信协议为：波特率选为 9 600 b/s，无奇偶校验位，8 位数据位，1 位停止位。

3. 用 C 语言编写单片机端通信程序

单片机端晶振采用 11.059 2 MHz，串口工作于方式 1，波特率为 9 600 b/s（注意与上位 PC 机波特率一定相同）。定时器 T1 工作于方式 2，当波特率为 9 600 b/s、晶振频率为 11.059 2 MHz 时，初值为 0FDH（SMOD 设为 0）。完整源程序如下：

```c
#include "reg51.h"
#define uchar unsigned char
uchar data Buf = 0;                    //定义数据缓冲区
/********以下是串行口初始化函数********/
void series_init()
{
    SCON = 0x50;                       //串口工作方式1,允许接收
    TMOD = 0x20;                       //定时器T1 工作方式2
    TH1 = 0xfd;TL1 = 0xfd;             //定时初值
    PCON&= 0x00;                       //SMOD = 0
    TR1 = 1;                           //开启定时器1
}
/********以下是主函数********/
void main()
{
    series_init();                     //调串行口初始化函数
    while(1)
    {
        while(!RI);                    //等待接收中断
        RI = 0;                        //清接收中断
        Buf = SBUF;                    // 将接收到的数据保存到 Buf 中
        SBUF = Buf;                    //将接收的数据发送回 PC 机
        while(!TI);                    //等待发送中断
        TI = 0;                        //若发送完毕,将 TI 清零
    }
}
```

该文件保存在 ch25/ch25_1 文件夹中。

4. 用 VB 编写 PC 端串口通信程序

PC 端上位机通信程序采用 VB 编写。根据要求,先设计一个窗体,窗体上放置 2 个标签,2 个文本框,2 个按钮,同时,将 MSComm 控件添加到窗体上,设计的窗口界面如图 25-5 所示。

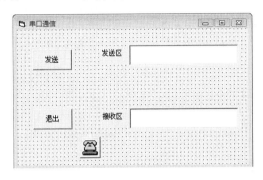

图 25-5 串口通信窗口界面

窗体上各对象属性如表 25-4 所列。

表 25-4 串口通信各对象属性设置

对象	属性	设置	对象	属性	设置
窗体	Caption	串口通信	文本框 2	Caption	Text2
	名称	Form1		Text	置空
标签 1	Caption	Label1		Multiline	True
	名称	发送区	按钮 1	Caption	Command1
标签 2	Caption	Label2		名称	发送
	名称	接收区	按钮 2	Caption	Command2
文本框 1	Caption	Text1		名称	退出
	Text	置空	MSComm 控件	Caption	MSComm1
	Multiline	True		其他属性	在代码窗口设置

在窗体上右击,选择"查看代码",打开代码窗口,加入以下程序代码:

```
'****初始化代码****
Private Sub Form_Load()
    MSComm1.CommPort = 1                '设定串口 1
    MSComm1.Settings = "9600,n,8,1"     '设置波特率,无校验,8 位数据位,1 位停止位
    MSComm1.InBufferSize = 1024         '设置接收缓冲区为 1 024 字节
    MSComm1.OutBufferSize = 512         '设置发送缓冲区为 512 字节
    MSComm1.InBufferCount = 0           '清空输入缓冲区
    MSComm1.OutBufferCount = 0          '清空输出缓冲区
    MSComm1.SThreshold = 0              '不触发发送事件
    MSComm1.RThreshold = 1              '每收到一个字符到接收缓冲区引起触发接收事件
    MSComm1.InputLen = 1                '一次读入 1 个数据
    MSComm1.PortOpen = True             '打开串口
    Text2.Text = ""                     '清空接收文本框
```

```vb
        Text1.Text = ""                    '清空发送文本框
    End Sub
'****发送按钮单击事件****
Private Sub Command1_Click()
        Dim SendString As String            '发送变量
        SendString = Text1.Text             '传送数据
        If MSComm1.PortOpen = False Then
            MSComm1.PortOpen = True         '串口未开,则打开串口
        End If
        If Text1.Text = "" Then             '判断发送数据是否为空
            MsgBox "发送数据不能为空", 16, "串口通信"   '发送数据为空则提示
        End If
        MSComm1.Output = SendString         '发送数据
    End Sub
'****退出按钮单击事件****
Private Sub Command2_Click()
        If MSComm1.PortOpen = True Then
            MSComm1.PortOpen = False        '先判断串口是否打开,如果打开则先关闭
        End If
        Unload Me                           '卸载窗体,并退出程序
        End
    End Sub
'****onComm事件****
Private Sub MSComm1_onComm()
        Dim InString As String              '接收变量
    Select Case MSComm1.CommEvent           '检查串口事件
        Case comEvReceive                   '接收缓冲区内有数据
            InString = MSComm1.Input        '从接收缓冲区读入数据
            Text2.Text = Text2.Text & InString
        Case comEventRxOver                 '接收缓冲区溢出
            Text2.Text = ""
            Text1.Text = ""
            Text1.SetFocus                  '设置焦点
        Case comEventTxFull                 '发送缓冲区溢出
            Text2.Text = ""
            Text1.Text = ""
            Text1.SetFocus                  '设置焦点
    End Select
End Sub
```

该源程序在 ch25/ch25_2 文件夹中。

VB 源程序主要由初始化、发送数据、onComm 事件、退出程序等几部分组成。

程序的初始化部分主要完成对串口的设置工作,包括串口的选择、波特率及帧结构设置、打开串口以及发送和接收触发的控制等。此外,在程序运行前,还应该进行清除发送和接收缓冲区的工作。这部分工作是在窗体载入的时候完成的,因此应该将初始化代码放在 Form_

Load 过程中。需要说明的是,为了触发接收事件,一定要将 MSComm1.RThreshold 设置为 1。

专家点拨: 在初始化时,要注意校验位的设置,一般情况下,在校验位的设置时应采取不设校验位(NONE)。这是因为,设了校验位(如偶校验或奇校验)后,当由下位机发送过来的数据不满足校验规则时,PC 机将接收不到发来的数据,而只得到一个"3FH"的错误信息。因此,在多数据传送时要避免使用校验位来验证接收数据是否正确,应采取其他方法来验证接收是否正确,如可发送这批数据的校验和等。

发送数据过程是通过单击"发送"按钮完成的。单击"发送"按钮,程序检查发送文本框中的内容是否为空,如果为空串,则终止发送命令,警告后返回;若有数据,则将发送文本框中的数据送入 MSComm1 的发送缓冲区,等待数据发送。

接收数据部分使用了事件响应的方式。当串口收到数据使得数据缓冲区的内容超过 1 字节时,就会引发 comEvReceive 事件。OnComm() 函数负责捕捉这一事件,并负责将发送缓冲区的数据送入输出文本框显示。OnComm() 函数还对错误信息进行捕捉,当程序发生缓冲区溢出之类的错误时,由程序负责将缓冲区清空。

退出程序过程是通过单击"退出"按钮完成的。单击"退出"按钮,关闭串口,卸载窗体,结束程序运行。

为了验证所编写的程序是否正确,可使用串口线连接 PC 机,并将串口线另一端的第 2、3 引脚短接,这样 PC 机通过串口 TX 发射端发送出去的数据就将立刻被返回给 PC 机串口的 RX 接收端。这时,在发送数据文本框添加内容,单击"发射"按钮,则应该可以在接收文本框中得到同样的内容。否则,说明程序有误,需要进行修改。

5. 程序调试

下面用 DD-900 实验开发板对单片机端的源程序和 PC 机端的 VB 源程序进行调试,方法如下:

① 打开 Keil C51 软件,建立工程项目,再建立一个名为 ch25_1.c 的文件,输入上面的 C 语言源程序,对源程序进行编译、链接和调试,产生 ch25_1.hex 目标文件。

② 将 DD-900 实验开发板 JP3 的 232RX、232TX 两插针与中间两插针短接,使单片机通过 RS232 串口通信。另外,还要将 DD-900 实验开发板的串口与 PC 机 COM1 连接好。

③ 打开上面编写的 VB 源程序,软件运行后,在发送文本框输入字符,单击"发送"按钮,若在接收区文本框中显示该字符,则表示通信成功。

以上仅为演示参考程序,其功能十分简单,读者可以根据实际需要,在相应位置加以改动,以适应更复杂的要求。例如,本书第 8 章使用的"顶顶串口调试助手 v1.0",就是由笔者在本例 VB 源程序的基础上通过增加功能后改编的。

25.2 PC 机与一个单片机温度监控系统通信

25.2.1 实现的功能

这是一个由 PC 机实时显示和控制的单片机温度监控系统。该温度监控系统具有以下功能：

① 温度由温度传感器 DS18B20 配合单片机进行检测，检测的温度可以在温度监控系统的 LED 数码管显示。

② 检测的温度可以实时地通过串口传送给 PC 机，由 PC 机进行显示。

③ 当温度在 30℃以下时，PC 机显示"温度正常"，同时向单片机发送命令 0x66，控制温度监控系统的继电器断开；当温度超过 30℃时，PC 机显示"温度过高"，同时向单片机发送命令 0x77，控制温度监控系统的继电器闭合，打开风扇进行降温。

25.2.2　通信协议

通信协议：波特率选为 9 600 b/s，无奇偶校验位，8 位数据位，1 位起始位，1 位停止位。

25.2.3　下位机电路及程序设计

根据要求，设计的硬件电路如图 25-6 所示。

下位机主要完成以下功能：一是进行温度检测；二是与 PC 机进行通信；三是接收 PC 机指令后，对继电器进行控制。

下位机源程序与本书第 15 章"实例解析 1——LED 数码管数字温度计"基本一致，下面仅给出不同的部分，完整的源程序在附光盘 ch25/ch25_3 文件夹中。

```
/********以下是串行口初始化函数********/
void series_init()
{
    SCON = 0x50;              //串口工作方式1,允许接收
    TMOD = 0x20;              //定时器 T1 工作方式 2
    TH1 = 0xfd;TL1 = 0xfd;    //定时初值
    PCON& = 0x00;             //SMOD = 0
    TR1 = 1;                  //开启定时器 1
}
/********以下是接收 PC 机控制命令函数********/
void RecvCommand()
{
    if(RI == 1)
    {
        recv_buf = SBUF;      //若 RI=1,说明接收完毕,将接收的数据送 recv_buf
        RI = 0;                //清 RI,准备接收下次数据
    }
    if(recv_buf == 0x66)RELAY = 1;   //若接收的是数据命令 0x66,继电器断开
    if(recv_buf == 0x77){RELAY = 0;beep();beep();}  //若接收的是数据命令 0x77,继电
                                                     //器吸合,同时蜂鸣器响2声
}
/********以下是温度数据发送函数********/
void TempSend()
```

第 25 章　在 VB 下实现 PC 机与单片机的通信

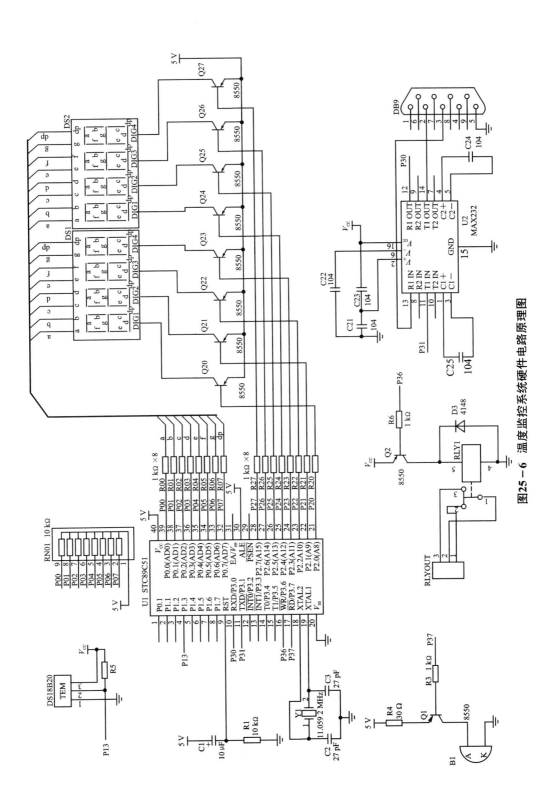

图 25-6　温度监控系统硬件电路原理图

```c
{
    TI = 0;
    SBUF = disp_buf[2] + 0x30;      //加 0x30,得到温度值十位数的 ASCII 码,发送到 PC 机
    while(!TI);                      //等待发送中断
    TI = 0;                          //若发送完毕,将 TI 清零
    SBUF = disp_buf[1] + 0x30;      //加 0x30,得到温度值个位数的 ASCII 码,发送到 PC 机
    while(!TI);                      //等待发送中断
    TI = 0;                          //若发送完毕,将 TI 清零
    SBUF = 0x2e;                     //0x2e 是小数点的 ASCII 码
    while(!TI);                      //等待发送中断
    TI = 0;
    SBUF = disp_buf[0] + 0x30;      //加 0x30,得到温度值第一位小数的 ASCII 码,发送到 PC 机
    while(!TI);                      //等待发送中断
    TI = 0;                          //若发送完毕,将 TI 清零
}
/********以下是主函数********/
void main(void)
{
    series_init();                   //调串行口初始化函数
    while(1)
    {
        GetTemperture();             //读取温度值
        TempConv();                  //将温度转换为适合 LED 数码管显示的数据
        Display();                   //显示函数
        TempSend();                  //调温度数据发送函数
        RecvCommand();               //调接收 PC 机控制命令函数
    }
}
```

25.2.4　上位机程序设计

　　PC 端上位机通信程序采用 VB 编写。根据要求,先设计一个窗体,窗体上放置 2 个标签、1 个文本框、1 个按钮,同时,将 MSComm 控件添加到窗体上。设计的窗口界面如图 25-7 所示。

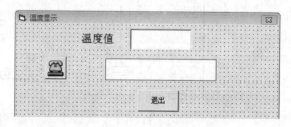

图 25-7　温度显示窗口界面

窗体上各对象属性如表 25-5 所列。

第 25 章　在 VB 下实现 PC 机与单片机的通信

表 25-5　串口通信各对象属性设置

对象	属性	设置	对象	属性	设置
窗体	Caption	显示温度	文本框	Caption	Text1
	名称	Form1		Text	置空
标签 1	Caption	Label1	按钮	Caption	Command1
	名称	置空（用来显示温度是正常还是过高）		名称	退出
标签 2	Caption	Label2	MSComm 控件	Caption	MSComm1
	名称	温度值		其他属性	在代码窗口设置

在窗体上右击，选择"查看代码"，打开代码窗口，加入以下程序代码：

```
'Option Explicit
'****窗口加载初始化代码****
Private Sub Form_Load()
    MSComm1.CommPort = 1                        '设定串口 1
    MSComm1.Settings = "9600,n,8,1"             '设置波特率，无校验，8 位数据位，1 位停止位
    MSComm1.InBufferSize = 1024                 '设置接收缓冲区为 1 024 字节
    MSComm1.OutBufferSize = 512                 '设置发送缓冲区为 512 字节
    MSComm1.InBufferCount = 0                   '清空输入缓冲区
    MSComm1.OutBufferCount = 0                  '清空输出缓冲区
    MSComm1.SThreshold = 0                      '不触发发送事件
    MSComm1.RThreshold = 1                      '每收到 1 个字符到接收缓冲区引起触发接收事件
    MSComm1.InputLen = 4                        '一次读入 4 个数据
    MSComm1.InputMode = comInputModeBinary      '采用二进制形式接收
    MSComm1.PortOpen = True                     '打开串口
    Text1.Text = ""                             '清空接收文本框
End Sub
'****退出按钮单击事件****
Private Sub Command1_Click()
    If MSComm1.PortOpen = True Then
        MSComm1.PortOpen = False                '先判断串口是否打开，如果打开则先关闭
    End If
    Unload Me                                   '卸载窗体，并退出程序
    End
End Sub
'****MSComm1 控件事件****
Private Sub MSComm1_onComm()
    Dim buf As Variant                          '定义自动变量
    Dim ReArr() As Byte                         '定义动态数组
    Dim StrReceive As String                    '定义字符串变量
    Select Case MSComm1.CommEvent
    Case comEvReceive                           '触发接收事件
        Do
            DoEvents                            '交出控制权
```

```vb
            Loop Until MSComm1.InBufferCount = 4    '等待4个接收字节发送完毕
            buf = MSComm1.Input                     '将接收的数据放入变量
            ReArr = buf                             '存入数组
            For i = LBound(ReArr) To UBound(ReArr) Step 1   '求数组的下边界和上边界
                StrReceive = StrReceive & Chr(ReArr(i))     '转换为字节串
            Next i
            Text1.Text = StrReceive                 '显示接收的温度值
            MSComm1.InBufferCount = 0               '清空接收缓冲区
            If Val(StrReceive) > 30 Then            '若接收的温度值大于30℃,说明温度过高
                Label1.Caption = "当前温度:" & "过高"
                Call Auto_send2                     '调自动发送函数2(发送0x77控制命令)
                For i = 0 To 100                    '延时
                    Beep                            '控制PC机音箱响
                Next i
            Else                                    '若接收温度值小于30℃,说明温度正常
                Label1.Caption = "当前温度:" & "正常"
                Call Auto_send1                     '调自动发送函数1(发送0x66控制命令)
            End If
        Case comEventRxOver                         '接收缓冲区溢出
            Text1.Text = ""                         '清空接收文本框
        Case comEventTxFull                         '发送缓冲区溢出
            Text1.Text = ""                         '清空接收文本框
    End Select
End Sub
'****自动发送函数1(发送控制命令0x66)****
Private Sub Auto_send1()                            '发送数据
    Dim AutoData1(1 To 1) As Byte                   '定义数组
    AutoData1(1) = CByte(&H66)                      '若温度小于30℃,发送数据0x66
    MSComm1.Output = AutoData1                      '发送
    MSComm1.OutBufferCount = 0                      '清除发送缓冲区
End Sub
'****自动发送函数2(发送控制命令0x77)****
Private Sub Auto_send2()                            '发送数据
    Dim AutoData2(1 To 1) As Byte                   '定义数组
    AutoData2(1) = CByte(&H77)                      '若温度大于30℃,发送数据0x77
    MSComm1.Output = AutoData2                      '发送
    MSComm1.OutBufferCount = 0                      '清除发送缓冲区
End Sub
```

该源程序在附光盘ch25/ch25_4文件夹中。

在VB源程序中,先在加载窗体时对MSComm1控件进行初始化,然后由MSComm1控件的onComm事件对接收数据进行处理。当检测到温度过高时,输出0x66,发送到单片机,控制继电器工作。

25.2.5 程序调试

下面用 DD-900 实验开发板,对单片机端的源程序和 PC 机端的 VB 源程序进行调试,方法如下:

① 打开 Keil C51 软件,建立的工程项目,再建立一个 ch25_3.c 文件,输入上面源程序,将温度传感器驱动程序软件包 DS18B20_drive.h 添加进来。单击"重新编译"按钮,对源程序 ch25_3.c 和 DS18B20_drive.h 进行编译和链接,产生 ch25_5.hex 目标文件,将目标文件下载到单片机中。

② 将 DD-900 实验开发板 JP3 的 232RX、232TX 与中间两插针短接,使单片机通过 RS232 串口通信,将 JP4 的 RLY、P36 插针短接,使继电器接入单片机,将 JP6 的 18B20、P13 插针短接,使 DS18B20 接入单片机。

④ 将 DD-900 实验开发板 232 串口与 PC 机的串口连接。

⑤ 输入上面编写的 VB 源程序,软件运行后,则在软件的文本框口中显示检测到的温度值。当温度在 30℃ 以下时,标签 1 中显示"当前温度:正常",如图 25-8 所示;当温度在 30℃ 以上时,标签 1 中显示"当前温度:过高",同时,DD-900 实验开发板的继电器工作,蜂鸣器不断鸣叫,直至温度降到 30℃ 以下为止。

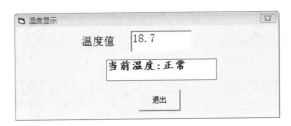

图 25-8 温度正常时的运行界面

25.3 PC 机与多个单片机温度监控系统通信

25.3.1 多机通信基本知识

在介绍 PC 机与多个单片机通信实例之前,先来了解一下多机通信的基本知识。

1. 主单片机与多个从单片机实现多机通信的原理

51 单片机串行口的方式 2 和方式 3 主要应用于多机通信。在多机通信中,有一台主机(主单片机)和多台从机(从单片机)。主机发送的信息可以传送到各个从机或指定的从机,各从机发送的信息只能被主机接收,从机与从机之间不能进行通信。图 25-9 所示是多机通信的连接示意图。

进行多机通信,应主要解决两个问题,一是多机通信时主机如何寻找从机? 二是如何区分地址和数据信息? 这两个问题主要依靠设置与判断 SCON 寄存器 TB8、RB8 和 SM2 位来实现。

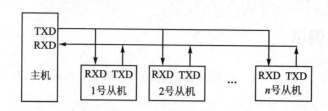

图 25-9　多机通信的连接示意图

TB8 是发送的第 9 位数据,主要用于方式 2 和方式 3,TB8 的值由用户通过软件设置。在多机通信中,TB8 位的状态表示主机发送的是地址帧还是数据帧。TB8 为 1,表示发送的是地址;TB8 为 0 表示发送的是数据。

RB8 是接收的第 9 位数据,主要用于方式 2 和方式 3,可将接收到的 TB8 数据放在 RB8 中。在多机通信中,RB8 的状态表示从机接收的是地址帧还是数据帧。RB8 为 1,表示接收的是地址;RB8 为 0,表示接收的是数据。

SM2 是多机通信控制位,主要用于方式 2 和方式 3。

若 SM2=1,有两种情况:

① 接收的第 9 位 RB8 为 1,此时接收的信息装入 SBUF,并置 RI=1,向 CPU 发中断请求。

② 接收的第 9 位 RB8 为 0,此时不产生中断,信息将被丢失,不能接收。

若 SM2=0,则接收到的第 9 位 RB8 无论是 1 还是 0,都产生 RI=1 的中断标志,接收的信息装入 SBUF。具体情况如表 25-6 所列。

表 25-6　SM2、RB8 与从机的动作

SM2	RB8	从机动作
1	0	不能接收数据
1	1	能收到主机发送的信息(地址)
0	0 或 1	能收到主机发送的信息(数据)

多机通信的步骤如下:

① 所有从机的 SM2 置 1,以便接收地址。

② 主机发送一帧地址信息,其中,前 8 位表示从机的地址,第 9 位 TB8 为 1,表示当前发送的信息为地址。

③ 所有从机收到主机发送的地址后,都将收到地址与本机地址比较。如果地址相同,该从机将其 SM2 清零,准备接收随后的数据帧,并把本机地址发回主机,作为应答;对于地址不同的从机,保持 SM2=1,对主机随后发来的数据不予理睬。

④ 主机发数据信息,地址相符的从机,因 SM2=0,可以接收主机发来的数据。其余从机因 SM2=1,不能接收主机发送的数据。

⑤ 地址相符的从机接收完数据后,SM2 置 1,以便继续判断主机发送的是地址还是数据。

专家点拨:单片机多机通信过程和课堂上教师提问学生的过程差不多。教师提问学生前,先点某个学生的名字,然后,所有的学生都把教师点的这个名字和自己的名字比较,其中必有一个学生发现这个名字是他的名字。然后,他就从座位上站起来,准备回答老师的问题,而其余的学生发现这个名字与自己无关,则他们都不用站起来。然后,教师就开始提问,教师提问时,所有的学生都听见了,但只有站起来的那个学生对提问的问题做出响应。当教师提问一会后,他可能想换一个学生提问,这时,他再点一个学生的名字,则这次被点的那个学生站起来,其余的学生坐下。

在单片机多机通信中同样如此,主机相当于教师,从机相当于学生。通信前,主机发出一个第9位(TB8)为1的地址,相当于教师点一个学生的名字。由于从机接收到的该地址第9位(RB8)为1,SM2=1,所以,接收到的地址被装入 SBUF 中。在接收完当前帧后,产生中断申请,相当于所有的学生都听见了教师的点名。其中必然有一台从机会发现接收到的地址和它本身保存在存储器中的从机号相同,相当于其中有一个学生判断出教师要对他提问。则该从机将其多机通信控制位SM2清0,相当于这个学生从座位上站起来。这样才能接收主机发送的第9位(TB8)为0的数据,相当于只有站起来的学生才能回答教师的提问;而其余从机肯定会发现他们接收到的地址与他们的从机号不相符,则这些从机都将其多机通信控制位SM2置1,不能接收主机发送的第9位(TB8)为0的数据,相当于其余学生不能回答教师的提问。

主机在发送一个从机的地址后,紧接着把发往该从机的数据依次发出,每个数据的第9位(TB8)都为0,这相当于教师提问。每个从机都检测到了这些数据,但只有SM2为0的从机才将这些数据装入接收缓冲器并申请中断,让 CPU 处理这些数据,而其余的从机因为SM2为1,所以将收到的这些数据丢失,相当于只有站起来的学生才能回答这个问题。

最后,被寻址的从机SM2置1,相当于这个站起来的同学回答完问题后坐下。主机继续发送TB8为1的地址,与其他从机通信,相当于教师继续点名,进行下一轮的点名提问。

2. PC 机与多个从单片机实现多机通信的原理

前面介绍了51单片机通过控制 SCON 中的 SM2、TB8、RB8 位可控制多机通信,但 PC 机的串行通信没有这一功能。PC 串行接口虽然也可发出11位的数据,但第9位是校验位,而不是相应的地址/数据标志。要使 PC 机与单片机实现多机通信,需要通过软件的办法,使 PC 机满足51单片机通信的要求,方法是:

PC 机可发送11位数据帧,这11位数据帧由1位起始位、8位数据位、1位校验位和1位停止位组成,其格式为:

起始位	D0	D1	D2	D3	D4	D5	D6	D7	校验位	停止位

而51单片机多机通信的数据帧格式为:

起始位	D0	D1	D2	D3	D4	D5	D6	D7	RB8/TB8	停止位

对于单片机,RB8/TB8是可编程位,通过使其为0或为1而将数据帧和地址帧区别开来。对于 PC 机,校验位通常是自动产生的,它根据8位数据的奇偶情况而定。

比较上面两种数据格式可知:它们的数据位长度相同,不同的仅在于校验位和RB8/TB8。如果通过软件的方法,编程校验位,使得在发送地址时,校验位采用标志校验 M(该校验位始终为1),发送数据时采用空格校验 S(该校验位始终为0),则 PC 机的 M、S 校验位就完全模拟单片机多机通信的 RB8/TB8 位,从而实现 PC 机与单片机的多机通信。

25.3.2 多机通信实现的功能

PC 机通过 RS232/485 转换接口与多个单片机温度监控系统的 RS485 接口连接,PC 机可显示每个温度监控系统检测到的温度值,并进行实时控制。图 25-10 是 PC 机与多个温度显示/控制系统连接的框图。

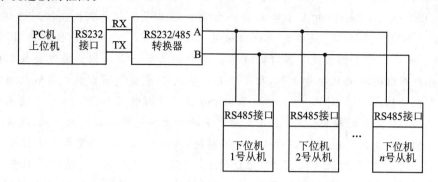

图 25-10　PC机与多个温度显示/控制系统连接框图

温度监控系统的具体功能如下：

① 温度由温度传感器 DS18B20 配合单片机进行检测，检测的温度可以在各个温度监控系统的 LED 数码管显示。

② 每个温度监控系统检测的温度可以实时地通过 RS485 接口传送给 PC 机，由 PC 机进行显示。

③ 当温度在 30℃以下时，PC 机显示"温度正常"，同时向单片机发送命令 0x66，控制温度监控系统的继电器断开；当温度超过 30℃时，PC 机显示"温度过高"，同时向单片机发送命令 0x77，控制温度监控系统的继电器闭合，打开风扇进行降温。

为便于说明和实验验证，这里仅以 PC 机控制两个温度监控系统为例进行演示。

25.3.3　通信协议

（1）协议内容

为了保证 PC 机与所选择的从机实现可靠通信，必须给每一个从机分配一个唯一的地址。本系统中规定，1 号温度检测系统的地址号为 0x01，2 号温度检测系统的地址号为 0x02。

PC 机与多个温度监控系统通信时，首先由上位 PC 机发送所要寻址的下位机地址（以 0x01 为例），当所有从机接受到 0x01 后，进入中断服务程序和本机地址比较，地址不相符，退出中断服务程序；地址相符的 0x01 号从机回送本机地址（1 号为 0x01）给 PC 机，当 PC 机接受到回送的地址后，握手成功。

握手成功后，PC 机发 0x55 命令给 0x01 从机，命令其发送检测到的温度数据和累加校验和。

PC 机收到温度数据和校验和后，对数据进行校验，若校验不正确，命令从机（0x01）重新发送。

当温度在 30℃以下时，PC 机向单片机发送命令 0x66，单片机收到 0x66 命令后，控制继电器断开；当温度超过 30℃时，PC 机向单片机发送命令 0x77，单片机收到 0x77 命令后，控制继电器闭合。

（2）协议格式

PC 机与单片机通信时，波特率选为 9 600 b/s，串行数据帧由 11 位组成：1 位起始位，8 位数据位,1位可编程位,1位停止位。

协议分以下4种情况:

① PC机向单片机发送地址格式如下:

0	D0	D1	D2	D3	D4	D5	D6	D7	M	1
起始位	8位数据位								标记校验,为1	停止位

② PC机向单片机发送数据(命令)格式如下:

0	D0	D1	D2	D3	D4	D5	D6	D7	S	1
起始位	8位数据位								空格校验,为0	停止位

③ 单片机向PC机回送地址格式如下:

0	D0	D1	D2	D3	D4	D5	D6	D7	TB8	1
起始位	8位数据位								设置为1	停止位

④ 单片机向PC机发送数据(温度值)格式如下:

0	D0	D1	D2	D3	D4	D5	D6	D7	TB8	1
起始位	8位数据位								设置为0	停止位

从以上可以看出,当PC机向单片机发送地址,或单片机向PC机回送地址时,第9位为1;当PC机向单片机发送数据(命令),或单片机向PC机发送数据(温度值)时,第9位为0。在编写上位机和下位机程序时,必须按这一要求进行编写,否则,将会产生混乱或无法通信。

25.3.4 多机通信下位机电路及程序设计

根据要求,下位机温度监控系统应采用RS485接口,其硬件电路如图25-11所示。

1号下位机源程序与本书第15章"实例解析1——LED数码管数字温度计"基本一致,下面仅给出不同的部分,完整的1号温度监控系统的源程序在附光盘ch25/ch25_5文件夹中。对于2号从机,需要将中断服务程序中的语句"if(recv_buf==0x01)"改为"if(recv_buf==0x02)"。

1号从机的部分源程序:

```c
#include <reg51.h>
#include "DS18B20_drive.h"              //DS18B20驱动程序软件包
#define uchar unsigned char
#define uint unsigned int
sbit ROS1_485 = P3^5;                   //485发送与接收控制
sbit RELAY = P3^6;                      //继电器
sbit BEEP = P3^7;                       //蜂鸣器
uchar code seg_data[] = {0xC0,0xF9,0xA4,0xB0,0x99,0x92,0x82,0xF8,0x80,0x90,0xff};
                                        //0~9和熄灭符的段码表
```

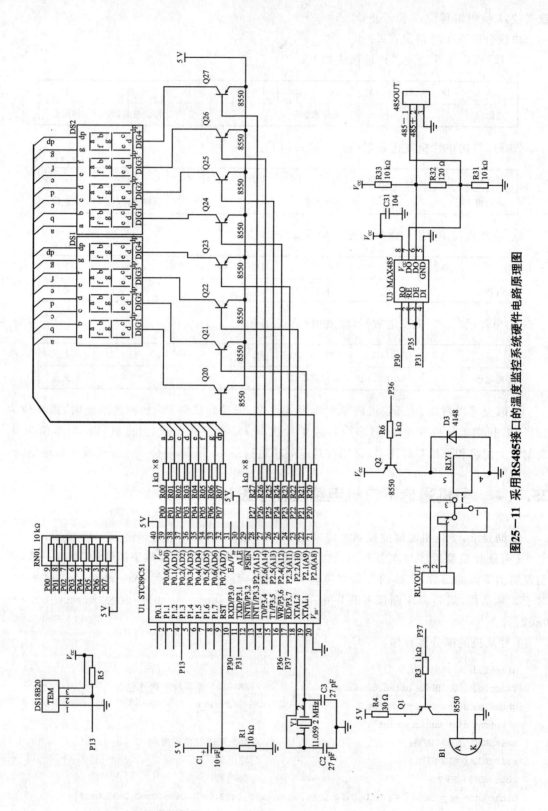

图25—11 采用RS485接口的温度监控系统硬件电路原理图

```c
uchar data temp_data[2] = {0x00,0x00};              //用来存放温度高8位和低8位
uchar data disp_buf[5] = {0x00,0x00,0x00,0x00,0x00};    //显示缓冲区
sbit DOT = P0^7;                                    //接数码管小数点段位
sbit    P20 = P2^0;
sbit    P21 = P2^1;
sbit    P22 = P2^2;
sbit    P23 = P2^3;
uchar recv_buf = 0;                                 //接收缓冲
uchar send_buf = 0;                                 //发送缓冲
/********以下是延时函数********/
void Delay_ms(uint xms)                             //延时程序,xms 是形式参数
{
    uint i, j;
    for(i = xms;i>0;i--)
        for(j = 115;j>0;j--);                       //此处分号不可少
}
/*********以下是蜂鸣器响一声函数*********/
void beep()
{
    BEEP = 0;                                       //蜂鸣器响
    Delay_ms(100);
    BEEP = 1;                                       //关闭蜂鸣器
    Delay_ms(100);
}
/********以下是显示函数,在前4位数码管上显示出温度值********/
Display()
{
    P0 = seg_data[disp_buf[3]];                     //显示百位
    P20 = 0;                                        //开百位显示
    Delay_ms(2);                                    //延时2 ms
    P20 = 1;                                        //关百位显示
    P0 = seg_data[disp_buf[2]];                     //显示十位
    P21 = 0;
    Delay_ms(2);
    P21 = 1;
    P0 = seg_data[disp_buf[1]];                     //显示个位
    P22 = 0;
    DOT = 0;                                        //显示小数点
    Delay_ms(2);
    P22 = 1;
    P0 = seg_data[disp_buf[0]];                     //显示小数位
    P23 = 0;
    Delay_ms(2);
    P23 = 1;
}
```

```c
/********以下是读取温度值函数********/
GetTemperture(void)
{
    uchar i;
    Init_DS18B20();                         //DS18B20 初始化
        if(yes0 == 0)                       //若 yes0 为 0,说明 DS18B20 正常
        {
            WriteOneByte(0xCC);             // 跳过读序列号的操作
            WriteOneByte(0x44);             // 启动温度转换
            for(i = 0;i<250;i++)Display();  //调用显示函数延时,等待 A/D 转换结束,分辨
                                            //率为 12 位时,需延时 750 ms 以上
            Init_DS18B20();
            WriteOneByte(0xCC);             //跳过读序列号的操作
            WriteOneByte(0xBE);             //读取温度寄存器
            temp_data[0] = ReadOneByte();   //温度低 8 位
            temp_data[1] = ReadOneByte();   //温度高 8 位
        }
        else  beep();                       //若 DS18B20 不正常,蜂鸣器报警
}
/********以下是温度数据转换函数,将温度数据转换为适合 LED 数码管显示的数据********/
void TempConv()
{
    uchar temp;                             //定义温度数据暂存
    temp = temp_data[0]&0x0f;               //取出低 4 位的小数
    disp_buf[0] = (temp * 10/16);           //求出小数位的值
    temp = ((temp_data[0]&0xf0)>>4)|((temp_data[1]&0x0f)<<4);
                                            // temp_data[0]高 4 位与 temp_data[1]低 4 位组合成 1 字节整数
    disp_buf[3] = temp/100;                 //分离出整数部分的百位
    temp = temp%100;                        //十位和个位部分存放在 temp
    disp_buf[2] = temp/10;                  //分离出整数部分十位
    disp_buf[1] = temp%10;                  //个位部分
}
/********以下是串行口初始化函数********/
void series_init()
{
    SCON = 0xf8;                            //串口方式 3,SM2 = 1,REN = 1,TB8 = 1,RB8 = 0
    TMOD = 0x20;                            //定时器 T1 工作方式 2
    TH1 = 0xfd;TL1 = 0xfd;                  //定时初值
    PCON& = 0x00;                           //SMOD = 0
    TR1 = 1;                                //开启定时器 1
    EA = 1,ES = 1;                          //开总中断和串行中断
}
/********以下是主函数********/
void main(void)
{
```

第 25 章　在 VB 下实现 PC 机与单片机的通信

```c
    series_init();                              //调串行口初始化函数
    ROS1_485 = 0;                               //将 MAX485 置于接收状态

    while(1)
    {
        GetTemperture();                        //读取温度值
        TempConv();                             //将温度转换为适合 LED 数码管显示的数据
        Display();                              //显示函数
    }
}
/********以下是接收 PC 机控制命令函数********/
void RecvCommand()
{
    if(RI == 1)
    {
        recv_buf = SBUF;                        //若 RI=1,说明接收完毕,将接收的数据送 recv_buf
        RI = 0;                                 //清 RI,准备接收下次数据
    }
        if(recv_buf == 0x66)RELAY = 1;          //若接收的是数据命令 0x66,继电器断开
        if(recv_buf == 0x77){RELAY = 0;beep();beep();}   //若接收的是数据命令 0x77,继电器
                                                //吸合,同时蜂鸣器响 2 声
}
/********以下是温度数据发送与控制指令接收函数********/
void TempSend()
{
    TI = 0;
    ROS1_485 = 1;                               //将 MAX485 置于发送状态
    SBUF = disp_buf[2] + 0x30;                  //加 0x30,得到温度值十位数的 ASCII 码,发送到
                                                //PC 机
    while(!TI);                                 //等待发送中断
    TI = 0;                                     //若发送完毕,将 TI 清零
    ROS1_485 = 1;                               //将 MAX485 置于发送状态
    SBUF = disp_buf[1] + 0x30;                  //加 0x30,得到温度值个位数的 ASCII 码,发送到 PC 机
    while(!TI);                                 //等待发送中断
    TI = 0;                                     //若发送完毕,将 TI 清零
    ROS1_485 = 1;                               //将 MAX485 置于发送状态
    SBUF = 0x2e;                                //0x2e 是小数点的 ASCII 码
    while(!TI);                                 //等待发送中断
    TI = 0;
    ROS1_485 = 1;                               //将 MAX485 置于发送状态
    SBUF = disp_buf[0] + 0x30;                  //加 0x30,得到温度值第一位小数的 ASCII 码,发
                                                //送到 PC 机
    while(!TI);                                 //等待发送中断
    TI = 0;                                     //若发送完毕,将 TI 清零
    ROS1_485 = 1;                               //将 MAX485 置于发送状态
```

```c
        SBUF = disp_buf[0] + disp_buf[1] + disp_buf[2] + 0x90;
                                    //将温度数据的十位、个位、小数位和0x90值相加,得到累加和
    while(!TI);                     //等待发送中断
    TI = 0;                         //若发送完毕,将TI清零
    ROS1_485 = 0;                   //将MAX485置于接收状态,准备接收数据
}
/********以下是串行中断函数********/
void series() interrupt 4
{
    if(SM2 == 1)                    //如果SM2 = 1说明接收的是地址
    {
        ES = 0;                     //关串行中断
        ROS1_485 = 0;               //将MAX485置于接收状态
        while(!RI);                 //等待接收完毕
        RI = 0;                     //清接收中断
        recv_buf = SBUF;            //将接收的信息送接收缓冲区
        if(recv_buf == 0x01)        //若接收的地址号是0x01地址
        {
            Delay_ms(100);          //延时,等待PC机
            ROS1_485 = 1;           //将MAX485置于发送状态,准备回送PC机
            SBUF = recv_buf;        //将接收的地址号返送给PC机,以进行握手
            while(!TI);             //等待发送完毕
            TI = 0;
            TB8 = 0;                //将TB8清零以便发送温度数据时,使TB8和
                                    //PC机的校验位S(为0)一致
            SM2 = 0;                //SM2清零,以便接收数据
            ROS1_485 = 0;           //将MAX485置于接收状态
            ES = 1;                 //开串行中断
            Delay_ms(200);          //延时,等待PC机
            return;                 //返回
        }
        else                        //若接收的地址号不是0x01
        {
            SM2 = 1;                //SM2置1,重新开始接收地址
            TB8 = 1;                //TB8置1以便回送地址时,使TB8和PC机的校
                                    //验位M(为1)一致
            ROS1_485 = 0;           //将MAX485置于接收状态
            ES = 1;                 //开串行中断
            return;                 //返回
        }
    }
    if(SM2 == 0)                    //如果SM2 = 0,说明接收的是数据
    {
        ES = 0;                     //关串行中断
        ROS1_485 = 0;               //若收到的是数据(命令),先将MAX485置于接收
```

```c
                        while(!RI);                    //等待接收完毕
                        RI = 0;                        //清接收中断
                        recv_buf = SBUF;               //将接收的数据送接收缓冲
                        if(recv_buf == 0x55)
                        {
                            TempSend();                //若接收的是0x55命令,开始发送温度数据
                            Delay_ms(200);             //延时,等待PC机
                        }
                        RecvCommand();                 //调检查PC机控制命令函数
                        SM2 = 1;                       //SM2 置1,重新开始接收地址
                        TB8 = 1;                       //TB8 置1以便回送地址时,使TB8和PC机的校
                                                       //验位M(为1)一致
                        R0S1_485 = 0;                  //MAX485 置于接收状态
                        ES = 1;                        //开串行中断
                        return;                        //返回
                    }
                }
```

下面,对串口中断函数进行简要分析。

在程序初始化时,将串口通信设置为串口方式3,SM2＝1,REN＝1,TB8＝1,RB8＝0。假设PC机发送了第9位为1的0x01地址信息,当1号、2号单片机进入串口中断函数后,都开始进行判断。经地址比较后,1号单片机判断是自己的地址,于是,再将自己的地址0x01回送PC机,同时设置SM2＝0、TB8＝0,以便下步接收数据(命令);对于2号单片机,由于地址不对,直接退出,并同时设置SM2＝1、TB8＝1,以便下步继续接收地址。

PC机收到1号单片机回送的地址0x01后,开始向单片机发送第9位为0的命令0x55。对于1号单片机,由于此时SM2＝0,TB8＝0,因此,可以收到第9位为0的0x55命令。收到0x55命令后,调用TempSend()函数,向PC机发送温度数据和累加和。对于2号单片机,由于此时SM2＝1,TB8＝1,因此,不能接收第9位为0的0x55命令,只能继续等待。

当PC机收到1号单片机发送的温度数据后,若温度正常(30℃以下),向1号单片机发送第9位为0的0x66命令;若温度过高(30℃以上),向1号单片机发送第9位为0的0x77命令。对于1号单片机,由于此时SM2＝0,TB8＝0,因此,可以收到第9位为0的0x66或0x77命令。收到0x66或0x77命令后,调用TempSend()函数,对继电器进行控制;对于2号单片机,由于此时SM2＝1,TB8＝1,因此,不能接收第9位为0的0x66或0x77命令,只能继续等待。1号单片机接收完0x66或0x77控制命令后,设置SM2＝1,TB8＝1,等待PC机第2次呼叫。

需要说明的是,由于RX485接口芯片MAX485工作在半双工状态,因此,在接收PC机地址或数据(命令)时,要设置R0S1_485(即P3.5引脚)为低电平,当向PC机发送数据时,要设置R0S1_485为高电平。

另外,在中断服务程序中还有几个延时程序,设置这几个延时程序很有必要,若不加或设置不正确,则数据在传输时极易出错甚至不能传输。

图25－12是下位机串口中断函数的流程图。

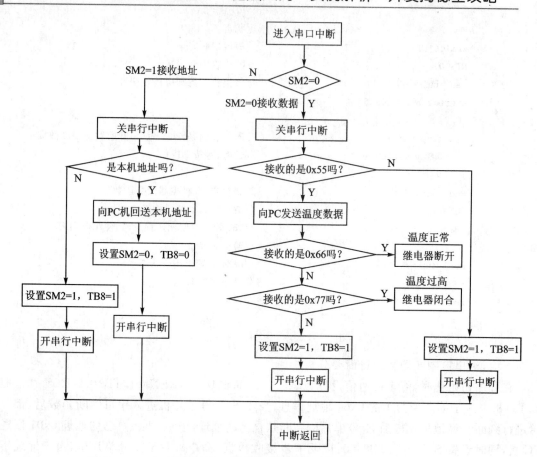

图 25-12　下位机串口中断函数流程图

25.3.5　多机通信上位机程序设计

PC 端上位机通信程序采用 VB 编写。根据要求,先设计一个窗体,窗体上放置 2 个框架,3 个标签,2 个文本框,2 个复选框,3 个按钮,2 个计时器,同时,将 MSComm 控件添加到窗体上。设计的窗口界面如图 25-13 所示。

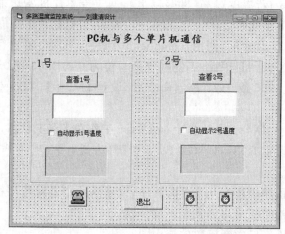

图 25-13　多机通信温度显示窗口界面

窗体上各对象属性如表 25-7 所列。

表 25-7 串口通信各对象属性设置

对象	属性	设置	对象	属性	设置
窗体	Caption	多温度监控系统	按钮 1	Caption	CmdCheck1
	名称	Form1		名称	查看 1 号
框架 1	Caption	1 号	按钮 2	Caption	CmdCheck2
	名称	Frame1		名称	查看 2 号
框架 2	Caption	1 号	按钮 3	Caption	CmdExit
	名称	Frame1		名称	退出
标签 1	Caption	Label1	计时器 1	名称	Timer1
	名称	置空(用来显示有关信息)		Enabled	True
标签 2	Caption	Label2		Interval	3 000 ms(可根据情况进行更改)
	名称	置空(用来显示有关信息)			
标签 3	Caption	Label3	计时器 2	名称	Timer2
	名称	PC 机与多个单片机通信		Enabled	True
文本框 1	Caption	Text1		Interval	3 000 ms(可根据情况进行更改)
	Text	置空			
文本框 2	Caption	Text2	MSComm 控件	Caption	MSComm1
	Text	置空		其他属性	在代码窗口设置

在窗体上右击,选择"查看代码",打开代码窗口,加入以下程序代码:

```
'****窗口加载初始化代码****
Private Sub Form_Load()
    MSComm1.CommPort = 1                        '设定串口 1
    MSComm1.Settings = "9600,M,8,1"             '设置波特率,M 校验,8 位数据位,1 位停止位
    MSComm1.InBufferSize = 1024                 '设置接收缓冲区为 1 024 字节
    MSComm1.OutBufferSize = 512                 '设置发送缓冲区为 512 字节
    MSComm1.InBufferCount = 0                   '清空输入缓冲区
    MSComm1.OutBufferCount = 0                  '清空输出缓冲区
    MSComm1.SThreshold = 0                      '不触发发送事件
    MSComm1.RThreshold = 1                      '每收到 1 个字符到接收缓冲区引起触发接收事件
    MSComm1.InputLen = 1                        '一次读入 1 个数据
    MSComm1.InputMode = comInputModeBinary      '以二进制方式接收数据
    MSComm1.PortOpen = True                     '打开串口
    Text1.Text = ""                             '清空接收文本框 1
    Text2.Text = ""                             '清空接收文本框 2
End Sub
'****查看 1 号按钮单击事件****
Private Sub CmdCheck1_Click()                   '单击该按钮,可发送 1 号单片机的地址 0x01
    MSComm1.Settings = "9600,M,8,1"             '设置波特率,M 校验,8 位数据位,1 位停止位
    Dim Data(1 To 1) As Byte                    '定义数组
    Data(1) = CByte(&H1)                        '转换为字节数据
    MSComm1.Output = Data                       '发送 1 号单片机地址 0x01
```

```vb
        MSComm1.OutBufferCount = 0              '清除发送缓冲区
    End Sub
'****查看2号按钮单击事件****
    Private Sub CmdCheck2_Click()               '单击该按钮,可发送1号单片机的地址 0x02
        MSComm1.Settings = "9600,M,8,1"         '设置波特率,M校验,8位数据位,1位停止位
        Dim Data(1 To 1) As Byte                '定义数组
        Data(1) = CByte(&H2)                    '转换为字节数据
        MSComm1.Output = Data                   '发送2号单片机地址 0x02
        MSComm1.OutBufferCount = 0              '清除发送缓冲区
    End Sub
'****退出按钮单击事件****
    Private Sub CmdExit_Click()
        If MSComm1.PortOpen = True Then
            MSComm1.PortOpen = False            '先判断串口是否打开,如果打开则先关闭
        End If
        End
        Unload Me
    End Sub
'**** MSComm1 控件事件****
    Private Sub MSComm1_OnComm()
        Dim sum As Variant                      '定义累加和变量
        Dim buf1 As Variant                     '定义接收缓冲1变量
        Dim buf2 As Variant                     '定义接收缓冲2变量
        Dim ReArr1() As Byte                    '定义动态数组
        Dim ReArr2() As Byte                    '定义动态数组
        Dim StrReceive As String                '定义数据暂存字符串
    Select Case MSComm1.CommEvent
        Case comEvReceive                       '触发接收事件
            buf1 = MSComm1.Input                '接收单片机返回的地址或数据
            ReArr1 = buf1                       '接收数据送动态数组
        If ReArr1(0) = &H1 Then                 '判断是否是1号地址
            MSComm1.InBufferCount = 0           '清空接收缓冲区
            Call Auto_send1                     '调自动发送函数
            MSComm1.PortOpen = False            '关闭串口
            MSComm1.Settings = "9600,S,8,1"     '设置波特率,S校验,8位数据位,1位停止位
            MSComm1.InputLen = 5                '一次读入5个数据
            MSComm1.PortOpen = True             '打开串口
            Do
            DoEvents                            '交出控制板
            Loop Until MSComm1.InBufferCount = 5    '等待接收字节发送完毕
            buf2 = MSComm1.Input                '将接收的温度数据放入 buf2
            ReArr2 = buf2                       '存入到数组 ReArr2
            For i = LBound(ReArr2) To UBound(ReArr2) - 1 Step 1   '将数组 ReArr2 中的数据取出
                StrReceive = StrReceive & Chr(ReArr2(i))   '取出的数据转换为字符串存入 StrReceive
            Next i
```

```
        If Hex(ReArr2(4)) = Hex(ReArr2(0) + ReArr2(1) + ReArr2(3)) Then
                                    '判断校验累加和是否正确
            Text1.Text = StrReceive        '若校验正确,则送 Text1 显示
        Else
            'MsgBox("校验错误")
            Call Auto_send1             '校验不正确,调 Auto_send1,要求单片机重发
        End If
        If Val(StrReceive) > 30 Then    '若接收的温度值大于 30℃,说明温度过高
            Call Auto_send3             '调 Auto_send3,控制温度监控系统中的继电器闭
                                         合工作
            Label1.Caption = "当前温度:" & "过高" & Chr(13) & Chr(13) & "继电器闭合工作"
        Else
            Call Auto_send2             '调 Auto_send2,控制温度监控系统中的继电器停
                                         止工作
            Label1.Caption = "当前温度:" & "正常" & Chr(13) & Chr(13) & "继电器断开未工作"
        End If
    ElseIf ReArr1(0) = &H2 Then         '判断是否是 2 号地址
        MSComm1.InBufferCount = 0       '清空接收缓冲区
        Call Auto_send1                 '调自动发送函数 Auto_send1
        MSComm1.Settings = "9600,S,8,1" '设置波特率,S 校验,8 位数据位,1 位停止位
        MSComm1.InputLen = 5            '一次读入 5 个数据
        Do
        DoEvents
        Loop Until MSComm1.InBufferCount = 5    '等待接收字节发送完毕
        buf2 = MSComm1.Input            '数据放入 buf2
        ReArr2 = buf2                   '存入数组
        For i = LBound(ReArr2) To UBound(ReArr2) - 1 Step 1
                                        '将数组 ReArr1 中的数据取出
            StrReceive = StrReceive & Chr(ReArr2(i))
                                        '取出的数据转换为字符串存入 StrReceive
        Next i
        If Hex(ReArr2(4)) = Hex(ReArr2(0) + ReArr2(1) + ReArr2(3)) Then
                                        '判断校验累加和是否正确
            Text2.Text = StrReceive     '若校验正确,则送 Text2 显示
        Else
            'MsgBox("校验错误")
            Call Auto_send1             '校验不正确,调 Auto_send1,要求单片机重发
        End If
        If Val(StrReceive) > 30 Then    '若接收的温度值大于 30℃,说明温度过高
            Call Auto_send3             '调 Auto_send3,控制温度监控系统中的继电器闭
                                         合工作
            Label2.Caption = "当前温度:" & "过高" & Chr(13) & Chr(13) & "继电器闭合工作"
        Else
            Call Auto_send2             '调 Auto_send2,控制温度监控系统中的继电器停
                                         止工作
```

```vb
            Label2.Caption = "当前温度:" & "正常" & Chr(13) & Chr(13) & "继电器断开未工作"
            End If
        End If
    Case comEventRxOver                     '接收缓冲区溢出
        Text1.Text = ""                     '清空接收文本框
        Text2.Text = ""                     '清空接收文本框
    Case comEventTxFull                     '发送缓冲区溢出
        Text1.Text = ""                     '清空接收文本框
        Text2.Text = ""                     '清空接收文本框
    End Select
End Sub
'****自动发送函数1(发送0x55命令,控制单片机发送温度数据)****
Private Sub Auto_send1()
        MSComm1.Settings = "9600,S,8,1"     '设置波特率,S校验,8位数据位,1位停止位
        Dim AutoData1(1 To 1) As Byte       '定义数组AutoData1
        AutoData1(1) = CByte(&H55)          '将0x55转换为字节数据
        MSComm1.Output = AutoData1          '发送出去
        MSComm1.OutBufferCount = 0          '清除发送缓冲区
End Sub
'****自动发送函数2(发送0x66命令,控制温度监控系统中的继电器断开)****
Private Sub Auto_send2()
        MSComm1.Settings = "9600,S,8,1"     '设置波特率,S校验,8位数据位,1位停止位
        Dim AutoData2(1 To 1) As Byte       '定义数组AutoData2
        AutoData2(1) = CByte(&H66)          '将0x66转换为字节数据
        MSComm1.Output = AutoData2          '发送出去
        MSComm1.OutBufferCount = 0          '清除发送缓冲区
End Sub
'自动发送函数3(发送0x77命令,控制温度监控系统中的继电器断开)****
Private Sub Auto_send3()
        MSComm1.Settings = "9600,S,8,1"     '设置波特率,S校验,8位数据位,1位停止位
        Dim AutoData3(1 To 1) As Byte       '定义数组AutoData3
        AutoData3(1) = CByte(&H77)          '将0x77转换为字节数据
        MSComm1.Output = AutoData3          '发送出去
        MSComm1.OutBufferCount = 0          '清除发送缓冲区
End Sub
'****计时器1计时事件****
Private Sub Timer1_Timer()
        MSComm1.Settings = "9600,M,8,1"     '设置波特率,M校验,8位数据位,1位停止位
        Dim Data1(1 To 1) As Byte           '定义数组
    If Check1.Value = 1 Then                '若复选框被选中
        Timer1.Enabled = True               '计时器1允许
        Timer2.Enabled = False              '计时器2禁止
        Data1(1) = CByte(&H1)               '发送1号地址
        MSComm1.Output = Data1              '发送出去
        MSComm1.OutBufferCount = 0          '清除发送缓冲区
```

```
            Timer1.Enabled = False              '计时器 1 禁止
            Timer2.Enabled = True               '计时器 2 允许
        End If
End Sub
'****计时器 2 计时事件****
Private Sub Timer2_Timer()
            MSComm1.Settings = "9600,M,8,1"     '设置波特率,M 校验,8 位数据位,1 位停止位
            Dim Data2(1 To 1) As Byte           '定义数组
        If Check2.Value = 1 Then                '如果复选框 2 被选中
            Timer1.Enabled = False              '计时器 1 禁止
            Timer2.Enabled = True               '计时器 2 允许
            Data2(1) = CByte(&H2)               '发送 2 号地址
            MSComm1.Output = Data2              '发送出去
            MSComm1.OutBufferCount = 0          '清除发送缓冲区
            Timer1.Enabled = True               '计时器 1 允许
            Timer2.Enabled = False              '计时器 2 禁止
        End If
End Sub
```

由于 VB 是事件驱动的,所以,程序的编写必须围绕相应的事件进行。本多机通信系统有关通信的工作过程主要是:加载窗体,轮流联系 1 号、2 号单片机,发送 0x55 命令控制单片机发送温度数据,接收温度数据,再发送 0x66 或 0x77 命令,对单片机进行控制。

加载窗体主要完成一些初始化工作,由于 PC 机首先要发送的是地址,因此,在初始化时,要将串口的第 9 位设置为 M 校验(M 值始终为 1)。

初始化完成后,开始轮流联系 1、2 号单片机,发送命令与接收数据,这几项工作主要是利用 MSComm1 控件的 onComm 事件来捕获并处理的。在程序的每个关键功能之后,可以通过检查 CommEvent 属性的值来查询事件和错误。由于 PC 机发送完地址后接收发送的是数据(命令),因此,在发送完地址后,要将串口的第 9 位设置为 S 校验(S 值始终为 0)。PC 机发送完 0x55 命令后,开始接收温度数据,并对累加和进行校验,若校验正确,再判断温度值。若温度大于 30℃,PC 机向单片机发送 0x77 命令,控制单片机继电器接通;若温度小于 30℃,PC 机向单片机发送 0x66 命令,控制单片机继电器断开。

程序中,"查看 1 号"按钮的作用是手动发送 1 号地址,"查看 2 号"按钮的作用是手动发送 2 号地址。分别按下这两个按钮后,可在文本框 1 和文本框 2 中显示出按下按钮时的温度值,若过了一段时间温度发生了变化,需要再次按下这两个按钮后才能查看。

为了实时地在文本框 1 和文本框 2 中显示 1 号、2 号的温度值,程序中设置了两个"复选框"。复选框被选中时,可根据计时器 1、计时器 2 的计时时间,不断刷新温度值,也就是说,温度监控系统中的温度值,可实时地在 PC 机的文本框 1 和文本框 2 中显示出来。

计时器 1 和计时器 2 用来设置 1 号和 2 号温度显示的刷新时间。也就是说,当两个复选框选中后,计时时间一到,就自动接收单片机发送的温度数据,并在文本框 1 和文本框 2 中显示出来。需要注意的是,两个计时器的计时时间最好在 1 000 ms 以上,同时,还要控制计时器 1 工作时计时器 2 停止,计时器 2 工作时计时器 1 停止;否则,会引起 PC 机数据"咬线"、"竞争"或"阻塞",从而导致数据出错或死机现象。

25.3.6 多机通信程序调试

下面用两台DD-900实验开发板,对多机通信进行调试,方法如下:

① 打开 Keil C51 软件,建立工程项目,再建立一个 ch25_5.c 文件,输入上面1号从机的源程序,将温度传感器驱动程序软件包 DS18B20_drive.h 添加进来。单击"重新编译"按钮,对源程序 ch25_5.c 和 DS18B20_drive.h 进行编译和链接,产生1号从机的 ch25_5.hex 目标文件,将1号从机的目标文件下载到1号从机中。

② 把1号从机源程序 ch25_5.c 中的"if(recv_buf==0x01)"改为"if(recv_buf==0x02);",此时,1号从机源程序即变为2号从机源程序,编译、链接后,产生2号从机的目标文件,然后将其下载到2号从机中。

③ 将两台 DD-900 实验开发板 JP3 的 485RX、485TX 和中间两插针短接,使单片机通过 RS485 串口通信。将 JP4 的 485、P35 插针短接,使 485 芯片的控制端接入单片机。将 JP4 的 RLY、P36 插针短接,使继电器接入单片机。将 JP6 的 18B20、P13 插针短接,使 DS18B20 接入单片机。

④ 将两台 DD-900 实验开发板 485 输出接线插头的 R+、R- 引脚分别与 RS232/RS485 转换接口的 D+/A、D-/B 引脚连接,RS232/RS485 转换接口的另一端与 PC 机的串口连接。

⑤ 输入上面编写的VB源程序,单击VB工具栏中的"运行"按钮,程序开始运行。在程序运行界面中,单击"查看1号"按钮,则文本框1显示出1号温度监控系统的当前温度值,标签1中显示1号有关信息;单击"查看2号"按钮,则文本框2显示出2号温度监控系统的当前温度值,标签2中显示2号有关信息;当选中两个复选框时,在文本框1和文本框2中,会定时刷新温度信息,如图25-14所示。

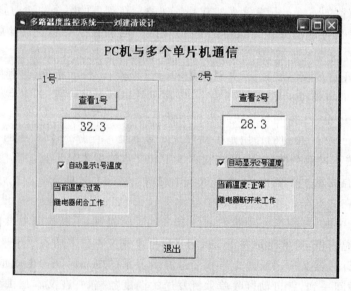

图 25-14 多机通信的运行界面

以上介绍的多温度监控系统的硬件系统和编程方法,可以较好地解决 PC 机与单片机的远距离多机串行通信问题,在实际应用中已证明了这种方法简单可靠。

第 26 章
基于 nRF905 无线通信温度监控系统的设计与制作

随着网络及通信技术的飞速发展,短距离无线通信以其特有的抗干扰能力强,可靠性高,安全性好,受地理条件限制较少,安装施工简便、灵活等特点,在许多领域都有着广阔的应用前景。本章介绍由挪威 Nordic 公司生产的无线通信芯片 nRF905 组成的无线温度监控系统,该产品具有低发射功率、高灵敏接收、低误码率、稳定的通信等优点,且协议简单、软件开发简易,因此十分适合低成本的短距离无线通信的场合,在国内有广阔的应用前景。

26.1 基于 nRF905 无线通信温度监控系统的组成及功能

26.1.1 无线通信温度监控系统的组成

在工农业生产和日常生活中,对温度的测量及控制占据着极其重要的地位。例如,电力、电信设备过热故障预知检测,空调系统的温度检测,各类运输工具组件的过热检测等,温度检测系统应用十分广阔。

下面介绍采用 nRF905 射频模块、DS18B20 温度传感器构成的无线温度监控系统。采用该系统进行温度检测,监测及时,查看方便,彻底解决了传统人工抄录方法监测温度带来的不便。

该温度监控系统由两部分组成,第一部分是发射系统,主要包括温度检测与 nRF905 传输模块;第二部分是接收系统,主要包括 nRF905 传输模块与温度处理接口电路。图 26-1 所示是这两部分的组成框图。

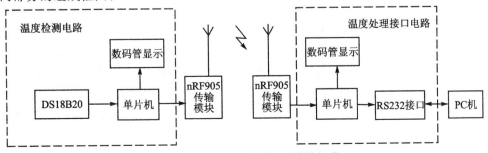

图 26-1 无线温度监控系统的组成

系统的工作过程是：由温度传感器 DS18B20 检测到的温度数据经单片机处理后，一方面通过数码管进行显示，另一方面经 nRF905 无线传输模块发射出去。发射的温度数据经另一 nRF905 无线传输模块接收后，送到单片机进行处理。处理后，除通过数码管将接收到的温度进行显示外，还经 RS232 接口送 PC 机进行显示和处理。

图 26-2　nRF905 无线传输模块外形

图中，两块 nRF905 无线传输模块结构完全相同，内部均集成有 nRF905 芯片和信号处理电路，其外形实物如图 26-2 所示。读者可在淘宝网等网站进行购买。

nRF905 无线传输模块具有以下几个特点：

① 工作于 433 MHz 开放 ISM 频段。
② 最高工作速率 50 kbps，高效 GFSK 调制，抗干扰能力强，特别适合工业控制场合。
③ 125 频道，满足多点通信和跳频通信需要。
④ 内置硬件 CRC 检错和点对多点通信地址控制。
⑤ 工作电压为 1.9～3.6 V。
⑥ 收发模式切换时间小于 650 μs。

除两块 nRF905 无线传输模块外，温度检测电路和温度处理接口电路需要自行设计，具体设计方法会在下面进行介绍。

26.1.2　无线通信温度监控系统的功能

这里制作的 nRF905 无线通信温度监控系统主要是采集温度数据，并通过 nRF905 模块发射出去。然后再通过另一 nRF905 模块进行接收，接收后由单片机通过 RS232 接口送 PC 机进行显示。另外，无论是发射部分还是接收部分，都可以将温度数据通过数码管进行显示。

26.2　nRF905 芯片基本知识

26.2.1　nRF905 的结构

nRF905 是挪威 Nordic 公司推出的单片射频发射器芯片，工作电压为 1.9～3.6 V，工作于 433/868/915 MHz 三个 ISM 频道（可以免费使用，本实例采用 433 MHz）。nRF905 可以自动完成处理字头和 CRC（循环冗余码校验）的工作，可由片内硬件自动完成曼彻斯特编码/解码，使用 SPI 接口与单片机通信，配置非常方便。

nRF905 单片无线收发器工作由一个完全集成的频率调制器，一个带解调器的接收器，一个功率放大器，一个晶体振荡器和一个调节器组成，其内部结构如图 26-3 所示。nRF905 可采用 PBC 环形天线或单端鞭状天线，发射功率最大为 10 dBm，在开阔地带传输距离最远可达 600 m 以上。

第 26 章　基于 nRF905 无线通信温度监控系统的设计与制作

nRF905 采用 32 引脚 QFN 封装(5 mm×5 mm)，引脚排列如图 26-4 所示，引脚功能如表 26-1 所列。

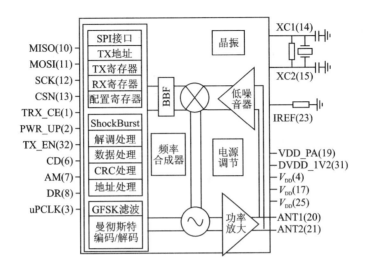

图 26-3　nRF905 内部结构

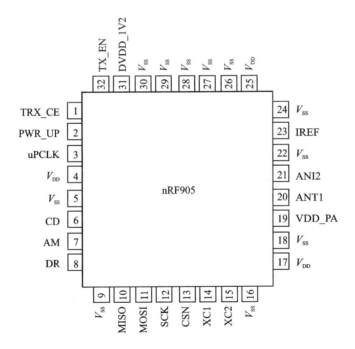

图 26-4　nRF905 引脚排列图

表 26-1　nRF905 引脚功能

引脚号	符号	功能	引脚号	符号	功能
1	TRX_CE	芯片使能	16	V_{SS}	地
2	PWR_UP	芯片上电	17	V_{DD}	电源(3.3 V)
3	uPCLK	晶振分频时钟输出	18	V_{SS}	地
4	V_{DD}	电源(3.3 V)	19	VDD_PA	功放用电源(1.8 V)
5	V_{SS}	地	20	ANT1	天线接口 1
6	CD	载波检测	21	ANT2	天线接口 2
7	AM	地址匹配	22	V_{SS}	地
8	DR	收发数据准备好	23	IREF	参考电流
9	V_{SS}	地	24	V_{SS}	地
10	MISO	SPI 主机输入从机输出	25	V_{DD}	电源(3.3 V)
11	MOSI	SPI 主机输出从机输入	26～30	V_{SS}	地
12	SCK	SPI 时钟	31	DVDD_1V2	低电压输出
13	CSN	SPI 使能,低电平有效	32	TX_EN	发送与接收控制：高电平为发送，低电平为接收
14	XC1	晶振			
15	XC2	晶振			

26.2.2　nRF905 的工作模式

nRF905 有两种工作模式和两种节能模式。两种工作模式分别是 ShockBurst™ 接收模式和 ShockBurst™ 发送模式；两种节能模式分别是关机模式和空闲模式。nRF905 的工作模式由 TRX_CE、TX_EN 和 PWR_UP 三个引脚决定，如表 26-2 所列。

nRF905 的两种活动模式分别是 ShockBurst™ 接收模式和 ShockBurst™ 发送模式。与射频数据包有关的高速信号处理都在 nRF905 片内进行，数据速率由单片机配置的 SPI 接口决定，不需要昂贵的高速 MCU 来进行数据处理和时钟覆盖。数据在单片机中低速处理，但在 nRF905 中高速发送，因此，中间有很长时间的空闲，这很有利于节能。由于

表 26-2　nRF905 工作模式

PWR_UP	TRX_CE	TE_EN	工作模式
0	×	×	掉电和 SPI 编程
1	0	×	待机和 SPI 编程
1	1	0	接收
1	1	1	发射

nRF905 工作于 ShockBurst™ 模式，因此使用低速的单片机也能得到很高的射频数据发射速率。在 ShockBurst™ 接收模式下，当一个包含正确地址和数据的数据包被接收到后，地址匹配和数据准备好两引脚通知单片机。在 ShockBurst™ 发送模式，nRF905 自动产生字头和 CRC 校验码，当发送过程完成后，数据准备好引脚通知单片机数据发射完毕。由以上分析可知，nRF905 的 ShockBurst™ 收发模式有利于节约存储器和单片机资源，同时也缩短了软件开

发时间。

nRF905 的两种节电模式分别是关机模式和空闲模式。在关机模式,nRF905 的工作电流最小,一般为 2.5 μA。进入关机模式后,nRF905 是不活动的状态,配置字中的内容保持不变,这时平均电流消耗最低,电池使用寿命最长,不会接收或发送任何数据。空闲模式有利于减小工作电流,其从空闲模式到发送模式或接收模式的启动时间也比较短。nRF905 在空闲模式下的电流消耗取决于晶体振荡器的频率。

26.2.3 nRF905 的工作过程

nRF905 在正常工作前应由单片机先根据需要写好配置寄存器,或是按照默认配置工作。其后的工作主要是两个:发送数据和接收数据。

发送数据时,单片机应先把 nRF905 置于待机模式(PWR_UP 引脚为高电平、TRX_CE 引脚为低电平),然后通过 SPI 总线把发送地址和待发送的数据都写入相应的寄存器中,之后把 nRF905 置于发送模式(PWR_UP、TRX_CE 和 TX_EN 全置高),数据就会自动通过天线发送出去。若射频配置寄存器中的自动重发位(AuTO_RETRAN)设为有效,数据包就会重复不断地一直向外发,直到单片机把 TRX_CE 拉低,退出发送模式为止。为了数据更可靠地传输,建议多使用此种方式。

接收数据时,单片机先在 nRF905 的待机模式中把射频配置寄存器中的接收地址写好,然后置其于接收模式(PWR_UP=1、TRX_CE=1、TX_EN=0),nRF905 就会自动接收空中的载波。若收到与地址匹配和校验正确的有效数据,DR 引脚会自动置高,单片机在检测到这个信号后,可以改其为待机模式,通过 SPI 总线从接收数据寄存器中读出有效数据。

26.2.4 nRF905 内部寄存器配置

nRF905 内部有 5 类寄存器:一是射频配置寄存器,共 10 字节,包括中心频点、无线发送功率配置、接收灵敏度、收发数据的有效字节数、接收地址配置等重要信息;二是发送数据寄存器,共 32 字节,单片机要向外发的数据就需要写在这里;三是发送地址,共 4 字节,一对收发设备要正常通信,就需要发送端的发送地址与接收端的接收地址配置相同;四是接收数据寄存器,共 32 字节,nRF905 接收到的有效数据就存储在这些寄存器中,单片机可以在需要时到这里读取;五是状态寄存器,1 字节,含有地址匹配和数据就绪的信息,一般不用。

单片机若要操作这些寄存器,需遵循 nRF905 规定的操作命令。常用的有以下 7 种,都是 1 字节:写射频配置(0XH,X 含 4 位二进制位,该字节表示要开始写的初始字节数),读射频配置(1XH,X 含 4 位二进制位,该字节表示要从哪个字节开始读),写发送数据(20H),读发送数据(21H),写发送地址(22H),读发送地址(23H)和读接收数据(24H)。关于寄存器的详细信息可以参阅 nRF905 数据手册。

26.3 基于 nRF905 无线通信温度监控系统的设计

26.3.1 硬件电路的设计与制作

1. nRF905 无线传输模块的设计

nRF905 无线传输模块集成有 nRF905 芯片和相应的外围电路。这里，笔者不主张自己设计 nRF905 模块；原因有二：一是目前此类模块市场上有售，且价格也可以接受；二是 nRF905 工作频率较高，走线对无线通信模块的质量会有很大影响，即使一根很短的导线也会如电感一样。粗略估算，导线的电感量约为 1 nH/mm，而接收电路中的高增益放大器对噪声相当敏感。因此，业余条件下设计 nRF905 无线通信模块有一定困难。

市售的 nRF905 无线传输模块设有一个双排 14 针的插口，如图 26-5 所示，可方便地与单片机进行连接。插针中各引脚的定义与表 26-1 中 nRF905 的相应引脚功能一致。

如果不怕麻烦，也可以自己设计，设计时，需要参考 nRF905 数据手册中的应用电路绘出原理图，然后再制作成 PCB 板即可。笔者在这里要特别提醒，进行 PCB 设计时，要注意以下几点：一是必须考虑到各种电磁干扰，注意调整电阻、电容和电感的位置，要特别注意电容的位置；二是 nRF905 的 PCB 一般要设计成双层板，底层一般不放置元件，为地层，顶层的空余地方一般都敷上铜，这些敷铜要

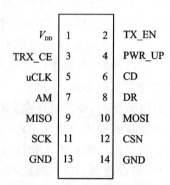

图 26-5 nRF905 无线传输模块插针接口

通过过孔与底层的地相连；三是直流电源及电源滤波电容尽量靠近 V_{DD} 引脚，这样有利于给 nRF905 提供稳定的电源；四是在 PCB 中，尽量多打一些通孔，使顶层和底层的地能够充分接触。

2. 温度检测电路的设计

温度检测电路用于发射部分，电路比较简单，主要由单片机（可采用 STC89C51、AT89S51 等）、温度传感器 DS18B20、数码管显示电路、蜂鸣器驱动电路、电源电路等组成，电路原理图如图 26-6 所示。

电路中，LM1117 是一片 3.3 V 稳压块，可将 5 V 电压变换为 3.3 V 电压，以便为 nRF905 供电。J1、J2 为 20 引脚插针，设置此插针的目的是方便与 nRF905 无线传输模块进行连接。

3. 温度处理与接口电路的设计

温度处理与接口电路用于接收部分，主要由单片机、数码管显示电路、蜂鸣器驱动电路、RS232 接口电路、电源电路等组成。此部分电路与上面介绍的温度检测电路的主要区别是，没有 DS18B20 温度传感器，但增加了 RS232 接口电路，电路原理图如图 26-7 所示。

第 26 章　基于 nRF905 无线通信温度监控系统的设计与制作

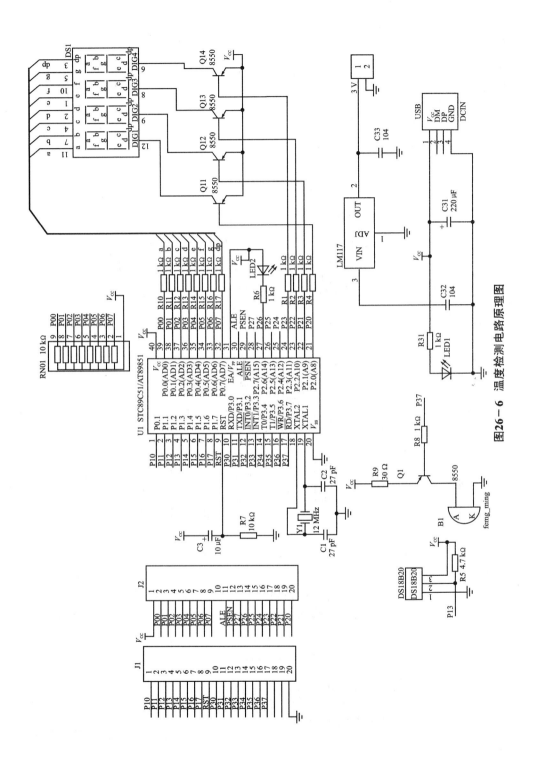

图 26-6　温度检测电路原理图

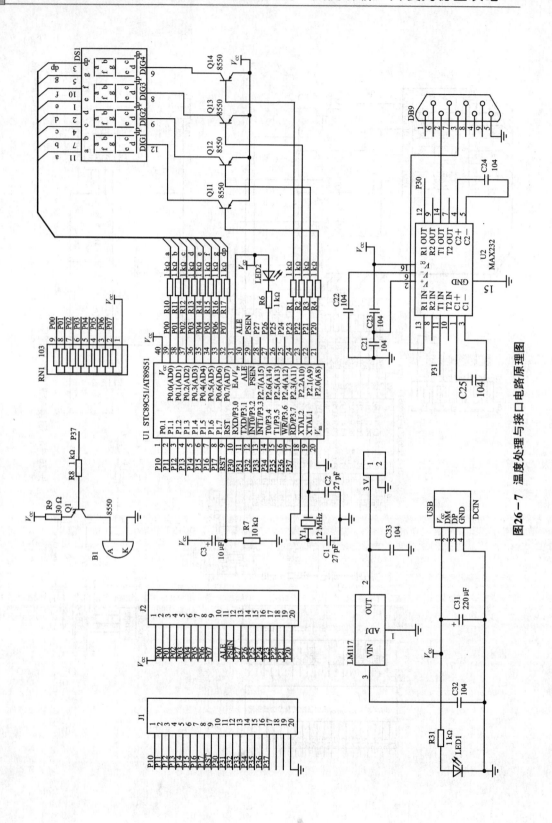

图26-7 温度处理与接口电路原理图

实际上，DD-900 实验开发板既包含有温度检测电路，也包含有温度处理与接口电路。更为可喜的是，在 DD-900 实验开发板中，还设有 3 V 输出电路，可方便地为 nRF905 无线传输模块提供工作电压。因此，如果手头上有 DD-900 实验开发板，只需用万用板再制作一块温度检测或一块温度处理与接口电路即可，一般而言，制作一块温度检测电路比较方便。

26.3.2 下位机软件设计

根据硬件电路的不同和功能的要求，下位机软件应对发射部分与接收部分分别进行设计。

1. 发射部分软件设计

发射部分的软件主要包括两大功能：一是温度的读取、处理与显示，这部分软件设计比较简单，在本书第 15 章已做过介绍，直接引用即可；二是温度数据的发射，这是发射部分软件设计的重点，下面简要进行说明。

发射时，应首先对 nRF905 进行初始化，这项任务由 Iinit_nRF905()函数完成。在 Iinit_nRF905()中，要初始化 nRF905 的射频配置寄存器，这些寄存器中有很多信息，必须根据实际情况进行配置。本设计中，配置的信息存放在数组 nRF_Config[11]中，单片机通过 SPI 总线将其写入到 nRF905 即可。

发射温度数据由函数 Send_nRF905()完成。nRF905 发送数据时，先写发送地址，再写发送数据，并把 nRF905 的 TRX_CE、TX_EN 引脚都置为高电平，数据就会自动发送出去。之后拉低 TRX_CE 引脚，回到待机模式。

发射部分详细源程序在附光盘 ch26/ch26_TX 文件夹中。

2. 接收部分软件设计

接收部分的软件主要包括两大功能：一是温度的串口发送，用于将接收到的数据回送到 PC 机，这部分软件设计比较简单，在本书第 8 章已做过介绍；二是温度数据的接收，这是接收部分软件设计的重点，下面进行简要说明。

接收时，应首先对 nRF905 进行初始化，这项任务也由 Iinit_nRF905()函数完成，这个函数与发射初始化函数完成相同。

接收温度数据由函数 WaitRecv()完成，nRF905 接收温度数据时，把 nRF905 的 TRX_CE 引脚置为高电平，TX_EN 引脚拉为低电平后，就开始接收数据。本设计中，单片机在设定的时间内一直判断 nRF905 的 DR 引脚是否变高。若为高，则证明接收到了有效数据，可以退出接收模式；若一直没有接收到，待时间到时也退出接收模式。

接收部分详细源程序在附光盘 ch26/ch26_RX 文件夹中。

26.3.3 上位机程序设计

PC 端上位机通信程序采用 VB 编写，根据要求，先设计一个窗体，窗体上放置 3 个标签、2 个文本框、3 个按钮，同时，将 MSComm 控件添加到窗体上。设计的窗口界面如图 26-8 所示。

窗体上各对象属性如表 26-3 所列。

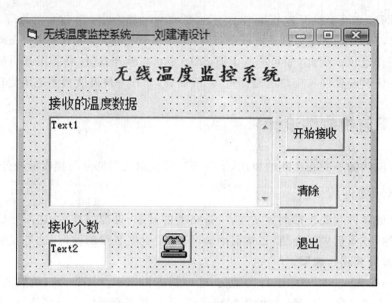

图 26-8 无线温度监控系统窗口界面

表 26-3 串口通信各对象属性设置

对象	属性	设置	对象	属性	设置
窗体	Caption	无线温度监控系统	文本框 2	Caption	Text2
	名称	Form1	按钮 1	Caption	Command1
标签 1	Caption	Label1		名称	开始发送
	名称	nRF905 无线温度监控系统	按钮 2	Caption	Command2
标签 2	Caption	Label2		名称	退出
	名称	接收的温度数据	按钮 3	Caption	Command3
标签 3	Caption	Label3		名称	清除
	名称	接收个数	MSComm 控件	Caption	MSComm1
文本框 1	Caption	Text1		其他属性	在代码窗设置
	MultiLine	True			

上位机详细源程序在附光盘 ch26/ch26_VB 文件夹中。

26.3.4 系统调试

下面用两块 DD-900 实验开发板(分别命名为开发板 1 和开发板 2),对发射系统和接收系统进行调试,方法如下:

① 打开 Keil C51 软件,建立工程项目,再建立一个名为 ch26_TX.c 的文件,输入发射部分源程序,再将温度传感器驱动程序软件包 DS18B20_drive.h 添加进来。单击"重新编译"按钮,对源程序 ch26_TX.c 和 DS18B20_drive.h 进行编译和链接,产生 ch25_TX.hex 目标文件,下载到开发板 1 的单片机中。

② 打开 Keil C51 软件,建立工程项目,再建立一个名为 ch26_RX.c 的文件,输入接收部分源程序,对源程序进行编译和链接,产生 ch25_RX.hex 目标文件,下载到开发板 2 的单片

第 26 章 基于 nRF905 无线通信温度监控系统的设计与制作

机中。

③ 将开发板 1 的 JP6 插针的 18B20、P13 短接,使温度传感器接入单片机,将开发板 2 的串口与 PC 机串口连接好。

④ 对照图 26-9 所示电路,用杜邦线先将一块 nRF905 无线传输模块与开发板 1 的相应引脚连接好,再按照同样的接法,将另一块 nRF905 无线传输模块与开发板 2 的相应引脚连接好,这样,发射系统和接收系统即组装完毕。

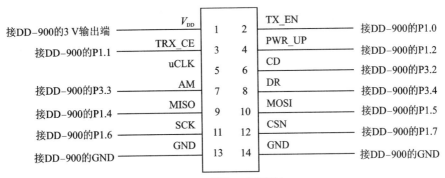

图 26-9 nRF905 与 DD-900 实验开发板的连接

⑤ 打开 VB 源程序 ch26_VB,单击"开始接收"按钮,则在软件的文本框 1 中显示检测到的温度值,在文本框 2 中显示接收到的数据个数,如图 26-10 所示。

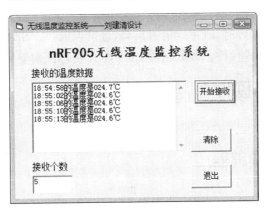

图 26-10 无线温度传输系统 VB 运行界面

第 27 章
简单实用 51 编程器的设计、制作与使用

进行单片机实验和开发时,需要对单片机进行编程。对于 AT89S51 单片机,可以用下载线通过下载接口进行编程;对于 STC89C51 单片机编程更简单,只需通过串口即可对单片机进行编程。但是,如果读者的实验/开发板既没有串口,也没有下载接口,或者说采用的是 AT89C51、AT89C2051 等不能在线下载的单片机,编程时就需要将单片机取下,放到编程器进行编程。目前,市场上有成品 51 编程器可供选购,价格也不贵,一般在几十元至几百元不等,对于一般单片机爱好者来说都可以接受。买个成品的编程器的确十分方便和实用,但如果自己能够动手做一个,对于学习单片机技术无疑是一件很有意义的事。笔者参考网上一些资料和相关书籍,并结合自己的经验,制作了一个简单实用的 DD-51 编程器,可对常见 51 单片机进行编程,效果很好。编程时,既可以通过串口,也可以通过 USB 接口,使用十分方便,并且板上所有元件均采用直插式元件。因此,特别适合单片机玩家和爱好者动手制作。

27.1 51 编程器硬件电路的设计

27.1.1 漫谈 51 编程器

编程器又叫烧写器,在进行单片机开发时,编写的源程序经过编译后,会产生一种后缀为 .hex 的文件。运用编程器,就可以将这种文件烧写到单片机中,经过编程的单片机就可以按照我们的要求工作了。因此,对于单片机玩家来说,购买或制作一台编程器十分必要。

购买一台成品的编程器当然十分方便,但如果这样,可能只会停留"会使用编程器"的水平上。如果亲自动手 DIY,情况就会完全不同。在实践过程中,不但增强了动手能力,领悟到理论与实践的巨大差距,更为重要的是,经过这样一番折腾和努力,还可以 DIY 出属于自己的个性编程器,从而达到"编程器设计"水平。

制作编程器最好的办法就是"拿来主义",参考别人现成的东西进行改装,这种"站在巨人肩膀上"的学习方法,无论是学习单片机还是干其他工作,都是通往成功的捷径。

关于 51 编程器的制作资料,网上有一些,最著名的要数伟纳电子 SP-200 编程器了,另外,北京航空航天大学出版社出版的《51 单片机工程应用实例》一书中也有相应的介绍。但如

第27章　简单实用51编程器的设计、制作与使用

果读者光看不练，会以为制作一个编程器不会很复杂，甚至会以为很简单，不就是"按照资料连接好电路→将下位机程序写入到监控单片机→运行上位机程序"这几道工序吗？的确不错，说起来就这么简单。可实际上，制作过程远非如此，各种各样的硬件和软件问题会接踵而至，有些问题甚至会让你束手无策，笔者在实际制作时就吃尽了苦头，好在没有放弃（中间曾产生过多次放弃的念头），坚持到了最后，才尝到了成功的甜头。

在实际制作时，之所以会出现这样那样的问题，主要原因有以下几点：

一是资料不可靠。特别是从网上搜索的一些资料大都存在明显的错误，若实际制作时生搬硬套，肯定行不通。

二是资料不全。目前，无论是网上已有的资料，还是目前已有的书籍，介绍编程器设计与制作方面的资料是少之又少，要说最好的，当数唐继贤编著的《51单片机工程应用实例》一书了。该编程器笔者最初也曾仿制过，但制作调试时，发现上位机VB程序功能不足，界面不友好，并且运行时有时会报错。另外，该编程器编程芯片太少，只能对89C系列芯片编程，不能对目前流行的89S系列芯片编程。

三是上位机程序制作复杂。目前，在许多网站上都可以找到名为Easy_51Pro_v20编程器的资料，该资料由聂忠强先生提供，资料中给出了编程器上位机的详细源程序，这种无私的奉献精神的确值得赞赏，但可惜源程序采用的是VC++编写，这对于一般单片机爱好者来说，会存在不小的困难，要知道，学好VC++可不是一件易事，难度比VB大得多。

四是资料中未给出源程序。例如，网上流传的伟纳电子SP200编程器，虽然详细给出了编程器硬件电路的元件参数和具体制作方法，但没有提供上位机和下位的源程序，给出的只是下位机.hex文件和上位机安装软件。因此，制作这样一台编程器只能说组装了一台编程器，还不是自己设计的产品。

针对以上存在的问题，笔者取长补短，精心设计了一款界面友好，制作方便，功能完善，性能优异的DD-51编程器，其外形实物参见第3章图3-33，主要特点如下：

① 所有元件采用直插式元器件，十分方便制作。就连USB转串口贴片芯片PL2303，笔者也充分考虑到玩家焊接时的难处，已事先将PL2303焊接在了一块DIP28转换板上。因此，在制作时不必担心贴片集成电路的焊接问题，只需轻轻一插，即可大功告成。

② 支持串口和USB接口，既可以学习串口编程，又可以学习USB接口编程，可谓一举两得。

③ 支持AT89C51、AT89C52、AT89C2051、AT89S51、AT89S52芯片的编程，这几种芯片和STC89C系列芯片（注：该芯片采用串口直接编程，一般不用编程器编程）是使用最为广泛的几种，因此，支持这几种足矣！有的编程器号称支持几百种甚至上千种，实际上意义并不大。另外，通过修改或增加源程序，DD-51编程器还可以进行升级，支持更多的芯片。

④ 编程器的所有硬件和软件资源全部开放，编程器下位机监控程序采用C语言编写，上位机程序采用VB语言编写，易学易用。在下面的章节中，我们会对该编程器的硬件电路和软件设计进行详细的介绍，另外，读者也可登录顶顶电子网站进行查询。

27.1.2　DD-51编程器硬件电路分析与设计

DD-51编程器组成的框图如图27-1所示。

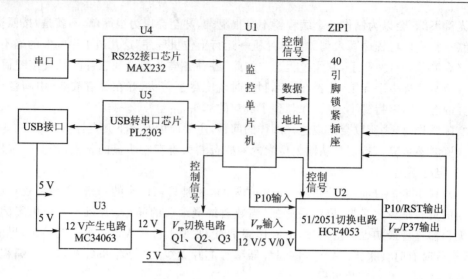

图 27-1　DD-51 编程器组成框图

DD-51 编程器硬件组成十分简洁,主要由监控单片机 U1(STC89C51)、RS232 接口电路 U4(MAX232)、USB 接口电路 U5(PL2303)、V_{PP} 切换电路(Q1、Q2、Q3)、51/2051 切换电路 U2(HCF4053)、12 V 电源产生电路 U3(MC34063)以及 40 引脚锁紧插座(放置编程芯片)等几部分组成。

1. 监控单片机和 40 引脚锁紧插座

监控单片机和 40 引脚锁紧插座有关电路如图 27-2 所示。

监控单片机是编程器的核心,在其中要写入监控程序,也就是下位机程序,在监控程序的控制下,主要完成以下几项工作:

① 与上位机(PC 机)进行通信,DD-51 编程器既可以通过 RS232 接口与上位机进行通信,也可以通过 USB 接口与上位机进行通信。笔者设计时之所以这样"画蛇添足",主要是方便单片机玩家学习,因为这样既可以学习到串口编程,也可以学习 USB 接口编程。当然,读者在制作时,可根据实际情况采用其中的一种。例如,如果电脑没有串口,那么只能采用其中的 USB 接口了。

② 与编程芯片进行通信,根据上位机的指令,对安装在 40 引脚锁紧插座上的单片机进行擦除、写入、校验、写锁定位(加密)、读取等操作。

③ 输出控制信号,控制 51/2051 切换电路 U2(HCF4053),使其输出 89C2051 或 89C5X/S5X 的符号,这样可方便地对两类不同类型的单片机进行编程。

在这里,笔者再多说两句,在网上进行搜索时会发现,有的编程器采用的是手动开关的方式来切换 89C2051 和 89C5X/S5X 这两种类型的单片机。对 89C2051 编程时,将手动开关切换在一端;对 89C5X/S5X 单片机编程时,将手动开关切换到另一端,这种设计方式会比较麻烦。另外,还有的编程器采用 40 引脚和 20 引脚两个锁紧座来区分 89C2051 和 89C5X/S5X。对 89C2051 编程时,将 89C2051 单片机放在 20 引脚锁紧座上;对 89C5X/S5X 单片机编程时,将 89C5X/S5X 放在 40 引脚锁紧座上。这种设计方式会增加成本、增大体积,看起来也比较笨拙。

④ 输出控制信号,控制 Q1、Q2、Q3 工作,使其根据需要输出 12 V/5 V/0 V 三种不同的

第 27 章 简单实用 51 编程器的设计、制作与使用

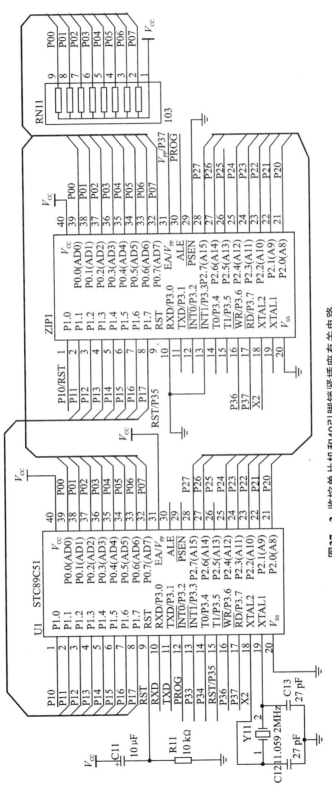

图27-2 监控单片机和40引脚锁紧插座有关电路

电压。

40引脚锁紧插座用来安放编程芯片,监控单片机通过地址引脚P1.0~P1.7、P2.0~P2.4,数据引脚P0.0~P0.7和控制引脚对锁紧插座上的编程芯片进行控制。

需要说明的是,当放置20引脚的89C2051时,一定将其第1引脚与40引脚的锁紧插座的第1引脚对应,否则,有可能引起编程芯片的损坏。

2. RS232接口电路

RS232接口电路以U4(MAX232)为核心构成,电路原理图如图27-3所示。

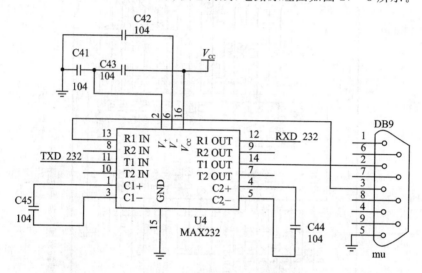

图27-3 R232接口电路原理图

这个电路大家应该不会陌生,在前面的章节中曾多次用到过,这里不再详述。

3. USB接口电路

USB接口电路以USB转换串口芯片U5(PL2303)为核心构成,电路原理图如图27-4所示。电路中,JP1是RS232和USB接口转换插针,用来对串口和USB接口进行切换。

USB转串口芯片可以实现将USB接口虚拟成一个串口,解决电脑无串口的苦恼。现在市面上的USB转串口的芯片可谓是琳琅满目,如CP2102、FT232、PL2303等。经过测试,笔者发现台湾生产的PL2303稳定性较高,并可以支持多种操作系统。

PL2303采用28引脚贴片SOIC封装,工作频率为12 MHz,符合USB 1.1通信协议,可以直接将USB信号转换成串口信号。其波特率为75~1 228 800,有22种波特率可以选择,并支持5、6、7、8、16共5种数据比特位,是一款相当不错的USB转串口芯片。

在实际制作时,考虑到读者焊接贴片PL2303有一定困难,为此,笔者制作了一块DIP28转换板,并将PL2303焊接在了DIP28转换板上。组装时,只需将带有PL2303的转换板插接在编程器电路板上即可,操作非常方便。

4. 12 V电源电路

编程器采用USB接口供电,电压为5 V,但编程时还需要12 V电源,因此,电路中设计了12 V电源电路。实际上这是一种电感升压式DC/DC变换器,主要由U3(MC34063)、L31、

D31、C36 等元件组成,电路原理图如图 27-5 所示。

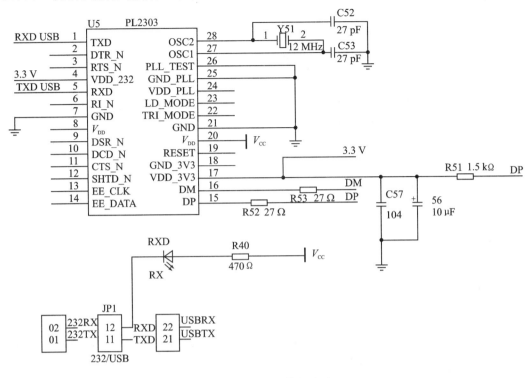

图 27-4　USB 接口电路

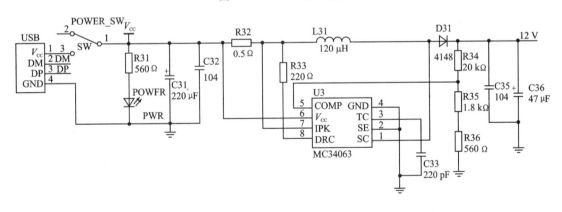

图 27-5　12V 电源电路

MC34063 是一种比较常见的开关型 DC/DC 变换器,由 MC34063 组成的电源电路功耗小,效率高,应用十分广泛。图中,L31 为储能电感,D31 为续流二极管,C36 为滤波电容,R34、R35、R36 为分压电阻,经分压后产生误差反馈信号,加到 MC34063 的第 5 引脚,用以稳定输出电压和调整输出电压的高低。

正常情况下,C36 两端的电压应为 12 V 左右,若相差较大,则应适当调整 R36 的阻值。

5. V_{PP} 切换电路

根据编程需要,编程芯片的 V_{PP} 引脚上所加的电压在编程过程中需要按时序要求在 0 V/5 V/12 V 之间变换,V_{PP} 切换电路就是为实现这一要求而设置的,电路原理图如图 27-6

所示。

V_{PP}切换电路由监控单片机的P3.3和P3.4引脚进行控制,当P3.3和P3.4输入不同的高、低电平时,V_{PP}会输出不同的电压,具体情况如表27-1所列。

表27-1 监控单片机P3.3和P3.4引脚电平与V_{PP}电压的对应关系

监控单片机输入引脚		V_{PP}电压/V
P3.3	P3.4	
H	L	12
L	H	0
L	L	5

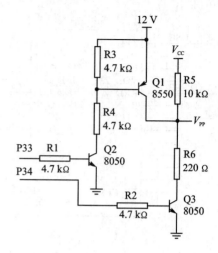

图27-6 V_{PP}切换电路

例如,当P3.3为高电平、P3.4为低电平时,Q1、Q2导通,Q3截止,因此,输出电压V_{PP}为12 V,其他两种情况读者自行分析。

6. 51/2051切换电路

89C5X/S5X系列单片机与89C2051单片机不但引脚数不同,而且引脚排列也有较大差异,图27-7所示是二者的引脚排列对照图。

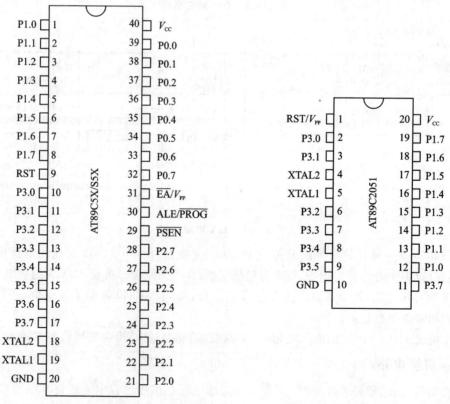

图27-7 89C5X/S5X系列单片机与89C2051单片机的引脚排列图

为了完成用一个锁紧插座对两类不同的芯片进行编程,电路中设置51/2051切换电路,切换电路由U2(HCF4053)为核心构成,电路原理图如图27-8所示。

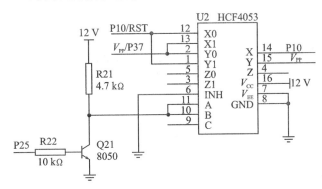

图27-8 51/2051切换电路

图中,P10就是监控单片机的P1.0引脚,V_{PP}就是Q1集电极输出的V_{PP}电压,HCF4053的第10、11引脚为控制引脚,由监控单片机U1通过三极管Q21进行控制。

HCF4053是一个三路单刀双掷开关,其中,第6引脚为使能端,低电平有效。第9、10和第11引脚为控制引脚,第12、13引脚与第14引脚为第一组单刀双掷开关;第2、1引脚与第15引脚为第二组单刀双掷开关;第5、3引脚与第4引脚为第三组单刀双掷开关;这三组开关分别由第11、10引脚和第9引脚进行控制,其中,第3、4引脚与第5引脚组成的第三组开关未用,其他两组开关控制情况如表27-2所列。

表27-2 HCF4053控制表

使能引脚	控制引脚		开关状态		说　明
第6引脚	第10引脚 (B)	第11引脚 (A)	与第15引脚Y (V_{PP})相通的 引脚是	与第14引脚X (P10)相通的 引脚是	
0	0	0	第2引脚Y0 (V_{PP}/P37)	第12引脚X0 (P10/RST)	此时,V_{PP}电压接锁紧插座第31引脚(V_{PP}/P37),监控单片机U1的P1.0引脚接锁紧插座第1引脚(P10/RST),这种方式用于89C5X/89S5X芯片编程
0	0	1	第2引脚Y0 (V_{PP}/P37)	第13引脚X1 (V_{PP}/P37)	未　用
0	1	0	第1引脚Y1 (P10/RST)	第12引脚X0 (P10/RST)	未　用
0	1	1	第1引脚Y1 (P10/RST)	第13引脚X1 (V_{PP}/P37)	此时,V_{PP}电压接锁紧插座第1引脚(P10/RST),监控单片机U1的P1.0引脚接锁紧插座第31引脚(V_{PP}/P37),这种方式用于89C2051芯片编程

电路中,由于HCF4053的第10、11引脚接在一起,因此,二者电平相同。例如,当监控单片机U1的P2.5引脚为高电平时,Q21集电极输出低电平,即HCF4053的第10、11引脚为低电平,此时,HCF4053的第15引脚(V_{PP})与第2引脚(即锁紧插座的第31引脚)相通,HCF4053

的14引脚(P1.0)与第12引脚(即锁紧座的第1引脚)相通;当监控单片机U1的P2.5引脚为低电平时,Q21集电极输出高电平,即HCF4053的第10、11引脚为高电平。此时,HCF4053的第15引脚(V_{PP})与第1引脚(即锁紧座的第1引脚)相通,HCF4053的第14引脚(P1.0)与第13引脚(即锁紧座的31引脚)相通。至于为什么这样控制,会在下面进行说明。

27.2 DD-51编程器下位机监控程序的设计

27.2.1 51单片机基本编程方法

要对某一种单片机芯片编程,须了解此种单片机的编程方法和时序。这方面的内容在单片机的说明手册中都可以找到,不过,可能有些说明手册是英文版的,需要具备一定的英文功底才能理解,好在各种单片机芯片的编程方法都有相似或相同之处,因此,只要了解几种常见芯片的编程方法和电路,其余单片机也就迎刃而解了。下面就以最为常见的AT89C51/C52、AT89S51/S52和AT89C2051为例进行介绍。

1. AT89C51/C52单片机编程方法

AT89C51/C52单片机属ATMEL公司的早期产品,但由于其价格便宜,因此,目前仍在使用。AT89C51/C52内含4 KB/8 KB Flash EEPROM(闪存),这个Flash存储阵列在出厂时已处于擦除状态,即全部内容为FFH,用户随时可用编程器对其进行编程。

图27-9是AT89C51的编程电路。AT89C52编程电路与AT89C51基本相同,二者的区别是,AT89C51采用12位地址,即P1.0~P1.7和P2.0~P2.3,存储器容量为$2^{12}=4\ 096$字节,也就是4 KB;而AT89C52采用13位地址,即P1.0~P1.7和P2.0~P2.4,存储器容量为$2^{13}=8\ 192$字节,也就是8 KB。

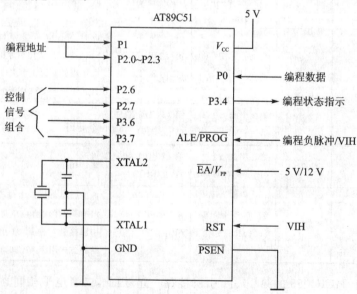

图27-9 AT89C51编程电路

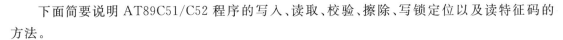

下面简要说明 AT89C51/C52 程序的写入、读取、校验、擦除、写锁定位以及读特征码的方法。

(1) 写入数据

编程时,将编程芯片 AT89C51(或 AT89C52)加到编程器锁紧插座上,编程地址加到编程芯片的 P1.0～P1.7 和 P2.0～P2.3(P1.0～P1.7 和 P2.0～P2.4),编程数据加到编程芯片的 P0 口,编程芯片的复位端 RST 接高电平,PSEN 端接低电平,ALE/PROG 接编程负脉冲,EA/V_{PP} 接 12 V 电压。控制信号 P2.6、P2.7、P3.6 和 P3.7 电平为"低、高、高、高",详细情况如表 27－3"写代码数据"一行所列。

表 27－3 AT89C51/C52 编程真值表

方　式		RST	PSEN	ALE/PROG	EA/V_{PP}	P2.6	P2.7	P3.6	P3.7
写代码数据		H	L	负脉冲(1.5 ms)	H/12 V	L	H	H	H
读代码数据		H	L	H	H	L	L	H	H
写加密位	LB1	H	L	负脉冲(1.5 ms)	H/12 V	H	H	H	H
	LB2	H	L	负脉冲(1.5 ms)	H/12 V	H	H	L	L
	LB3	H	L	负脉冲(1.5 ms)	H/12 V	H	L	H	L
片擦除		H	L	负脉冲(10 ms)	H/12 V	H	L	L	L
读特征码		H	L	H	H	L	L	L	L

编程时,放在锁紧座上的编程芯片 AT89C51/C52 的第 1 引脚经 HCF4053 接监控芯片的 P1.0,AT89C51/C52 的 RST 经 HCF4053 接监控芯片的 P3.5,AT89C51/C52 的 ALE/PROG 接监控芯片的 P3.2,AT89C51/C52 的 EA/V_{PP} 经 HCF4053 接 V_{PP} 电源,AT89C51/C52 的 P2.6、P2.7、P3.6、P3.7 分别接监控芯片的 P2.6、P2.7、P3.6、P3.7。在写 AT89C51/C52 下位机程序时,这些对应关系必须搞清楚,以免出错。

编程可采用 4～20 MHz 的时钟,编程步骤如下:

① 在地址线上输入要编程的单元地址。
② 在数据线上输入要写入的数据。
③ 激活正确的控制信号组合。
④ 高电压编程时,V_{PP} 加 12 V 电压。
⑤ 每编程一字节或一个封锁位,ALE/PROG 引脚上加一个编程负脉冲。字节写周期是自动定时的,通常约为 1.5 ms 左右。
⑥ 改变地址和数据,重复步骤①～⑤,直到编程完全部内容。

专家点拨: AT89C51/C52 芯片还提供数据查询功能,当写周期完成时,在 P0 口上可以得到刚刚写入的真实数据。利用 RDY/BSY(P3.4)输出信号可以监视字节编程的进展情况,当 ALE 升为高电平后,P3.4 被拉低,表示正在编程状态(忙状态),编程完成后,P3.4 变为高电平,表示准备就绪状态。

(2) 读取数据

读取数据与写入数据电路相同。读取数据时,将编程芯片 AT89C51(或 AT89C52)加到编程器锁紧插座上,编程地址加到编程芯片的 P1.0～P1.7 和 P2.0～P2.3(P1.0～P1.7 和

P2.0~P2.4），芯片数据由 P0 口读出。编程芯片的复位端 RST 接高电平，PSEN 端接低电平，ALE/PROG 接高电平，EA/V$_{PP}$ 接高电平。控制信号 P2.6、P2.7、P3.6 和 P3.7 电平为"低、低、高、高"，详细情况如表 27-3 "读代码数据"一行所列。

(3) 数据校验

数据校验就是编程写入后，再将已写入到编程芯片的数据从 P0 口读出，与正确的数据进行比对，看是否相等。若相等，则说明写入正确；若不等，则说明写入有误。数据校验时各引脚所加的逻辑电平与表 27-3 "读代码数据"相同。

(4) 芯片擦除

利用表 27-3 "片擦除"一行中所列的控制信号电平组合，并保持 ALE/PROG 引脚 10 ms 的负脉冲宽度，即可将 AT89C51/C52 内 Flash EEPROM 存储器阵列数据和 3 个加密位擦除掉。执行此操作后，闪存中的内容全部变为 FFH。

(5) 写锁定位

写锁定位方法同"写代码数据"，只是 P2.6、P2.7、P3.6 和 P3.7 的组合逻辑电平不同，见表 27-3 所列。

(6) 读特征码

AT89C51/C52 内部有 3 字节签名字节，其地址为 030H、031H 和 032H，用于声明该器件的制造厂商、型号和编程电压，具体情况如下：

030H 表示生产厂商，其值为 1EH，说明是 ATMEL 制造。

031H 表示产品型号，若其值为 51H，说明是 AT89C51；若其值为 52H，说明是 AT89C52。

032H 表示编程电压，若其值为 FFH，说明编程电压为 12 V；若其值为 05H，说明编程电压为 5 V。编程电压为 5 V 的单片机其型号中带有"-5"后缀，一般不常见，平常使用的一般都是编程电压为 12 V 的 AT89C51/C52，DD-51 编程器支持的也是这种类型。

2. 89S51/S52 单片机编程方法

AT89S51/S52 是 ATMEL 公司生产的新型单片机，其编程方法有两种，一种是并行编程方法，另一种是串行下载编程方法，下面分别进行介绍。

(1) 并行编程方法

AT89S51/S52 并行编程方法与前面介绍的 AT89C51/C52 的编程方法基本一致，下面简要进行说明。

图 27-10 所示是 AT89S51 的编程电路（对 AT89S52 编程时，只需再增加一条地址线 P2.4 即可），AT89S51/S52 编程真值表如表 27-4 所列。

对比表 27-3 和表 27-4 可以看出，AT89S51/S52 与 AT89C51/C52 并行方式编程时，主要有以下几点不同：

① AT89C51/C52 的控制信号为 P2.6、P2.7、P3.6、P3.7，而 AT89S51/S52 的控制信号则增加了 P3.3。

② ALE/PROG 引脚的负脉冲宽度不同，在编程时要注意，否则会出现编程不正常，甚至有可能引起芯片的损坏。

③ AT89C51/C52 编程状态指示引脚为 P3.4，而 AT89S51/S52 的编程状态指示引脚则是 P3.0。

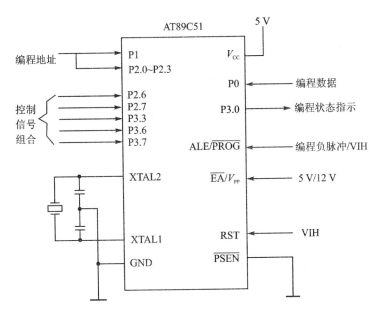

图 27-10　AT89S51 编程电路

表 27-4　AT89S51/S52 编程真值表

方式		RST	PSEN	ALE/PROG	EA/V_{PP}	P2.6	P2.7	P3.3	P3.6	P3.7
写代码数据		H	L	负脉冲(0.2~0.5 ms)	H/12 V	L	H	L	H	H
读代码数据		H	L	H	H	L	L	L	H	H
写加密位	LB1	H	L	负脉冲(0.2~0.5 ms)	H/12 V	H	H	H	H	H
	LB2	H	L	负脉冲(0.2~0.5 ms)	H/12 V	H	H	H	L	L
	LB3	H	L	负脉冲(0.2~0.5 ms)	H/12 V	H	H	L	H	L
片擦除		H	L	负脉冲(0.2~0.5 ms)	H/12 V	H	L	L	H	L
读特征码		H	L	H	H	L	L	L	L	L

另外，AT89S51/S52 特征码地址与 AT89C51/C52 也有所不同，分别是 000H、100H 和 200H，具体情况如下：

000H 表示生产厂商，其值为 1EH，说明是 ATMEL 制造。

100H 表示产品型号，若其值为 51H，说明是 AT89S51，若其值为 52H，说明是 AT89S52。

200H 无论是 AT89S51 还是 AT89S52，其值都是 06H。

在本例下位机源程序中，读特征码方式采用的是并行编程方法，其他如写入、读取、擦除、写锁定位则采用的是下面介绍的串行编程方法。

(2) 串行下载编程方法

AT89S51/S52 除可以进行并行编程外，还可以通过 SPI 总线进行串行下载编程。在串行编程方式下，AT89S51/S52 只需要 4 根线与监控单片机相连，即 P1.5(MOSI)、P1.6(MISO)、P1.7(SCK) 和 RST，编程电路如图 27-11 所示，串行编程指令如表 27-5 所列。

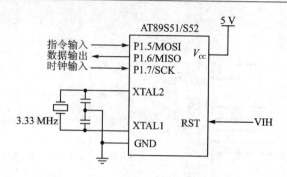

图 27-11 AT89S51/S52 串行编程电路

表 27-5 AT89S51/S52 串行编程指令

指令	指令格式				操作
	字节 1	字节 2	字节 3	字节 4	
编程使能	1010 1100	0101 0011	xxxx xxxx	xxxx xxxx	当 RST 为 H 时,打开串行编程
片擦除	1010 1100	100x xxxx	xxxx xxxx	xxxx xxxx	擦除闪存
读取数据 (字节模式)	0010 0000	xxxA12 A11～A8	A7～A0	D7～D0	字节方式读取闪存
写入数据 (字节模式)	0100 0000	xxxA12 A11～A8	A7～A0	D7～D0	字节方式向闪存写入数据
写锁定位	1010 1100	1110 00B1B2	xxxx xxxx	xxxx xxxx	写锁定位进行加密
读锁定位	0010 0100	xxxx xxxx	xxxx xxxx	xxLB3LB2LB1xx	回读当前锁定位状态,如已编程锁定位,返回值为 1
读特征码	0010 1000	xxxA5 A4～A1	A0xxx xxxx	单字节	读特征码
读取数据 (页模式)	0011 0000	xxxA12 A11～A8	字节 0	字节 1～255	页模式读取闪存数据
写入数据 (页模式)	0101 0000	xxxA12 A11～A8	字节 0	字节 1～255	页模式向闪存写入数据

注:表中 A12 对于 AT89S51 无效。

表 27-5 中写锁定位一行中,B1、B2 用来设置写锁定位的工作方式,共有 4 种方式,如表 27-6 所列。

表 27-6 写锁定位的 4 种工作方式

锁定位		方 式	说 明
B1	B2		
0	0	方式 1	无加密保护
0	1	方式 2	加密位 LB1,禁止从外部程序存储器执行 MOVC 指令读取内部程序存储器内容,此外,复位时 EA 被禁止,禁止再编程
1	0	方式 3	加密位 LB2,除以上功能外,还禁止程序校验
1	1	方式 4	加密位 LB3,除以上功能外,同时禁止外部执行

对 AT89S51/S52 进行串行编程时其方法如下：

① 将 RST 接高电平，并延时 10 ms。

② 将编程使能指令发送到 P1.5(MOSI)，编程时钟接至 P1.7(SCK)，时钟频率须小于单片机晶振频率的 1/16。

③ 编程时可选字节模式，也可选页模式，写周期是自身定时的，一般不大于 0.5 ms。

④ 通过 P1.6(MISO) 和读取数据指令可对数据进行校验。

⑤ 编程结束应将 RST 置为低电平，以结束操作。

3. 89C2051 单片机编程方法

因为 AT89C2051 和 AT89C51/52、AT89S51/S52 的引脚数和排列不同，所以，用 DD-51 编程器对 AT89C2051 编程时，请将 AT89C2051 放在 40 脚锁紧插座靠近第 1 引脚的地方，并在上位机"器件选择"一项中，选择"89C2051"，以免引起芯片的损坏。

AT89C2051 的编程电路如图 27-12 所示，编程真值表如表 27-7 所列。

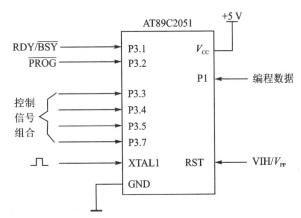

图 27-12　AT89C2051 编程电路

表 27-7　AT89C2051 编程真值表

方　式		RST	P3.2(PROG_2051)	P3.3	P3.4	P3.5	P3.7
写代码数据		H	负脉冲(1.5 ms)	L	H	H	H
读代码数据		H	H	L	L	H	H
写加密位	LB1	H	负脉冲(1.5 ms)	H	H	H	H
	LB2	H	负脉冲(1.5 ms)	H	H	L	L
片擦除		H	负脉冲(10 ms)	H	L	L	L
读特征码		H	H	L	L	L	L

编程时，AT89C2051 的 RST 经 HCF4053 接 V_{PP} 电源，AT89C2051 的 XTAL1 接监控芯片的 P1.4，AT89C2051 的 P3.2 接监控芯片的 P1.5，AT89C2051 的 P3.3、P3.4、P3.5 分别接监控芯片的 P1.6、P1.7、P3.5，AT89C2051 的 P3.7 经 HCF4053 切换后接监控芯片的 P1.0。在写 AT89C2051 下位机程序时，这些对应关系必须搞清楚，以免出错。

与 AT89C51/52 相比，AT89C2051 在编程上有以下不同：

① AT89C2051 芯片由于引脚数量少，故无法采用 AT89C51/C52 的方法写入地址。写地址时，其内部含有一个地址计数器，当 RST 为上升沿时，计数器被复位到 000H，每当在 XTAL1 上施加一个正脉冲，计数器就加 1，靠这样的方法进行寻址。

② AT89C2051 写入数据被送到 P1 口，而不像 AT89C51/C52 是送往 P0 口。而且，由于 P1 口的内部高低位顺序与标准的数据顺序完全相反，所以在送往 P1 口时，须先将上位机发来

的数据顺序翻转,然后再送往 P1 口,这样写入的数据才是正确的。

③ AT89C2051 的锁定位只有两位 LB1 和 LB2。

④ 12 V 编程电压由 AT89C2051 的 RST 加入,编程负脉冲由 AT89C2051 的 P3.2 加入。

⑤ 编程控制信号组合是 P3.3、P3.4、P3.5、P3.7。

⑥ AT89C2051 特征码地址为 000H 和 001H,000H 地址的值为 1EH,表示是 ATMEL 公司制造,001H 地址的值是 21H,表示是 80C2051 单片机。

27.2.2 下位机程序的设计

1. 下位机程序的功能

下位机程序也就是监控单片机程序,写好后需要下载到监控单片机中,主要有以下几个方面的作用:

① 与上位机进行通信,接收上位机发送的"连接、写入、读取、校验、擦除、读特征码"等指令,并反馈给上位机相应的信息。

② 通过控制切换电路 U2(HCF4053),完成对不同芯片的编程。

③ 对编程芯片进行写入、读取、擦除、读特征码等操作。

2. 下位机与上位机通信协议

为了保证上位机(PC 机)与下位机(编程器监控单片机)实现可靠的通信,必须制定通信协议。

(1) 基本通信协议

基本通信协议为:波特率选为 19 200 b/s,无奇偶校验位,8 位数据位,1 位停止位。编程时一定要注意,上位机和下位机必须都按这一协议进行设置。

(2) 命令约定

为了完成和区分不同的控制功能,还必须约定一些命令,这些命令约定如表 27-8 所列。

表 27-8 上位机与下位机的命令约定

操 作	上位机发送	下位机应答	功 能
复位	0x99		下位机接收到上位机发送的命令 0x99 时,开始从 main 执行程序,等待与上位机进行连接
连 接	0x01	0xa0	下位机接收到上位机发送的命令 0x01 后,开始与上位机进行连接,连接成功后,向上位机发送 0xa0
读特征码	0x02	0xa1	下位机接收到上位机发送的命令 0x02 后,开始读芯片特征码,若反馈给上位机的是 0xa1,说明读取的是 AT89C51 的特征码
		0xa2	下位机接收到上位机发送的命令 0x02 后,开始读芯片特征码,若反馈给上位机的是 0xa2,说明读取的是 AT89C52 的特征码

续表 27-8

操 作	上位机发送	下位机应答	功 能
读特征码	0x02	0xa3	下位机接收到上位机发送的命令 0x02 后,开始读芯片特征码,若反馈给上位机的是 0xa3,说明读取的是 AT89C2051 的特征码
		0xa4	下位机接收到上位机发送的命令 0x02 后,开始读芯片特征码,若反馈给上位机的是 0xa4,说明读取的是 AT89S51 的特征码
		0xa5	下位机接收到上位机发送的命令 0x02 后,开始读芯片特征码,若反馈给上位机的是 0xa5,说明读取的是 AT89S52 的特征码
		0xa6	下位机接收到上位机发送的命令 0x02 后,开始读芯片特征码,若反馈给上位机的是 0xa6,说明读取的是无效芯片
写 入	写入前发送:0x03 和 0x01;完成时发送:0x00	0x06 和 0x01	下位机接收到上位机发送的 0x03 和 0x01 两字节命令后,开始写 AT89C51。写入完成后,上位机向下位机发送 0x00,下位机给上位机发送两字节命令 0x06 和 0x01
	写入前发送:0x03 和 0x02;完成时发送:0x00	0x06 和 0x01	下位机接收到上位机发送的 0x03 和 0x02 两字节命令后,开始写 AT89C52。写入完成后,上位机向下位机发送 0x00,下位机给上位机发送两字节命令 0x06 和 0x01
	写入前发送:0x03 和 0x03;完成时发送:0x00	0x06 和 0x01	下位机接收到上位机发送的 0x03 和 0x03 两字节命令后,开始写 AT89C2051。写入完成后,上位机向下位机发送 0x00,下位机给上位机发送两字节命令 0x06 和 0x01
	写入前发送:0x03 和 0x04;完成时发送:0x00	0x06 和 0x01	下位机接收到上位机发送的 0x03 和 0x04 两字节命令后,开始写 AT89S51。写入完成后,上位机向下位机发送 0x00,下位机给上位机发送两字节命令 0x06 和 0x01
	写入前发送:0x03 和 0x05;完成时发送:0x00	0x06 和 0x01	下位机接收到上位机发送的 0x03 和 0x05 两字节命令后,开始写 AT89S52。写入完成后,上位机向下位机发送 0x00,下位机给上位机发送两字节命令 0x06 和 0x01
读 取	0x04 和 0x01	0x06、0xff、0xff	下位机接收到上位机发送的 0x04 和 0x01 两字节命令后,开始读取 AT89C51。读取完成后,给上位机发送 3 字节命令 0x06、0xff、0xff
	0x04 和 0x02	0x06、0xff、0xff	下位机接收到上位机发送的 0x04 和 0x02 两字节命令后,开始读取 AT89C52。读取完成后,给上位机发送 3 字节命令 0x06、0xff、0xff
	0x04 和 0x03	0x06、0xff、0xff	接收到 0x04 和 0x03 两字节命令后,开始读取 AT89C2051。读取完成后,给上位机发送 3 字节命令 0x06、0xff、0xff
	0x04 和 0x04	0x06、0xff、0xff	下位机接收到上位机发送的 0x04 和 0x04 两字节命令后,开始读取 AT89S51。读取完成后,给上位机发送 3 字节命令 0x06、0xff、0xff
	0x04 和 0x05	0x06、0xff、0xff	下位机接收到上位机发送的 0x04 和 0x05 两字节命令后,开始读取 AT89S521。读取完成后,给上位机发送 3 字节命令 0x06、0xff、0xff

续表 27-8

操作	上位机发送	下位机应答	功 能
擦除	0x05 和 0x01		下位机接收到上位机发送的 0x05 和 0x01 两字节命令后，开始擦除 AT89C51 芯片
	0x05 和 0x02		下位机接收到上位机发送的 0x05 和 0x02 两字节命令后，开始擦除 AT89C52 芯片
	0x05 和 0x03		下位机接收到上位机发送的 0x05 和 0x03 两字节命令后，开始擦除 AT89C2051 芯片
	0x05 和 0x04		下位机接收到上位机发送的 0x05 和 0x04 两字节命令后，开始擦除 AT89S51 芯片
	0x05 和 0x05		下位机接收到上位机发送的 0x05 和 0x05 两字节命令后，开始擦除 AT89S52 芯片
写锁定位	0x07 和 0x01		下位机接收到上位机发送的 0x07 和 0x01 两字节命令后，开始加密 AT89C51 芯片
	0x07 和 0x02		下位机接收到上位机发送的 0x07 和 0x02 两字节命令后，开始加密 AT89C52 芯片
	0x07 和 0x03		下位机接收到上位机发送的 0x07 和 0x03 两字节命令后，开始加密 AT89C2051 芯片
	0x07 和 0x04		下位机接收到上位机发送的 0x07 和 0x04 两字节命令后，开始加密 AT89S51 芯片
	0x07 和 0x05		下位机接收到上位机发送的 0x07 和 0x05 两字节命令后，开始加密 AT89S52 芯片

3. 下位机程序的编写

根据监控单片机的功能，下位机程序主要包括以下几部分：

(1) 主函数

主函数主要是设置通信协议，并接收上位机发送的命令，然后根据不同的命令执行连接、读特征码、写入、读取、擦除、写锁定位等相应的操作，主函数有关程序如下：

```c
void main(void)
{
    init_C51();
    SCON = 0x50;            //串口方式1,允许接收
    TMOD = 0x21;            //定时器T1 方式2,定时器T0 工作方式1
    PCON = 0x80;            //波特率加倍
    TH1 = 0xfd;             //波特率为19 200
    TL1 = 0xfd;
    TR1 = 1;                //启动定时器T1
    while(1)
    {
        RecvData();         //接收上位机命令
```

```
switch(com_buf[0])              //检查上位机发送的第 1 个命令(存放在 com_buf[0]中)
{
    case 0x01：
        connect();break;        //若上位机发送的第 1 个命令是 0x01,则进行连接操作
    case 0x02：
        checkID();break;        //若上位机发送的第 1 个命令是 0x02,则进行读特征码操作
    case 0x03：
        write();break;          //若上位机发送的第 1 个命令是 0x03,则进行写入操作
    case 0x04：
        read();break;           //若上位机发送的第 1 个命令是 0x04,则进行读取操作
    case 0x05：
        erase();break;          //若上位机发送的第 1 个命令是 0x05,则进行擦除操作
    case 0x07：
        encrypt();break;        //若上位机发送的第 1 个命令是 0x07,则进行写锁定位操作
}
```

（2）连接函数

连接函数用来和上位机进行通信。通信时,上位机向下位机(编程器)发送 0x01,若编程器电源打开,接线正常,则向上位机发送 0xa0。上位机收到后,则会显示"编程器已连接"。连接函数如下:

```
void connect(){
    Delay_ms(200);
    com_buf[0] = 0xa0;          //发送 0xa0,与上位机通信,以验证编程器通信是否正常
    SendData();                 //发送数据函数
}
```

（3）读特征码函数

读特征码函数用来读取芯片的 ID 号。读取时,上位机向下位机(编程器)发送 0x02,下位机收到 0x02 命令后,开始对放置在锁紧座上的芯片进行读特征码操作。首先检查放置的芯片否是为 ATC2051,若是,向上位应答 0xa3;若不是,再检查是否为 AT89C51/C52。若是,向上位机应答 0xa1/0xa2;若不是,检查是否为 AT89S51/S52。若是,向上位机应答 0xa4/0xa5;若以上都不是,说明是未知芯片或芯片损坏,向上位机应答 0xa6。读特征码函数如下:

```
void checkID()
{
    unsigned char ID;
    ID = check_2051();          //读 2051 特征码
    if (ID! = 0xa6)             //若读出的 ID 号不是 0x06(未知芯片),则执行以下操作
    {
        com_buf[0] = ID;
        Delay_ms(100);
        SendData();             //向上位机发送
    }
```

```c
        else
        {
            ID = check_c5x();           //读 C51/C52 特征码
            if (ID! = 0xa6)
            {
                com_buf[0] = ID;
                Delay_ms(100);
                SendData();              //向上位机发送
            }
            else
            {
                ID = check_s5x();        //读 S51/S52 特征码
                if (ID! = 0xa6)
                {
                    com_buf[0] = ID;
                    Delay_ms(100);
                    SendData();          //向上位机发送
                }
            }
        }
        if (ID == 0xa6)                  //若特征码为 0xa6,说明芯片未知或 ID 号错误
        {
            com_buf[0] = 0xa6;           //0xa6 是无效的芯片
            Delay_ms(100);
            SendData();                  //向上位机发送
        }
    }
```

(4) 写入函数

当上位机发送的命令是 0x03 时,执行写入函数。在写入函数中,再接收上位机命令,当上位机发送的命令是 0x01 时,对 AT89C51 进行写入;当上位机发送的命令是 0x02 时,对 AT89C52 进行写入;当上位机发送的命令是 0x03 时,对 AT89C2051 进行写入;当上位机发送的命令是 0x04 时,对 AT89S51 进行写入;当上位机发送的命令是 0x05 时,对 AT89S52 进行写入。写入函数如下:

```c
void write(void)
{
    switch(com_buf[1])                   //根据第 2 个命令(com_buf[1]的内容)进行选择
    {
        case 0x01:
        {C51H_C2051L = 1; write_C51();}break;    //第 2 个命令是 0x01 写 C51
        case 0x02:
        {C51H_C2051L = 1; write_c52();}break;    //第 2 个命令是 0x02 写 C52
        case 0x03:
        {C51H_C2051L = 0; write_2051();}break;   //第 2 个命令是 0x03 写 C2051
```

```
            case 0x04:
                {C51H_C2051L = 1; write_s51();}break;     //第2个命令是0x04 写 S51
            case 0x05:
                {C51H_C2051L = 1; write_s52();}break;     //第2个命令是0x05 写 S52
        }
    }
```

无论是哪种芯片,当写入完成后,上位机都发送命令 0x00。下位机接收到 0x00 后,再向上位机应答 0x06 和 0x01 两字节指令。这些工作由具体芯片的写入函数(如 write_C51()、write_c52()、write_2051()、write_s51()、write_s52()等)完成。

程序中,C51H_C2051L 表示监控芯片的 P2.5 引脚,用来对 HCF4053 进行切换。高电平时,HCF4053 输出 AT89C51/C52 所需的信号和电压;低电平时,HCF4053 输出 AT89C2051 所需的信号和电压。

(5) 读取函数

当上位机发送的命令是 0x04 时,执行读取函数。在读取函数中,再接收上位机命令,当上位机发送的命令是 0x01 时,对 AT89C51 进行读取;当上位机发送的命令是 0x02 时,对 AT89C52 进行读取;当上位机发送的命令是 0x03 时,对 AT89C2051 进行读取;当上位机发送的命令是 0x04 时,对 AT89S51 进行读取;当上位机发送的命令是 0x05 时,对 AT89S52 进行读取。读取函数如下:

```
void read(void)
{
    switch(com_buf[1])                       //根据第2个命令(com_buf[1]的内容)进行选择
    {
        case 0x01:
            {C51H_C2051L = 1; read_C51();}break;      //写 C51
        case 0x02:
            {C51H_C2051L = 1; read_c52();}break;      //写 C52
        case 0x03:
            {C51H_C2051L = 0; read_2051();}break;     //写 C2051
        case 0x04:
            {C51H_C2051L = 1; read_s51();}break;      //写 S51
        case 0x05:
            {C51H_C2051L = 1; read_s52();}break;      //写 S52
    }
}
```

无论是哪种芯片,当读取完成后,下位机都向上位机应答 0x06、0xff、0xff 三字节指令。具体的读取工作和应答信号由具体芯片的读取函数(如 read_C51()、read_c52()、read_2051()、read_s51()、read_s52()等)完成。

(6) 擦除函数

当上位机发送的命令是 0x05 时,执行擦除函数。在擦除函数中,再接收上位机命令,当上位机发送的命令是 0x01 时,对 AT89C51 进行擦除;当上位机发送的命令是 0x02 时,对 AT89C52 进行擦除;当上位机发送的命令是 0x03 时,对 AT89C2051 进行擦除;当上位机发送的命令是 0x04 时,对 AT89S51 进行擦除;当上位机发送的命令是 0x05 时,对 AT89S52 进行擦除。擦除函数如下:

```
void erase(void)
{
    switch(com_buf[1])                    //根据第 2 个命令(在 com_buf[1]内)进行选择
    {
        case 0x01:
            {C51H_C2051L = 1;erase_C51();}break;    //擦除 C51
        case 0x02:
            {C51H_C2051L = 1;erase_c52();}break;    //擦除 C52
        case 0x03:
            {C51H_C2051L = 0;erase_2051();}break;   //擦除 C2051
        case 0x04:
            {C51H_C2051L = 1;erase_s51();}break;    //擦除 S51
        case 0x05:
            {C51H_C2051L = 1;erase_s52();}break;    //擦除 S52
    }
}
```

(7) 写锁定位函数

当上位机发送的命令是 0x07 时,执行写锁定位函数。在写锁定位函数中,再接收上位机命令,当上位机发送的命令是 0x01 时,对 AT89C51 进行写锁定位;当上位机发送的命令是 0x02 时,对 AT89C52 进行写锁定位;当上位机发送的命令是 0x03 时,对 AT89C2051 进行写锁定位;当上位机发送的命令是 0x04 时,对 AT89S51 进行写锁定位;当上位机发送的命令是 0x05 时,对 AT89S52 进行写锁定位。写锁定位函数如下:

```
void encrypt()
{
    switch(com_buf[1])                    //根据第 2 个命令进行选择
    {
        case 0x01:
        {C51H_C2051L = 1; encrypt_C51();} break;    //写 C51 锁定位
        case 0x02:
        {C51H_C2051L = 1; encrypt_C51();} break;    //写 C52 锁定位
        case 0x03:
        {C51H_C2051L = 0; encrypt_2051();} break;   //写 C2051 锁定位
        case 0x04:
        {C51H_C2051L = 1; encrypt_s51();} break;    //写 S51 锁定位
        case 0x05:
        {C51H_C2051L = 1; encrypt_s51();} break;    //写 S52 锁定位
    }
}
```

以上简要介绍了下位机源程序的主要框架和主要函数,这对于理解下位机源程序非常重要。鉴于下位机源程序较长,这里不再全部列出,也不再一一进行讲解,详细源程序在附光盘的 ch27 文件夹中。

27.3 DD-51 编程器上位机程序的设计

27.3.1 上位机程序的功能

上位机程序的主要功能是,根据要求向下位机(编程器)发送命令,指挥编程器完成连接、读特征码、写入、读取、擦除、写锁定位等操作。为了区分不同的操作,需要发送不同的命令字,这些命令字与具体操作对应情况在前面表 27-8 已进行了介绍。

27.3.2 上位机程序的设计

上位机程序可采用多种语言进行编写,这里仍采用易学易懂的 VB 进行编写。由于编程器功能较多,因此,上位机程序要复杂一些,下面简要进行说明。

1. 上位机窗体的设计

上位机程序主要由一个模块程序和 4 个窗体组成。模块程序主要用来声明一些全局变量、全局函数和 API 函数,这些变量和函数在所有窗体中都可引用。4 个窗体分别是启动窗体 start2.frm、主窗体 main.frm、关于窗体 about.frm 和使用说明窗体 pro_use.frm。

启动窗体 start2.frm 是一个过渡窗体,也就是说,该窗体只在程序刚开始启动时出现,以增加程序的动感和美观,该窗体可有可无,不影响编程器软件的功能。图 27-13 所示是设计好的启动窗体界面。

图 27-13 启动窗体界面

主窗体 main.frm 为主编程器软件的核心,用来实现编程器的大部分功能和操作。另外,为了方便使用者,在主窗体中,还设计有菜单栏、状态栏、进度条等实用功能,图 27-14 所示是设计好的主窗体界面。

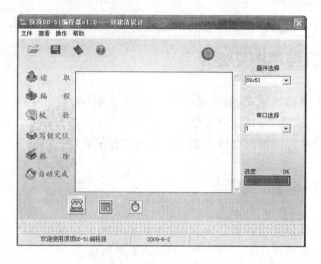

图 27-14　主窗体界面

关于窗体 about.frm 用来显示软件版本信息和有关说明,该窗体比较简单,如图 27-15 所示。

图 27-15　关于窗体界面

使用说明窗体 pro_use.frm 用来显示软件的使用方法,界面比较简单,如图 27-16 所示。

2. 上位机代码的编写

窗体设计好后,还需要编写代码,才能完成具体的编程任务,下面只对主窗体中的有关代码简要进行介绍。

(1) 主窗体加载过程

主窗体加载过程主要完成设置窗体的大小、初始化串口、加载芯片型号等工作。代码如下:

```
Private Sub Form_Load()
```

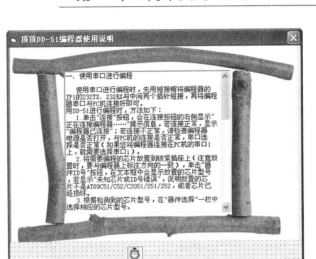

图 27-16　使用说明窗体界面

```
Picture1.Left = 0
Picture1.Top = 0
Me.Width = Picture1.Width
Me.Height = Picture1.Height + 1150
Port = val(Trim(Combo2.Text))              '获取串口号
Init_com1                                   '初始化串口函数
Info.Caption = "正在连接编程器……"
StatusBar1.Panels(3).Text = "正在连接编程器……"
Chip_Type = Load("Chip_Type")               '加载编程芯片型号
Combo1.Text = Chip_Type
chiplen = 4096
Select Case Chip_Type
    Case "89C51"
        chiplen = 4096
    Case "89c52"
        chiplen = 8192
    Case "89s51"
        chiplen = 4096
    Case "89s52"
        chiplen = 8192
    Case "89c2051"
        chiplen = 2048
End Select
End Sub
```

(2) MSComm1 控件事件

MSComm1 控件用来接收下位机发送的应答信息,每收到 20 个数据后触发 OnComm 事件。在事件处理过程中,对接收到的信息进行判断,若接收到的是 &HA0(即 0xa0),说明连接正常;若接收到的是 &HA1(即 0xa1),说明编程器放置的芯片是 AT89C51;若接收到的是

&HA2(即 0xa2),说明编程器放置的芯片是 AT89C52;若接收到的是 &HA3(即 0xa3),说明编程器放置的芯片是 AT89C2051;若接收到的是 &HA4(即 0xa4),说明编程器放置的芯片是 AT89S51;若接收到的是 &HA5(即 0xa5),说明编程器放置的芯片是 AT89S52;若接收到的是 &HA6(即 0xa6),说明编程器放置的芯片未知或芯片损坏。MSComm1 控件事件代码如下:

```
Private Sub MSComm1_OnComm()
    Dim temp As Variant
    Select Case MSComm1.CommEvent
        Case comEvReceive                      '触发接收事件
            temp = MSComm1.Input
            For i = 0 To 19                    '接收20个数据
                Combuffer(i) = temp(i)
            Next
            Select Case Combuffer(0)           '根据接收到的第一个数据进行判断
                Case &HA0
                    connect_ok = 1             '若接收到的是 &HA0,说明连接正常,将标志位 con-
                                               nect_ok 置 1
                    Info.Caption = "编程器已连接"
                    StatusBar1.Panels(3).Text = "编程器已连接"
                    Text1.Text = "编程器准备就绪"
                Case &HA1
                    chiplen = 4096
                    chipID = "89C51"
                    Text1.Text = "插入的芯片型号是 89C51,ROM 为 4KB"
                Case &HA2
                    chiplen = 8192
                    chipID = "89c52"
                    Text1.Text = "插入的芯片型号是 89C52,ROM 为 8KB"
                Case &HA3
                    chiplen = 2048
                    chipID = "89c2051"
                    Text1.Text = "插入的芯片型号是 89C2051,ROM 为 2KB"
                Case &HA4
                    chiplen = 4096
                    chipID = "89s51"
                    Text1.Text = "插入的芯片型号是 89s51,ROM 为 4KB"
                Case &HA5
                    chiplen = 8192
                    chipID = "89s51"
                    Text1.Text = "插入的芯片型号是 89s52,ROM 为 8KB"
                Case &HA6
                    Text1.Text = "未知芯片或 ID 号错误"
            End Select
    End Select
End Sub
```

（3）连接单击事件

当单击"连接"按钮时，产生连接单击事件，事件代码如下：

```
Private Sub connectc_Click()
    Info.Caption = "正在连接编程器……"
    Text1.Text = ""
    StatusBar1.Panels(3).Text = "正在连接编程器……"
    ResetDD51                    '向下位机发送编程器复位命令 0x99
    Delay
    ResetDD51
    Delay
    ConnectDD51                  '向下位机发送连接命令 0x01
    If connect_ok <> 1 Then      '连接成功后 connect_ok 标志位为 1
        MsgBox "连接失败,请确认编程器电源是否打开,接线是否正常", 48, "顶顶编程器"
        Exit Sub
    End If
End Sub
```

（4）读特征码单击事件

当单击"器件 ID 号"按钮时，产生读特征码单击事件，事件代码如下：

```
Private Sub IDcode_Click()
    If connect_ok <> 1 Then      '连接成功后 connect_ok 标志位为 1
        MsgBox "连接失败,请确认编程器电源是否打开,接线是否正常", 48, "顶顶编程器"
        Exit Sub
    End If
    Text1.Text = "正在读取芯片 ID 号,请稍等片刻"
    CheckID                      '读特征码
End Sub
```

（5）写入单击事件

当单击"编程"按钮时，产生写入单击事件，事件代码如下：

```
Private Sub writec_Click()
    If connect_ok <> 1 Then      '连接成功后 connect_ok 标志位为 1
        MsgBox "连接失败,请确认编程器电源是否打开,接线是否正常", 48, "顶顶编程器"
        Exit Sub
    End If
    If CommonDialog1.FileName = "" Then
        MsgBox "请先打开一个文件", 0, "顶顶编程器"
        Exit Sub
    End If
    Dim X As Byte
    X = MsgBox("请确认芯片型号是否一致,选'是'继续,选'否'退出重选", 52, "顶顶编程器")
    If X = 7 Then
        Exit Sub
    ElseIf X = 6 Then
```

```
        Text1.Text = "正在写片,请稍等片刻"
        WriteChip                    '选取写入的芯片型号
        Text1.Text = "编程完成"
        StatusBar1.Panels(3).Text = "编程完成"
    End If
End Sub
```

(6) 读取单击事件

当单击"读取"按钮时,产生读取单击事件,事件代码如下:

```
Private Sub readc_Click()
    If connect_ok <> 1 Then      '连接成功后 connect_ok 标志位为 1
        MsgBox "连接失败,请确认编程器电源是否打开,接线是否正常", 48, "顶顶编程器"
        Exit Sub
    End If
    Dim X As Byte
    X = MsgBox("请确认芯片型号是否一致,选'是'继续,选'否'退出重选", 52, "顶顶编程器")
    If X = 7 Then
        Exit Sub
    ElseIf X = 6 Then
        Text1.Text = "正在读片,请稍等片刻"
        ReadChip
        StatusBar1.Panels(3).Text = "读取完成"
    End If
End Sub
```

(7) 擦除单击事件

当单击"擦除"按钮时,产生擦除单击事件,事件代码如下:

```
Private Sub erasec_Click()
    If connect_ok <> 1 Then '连接成功后 connect_ok 标志位为 1
        MsgBox "连接失败,请确认编程器电源是否打开,接线是否正常", 48, "顶顶编程器"
        Exit Sub
    End If
    Dim X As Byte
    X = MsgBox("请确认芯片型号是否一致,选'是'继续,选'否'退出重选", 52, "顶顶编程器")
    If X = 7 Then
        Exit Sub
    ElseIf X = 6 Then
        Text1.Text = "正在进行片擦除,请稍等片刻"
        ChipErase
        Text1.Text = "擦除完成"
        StatusBar1.Panels(3).Text = "擦除完成"
    End If
End Sub
```

(8) 写锁定位单击事件

当单击"写锁定位"按钮时,产生写锁定位单击事件,事件代码如下:

第27章 简单实用51编程器的设计、制作与使用

```
Private Sub Encript_Click()
    If connect_ok <> 1 Then '连接成功后 connect_ok 标志位为 1
        MsgBox "连接失败,请确认编程器电源是否打开,接线是否正常", 48, "顶顶编程器"
        Exit Sub
    End If
    Dim X As Byte
    X = MsgBox("请确认芯片型号是否一致,选'是'继续,选'否'退出重选", 52, "顶顶编程器")
    If X = 7 Then
        Exit Sub
    ElseIf X = 6 Then
        Text1.Text = "正在写锁定位,请稍等片刻"
        ChipEncrypt
        Text1.Text = "写锁定位完成"
        StatusBar1.Panels(3).Text = "写锁定位完成"
    End If
End Sub
```

(9) 关于"打开"和"保存"单击事件代码的编写

"打开"按钮可打开待写入的 hex 文件,并将其中的二进制数据整理出来排列好,以便程序将它们发往编程器写入闪存。另外,还须将它们按照一定的格式显示在文本框中。"保存"按钮则正好相反,它将从单片机闪存中读出的数据字符串转换成 hex 格式,然后存盘。由于这两个功能的代码较复杂,这里不再列出。

顺便说明一下,编程器使用的文件为 Intel 的 hex 格式,每行长度为 21 字节,其组成如下:

nnaaaa00ddddddddddddddddddddddddddddddcc

其中,nn 为数据字节长度;aaaa 为行地址;00 为数据类型;dddd...dd 为数据,共 16 字节;cc 为校验和。

由于上位机程序较大,这里不再具体列出,对源程序感兴趣的读者可登录顶顶电子网站进行咨询。

需要说明的是,上位机程序还有一些"臭虫",如串口被占用时,则程序运行会报错等,只有当串口正常时程序运行才正常,这些问题还有待于进一步改进和完善。

27.4 DD-51 编程器的制作与使用

顶顶 DD-51 编程器是一种基于串口和 USB 接口的多功能编程器,制作和使用都非常简单,详细情况参见本书第 3 章相关内容。

第 28 章
单片机高级开发技术指南

通过前面有关章节的学习与实践,我们对 51 单片机已经有了较为深入的认识和了解,掌握了这些知识,加上自己的工作经验,完全可以应对日常的开发工作。但要知道,51 单片机功能强大,应用范围十分广泛。在本章中,我们将继续和读者一起探讨 51 单片机在 USB 接口(U 盘、MP3)、FM 调频收音机、SD 卡、CAN 总线、GSM、GPS、微型打印机等方面的知识。应该说,学习这些内容有一定难度,特别是像 USB 接口(U 盘、MP3)等内容,学习和开发难度还比较大,如果读者是初学者,建议就此止步!当然,如果想更全面、更深入地了解 51 单片机,请和笔者一起走进本章。需要说明的是,本章介绍的只是一些基本知识,要完全掌握这些内容,需要购买相应实验设备,付诸于实践才行!

28.1　USB 接口设备的开发

28.1.1　USB 接口基本知识

1. 什么是 USB

USB 是英文 Universal Serial Bus 的缩写,中文含义是"通用串行总线",是一种应用在 PC 领域的新型接口技术。早在 1995 年,就已经有 PC 机带有 USB 接口了,但由于缺乏软件及硬件设备的支持,这些 PC 机的 USB 接口都闲置未用。1998 年后,随着微软在 Windows 98 中内置了对 USB 接口的支持模块,加上 USB 设备的日渐增多,USB 接口才逐步走进了实用阶段。

USB 目前有 3 个版本 USB1.1、USB2.0 和 USB3.0。USB1.1 的最高数据传输率为 12 Mbps,USB2.0 则提高到 480 Mbps,而 USB 3.0 则可达到 4.8 Gbps。当然,很多设备不需要如此高的速率,但硬盘和读卡器等设备对速度的要求还是很高的。另外,与 USB 2.0 相比,USB 3.0 将更加节能,并向下兼容 USB 2.0 设备。注意:Mbps 中的 b 是 bit 的意思,1 MB/s(兆字节/秒)=8 Mbps(兆位/秒),12 Mbps=1.5 MB/s。

无论是 USB1.1、USB2.0,还是 USB3.0,它们的物理接口完全一致,数据传输率上的差别完全由PC的USB host控制器以及USB设备决定。另外,USB接口还可以通过连接线为设备提供最高5 V、500 mA的电力。

USB设备之所以会被大量应用,主要具有以下优点:

① 可以热插拔。使用USB接口外接设备时,可以在PC开机的情况下进行插拔。

② 携带方便。USB设备大多以"小、轻、薄"见长,因此,十分方便携带。

③ 标准统一。大家常见的是IDE接口的硬盘,串口的鼠标键盘,并口的打印机扫描仪,可是有了USB之后,这些应用外设都可以用同样的标准与PC连接,这时就有了USB硬盘、USB鼠标、USB打印机等。

④ 可以连接多个设备。USB在PC上往往具有多个接口,可以同时连接几个设备,最高可连接至127个设备。

2. USB设备的硬件

USB设备的硬件通常是由处理器以及接口电路组成。目前,USB设备的硬件通常有以下两种类型:

一种采用专用的带有USB接口电路的单片机,这种单片机的芯片上集成了USB接口电路,可以直接处理USB传输线上的数据。如Intel的8X930AX、CYPRESS的EZ-USB、SIEMENS的C541U等。采用这种结构的设备外围电路简单,设计方便,但是由于内部已集成了专用的微处理器,所以设计中一般要采用专用的开发设备,不适于初学者和业余爱好者的开发。

另一种结构就是采用分离的USB接口芯片和微处理器芯片。这里提到的USB接口芯片,是指芯片厂商生产的可以用单片机控制的、带有USB接口的接口芯片。最常用的接口芯片有Philips公司的PDIUSBD11(I^2C串行接口)、PDIUSBD12(并行接口),National Semiconductor公司推出的USBN960x,NetChip公司的NET2888、NET2890,以及南就沁恒公司生产的CH375等。其中,PDIUSBD12、CH375应用比较广泛。采用这种结构开发USB设备,成本较低,可靠性较高,但软件开发难度可能较大。

28.1.2 基于PDIUSBD12的应用系统开发

1. PDIUSBD12硬件电路

PDIUSBD12是一个性能优化的USB器件,该器件采用模块化的方法实现一个USB接口,允许在众多可用的微控制器中选择最合适的作为系统微控制器,允许使用现存的体系结构并使固件投资减到最小。这种灵活性减少了开发时间、风险和成本,是开发低成本且高效率的USB外围设备解决方案的一种最快途径。PDIUSBD12完全符合USB1.1规范,也能适应大多数设备类规范的设计。因此,PDIUSBD12非常适合做很多外围设备,如打印机、扫描仪、外部大容量存储器和数码相机等。

图28-1所示是PDIUSBD12与51单片机的接口电路图。

在这个电路中,PDIUSBD12的ALE始终接低电平,说明采用单独地址和数据总线配置。A0接51单片机的P2.0,控制命令或者数据输入到PDIUSBD12。51单片机的P0口直接与PDIUSBD12的数据总线相连接,PDIUSBD12的CLKOUT时钟输出为80C51提供时钟

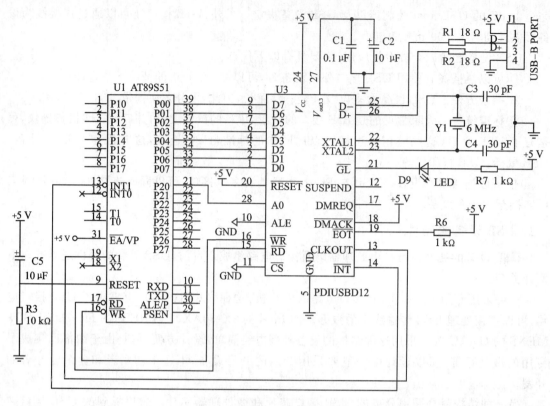

图 28-1 PDIUSBD12 与 51 单片机的接口电路简图

输入。

2. 单片机控制程序设计

对于单片机控制程序,目前没有任何厂商提供自动生成固件的工具,因此所有程序都要由自己手工编制。单片机控制程序通常由 3 部分组成:第一,初始化单片机和所有的外围电路(包括 PDIUSBD12);第二,主循环部分,其任务是可以中断的。第三,中断服务程序,其任务是对时间敏感的,必须马上执行。根据 USB 协议,任何传输都是由主机(host)开始的,这样,单片机作它的前台工作,等待中断。主机首先要发令牌包给 USB 设备(这里是 PDIUSBD12),PDIUSBD12 接收到令牌包后就给单片机发中断,单片机进入中断服务程序,首先读 PDIUSBD12 的中断寄存器,判断 USB 令牌包的类型,然后执行相应的操作。因此,单片机程序主要就是中断服务程序的编写。在单片机程序中要完成对各种令牌包的响应。

单片机与 PDIUSBD12 的通信主要是靠单片机给 PDIUSBD12 发命令和数据来实现的。PDIUSBD12 的命令字分为 3 种:初始化命令字、数据流命令字和通用命令字。PDIUSBD12 给出了各种命令的代码和地址。单片机先给 PDIUSBD12 的命令地址发命令,根据不同命令的要求再发送或读出不同的数据。因此,可以将每种命令做成函数,用函数实现各个命令,以后直接调用函数即可。

在编写单片机程序时,需要注意:

① 单片机的中断应设置为电平触发。中断后一定要读上次传输状态寄存器(命令 40~45H),以清除中断寄存器中的中断标志。这样,PDIUSBD12 的中断输出才能变回高电平,这

一点非常重要。

② 在接收到 Setup 包后，一定要调用 ACK setup 命令重新使能端口 0。

③ 在向 IN 端点写完数据后，一定调用 Validate Buffer(命令 FAH)，指明缓冲区中的数据有效，可以发送到主机。

④ 当读完数据后，一定调用 Clear Buffer(命令 F2H)，以保证可以接收新包。

⑤ 可以通过调用 Read ChipID(命令 FDH)检查 PDIUSBD12 是否工作。该命令要读两字节数据。

3. USB 设备驱动程序的设计

在 Windows 下，与 USB 外设的任何通信必须通过 USB 设备驱动。设备驱动是保证应用程序访问硬件设备的软件组件，使得应用程序不必知道物理连接、信号和与一个设备通信需要的协议等细节，可以保证应用程序代码只通过外设名字访问外设或端口目的地。应用程序不需要知道外设连接端口的物理地址，不需要精确监视和控制外设需要的交换信号。

Windows 提供通用驱动，不过，对于自定义的设备，需要对设备编写自定义的驱动，并且必须遵循微软在 Windows98 和更新版本中为用户定义的 Win32 驱动模式。尽管 Windows 系统已经提供了很多标准接口 API 函数，但编制驱动程序仍然是 USB 开发中最困难的一件事情，通常采用 Windows DDK 来实现。目前有许多第三方软件厂商提供了各种各样的生成工具，像 Compuware 的 driver works，Blue Waters 的 Driver Wizard 等，运用这些工具包只需很少的时间就能生成一个高效的驱动程序。

总之，PDIUSBD12 是一个性能优化的 USB 器件，在性能、速度、方便性以及成本上都具有很大的优势。因此，使用 PHILIPS 公司的 PDIUSBD12 可以快速开发出高性能的 USB 设备，如 USB 鼠标、USB 键盘等。

28.1.3 基于 CH375 的 U 盘和 MP3 开发

1. CH375 介绍

CH375 是南京沁恒公司生产的 USB 总线通用接口芯片，沁恒公司向用户免费提供 C 语言子程序库，可从公司网站(http://www.wch.cn/)上下载，用户可直接调用，免除了编写文件系统的麻烦。

CH375 采用 28 引脚 SOP-28 封装，芯片内部集成了 PLL 倍频器、主从 USB 接口 SIE、数据缓冲区、被动并行接口、异步串行接口、命令解释器、控制传输的协议处理器、通用的固件程序等，其引脚功能如表 28-1 所列。

CH375 支持 USB-HOST 主机方式和 USB-DEVICE/SLAVE 设备方式。在本地端，CH375 具有 8 位数据总线和读/写、片选控制线以及中断输出，可以方便地挂接到单片机/DSP/MCU/MPU 等控制器的系统总线上。在 USB 主机方式下，CH375 还提供了串行通信方式，通过串行输入、串行输出和中断输出与单片机/DSP/MCU/MPU 等相连接。图 28-2 所示是 CH375 应用电路框图。

表 28-1 CH375 引脚功能

引脚号	引脚名	类型	功 能
28	V_{CC}	电源	正电源输入端,需要外接 0.1 μF 电源退耦电容
12、23	GND	电源	公共接地端,需要连接 USB 总线的地线
9	V_3	电源	在 3.3 V 电源电压时连接 V_{CC} 输入外部电源,在 5 V 电源电压时外接容量为 0.01 μF 退耦电容
13	XI	输入	晶体振荡的输入端,需要外接晶体及振荡电容
14	XO	输出	晶体振荡的反相输出端,需要外接晶体及振荡电容
10	UD+	USB 信号	USB 总线的 D+ 数据线
11	UD−	USB 信号	USB 总线的 D− 数据线
22~15	D7~D0	双向三态	8 位双向数据总线,内置弱上拉电阻
4	RD#	输入	读选通输入,低电平有效,内置弱上拉电阻
3	WR#	输入	写选通输入,低电平有效,内置弱上拉电阻
27	CS#	输入	片选控制输入,低电平有效,内置弱上拉电阻
1	INT#	输出	在复位完成后为中断请求输出,低电平有效
8	A0	输入	地址线输入,区分命令口与数据口,内置弱上拉电阻。当 A0=1 时,可以写命令;当 A0=0 时,可以读/写数据
24	ACT#	输出	在内置固件的 USB 设备方式下,是 USB 设备配置完成状态输出,低电平有效;在 USB 主机方式下,是 USB 设备连接状态输出,低电平有效
5	TXD	输入输出	仅用于 USB 主机方式,设备方式只支持并口。在复位期间为输入引脚,内置弱上拉电阻。如果在复位期间输入低电平,则使能并口;否则使能串口,复位完成后为串行数据输出
6	RXD	输入	串行数据输入,内置弱上拉电阻
2	RSTI	输入	外部复位输入,高电平有效,内置下拉电阻
25	RST	输出	电源上电复位和外部复位输出,高电平有效
26	RST#	输出	电源上电复位和外部复位输出,低电平有效
7	NC	空	空引脚,必须悬空

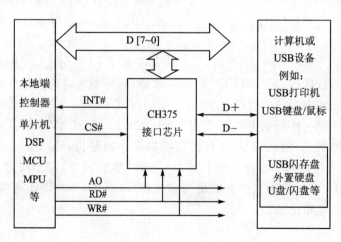

图 28-2 CH375 应用电路框图

CH375 的 USB 主机方式支持常用的 USB 全速设备,外部单片机可以通过 CH375 按照相应的 USB 协议与 USB 设备通信。CH375 还内置了处理 Mass-Storage 海量存储设备的专用通信协议的固件,外部单片机可以直接以扇区为基本单位读/写常用的 USB 存储设备(包括 USB 硬盘/USB 闪存盘/U 盘)。

2. 基于 CH375 的 U 盘开发

我们知道,PC 机可以方便地读取 U 盘中的数据。其实,单片机通过 CH375 接口芯片,也可以读取 U 盘中的数据,具体连接时,U 盘通过 USB 接口与 CH375 相连,CH375 和单片机连接时,可采用以下两种方式的一种。

(1) CH375 并口方式

图 28-3 所示是 CH375 与 51 单片机的连接电路。CH375 的 TXD 引脚通过 1 kΩ 左右的下拉电阻接地或者直接接地,从而使 CH375 工作于并口方式。

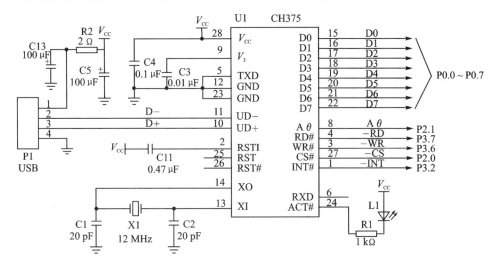

图 28-3 CH375 并口方式应用电路

USB 总线包括一对 5 V 电源线和一对数据信号线。通常,+5 V 电源线是红色,接地线是黑色,D+信号线是绿色,D-信号线是白色。USB 插座 P1 可以直接连接 USB 设备,必要时可以在提供给 USB 设备的+5 V 电源线上串接具有限流作用的快速电子开关,USB 电源电压必须是 5 V。电容 C3 用于 CH375 内部电源节点退耦,C3 是容量为 4 700 pF~0.02 μF 的独石或者高频瓷片电容。电容 C4 和 C5 用于外部电源退耦,C4 是容量为 0.1 μF 的独石或者高频瓷片电容。晶体 X1、电容 C1 和 C2 用于 CH375 的时钟振荡电路。USB-HOST 主机方式要求时钟频率比较准确,晶体 X1 的频率是 12(1±0.4‰)MHz,C1 和 C2 是容量为 15~30 pF 的独石或高频瓷片电容。为使 CH375 可靠复位,电源电压从 0~5 V 的上升时间应该少于 100 ms。如果电源上电过程较慢并且电源断电后不能及时放电,那么 CH375 将不能可靠复位。可以在 RSTI 与 V_{cc} 之间跨接一个容量为 0.1 μF 或者 0.47 μF 的电容 C11 延长复位时间。

如果 CH375 的电源电压为 3.3 V,那么应该将 V_3 引脚与 V_{cc} 引脚短接,共同输入 3.3 V 电压,并且电容 C3 可以省掉。

在设计印刷线路板 PCB 时,需要注意:退耦电容 C3 和 C4 尽量靠近 CH375 的相连引脚;

D+和 D-信号线贴近平行布线,尽量在两侧提供地线或者覆铜,减少来自外界的信号干扰;尽量缩短 XI 和 XO 引脚相关信号线的长度,为了减少高频时钟对外界的干扰,可以在相关元器件周边环绕地线或者覆铜。CH375 芯片具有通用的被动并行接口,可以直接连接多种单片机、DSP、MCU 等。在普通的 51 系列单片机的典型应用电路中,CH375 芯片可以通过 8 位被动并行接口的 D0～D7、$\overline{RD}$、$\overline{WR}$、$\overline{CS}$、A0 直接挂接到单片机的系统总线上。

(2) CH375 串口方式

如果 CH375 芯片的 TXD 引脚悬空或者没有通过下拉电阻接地,那么 CH375 工作于串口方式,其应用电路如图 28-4 所示。

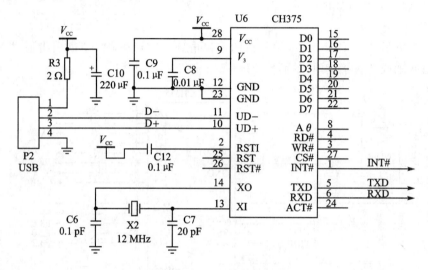

图 28-4 CH375 串口方式应用电路

在串口方式下,CH375 只需要与单片机连接 3 个信号线,TXD 引脚、RXD 引脚以及 INT♯引脚,其他引脚都可以悬空。除了连接线较少之外,其他外围电路与并口方式基本相同。

由于 RSTI 引脚内置有下拉电阻,所以由 51 单片机的准双向 I/O 引脚驱动时可能需要另加一个几 kΩ 的上拉电阻。由于 INT♯引脚和 TXD 引脚在 CH375 复位期间只能提供微弱的高电平输出电流,在进行较远距离的连接时,为了避免 INT♯或者 TXD 在 CH375 复位期间受到干扰而导致单片机误操作,可以在 INT♯引脚或者 TXD 引脚上加阻值为 2～5 kΩ 的上拉电阻,以维持较稳定的高电平。在 CH375 芯片复位完成后,INT♯引脚和 TXD 引脚将能够提供 4 mA 的高电平输出电流或者 4 mA 的低电平吸入电流。

3. 基于 CH375 的分离式 MP3 开发

随着电子技术的发展,MP3 播放器向大容量、高音质、小巧便携的方向不断发展。虽然播放器与存储器的一体化设计使 MP3 播放器便于携带,但与此同时也带来了很多新的问题,比如存储容量固定,如果想装下更多的歌曲,便只能去购买新的产品,这样就造成了巨大的浪费;另一方面,一体化又限制了 MP3 播放器在其他领域的应用,比如车载 MP3 等不方便移动的播放器。于是,将存储器与播放器分离成为 MP3 的另一发展方向。下面介绍如何用 51 单片机配合 CH375,开发分离式 MP3 播放器。

(1) 功能简介

主要完成 U 盘的识别和数据的读取,并将 U 盘中的 MP3 文件读取出来,然后进行解码,播放出流畅的音乐。

（2）分离式 MP3 电路组成

分离式 MP3 播放器主要由 51 单片机（可选用具有 SPI 接口的 P89V51RD2 等）、USB 接口芯片 CH375、MP3 解码芯片（VS1003）和其他外围电路组成，如图 28-5 所示。

在 MP3 播放时，需要传输比较大量的数据，仅使用单片机集成的 RAM 显然难以应付，容易导致播放时声音的断断续续。为此，电路中采用了常见的 32K RAM 芯片 CY62256 作为扩展的 MP3 数据缓冲区。

CH375 可以方便地挂接到单片机系统总线上。本设计中，CH375 工作在 USB HOST 模式下，将 CH375 的 TXD 端接地，RXD 端悬空，采取并行传输的方式（参见图 28-3）。将 8 位并行数据线 D0～D7 与单片机的 P0 口相连，

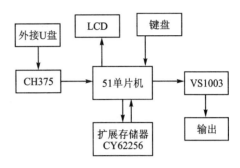

图 28-5 分离式 MP3 电路组成

实现数据与命令的并行传输；$\overline{RD}$、$\overline{WR}$、$\overline{CS}$、$\overline{INT}$ 和 A0 五根控制线分别连接至单片机的 P3.7、P3.6、P2.0、P3.2、P2.1。$\overline{RD}$、$\overline{WR}$ 和 $\overline{CS}$ 分别为读选通、写选通和片选，低电平有效；$\overline{INT}$ 为中断请求，也是低电平有效；地址输入线 A0 为高电平时选择命令端口，可以向 CH375 写入命令。当 A0 为低电平时，选择数据端口，可以向 CH375 读/写数据。

当 CH375 工作在主机方式时，单片机通过 $\overline{RD}$、$\overline{WR}$、$\overline{CS}$、$\overline{INT}$ 和地址线 A0 的综合控制，完成与 CH375 的通信，通过 USB 接口实现从 U 盘读/写数据的功能。$\overline{INT}$ 和单片机的外部中断输入 P3.2 相连，当有 U 盘插入时，$\overline{INT}$ 变为低电平触发外部中断。当 $\overline{CS}$、$\overline{RD}$ 和 A0 都为低电平时，CH375 中的数据可以通过 D0～D7 输出；当 $\overline{CS}$、$\overline{WR}$ 和 A0 都为低电平时，D0～D7 上的数据被写入 CH375 芯片中；当 $\overline{CS}$ 和 WR 都为低电平 A0 为高电平时，D0～D7 中的数据可作为命令码写入 CH375 芯片中。

音频解码芯片选择芬兰 VLSI 公司生产的 VS1003。VS1003 具有 MP3/WMA/MIDI 解码和 ADPCM 编码功能，内部包含一个高性能、低功耗的 DSP 处理核，一个工作内存，一个串行 SPI 总线接口，一个高质量的采样频率可调的过采样 DAC 以及一个 16 位的采样 ADC。VS1003 可直接输出音频信号，驱动耳机发声。由于 VS1003 采用 3.3 V 和 2.5 V 双电源供电，因此，电路中需加一块 LM1117-3.3 三端稳压集成电路，产生 3.3 V 电压。2.5 V 电压可在 3.3 V 电压的基础上串联一只整流二极管来实现，每串联一只二极管压降为 0.7 V，3.3 V−0.7 V＝2.6 V，可以作为 2.5 V 来使用。

VS1003 通过同步串行总线 SPI 与单片机进行命令和数据的传输。由于单片机 P89V51RD2 内部集成有 SPI 总线模块，只要正确写 SPI 相关寄存器就能轻松控制 SPI 外围器件，这样就大大减小了软件设计的困难。

（3）分离式 MP3 工作过程

系统启动后，单片机通过 USB 接口芯片 CH375，从外接的 U 盘上获取 MP3 文件的数据，并存入缓冲 CY62256，然后单片机定时将数据从缓冲送到 MP3 音频解码芯片 VS1003 实施解码，并输出音频信号到耳机。用户可以通过键盘实现"上一曲"、"下一曲"、"音量控制"等功能，并可以将歌曲名称通过 LCD 显示。

(4) 软件编程

U 盘采用的文件系统一般都为 FAT 文件系统,它将存储空间分为 5 部分:主引导扇区(MBR)、DOS 引导区(DBR)、文件分配表(FAT)、文件目录表(FDT)和数据。CH375 提供了 U 盘文件级子程序库,单片机可以直接调用子程序读/写 U 盘中的文件数据。

28.2 FM 数字调谐收音机的开发

FM 调频收音机一直以来是无线电发烧友的最爱,如果精通了单片机,还可以设计出具有智能 FM 数字调谐收音机。下面以飞利浦公司生产的 FM 调频芯片 TEA5767 为例,简要介绍 FM 数字调谐收音机的设计与制作。

28.2.1 TEA5767 介绍

TEA5767 是一款适用于低电压(2.5～5 V,典型值为 3 V)的单片立体声 FM 数字调谐收音机芯片,它集成了 FM 解码的几乎所有电路,用它制作的 FM 收音机,只需要很少的外围元件,并且完全免调试。

该芯片的可覆盖的调频频率的范围是 76～108 MHz,即通过软件设置,收音机能被调谐到中国及其他一些国家的 FM 频段。由于内部集成了 FM 解调器,所以不再需要外部的鉴频器,内部的立体声解码器也是完全免调试的,为制作者带来很大方便。

TEA5767 芯片很小,引脚密集,业余条件下不便于焊接。为此,一些厂家制作了 TEA5767 模块,该模块将 TEA5767 和外围元件集成在一起,只保留 10 个焊盘与外电路相连,十分方便接线和使用。图 28-6 所示是 TEA5767 模块的实物图。

TEA5767 模块的 10 个焊盘,从正面看,标有圆形凹点的是第 1 引脚,其他引脚依顺时针方向排列。各引脚功能如表 28-2 所列,编写软件时需注意模块使用的是 32.768 kHz 晶体振荡器。

图 28-6 TEA5767 模块的实物图

表 28-2 TEA5767 模块引脚功能

引脚号	符号	功能	引脚号	符号	功能
1	ANT	天线输入	6	V_{CC}	电源
2	MPX	解调信号输出,一般不用	7	W/R	3-wire 读/写控制
3	R_OUT	右声道信号输出	8	BUSMOD	总线模式选择
4	L_OUT	左声道信号输出	9	CLK	总线时钟
5	GND	地	10	SDA	串行总线数据

28.2.2 硬件电路设计

由 TEA5767 模块组成的 FM 数字调谐收音机电路结构十分简洁,如图 28-7 所示。

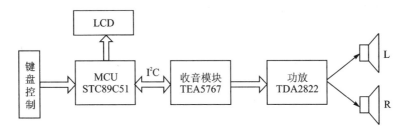

图 28-7 由 TEA5767 模块组成的 FM 数字调谐收音机电路框图

从图中可以看出,FM 数字调谐收音机硬件部分由 STC89C51 单片机、TEA5767 收音模块、功放 TDA2822、LCD 显示器、按键等几部分组成。

单片机选用了 STC89C51 对 TEA5767 进行控制。STC89C51 是一个低功耗高性能的 8 位微处理器,除了 4 KB FLASH 存储器之外,它还含有一个 2 KB 的 EEPROM 存储器,以方便存台。用单片机两个 I/O 口来模拟 I²C 总线 SDA、SCL 的时序,在 I²C 总线的控制下,TEA5767 模块从 L_OUT、R_OUT 输出左右声道音频信号,送到功放 TDA2822,驱动扬声器发出声音。电路中,按键用来完成搜索、选台等操作;LCD 显示电路可显示出所收听电台的频率和台号。

28.2.3 软件设计

TEA5767 数据的写入以及与外界的数据交换可通过 I²C 和 3-wire 两种总线方式实现。选用 I²C 总线,其最高时钟频率可达 400 kHz;当选用选用 3-wire 总线时,其最高时钟频率可达 1 MHz。当 TEA5767 模块的第 8 引脚接地时选择 I²C 总线模式;接 V_{CC} 时选择 3-wire 模式,使用时,一般选用 I²C 总线模式。当 TEA5767 工作于 I²C 总线模式时,其写地址是 C0H,读地址是 C1H。

TEA5767 芯片内部有一个 5 字节的控制寄存器,该控制寄存器的内容决定了 TEA5767 的工作状态。TEA5767 在上电复位后默认设置为静音,控制寄存器所有其他位均被置低,因此,必须事先根据需要向控制寄存器写入适当数据 TEA5767 才能正常工作。TEA5767 内部 5 字节寄存器中的每位都有相应的含义,对收音机的控制并实现其功能就是通过 I²C 总线读/写这 5 个功能寄存器的相应位值来完成的。有关这 5 字节的具体含义,请读者参考 TEA5767 说明手册或相关书籍,这里不再介绍。

在设计软件时,应重点考虑以下 3 个部分:初始化程序、按键检测程序以及检测到某按键时实现此按键功能的程序。

首先是初始化系统。这部分需要做的工作是对单片机里的存储单元进行合理的地址分配。对于存储电台,可根据需要在 STC89C51 的片内 EEPROM 中开辟一定的空间,并采取一定的格式进行存储以方便取用其中的数据。然后是初始化音量。此收音机的音量是通过按键来控制的,音量的大小通过软件和硬件结合的方式来控制。最后是初始化频道。作为用户,希望一打开收音机就能听到电台,所以这一步也必不可少。

然后要进行的是按键循环检测,主要是检测按键是否按下、松开,按的是哪个功能键等。

最后就是当检测到某个按键时,应该按照事先的设计实现其功能。在具体设计时,应根据按键功能合理进行设计。另外,还要根据实际情况,扩展其他功能,例如静音、单声道切换等。

以 TEA5767 模块为核心 FM 数字调谐收音机,硬件调试较传统收音机简单得多,收音效果较好,加之该模块体积很小,因此,可以内嵌于手机、MP3、PDA 等多种便携式产品中。

28.3　SD 卡的开发

相对于 IC 卡,SD 卡是一种最为流行的数据存储卡。SD 卡具有轻巧,可加密,传输速度高,适用于手持设备等优点,因此,在数码相机、手机、PC 机等数码设备中应用十分广泛。

28.3.1　SD 卡的引脚功能

SD 存储卡的工作电压为 2.7～3.6 V,工作频率为 0～25 MHz。SD 卡共有 9 只引脚,其排列情况如图 28-8 所示。图中的 WP 是一个机械滑片,通过滑动到不同的位置来对 SD 卡进行写保护。SD 卡各引脚功能如表 28-3 所列。

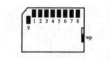

图 28-8　SD 卡引脚排列

表 28-3　SD 卡引脚功能

引脚号	SD 模式		SPI 模式	
	符号	功能	符号	功能
1	CD/DAT3	卡检测/数据线 3	CS	片选,低电平有效
2	CMD	命令/回应	MOSI	数据输入
3	V_{SS1}	电源地	V_{SS1}	电源地
4	V_{DD}	电源	V_{DD}	电源
5	CLK	时钟	SCLK	时钟
6	V_{SS2}	电源地	V_{SS2}	电源地
7	DAT0	数据线 0	MISO	数据输出
8	DAT1	数据线 1		只限于 SD 模式
9	DAT2	数据线 2		只限于 SD 模式

28.3.2　单片机读/写 SD 卡的注意事项

应用单片机(如 AT89S51)读/写 SD 卡有两点需要注意。首先,需要寻找一个实现 AT89S51 单片机与 SD 卡通信的解决方案;其次,SD 卡所能接受的逻辑电平与 AT89S51 提供的逻辑电平不匹配,需要解决电平匹配问题。

1. 通信模式

SD 卡有两个可选的通信协议：SD 模式和 SPI 模式。SD 模式是 SD 卡标准的读/写方式，但是在选用 SD 模式时，往往需要选择带有 SD 卡控制器接口的 MCU，或者必须加入额外的 SD 卡控制单元以支持 SD 卡的读/写。然而，AT89S51 单片机没有集成 SD 卡控制器接口，若选用 SD 模式通信就无形中增加了产品的硬件成本。在 SD 卡数据读/写时间要求不是很严格的情况下，选用 SPI 模式可以说是一种最佳的解决方案。因为在 SPI 模式下，通过 4 条线就可以完成所有的数据交换，并且目前市场上很多 MCU 都集成有现成的 SPI 接口电路，采用 SPI 模式对 SD 卡进行读/写操作可大大简化硬件电路的设计。虽然 AT89S51 不带 SD 卡硬件控制器，也没有现成的 SPI 接口模块，但是可以用软件模拟出 SPI 总线时序。

2. 电平匹配

SD 卡为 3.3 V 电平标准，而控制芯片 AT89S51 的逻辑电平为 5 V 电平标准。因此，它们之间不能直接相连，否则会有烧毁 SD 卡的可能。出于对安全工作的考虑，有必要解决电平匹配问题。

一般来说，解决电平匹配问题的通用做法是采用类似 SN74ALVC4245 的专用电平转换芯片，这类芯片不仅可以用做升压和降压，而且允许两边电源不同步。但是，这个方案代价相对昂贵，而且一般的专用电平转换芯片都是同时转换 8 路、16 路或者更多路数的电平，相对本系统仅仅需要转换 3 路来说是一种资源的浪费。

考虑到 SD 卡在 SPI 协议的工作模式下，通信都是单向的，于是在单片机向 SD 卡传输数据时采用晶体管加上拉电阻法的方案，基本电路如图 28 - 9 所示。而在 SD 卡向单片机传输数据时可以直

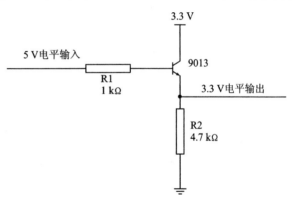

图 28 - 9　电平转换基本电路

接连接，因为它们之间的电平刚好满足上述的电平兼容原则，既经济又实用。

这个方案需要双电源供电（一个 5 V、一个 3.3 V 电源供电），3.3 V 电源可以用 AMS1117 稳压管从 5 V 电源稳压获取。

28.3.3　硬件接口设计

SD 卡提供 9 个引脚接口便于外围电路对其进行操作，9 个引脚随工作模式的不同有所差异。在 SPI 模式下，引脚 1 用做 SPI 片选线 CS，引脚 2 用做 SPI 总线的数据输出线 MOSI，引脚 5 用做时钟线（SCLK），引脚 7 用做数据输入线 MISO。除电源和地外，保留引脚可悬空。

28.3.4　软件设计

软件设计时主要考虑两点：

一是 SD 卡的初始化。初始化的作用是设置 SD 卡工作在 SPI 模式。因为 SD 卡在上电初期自动进入 SD 总线模式,在此模式下向 SD 卡发送复位命令 CMD0,如果 SD 卡在接收复位命令过程中 CS 低电平有效,则进入 SPI 模式,否则工作在 SD 总线模式。

二是数据块的读/写。完成 SD 卡的初始化之后即可进行读/写操作,SD 卡的读/写操作都是通过发送 SD 卡命令完成的。SPI 总线模式支持单块(CMD24)和多块(CMD25)写操作,多块操作是指从指定位置开始写下去,直到 SD 卡收到一个停止命令 CMD12 才停止。单块写操作的数据块长度只能是 512 字节。单块写入时,命令为 CMD24,当应答为 0 时说明可以写入数据,大小为 512 字节。SD 卡对每个发送给自己的数据块都通过一个应答命令确认,它为 1 字节长,当低 5 位为 00101 时,表明数据块被正确写入 SD 卡。

在需要读取 SD 卡中数据时,读 SD 卡的命令字为 CMD17,接收正确的第一个响应命令字节为 0xfe,随后是 512 字节的用户数据块,最后为 2 字节的 CRC 验证码。

以上简要介绍的 SD 卡的软硬件设计要点,实际设计时还是比较复杂的,限于篇幅,这里不再详述。

28.4　CAN 总线的开发

28.4.1　CAN 总线简介

CAN(Controller Area Network)是控制器局域网,主要用于各种设备检测及控制的现场总线。CAN 总线是德国 BOSCH 公司 20 世纪 80 年代初为解决汽车中众多控制与测试仪器间的数据交换而开发的串行数据通信协议。由于采用了许多新技术及独特的设计,与一般的通信总线相比,CAN 总线的数据通信具有突出的可靠性、实时性和灵活性,其主要特点如下:

① 通信方式灵活,可以多主方式工作,网络上任意一个节点均可以在任意时刻主动向网络上的其他节点发送信息,不分主从。

② CAN 节点只需对报文的标识符滤波即可实现点对点、点对多点及全局广播方式发送和接收数据,其节点可分成不同的优先级。节点的优先级可通过报文标识符进行设置,优先级高的数据最多可在 134 μs 内传输,可以满足不同的实时要求。

③ CAN 总线通信格式采用短帧格式,每帧字节数量多为 8 字节,可满足一般工业领域中控制命令、工作状态及测试数据的要求。同时,8 字节不会占用总线时间过长,保证了通信的实时性。

④ 采用非破坏性总线仲裁技术,当多个节点同时向总线发送信息出现冲突时,优先级低的节点会主动退出数据发送,而优先级高的节点可不受影响地继续传输数据,大大节省了总线冲突仲裁时间,在网络重载的情况下也不会出现网络瘫痪。

⑤ 直接通信距离最大可达 10 km(速率在 5 kbps 以下),最高通信速率可达 1 Mbps(此时距离最长为 40 m),节点数可达 110 个,通信介质可以是双绞线、同轴电缆或光导纤维。

⑥ CAN 总线采用 CRC 检验并可提供相应的错误处理功能,保证数据通信的可靠性,其节点在错误严重的情况下具有自动关闭输出功能,使总线上其他节点的操作不受影响。

28.4.2　CAN 总线系统结构

CAN 总线采用多主方式工作,具有与 DCS(分布式控制系统)不一样的拓扑结构,其控制系统由计算机和智能节点组成,如图 28-10 所示。该系统最大的特点是所有的节点都能以平等的地位挂接在总线上。1 个总线节点通常至少包括 3 部分,即控制节点任务的单片机、总线控制器和总线驱动器。

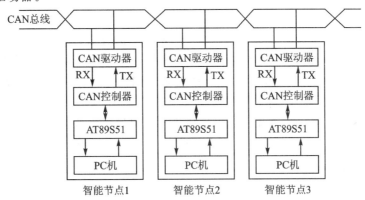

图 28-10　CAN 总线系统结构框图

28.4.3　硬件电路设计

下面介绍 CAN 总线智能节点的简单设计。智能节点由单片机(可选用 AT89S51 等)、SJA1000 型总线控制器、P82C250 型总线驱动器、6N137 型高速光电耦合器等组成,硬件电路如图 28-11 所示。在实际应用中可以连接不同的传感器件,完成数据的采集和传输。

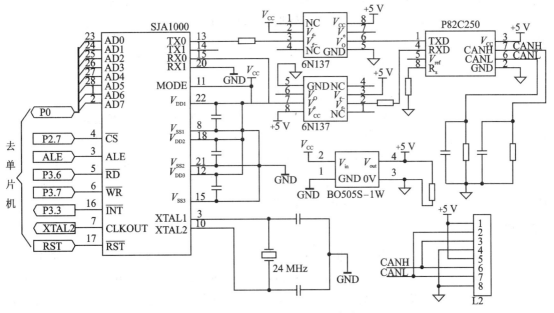

图 28-11　CAN 总线硬件电路

电路中，单片机负责SJA1000的初始化，控制SJA1000实现数据的接收和发送等通信任务。SJA1000的AD0～AD7连接到单片机的P0口，CS连接到单片机的P2.7。P2.7为0时，单片机片外存储器地址可选中SJA1000，单片机通过这些地址可对SJA1000执行相应的读/写操作。SJA1000的RD、WR、ALE分别与单片机的相应引脚相连，SJA1000的INT接单片机的P3.3(外中断1)，单片机也可通过中断方式访问SJA1000。

为了增强总线节点的抗干扰能力，SJA1000的TX0和RX0并不直接与P82C250的TXD和RXD相接，而是通过光电耦合器6N137与82C250相接，这样，很好地实现了总线上各节点间的电气隔离。

P82C250与总线的接口也采取了一定的安全和抗干扰措施。P82C250的CANH引脚和CANL引脚与地之间并联了2只小电容器，可以滤除总线上的高频干扰，并具有一定的防电磁辐射能力。P82C250的RS引脚接1只斜率电阻器，其阻值的大小可根据总线通信速度适当调整，一般在16～140 kΩ之间。

P82C250所需的5 V电源采用了定电压输入单输出型模块电源BO505S-1W，该模块输入电压5 V，输出电压也是5 V，输出功率为1 W，特别适用于小电流隔离和DC电压变换及线路空间较小的电源系统。

28.4.4 软件设计

1. 通信规则

　　CAN总线为多主工作方式，网络上任一节点均可在任意时刻主动向网络上其他节点发送信息而不分主从，通信方式灵活。为禁止总线冲突，CAN总线采用非破坏性总线仲裁技术，根据需要将各个节点设定为不同的优先级，并以标识符ID标定，其值越小，优先级越高。总线的节点之间可以进行实时相互通信，当1个节点需要接收另1个节点的数据时，只需把其代码寄存器的内容设置成和另1节点的标识符一致即可。如果对于标识符和其代码寄存器的内容设置不一致，则节点所发的数据不予理会。

2. SJA1000的工作模式设置

　　SJA1000有两种工作模式：复位模式和工作模式。在复位模式下可对接收代码、接收屏蔽、总线时序寄存器0和1及输出控制寄存器进行设置。一般在CAN初始化时完成对以上寄存器的设置，当CAN进入工作模式后，它们的值就不再变化。在工作模式下可进行数据的发送和接收。特别要注意的是：当硬件复位或控制器掉线时会自动进入复位模式，这样就不能进行正常的CAN通信，这就要求对复位位进行监控。当发生硬件复位或控制器掉线而进入复位模式时，要求把复位位清零并进入工作模式，这样CAN就能进行正常发送和接收。

3. 软件编程

　　系统软件的设计思想是系统上电后首先对单片机和SJA1000进行初始化，以确定工作主频、波特率、输出特性等。其中任一智能节点可以利用查询方式通过SJA1000从CAN总线上获取所需的数据，并把该数据传送到PC上显示，同时可以向总线上发送数据，以供其他智能节点接收显示。

有关 CAN 总线编程的详细内容请读者参考相关书籍,这里不再详述。

28.5 GSM 模块的开发

28.5.1 GSM 模块介绍

GSM 是 Global System for Mobile Communications 的缩写,意为全球移动通信系统,是世界上主要的蜂窝系统之一。GSM 网络经过多年的发展完善,现在已经非常成熟,尤其是 GSM 短信息,灵活方便,可以跨市、跨省、甚至跨国传送,而且每发送一条短信息只要 1 毛钱,非常可靠廉价。因此利用手机短信来实现报警,超远程遥控工业设备,传输数据是一个非常不错的选择。

GSM 模块,是一个类似于手机的通信模块,内部主要由电源电路、GSM 基带处理器、FLASH 存储器、通信接口电路、射频电路、发射天线等构成。电源电路负责外加电源的转换和过流保护等功能;通信接口电路负责外部控制器和 GSM 基带处理器的正常通信;FLASH 存储器则用来存储短消息等数据;GSM 基带处理器完成 AT 命令的解析以及射频电路的调制控制;射频电路配合天线完成载波的生成,消息的调制和发射。

一般 GSM 模块都提供一个 DB9 接头或扩展通信接口实现 RS232 通信,该 DB9 接头可以直接和 PC 的串口相连,也可以用单片机来进行控制。

目前,市场上 GSM 模块产品型号很多,如西门子的 TC35/TC35i、明基 BENQ M22、傻瓜式 GSM 模块 JB35GD 等,其中 TC35/TC35i 模块应用比较广泛。下面重点以 TC35i 为例进行说明。

TC35i 模块是一款支持中文短信息的工业级的新版 GSM 模块,工作在 EGSM900 和 GSM1800 双频段。电源范围为直流 3.3~4.8 V(TC35 工作电压范围为 3.3~5.5 V),休眠状态电流消耗为 3.5 mA,空闲状态为 25 mA,发射状态为 300 mA(平均)。可传输语音和数据信号,功耗在 EGSM900 和 GSM1800 频段分别为 2 W 和 1 W,通过接口连接器和天线连接器分别连接 SIM 卡读卡器和天线。SIM 电压为 3 V/1.8 V,TC35i 通过 AT 命令可双向传输指令和数据,可选波特率为 300 bps~115 kbps,自动波特率为 1.2~115 kbps。它支持 Text 和 PDU 格式的 SMS 短消息,可通过 AT 命令或关断信号实现重启和故障恢复。图 28-12 所示是 TC35i 外形实物图。

图 28-12 TC35i 外形实物图

目前,GSM 模块主要在工业领域使用。例如,在车载监控领域,使用 GSM 模块将车辆行驶的 GPS 数据传输回车辆管理中心;在电力、水务系统,通过 GSM 模块实现了远程智能抄表,可以实时监控用户的用电和用水量;在测绘行业,为很多偏僻的测绘点安装了 GSM 模块实现了实时的监控,不必再人工收集数据;在家庭,可以安装无线报警系统,一旦发生火情或盗窃行为,可以立即通知户主和报警;在国外,很多老人小孩带了个人跟踪器,防止老人和小孩走失或意外发生,里面也是集成了 GSM 模块。可以说,随着 GSM 的网络建设的完善,GSM 模块的应用范围也越来越广。

28.5.2 由 GSM 模块组成的应用系统

由 GSM 模块组成的通信应用系统如图 28-13 所示。

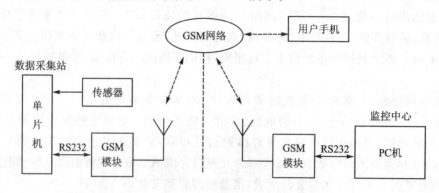

图 28-13 由 GSM 模块组成的通信应用系统

在这个系统中,传感器用来采集数据,采集的数据经单片机处理后,由 GSM 模块发射出去,再经另一 GSM 模块接收后,送 PC 机,由 PC 机进行显示和控制。另外,采集的数据也可由一部手机进行接收。

图 28-13 只是一个总体框图,具体到实际应用,会有一定的变化,如图 28-14 所示是一个由 TC35i 模块组成的温度和安防监控系统框图。

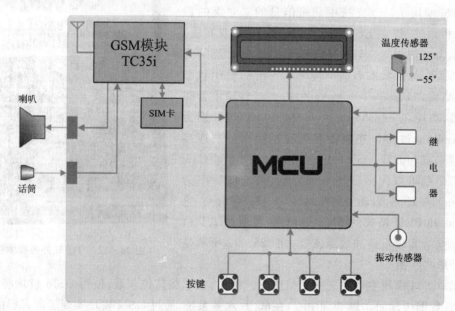

图 28-14 由 TC35i 模块组成的温度和安防监控系统框图

该系统主要由单片机(MCU)、GSM模块、LCD显示器、按键输入电路、继电器、温度传感器、振动传感器等组成。该系统具有以下功能：

① 防盗作用。当盗贼入门时，振动传感器感知到振动信号，经单片机处理后，控制GSM模块工作，向监控中心或手机发出短信息，提示有盗贼进入。

② 温度监控作用。当温度过高时，经单片机控制后，继电器动作，当温度降下来后，继电器断开，另外，监测的温度信号可通过GSM模块发送到监控中心或手机。

28.5.3 TC35i连接器引脚功能

TC35i模块有40个引脚，通过一个ZIF(零阻力插座)连接器引出。这40个引脚可以划分为5类，即电源、数据输入/输出、SIM卡、音频接口和控制；40个引脚的外围电路如图28-15所示。

TC35i的第1～5引脚为正电源输入，电压范围为3.3～5.5 V，推荐值4.2 V；第6～10引脚为电源地；第11、12引脚为充电引脚，可以外接锂电池；第13引脚为对外输出电压(供外电路使用)；第14引脚为ACCU-TEMP接负温度系数的热敏电阻，用于锂电池充电保护控制。需要说明的是，模块的供电电压如果低于3.3 V会自动关机，同时模块在发射时，电流峰值可高达2 A，此时，电源电压(送入模块的电压)下降值不能超过0.4 V。因此，该模块对电源的要求较高。

第15引脚是启动引脚IGT，系统加电后为使TC35i进入工作状态，必须给IGT加一个大于100 ms的低脉冲，电平下降持续时间不可超过1 ms。

第16～23引脚为数据输入/输出，分别为DSR0、RING0、RXD0、TXD0、CTS0、RTS0、DTR0和DCD0。TC35i模块的数据输入/输出接口实际上是一个串行异步收发器，符合ITU-T RS232接口标准。它有固定的参数：8位数据位和1位停止位，无校验位，波特率在300 bps～115 kbps之间可选，默认9 600。硬件握手信号用RTS0/CTS0，软件流量控制用XON/XOFF，CMOS电平，支持标准的AT命令集。其中，第18引脚RXD0、第19引脚TXD0为串口通信引脚，可以方便和单片机TXD(P3.1)、RXD(P3.0)相连，以实现串口通信。要注意的是，串口连接一定要两个线各加一个2.2 kΩ的电阻，因为TC35i的串口是CMOS电平2.65 V，而不是TTL电平5 V。

TC35i使用外接式SIM卡，第24～29引脚为SIM卡。SIM卡同TC35i是这样连接的：SIM上的SIMRST、SIMIO、SIMCLK、SIMVCC和SIMGND通过SIM卡连接器与TC35i的同名端直接相连，ZIF连接座的CCIN引脚用来检测SIM卡是否插好。如果连接正确，则CCIN引脚输出高电平；否则为低电平。

TC35i的第30引脚为备用电池端，第31引脚为关机信号脉冲端，一般不用。

TC35i的第32引脚为SYNC端，有两种工作模式，一种是指示发射状态时的功率增长情况，另一种是指示TC35i的工作状态，可用AT命令AT+SYNC进行切换。当LED熄灭时，表明TC35i处于关闭或睡眠状态；当LED为600 ms亮/600 ms灭时，表明SIM卡没有插入或TC35i正在进行网络登录；当LED为75 ms亮/3 s熄时，表明TC35i已登录进网络，处于待机状态。

第35～38引脚为语音接口，第35、36引脚接扬声器放音。第37、38引脚可以直接接驻极体话筒来采集声音(第37引脚是话筒正端，第38引脚是话筒负端)。

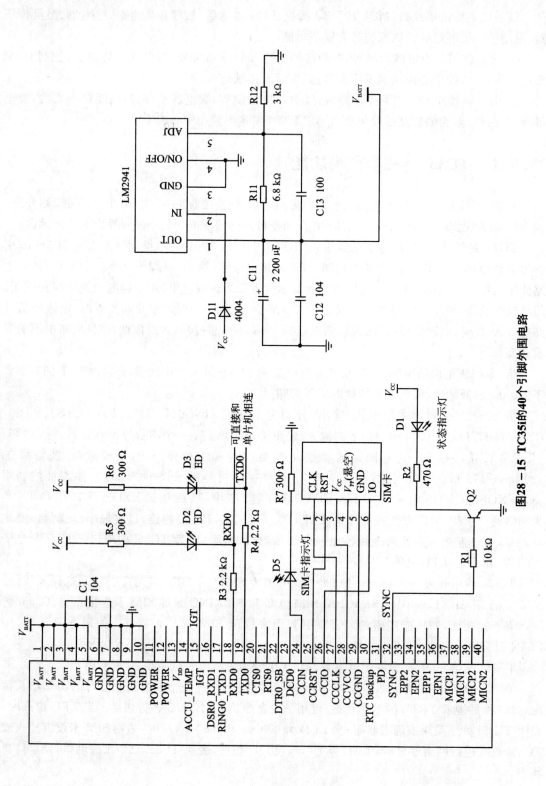

图28-15 TC35i的40个引脚外围电路

28.5.4 熟悉 GSM 模块 AT 指令

TC35i 模块提供的命令接口符合 GSM07.05 和 GSM07.07 规范。GSM07.07 中定义的 AT 命令接口,提供了一种移动平台与数据终端设备之间的通用接口,GSM07.05 对短消息进行了详细的规定。在短消息模块收到网络发来的短消息时,能够通过串口发送指示消息,数据终端设备可以向 GSM 模块发送各种命令。与 SMS 有关的 AT 指令如表 28-4 所列。AT 指令集是由诺基亚、爱立信、摩托罗拉和 HP 等厂家共同为 GSM 系统研制的,其中包含了对 SMS 的控制。

表 28-4 与 SMS 相关的 AT 指令

AT 指令	功　能
AT	通信握手
AT+CMGC	发出一条短消息命令
AT+CMGD	删除 SIM 卡内存的短消息
AT+CMGF	选择短消息信息格式;0—PDU;1—文本
AT+CMGL	列出 SIM 卡中的短消息,0/"REC UNREAD"—未读,1/"REC READ"—已读,2/"STO UNSENT"—待发,3/"STO SENT"—已发,4/"ALL"—全部
AT+CMGR	读短消息
AT+CMGS	发送短消息
AT+CMGW	向 SIM 内存中写入待发的短消息
AT+CMGS	从 SIM 内存中发送短消息
AT+CNMI	显示新收到的短消息
AT+CPMS	选择短消息内存
AT+CSCA	短消息中心地址
AT+CSCB	选择蜂窝广播消息
AT+CSMP	设置短消息文本模式参数
AT+CSMP	选择短消息服务

下面就 AT 指令的使用简要说明如下。

1. 初始化指令

设置短消息发送格式 AT+CMGF=0<CR>,设置 0 代表 PDU 模式,<CR>是回车符号,也就是 0x0d,指令正确则模块返回<CRLF>OK<CRLF>,<CRLF>是回车换行符号。

这里有必要多说两句,GSM 模块短消息提供 2 种格式,TEXT 和 PDU。文本模式相对来说比较简单,特别适合传输字符,对于外国人来说,基本就发 26 个字母,简直太方便了。PDU 模式需要进行编码,目前的汉字传输好多都采用 PDU 模式。因此,如果发送的短信息是中文的,在初始化时,应切换到 PDU 模式。

2. 设置/读取短消息中心

短消息中心号码由网络运营商提供。设置短消息中心的指令格式为：

AT+CSCA="+86+8613800532500"（这是移动公司的短消息中心号码）<CR>

设置正确则模块返回<CRLF>OK<CRLF>。

读取短消息服务中心则使用命令：

AT+CSCA=？<CR>

TC35i模块应该返回：

<CRLF>+CSCA:"8613800532500"<CRLF>。

3. 设置短消息到达自动提示

来了新短信，怎么知道呢？使用CNMI指令则可自动提示，设置短消息到达自动提示的指令格式为：

AT+CNMI=1,1,0,0,1<CR>

设置正确则TC35模块返回：

<CRLF>OK<CRLF>。

设置此命令可使模块在短消息到达后向串口发送指令：

<CRLF>+CMTI:"SM",INDEX(信息存储位置)<CRLF>。

4. 通过TC35i发送短消息

要发送短消息，首先要确保如下操作已经完成：

① 模块上电，并且AT命令与PC串口通信顺畅。

② SIM卡没有欠费，并且已经登陆GSM网络（可以使用AT+CREG查询，如果返回1或者5表示正常）。

③ AT+CMGF=0设置完毕。

有了以上的过程，那么就可以通过TC35i发送信息了，使用的AT命令是：AT+CMGS。

假如要发送的手机号码为：15853209853，发送方法是：

① 从串口调试助手输入：AT+CMGS="15853209853"<CR>。

② 这个时候可以看到有个大于号（>）弹出，提示可以输入消息的内容了。

假如想发送"hello 您好"，直接在>后面输入即可，PDU数据以<Z>（也就是0x1a）作为结束符。短消息发送成功，模块返回：

<CRLF>OK<CRLF>

5. 通过TC35i接收短消息

通过TC35接收短消息的方法为：

短消息到来后，串口上会接收到指令：

<CRLF>+CMTI:"SM",INDEX(信息存储位置)<CRLF>

PC上的串口调试助手通过读取PDU数据的AT命令：

AT+CMGR=INDEX<CRLF>

将TC35模块中PDU格式的短消息内容读出。如果用+CMGL代替+CMGR，则可一次性读出全部短消息。

6．通过 TC35i 删除短消息

通过 TC35 删除短消息的方法为：

PC 上的串口调试助手收到一条短消息并处理后，需要将其在 SIM 卡上删除，以防止 SIM 卡饱和。删除短消息的指令为：

AT＋CMGD＝INDEX＜CR＞

删除后模块返回：

＜CRLF＞OK＜CRLF＞

28.5.5　TC35i 的测试

TC35i 是否正常，可用顶顶串口调试助手进行简单的测试。方法如下：将 TC35i 输出的 TXD0、RXD0 由 MAX232 转换为 RS232 电平，通过串口与 PC 机连接。给 TC35i 通电，打开 PC 机上的串口调试助手，调试串口助手"波特率为 19 200，8 位数据，无校验位，1 位停止位"。设置好之后，在发送区输入 AT，并回车，然后发送。接收区如果返回 OK，则模块工作正常；如果没有反应，首先应检查串口选择是否正确，"十六进制发送"选项前不能打勾。

以上简要介绍的 GSM 模块的基本知识和使用方法，具备这些知识后，就可以找一些实验设备和实验程序进行实验了，通过不断地努力，相信定会成功。

28.6　GPS 模块的开发

28.6.1　GPS 概述

GPS(Global Positioning System)即全球定位系统，是 20 世纪 70 年代由美国陆海空三军联合研制的新一代空间卫星导航定位系统。其主要目的是为陆、海、空三大领域提供实时、全天候和全球性的导航服务，并用于情报收集、核爆监测和应急通信等一些军事目的，是美国独霸全球战略的重要组成。经过 20 余年的研究实验，耗资 300 亿美元，到 1994 年 3 月，全球覆盖率高达 98％的 24 颗 GPS 卫星星座已布设完成。

GPS 全球卫星定位系统由 3 部分组成：空间部分——GPS 星座，地面控制部分——地面监控系统和用户设备部分——GPS 信号接收机。

使用 GPS 定位，观测简便，经济效益好，大大优于以前的定位技术，定位精度也非常高，经差分后，可达到±5 m 的定位精度，在经过特定的后处理，可达到厘米级的定位精度，故获得了越来越广泛的应用。

28.6.2　GPS 原理

GPS 导航系统的基本原理是测量出已知位置的卫星到用户接收机之间的伪离（即伪距离），然后综合多颗卫星的数据就可知道接收机的具体位置。

首先由地面支撑系统的监测站常年不断地观察每颗卫星的伪距、工作状态,并采集气象等数据,然后发到主控站。主控站综合监测站发来的各种信息,按一定格式编辑导航电文,发到注入站,由注入站将导航电文向卫星发射。GPS卫星则接收注入站的信号,将导航电文广播发送,同时发送测距信号,并根据注入站信号中的控制指令,调整自身工作状态。用户接收机则接收GPS卫星的信号,解算得接收机的位置。

28.6.3　硬件电路设计

要进行GPS开发,首先应选择一个合适的GPS模块。目前市场上,此类模块较多,这里以GARMIN GPS 25LP为例进行介绍,该模块提供一个12针对外硬件接口,如图28-16所示。

该模块的第1引脚是串行口2的数据输出端;第2引脚是串行口2的数据输入端;第3引脚是秒脉冲输出端;第4引脚是串行口1的数据输出端;第5引脚是串行口1的数据输入端;第6引脚是掉电模式控制端;第7引脚是外部备用电源输入端;第8引脚是接地端;第10引脚是电源输入端;第9、11引脚空;第12引脚是格式语句输出端。

实际使用时,GARMIN GPS 25LP模块的串口可以和单片机的串口直接相连,因此,硬件电路设计十分简单,如图28-17所示。

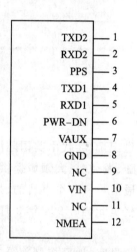

图28-16　GARMIN GPS 25LP硬件接口

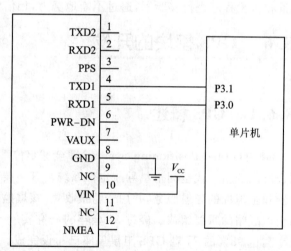

图28-17　GARMIN GPS 25LP模块与单片机的连接

在实际设计时,为了能对GPS进行操作,并将有关信息显示出来,还需要增加按键、LCD显示等电路。

28.6.4　软件设计

软件设计应包括系统初始化、显示子程序、键盘子程序、串口中断接收子程序等几部分。其中串口中断接收子程序是重点,主要用来接收GPS定位信息。由于定位信息是由GPS模块GARMIN GPS 25LP提供的,因此,进行软件设计时,应首先熟悉GARMIN GPS 25LP输入输出语句,有关这些语句的使用,可参考 GPS 模块的技术文档,这里不再说明。

28.7 微型打印机的开发

在单片机应用系统中,一般采用微型打印机,目前国内应用最广泛的是 TP‑UP‑16、GP16、SP‑M、PP40 等。下面重点以 SP‑M 打印机为例进行说明。

28.7.1 SP‑M 的接口功能

SP‑M 微型打印机体积小,操作简单,接口方便,既支持并行接口,也支持串行接口。并行接口采用与 Centronics 标准兼容的并行打印机接口,接口连接器为 26 线双排针插座;串行接口采用 RS232 标准兼容或 TTL 电平的串行接口,接口连接器为 5 线单排针型插座;使用了符合 ESC/P 标准的打印控制命令,与标准的 IBM 和 EPSON 打印机兼容。

这里,主要使用 SP‑M 的并行接口进行打印,其接口功能说明如下:
STB:选通输入信号线,上升沿读入数据。
DATA1~DATA8:8 位并行数据总线,用于向打印机输入命令和打印数据。
ACK:应答信号,低电平有效,表示打印机准备接收下一批数据。
BUSY:打印机"忙"状态信号,该信号高电平表示打印机不能接收新数据送入。
SEL:经电阻上拉,高电平表示打印机在线。
ERR:经电阻上拉,高电平表示打印机故障。
GND:接地。

28.7.2 SP‑M 打印机与单片机的连接

SP‑M 打印机与单片机的连接比较简单,如图 28‑18 所示。

电路中,单片机的 P1 口连接 SP‑M 的 DATA1~DATA8,P3.5 引脚连接 SP‑M 的 STB,P3.3 引脚连接 SP‑M 的 BUSY,SP‑M 打印机 ACK、SEL、ERR 可以不接。

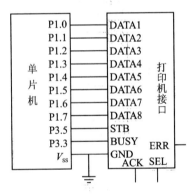

图 28‑18　SP‑M 打印机与单片机的连接

28.7.3 SP‑M 打印机程序设计

下面的程序是控制 SP‑M 打印字符"Hello　欢迎"的程序代码:

```
#include<reg51.h>
sbit    stb = P3^5;
sbit    busy = P3^3;
unsigned char code message[] =             // Hello 的 ASCII 码
{0x48,0x65,0x6c,0x6c,0x6f};
```

```c
void prnchar(unsigned char ch)          //SP-M打印单个字符
{
    P1 = ch;                            //字符输出到 data
    stb = 0;                            //stb 低电平
    stb = 1;                            //stb 上升沿
    while(busy);                        //查询等待 SP-M打印结束
}
void prnline(void)                      //SP-M打印一行
{
    unsigned char i;
    for(i = 0;i <= 4;i ++)              //循环打印输出一行信息
    {
        P1 = message[i];                //字符输出到 data
        stb = 0;                        //stb 低电平
        stb = 1;                        //stb 高电平
        while(busy);                    //查询等待 SP-M打印结束
    }
}
void main(void)
{
    prnchar(0x1b);                      //选择字符集1
    prnchar(0x36);
    prnchar(0x0d);                      //换行
    prnline();                          //打印输出一行消息"Hello"
    prnchar(0x0d);                      //换行
    prnchar(0x1b);                      //进入汉字打印
    prnchar(0x26);
    prnchar(0xbb);                      //打印汉字"欢"
    prnchar(0xb6);
    prnchar(0xd3);                      //打印汉字"迎"
    prnchar(0xad);                      //回车
    prnchar(0x1c);                      //退出汉字打印
    while(1) ;
}
```

程序中,定义了两个自定义函数 prnchar 和 prnline,prnchar 用于打印输出一个单个字符,prnline 用于打印输出一行消息。

第 29 章
单片机开发深入揭秘与研究

在美国计算机发展早期,有一天,一台计算机出现故障不能运行了,经仔细检查,人们发现计算机里有一个被电流烧焦的小"虫子(bug)",这条"虫子"造成电路短路是这次故障的祸根。于是,人们就亲切地将排除计算机故障的工作称为 Debugging,即"找虫子"。后来,人们将"找虫子"的含义加以引伸,将程序有误称为有"臭虫",将程序排错,也称为"找虫子"。在单片机 C 语言开发中,"找虫子"往往会占用大量的时间,在这里,我们将提供亲身的宝贵经验与读者分享,了解了这些方法和窍门后,就不再害怕程序出错了。另外,在本章中,还将与读者一起学习单片机热启动与冷启动,外部存储器扩展,RTX-51 操作系统,C 语言与汇编语言的混合编程等内容。

29.1 程序错误剖析

程序的错误主要分为两类:一类是编译错误,另一类是运行错误。

29.1.1 编译错误

1. 编译错误的检查

编译器在编译阶段发现的错误称为编译错误,编译错误主要是由于源程序存在语法错误引起的。

编译错误可以通过编译器(Keil C51)的语法检查发现。当源程序输入完成后,单击编译器的"编译"按钮,编译器会一个个字符地检查源程序,检查到某一点有问题,就把这一点作为发现错误的位置。因此,源程序中实际的错误或是出现在编译程序指出的位置,或是出现在这个位置之前。应当从这个位置开始向前检查,设法确定错误的真正原因。有时,一个实际的错误会导致许多行的编译错误信息,经验原则是:每次编译后集中精力排除编译程序发现的第一个错误。如果无法确认后面的错误,就应当重新编译。

另外,Keil C51 编译程序还做一些超出语言定义的检查,如发现可疑之处,会发出警告(warning),这种信息未必表示程序有错,但也可能是真的有错。对警告信息决不能掉以轻心,警告常常预示着隐藏较深的实际错误,必须认真地一个一个弄清其原因。

2. C语言常见编译错误

单片机C语言编写时要注意语法,语法错误会造成编译失败,下面列举几种常见的编译错误。

(1) 忘记定义变量就使用

例如:

```
main()
{
    x = 3;y = x;
}
```

在上式中看似正确,实际上却没有定义变量 x 和 y 的类型。C 语言规定,所有的变量必须先定义,后使用。因此在函数开头必须有定义变量 x 和 y 的语句,应改为:

```
main()
{
    int x,y;
    x = 3;y = x;
}
```

(2) 变量未赋初值就直接使用

例如:

```
unsigned int addition (unsigned int n)
{
    unsigned int i;
    unsigned int sum;
    for (i = 0;i<n;i++)
    sum + = i;
    return (sum);
}
```

上例中本意是计算 1~n 之间整数的累加和,但是由于 sum 未赋初值,sum 中的值是不确定的,因此得不到正确的结果。应改为如下:

```
unsigned int addition (unsigned int n)
{
    unsigned int i;
    unsigned int sum = 0;
    for (i = 0;i<n;i++)
    sum + = i;
    return (sum);
}
```

或者将 sum 定义为全局变量(全局变量在初始化时自动赋值 0)。

```
unsigned int sum;
```

```
unsigned int addition (unsigned int n)
{
    unsigned int i;
    for (i = 0;i<n;i++)
    sum + = i;
    return (sum);
}
```

(3) 语句后面漏加分号

C 语言规定语句末尾必须有分号,分号是 C 语句不可缺少的一部分。例如:

```
main ()
{
    unsigned int i,sum;
    sum = 0;
    for (i = 0;i<10;i++)
    {sum + = i}
}
```

很多初学者认为用大括号括起来就不必加分号,这是错误的,即使该语句用大括号括起来,也必须加入分号。在复合语句中,初学者往往容易漏写最后一个分号。上例应改为如下形式:

```
main ()
{
    unsigned int i,sum;
    sum = 0;
    for (i = 0;i<10;i++)
    {sum + = i;}
}
```

当漏写分号而出错,光标将停留在漏写分号的下一行。

编译错误还有很多,这里不一一列举。

29.1.2 运行错误

程序通过编译检查后,在实际运行中出现的错误,称为运行错误。运行错误不能在编译检查阶段发现,只能在程序运行中才能发现。

运行错误主要是以下几种原因引起的:

1. 程序有逻辑错误

这种程序没有语法错误,也能运行,但却得不到正确的结果。这是由于程序设计人员写出的源程序与设计人员的本意不相同,即出现了逻辑上的混乱。例如:

```
unsigned char i = 1;
unsigned int sum = 0;
while (i<= 100)
sum = sum + i;
```

```
        i++;
```

在这个例子中,设计者本意是想求1~100的整数和,但是由于循环语句中漏掉了大括号,使循环变为死循环而不是求累加。对于这种错误,用 Keil C51 编译时不会有出错信息(因为符合C语法,但有部分编译系统会提示有一个死循环)。对于这类逻辑错误,比语法错误更难查找,要求程序设计者有丰富的设计经验和有丰富的排错经验。

2. 输入变量时忘记使用地址符号

输入变量时忘记使用地址符号通常出现在输入语句中。例如:

```
main()
{
    int a,b;
    scanf("%d%d",a,b);
}
```

应改为:scanf("%d%d",&a,&b);

3. 输入/输出的数据类型与所用格式说明符不一致

例如:

```
main()
{
    int a=3,b=4.5;
    printf("%f %d\n",a,b);
}
```

在上例中,a 与 b 变量错位,但编译时并不给出出错信息,但不会输出正确的结果。

4. 没有注意数据的数值范围

8位单片机适用的 C 编译器,对字符型变量分配1字节,对整型变量分配2字节,因此有数值范围的问题。有符号的字符变量的数值范围为-128~127,有符号的整型变量的数值范围为-32768~32767,其他类型变量的范围这里就不再一一列举,请读者参见本书第5章有关内容。例如:

```
main()
{
    char x;
    x=300;
}
```

在上例中,有很多读者会认为 x 的值就是300,实际上却是错误的。十进制数300的二进制为1 0010 1100,赋值给 x 时,将赋值最后的8位,高位截去。

5. 误把"="作为关系运算符"等于"

在数学和其他高级语言中,都是把"="作为关系运算符"等于",因此容易将程序误写为:

```
    if(a=b)
```

```
        c = 0;
    else
        c = 1;
```

在上例中,本意是如果 a 等于 b,则 c=0,否则 c=1。但 C 编译系统却认为将 b 赋值给 a,并且如果 a 不等于 0,则 c=0,当 a 等于 0,则 c=1,这与原设计的意图完全不同。应将条件表过式更改为:a=b。

引起运行出错的原因还有许多,这里不一一论述。

29.2 程序错误的常用排错方法

通过前面的讲解,我们知道,程序的错误主要分为编译错误和运行错误两大类,编译错误可方便地通过编译器(如 Keil C51)进行查找,找到后会提示出错原因的大致位置,只要根据其提示内容,就可以方便地进行排错;而运行错误则比较隐蔽,查错需要一定的方法和技巧,下面重点介绍运行错误的查错方法。

29.2.1 LED 灯排错法

笔者在开发产品时,大都会在单片机的 I/O 端口上留一些 LED 接口,并在相应端口接上 LED 测试工具,参见图 29-1。测试工具的正极接在电源上,负极接在单片机相应的端口(设为 P0.0 引脚)。程序启动后,会将系统状态值送到 P0.0 的 LED 灯上,只要观看该接口 LED 灯的显示情形,即可得知 P0.0 的状态如何。若单片机 P0.0 为高电平,则 LED 灯不亮,若 P0.0 为低电平,则 LED 灯亮,将这种采用 LED 灯进行排错的方法称为 LED 灯排错法。

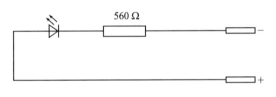

图 29-1 LED 测试工具

有些时候,LED 接口上的灯变化太快了,看不出送出的状态值来,此时可以视情况在 LED 接口显示之后加上一段 0.5 s 左右的时间延迟,就可以清晰地看到 LED 灯的状态了。保守地估计,有一半以上的软件错误可用这种简易而有效的方法找出问题点来。

下面举一个简单的例子,说明 LED 灯的排错方法。

```c
#include<reg51.h>
#define uint unsigned int
#define uchar unsigned char
sbit P00 = P0^0;
bit flag;
sbit K1 = P3^2;
void main()
{
    P0 = 0xff;
    while(1)
    {
        if(K1 == 0)
```

```
            flag = !flag;
    }
}
```

这段程序的作用是,每按一下 K1 键(接在单片机 P3.2 引脚),标志位 flag 取反一次。假如,需要观察 flag 的状态,应该如何做呢?很简单,只需将 LED 灯接在单片机的一个端口(设为 P0.0 引脚),然后,在"flag=! flag;"语句的后面加入"P00=flag;"语句即可。

这样,当 flag 取反时,将 flag 的状态送到 P0.0 引脚的 LED 灯,LED 会随着 flag 的变化而变化,如果 LED 灯始终不亮或始终常亮,都说明程序存在问题。

29.2.2 蜂鸣器排错法

蜂鸣器排错法与 LED 灯排错法的原理是一致的,不同的是,LED 排错法是通过 LED 灯的亮与灭反映程序的执行情况,而蜂鸣器排错法则是通过蜂鸣器的响与不响来反映程序的执行情况。

例如,在上面的实例中,只要在"flag=! flag;"语句的后面加入"P37=flag;"语句即可判断 flag 的变化情况。

这里,P37 表示蜂鸣器接在单片机的 P3.7 引脚。当 flag 取反时,flag 的状态会送到 P3.7 的蜂鸣器,若 flag 为低电平,蜂鸣器会发声;若 flag 为高电平,蜂鸣器会停止发声,如果蜂鸣器始终不响或始终常响,都说明程序存在问题。

另外,还可以制作一个蜂鸣器响一声函数 beep()来判断程序的执行情况。beep()函数如下所示:

```
void beep()
{
    P37 = 0;                //蜂鸣器响
    Delay_ms(500);          //延时 0.5 s
    P37 = 1;                //关闭蜂鸣器
    Delay_ms(500);
}
```

假如编写的程序比较长,而且很想知道某一部分程序是否被执行,那么,可以在此部分程序中加入一条语句"beep();"即可。若此部分语句被执行,蜂鸣器会响一声;若此部分程序未被执行,蜂鸣器不会发声。这样,根据蜂鸣器的发声情况,就可以方便地判断出这部分程序是否被执行了。

29.2.3 仿真排错法

通过软件仿真或硬件仿真进行查错的方法称为仿真排错法。在 Keil C51 软件中,有多种程序状态窗口供我们使用,适时地打开这些窗口,通过观察这些窗口中的有关数据,可以帮助我们快速地查出出错的位置。下面简要说明这些窗口的使用方法。

1. 存储器观察窗口

在调试状态下选择菜单 View→Memory Window,即可打开或关闭该窗口。此窗口也同样包括 4 小窗口,分别是 Memory#1~Memory#4,如图 29-2 所示。

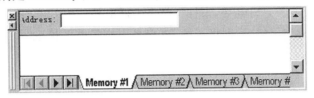

图 29-2 存储器观察窗口

通过这些窗口可以观察不同存储区的不同单元,DATA 是可直接寻址的片内数据存储区,XDATA 是外部数据存储区,IDATA 是间接寻址的片内数据存储区,CODE 是程序存储区。可以在存储区观察窗口的 Address 栏内输入相应的字母(D、X、I、C)来观察不同的存储单元,如输入"C:0x00",则系统会给出从 00H 单元开始的程序存储器(ROM)及其相应的值,即查看程序的二进制代码。如图 29-3 所示。

2. 寄存器观察窗口

在调试状态下选择菜单 View→Project Window,即可打开或关闭如图 29-4 所示的寄存器观察窗口。

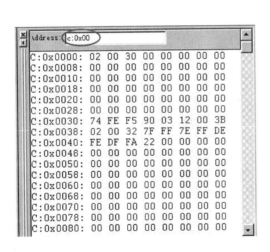

图 29-3 00H 单元开始的程序存储器及其相应的值

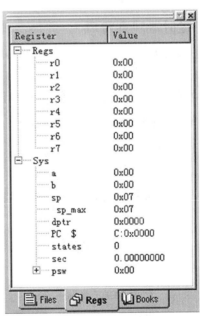

图 29-4 寄存器观察窗口

寄存器窗口包括 2 组:通用寄存器组 Regs 和系统特殊寄存器组 Sys。通用寄存器组包括 R0~R7 共 8 个寄存器;而系统寄存器组包括寄存器 A、B、SP、PC、DPTR、PSW 和 SEC(能够观察每条指令执行时间)等共 10 个寄存器。在编写汇编程序时,这些寄存器比较重要,编写 C 语言程序时,一般不用关心这些寄存器。

3. I/O 口观察窗口

在调试状态下选择菜单 Peripherals→I/O Ports→Port0，即可打开 P0 口的观察窗口，如图 29-5 所示。

图中，凡框内打"√"者为高电平，未打"√"者为低电平。按 F5 全速运行，观察 Port0 调试窗口中各框中"√"号的变化情况，即可了解 P0 口各引脚的电平状态。

4. 中断观察窗口

在调试状态下选择菜单 Peripherals→interrupt，即可打开中断观察窗口，如图 29-6 所示。

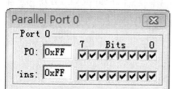

图 29-5　Port0 调试窗口　　　图 29-6　中断观察窗口

在该窗口中，可对外中断、定时中断和串口中断进行设置和观察。

5. 定时器观察窗口

在调试状态下选择菜单 Peripherals→Timer→Timer0，即可打开定时器 T0 口的观察窗口，如图 29-7 所示。

在该窗口中，可对定时器 T0 进行设置和观察。

6. 串口属性观察窗口

在调试状态下选择菜单 Peripherals→Serial，即可打开串行口属性的观察窗口，如图 29-8 所示。

图 29-7　定时器 T0 的观察窗口

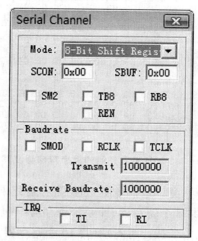
图 29-8　串行口属性观察窗口

在该窗口中,可对串行口进行设置和观察。

7. 串口调试观察窗口

在调试状态下选择菜单 View→Serial Window♯1 或 SerialWindow♯2 选项即可打开或关闭该窗口,串口输出的数据可以在这个窗口上显示,输入的数据也可以从这个窗口中输入,因此,可以在没有硬件的情况下模拟串口通信。

8. 代码作用范围分析窗口

在编写的程序中,有些代码可能永远不会被执行到(这是无效的代码),也有一些代码必须在满足一定条件后才能被执行到,借助于代码范围分析工具,可以快速地了解代码的执行情况。进入调试后,全速运行,然后按"停止"按钮,停下来后,使用调试工具栏上的  按钮,可打开代码作用范围分析的对话框,里面有各个模块代码执行情况的更详细的分析。同时,在源程序的左列有 3 种颜色:灰、淡灰和绿,其中淡灰所指的行并不是可执行代码,如变量或函数定义、注释行等;灰色行是可执行但从未执行过的代码;而绿色则是已执行过的程序行。如果发现全速运行后有一些未被执行到的代码,那么就要仔细分析,这些代码究竟是无效的代码还是因为条件没有满足而没有被执行到。

9. 变量观察窗口

在调试状态下选择菜单 View→Watch & Call Stack Window,即可打开或关闭该窗口。打开后的窗口如图 29-9 所示。

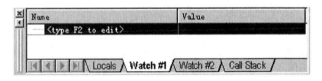

图 29-9 变量观察窗口

此窗口又包括 4 个小窗口(分 4 页显示),分别是 Locals、Watch♯1、Watch♯2 和 Call Stack。可以在 Locals 窗口中观察相应局部变量的值,也可以在 Watch♯1、Watch♯2 观察窗口中输入被调试的变量名,系统会自动在 Value 栏内显示该变量的值,而 Call Stack 观察窗口主要给出了一些调用子程序时的基本信息。

例如,以下程序是求 1~10 的累加和:

```
main()
{
    unsigned int i,sum;
    sum = 0;
    for (i = 0;i<10;i++)
    {sum = sum + i;}
    while(1);
}
```

如果想观察变量 i 和 sum 的值,就可以打开 Locals 窗口,窗口中会自动显示出变量 i 和 sum,按压 F10 键运行,i 和 sum 的值会不断变化,直至 i 等于 10 为止,如图 29-10 所示。

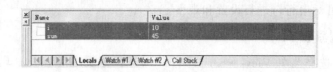

图 29-10　在 Locals 窗口中观察 *i* 和 sum 变量的值

10. 输出窗口

选择菜单 View→Out Windows,可打开输出窗口,如图 29-11 所示。

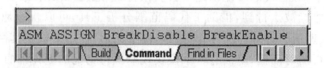

图 29-11　输出窗口

进入调试程序后,输出窗口自动进入到 Command 页,该页用于输入调试命令和输出调试信息。

以上简要介绍了 Keil C51 软件中的几个常用窗口,开发人员应学会这些窗口的设置和使用方法,并合理设置断点,合理选择运行方式(单步运行、全速运行),从而快速地排除程序中存在的问题。

29.2.4　串行通信排错法

当进行单片机程序排错或进行程序调试时,总是希望可以看到程序运行的情况,这包括 I/O 口的状态和内部程序关键数值的变化情况。使用单片机的串口可方便地满足该要求。使用串口需要以下 3 个步骤:

① 打开顶顶串口调试助手,选中"16 进制接收"复选框,其他按默认设置即可。

② 连接硬件电路。如果您的开发板上有串行接口,只需将开发板通过串行线连接到电脑的串口上即可;如果您的开发板没有串行接口,您需要制作一个串行接口电路(采用 MAX232 或分立元件均可),制作好后,将开发板通过串行接口电路与电脑串口连接起来。

③ 把一个串口程序加入到要调试的源程序之中,当程序运行时所需要的数据就在串口中得到了。下面举例进行说明。

以下是一个加入了串口程序的闪烁 LED 灯的源程序。在源程序中,设置了一个计数器 count,它可以对 LED 灯的闪烁次数进行计数,当计数到 10 时返回到 0,然后再继续加 1 计数。最终程序的数据在串口调试助手上显示出来。

```
#include <reg51.h>
sbit LED = P0^0;                    //外接一个发光二极管
/********以下是串口初始化函数********/
void series_init()
{
    SCON = 0x50;                    //串口工作方式 1,允许接收
    TMOD = 0x20;                    //定时器 T1 工作方式 2
```

```c
        TH1 = 0xfd;TL1 = 0xfd;           //定时初值,设定波特率为 9 600
        PCON& = 0x00;                    //SMOD = 0
        TR1 = 1;                         //开启定时器 1
}
/********以下是延时函数********/
void Delay_ms(unsigned int xms)          //延时程序,xms 是形式参数
{
        unsigned int i,j;
        for(i = xms;i>0;i--)             // i = xms,即延时 xms,xms 由实际参数传入一个值
                for(j = 115;j>0;j--);    //此处分号不可少
}
/********以下是主函数********/
void main(void)
{
        unsigned char count = 0;         //设置一个变量 count,初值为 0,假设其为重要数据
        series_init();                   //串口初始化
        while(1)                         //循环做这些工作
        {
                LED = 0;                 //点亮发光二极管
                Delay_ms(1000);          //亮 1 s(延时 1 s)
                LED = 1;                 //关掉发光二极管
                Delay_ms(1000);          //关 1 s
                SBUF = count;            //将调试数据发送回 PC
                count ++ ;               //变量 count 的值加 1
                if(count >10){count = 0;} //如果 count 的值大于 10,则回到 0 重新计数
        }
}
```

该程序在附光盘的 ch29/ch29_1 文件夹中。

源程序中,series_init()为串口初始化函数,加入该函数后,就可以在串口调试助手上观察到计数器 count 的计数值了,如图 29-12 所示。

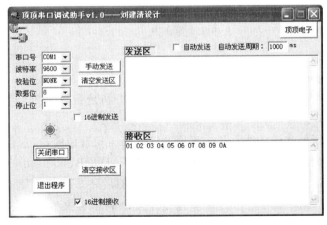

图 29-12　接收到的计数值

29.3 热启动与冷启动探讨

所谓冷启动是指单片机从断电到通电的这么一个启动过程；而热启动是单片机始终通电，由于看门狗动作或按复位按钮形成复位信号而使单片机复位。冷启动与热启动的区别在于：冷启动时单片机内部 RAM 中的数值是一些随机量，而热启动时单片机内部 RAM 的值不会被改变，与启动前相同。

对于工业控制单片机系统，往往设有看门狗电路。当看门狗动作时，使单片机复位，程序再从头开始运行，这就是热启动。需要说明的是，热启动时，一般不允许从头开始，否则将导致现有的已测量或计算的值复位，引起系统工作异常。因此，在程序中必须判断是热启动还是冷启动。常用的方法是：在内部 RAM 中开辟若干空间（如 0x7e、0x7f 两个单元），并且将特定的数据（例如，0x7e 单元的值为 0xaa,0x7f 单元的值为 0x55）保存在这一空间中，启动后，将这一空间保存的数据与预设的数据进行比较，如果一致，说明是热启动，否则是冷启动。

下面这段程序中，可区分出是热启动还是冷启动。如果是热启动，可将保存在 RAM 从 7AH 开始的 4 个备份单元中数据，回存到 RAM 从 40H 开始的工作单元中；如果是冷启动，则从外部 EEPROM 中读取上次断电时保存的数据，回存到 RAM 从 40H 开始的工作单元中。

```
void main()
{
    char data *HotPoint = (char *)0x7f;
    if((*HotPoint == 0xaa)&&(*(--HotPoint) == 0xaa))
    {
        ⋮              //热启动的处理，主要是将备份的数据进行恢复
    }
    else              //冷启动的处理，主要是建立热启动标志
    {
        HotPoint = 0x7e;
        *HotPoint = 0xaa;
        *(++HotPoint) = 0xaa;
    }
    ⋮                 //正常工作代码
}
```

该程序在附光盘 ch29/ch29_2 文件夹中。

然而实际调试中发现，无论是热启动还是冷启动，开机后所有 RAM 内存单元的值都被复位为 0，当然也实现不了热启动的要求。这是为什么呢？

原来，开机时执行的代码并非是从主程序的第一条语句开始的，在主程序执行前要先执行一段起始代码 STARTUP.A51。STARTUP.A51 在 C51\LIB\startup.a51 文件夹中，首先将 STARTUP.A51 程序复制一份到源程序所在文件夹，然后将 STARTUP.A51 加入工程（Keil 在每次建立新工程时都会提问是否要将该源程序复制到工程文件所在文件夹中，如果回答 Yes，则将自动复制该文件并加入到工程中），如图 29-13 所示。

打开 STARTUP.A51 文件，可以看到如下代码：

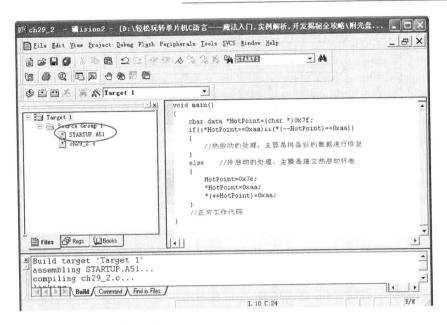

图 29-13 加入启动文件的工程

```
IDATALEN    EQU  80H              ; the length of IDATA memory in bytes
STARTUP1:
        IF IDATALEN <> 0
        MOV R0,# IDATALEN - 1
        CLR A
IDATALOOP:
        MOV @R0,A
        DJNZ R0,IDATALOOP
        ENDIF
```

可见,在执行到判断是否热启动的代码之前,起始代码已将所有内存单元清零。如何解决这个问题呢?好在启动代码是可以更改的,方法是:将以上代码中的第一行 IDATALEN EQU 80H 中的 80H 改为 7AH(也可以改为其他值),就可以使 7AH~7FH 的 6 字节内存不被清零。

29.4 外部存储器的扩展

29.4.1 系统扩展概述

用单片机组成应用系统时,首先要考虑单片机具有的各种功能能否满足应用系统的要求。如能满足,则称这样的系统为最小应用系统。当单片机最小系统不能满足系统功能的要求时,就需要扩展程序存储器、数据存储器、I/O 口及其他所需的外围芯片。在进行扩展前,应首先了解单片机 3 总线的结构形式,如图 29-14 所示。

1. 地址总线(AB)

地址总线上传送的是地址信号,用于存储单元和 I/O 端口的选择。地址总线是单向的,地址

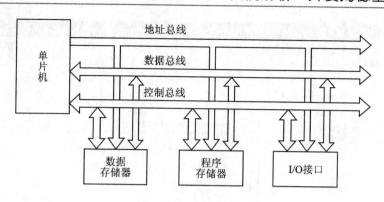

图 29－14　单片机 3 总线的结构

信号只能由单片机向外送出。地址总线的数目决定着可直接访问的存储单元的数目，例如 n 位地址，可以产生 2^n 个连续地址编码，因此可访问 2^n 个存储单元，即寻址范围为 2^n 个地址单元。如 51 单片机地址总线最多有 16 根（用 A15～A0 表示），存储器最多可扩展 2^{16}（即 64 KB）地址单元。

51 单片机由 P2 口提供高 8 位地址线，此口具有输出锁存的功能，能保留地址信息；由 P0 口提供低 8 位地址线和 8 位数据线。由于 P0 口是地址、数据分时使用的通道口，所以为保存地址信息，需外加地址锁存器，锁存低 8 位的地址信息，一般都用 ALE 正脉冲信号的下降沿控制锁存时刻。

2．数据总线（DB）

数据总线用于在单片机与存储器之间或单片机与 I/O 端口之间传送数据。单片机系统数据总线的位数与单片机处理数据的字长一致，例如 51 单片机是 8 位字长，所以数据总线的位数是 8 位（用 D7～D0 表示）。数据总线是双向的，例如，51 单片机由 P0 口提供，此口是双向、输入三态控制的通道口，可以进行两个方向的数据传送。

3．控制总线（CB）

控制总线是一组控制信号线，包括单片机发出的，以及从其他部件传送给单片机的。对于一条具体的控制信号线来说，其传送方向是单向的，但是由不同方向的控制信号线组合的控制总线则表示为双向。51 单片机的控制信号线如图 29－15 所示。

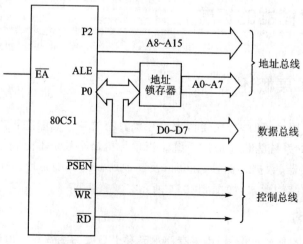

图 29－15　51 单片机的控制信号线

29.4.2 程序存储器的扩展

程序存储器就是用来存储程序代码和常数的,而且掉电后这些信息还不会丢失,这就是程序存储器最大的特点。

1. 什么情况下需要扩展程序存储器

对于早期使用的 8031 单片机(早已绝迹),片内没有程序存储器,使用时需要扩展程序存储器。对于现在普通使用的新型单片机,片内有足够大的程序存储器,一般情况下不用扩展,那么,在什么情况下需要扩展程序存储器呢?

假如,我们需要设计一个 LED 点阵屏,要求用 PC 机键入文字,通过串口向 LED 点阵屏发送,点阵屏收到 PC 机数据后可以显示任意汉字,包括数字和字母。

专家点拨:PC 机向外发送数据时,若发送的是西文字符,用的是 ASCII 的十六进制形式;对于汉字,用的是机内码的十六进制形式。在 PC 机的文本文件中,汉字是以机内码的形式存储的,每个汉字占用 2 字节长度,为了和 ASCII 码区别,范围从十六进制的 0A1H 开始(小于 80H 的为 ASCII 码)。除了机内码,还要搞清楚"区位码",区位码用来表示汉字在汉字库中的位置,用十进制表示。知道了区位码,就可以方便地找到该汉字了。由区位码求机内码的方法是:先将区位码转换十六进制,然后对每个字节加 A0H,即可得到该汉字的机内码。例如汉字"中"的区位码是"54 48",将每个字节转换为十六进制为"36H 30H",对每个字节加 A0H,可得到"中"字的机内码为"D6 D0"(十六进制)。

要使 LED 点阵屏可以显示"任意"汉字,在显示时,就需要为这"任意"个汉字制作点阵数据,并存储在程序存储器中。由于每个汉字就需要 32 字节单元,这任意个汉字需要的空间就可想而知了,因此,在这种情况下,需要进行程序存储器的扩展。

顺便说明一下,以上所说的"任意"并非无限大,我国 1981 年公布了 GB2312—80《通信用汉字字符集(基本集)及其交换码标准》方案,把高频字、常用字和次常用字集合成汉字基本字符集,共 6 763 个。在该字符集中按汉字使用的频率,又将其分为一级汉字 3 755 个(按拼音排序),二级汉字 3 008 个(按部首排序),再加上西文字母、数字、图形符号等 700 个。国家标准的汉字字符集是以汉字库的形式提供的,并把汉字库分成 94 个区,每个区有 94 个汉字(以位作区别),每一个汉字在汉字库中有确定的区和位编号(用 2 字节),这就是前面所说的区位码(区位码的第 1 字节表示区号,第 2 字节表示位号),因而,只要知道了区位码,就可知道该汉字在字库中的地址。

2. 程序存储器的分类

程序存储器除有 ROM、EPROM、EEPROM、Flash ROM 区分外,还有并行和串行之分。并行程序存储器的数据输入/输出是通过并行总线进行的,其特点是读/写速度快,容量较大,读/写方法简单,但价格较高;串行程序存储器的数据输入/输出是通过串行总线进行的,具有体积小,接口简单,数据保存可靠,可在线改写,功耗低等特点。在本书的第 13 章,已对串行存储器 24CXX、93CXX 系列做了介绍,这里不再重复,下面介绍的主要是并行程序存储器。

3. 并行程序存储器扩展

常用的并行程序存储器芯片有 Intel 公司的 2716、2732、2764、27128、27256、27512 等，它们都是 EPROM 存储器，其容量分别是 2 KB、4 KB、8 KB、16 KB、32 KB、64 KB，即容量值是芯片尾数（后两位或三位数）除以 8。因为 $2^{10}=1\,024\,B=1\,KB$，也就是说 1 KB 的存储器有 10 根地址线寻址；2 KB 的存储器就有 11 根地址线……依次类推可知不同容量存储器芯片的地址线位数，以便于使用。它们均为 8 位的存储器，因此有 8 条数据线。

图 29-16 所示是使用 27128 构成的程序存储器扩展电路。

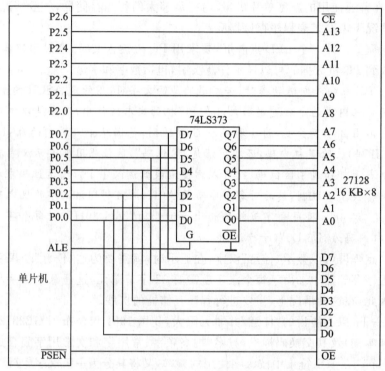

图 29-16 使用 27128 构成的程序存储器扩展电路

电路中，74LS373 为 8 位 3 态输出锁存器，它内含 8 个 D 触发器，输入为 D0~D7，输出为 Q0~Q7。$\overline{OE}$ 为输出使能端，G 为脉冲输入端。

当输出允许 $\overline{OE}$ 端加以低电平或负脉冲时，三态门处于导通状态，允许数据信息反映到输出端 Q0~Q7 上；当 $\overline{OE}$ 端为高电平时，输出三态门断开。如不需要 3 态，只要将 $\overline{OE}$ 端接地，即成为 2 态输出。

G 为锁存脉冲输入端（触发端）。当 G 端为高电平时，加在并行输入端 D0~D3 数据就立即送入内部寄存器中；当 G 为低电平时，内部寄存器保持内容不变，输出 Q0~Q3 的状态与输入端 D0~D3 端数据无关。

(1) 地址线的连接

27128 芯片是 16 KB×8 位并行存储器。它有 14 根地址线 A13~A0，这 14 根地址线分别与单片机的 P0 口和 P2.0~P2.5 连接。当单片机通过 P0 口、P2 口给 27128 地址总线上发送地址信息时，可分别选中 27128 片内 16 KB 存储空间中任何一个单元。

第29章 单片机开发深入揭秘与研究

(2) 数据线的连接

27128 芯片的数据线有 8 条,分别是 D0~D7,它们直接与单片机芯片的 P0 口 8 位口线(即 P0.0~P0.7)相连。

(3) 控制线的连接

27128 的输出允许端 $\overline{OE}$ 与单片机的 $\overline{PSEN}$ 相连,即 $\overline{OE}$ 端由单片机的 $\overline{PSEN}$ 控制实现程序存储器读操作。

27128 的 $\overline{CE}$ 为片选信号输入端,与单片机的 P2.6 连接,该片选信号决定了 27128 芯片的 16 KB 存储器在整个扩展程序存储器 64 KB 空间中的位置。

(4) 地址空间的分配

51 单片机共有 16 条地址线,最大可以扩展 64 KB,地址范围为 0000H~0FFFFH。而每一块存储器芯片的容量不一定都能达到 64 KB×8 位。例如,27128 只有 14 条地址线(A13~A0),其寻址范围为:××00 0000 0000 0000~××11 1111 1111 1111。

决定存储器芯片地址范围的因素有两个:一是片选端 $\overline{CE}$ 的连接方法;一是存储器芯片的地址线与单片机地址线的连接。在确定地址范围时,必须保证片选端 $\overline{CE}$ 为低电平。由于存储器 27128 的片选端 $\overline{CE}$ 与 P2.6 连接。因此,程序存储器的寻址范围为:

$$\times 000\ 0000\ 0000\ 0000 \sim \times 011\ 1111\ 1111\ 1111$$

其中,×表示 P2.7 地址线悬空,不与存储器相连,即与存储器无关,取 1 或 0 都可以,如果取 0,存储器地址空间为 0000H~3FFFH;如果取 1,存储器地址空间为 8000H~0BFFFH。

可见由于有地址线悬空,结果对一个芯片确定的存储单元来说,可能有两个地址。为了防止这种情况出现,要为一个芯片指定一个唯一的空间,以便使用方便。

4. 超大容量并行程序存储器扩展

以上介绍的并行存储器容量都在 64 KB 以内,扩展方法比较简单,由于采用的是 EPROM,现已很少使用。目前,应用比较广泛的是 EEPROM 并行存储器 W27C020 和 Flash ROM 并行存储器 W29C020,它们容量超大,均为 256 KB(18 根地址线,$2^{18}=262\ 144\ B = 256\ KB$),因此,可以存储较多的数据(如汉字字库的点阵数据,约 255 KB)。下面以 W27C020 为例进行说明。

如图 29-17 是由 W27C020 构成的并行程序存储器扩展电路。

W27C020 的容量为 256 KB,共有 18 条地址线(A0~A17),已超出 51 单片机的正常寻址范围(64 KB)。为此,用单片机的 P1.4 接 W27C020 的 A16,P1.5 接 W27C020 的 A17,这样将 W27C020 的 256KB 分为 4 个页:P1.4=0、P1.5=0 时选中第 0 页,地址范围为 00000H~0FFFFH;P1.4=0、P1.5=1 时选中第 1 页,地址范围为 10000H~1FFFFH;P1.4=1、P1.5=0 时选中第 2 页,地址范围为 20000H~2FFFFH;P1.4=1、P1.5=1 时选中第 3 页,地址范围为 30000H~3FFFFH。W27C020 的片选端 $\overline{CE}$ 接单片机的 P1.6,只有当该脚为低电平时才能选中芯片。

顺便说明一下,W27C020 作为程序存储器使用时,其 $\overline{OE}$ 端与单片机的 $\overline{PSEN}$ 端相连,另外,W27C020 也可和单片机的 $\overline{RD}$ 端相连,此时,W27C020 是作为 RAM 使用的。

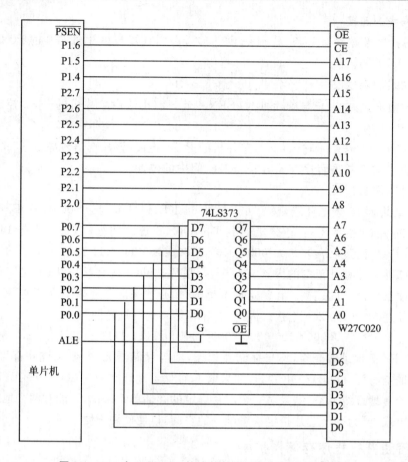

图 29-17 由 W27C020 构成的并行程序存储器扩展电路

29.4.3 数据存储器的扩展

普通的 51 单片机芯片内部有 256 字节的 RAM,在大多数控制场合,内部 RAM 能满足对数据存储器的要求,但在一些需要大容量数据缓冲器场合(如 MP3 等数据采集系统等),仅靠片内的数据存储器往往不够,在这种情况下,需要对数据存储器进行扩展。

扩展片外数据存储器的地址线也是由 P0 口和 P2 口提供的,因此最大寻址范围为 64 KB (0000H~FFFFH)。可见,外部数存储器与程序存储器的地址是重叠编址的(地址空间相同),因此两者的地址总线和数据总线可完全并联使用,但数据存储器的读和写分别由 $\overline{WR}$ 和 $\overline{RD}$ 控制,而程序存储器的读操作由 $\overline{PSEN}$ 进行控制,故不会发总线冲突。

1. 常用数据存储器介绍

目前,用于单片机扩展用的数据存储器主要静态随机存储器(SRAM),常见型号有 6116 (2K×8)、6264(8K×8)、62256(32K×8)等。如图 29-18 所示是数据存储器 6264 的扩展电路原理图。

(1) 地址线的连接

6264 芯片是 8 KB 的 RAM,它有 13 位地址,分别是 A0~A12,分别与单片机的 P0 口和

第29章 单片机开发深入揭秘与研究

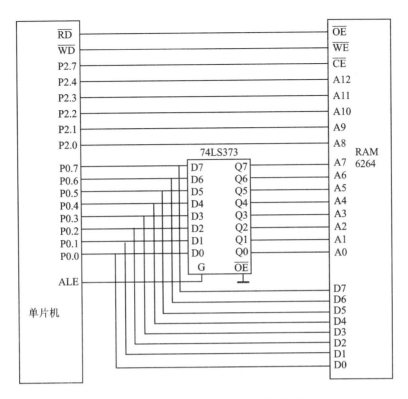

图 29-18 数据存储器 6264 扩展电路

P2 口的 P2.0、P2.1、P2.2、P2.3、P2.4 相连。

(2) 数据线的连接

6264 芯片的 8 位数据线 D0~D7 直接与 P0 口的 8 位口线相连。

(3) 控制线的连接

片选端 $\overline{CE}$ 连接单片机的 P2.7,读允许线 $\overline{OE}$ 连接单片机的读控制信号 $\overline{RD}$,写允许线 $\overline{WE}$ 连接单片机的写控制信号 $\overline{WR}$。

其地址空间的确定方法与 ROM 相同。

2. RAM 数据的读/写

下面举一个例子,说明读/写 6264 的方法。具体要求是,先向单片机内部 RAM 一段连接的空间写入 16~31 共 16 个数据,然后,再将这 16 个数据写入到外部 6264 的 0000H~000FH 这 16 个单元中,最后,再将 6264 这 16 个单元的数据读出,送到单片机内部 RAM 中。具体源程序如下:

```
#include <reg51.h>
#define uchar unsigned char
#define uint unsigned int
uchar data ram51_1[16],ram51_2[16];        //单片机内部 RAM
uchar xdata ram6264[16];                   //6264 的存储单元
uchar code table[16]={16,17,18,19,20,21,22,23,24,25,26,27,28,29,30,31};   //写入的数据
main()
```

```
    {
        uchar  i;
        for(i = 0;i<16;i++)
        {
            ram51_1[i] = table[i];           //将数据写入内部 RAM
        }
        for(i = 0;i<16;i++)
        {
            ram6264[i] = ram51_1[i];         //将内部 RAM 数据写入到外部 6264
        }
        for(i = 0;i<16;i++)
        {
            ram51_2[i] = ram6264[i];         //将外部 RAM 数据写入到内部 RAM 另一连续单元
        }
    }
```

该源程序在附光盘 ch29/ch29_3 文件夹中。

29.5 RTX-51 操作系统的应用

RTX-51 是适用于 51 系列单片机的一种微处理器实时多任务操作系统(RTOS)。在一般性的小型单片机程序中,采用单一进程并配以中断处理则可以完成大部分的设计需求。但是,对于一些复杂的设计项目,需要同时执行多个任务或进程。此时,采用传统的编程方法将会使得程序变得复杂,而且性能难以满足要求,这时,采用 RTX-51 操作系统将会是一种很好的选择。

29.5.1 RTX-51 操作系统的种类

目前,在 Keil C51 中支持的 RTX-51 有两个版本,即 RTX-51 Full 和 RTX-51 Tiny。RTX-51 Full 在运行时,允许多达 4 个优先权任务的切换和循环,并能够并行地利用单片机的中断功能。RTX-51 Full 还支持程序中的信号传递,以及与系统邮箱和信号量之间的消息传递。RTX-51 Tiny 是 RTX-51 Full 的一个精简子集,主要运行在没有外部存储器扩展的 51 单片机系统中。RTX-51 Tiny 同样允许任务的切换,中断功能的并行应用及信号传递。在 RTX-51 Tiny 中,不能进行占先式任务处理、消息处理及存储器的分配和释放。

29.5.2 RTX-51 操作系统的使用

为了实现 RTX-51 的支持,需要在程序头文件列表中加入 RTX51.H 或 RTX51TNY.H。同时,需要在 Keil C51 集成开发环境中指定目标操作系统,操作步骤如下:

选择 project→Option for target 'target1'命令,弹出 Option for target 'target1'对话框,在 Target 选项卡中,打开 Operating 下拉菜单,从中选择 RTX-51 Tiny 操作系统,如图 29-19 所示。单击"确定"按钮,即可完成指定的操作。操作系统指定后,Keil C51 内部链

接器将自动为该项目添加合适的 RTX-51 库文件。

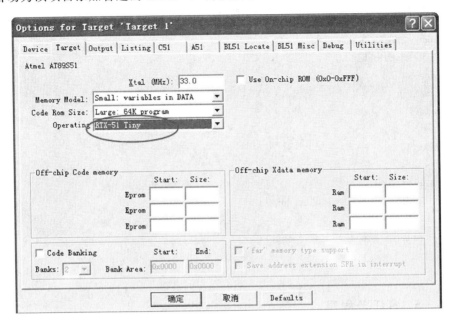

图 29-19　操作系统的选择

29.5.3　RTX-51 操作系统入门

对于不同的设计任务,可以采用不同的方式来完成。在这之前编写的 C51 程序,均包含 main 主函数。程序从 main 函数开始执行,是一个单一的进程,除非有中断打断。而 RTX-51 是多任务操作系统的程序,则允许多个进程并行执行。

1. 简单的单任务程序

简单的单任务程序,程序从 main 主函数开始,程序中使用无限循环保证程序的连续执行,下面的一个例子中,计数器 count 不断加 1,然后通过串口输出。

```
#include <reg51.h>
#include <stdio.h>
int count;
void main()                          //主函数
{
    while(1)                         //主循环
    {
        count ++ ;                   //计数器加 1
        printf("count = % d",count); //输出
    }
}
```

2. 多任务循环程序

多任务循环程序仍然从主函数 main 开始,使用无限循环保证程序的连续执行。为了实现

多个任务的操作,则需要在程序中按照一定的顺序切换任务的执行,或者采用中断系统。下面的例子是一个简单的多任务循环程序,程序中,两个计数器不断地加1,并通过串口输出。

```c
#include <reg51.h>
#include <stdio.h>
int count0;
int count1;
void main()                                    //主函数
{
    while(1)                                   //主循环
    {
        count0 ++ ;                            //计数器count0加1
        printf("count0 = %d",count0);
        count1 ++ ;                            //计数器count1加1
        printf("count1 = %d",count1);
    }
}
```

3. RTX-51 多任务程序

RTX-51多任务程序执行多个任务或进程的调度,允许多个循环或任务准并行执行。RTX-51内核将有效的CPU时间划分为时间片,然后将时间片合理地分配给多个任务。程序中每个任务执行预定数量的时间,然后切换到另一个任务的时间片上执行。RTX-51在任务切换时非常短暂,因此可以实现准并行多任务执行。当然RTX-51多任务系统执行的速度在很大程度上依赖于单片机的CPU频率。对于上面的多任务循环程序,同样可以采用RTX-51来实现,具体程序如下:

```c
#include <RTX51TNY.h>
#include <reg51.h>
#include <stdio.h>
int count0;
int count1;
Thread0 () _task_ 0                            //任务0
{
    os_create_task(1);                         //创建任务1
    while(1)
    {
        printf("count0 = %d\n",count0 ++ );    //输出count0
    }
}
Thread1 () _task_ 1                            //任务1
{
    while(1)
    {
        printf("count1 = %d\n",count1 ++ );    //输出count1
    }
}
```

在该程序中，定义了两个任务：任务 0 的执行函数为 Thread0；任务 1 的执行函数为 Thread1。RTX-51 从任务 0 开始执行程序，并在任务 0 中创建任务 1 为准备执行。当任务 0 的时间片执行完毕后，RTX-51 内核转向任务 1 开始执行另一个时间片。任务 1 的时间片结束后，则重新返回任务 0 执行。也就是说，RTX-51 执行程序时，两个任务不断循环切换，从而实现了准并行执行。

由于 RTX-51 操作系统在实际编程时并不常用，因此，我们就简单地介绍这些知识，对 RTX-51 操作系统感兴趣的读者，还需要参考其他相关书籍，继续深入学习。

29.6　单片机 C 语言与汇编语言混合编程

目前，编写应用软件在语言的选择上有 3 个方案：一是完全用汇编语言编写；二是完全用 C51 高级语言编写；三是用 C51 高级语言和汇编语言混合编写。

对于第一种方案，使用的人越来越少，主要是汇编语言编程存在可读性不强，可移植性较差等缺点，且编程时需要手工对内存进行分配，稍有不慎就会引起内存冲突。对于第二种方案，使用的人越来越多，特别是一些复杂的程序，需要进行数学运算的程序，采用 C51 几乎是唯一的选择，当然，C51 还有可读性强，可移植性好等诸多优点，这里不再多说。对于第三种方案，是编程高手选用的一种方案，这种方案的特点是兼有高级语言和汇编编程的优点。主程序即大框架用 C51 语言编写，C51 语言不好处理的部分则用汇编语言编写。换句话说，将复杂的数学运算，多任务管理等交给高级语言完成，而系统底层的硬件操作则由汇编语言完成。如此说来，这种方案的确不错，只可惜，这种编程方法使用起来会比较麻烦，笔者并不提倡，也不擅长，故此不多介绍，对 C 语言与汇编语言混合编程感兴趣的读者可参考相关书籍进行学习。

附　录
配套实验开发板说明

1. DD-900 实验开发板

DD-900 实验开发板是一块非常实用的实验板,主芯片采用 STC89C51 单片机,可完成《轻松玩转 51 单片机》和本书第 1～19 章,以及第 24～25 章的所有实验,其功能之强可见一斑。有关 DD-900 实验开发板的详细介绍参见本书第 3 章。

本实验开发板有配套光盘,内含开发板所有例程,可赠送单片机开发所需全部软件、全套原理图,开发板详细使用说明及顶顶电子制作的视频演示等,详情请浏览顶顶电子网站。

2. DD-51 编程器

DD-51 编程器是专为单片机"玩家"打造的一款学习型编程器。与其他编程器相比,DD-51 编程器在功能上处于绝对劣势,因为 DD-51 只能对目前常用的 AT89C51/C52、AT89C2051、AT89S51/S52 等几种芯片编程,而目前很多流行的编程器可对上千种芯片进行编程。不过,这里要强调的是,DD-51 编程器源程序全部开放(下位机采用 C 语言,上位机采用 VB 语言),并且在本书第 27 章,对硬件电路原理及编程思路进行了全面讲解。这么一块"大肥肉",恐怕是单片机"玩家"所垂涎的,也是其他编程器所不及的。

有关 DD-51 编程器的详情,《轻松玩转 51 单片机》一书第 3 章和本书第 3 章、第 27 章有介绍,另外,也可浏览顶顶电子网站。

需要说明的是,如果您手头上有 DD-900 实验开发板,并且对编程器设计不感兴趣,那么根本没有必要购买或制作编程器,因为 DD-900 实验开发板上设计有下载接口,可在线对 AT89S 系列、STC89C 系列等单片机进行下载编程。

3. DD-F51 仿真器

关于 DD-F51 仿真器的特点,实在没有什么可说的,因为该仿真器十分平淡,与市场上同类产品几乎没有什么两样。如果真的要找不同,那就是该仿真器全部元件均为直插式,制作会比较方便;但个头可能稍大,看起来略显笨拙。笔者在制作时,考虑了许久,实在无法兼顾。

另外,如果您手头上有 DD-900 实验开发板,则完全不必购买或制作仿真器,只需一片 SST89E516RD 仿真芯片,即可在 DD-900 实验开发板上进行仿真实验。

有关 DD-F51 仿真器的详情,《轻松玩转 51 单片机》和本书第 3 章有介绍,另外也可浏览顶顶电子网站。

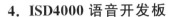

4. ISD4000 语音开发板

单片机语音开发很好玩，也很有趣。令人不可思议的是，这方面的实例开发资料却很少，即使现有的一些，大都只是公布"设计思想"，涉及具体源程序时大都避开不谈。笔者最初设计语音开发板时，在网上搜索了很久，也只是找了点皮毛，最后花高价买了国内某著名公司的语音实验板，总算得到了一点启发，在此基础上，笔者开发了这款 ISD4000 语音开发板。不怕大家笑话，笔者无论是设计硬件，还是设计软件，都非常喜欢采用"拿来主义"：一是"拿"别人的；二是"拿"自己以前的。笔者把"拿来"的东西进行打磨、整合，变成一块块"积木"，再根据实际需要创造一些新"积木"，通过精心组合，就形成了自己的产品，这也算是自己开发单片机的一点秘密吧。

再回到这款语音开发板，硬件电路比较简单，主要是软件资源较丰富，既有汇编语言程序，也有 C 语言程序。特别是其中的"语音报时电子钟"，是笔者采用"积木组合"法精心打造的一款很有趣的程序，虽然还不太实用，还有待进一步改进，但却是开拓性的。因为无论在其他书中，还是在茫茫网海中，是很难寻觅到的，至少目前是这样。

有关 ISD4000 语音开发板的详情，《轻松玩转 51 单片机》和本书第 20 章有介绍，另外也可浏览顶顶电子网站。

5. LED 点阵屏开发板

关于 LED 点阵屏开发板，市场上有几款，笔者经过对照发现，这些开发板有两个"软肋"。一是价格奇高，成本价不足百元，卖价动辄就 300 元以上，真是狮子大开口；二是资料不全，主要表现为无源程序或有源程序无说明、无注释等，初学人员很难理解。

笔者设计的这款 LED 点阵屏开发板，在设计上虽无明显高明之处，但至少克服了以上两大"软肋"，使那些"囊中羞涩"的单片机爱好者可以痛痛快快地学个够。

有关 LED 点阵屏开发板的详情，《轻松玩转 51 单片机》和本书第 21 章有介绍，另外也可浏览顶顶电子网站。

6. IC 卡开发板

IC 卡开发板用来开发接触型 IC 卡，硬件电路比较简单，随机提供的源程序也不复杂，很适合 IC 卡爱好者学习。

有关 IC 卡开发板的详情，本书第 22 章有介绍，另外也可浏览顶顶电子网站。

7. 远程控制器/报警器开发板

远程控制器/报警器开发板是笔者十分得意的一个产品，想当初设计时，可是吃尽了苦头，好在没有放弃，最后才尝到了成功的喜悦。通过这次设计，验证了很多道理，如：坚持就是胜利，拼搏就能成功，失败是成功之母……

这款远程控制器/报警器开发板实用价值非常高，和目前比较流行的 GSM 开发板有异曲同工之妙。另外，读者也可在此基础上进行改进和完善，开发出属于自己的个性化产品。

有关远程控制器/报警器开发板的详情，《轻松玩转 51 单片机》和本书第 23 章有介绍，另外也可浏览顶顶电子网站。

8. 超声波测距开发板

超声波测距开发板用来完成《轻松玩转 51 单片机》一书第 26 章的实验。与市场上同类产品相比，并无多大新意，这里不再赘述，对此感兴趣的读者，可浏览顶顶电子网站。

参考文献

[1] 伟纳电子. ME500B 产品资料. http://www.willar.com/.
[2] 刘建清. 从零开始学单片机 C 语言[M]. 北京:国防工业出版社,2006.
[3] 周坚. 单片机 C 语言轻松入门[M]. 北京:北京航空航天大学出版社,2006.
[4] 唐继贤. 51 单片机工程应用实例[M]. 北京:北京航空航天大学出版社,2009.
[5] 王守中. 51 单片机开发入门与典型实例[M]. 北京:人民邮电出版社,2008.
[6] 刘建清. 轻松玩转 51 单片机[M]. 北京:北京航空航天大学出版社,2010.